DENIS LA FRANCE

La science agricole

La culture biologique des légumes

2e édition

CCDMD
CENTRE COLLÉGIAL DE DÉVELOPPEMENT
DE MATÉRIEL DIDACTIQUE

Cet ouvrage a été réalisé avec la participation du
Centre collégial de développement de matériel didactique

BERGER

Catalogage avant publication de Bibliothèque et Archives nationales du Québec et Bibliothèque et Archives Canada
La France, Denis, 1949-
La culture biologique des légumes (La science agricole), 2e édition révisée et mise à jour
Réalisé avec la participation du Centre collégial de développement de matériel didactique.
Comprend des réf. bibliogr. et un index.
ISBN-13 : 978-2-921416-86-3

1. Agriculture biologique. 2. Culture maraîchère. I. Centre collégial de développement de matériel didactique. II. Titre. III. Collection: Science agricole.

Pour l'ensemble de nos activités d'édition, nous recevons l'aide financière des gouvernements du Canada (Fonds du livre du Canada) et du Québec (Programme d'aide aux entreprises du livre et à l'édition spécialisée et crédits d'impôt).

Ce livre a également bénéficié d'un soutien du Programme d'aide à la formation de l'Entente auxiliaire Canada-Québec pour un environnement durable en agriculture.

La culture biologique des légumes, deuxième édition révisée et mise à jour
Responsabilité d'édition : Aline Côté
Responsabilité du projet pour le CCDMD : Paul Rompré
Responsable du projet pour le Cégep de Victoriaville : Pierre Leblanc
Couverture : Vert Lime ; photo de la couverture : Tommy Sansfaçon
Illustrations : Tommy Sansfaçon et Jean Aubé

1233, route 112, Austin (Québec) J0B 1B0
Téléphone : (450) 297-1344 Télécopie : (450) 297-2020 Sans frais : (877) 276-8855
info@editionsberger.com • www.editionsberger.com

Dépôts légaux : 2010
Bibliothèque et Archives nationales du Québec et Bibliothèque et Archives Canada
Bibliothèque nationale de France et Ministère de l'Intérieur de France

ISBN Papier 978-2-921416-86-3
ISBN PDF 978-2-923786-70-4

Canada : Prologue, 1650, boulevard Lionel-Bertrand, Boisbriand (Québec) Canada J7H 1N7
Téléphone : (450) 434-0306 • Télécopie : (450) 434-2627 • (800) 363-2864 • www.prologue.ca

France, Belgique et Luxembourg : D.G. Diffusion Livres, ZI de Bogues, 31750 Escalquens, France • Téléphone : (05) 61-000-999 • Télécopie : (05) 61-00-23-12 • www.dgdiffusion.com

Suisse : Servidis, Chemin des Chalets, CH-1279, Chavennes-de-Bogis, Suisse
Téléphone : (022) 960-95-25 • Télécopie : (022) 776-63-64 • www.servidis.ch

Afrique française : Action pédagogique pour la formation et l'éducation (APEF),
Angle rue El Ghadfa & rue Jilali Tajeddine, Mâarif 20100, Casablanca, Maroc
Téléphone : 212 (0) 22-23-12-22 • Télécopie : 212 (0) 22-23-15-19 • www.actionpedagogique.com

Imprimé au Canada
1 2 3 4 5 HLN 2013 2012 2011 2010

Préface

En ces temps où une conscience de plus en plus aiguë des liens entre la santé humaine et la santé de l'environnement entraîne la croissance accélérée de la consommation et de la production de produits biologiques, ce livre tombe à point nommé. En effet, il était devenu indispensable, sinon urgent, de faire le point sur la science du biologique dans ses applications maraîchères, et ce, d'autant plus qu'il n'existait aucun manuel de formation et de référence en français sur le sujet.

Ce livre est une somme sans précédent : une somme de connaissances et une somme d'expériences de terrain, et pas la moindre, car les pas de l'auteur, Denis La France, l'ont mené dans toutes les régions du Québec et aux quatre coins du monde. On y trouvera l'ensemble des principes de base et des notions permettant à tous les agriculteurs et aux jardiniers qui le souhaitent d'adopter une pensée et une pratique résolument biologiques, de planifier avec sagesse une transition de l'agriculture conventionnelle à l'agriculture biologique ou de faire du maraîchage en respectant les plus hauts standards de qualité.

Personne d'autre, je crois, n'aurait pu réaliser cette œuvre. Je connais l'auteur depuis près de 30 ans : il a l'âme d'un pionnier et il fait ici œuvre de pionnier. Il a choisi, il y a très longtemps, d'enseigner pour aider tous ceux qui veulent améliorer leur façon de travailler avec la nature. Le développement de la formation en culture biologique au Québec est largement tributaire de sa profonde conviction et de son travail acharné.

Ma première rencontre avec Denis La France a eu lieu au moment où je faisais mes travaux d'écologie sur le Saguenay. Lui, avec une équipe, réalisait alors des essais d'agriculture biologique sur les Plateaux de l'Anse Saint-Jean. Un bon été, je passai par là. L'écologie, science des relations entre les vivants, a fait que des relations se sont nouées entre nous, et l'amitié a fait le reste. Merci pour ce travail exceptionnel, Denis ! Je te redis mon amitié et mon admiration.

† Gérard Drainville

Gérard Drainville, biologiste,
évêque émérite d'AMOS,

Remerciements

La première ébauche de ce livre a été rédigée en 1983-1984 pour un cours de jardinage et de maraîchage biologique demandé par un groupe d'agriculteurs et d'aspirants agriculteurs de la Beauce. Au fil des années, plusieurs personnes ont commenté les textes.

Une contribution digne de mention

Signalons la contribution toute particulière de Christian Legault qui, en 1994-1995 dans le cadre du Plan vert, a effectué, à partir de ma première ébauche, la recherche et la rédaction d'un premier jet sur la régie des légumes, notamment sur l'entreposage.

Merci aux agriculteurs biologiques

D'autres personnes ont également apporté leur concours, notamment tous les agriculteurs qui ont participé à la validation des contenus, soit par une visite de leur ferme, soit en relisant les textes, soit en m'enrichissant de leurs expériences pratiques alors qu'ils suivaient mes cours d'éducation des adultes au Cégep de Victoriaville.

Frank Andrasi
Jean-François Baril
Kathy Barsotti
Ferdinand Berner
Marc Bérubé
Jacques Blain
Louise, Jacques et Stéphane Charron
Dale Coke
Pierre-André Daigneault
Jean-François Descheneaux
Alain Désilets
Benoît et Simon Dugré
James Durst
M. Ferrari
Normand Gauvin
André et Gaëtan Godard
Mario Guilbault
Paul Harlow
Blue Heron
Earl Hyatt
Norbert Kungel
Christiane Massé
Michel Massuard et Monique Laroche
Russell Pocock
James Quinn
Pierre Raymond
Jean-François Robert
Réal Samson
Almas Simard
Robert St-Arnaud
Van Till
Serge Turcotte
Jean-Bernard Van Winden
Isidor Zumstein

Merci aux techniciens, agronomes et distributeurs qui m'ont alimenté de leur expérience et de leurs connaissances

Danielle Brault
François Demers
Denis Fisette
Christian Legault
Christine Villeneuve
Anne Weill

Merci aux réviseurs techniques et scientifiques grâce à qui ce livre est à la fois plus juste, plus précis et plus complet

Richard Behm
François Charbonneau
Jean Duval
Pascal Fafard
Sylvie Jenni
Mario Leblanc
Pierre Sauriol
Patrick Sullivan
Jean-Guy Tessier
Jean-Michel Valiquette

Merci, enfin, à tous ceux que j'oublie.

Avant-propos

Depuis quelques années, nous assistons à une véritable révolution agricole issue d'une prise de conscience des problèmes environnementaux. Le mouvement de transition vers l'agriculture durable et l'agriculture biologique s'inscrit dans cette tendance. Les professionnels du milieu agricole doivent s'ajuster pour faire face à ce nouveau défi d'une agriculture respectueuse de l'environnement. Ce mouvement vert a fait naître de grands besoins dans tous les domaines dont celui de la recherche, de la mise au point technique et de la formation. Les producteurs maraîchers profitent d'une foule de services qui comblent une partie de leurs besoins : conseillers régionaux en phytoprotection et en agriculture biologique, services de consultants, clubs d'encadrement technique, clubs agroenvironnementaux, réseaux de dépistage, avertissements phytosanitaires, séances de formations et colloques.

Il existe une documentation écrite offrant des outils à ceux qui veulent s'adonner à la culture biologique, mais aucune sur la régie des cultures légumières biologiques. Cette documentation porte sur le jardinage domestique ; les techniques et les méthodes sont inapplicables sur de plus grandes superficies, à la fois pour des raisons d'efficacité biologique, de productivité et de rentabilité. De plus, la majorité de l'information provient de l'Europe et des États-Unis et ne répond pas à la réalité des conditions du Québec.

Ce livre, destiné à soutenir la formation de niveau collégial en culture maraîchère biologique, est adapté aux besoins de la production commerciale au Québec, et constitue un manuel de référence pratique. Il rassemble un ensemble de connaissances de pointe sur la régie des productions maraîchères en culture biologique, utilisable aussi bien en formation des adultes pour les cours destinés aux maraîchers, qu'en formation régulière pour les aspirants agriculteurs et techniciens agricoles.

Toutefois, malgré que la première partie explique les notions de base de l'agriculture biologique, des engrais verts à la rotation des cultures en passant par la biodynamie, ce livre n'a pas la prétention d'être une référence complète. Il n'était pas possible de traiter de tous les sujets reliés au maraîchage biologique ; certaines informations relatives à la culture légumière, comme l'irrigation, la fabrication des terreaux ou la culture en serre, n'y sont pas élaborées.

Pratiquer l'agriculture biologique ne consiste pas à remplacer des intrants conventionnels par des intrants naturels, mais plutôt à intégrer toute une série de pratiques dans une approche globale. J'ai donc fondé mon approche sur le principe qu'il n'existe pas deux fermes identiques, qu'il y a de nombreuses façons de faire différentes et que l'agriculteur doit concevoir son propre système de culture.

Plusieurs produits ou matériels spéciaux sont plus faciles à identifier par la marque de commerce. Je fais donc parfois mention de marques commerciales, mais ce n'est pas dans le but d'influencer les choix des maraîchers. Aucun produit n'est adapté à toutes les circonstances, et chaque système de production doit être mis au point selon la situation particulière de la ferme.

L'approche pédagogique que j'ai privilégiée dans ce livre s'appuie sur la nécessité de réunir les informations utiles sous chacun des sujets ou légumes abordés. On y trouvera donc les indispensables redondances, une bonne lisibilité et une facilité de consultation certaine. En somme, j'ai cherché avant tout à créer un outil de réflexion capable d'évoluer avec le développement accéléré de l'agriculture biologique.

Denis La France, enseignant
Cégep de Victoriaville

Table des matières

CHAPITRE 3

DIVERSES PRATIQUES CULTURALES

CHAPITRE 4

LA ROTATION DES CULTURES

CHAPITRE 5

LA PHYTOPROTECTION

Chapitre 6
LA GESTION DES MAUVAISES HERBES

Chapitre 7
LA RÉCOLTE ET L'ENTREPOSAGE

Chapitre 8
LES MODÈLES DE FERMES ET LA PLANIFICATION

CHAPITRE 12
LE CHOU POMMÉ

CHAPITRE 13
LE BROCOLI

Chapitre 14
LE CHOU-FLEUR

Chapitre 15
LE CHOU DE BRUXELLES

Chapitre 16
LE CHOU CHINOIS

Chapitre 17
LE CÉLERI

Chapitre 18
L'ASPERGE

Chapitre 19
LE POIREAU

CHAPITRE 20

L'OIGNON

CHAPITRE 21

L'AIL

CHAPITRE 22

LA CAROTTE

Chapitre 23
LE PANAIS

Chapitre 24
LA BETTERAVE

Chapitre 25
LE CÉLERI-RAVE

Chapitre 26

LE RADIS

Chapitre 27

LE NAVET ET LE RUTABAGA

Chapitre 28

LE POIS

CHAPITRE 29
LE HARICOT

CHAPITRE 30
LA TOMATE

CHAPITRE 31
LE PIMENT

CHAPITRE 32

L'AUBERGINE

CHAPITRE 33

LE MAÏS SUCRÉ

CHAPITRE 34

LE CONCOMBRE ET LE CORNICHON

CHAPITRE 35

LA CITROUILLE ET LA COURGE

CHAPITRE 36

LE MELON

Première partie

LES BASES DE L'AGRICULTURE BIOLOGIQUE

L'agriculture biologique est apparue au XXe siècle et s'est développée en parallèle à l'évolution de l'agriculture conventionnelle, mais sur des bases différentes. Elle a accordé très tôt une grande importance à la protection de l'environnement et aux pratiques permettant d'éviter les produits potentiellement nocifs. La demande croissante des consommateurs pour les produits issus de l'agriculture biologique suscite un intérêt grandissant de la part des agriculteurs pour cette approche. Ce livre est un outil pour les maraîchers professionnels désireux de travailler en ce sens.

La première partie du livre aborde un ensemble de notions de base qui distinguent l'agriculture biologique dans ses approches et marquent ses pratiques. Après avoir fait un bref tour d'horizon de la définition et de la situation actuelle de l'agriculture biologique, de son histoire et de ses diverses écoles de pensée, nous plongeons dans les questions touchant les sols, la fertilité et la fertilisation, au cœur de cette agriculture sans intrant chimique.

Nous abordons ensuite les grands axes du travail pratique en agriculture biologique, soit le travail du sol, la pratique des engrais verts, du compostage et de la rotation des cultures, sans oublier les pratiques de la biodynamie. Nous traitons ensuite de la lutte contre les mauvaises herbes, les maladies et les insectes, ici encore, un défi majeur sans intrant chimique. La récolte et l'entreposage, ces opérations délicates où peuvent s'engloutir les efforts consacrés à la production, font également l'objet d'explications.

Enfin, nous donnons aux agriculteurs biologiques les moyens d'assurer, selon leur type de ferme et de marché, la planification essentielle à leur réussite.

Chapitre 1

HISTORIQUE DE L'AGRICULTURE BIOLOGIQUE

INTRODUCTION

L'agriculture biologique se développe depuis le début du XXe siècle dans un effort pour faire contrepoids aux conceptions réductionnistes et matérialistes qui dominaient l'agriculture conventionnelle. Alors que l'agriculture conventionnelle recourait à la chimie comme science de référence pour le développement des conceptions et des pratiques agronomiques, l'agriculture biologique a plutôt choisi de s'appuyer sur un mode de pensée holistique et sur la science émergente de l'écologie. Elle n'est pas monolithique : on y trouve une grande diversité d'approches et de courants de pensée et des raffinements successifs qui en font maintenant une science agricole complète et à part entière.

1.1 QU'EST-CE QUE L'AGRICULTURE BIOLOGIQUE ?

La première définition qui vient à l'esprit pour caractériser l'agriculture biologique est une définition par la négative : l'agriculture biologique interdit l'utilisation des produits chimiques. Mais il existe de nombreuses façons de la définir ; nous citerons ici les deux grandes références mondiales, soit l'Organisation des Nations Unies pour l'alimentation et l'agriculture (FAO, pour *Food and Agriculture Organization of the United Nations*) et la Fédération internationale des mouvements d'agriculture biologique (IFOAM, pour *International Federation of Organic Agricultural Movements*), qui comprend aujourd'hui plus de 760 groupes membres. D'abord, citons celle de la FAO :

> « L'agriculture biologique est un système de gestion holistique de la production qui favorise la santé de l'agroécosystème, y compris la biodiversité, les cycles biologiques et l'activité biologique des sols. Les systèmes de production biologique reposent sur des normes spécifiques et précises de production dont l'objectif est de réaliser les agrosystèmes les meilleurs possible, qui demeureront durables sur le plan social, écologique et économique. » *Codex alimentarius*, FAO

La définition élaborée par l'IFOAM en 2002 était encore plus large et détaillée :

> « L'agriculture biologique constitue un mode de production qui trouve son originalité dans le recours à des pratiques culturales et d'élevage soucieuses du respect des équilibres naturels. Ainsi, elle exclut l'usage de pesticides de synthèse, d'engrais chimiques ou solubles, d'OGM, et limite l'emploi d'intrants. »

Toutefois, cette définition n'est pas jugée satisfaisante pour rendre compte de l'ensemble des objectifs de l'approche biologique, bref de la nature holistique de l'agroécosystème, si bien que les principes et règles de base pour la production et la préparation des produits issus de l'agriculture biologique ont été entièrement revus et précisés en 2007. Désormais, l'IFOAM distingue quatre grands principes : le principe de santé, le principe d'écologie, le principe d'équité et le principe de précaution. Avec la permission de l'IFOAM, nous reproduisons ici ces énoncés de principe et leurs définitions (sections 1.1.1 à 1.1.4).

« Ces principes sont les racines à partir desquelles l'agriculture biologique croît et se développe. Ils expriment la contribution que l'agriculture biologique peut apporter au monde, et une vision pour améliorer toute l'agriculture dans le contexte international. L'agriculture est une des activités humaines les plus fondamentales puisque toute personne doit se nourrir chaque jour. L'histoire, la culture et les valeurs collectives sont liées à l'agriculture.

Ces principes concernent l'agriculture au sens large, comprenant la façon dont les hommes entretiennent le sol, l'eau, les plantes, et les animaux afin de produire, de préparer et de distribuer la nourriture et les autres biens. Ils concernent la manière dont les personnes interagissent avec les paysages vivants, sont liés les uns aux autres et forment l'héritage pour les générations futures. Les principes de l'agriculture biologique servent à inspirer le mouvement biologique dans toute sa diversité. Ils guident les prises de position, les programmes et les règles élaborées par IFOAM. Ils sont, de plus, présentés en vue de leur adoption dans le monde entier. »

1.1.1 PRINCIPE DE SANTÉ

« Énoncé : L'agriculture biologique devrait soutenir et améliorer la santé des sols, des plantes, des animaux, des hommes et de la planète, comme étant une et indivisible.

Ce principe souligne que la santé des individus et des communautés ne peut être séparée de la santé des écosystèmes — un sol sain produit une culture saine qui donnera la santé aux animaux et aux personnes. La santé est la globalité et l'intégrité des systèmes vivants. Ce n'est pas seulement l'absence de maladies, mais le maintien d'un bien-être physique, mental, social et écologique. L'immunité, la résilience et la régénération sont les caractéristiques clés de la santé. Le rôle de l'agriculture biologique, que ce soit en production, en préparation, en transformation, en distribution ou en consommation, est de soutenir et d'accroître la santé des écosystèmes et des organismes du plus petit dans le sol jusqu'aux êtres humains. En particulier, l'agriculture biologique est destinée à produire des aliments de haute qualité, qui sont nutritifs et qui contribuent à la prévention des maladies et au bien-être. En conséquence, elle se devrait d'éviter l'utilisation de fertilisants, pesticides, produits vétérinaires et additifs alimentaires qui peuvent avoir des effets pervers sur la santé. »

1.1.2 PRINCIPE D'ÉCOLOGIE

« Énoncé : L'agriculture biologique devrait être basée sur les cycles et les systèmes écologiques vivants, s'accorder avec eux, les imiter et les aider à se maintenir.

Ce principe enracine l'agriculture biologique dans les systèmes écologiques vivants. Il fait état que la production doit être basée sur des processus écologiques et de recyclage. La nutrition et le bien-être se manifestent par l'écologie de l'environnement spécifique de la production. Par exemple, dans le cas des cultures, c'est le sol vivant ; pour les animaux, c'est l'écosystème de la ferme, pour les poissons et les organismes marins, c'est l'environnement aquatique. Les systèmes culturaux, pastoraux et de cueillettes sauvages biologiques devraient s'adapter aux cycles et aux équilibres écologiques de la nature. Ces cycles sont universels, mais leur manifestation est spécifique à chaque site. La gestion biologique doit s'adapter aux conditions, à l'écologie, à la culture et à l'échelle locales. Les intrants devraient être réduits par leur réutilisation, recyclage et une gestion efficiente des matériaux et de l'énergie de façon à maintenir et améliorer la qualité environnementale et à préserver les ressources. L'agriculture biologique devrait atteindre l'équilibre écologique au travers de la conception des systèmes de cultures, de la mise en place des habitats et de l'entretien de la diversité génétique et agricole. Ceux qui produisent, préparent, transforment, commercialisent et consomment des produits biologiques devraient protéger et agir au bénéfice de l'environnement commun, incluant le paysage, le climat, l'habitat, la biodiversité, l'air et l'eau. »

1.1.3 PRINCIPE D'ÉQUITÉ

« Énoncé : L'agriculture biologique devrait se construire sur des relations qui assurent l'équité par rapport à l'environnement commun et aux opportunités de la vie. L'équité est caractérisée par l'intégrité, le respect mutuel, la justice et la bonne gestion d'un monde partagé, aussi bien entre les personnes que dans leurs relations avec les autres êtres vivants.

Ce principe souligne que ceux qui sont engagés dans l'agriculture biologique devraient entretenir et cultiver les relations humaines d'une manière qui assure l'équité à tous les niveaux et pour tous les acteurs-producteurs, salariés agricoles, préparateurs, transformateurs, distributeurs, commerçants et consommateurs. L'agriculture biologique devrait fournir une bonne qualité de vie à chaque personne engagée et contribuer à la souveraineté alimentaire et à la réduction de la pauvreté. Elle vise à produire en suffisance des aliments et d'autres produits, de bonne qualité. Ce principe insiste sur le fait que les animaux devraient être élevés dans les conditions de vie qui soient conformes à leur physiologie, à leurs comportements naturels et à leur bien-être. Les ressources naturelles et environnementales qui sont utilisées pour la production et la consommation devraient être gérées d'une façon qui soit socialement et écologiquement juste et en considération du respect des générations futures. L'équité demande que les systèmes de production, de distribution et d'échange soient ouverts, équitables et prennent en compte les réels coûts environnementaux et sociaux. »

1.1.4 PRINCIPE DE PRÉCAUTION

« Énoncé : L'agriculture biologique devrait être conduite de manière prudente et responsable afin de protéger la santé et le bien-être des générations actuelles et futures ainsi que l'environnement.

L'agriculture biologique est un système vivant et dynamique qui répond aux demandes et aux conditions internes et externes. Les acteurs de l'agriculture biologique peuvent améliorer l'efficacité et augmenter la productivité, mais ceci ne devrait pas se faire au risque de mettre en danger la santé et le bien-être. Par conséquent, les nouvelles technologies ont besoin d'être évaluées et les méthodes existantes révisées. Compte tenu de la connaissance incomplète des écosystèmes et de l'agriculture, les précautions doivent être prises. Ce principe établit que la précaution et la responsabilité sont les points clés des choix de gestion, de développement et de technologie en agriculture biologique. La science est nécessaire pour s'assurer que l'agriculture biologique est saine, sans risque et écologique. Néanmoins, la connaissance scientifique seule n'est pas suffisante. L'expérience pratique, la sagesse et le savoir traditionnels et indigènes accumulés offrent des solutions valables et éprouvées par le temps. L'agriculture biologique devrait éviter de grands risques en adoptant des technologies appropriées et en rejetant les technologies imprévisibles, telles que le génie génétique. Les décisions devraient refléter les valeurs et les besoins de tous ceux qui pourraient être concernés, au travers de processus transparents et participatifs. »

1.2 PRÉCURSEURS DE L'AGRICULTURE BIOLOGIQUE

Quoique l'histoire de l'agriculture biologique soit jeune, elle est déjà riche de concepts originaux développés par des précurseurs : F. H. King, Rudolph Steiner, Sir Albert Howard et plusieurs autres. L'examen de leurs travaux permet de réaliser un bref survol de l'évolution de l'agriculture biologique dans le monde et au Québec depuis le début du XXe siècle.

1.2.1 KING ET LES TECHNIQUES CULTURALES DE L'ASIE

Détenteur d'un Ph. D en Sciences, l'Américain Franklin Hiram King (1848-1911) décrit, en 1911, les méthodes traditionnelles d'agriculture en Asie de l'Est dans un livre marquant intitulé : *Farmers of Forty Centuries or Permanent Agriculture in China, Korea and Japan* où il décrit les systèmes de compostage et de recyclage des excréments humains qui ont cours dans cette région du monde. Il y porte une attention particulière à la gestion des matières organiques et à la fertilité des sols.

1.2.2 RUDOLPH STEINER ET LA BIODYNAMIE

Rudolph Steiner (1861-1925), le philosophe et visionnaire autrichien créateur de l'anthroposophie, donne en 1924 une série de huit conférences en Silésie, aujourd'hui connues sous le nom de *Cours aux agriculteurs*. La demande lui en avait été faite par de nombreux agriculteurs inquiets qui observaient une dégénérescence de la qualité des semences et des plantes cultivées, ainsi qu'une augmentation des problèmes de santé et de fertilité chez leurs animaux de ferme.

Après quelques expériences réalisées à Dornach, en Suisse, en collaboration avec Ehrenfried Pfeiffer et quelques autres collaborateurs, Steiner présente pour la première fois les grands principes et les principales pratiques de ce qui allait devenir la biodynamie. Plusieurs pionniers se mettent alors au travail, principalement en Europe centrale et en Europe du Nord, pour appliquer les suggestions de Steiner et effectuer des recherches afin de les valider. On donne à cette approche le nom d'agriculture biologique-dynamique, qui s'est éventuellement contracté en « biodynamie ». Steiner conçoit la ferme comme un organisme et prête attention aux interrelations entre les plantes et les phénomènes observés à divers endroits de la ferme ; son approche donne une très grande importance à la vie des sols.

On crée alors le Forschungsring, un cercle de recherche, et l'association Demeter (1928) qui s'intéresse à la diffusion des aliments biodynamiques et deviendra le premier organisme de certification. À cause de la répression des anthroposophes par les Nazis, de nombreux pionniers migrent vers d'autres pays, ce qui mène au développement de fermes biodynamiques dans plusieurs régions du globe. Après la Seconde Guerre mondiale, le mouvement redémarre lentement, car les fermes, situées principalement en Allemagne de l'Est, disparaissent sous le régime communiste. La mise en place d'un Institut de recherche, en 1950, à Darmstadt, de même que la publication de quelques thèses de doctorat et de nombreux essais réalisés en Allemagne et en Scandinavie, offrent un premier corpus expérimental à la culture biologique, qui intéresse malheureusement peu les chercheurs en agriculture conventionnelle.

1.2.3 SIR ALBERT HOWARD ET LE COMPOSTAGE

Après 20 ans de recherches en Inde, au Baluchistan et au Bihar, principalement sur l'amélioration végétale, Sir Albert Howard fonde, en 1924, l'Institute of Plant Industry à Indore. À l'époque, le fumier de vache était utilisé d'abord comme combustible et pour la fabrication et l'entretien des habitations, si bien qu'on disposait de peu d'engrais pour les sols.

Pour contrer le problème de fertilité des sols causé par cette carence et après avoir lu le livre de F. H. King, Howard entreprend en 1925 une expérimentation élaborée avec des matières organiques. C'est ainsi qu'il met au point ce qu'on appelle le système de compostage d'Indore et qu'il définit les paramètres du compostage. Il en conclut que la sélection de cultivars plus performants ne pouvait donner de résultats que si les sols étaient améliorés pour soutenir ce potentiel de production.

Il a aussi constaté que les sols à proximité des agglomérations étaient beaucoup plus fertiles, entre autres parce qu'en l'absence de latrines, les excréments humains y étaient répartis au jour le jour. De plus, aucun recyclage systématique des résidus de cultures et des déchets organiques n'était pratiqué ; la majorité des déchets étaient brûlés.

Son système de compostage implique l'incorporation de fumiers à diverses matières organiques. En saison sèche, en milieu tropical, le procédé se déroule en fosse, mais en saison des pluies, il se pratique en tas. Le compost est utilisable après 90 jours et minimise les pertes d'azote et de nutriments. De retour en Europe, Howard publie divers volumes, dont le célèbre *Testament agricole* en 1940, où il établit les bases de l'agriculture organique.

1.2.4 BALFOUR ET LA SOIL ASSOCIATION

En Angleterre, le grand catalyseur du mouvement a été Lady Eve Balfour, qui commence à cultiver dès 1920 à Haughley Green, dans le Suffolk. En 1938, elle est fascinée par les travaux de Sir Albert Howard sur la nutrition des plantes et des animaux. Stimulée par la parution de *Famine in England* de Lymington, elle réunit des dizaines de scientifiques et d'agriculteurs pour faire le point sur l'ensemble des recherches et met sur pied en 1939 une expérimentation à long terme, la Haughley Experiment, qui vise à comparer l'agriculture biologique et l'agriculture conventionnelle. En 1943, elle publie *The Living Soil*, qui fait la promotion d'une approche alternative et viable à l'agriculture et qui devient le fer de lance de la Soil Association, fondée en 1946 et dont elle a été la première présidente. L'association regroupe des fermiers, des horticulteurs, des scientifiques et des nutritionnistes convaincus du lien direct entre les pratiques culturales, la santé du sol, des plantes, des animaux et des humains. Cet organisme est encore aujourd'hui le principal regroupement britannique en culture biologique et le plus grand organisme de certification au Royaume-Uni.

1.2.5 MOKICHI OKADA ET L'AGRICULTURE NATURELLE

En 1936, au Japon, Mokichi Okada prône une agriculture naturelle en s'appuyant sur une philosophie visant trois grands principes : l'esprit, la beauté, la nature. Cette approche naturelle permet de produire des aliments dont l'intégrité et la pureté doivent pouvoir sustenter le corps humain et son esprit et réhabiliter le lien entre l'homme et son environnement.

Après la Seconde Guerre mondiale, Okada fonde un mouvement d'agriculteurs et de consommateurs. Pour lui, l'agriculteur doit être conscient de son rôle de premier plan dans le renforcement des processus naturels et le maintien de l'équilibre dans la nature. Aujourd'hui, plusieurs milliers d'agriculteurs appliquant les préceptes de l'agriculture naturelle fournissent des centaines de milliers de consommateurs. Scindé en deux associations, le mouvement d'agriculture naturelle comprend aussi des chercheurs et des conseillers, dispose de fermes expérimentales et de laboratoires et intervient même hors du Japon pour appuyer le développement dans de nombreux pays. On trouve des centaines de produits certifiés sur le marché.

1.2.6 MÜLLER, RUSCH ET L'AGRICULTURE BIOLOGIQUE-ORGANIQUE

Basé à l'École d'économie familiale de Möschberg, située en zone montagneuse en Suisse, Hans Müller, animateur politique paysan, commence à s'intéresser à la biodynamie dans les années 1930. Il développe graduellement une méthode basée sur l'épandage de fines quantités de matières organiques, leur incorporation et leur décomposition près de la surface du sol.

Cette méthode dite du compostage de surface par opposition au compostage en tas développé par Howard et les biodynamistes, se prête particulièrement bien à une agriculture de montagne et de climat frais où les sols accumulent facilement les matières organiques. À partir de 1951, Müller collabore avec Hans-Peter Rusch, un médecin et microbiologiste qui mettra de l'avant une théorie de la fertilité des sols et développera des méthodes d'évaluation de l'activité biologique du sol, publiées en 1968 dans son livre intitulé *La fécondité du sol*.

Leur méthode est connue sous le nom de biologique-organique ou méthode Rusch-Müller.

1.2.7 RODALE ET L'ORGANIC GARDENING AND FARMING

On attribue à Jerome Irving Rodale la naissance et l'envol du mouvement en faveur des aliments et des produits naturels aux États-Unis. Inspiré par les travaux de Howard et de Pfeiffer, Rodale crée en 1942 la revue *Organic Gardening and Farming* où il dénonce les déséquilibres dans les sols et les effets sur la santé entraînés par l'utilisation d'engrais chimiques, de pesticides et d'additifs alimentaires.

La maison d'édition Rodale Press, qu'il a fondée, publie des revues et des centaines de volumes, une fondation appuie l'expansion des activités et une ferme expérimentale gérée par le Rodale Institute et les descendants du fondateur effectue, encore aujourd'hui, divers essais à long et à court terme.

1.2.8 GEFFROY ET LA PREMIÈRE CHAÎNE FRANÇAISE D'ALIMENTS NATURELS ET BIOLOGIQUES

En France, Henri-Charles Geffroy, gazé à l'ypérite (gaz moutarde) lors de la Première Guerre mondiale et condamné par les médecins, réussit à rétablir sa santé en adoptant une alimentation naturelle. En effet, convaincu que l'organisme humain possède la capacité de triompher des plus graves maladies si on lui en donne les moyens, il développe des règles de vie saine mais surtout des règles alimentaires permettant de répondre aux besoins du corps humain. La méthode qu'il conçoit sera publiée dans un livre intitulé *L'alimentation saine*, qui expose les principes du végétalisme et son rôle dans le développement d'une immunité organique naturelle. Il fonde la revue La vie claire en août 1946, puis une coopérative d'approvisionnement en aliments naturels et biologiques, L'aliment sain, qui propose des fruits et des légumes cultivés sans engrais chimique, du pain complet ainsi que des objets servant à la culture à l'échelle familiale. Elle deviendra éventuellement la première chaîne française de magasins dans ce domaine : les boutiques La Vie claire.

La revue diffuse les idées propres de Geffroy sur la vie, la nature et les aliments, notamment sur l'agriculture biologique, alors que le mot « écologie » n'est pas encore répandu. Certains considèrent que La Vie Claire est le véritable organe fondateur du mouvement écologique français, alors que ses idées ne seront reprises par les médias que 30 ans plus tard.

1.2.9 VALTON ET RICHARD, PIONNIERS QUÉBÉCOIS

On peut dire que certains agriculteurs québécois pratiquent l'agriculture biologique sans le savoir : ils n'utilisent pas les produits chimiques de l'agriculture conventionnelle et se contentent des fumiers et des méthodes de culture traditionnelles. Mais d'autres sont venus s'installer avec de bonnes connaissances de l'agrobiologie et ont voulu sciemment développer ces pratiques culturales au Québec. C'est en ce sens que

Pierre Valton et Jean Richard sont considérés comme les pionniers de la culture biologique au Québec. Valton, venu de France après un apprentissage en biodynamie, installe sa famille sur une ferme céréalière et légumière à Saint-Mathias-de-Rouville, durant les années 1950. Quelques années plus tard, Richard, d'origine suisse, fonde la ferme L'Oasis à Champlain où il s'adonne à la culture biologique des légumes.

1.2.10 CARSON ET L'OPPOSITION AUX PRODUITS CHIMIQUES

Rachel Louise Carson est une biologiste américaine passionnée d'histoire naturelle et une écologiste de la première heure. Née en 1907 à Springdale en Pennsylvanie, elle étudie la biologie marine et obtient une maîtrise en zoologie. Elle écrit toute sa vie sur la conservation des ressources naturelles et publie plusieurs livres sur les océans, dont le célèbre *The Sea Around Us*, en 1952. Son idée maîtresse : les êtres humains ne sont qu'une partie de la nature, mais ils sont les seuls à avoir le pouvoir de la dénaturer, parfois de manière irréversible.

Inquiète de l'utilisation massive des pesticides de synthèse après la Deuxième Guerre mondiale, elle prévient l'opinion publique contre leurs effets nocifs à long terme. Taxée d'alarmiste par l'industrie chimique et le gouvernement, elle rétorque que ce sont les humains qui finiront, en tant que partie prenante des écosystèmes, par être atteints dans leur santé. En publiant *Silent Spring* en 1962, ouvrage dans lequel elle dénonce les méfaits de l'agrochimie, Rachel Carson démarre un processus qui mène à l'interdiction du DDT et à la création du mouvement écologiste.

1.2.11 LEMAIRE, BOUCHER ET LEUR MÉTHODE

C'est à Paris, en 1931, que Raoul Lemaire commence à commercialiser des aliments naturels et un pain complet. Il remet en question les fertilisants chimiques et découvre en 1959 les propriétés du lithothamne (*Lithothamnium calcareum*), une algue marine à forte teneur en calcaire et en magnésium. Il l'emploie comme supplément alimentaire pour ses propriétés anti-acides et son apport en calcium sous une forme facilement assimilable. Lemaire joint ses efforts à ceux de Jean Boucher, un spécialiste de l'activité biologique des sols, qui deviendra fondateur du Groupement d'agriculture biologique de l'Ouest en 1958. Inspirés par les travaux de Howard, ils proposent en 1963 une méthode d'agriculture biologique, la méthode Lemaire-Boucher, qui se fonde sur l'utilisation systématique du lithothamne comme engrais. Le lien entre cette méthode et le commerce du lithothamne a suscité de vifs débats dans le mouvement français d'agriculture biologique.

1.2.12 ASSOCIATION NATURE ET PROGRÈS

En France, en 1964, naît l'Association Nature et Progrès, une association sans but lucratif regroupant des jardiniers amateurs, des agriculteurs et des consommateurs de produits issus de l'agrobiologie. Ses membres travaillent de concert au développement de pratiques de culture et d'alimentation respectant la santé de l'homme et de l'environnement. Depuis sa fondation, l'association publie une revue qui porte son nom ; elle a mis sur pied une certification et le salon La Marjolaine.

1.3 DÉVELOPPEMENT DE NOUVELLES PRATIQUES

Après l'effervescence et la critique sociale des années 1960, puis l'éveil du mouvement écologiste, on observe partout en Occident, durant les années 1970, un besoin grandissant de mettre en pratique de nouvelles idées en agriculture. Rêveurs, les premiers baby-boomers font un retour à la terre et prônent l'autosuffisance, la contre-culture, l'alimentation naturelle, voire le végétarisme et le communautarisme.

Au Québec, on voit émerger des coopératives d'aliments naturels. Beaucoup de gens aux moyens financiers limités achètent des terres, principalement dans des endroits peu propices à l'agriculture. Sans aucune formation ni expérience, mais déterminés à faire la démonstration de leurs idéaux, ces néo-ruraux font bien rire leurs voisins agriculteurs, surtout avec leur conception de l'agriculture biologique. Après quelques années et un échec quasi généralisé de ces projets, on observe un retour à la ville. Quelques fermes fondées à cette époque existent encore aujourd'hui et forment un petit noyau de pionniers de la culture biologique. Souvent atypiques, elles n'ont pas réussi à influencer de manière déterminante les pratiques de leurs voisins en culture conventionnelle.

Toutefois, malgré l'échec apparent de ces pratiques, les idées se répandent peu à peu dans l'opinion publique et le mouvement se répand en Europe, en Amérique et en Asie, où de nouvelles pratiques sont expérimentées.

1.3.1 AGRICULTURE NATURELLE

Au Japon, le microbiologiste Masanobu Fukuoka développe une méthode d'agriculture naturelle adaptée aux rizières. Il met au point le semis direct de semences de riz enrobées d'argile et le compagnonnage de trèfle blanc dans les céréales. Le trèfle blanc et l'inondation temporaire du champ permettent de réduire la pression des mauvaises herbes. Il publie durant les années 1970 un livre intitulé *La révolution d'un seul brin de paille.* Il y prône un retour à la terre sur de petites fermes et une philosophie du non-agir inspirée du bouddhisme zen : pas de travail du sol, pas de sarclage, pas de fertilisants, pas de pesticides.

1.3.2 FIBL ET ESSAIS DOK

En 1973, le Dr Hartmut Vogtmann et Jean-Marc Besson créent l'Institut de recherche de l'agriculture biologique (FIBL, pour *Forschunginstitut für biologischen Landbau*), la plus importante structure spécialisée en culture biologique au monde. L'Institut est aujourd'hui constitué de trois grands centres de compétences, en Suisse (Frick), en Allemagne (Francfort) et en Autriche (Vienne) ; leader en matière de recherche appliquée et de vulgarisation, il accorde une place de choix au transfert du savoir et de l'expertise vers la pratique.

C'est en 1978 qu'ils mettent au point les célèbres essais DOK (Dynamique, Organique, Conventionnel), qui comparent des parcelles cultivées de façon conventionnelle, biologique et biodynamique. Ces essais ont inspiré d'autres essais à long terme, comme ceux de l'Institut Rodale en Pennsylvanie depuis 1987 et la rotation Glenlea au Manitoba depuis 1992. Ils démontrent notamment que la biomasse microbienne en sols biologiques est près du double de celle des sols conventionnels.

1.3.3 APPROCHE BIODYNAMIQUE AU CANADA

À partir de 1975, des cours et des ateliers suscitent un intérêt pour la biodynamie et quelques fermes se mettent à explorer l'application de cette approche. En 1979, à Saint-Alphonse de Caplan a lieu la fondation de l'Association de biodynamie du Québec, à l'instigation de Claude Gélineau. En 1987, les membres de l'association instaurent une certification Demeter en collaboration avec d'autres associations semblables situées en Colombie-Britannique et en Ontario.

1.3.4 PERMACULTURE

Créée en Australie à la fin des années 1970, la permaculture prône une approche qui laisse une place importante aux arbres et aux cultures vivaces dans un design de ferme très diversifié visant l'autosuffisance. On cherche à récolter sans semer chaque année, à protéger le sol sous un couvert permanent, à associer cultures et boisés. Toute une réflexion philosophique cherche à définir les liens entre la sphère domestique, l'agriculture et les milieux naturels non occupés par l'être humain.

1.3.5 AGRICULTURE ASSOCIATIVE

Au début des années 1960, à l'école Waldorf de La Haye, en Hollande, Frits Julius organise la livraison à des consommateurs de produits provenant de fermes biodynamiques. L'agriculture associative se développe, en Europe, d'abord dans les milieux biodynamiques. Des consommateurs organisent des points de chute pour recevoir les aliments qui satisfont leurs attentes quant à la qualité. Cette approche permet la création de liens entre les consommateurs et les agriculteurs qui les approvisionnent. On voit, par exemple, des consommateurs payer une serre pour qu'une ferme puisse les approvisionner l'hiver. Parallèlement se développe un mouvement semblable, sous le nom de teikei au Japon. En Amérique, les premiers projets voient le jour au Québec au début des années 1980, à l'instigation de l'auteur, entre autres, puis Équiterre prend la relève dans les années 1990. Le mouvement migre aux États-Unis en 1986 et y regroupe plus de 1000 fermes aujourd'hui. Entre-temps, en Hollande, dans le cadre d'un programme Odin-Abonnement, une coopérative distribue 20 000 paniers à plus de 400 points de chute, essentiellement situés dans des commerces où les propriétaires reçoivent un pourcentage pour prendre en charge le service à la clientèle.

1.4 STRUCTURATION DU MONDE DE L'AGRICULTURE BIOLOGIQUE

Le dernier quart du xxe siècle se caractérise par la structuration du monde de l'agrobiologie, à l'échelle nationale et internationale. Les savoirs se développent, les règles de production se précisent, si bien que les contrôles de qualité et les processus de certification peuvent se mettre en place. On assiste alors véritablement à un essor, surtout à partir de 1990, secondé par une confiance grandissante des consommateurs.

Dès les années 1970, on voit apparaître des consommateurs qui demandent des aliments issus de la culture biologique. C'est ainsi que des associations d'agriculture biologique naissent partout dans le monde. Au Québec, le Mouvement pour l'agriculture biologique (MAB) est créé en 1974 et regroupe aussi bien des consommateurs et des jardiniers que des agriculteurs. Le MAB publie un bulletin, fonde une librairie et organise des colloques, des conférences et des cours. Sa revue *Humus*, qui devient plus tard *Écologie*, est maintenant disparue.

Il convient ici de souligner une particularité québécoise, c'est-à-dire le nombre important de cours de jardinage et de culture biologique et biodynamique donnés de 1975 à 1985 dans les services d'éducation continue, et ce, à des clientèles constituées majoritairement d'amateurs. Parmi les quelques intervenants invités à offrir ces cours, on trouve l'auteur, ainsi que Jacques Petit, qui publie en 1976, au MAB, le premier livre en français sur le sujet : *Le compost : théories et pratiques*. Après quelques années, l'Union des producteurs agricoles (UPA) appuie le MAB et contribue au salaire du coordonnateur du mouvement.

On voit aussi émerger en parallèle, dans les Cantons-de-l'Est, un regroupement qui organise à partir de 1976 des colloques sur l'agriculture biologique et qui forme par la suite l'Association des agriculteurs écologistes de l'Estrie. Ce groupe sera plus tard à l'origine de la présence, au Québec, de l'Organic Crop Improvement Association (OCIA) dans les années 1980.

Durant cette période, on assiste à une augmentation graduelle de la demande pour des aliments issus de la culture biologique et on voit rapidement l'effet structurant des premières règles de base édictées par l'IFOAM en 1980 pour la production en culture biologique. Ces règles, périodiquement mises à jour, servent de guide pour les diverses certifications qui se répandront bientôt un peu partout.

La décennie des années 1990 voit aussi la mise en place de nombreuses législations et réglementations de par le monde. La certification et l'appellation sont de plus en plus encadrées.

1.4.1 ORGANISATION ET CERTIFICATION MONDIALE

Dès sa fondation, en 1972, l'IFOAM organise d'importants colloques aux deux ans. En 1978, le colloque a lieu à Montréal. Il est organisé par Stuart Hill, un professeur de l'Université McGill, qui a créé en 1974 un centre de documentation spécialisé en agriculture écologique, et par Clément Boulanger, coordonnateur du MAB, sous le thème Towards a Sustainable Farming/Vers une agriculture viable. Ce titre marque un tournant dans l'émergence d'un nouveau vocabulaire, aujourd'hui omniprésent.

L'IFOAM, qui regroupe actuellement plus de 750 associations en provenance de 108 pays, est l'organisme de référence mondial chapeautant l'agriculture biologique. Elle élabore les règles de base pour la production et la transition vers une agriculture biologique et appuie l'accréditation des organismes de certification. Le Service international d'accréditation pour l'agriculture biologique (IOAS) gère le programme de garantie internationale de l'IFOAM, dont l'objectif est d'assurer une équivalence des certifications d'un pays à un autre et de garantir la certification dans les pays où il n'existe pas de réglementation propre à l'alimentation biologique.

Tout au long des années 1990, des rencontres de la Commission du *Codex Alimentarius* de l'Organisation des Nations Unies pour l'alimentation et l'agriculture (FAO) et l'Organisation mondiale de la santé ont lieu pour établir des normes. Ces normes de référence sont finalement acceptées en 1999 et constituent, depuis lors, des directives pour tout pays intéressé à faire le commerce de produits biologiques.

En Europe, les règlements 2092/91 et 1804/99 servent de référence et influencent les normes québécoises qui cherchent à favoriser le commerce international. Les États-Unis se réfèrent au National Organic Program (NOP). Ces diverses références servent à clarifier la situation de l'agriculture biologique dans le monde, appuient les législations et réglementations nationales ainsi que les organismes de certification. Les normes sont habituellement adaptées aux diverses conditions régionales, comme c'est le cas au Québec. L'organisation de certification ISO publie ISO GUIDE 65.

La France crée l'Institut technique d'agriculture biologique (ITAB) dès 1982 afin de coordonner la recherche et l'appui aux actions techniques dans le domaine de l'agriculture biologique. C'est une structure de coordination qui fonctionne en réseau et qui s'appuie à la fois sur des centres régionaux regroupant les agrobiologistes de la région et des centres techniques spécialisés en agriculture biologique.

En 2003 on assiste à la création d'un organisme international, l'International Society of Organic Agriculture Research (ISOFAR) de Berlin.

Ce genre d'initiatives caractérise d'ailleurs toute l'Europe, où la situation progresse plus rapidement qu'au Québec, et ce, dans tous les domaines : soutiens gouvernementaux, certifications, centres de recherche, chaires universitaires et législations. On considère que l'agriculture biologique contribue à régler des problèmes environnementaux, si bien que de nombreuses aides gouvernementales sont fournies directement aux fermiers, en particulier durant la période de transition entre l'agriculture conventionnelle et l'agriculture biologique. Les soutiens gouvernementaux de ce type sont inexistants au Québec et au Canada.

Parallèlement, on assiste à l'essor de la demande des consommateurs, qui atteint à la fin des années 1980 une croissance de 20 % par année, en Europe comme aux États-Unis.

Durant les années 1990, les pays riches continuent de vivre une accélération tant dans la demande des consommateurs que dans le nombre de fermes effectuant une transition vers l'agriculture biologique. Dans les pays en voie de développement, la production se développe aussi, mais elle est surtout axée sur l'exportation vers les marchés déjà développés.

Durant cette période, plusieurs facteurs se combinent pour stimuler l'expansion de l'agrobiologie. Des grandes foires commerciales sont créées, comme le BioFach en Allemagne et Expo East/West aux États-Unis. La crise de la vache folle et d'autres scandales agroalimentaires ont un impact sur la croissance de la demande, notamment en produits animaux biologiques. L'apparition des organismes génétiquement modifiés (OGM) en agriculture suscite des craintes et des mouvements d'opposition chez de nombreux consommateurs, qui espèrent trouver dans les produits biologiques une source alimentaire plus sûre.

1.4.2 DÉVELOPPEMENTS AU QUÉBEC

Au Québec, au début des années 1980, les certifications se généralisent avec le MAB, qui met en place un premier programme, puis avec l'OCIA, qui formera divers chapitres régionaux, et finalement avec Demeter qui a pour but de promouvoir la culture biodynamique.

On assiste à la création d'un programme de formation professionnelle intitulé Agriculture écologique autogérée, à Saint-Jean, puis à La Pocatière et à l'Anse Saint-Jean, et enfin à Mirabel et à Papineauville.

En 1985, Mgr Gérard Drainville publie une lettre pastorale intitulée *Espoirs et défis de l'agriculture dans le Québec d'aujourd'hui,* où il invite, entre autres, le milieu agricole à prendre conscience des problèmes écologiques et à s'ouvrir à l'agriculture biologique. Des groupes d'agriculteurs se rencontrent pour réfléchir aux questions soulevées par ce document.

En 1986, à la suite de débats houleux lors d'un colloque organisé par l'Institut de Technologie agroalimentaire (ITA) de La Pocatière et par l'Union des producteurs agricoles (UPA), ce dernier organisme propose à ses syndicats de base une réflexion sur l'agriculture biologique. Deux regroupements intéressés par le jardinage et l'écologie voient le jour : le Regroupement pour le jardinage amateur et écologique et Nature Action.

Le Cégep de Victoriaville, un collège qui offre une formation en Gestion et exploitation d'entreprise agricole, instaure en 1987 un programme menant à un diplôme d'études collégiales en culture biologique. À la fin des années 1980, quelques intervenants, dont l'auteur, offrent des cours de formation continue à des groupes d'agriculteurs conventionnels dans diverses régions. Ces cours rejoignent quelques centaines d'agriculteurs. Plusieurs fermes entreprennent alors une transition à l'agriculture biologique.

En 1987, à la demande d'un groupe d'étudiants, le Collège McDonald de l'Université McGill met en place une mineure en agriculture écologique dans le cadre de son baccalauréat en agronomie.

À l'automne 1988, le ministère des Pêcheries de l'Agriculture et de l'Alimentation du Québec (MAPAQ) convoque le milieu de l'agriculture biologique pour une consultation à partir de laquelle il élabore une politique qui conduit à la création d'un réseau de répondants régionaux en culture biologique sous la direction d'un responsable provincial. Le MAPAQ ne reconnaît pas les organisations comprenant des non-agriculteurs comme interlocuteurs, ce qui entraîne la mise sur pied de la Fédération d'agriculture biologique du Québec (FABQ) en 1989.

En mars de la même année, à Victoriaville, naît le Centre de développement d'agrobiologie, à l'initiative de Pierre Jobin, Jacques Petit et Denis La France. Basé à Ste-Élizabeth-de-Warwick, le Centre organise des conférences, des ateliers, met en place une ferme éducative, une librairie, et démarre des projets de mise au point technique. Il développe une expertise en sols et en malherbologie et appuie la démarche de nombreuses fermes en agriculture durable et biologique. Sa clientèle est constituée principalement d'agriculteurs conventionnels effectuant une transition à la culture biologique et à l'agriculture durable.

À l'hiver 1989-1990, le MAPAQ crée un Centre d'agriculture biologique (CAB) à l'ITA de La Pocatière en collaboration avec la Société coopérative agricole et l'UPA de la Côte du Sud. Le bulletin du CAB deviendra la revue Bio-Bulle.

Au début des années 1990, le MAPAQ crée l'Organisation pour le contrôle de l'intégrité des produits biologiques (OCIPB) et la certification Québec Vrai, et exige la fin de la certification du MAB, ce qui entraîne le sabordage de cet organisme. Des jardiniers amateurs de Montréal fondent le MAB-Métro qui n'inclut plus d'agriculteurs.

La Table filière biologique voit le jour en 1993 et sert de lieu de rencontre aux représentants du milieu. Dans un premier temps, elle travaille surtout à la reconnaissance légale des certifications biologiques et à la création d'un Conseil d'accréditation, objectif prioritaire de son premier plan stratégique. Elle effectue aussi un travail de lobby auprès des ministères fédéral et provinciaux de l'agriculture.

C'est en 1996 que le Québec sanctionne la *Loi sur les appellations réservées* et le *Règlement sur les appellations réservées* est entré en vigueur dès l'année suivante. Le Conseil d'accréditation du Québec est créé en 1998 pour voir à leur application. Diverses certifications privées voient aussi le jour.

Un salon annuel sous le nom de Manger Santé voit le jour ; on y trouve cependant en majorité des produits naturels non biologiques.

Malgré ces progrès, plusieurs organisations disparaissent ou éprouvent des difficultés vers la fin des années 1990. De nombreuses fermes plus petites ne réussissent pas à survivre alors que les plus grosses se maintiennent. En culture légumière, on assiste à l'essor de la formule d'agriculture soutenue par la communauté (ASC) qui facilite le travail de nombreuses fermes, dont certaines plus petites. À partir de 1996, A-Seed, aujourd'hui Équiterre, regroupe et organise des consommateurs urbains et recherche des fermes intéressées à leur fournir un panier hebdomadaire de produits pendant une partie de l'année.

Aujourd'hui plus de 100 fermes participent à ce réseau et certaines fermes ont plusieurs centaines de familles associées. Une partie des fermes fournissent des produits complémentaires aux fruits et légumes hebdomadaires comme de la viande, des fromages, des farines et d'autres produits transformés. Plusieurs autres fermes privilégient ce type de formule sans s'intégrer dans le réseau. Après 10 ans de travail, le Centre de développement d'agrobiologie ferme ses portes en 1999, tout en poursuivant des rencontres dans un cadre informel, notamment dans un Club agroenvironnemental nommé CDA. Le Projet pour une agriculture écologique de l'Université McGill et le Centre d'agriculture biologique de La Pocatière ont aussi de la difficulté à maintenir leurs activités ; ce dernier disparaît en 2004.

1.5 AGRICULTURE BIOLOGIQUE AU XXIe SIÈCLE

La mondialisation des marchés au début des années 2000 caractérise aussi la culture biologique. La présence de produits importés est importante dans tous les rayons des épiceries. L'essor des ventes se poursuit, entre autres, dans les grandes chaînes de supermarchés qui contribuent fortement à une meilleure diffusion des produits. On peut même se procurer maintenant des croustilles et du cola biologiques.

Par contre, l'utilisation généralisée de semences génétiquement modifiées aux États-Unis, au Canada et dans d'autres pays cause de nombreux problèmes aux agriculteurs certifiés, car leurs productions risquent toujours d'être contaminées par ces produits. On en trouve parfois des traces dans des aliments certifiés biologiques.

1.5.1 IMPORTANCE DE L'AGRICULTURE BIOLOGIQUE DANS LE MONDE

En 2007, selon le FIBL, la Fondation Écologie et Agriculture et l'IFOAM, il y a 31 millions d'hectares consacrés à l'agriculture biologique dans 120 pays du monde. Les 834 000 fermes biologiques couvrent 0,7 % du territoire agricole des pays concernés. Les pays ayant les plus grandes superficies de cultures biologiques sont tout d'abord des pays pratiquant une agriculture pastorale importante, comme l'Australie avec ses presque 12 millions d'hectares, dont une ferme de près d'un million d'hectares à elle seule, et l'Argentine avec plus de 3 millions d'hectares, mais aussi des agricultures intensives comme celles de la Chine, avec ses 2,3 millions d'hectares, et des États-Unis, avec 1,6 million d'hectares. Suivent en ordre décroissant : l'Italie à 1 million d'hectares, l'Espagne, l'Allemagne, le Brésil, l'Uruguay, le Royaume-Uni, le Canada et la France, ces deux derniers avec plus de 500 000 hectares.

De nouveaux pays émergent rapidement avec des productions importantes comme l'Ukraine, le Bangladesh, l'Inde, le Mexique, la Grèce, le Kenya, le Soudan, l'Uganda, la Bolivie et la République tchèque. Les superficies certifiées biologiques où on cueille des plantes à l'état sauvage représentent plus de 62 millions d'hectares en 2007. Un important mouvement d'appui à la protection des milieux naturels encourage ce développement, notamment au Brésil. Remarquons que la croissance a été très rapide dans les pays qui ont bénéficié du support d'importants incitatifs financiers de la part des états, comme en Europe, alors que le développement s'est organisé avec peu d'aide extérieure dans d'autres pays.

Quant à la proportion des surfaces cultivées en culture biologique par rapport aux surfaces en agriculture conventionnelle, l'Autriche est en première place avec 15 %, la Suisse à 11 %, l'Italie à 8 %, la Finlande, la Suède, le Portugal, le Timor oriental et la République tchèque entre 6 et 7 %, le Danemark et l'Uruguay à 5 % et, enfin, le Royaume-Uni et l'Allemagne à 4 %.

1.5.2 SITUATION AMÉRICAINE

Le United States Department of Agriculture (USDA) publie, en 1990, le *Organic Foods Production Act* qui mène à la publication, en 2001 seulement, d'une norme nationale, le *National Organic Program* (NOP) qui fixe des normes rigides et non des normes minimales comme dans la plupart des pays.

Cette réglementation, amendée sous la pression populaire parce qu'on voulait permettre les boues urbaines et industrielles, les OGM et l'irradiation des aliments, semble quand même favoriser le développement d'une agriculture biologique de type industriel. Le USDA a mis en place toute une série de mesures de soutien pour appuyer les efforts du milieu. Les lobbys voulant baisser les normes, facilitant l'accès aux entreprises industrielles, sont très actifs aux États-Unis, tout comme en Europe.

1.5.3 SITUATION CANADIENNE

Au niveau canadien, dès 1988, l'Organic Farming and Processing Association of North America (OFPANA), maintenant l'Organic Trade Association (OTA), stimule la création d'un programme national appelé Canadian Organic Unity Project (COUP). Par la suite, le Canadian Organic Advisory Board (COAB) continue à mener une concertation nationale sur le développement de la culture biologique, la normalisation et la certification.

L'Agence canadienne d'inspection des aliments (ACIA), qui relève d'Agriculture Canada, est responsable du *Règlement sur les produits biologiques* adopté en 2006 et relevant de la *Loi sur les produits agricoles*. Le règlement touche les produits importés, les produits exportés, ainsi que le commerce interprovincial. Il n'impose pas la certification pour toutes les fermes biologiques ; il est accompagné d'un logo. Comme le système n'est pas encore en place, beaucoup d'incertitudes demeurent quant à son efficacité. Un nouveau *Règlement* amendé entre en vigueur le 30 juin 2009. Il rend obligatoire la certification de la conformité à la norme nationale sur l'agriculture biologique pour les produits biologiques destinés au commerce international et interprovincial.

Le Centre d'agriculture biologique du Canada est mis en place en 2001 au Nova Scotia Agricultural College ; il collabore avec les milieux de l'agriculture biologique canadienne et avec les universités, et développe des cours en ligne. Une chaire d'agriculture biologique financée par le gouvernement fédéral y est rattachée. Certains des cours sont maintenant offerts en français par l'Université Laval à Québec.

1.5.4 DIVERSIFICATION DES RESSOURCES AU QUÉBEC

Au Québec, le nouveau millénaire s'amorce avec la généralisation d'un discours agroenvironnemental tant de la part de l'UPA que des ministères et avec la diversification des ressources favorisant la culture biologique.

Équiterre reste très actif comme mouvement citoyen prônant des actions écologiques et socialement équitables dans divers domaines. Ses interventions dans le domaine de la culture biologique concernent non seulement l'information du public, mais aussi le soutien aux fermes biologiques grâce à son réseau d'agriculture soutenue par la communauté (ASC), la création de projets d'alimentation bio en institutions (garderies, cuisines collectives) et la mise en marché en circuits courts.

La Fédération d'agriculture biologique du Québec (FABQ), fondée en 1989, regroupe principalement des agriculteurs ayant effectué une transition à partir de la culture conventionnelle. Elle est affiliée à l'UPA et englobe quatre syndicats spécialisés (Syndicat des producteurs de lait biologique du Québec, Syndicat des producteurs de grains biologiques du Québec, Syndicat des producteurs de viandes biologiques du Québec, Syndicat des acériculteurs biologiques du Québec) et deux comités, l'un sur la production horticole et l'autre sur les plantes médicinales.

On assiste en 2001 à la création de l'Union paysanne qui se veut à la fois un lieu de rencontre de gens intéressés par une agriculture non industrielle, mais aussi un syndicat alternatif à l'UPA. La présence de cet organisme, affilié à d'autres mouvements paysans dans le monde par l'intermédiaire du réseau Via Campesina, mène à une radicalisation des débats en agriculture. Créée en 2003, l'Union biologique paysanne (UBP) est un syndicat affilié à l'Union paysanne qui regroupe des agriculteurs biologiques opposés à une participation à la FABQ et à l'UPA. La présence de ces deux organismes entraîne des débats controversés dans les milieux de l'agriculture biologique québécoise. Toutefois, la FABQ et l'UBP ne regroupent pas l'ensemble des producteurs biologiques, une partie préférant ne pas participer à ces organisations.

En 2004, la Filière biologique québécoise renouvelle son plan stratégique et clarifie ses orientations pour les années à venir. Le danger de contamination par les OGM devient une question préoccupante à cause des risques de contamination. Dans son plan de développement stratégique, la Filière biologique privilégie des interventions dans divers axes de développement : l'encadrement réglementaire, l'organisation de la mise en marché, l'appui financier, l'appui professionnel et technique, et la lutte contre les OGM.

En 2004, le Conseil d'accréditation du Québec devient le Conseil des appellations agroalimentaires (CAAQ) pour enfin devenir, le 1er janvier 2008, le Conseil des appellations réservées et des termes valorisants (CARTV), l'autorité responsable de la gestion et de la protection des appellations réservées.

Le Comité agriculture biologique du Centre de référence en agriculture et agroalimentaire du Québec (CRAAQ) travaille aux orientations de la recherche, à la publication de documents et à l'organisation de colloques. Le CRAAQ met aussi en ligne le service Agri-Réseau en collaboration avec le MAPAQ.

Le Service de formation continue du Cégep de Victoriaville a récemment mis en place un Programme international de transfert de technologie en agriculture biologique dirigé par l'auteur. Il comprend des conférences avec des ressources invitées de l'étranger ainsi que des voyages d'études.

Le MAPAQ maintient son réseau de conseillers régionaux dans le domaine de la culture biologique : les responsables n'y travaillent la plupart qu'à temps partiel. Les programmes de soutien au développement de l'agriculture biologique du Ministère interviennent dans trois domaines : l'adaptation technologique et le transfert d'expertise, la mise en marché des produits biologiques et la transition à l'agriculture biologique.

La Financière agricole du Québec a mis en place un réseau d'agents de liaison ayant des compétences spécifiques, afin de faciliter la compréhension de l'agriculture biologique et de mieux adapter les services aux besoins du secteur. Tous les services et les programmes existants sont disponibles pour les fermes pratiquant la culture biologique.

Grâce à la collaboration d'une trentaine d'organismes partenaires, l'Institut de recherche et développement en agroenvironnement (IRDA) met sur pied à Saint-Bruno-de-Montarville une Plateforme d'agriculture biologique.

Le Cégep de Victoriaville met en place, en 2009, le Centre d'expertise et de transfert en agriculture biologique et de proximité (CETAB+). Le Centre intervient dans le soutien direct aux conseillers et aux agriculteurs et dans le développement des activités de transfert technologique et de vulgarisation. Plusieurs activités sont déjà en cours, notamment une veille technologique et divers projets de mise au point technique, dont un projet de planches permanentes en culture maraîchère.

1.5.5 PROCESSUS DE CERTIFICATION QUÉBÉCOIS

Tout processus de certification évolue avec le développement des technologies de production et du marché. Il serait sage de s'informer des règles en vigueur ; la meilleure source de renseignements sur les organismes et les normes biologiques de référence est le site Internet du CARTV.

Tout aliment vendu au Québec sous appellation « biologique » doit absolument être certifié par un organisme accrédité par le CARTV ou reconnu par celui-ci en fonction du règlement canadien. Cette obligation vient de la *Loi sur les appellations réservées*, adoptée par le gouvernement du Québec en 1996, qui encadre les appellations décrivant le mode de production, l'origine régionale ou certaines spécificités des aliments. L'utilisation des termes « biologique » et des synonymes « organique », « écologique » ou « biodynamique » de même que des diminutifs « éco » et « bio » est réservée par décret depuis l'an 2000, et des règles strictes s'appliquent à tout affichage, emballage et étiquetage. Les produits agricoles, les aliments transformés, les intrants, même les services d'aménagement paysager sont soumis à ce décret.

Le CARTV édicte les normes biologiques québécoises de référence et encadre leur application, accréditant des organismes de certification habiletés à certifier tous les utilisateurs de ces appellations réservées. Il encadre aussi les processus d'importation, de transport, de commercialisation, de vente en vrac, de remballage. Toute personne ou entreprise désirant identifier un produit sous l'appellation biologique doit passer par un processus de certification comportant au moins une visite annuelle d'inspection et recevra un certificat de conformité si elle satisfait aux exigences.

Il y a six organismes de certification accrédités au Québec en 2010 : Ecocert Canada, Québec Vrai (OCQV), OCIA, Pro-Cert, QAI et Letis. Demeter, la certification biodynamique, est attribuée sur demande par un des organismes accrédités.

La procédure de certification comporte une série d'obligations pour l'agriculteur qui désire l'obtenir. En bref, comme les normes sont quelque peu différentes d'un pays à un autre, il faut d'abord définir le marché visé par les produits de la ferme. Pour les marchés québécois et canadien, les *Normes biologiques de référence* conviennent. Pour les États-Unis, la procédure de certification se réfère au NOP. Pour l'Europe, on tient compte du référentiel CEE, et pour la Suisse, de Bio-Suisse. Enfin, pour le Japon, on se réfère à la norme JAS. Les règlements européens sont actuellement en révision.

On doit aviser au préalable l'organisme de certification des certifications qui seront demandées, et consulter le cahier des normes pour s'assurer de la conformité des pratiques. On choisit généralement un certificateur en fonction de sa notoriété dans un marché donné, on fait ensuite une demande auprès de l'organisme de certification choisi en remplissant les formulaires et les contrats, et en constituant le dossier approprié.

Le producteur reçoit la visite d'un inspecteur en saison de production, et ce dernier produit un rapport qu'il dépose auprès de l'organisme de certification. Habituellement, ce rapport contient certaines recommandations d'ajustements auxquelles il faudra se conformer pour obtenir la certification.

Pour obtenir et conserver sa certification, l'agriculteur devra tenir des registres très complets comportant, pour les productions végétales, les informations suivantes :

— le plan de ferme,
— le plan de rotation des cultures,
— les analyses des sols,
— l'analyse des fumiers et du compost,
— l'analyse de l'eau,
— la liste des intrants utilisés en fertilisation et en phytoprotection,
— le suivi de température des composts ou des analyses sanitaires,
— les méthodes de production des plants,
— les pratiques culturales au champ,
— la description des machineries,
— le plan de fertilisation,
— les méthodes de phytoprotection,
— les pratiques de conservation des sols et de l'eau,
— le suivi administratif.

On peut aussi demander au producteur de présenter des factures pour valider ses achats d'intrants et ses transactions.

Une période de transition de trois ans doit être observée depuis la dernière application de produits interdits, période au cours de laquelle les normes biologiques doivent être suivies ; l'année avant la certification, une inspection de précertification aura lieu. Un certificat de conformité valide pour une année sera émis après l'obtention de la certification. En cas de refus, une procédure d'appel est en place, impliquant des personnes extérieures à l'organisme.

Au fédéral, c'est l'Agence canadienne d'inspection des aliments (ACIA) qui est responsable d'encadrer le règlement. Il y a eu une entente de reconnaissance mutuelle entre les deux niveaux de gouvernement en décembre 2009. Le règlement canadien met en place le Régime Bio Canada et intervient dans la normalisation, l'accréditation des organismes de certification, la reconnaissance internationale et l'étiquetage, entre autres. Depuis 2009, tous les utilisateurs du mot biologique au Canada, ou de ses synonymes doivent être certifiés, comme c'est le cas au Québec depuis longtemps.

Le sujet étant complexe, il est toujours recommandé de bien s'informer avant d'agir. La meilleure référence pour l'agriculteur demeure son organisme de certification.

1.5.6 MARCHÉ DES ALIMENTS

Le marché des aliments issus de l'agriculture biologique a progressé depuis la fin des années 1980 au rythme de 10 à 20 % par année dans les pays occidentaux. On trouve aussi en milieu tropical un bon nombre de fermes ayant adopté cette approche ; beaucoup exportent leurs produits vers les pays occidentaux, le Japon et l'Australie.

Plus de la moitié des Américains ont déjà acheté des aliments issus de la culture biologique ; environ le tiers en achète occasionnellement. La consommation approche 3 % des dépenses totales pour l'alimentation aux États-Unis, avec une croissance annuelle aux environs de 20 %, pour des totaux se rapprochant, en 2007, de 18 milliards de dollars $US. Au Canada, la consommation totalise environ 1 milliard de dollars $US en 2004, avec une croissance de 20 % par année depuis cinq ans.

Fait à noter, au Canada, environ 85 % des aliments certifiés sur les tablettes de nos épiceries sont importés, ce qui dénote un retard dans le développement de nos entreprises locales autant en ce qui concerne la production que la transformation.

En Europe de l'Ouest, la consommation représente en 2004 environ 2 % des dépenses alimentaires des ménages et, après une croissance de 20 % durant des années, la progression annuelle actuelle se situe entre 5 et 10 % dans la majorité des pays. La situation y est assez diverse. Dans des pays comme le Danemark, les Pays-Bas et la Belgique, on assiste à un plafonnement de la demande des consommateurs qui, par ailleurs, a progressé rapidement par le passé, alors qu'en Allemagne, en Italie et au Royaume-Uni, l'expansion des ventes se poursuit à un rythme rapide. La récession de 2008 a cependant ralenti le développement dans plusieurs pays.

La Suisse est le pays où le budget familial alloué aux aliments et breuvages certifiés bio est le plus élevé, suivi du Danemark. L'Allemagne représente le plus grand marché de ce continent, suivi du Royaume-Uni, de la France et de l'Italie. En Allemagne, les dépenses totales des ménages sont à peu près au même pourcentage que celles des ménages américains. Les deux tiers des Européens achètent occasionnellement des produits bio.

En général, la production animale européenne satisfait bien la demande du marché alors que les fermes céréalières n'y arrivent pas. Des pays comme l'Espagne ont un marché interne moins développé et une production axée surtout sur l'exportation vers le Nord.

La demande d'aliments issus de l'agriculture biologique n'a pas diminué lors de cycles de ralentissement économique en Europe et en Amérique du Nord. Si la tendance se maintient, les projections à long terme prédisent un potentiel atteignant une importante proportion de la consommation totale d'aliments d'ici 10 ou 15 ans, dans tous les pays industrialisés.

La consommation dans les pays plus pauvres n'atteint pas le même niveau même si elle s'organise de plus en plus. Plusieurs petits paysans arrivent à nourrir partiellement leur famille. Certaines fermes produisent pour des marchés locaux émergents, parfois sans prime pour leurs produits. La vente se fait beaucoup dans des marchés publics, mais aussi dans des magasins spécialisés et de plus en plus dans les supermarchés. En Inde, par exemple, on observe un essor de la demande de la part de la classe moyenne. Mais les agriculteurs visent surtout les marchés d'exportation, où la demande est forte, pour obtenir un meilleur prix.

Au total, en 2006, le marché mondial des aliments certifiés approche les 40 milliards de dollars $ US. Plus de 95 % de ces achats sont effectués en Europe et en Amérique du Nord.

1.5.7 ORGANISATION DE LA MISE EN MARCHÉ

Les aliments biologiques sont mis en marché de multiples façons et ne passent que partiellement par les circuits conventionnels. Il faut bien comprendre le fonctionnement du système conventionnel de distribution des aliments. Les grandes chaînes ont leur entrepôt central et leurs acheteurs. Ils font affaire, au besoin, avec des courtiers qui les aident à trouver les produits nécessaires. Les producteurs livrent à l'entrepôt central ou à un centre d'assemblage d'où les produits sont acheminés à l'entrepôt.

Les chaînes distribuent par la suite les marchandises à leurs divers supermarchés. Les responsables du rayon fruits et légumes du supermarché n'ont le pouvoir d'acheter localement que dans certains cas, par exemple lorsque l'épicerie est une propriété indépendante de la chaîne. Il y a aussi un certain nombre de grossistes ou distributeurs indépendants qui s'approvisionnent le plus souvent, dans un marché de gros, comme le marché central de Montréal. La plupart de ces distributeurs fournissent des épiceries indépendantes, des institutions, des restaurants.

Les grandes chaînes organisent leur propre distribution. Actuellement, ce sont quelques distributeurs indépendants qui, après avoir organisé et fait certifier une section biologique de leurs opérations, fournissent le marché local ; ils revendent aussi des légumes québécois sur le marché américain. On trouve aussi de petits distributeurs indépendants.

La vente au semi-gros consiste à vendre directement de la ferme à l'épicerie. Les plus grosses fermes maraîchères fournissent généralement des grossistes et des chaînes et un certain nombre de clients en semi-gros. Les petites fermes sont rarement capables d'approvisionner les chaînes, car elles ne disposent pas de volumes suffisants. Elles disposent souvent d'un certain nombre de clients en semi-gros qui requièrent des volumes relativement faibles et peuvent tolérer, à l'occasion, une certaine irrégularité dans l'approvisionnement en se repliant sur d'autres fournisseurs. Quelques fermes se spécialisent dans la culture de légumes extra-fins pour des restaurants haut de gamme, où la certification n'est pas toujours essentielle.

La vente au détail consiste à vendre directement au consommateur. La majorité des consommateurs québécois préfère tout acheter au même endroit et faire l'épicerie une fois par semaine, quitte à s'approvisionner ailleurs à l'occasion pour l'un ou l'autre produit manquant. À Montréal, à Québec, dans quelques villes moyennes ou petites et même dans certains centres de villégiature, on trouve des marchés publics établis qui fonctionnent bien ; des fermes biologiques y tiennent un étal. Dans d'autres localités, les marchés publics n'ont pas réussi à s'implanter. Les maraîchers qui désirent vendre au détail doivent alors utiliser une des stratégies suivantes : vente de paniers prépayés en ASC, kiosque à la ferme, kiosque au bord de la route, autocueillette à la ferme, marchés occasionnels lors d'événements spéciaux, comme un festival. L'agrotourisme et l'accueil à la ferme offrent aussi une autre avenue de vente directe.

Chapitre 2

LES SOLS ET LA FERTILISATION

INTRODUCTION

L'agriculture biologique aborde la question de la fertilité des sols d'une manière différente de l'agriculture conventionnelle. On accorde un peu moins d'importance à la richesse minérale des sols et plus aux conditions de développement des plantes comme base de leur production.

2.1 SOLS ET CLIMATS

Le sol et le climat sont les deux facteurs majeurs qui influent sur la croissance de la plante. On peut limiter partiellement les effets du climat grâce au choix de l'emplacement de la culture et de l'aménagement écologique de la ferme, en particulier par l'installation de haies brise-vent. Il est également possible de réduire l'impact du climat en utilisant des matériaux et des techniques de protection, telles la culture en serre et la plasticulture. En culture légumière, l'irrigation tant en surface qu'en profondeur peut servir à contrer le manque de pluie alors que le drainage permet d'éliminer l'excès d'eau.

2.1.1 CLIMAT QUÉBÉCOIS

Le climat du Québec habité est modéré. Il se situe au confluent d'influences maritimes, étant donné la proximité du fleuve et du golfe Saint-Laurent, et d'influences continentales, notamment par les vents d'ouest dominants. Les précipitations annuelles se situent entre 800 et 1 500 mm, pour une moyenne d'environ 1 000 mm, et sont réparties assez régulièrement durant l'année. Tout comme les sols sont très hétérogènes, les précipitations locales peuvent subir de grandes variations d'une année à l'autre.

Le climat est aussi dominé par l'alternance des saisons froides et chaudes. Au Nord, à l'Est et sur les hauteurs des Appalaches et des Laurentides, les nuits sont plus fraîches et les températures diurnes moins élevées que dans la plaine. La plaine du Saint-Laurent, en particulier le sud du Québec, offre des climats plus propices aux cultures exigeantes en chaleur ; la saison sans gel atteint couramment 150 jours à proximité de Montréal, alors qu'au Centre du Québec, elle n'est que de 110 à 120 jours.

En pratique, l'agriculteur doit disposer d'informations climatiques sur les sites qu'il cultive : unités thermiques maïs, degrés-jours des principales cultures, dates des gelées tardives au printemps, et des gelées hâtives à l'automne, pluviométrie, vents dominants, accumulation de neige, date potentielle du début des cultures de primeurs. Le choix des cultures et le moment de leur implantation devront tenir compte de ces questions. La tolérance au gel sera aussi un facteur de choix important. Par exemple, le haricot, les cucurbitacées et plusieurs solanacées ne tolèrent pas la gelée, alors que l'épinard et le poireau sont extrêmement tolérants au point de pouvoir survivre à l'hiver lorsque les conditions sont favorables. Laitue, crucifères, pois, oignons, betteraves sont tolérants au gel en saison de culture, si bien qu'on peut les planter avant les dernières gelées du printemps. Les questions reliées aux besoins climatiques des cultures sont développées dans les chapitres sur la régie de chacun des légumes (9 à 36).

Pour une excellente présentation des notions de base sur le climat, et tout spécialement le climat du Québec tel qu'il influence les sols et l'agriculture, on peut se référer au livre *Le climat et les sols agricoles*, de Roger Doucet, dans la même collection La Science agricole.

2.1.2 SOLS QUÉBÉCOIS

Les sols québécois sont le résultat de milliers d'années de formation, marquées par les grands facteurs géologiques et climatiques qui ont agi et qui agissent encore sur le territoire, dont les glaciations, la présence et le retrait de la mer Champlain dans la plaine du Saint-Laurent et les vallées de ses affluents. Il est aussi marqué par la topographie, la pluviométrie, la végétation d'origine et la roche mère. Les sols sont formés par l'action du climat combinée avec celle des plantes, de la microflore et de la faune sur la roche mère, c'est-à-dire les matériaux solides d'un site donné.

Les sols sont souvent saturés d'eau de l'automne au printemps, et les cultures n'absorbent pas complètement les précipitations saisonnières. Le lessivage sera donc un des agents dominants dans la formation des sols, de même que le mauvais drainage. Par exemple, les pertes hivernales de calcium et d'azote sont souvent très élevées.

Au niveau de chaque ferme, il importe d'étudier les facteurs d'influence sur la formation des sols : roche mère, topographie, porosité, drainage, saturation hivernale, gel, dégel, sécheresse, végétation d'origine, activité biologique, type d'humus formé, ainsi que les pratiques culturales récentes. Rappelons que la roche mère n'est souvent pas issue du socle rocheux local, mais plutôt d'un dépôt meuble constitué de substances déposées par les glaciers, par la mer Champlain, ou par des mouvements de matériaux meubles lors de son retrait ou dans les périodes subséquentes. Pour mieux connaître les sols de sa ferme, l'agriculteur devrait d'abord et avant tout consulter les cartes pédologiques régionales, peut-être avec l'aide d'un conseiller agricole compétent ; à partir de ses connaissances des sols présents sur sa ferme, il peut identifier ces sols et tenter d'obtenir le plus possible d'informations pertinentes les concernant.

Depuis quelques années, il y a sur le marché des technologies sophistiquées de cartographie des sols ou des champs, et aussi des appareils de positionnement global par satellite (GPS), utilisés pour le moment surtout en grande culture, qui font ressortir une nouvelle tendance : on traite de plus en plus les sols individuellement. On trouve au Québec plusieurs centaines de séries de sols avec diverses variantes, et plusieurs de ces sols se situent parfois dans le même champ. Des efforts récents visent à adapter la régie d'abord à des sols plutôt qu'à des champs ou des cultures. Les chaulages, les apports de matières organiques et les fertilisations peuvent être adaptés en fonction de la nature de ces divers sols, de même que le choix des cultures, même si cela va à l'encontre des tendances de standardisation qui dominent encore l'agriculture moderne. Malheureusement, l'agriculture de précision comporte souvent des décisions de régie basées sur un système d'intensification qui ne cherche pas à comprendre le fonctionnement du sol, mais simplement à accroître les rendements des cultures par l'intensification des intrants.

La lecture des rapports pédologiques régionaux est un excellent point de départ pour l'étude des sols. Cet exercice fait habituellement partie des cours sur les sols offerts par les Services d'éducation des adultes, cours de base que tout agriculteur se doit d'avoir suivi. On ne répétera jamais assez que la connaissance des sols est la première base de toute la pratique agricole.

2.2 FERTILITÉ DES SOLS

Lorsqu'on parle de fertilité des sols, la première idée qui nous vient à l'esprit en est une de richesse en éléments nutritifs. On perçoit une banque de minéraux qu'il faut remplir à mesure que les plantes cultivées la vident. Ce n'est pas complètement faux, mais, en pratique, on observe souvent des cas où des sols moins riches et des fertilisations plus modérées donnent de meilleurs rendements. Il faut élargir le concept de fertilité au-delà d'une conception mathématique appuyée sur les chiffres de l'analyse de sol. À un second niveau, on peut élargir la notion de fertilité en disant que c'est la capacité d'un sol à donner un bon rendement. Mais en culture biologique, on élargit le concept en présentant la fertilité comme étant la capacité du sol à soutenir la vie de l'ensemble de l'agroécosystème : les cultures, les animaux et les humains qui s'en nourrissent, mais aussi les organismes vivants du sol ainsi que la faune du milieu sauvage qui en dépend.

Ainsi, plutôt que de s'intéresser d'abord et avant tout à la fourniture d'éléments nutritifs solubles directement à la plante, concept dominant en culture conventionnelle, on tente de comprendre les liens actifs qui existent entre les sols, l'atmosphère et l'humidité, les plantes et les micro-organismes et les autres êtres vivants de l'agroécosystème. Entourées d'une riche flore microbienne, les plantes s'activent à la recherche de leur nourriture et, lorsqu'on veut développer la fertilité du sol, on tente par tous les moyens de faciliter les relations actives entre les divers règnes de la nature. Et surtout, on tente de s'assurer que le sol permet à ces interrelations de se développer. Ce sont donc les processus biologiques des sols que l'agriculture biologique cherche à favoriser avant tout.

2.2.1 STRUCTURE DES SOLS

Une bonne structure est la condition essentielle pour la fertilité du sol et le bon développement des cultures et des micro-organismes qui leur sont associés. La structure, c'est la façon dont les solides sont assemblés et séparés par des espaces. Les sols sont constitués de particules minérales de sable et de gravier de dimensions variables, de limon et d'argile, et de matières organiques plus ou moins transformées ; ils contiennent aussi de l'air, de l'eau, des minéraux solubles, et divers êtres vivants, faisant partie des matières organiques, qu'on décrit par le terme activité biologique. Les solides sont liés par les matières organiques diverses, par les corps et les déchets métaboliques microbiens et végétaux, et par certaines substances chimiques, en particulier le fer et ses hydroxydes, l'aluminium et le calcium. La porosité du sol, c'est-à-dire les espaces entre les solides, doit représenter idéalement environ 50 % du volume d'un sol ; ces espaces seront occupés, en proportions à peu près égales mais variables, par l'air qui occupe surtout les pores les plus gros, et l'eau qui occupe surtout les plus petites. Une bonne structure offre donc une bonne capacité de rétention et de drainage de l'eau et une aération soutenue, des conditions optimales pour les racines et l'activité biologique si essentielle à la santé des cultures (figures 2.1 et 2.2, planches en couleurs ; les figures qui n'apparaissent pas dans le chapitre sont dans les planches en couleurs, pages 230 et 231).

On accorde une grande importance aux racines en culture biologique. Certains chercheurs, dont Johann Bachinger, ont démontré qu'en culture biologique, la masse racinaire augmente avec les années, surtout en profondeur. Parce qu'on n'utilise pas la pratique consistant à placer des engrais solubles à proximité des racines, il faut s'assurer du développement d'un système racinaire le plus important possible, explorant activement l'ensemble du sol, mais aussi les profondeurs du sous-sol. On vise à ce que la masse racinaire augmente avec le temps, et surtout en profondeur. Cela devient possible lorsque les efforts d'amélioration du sol entraînent l'apparition d'une structure plus poreuse dans les horizons plus profonds du sol (figure 2.3).

Pour optimiser la structure de nos sols et éviter la compaction, il faut d'abord faire montre de prudence quant aux conditions d'humidité des sols lors des travaux aux champs, car le travail en conditions trop humides est une des erreurs les plus communes rencontrées sur nos fermes. Dès qu'une balle de sol écrasée par le poing ne se brise pas lorsqu'on la laisse tomber au sol de la hauteur du coude, on peut dire qu'il faut éviter le travail du sol. De bonnes conditions de drainage sont un préalable incontournable pour protéger la structure. Un sol compact ne dispose plus de suffisamment d'espace entre les solides pour la circulation de l'air, de l'eau et des racines ; celles-ci auront de la difficulté à bien se développer et il en est de même pour l'activité biologique (figure 2.4).

Il faut donc assurer de bonnes pratiques d'entretien allant de la couverture du sol par les végétaux, en particulier les engrais verts et les prairies en rotation, aux apports fréquents de matières organiques en passant par un entretien calcique très régulier et des travaux mécanisés appropriés (figures 2.5 et 2.6). Les racines obtenues des engrais verts et celles des prairies, en se ramifiant et par les substances qu'elles rejettent dans le sol, ont une influence majeure sur la porosité du sol. L'activité biologique qu'elles génèrent lors de leur croissance, dans un premier temps, puis après leur enfouissement, par la décomposition, stimule l'action de la faune (vers et insectes qui fouinent dans le sol et en améliorent la porosité), mais aussi de la flore (bactéries, champignons, actinomycètes, et autres, produisant glues, mucilages et filaments qui sont créateurs de stabilité structurale). On peut observer à la figure 2.7 une structure de sol sous prairie.

2.2.2 DIAGNOSTIC D'UN SOL

Les techniques d'étude du profil cultural, développées en France, et du profil à la bêche, utilisées en Europe germanique, offrent de grandes possibilités pour diagnostiquer les conditions d'un sol et faire une synthèse entre informations pédologiques et agronomiques (figures 2.8 et 2.9). Elles permettent, entre autres, d'identifier les problèmes de compaction du sol et du sous-sol, cause fréquente de mauvais drainage et de mauvaise croissance, les limites à l'enracinement, de même que le comportement de l'eau, de l'activité biologique et des matières organiques dans le sol. On prêtera attention à la texture, à l'humidité, à la couleur des horizons et aux taches.

L'état des matières organiques est très révélateur ; aussi fait-il apprendre à identifier leur couleur, leur odeur, leur fermeté, leur décomposition plus ou moins avancée, leur liaison et leur intégration avec les minéraux du sol. La forme des mottes, leur dureté, leur cohésion, leur grosseur, la présence de biocavités, la battance superficielle, c'est-à-dire la destruction de la structure sous l'effet de la pluie avec formation d'une croûte superficielle, les effets du travail et du transport servent aussi à caractériser la structure d'un sol.

Il est très important de relever la présence de semelles compactes issues des pratiques culturales ou formées par les processus naturels du sol. Limitent-elles le passage de l'eau et des racines et nécessiteront-elles un travail de décompactage ?

Les odeurs sont aussi révélatrices. Elles vont d'une odeur de suri ou de soufre, à une bonne odeur de champignons caractéristique d'une activité biologique correcte ; celle-ci peut être observée dans les populations d'insectes, de vers, dans l'abondance des galeries et des turricules rejetés par les vers de terre, de même que les mycèles formés par les organismes fongiques.

L'étude du profil cultural offre à l'agriculteur au moins autant d'informations utiles qu'une analyse de sol ; les deux techniques d'évaluation sont complémentaires. Idéalement, on devrait éviter, lors de l'échantillonnage à des fins d'analyse, de mélanger des sols différents issus d'un même champ. On peut ainsi corréler les informations obtenues avec les données provenant de l'étude du profil cultural.

Depuis la fin des années 1980, il existe une pratique agronomique consistant à analyser les diverses couches du sol et du sous-sol pour tenter d'approfondir les connaissances sur la pédogenèse de chaque sol et sur la régie à adopter ; pour la plupart, les rapports pédologiques contiennent de telles analyses qui peuvent servir d'indicateur. Certains travaux de recherche font ressortir la richesse en éléments nutritifs des sous-sols et leur contribution potentielle à la nutrition des cultures, si le système racinaire arrive à les coloniser. Trop souvent, les pratiques conventionnelles ne portent attention qu'à la richesse du sol de surface. Dans une approche biologique, on attache une grande importance à la vigueur, à la profondeur de l'enracinement ; on s'aperçoit alors que, si les racines explorent un espace plus profond que la couche arable, le potentiel de fertilité des sols sera plus élevé qu'on ne le considère habituellement.

En Europe, certaines évaluations de l'azote en culture légumière portent sur des profondeurs atteignant 60 cm et même 90 cm dans le cas du chou de Bruxelles et du chou d'hiver. Il reste à vérifier dans quelle mesure on peut appliquer de telles pratiques au Québec.

On n'insistera jamais assez sur le fait qu'il faut favoriser l'enracinement le plus abondant et le plus profond possible ; à la différence de la culture conventionnelle, on ne place pas une fraction importante des éléments nutritifs en bande, à proximité des racines ; elles doivent donc se développer en abondance pour alimenter le plant en éléments nutritifs et en eau. Il faut reconnaître aussi que l'action des racines en croissance dans le sol et leur décomposition subséquente sont des facteurs importants d'amélioration et d'approfondissement de la porosité du sol qui mènent à une plus grande fertilité et une plus grande productivité. Donc, il faut bien observer le comportement des racines lors du diagnostic.

2.2.3 ENTRETIEN CALCIQUE

Dans la pratique, on observe généralement au Québec une propension à ne chauler les sols que lorsque le pH a déjà diminué, et à effectuer des chaulages importants à plusieurs années d'intervalles. Si, d'un point de vue pratique, il est plus facile de gérer le chaulage de cette façon, ce n'est toutefois pas la façon idéale. En effet, sous notre climat pluvieux, l'eau de drainage lessive, entre autres, des quantités importantes de calcium et de magnésium ; on observe, lorsqu'on compare des analyses de sols subséquents, une tendance à la réduction graduelle des taux de saturation en bases qui précède généralement l'acidification. Il est donc souhaitable de maintenir un taux de saturation en bases adéquat, en particulier en ce qui concerne le calcium qui devrait occuper de 55 à 80 % des sites d'échange, selon le type de sol, sauf pour des cultures spéciales, comme les éricacées.

On a aussi tenu un discours selon lequel le chaulage n'était pas nécessaire en culture biologique. L'expérience a démontré que le jardinage intensif, avec des fertilisations importantes à base de compost, assurait un maintien relativement correct de l'état calcique des sols, réduisant le besoin de chauler. Mais à plus grande échelle, d'après les essais de nombreux agriculteurs et les pratiques récentes appliquées sur un grand nombre de fermes, il faut se rendre à l'évidence que la méthode des fréquents petits chaulages d'entretien développée par les agriculteurs biologiques européens est à privilégier.

À partir du moment où un maraîcher veut intensifier sa régie des chaulages, et adopter une approche de chaulages d'entretien plutôt que correctifs, il doit effectuer une étude globale de l'état calcique de ses divers sols, et chercher à en établir le besoin en chaux annuel. Il est possible de procéder par tâtonnement avec de petites applications qui se situent entre 200 kg/ha et plus de 1 t/ha par année. Cependant, il est recommandé d'obtenir une aide technique et de faire une mise au point pour établir la dose appropriée. On retient qu'en sol argileux le calcium a un rôle floculant sur les argiles, ce qui stabilise la structure. Les capacités d'échange cationique (CEC) y sont plus élevées, les quantités de chaux utilisées aussi et les pH seront proches de la neutralité. En sol sablonneux exempt d'argile, le calcium n'a pas d'effet floculant, les CEC sont plus faibles, les doses d'entretien de chaux seront normalement moindres et les pH habituellement plus bas.

Des épandeurs à chaux sont maintenant disponibles en location et permettent des applications plus modérées que les camions (figure 2.10) ; ils devraient disposer de contrôles modifiables à partir du tracteur pour ajuster les doses quand on change de type de sol dans un champ donné. Pour éviter la compaction, on s'assure d'effectuer les épandages en bonnes conditions d'humidité du sol.

Une approche mise de l'avant par Albrecht, un des concepteurs de la théorie de l'équilibre des cations, consiste en l'utilisation de chaux contenant une fraction d'environ 30 % de particules plus grossières que les dimensions normalisées vendues habituellement. Cette pratique laisse dans les sols des particules de calcaire d'action lente ou très lente, et est favorisée par un certain nombre d'agriculteurs et d'intervenants même si elle va complètement à l'encontre des pratiques orthodoxes et est mal vue par certains. On chaulera alors à des fréquences moindres et à des doses plus typiques de ce qu'on retrouve dans les pratiques usuelles.

Il est préférable d'épandre la chaux directement sur le sol, plutôt que dans le compost. La réaction chimique entre le carbonate de calcium et les acides du sol a des effets stimulants pour l'activité biologique des sols. Au contraire, en mélange avec le fumier, la chaux peut favoriser les dégagements d'ammoniaque et la fixation du phosphore. De plus, on peut épandre une dose plus égale quand la chaux est épandue directement au champ.

L'enfouissement d'engrais verts ou de résidus de cultures importants offre souvent les meilleures conditions pour incorporer la chaux au sol, car les processus de décomposition produisent une acidité abondante. Si on incorpore la chaux par labour, il faut éviter de la localiser à plat dans le fond de la raie ; on cherche toujours à incorporer la chaux sur l'ensemble du profil cultivé.

Des essais récents ont aussi démontré la pertinence d'épandre la chaux en surface dans des cultures sarclées déjà établies comme le maïs. Les sols très pauvres en magnésium recevront une chaux magnésienne ou dolomitique.

2.2.4 GESTION DES MATIÈRES ORGANIQUES

Les diverses matières organiques qu'on retrouve dans le sol sont constituées principalement de substances groupées sous le nom d'humus ; celui-ci totalise souvent plus d'une centaine de tonnes à l'hectare en poids total. Cependant, on rajoute constamment, en plus petites quantités, des matières fraîches, résidus de culture, engrais verts, fumiers et composts qui, en se décomposant et se minéralisant, participent activement à la structuration du sol, à la nutrition des plantes, des microbes et de la faune du sol, tout en renouvelant lentement l'humus. Les racines et les diverses formes d'êtres vivants qui constituent la biomasse participent à l'activité biologique et représentent une troisième fraction de ces matières organiques du sol.

Les matières humiques sont riches en azote, en phosphore, en soufre et en oligo-éléments, et constituent, en se décomposant lentement, la première et même souvent la plus abondante source d'azote pour les besoins des cultures. Une fraction de l'humus est très stable, ne se minéralise pas, mais contribue à la stabilité structurale, à la rétention de l'eau et des minéraux.

Une bonne gestion des divers types de matières organiques est essentielle pour stabiliser la structure du sol et aussi pour alimenter la flore et la faune du sol, qui sont considérées comme étant d'une très grande importance en culture biologique, à cause de leurs fonctions multiples et de leur interaction constante avec les plantes en croissance. L'activité biologique du sol occupe une place importante en culture biologique, car elle est une intermédiaire majeure entre la culture et ses sources de nutriments. Il faut la favoriser par tous les moyens appropriés. Elle représente jusqu'à quelques tonnes à l'hectare de biomasse vivante, soit beaucoup plus que les animaux d'élevage qu'une ferme est capable de nourrir. Dans une gestion des matières organiques qui vise une stimulation optimale de l'activité biologique, on doit systématiser l'incorporation homogène des résidus de culture et les apports fréquents de matières organiques.

On peut simplifier en classant l'activité biologique en deux grands groupes d'organismes. Les décomposeurs, dont la fonction première est de transformer les matières organiques en s'en nourrissant, de libérer les minéraux qu'elles contiennent en les solubilisant afin qu'ils participent à la nutrition végétale, et d'entreprendre la formation d'humus. Un deuxième grand groupe peut être décrit comme la flore de la rhizosphère ou flore associée ; ces organismes vivent à proximité des racines de plantes où ils développent une relation intime avec celles-ci (figure 2.11). Cette microflore, comparée par Dominique Soltner à la flore intestinale des animaux et des humains, participe activement à la nutrition des plantes et à l'assainissement du milieu environnant. Fait peu connu, environ 20 à 25 % de l'énergie provenant de la photosynthèse sont injectés dans le sol sous forme de polysaccharides, de déchets métaboliques et de radicelles mortes, et participent à la nutrition de cette flore associée qui agira sur l'évolution du sol, son équilibre sanitaire, et la nutrition des plantes. L'azote résiduel contenu dans ces substances est parfois plus important que la teneur des résidus de culture : c'est l'azote issu de la rhizodéposition.

FIGURE 2.11 Flore de la rhizosphère

La pédofaune comprend les animaux vivant dans le sol, comme les vers de terre (figure 2.12), les insectes et les acariens ; ce sont des acteurs importants de la chaîne vivante du sol et dans l'ameublissement des sols. Ils sont souvent les premiers consommateurs des matières organiques fraîches apportées au sol qu'ils fractionnent et réduisent à la taille de particules, facilitant ainsi leur colonisation par la flore microbienne.

L'activité biologique attaque aussi des minéraux insolubles du sol, les rendant éventuellement assimilables pour les plantes, et minéralise l'humus, une source importante de phosphore, d'azote, etc.

2.2.5 DEMANDE EN OXYGÈNE

Dans certains sols, on trouve de l'oxygène à une grande profondeur ; il n'y a alors pas de problèmes à enfouir des résidus et autres matières organiques jusqu'à 15 à 20 cm de profondeur. Par contre, lorsque la structure ne permet pas une bonne pénétration de l'oxygène, il faut que les matières organiques soient enfouies dans les premiers centimètres de sol pour bien se décomposer ; ou il faut que la décomposition soit suffisamment avancée si on veut effectuer un enfouissement plus profond. La faune épigée (qui vit en surface du sol) sera plus active lors d'enfouissements superficiels. La pratique du compostage réduit fortement la demande en oxygène des matières organiques incorporées au sol et permet un enfouissement plus profond ; la décomposition superficielle qui suit un déchaumage prépare aussi les matières organiques à être incorporées plus profondément dans le profil par la suite (figure 2.13). Si on enfouit profondément une abondance de matières organiques peu décomposées, l'utilisation d'oxygène par les décomposeurs réduit l'oxygène disponible pour les racines de la culture ultérieure et peut entraîner de sérieux problèmes phytosanitaires ; dans ces conditions, la décomposition devient aussi plus acidifiante pour le sol. En pratique, on planifie soigneusement la séquence des cultures, en choisissant des plantes qui tolèrent bien les résidus des cultures précédentes et des engrais verts, et en assurant une incorporation appropriée et le temps nécessaire pour les laisser se décomposer avant la culture subséquente.

On doit épandre régulièrement des fumiers compostés ou des composts végétaux, entre autres pour leur valeur fertilisante. On compose le plan de rotation de façon telle que l'humus du sol sera maintenu par les amendements et les résidus de cultures, ou amélioré s'il est nécessaire d'en augmenter la teneur. Maximiser la teneur en matière organique du sol n'est pas un objectif valable, sauf en sols pauvres où cela peut être indiqué. La majorité des sols du Québec sont riches en matière organique et doivent recevoir des apports de matières organiques de qualité sans qu'on vise une augmentation de leur teneur ; on entretient alors leur taux d'humus sans l'augmenter.

On peut simplifier la classification des humus du sol en deux groupes. L'humus stable caractérise le premier groupe ; il se compose des matières humifiées qui sont généralement liées aux minéraux du sol, principalement dans le complexe argilo-humique. Les matières organiques de l'humus stable sont relativement résistantes à la décomposition, mais certaines molécules ne se lient pas avec les minéraux et sont plus facilement lessivables. La composition de l'humus stable est très variée ; certaines fractions y sont depuis des centaines et même des milliers d'années ; d'autres fractions datent des années ou des décennies récentes.

Pour caractériser le second groupe, le vocabulaire est plus variable : on parle d'humus effectif, d'humus actif, de produits transitoires, de matières organiques faciles à décomposer. Cette deuxième fraction se décompose facilement et participe activement à la nutrition de l'activité biologique du sol et des cultures.

Durant les années 1990, en collaboration avec Yves Hérody, les responsables du Centre de développement d'agrobiologie recommandaient de moduler les choix de fertilisants et d'amendements organiques pour équilibrer ces deux grandes fractions des matières organiques du sol. Si un sol est particulièrement riche en humus stable et pauvre en matières organiques actives, on évite les apports riches en matières fibreuses et on privilégie des matières fraîches, peu fibreuses et des composts très jeunes. Au contraire, dans un sol pauvre en humus stable mais disposant d'une abondance de matière organique facile à décomposer, on augmente l'utilisation de matériaux fibreux et de composts bien mûrs.

Il existe en France une méthode de calcul du bilan humique qui n'a jamais été validée en conditions québécoises ; elle vise à vérifier si la quantité de matières organiques apportées au sol assure un entretien du taux d'humus ou entraîne sa dégradation. On estime une minéralisation moyenne de 1,5 à 2 % par année de l'humus des sols, et une humification moyenne allant de 15 % de la matière sèche pour des résidus de culture fibreux jusqu'à 50 % pour un fumier composté. La présentation de ce calcul dépasse le cadre de cet ouvrage, mais l'exercice peut être utile, car la production maraîchère peut assez facilement mener à une baisse du taux d'humus d'un sol. L'utilisation de compost ou de fumier solide, et la culture de prairies en rotation sont des méthodes assurant habituellement le maintien de l'équilibre. La seule utilisation de fumier de poule ne suffit pas à maintenir un bilan humique équilibré.

Il faut reconnaître qu'au Québec les sols pauvres en matières organiques sont rares. Il ne faut pas faire l'erreur d'adopter certaines attitudes propres à l'agriculture biologique américaine ou européenne qui visent à augmenter les teneurs en matière organique à tout prix. Ici, un taux de 4 ou 5 % de matière organique est considéré comme moyen alors qu'en Europe ce taux est considéré comme élevé. Plus on se déplace vers des climats frais, des zones nordiques ou en altitude, plus on trouve des taux de matière organique élevés.

Les sols mal drainés ou très acides sont aussi habituellement riches en matière organique. La raison en est simple : l'activité biologique y est ralentie soit par le froid et le court été, soit par le manque d'oxygène causé par l'excès d'eau, soit par la compaction et les conditions physico-chimiques négatives dues au pH faible. Typiquement, les analyses révéleront des rapports C/N élevés, c'est-à-dire des matières organiques pauvres en azote. Il ne faut pas dans ces cas viser à augmenter la matière organique, mais plutôt chercher à améliorer l'activité biologique par des mesures d'amélioration du sol : chaulage, drainage, structuration, aération, apport de matières organiques riches en azote. Le billonnage et toutes les mesures qui réchauffent et aèrent les sols en climats frais seront habituellement favorables à l'évolution des matières organiques. Les préparations biodynamiques sont aussi un outil d'amélioration de l'activité biologique. Avec le temps, on voit souvent une réduction des taux de MO dans ces sols et une amélioration de la qualité des humus.

Les sols pauvres en matières organiques sont habituellement soit des sols ayant été bouleversés mécaniquement avec un apport excessif de terre minérale pauvre, par exemple un labour profond, soit des sols ayant été soumis à des pratiques culturales favorables à la dégradation comme la monoculture de pommes de terre, les grandes cultures sans fumier avec enlèvement des pailles, la culture maraîchère sans apports de matières organiques. Ces sols demanderont habituellement des efforts importants et des amendements organiques abondants pour les ramener à des conditions de fertilité adaptées à la culture biologique ; pour débuter en culture biologique, il est préférable d'éviter ces sols si possible.

À l'autre extrémité de la gamme, on trouve des sols abandonnés de longue date, appauvris et lessivés de leurs minéraux, mais riches en matières organiques pour cause de manque de décomposition. On entend des gens dire qu'ils sont excellents pour la culture biologique, car ils n'ont jamais reçu de produits chimiques. C'est une erreur. Les sols abandonnés le sont souvent parce qu'ils sont peu fertiles et offrent un potentiel de productivité très réduit. Il faut souvent quelques années d'efforts à grands frais avant de les ramener à des conditions acceptables. Un sol soigneusement cultivé en culture conventionnelle serait souvent préférable.

L'utilisation de bois rameaux fragmentés (BRF), c'est-à-dire des petites branches d'arbres broyées, est une méthode qui a reçu beaucoup de visibilité. Le matériau offre un certain intérêt pour l'amélioration de sols pauvres en matières organiques, mais la méthode prônée présente certaines limitations. On en recommande des apports massifs (100 à 250 m^3/ha), accompagnés d'importantes quantités de lisiers, d'usage restreint en culture biologique, sans quoi on observe assez fréquemment des carences en azote. Le matériau contient souvent des fractions importantes de grosses branches broyées peu intéressantes, ainsi que des résidus de conifères ayant un impact négatif sur la qualité de l'humus formé ; il faut donc s'assurer que les branches broyées sont issues de bois ayant moins de 7 cm de diamètre et que le taux de conifères se situe en deçà de 20 %. Il reste que sa disponibilité est faible. Si on en veut des quantités appréciables, il faut s'attendre à payer le prix fort, si bien que les quantités les plus élevées recommandées finissent par coûter plus cher que l'achat d'un sol plus fertile.

Cependant, si on arrive à obtenir des BRF de qualité à faible coût, ils présentent un intérêt certain pour la récupération de sols dégradés. On peut les composter, les appliquer en paillis ou les incorporer superficiellement avec l'équivalent de 2 kg de N/m^3. Idéalement, en culture légumière, on sacrifie une année de production sur la parcelle où l'on fait cette application pour laisser le temps au sol de réagir ; on cultive alors un engrais vert.

2.2.6 RÔLE CLÉ DE L'AZOTE

La régie de l'azote est un facteur clé dans la réussite de toute culture. La présence constante d'azote disponible à la plante en croissance est essentielle pour assurer une croissance régulière et une interaction active entre les racines et les microbes dans le sol qui est à la base de la nutrition végétale. Dans la plante, l'azote est essentiel pour la synthèse de la chlorophylle et des protéines, entre autres.

Dans la nature, on trouve l'azote d'abord dans l'atmosphère, dont il constitue la majeure partie. Il pénètre dans le sol par l'intermédiaire des pluies, mais surtout par la fixation microbienne. Dans le sol, on ne retrouve pas d'azote dans les minéraux de la roche mère, mais bien dans l'humus et les autres matières organiques.

La plus importante source d'azote pour la nutrition de la plante est la minéralisation de l'azote de l'humus, qui fournit parfois jusqu'à 70 % des besoins des plantes ; un humus de qualité est particulièrement riche en protéines et acides aminés. Un bon sol maraîcher avec 5 % de matière organique peut contenir plus de 5 t/ha d'azote et en libérer, en une saison complète, entre 50 et 150 kg/ha selon la dynamique de minéralisation qu'on y retrouve.

La seconde source de nutrition azotée provient des engrais, fumiers, composts et autres amendements apportés par l'agriculteur.

La troisième source est la minéralisation des résidus de culture et des engrais verts. La mort d'organismes vivants du sol, riches en protéines, contribue aussi à une fraction appréciable des besoins des cultures, sous des formes facilement assimilables ; ils sont les agents de la minéralisation et de l'humification, et ce qu'ils absorbent dans leur organisme des trois sources précédentes se trouve minéralisé régulièrement, soit sous forme d'excrétions et de déchets métaboliques, soit après leur mort, car leur cycle de vie est souvent très court.

L'azote est une substance très mobile. Par la minéralisation des matières organiques, son cycle de transformation le conduit vers la solution du sol, les cultures et l'activité biologique du sol, puis de nouveau vers une intégration dans l'humus. Les protéines et acides aminés jouent un rôle prédominant lorsqu'on ne court-circuite pas les processus naturels par l'utilisation de doses massives d'azote soluble, comme on le fait en culture conventionnelle.

Des pertes par lessivage, ou dénitrification, peuvent avoir lieu, qu'il faudra minimiser. Des gains par fixation par l'activité biologique ou par la pluie, qui dépose de l'azote de l'air, en particulier lors des orages, complètent les apports.

2.2.7 INTERVENTION DANS LE CYCLE DE L'AZOTE

C'est une habileté fondamentale de l'agriculteur que de savoir comment intervenir dans le cycle de l'azote pour favoriser la disponibilité constante de cette substance pour les besoins des plantes et de la vie du sol, et faciliter son recyclage soigné qui minimise les pertes polluantes vers l'environnement. La maximisation de l'activité biologique, les soins apportés au drainage, à la structure et à l'entretien calcique, et la gestion optimale des matières organiques sont les clés du succès pour fournir l'azote aux cultures au moment pertinent et diminuer les pertes dues à la volatilisation du N gazeux et au lessivage des nitrates. Le binage et le sarclage, qui injectent de l'air dans le sol et aident à en conserver l'humidité, sont de bonnes façons de stimuler l'activité biologique et la minéralisation de l'azote.

Il faut bien comprendre la séquence de minéralisation des matières organiques, présentée ici dans sa forme simplifiée :

$$\text{N organique} \longrightarrow \underset{\text{ammonium}}{NH_4^+} \longrightarrow \underset{\text{nitrite}}{NO_2} \longrightarrow \underset{\text{nitrate}}{NO_3}$$

Ces transformations sont faites par des micro-organismes, principalement des bactéries pour la deuxième partie de la séquence. Les plantes absorbent principalement des nitrates, fortement solubles, et aussi de l'ammonium. Étant un cation, ce dernier peut être maintenu en réserve par rétention sur le complexe argilo-humique. Les nitrates sont facilement lessivables, mais dans un sol biologiquement actif, ils sont aussi utilisés rapidement par les organismes du sol qui le réorganisent. Il faut toujours distinguer minéralisation totale et minéralisation disponible pour les plantes, car les microbes peuvent devenir des compétiteurs dans l'utilisation de l'azote.

Le facteur le plus important est la synchronisation de la minéralisation de N et de la nutrition azotée des cultures. Le climat influence le rythme de croissance. En général, les engrais utilisés en culture biologique agissent plus lentement que les engrais solubles utilisés en culture conventionnelle. Il faut faire en sorte que la mise en disponibilité suive la courbe de croissance des cultures : accélérée par temps chaud et humide, plus lente par temps froid, plus lente en période très sèche. Des engrais verts ou des résidus enfouis juste avant une implantation mettront peut-être un certain temps à se décomposer et à minéraliser, c'est pourquoi il est déconseillé d'enfouir un engrais vert juste avant l'implantation d'une culture. Il faut prévoir l'enfouissement deux ou trois semaines à l'avance ou même à l'automne précédent. Toutefois, l'enfouissement à l'automne peut assurer une décomposition hâtive le printemps suivant, mais entraîne aussi un risque accru de lessivage de N et d'autres minéraux en automne, en hiver et au dégel. Il faut porter attention à l'enfouissement de matières fibreuses qui peuvent bloquer temporairement l'azote disponible, car les microbes du sol l'immobiliseront durant la période où ils décomposent les fibres ; ce phénomène de faim d'azote peut nuire à la nutrition des cultures.

Au Québec, la principale ressource pour planifier les fertilisations est le *Guide de référence en fertilisation* produit par le Centre de référence en agriculture et agroalimentaire du Québec (CRAAQ). La convention utilisée pour la fertilisation azotée est la suivante : les sols ayant servi pour les essais sont typiques des sols du sud du Québec et contiennent 4 % de matière organique ; ils minéralisent de façon consistante 60 kg de N à l'hectare par année à partir de leurs matières organiques. Si les sols contiennent plus de 4 % de matière organique, on peut estimer une minéralisation annuelle de 15 kg/ha pour chaque pourcentage, jusqu'à un taux de 7 %. Cependant, on recommande de valider ce calcul dans chaque situation, car il est souvent inapplicable. Dans les régions éloignées où les sols sont plus frais, dans le cas de sols pauvres en azote, dans des sols compacts ou mal drainés, ou lors d'étés frais, cette hypothèse de travail ne tient souvent pas. L'humus varie couramment dans sa teneur en azote du simple au quadruple, d'un sol à l'autre. Il ne faut pas oublier que la minéralisation de l'humus s'étale sur une saison complète et qu'une culture de cycle court comme un épinard ou une laitue en absorbe moins longtemps qu'une crucifère ou un poireau à croissance longue. Il faut répondre à ses besoins en une période plus courte.

2.2.8 POTENTIEL DE MINÉRALISATION DE L'AZOTE

En fait, il faut valider le potentiel de minéralisation de l'azote des divers sols de chaque ferme. Une technique assez simple, mais qui requiert habituellement une assistance technique, est proposée par David Patriquin pour obtenir une information relative permettant de comparer le potentiel de divers sols. Elle consiste à prélever des échantillons des diverses parcelles cultivées de la ferme, en s'assurant de ne pas mélanger des sols différents ; on fabrique un mélange contenant un tiers de sol, un tiers de vermiculite et un tiers de perlite, et on le met dans des pots où l'on sème du ray-grass annuel. Après un mois de croissance, on mesure le rendement du ray-grass, d'abord sur une base humide, puis sur une base de matière sèche et on obtient une comparaison du potentiel de fertilité des divers sols. On peut faire analyser les divers échantillons afin d'obtenir des renseignements plus précis sur l'azote.

2.2.9 AZOTE DES FUMIERS ET COMPOSTS

En culture biologique, le fumier et le compost sont souvent les sources les plus communes de fertilisants azotés ; les résidus de culture, les engrais verts, les engrais animaux ou végétaux complètent les apports. Afin de réduire les risques de contamination des récoltes par des organismes pathogènes pour les humains (par exemple, des salmonelles), il est recommandé d'appliquer des fumiers, lisiers ou purins compostés. L'expérience démontre qu'il est préférable de composter systématiquement tous les fumiers en culture maraîchère, sauf pour quelques cultures comme le maïs ou les citrouilles. Si un agriculteur préfère utiliser des engrais de ferme non compostés, il est préférable de les appliquer sur des engrais verts précédant les cultures exigeantes dans la rotation. Depuis quelques années, l'utilisation en cours de culture de fumier de volailles séché et granulé est en vogue.

On se base habituellement sur le rapport C/N pour prédire le potentiel de minéralisation des composts bien que cet indicateur ne soit pas toujours fiable à 100 %.

En règle générale, plus le C/N est élevé, moins la décomposition est avancée et plus l'azote risque d'être immobilisé par les organismes qui décomposent le carbone ; lorsque le C/N est bas, et que le compost n'est pas excessivement mûr, plus on peut compter sur la minéralisation active de l'azote. Il faut prendre garde aux composts dont les rapports C/N sont supérieurs à 20, car ils minéralisent peu. Les composts à C/N < 15 peuvent être épandus juste avant la culture s'ils sont bien stabilisés, mais à C/N entre 15 et 20, il est préférable de les mettre à l'avance. Il faut éviter les composts très riches en bran de scie, dont le C/N est très élevé, car ils peuvent bloquer l'azote.

2.2.10 AZOTE DES LÉGUMINEUSES

La présence des légumineuses dans la rotation jouera un rôle primordial en production légumière, car elles compensent en partie les exportations d'azote sans contribuer à l'enrichissement en phosphore comme les fumiers et composts. Par contre, il faut comprendre correctement le mouvement de l'azote dans le système cultural, c'est-à-dire bien identifier ce qui est exporté et ce qui reste au champ. Dans des nodules situés sur leurs racines (figure 2.14), les légumineuses abritent les *Rhizobium*, des bactéries qui fixent l'azote de l'air ; cet azote se retrouve dans toutes les parties de la plante : les graines sont les plus riches, suivies des feuilles, puis des racines et des tiges. Une mauvaise compréhension du phénomène porte les gens à croire que l'azote est dans les racines et les nodules des légumineuses ; on n'y en retrouve en fait qu'une fraction.

Dans le cas d'un engrais vert de légumineuse où l'on incorpore un plant complet, l'azote total fixé est enfoui au sol où il servira à la nutrition des microbes, des cultures ultérieures et à la reconstitution des réserves d'azote dans l'humus ; il stimule aussi fortement la minéralisation de l'humus. Dans le cas d'une légumineuse fourragère, la grande majorité de l'azote fixé se trouve dans la récolte et seule une partie reste dans les racines et les pertes lors de la récolte. Le fourrage sera consommé par les animaux et la majeure partie de l'azote fixé se retrouve dans le fumier ; mais si les animaux consomment au pâturage, les déjections y restent. Dans le cas d'une légumineuse à graine récoltée jeune, comme un pois de conserverie, la majeure partie de l'azote fixé reste au champ dans le plant et les cosses. Le haricot et le pois vendus en cosse n'exportent qu'une faible partie de l'azote contenu dans le plant, souvent 10 ou 20 % seulement, rarement 50 %. Mais lors de la récolte d'une légumineuse à graine sèche, comme le soya ou le pois à soupe, il y a eu concentration de l'azote de la plante dans la protéine de la graine ; seule une petite fraction de l'azote reste au champ, en partie dans une tige fibreuse, qui l'immobilisera sous forme d'humus (tableau 2.1).

Légumineuses	Racines seulement	Racines et tiges à maturité	Abandon de culture
Féverole et lupin	25	40	80 – 110
Haricot sec	25	25	40 – 60
Luzerne (entretien)	40 – 70	80 – 20	80 – 120
Pâturage et prairie (entretien) avec 40 % et plus de légumineuses	40 – 60	60 – 85	60 – 85
Pâturage et prairie (entretien) avec 80 % et plus de légumineuses	40 – 70	80 – 120	80 – 120
Pâturage et prairie (entretien) avec 80 % et plus de graminées	25 – 35	35 – 50	35 – 50
Vieilles prairies (> 5 ans)	25 – 35	60 – 80	60 – 80
Pois sec	25	25	35 – 50
Soya	25	25	60 – 80

* tiré du *Guide de référence en fertilisation* du CRAAQ

Donc, la proportion d'azote restant au champ sera élevée dans le cas d'un engrais vert de légumineuses, moyenne lors d'une récolte jeune ou d'un résidu de prairie, et faible s'il s'agit d'une légumineuse à maturité qui en laisse relativement peu.

Comme la teneur en azote des tissus des légumineuses est élevée, souvent plus de 3 %, la décomposition est rapide et la minéralisation de l'azote a lieu surtout dans les premières semaines du début de la saison ; pour de nombreuses cultures, ce phénomène complète bien la minéralisation d'un compost, qui est plus graduelle. Il y a dans le *Guide de référence en fertilisation* du CRAAQ des données permettant d'évaluer la contribution en azote de quelques précédents culturaux, reprises ici au tableau 2.1, mais les légumes et les engrais verts ne sont pas inclus.

Il faut bien comprendre qu'en conditions suffisamment chaudes, la minéralisation sera rapide. Donc, si on enfouit un engrais vert ou que l'on termine une récolte de légumineuses avant la mi-septembre, il y a risque de pertes importantes par lessivage ; il faut alors viser à implanter un engrais vert adapté à la saison froide (avoine, seigle) qui pourra recycler les éléments nutritifs minéralisés en automne. C'est d'autant plus important pour une légumineuse enfouie en juillet ou en août. Il faut reconnaître que l'azote des légumineuses enrichit le sol en azote, mais qu'il stimule aussi la minéralisation de l'humus stable.

2.3 BILAN DES ÉLÉMENTS NUTRITIFS

En agriculture conventionnelle, on a eu tendance à raisonner les fertilisations sur la base de la quantité d'éléments nutritifs absorbés par la culture et non sur ce qui sort réellement du champ ou de la ferme, ce qui a entraîné des surfertilisations, car on ne tenait pas compte de ce qui reste dans les résidus de cultures et des mesures nécessaires pour en assurer un recyclage correct. En culture biologique, où la provenance des éléments nutritifs est en grande partie d'origine organique, il est essentiel de bien raisonner la destinée des éléments nutritifs contenus dans les cultures et de leur contribution éventuelle à la fertilité du sol et à la fertilisation des cultures subséquentes.

En culture légumière, on a peu étudié le comportement des résidus de cultures et leur valeur fertilisante. On trouvera dans les chapitres 9 à 36, portant sur la régie des cultures des principaux légumes, des renseignements sur l'exportation des éléments nutritifs d'un rendement moyen et un texte qui tente d'évaluer la proportion d'éléments nutritifs qui reste au champ dans les résidus de culture. Les quantités de minéraux exportés par la récolte représentent une fraction seulement des éléments contenus dans la culture et l'enfouissement des résidus représente un apport nutritif méconnu au sol, à sa flore et à sa faune, et aux cultures ultérieures.

La dynamique des éléments contenus dans les résidus de culture est reconnue depuis peu au Québec par l'agronomie conventionnelle, mais il y aurait lieu de pousser plus loin les connaissances sur l'impact des résidus de culture dans la fertilisation. Ce n'est que dans les années récentes qu'un intérêt pour l'importance de l'activité biologique des sols a fait son apparition dans tous les milieux agricoles ; il y a quelques années, ce sont surtout les agriculteurs biologiques qui s'intéressaient à cette question. L'activité biologique décompose les résidus, minéralisant une partie des minéraux et transformant une autre partie en humus.

L'approche du bilan des éléments nutritifs, développée au milieu du siècle dernier par les biodynamistes, commence à faire son chemin. Le bilan des éléments nutritifs consiste à suivre leur mouvement dans le cycle de la ferme et à calculer ou mesurer les entrées dans les engrais et autres apports, et les sorties, principalement dans les récoltes. Mais on rencontre souvent l'erreur qui consiste à confondre besoin de la culture en éléments nutritifs et exportation par la récolte. Le besoin en éléments nutritifs, ou prélèvement, représente la consommation totale de la culture lors de sa croissance, alors que l'exportation décrit la teneur en éléments de la partie des cultures qui est soit exportée hors du champ, soit vendue hors de la ferme.

Il y a deux façons de calculer le bilan. On peut se limiter au niveau du champ, où l'on tient compte de ce qui est enlevé par les récoltes, de ce qui reste dans les résidus de culture et des fertilisants apportés ; c'est une approche pratique pour planifier la fertilisation subséquente d'une parcelle. On peut aussi calculer un bilan pour l'ensemble de la ferme : on comptabilise alors les ventes de produits agricoles et les importations d'engrais, fumiers et autres intrants ; c'est une approche axée sur un portrait global de la situation qui n'offre pas de renseignements utilisables à l'échelle d'une parcelle.

2.3.1 MÉTHODES D'ÉVALUATION

Actuellement, l'approche de bilan au champ est de plus en plus utilisée, en particulier pour prévoir le comportement de l'azote, particulièrement mobile et important. On voit aussi apparaître en culture conventionnelle une approche dite « raisonnée ». Un document intitulé *Régie de l'azote chez les cultures maraîchères*, de Nicolas Tremblay, publié par Agriculture et Agroalimentaire Canada et disponible sur son site Internet, contient des renseignements utilisables en culture biologique même si l'essentiel de la stratégie est basé sur une fertilisation soluble donnant des résultats rapides, une approche qui ne convient pas en culture biologique. En fait, ce sont les méthodes d'évaluation et de mesure de l'azote des sols et des cultures qui y sont décrites qu'on peut utiliser en culture biologique, et elles le sont d'ailleurs par les chercheurs européens. Toutefois, le référentiel nécessaire pour prendre une décision une fois la mesure complétée n'est pas adapté à la culture biologique, même en Europe, où les fonds disponibles pour l'expérimentation et la mise au point dépassent largement le peu de soutien disponible au Québec. Il y aurait donc du travail de mise au point à faire pour adapter ces méthodes.

Pour planifier l'effet fertilisant des résidus de culture, trois approches sont disponibles. On peut :

- — en estimer la richesse en éléments nutritifs à l'aide des données disponibles et fournies pour chacun des légumes (chapitres 9 à 36) ;
- — échantillonner les résidus et les faire analyser ;
- — se servir des données européennes qui indiquent des tendances, en tenant compte du fait qu'au Québec, les biomasses ne sont pas les mêmes qu'en Europe, puisque les densités de plantation et les rendements sont souvent moindres.

Une procédure pour caractériser les éléments contenus dans les résidus consiste à échantillonner quelques parcelles, ou un nombre de plants donné, à peser les matières végétales totales, puis à peser séparément les racines, les tiges et les parties plus labiles, puis à les faire analyser ; une analyse du rapport C/N peut aussi aider à extrapoler le rythme de minéralisation.

Les travaux de Brunelle, de Jobin, et de Mather et Goss sur les engrais verts peuvent servir à extrapoler le rythme ultérieur de minéralisation. Selon Scharpf, on peut compter sur une minéralisation de 70 % mais, selon Tremblay, 75 % de l'azote est lessivé entre deux années de culture. En culture biologique, deux moyens servent à modérer ces pertes et à mieux recycler ces éléments nutritifs : l'activité biologique du sol récupère et immobilise une partie de cet azote dans sa biomasse entre deux saisons et l'utilisation systématique des engrais verts en culture dérobée permet de recycler les éléments rapidement solubilisés.

Clive Rahn classe les résidus en quatre groupes selon les teneurs azotées en kg/ha (tableau 2.2). Ces données peuvent servir comme base de travail, mais elles varient selon la quantité de résidus laissés au sol, donc selon le mode de récolte et de parage, le déclassement au champ, la densité et le rendement. On doit noter que les rendements obtenus en Angleterre dans ces essais sont

TABLEAU 2.2 Contribution en N des résidus selon Rahn*

Catégories	Apport	Cultures	k/ha moyen
Très faible	< 50	Carottes	40
		Oignons	22
		Radis	13
Faible	50 — 100	Navets	50
		Gourganes	55
		Rutabaga	65
		Laitue Iceberg	87
		Betteraves	90
Moyen	100 — 150	Poireaux	124
		Choux	135
Élevé	> 150	Choux-fleurs	161
		Choux de Bruxelles	217

* tiré de Villeneuve, F. et al. *Légumes de plein champ : protection phytosanitaire respectueuse de l'environnement*, CTIFL, Paris, 1999.

supérieurs aux nôtres et que de telles données ne sont pas utilisables directement en culture biologique. La dynamique de minéralisation de ces résidus n'a pas encore été caractérisée ; leur contribution en autres éléments nutritifs non plus. Il est évident que la contribution en potassium sera potentiellement élevée, car cet élément, abondant dans les légumes, est largement soluble. Quelle est la dynamique du phosphore, des oligo-éléments ? L'avenir le dira, mais ce n'est pas à négliger, et on peut dès maintenant tenter d'intégrer cette approche dans les méthodes de travail de l'agriculture biologique. En pratique, pour les cultures terminées avant la moitié ou la fin de septembre, on détruit les résidus dès la fin des récoltes, et on implante un engrais vert pour recycler au maximum les éléments nutritifs solubilisés en fin de saison. Sinon, une fraction importante de l'azote et du potassium sera lessivée par les pluies de fin d'automne et le dégel printanier.

2.3.2 MESURE DE L'AZOTE DISPONIBLE

Dans les chapitres sur la régie des légumes (9 à 36), on trouve une évaluation de la disponibilité de l'azote nécessaire à sa culture. Au tableau 2.3, on offre des exemples d'estimation de l'azote rendu disponible à la culture par diverses fractions des matières organiques présentes dans le système de culture après une récolte de brocoli. En pratique, l'agriculteur devra apprendre à connaître la dynamique du cycle de l'azote dans ses sols et effectuer ce genre de prévision dans ses calculs de fertilisation ou se faire aider à ce sujet. Ces quantités d'azote sont disponibles sur une saison complète.

TABLEAU 2.3 Azote disponible selon les matières organiques en présence

Matières organiques diverses	Azote disponible
Minéralisation de l'humus	40 à 150 kg/ha
Résidus de brocoli (enfouis au mois d'août précédent)	50 à 100 kg/ha
Engrais vert d'avoine	10 à 50 kg/ha
Compost à 7 kg de N/tonne, rapport C/N < 15	20 à 30 % de minéralisation
30 tonnes de compost = 210 kg N ∞ 30 %	63 kg/ha
Tourteau végétal ou farine animale	30 à 70 % de minéralisation

A. Minéralisations de l'humus

Des minéralisations de 150 kg à l'hectare à partir de l'humus ne sont généralement observées que dans des parcelles ayant un historique de culture intensive et des apports élevés de compost, par exemple en serre, ou dans des sols très riches en matière organique, comme les terres noires, où la minéralisation est souvent beaucoup plus grande et atteint parfois quelques centaines de kg/ha dans une année. Des minéralisations de 80 ou 100 kg/ha sont plus typiques des sols maraîchers ; plus les apports de compost, de fumier, de résidus de prairie ont été importants sur un laps de temps prolongé, plus la minéralisation de N est élevée. Des sols pauvres en N, donc à rapport C/N élevé, peuvent ne minéraliser annuellement que quelques dizaines de kg de N. Les sols du Québec libèrent, dans une culture de céréale, en moyenne 50 à 100 kg d'azote à partir des diverses fractions organiques, y compris l'arrière-fumure des fumiers, des composts, des engrais verts et des résidus de cultures qui favorisent les formes d'humus actif, ainsi que de l'azote minéral du sol, ammonium et nitrate. On évalue entre 80 et 140 kg d'azote provenant du sol dans un maïs grain, une culture dont la saison d'absorption d'azote couvre presque une saison complète.

Une analyse du rapport C/N de la matière organique d'un sol peut être utile pour aider à prévoir le potentiel de minéralisation. On peut généraliser en disant qu'une analyse de sol indiquant un rapport C/N élevé (25 à 40), et donc un faible taux d'azote dans l'humus, indique potentiellement une minéralisation peu active ; un rapport C/N bas (10 à 15), et donc un taux d'azote élevé, indique une minéralisation potentielle plus élevée. La minéralisation sera influencée par plusieurs facteurs, entre autres : la chaleur et l'humidité, l'état calcique, la fertilisation azotée, la rotation de culture et l'utilisation des engrais de ferme, les apports de matières organiques labiles, comme du lisier ou des engrais verts jeunes et riches en légumineuses, l'activité biologique et l'aération. Normalement, un sable fertile, chaud, bien pourvu en macropores, minéralise un pourcentage plus élevé de ses matières organiques qu'une argile souvent plus fraîche et moins aérée. Par contre, les argiles fertiles, bien structurées, minéralisent mieux que les sables acides. Le binage est une technique d'aération et donc d'activation de la minéralisation.

Évidemment, selon la longueur de la période de culture, la récupération par l'activité biologique du sol, l'utilisation pour la décomposition de résidus de culture ligneux, et divers autres facteurs, l'azote ne sera pas entièrement utilisé par la culture.

B. Résidus de culture

Il est à noter qu'un résidu de culture est composé de matières organiques diverses (figure 2.15) : de la lignine difficile à décomposer qui sera surtout humifiée, divers hydrates de carbones (glucides, sucres solubles et amidon de décomposition facile) et de la cellulose de décomposition plus graduelle. Les matières azotées, protéines et acides aminés se décomposent facilement et se lient en partie aux formes carbonées plus stables dans les processus d'humification ; une seconde fraction de l'azote sera minéralisée.

Des résidus de laitue ou d'épinard peu fibreux se décomposeront très rapidement avec une dominante de minéralisation et une faible humification. Une crucifère à maturité comporte une tige fibreuse qui prendra souvent deux ans à se décomposer et formera de l'humus. Par contre, les feuilles sont labiles et minéralisent rapidement tant l'azote que la potasse et les autres minéraux qui s'y retrouvent en abondance.

On ne soulignera jamais assez l'importance d'enfouir les résidus soigneusement en les répartissant correctement dans le sol et de semer immédiatement un engrais vert pour tenter de recycler au maximum les substances solubles qui peuvent être lessivées par les pluies d'automne et de printemps, et l'abondance d'eau provenant du dégel. Si les résidus ne sont pas incorporés, ils se décomposeront plus graduellement et lessiveront moins ; il est possible qu'une fraction plus élevée de leur teneur en éléments nutritifs devienne assimilable à la culture ultérieure.

C. Engrais vert

Si l'engrais vert est semé immédiatement après l'enfouissement du résidu de culture, une partie des minéraux qu'il contient provient de ce qu'il a absorbé du sol, et une partie de la minéralisation des résidus qu'il absorbe et dont il minimise le lessivage. Il y aura quand même des pertes hivernales, car la quantité d'eau que reçoivent nos sols est élevée à cette période et lessive entre autres une partie de la potasse du feuillage de l'engrais vert. On reconnaît que l'évapotranspiration de l'engrais vert en automne diminue quand même de façon appréciable le lessivage, car le mouvement d'eau vers la nappe phréatique se trouve ainsi ralenti durant l'automne. Au chapitre 3, on explique en détail la pratique culturale des engrais verts et son utilisation en culture légumière et, au chapitre 4, sa place dans la rotation des cultures.

D. Compost

Un fumier composté apporté au moment de l'enfouissement de la culture de brocoli et avant le semis de l'engrais vert sera aussi en situation risquée pour des pertes par lessivage. Par contre, ses fractions minérales solubles seront en partie recyclées par l'engrais vert, et en partie immobilisées par l'activité biologique du sol. Le compost peut aussi être épandu au printemps avant la culture ; il faudra choisir prudemment les conditions d'humidité lors de l'épandage, car le risque de compaction est souvent plus élevé au printemps. Il faut fabriquer des composts de bonne qualité ayant un bon potentiel de minéralisation. Certains composts riches en carbone résistant à la décomposition peuvent avoir des impacts fertilisants négligeables ; ils sont alors considérés comme des amendements et non comme des fertilisants et peuvent même bloquer l'azote du sol ; on doit les utiliser avec prudence.

Le rythme de minéralisation de l'azote du compost est souvent difficile à évaluer, principalement parce que presque tout type de matière organique peut être composté et le comportement ultérieur peut être très variable. Plusieurs recherches démontrent la variabilité des taux de minéralisation. De nombreux chercheurs laissent entendre que 15 % semble être une bonne moyenne ; parfois la minéralisation de 2e année peut même dépasser celle de la première année. On s'accorde pour dire que l'azote libéré par les réserves organiques du sol augmente avec l'usage répété de compost. Pour des fumiers de bovins laitiers compostés avec des litières de paille, un type de compost apprécié en culture légumière, on peut prévoir assez régulièrement des minéralisations de l'ordre de 20 à 30 %, ou même 35 %, mais lorsque les conditions de chaleur et d'humidité sont très favorables, on observe des rythmes de minéralisation de 50 % semblables à ceux des fumiers de bovins non compostés. Par contre, en sol froid et mal aéré la minéralisation peut être plus faible. Au chapitre 3, on explique davantage la pratique culturale du compostage, son utilisation en culture légumière et dans la rotation des cultures (section 3.3).

E. Tourteau végétal ou farine animale

Un engrais azoté animal ou végétal se minéralise selon une dynamique qui est propre à la nature de ses éléments. Il faut donc apprendre à connaître le fonctionnement des tourteaux végétaux et des farines animales dans son propre sol et son propre système de culture pour les utiliser de façon efficace. Selon les circonstances et l'activité biologique, la minéralisation peut être assez variable. Pauvres en lignine, ces matériaux ne produisent pas d'humus.

F. Fumier de poules séché et cubé

Les normes permettent depuis peu l'utilisation, en cours de culture, de fumier de poules ; ce fumier minéralise rapidement, soit à des taux de 65 ou 75 % pour le N selon les sols.

2.4 FERTILISATION EN CULTURE CONVENTIONNELLE ET BIOLOGIQUE

En culture conventionnelle, on fertilise en bonne partie par placement d'engrais solubles à proximité des cultures. Les producteurs de légumes conventionnels apportent parfois des doses fertilisantes hautement supérieures aux recommandations du CRAAQ. Il faut comprendre qu'avec les engrais solubles, seule une fraction de l'engrais apporté se retrouve dans la plante. Les pertes peuvent parfois être importantes : rarement plus de 60 à 70 % de l'azote des fertilisants solubles n'est absorbé par les cultures, fréquemment moins de 50 % et parfois même aussi peu que 25 %. On cherche aussi habituellement à obtenir le rendement maximal. De plus, lorsque les sols sont compacts, l'agriculteur est amené à augmenter les doses de fertilisants pour compenser leur faible potentiel de fertilité.

On extrait artificiellement l'azote de l'air, ce qui utilise beaucoup d'énergie, produit beaucoup de gaz à effet de serre et nourrit les plantes de façon synthétique. On traite aussi chimiquement de nombreux minéraux naturels qui servent à fabriquer des engrais pour les rendre solubles. Depuis quelques années, l'industrie a modifié le vocabulaire pour améliorer son image auprès du public ; il n'y a plus d'engrais chimiques, seulement des engrais minéraux. Mais la grande majorité de ces matériaux sont synthétiques ou traités.

En culture légumière conventionnelle, on fractionne généralement les engrais en faisant une application avant ou au début de la culture, puis en en ajoutant en cours de croissance, soit lors du sarclage à proximité des plants, soit par le système d'irrigation, une pratique nommée fertigation.

En culture biologique, on s'intéresse au fait que la plus grande partie de la biomasse de la plante provient de l'atmosphère par le gaz carbonique, la pluie et la fixation de l'azote. La base de la fertilisation est centrée sur l'utilisation des matières organiques et sur la recherche d'un rendement optimal plutôt que maximal. La plus importante influence sur la nutrition des cultures provient de l'humus du sol dont la masse dépasse souvent les 100 t/ha. Les engrais verts sont aussi de grande importance de même que les résidus de culture. Composts, fumiers compostés, fumiers frais à l'occasion, et engrais d'origine animale, végétale et parfois minérale sont les fertilisants de prédilection. Les engrais de synthèse utilisés en culture conventionnelle et les matières naturelles ayant reçu un traitement chimique sont interdits. Le système racinaire doit pouvoir fouiller profondément et extensivement le sol et pourvoir aux besoins nutritifs de la plante à partir de la fertilité inhérente du sol. On insiste sur l'apport d'engrais pour répondre directement aux besoins de la culture, mais on cherche aussi et surtout à bâtir un sol fertile, riche en azote, en phosphore et en oligo-éléments, avec un taux équilibré de cations. « Nourrir le sol pour nourrir la plante » est un vieux slogan de l'agriculture biologique qui résume cette approche : on ne vise pas seulement à substituer des engrais naturels N-P-K à des engrais synthétiques N-P-K.

Les engrais organiques utilisés en culture biologique minéralisent souvent un assez faible pourcentage la première année, mais continueront à se minéraliser les années subséquentes. Les calculs de fertilisation effectués en agriculture se font sur la base du pourcentage de minéralisation la première année. Avec le temps, l'utilisation régulière de tels engrais entraîne une accumulation de nutriments dans le sol. On doit alors tenir compte de l'effet résiduel des fumiers, des composts et des engrais minéraux ou organiques. Cet effet est cumulatif et à long terme ; dans la plupart des situations, l'agriculteur biologique est amené à réduire les doses de fertilisants, car il profite de cette richesse accumulée. Une partie importante de l'azote, du phosphore et des oligo-éléments se trouve immobilisée dans l'humus et remise en circulation lorsque l'humus se minéralise. On vise à améliorer la fertilité du sol en s'assurant d'une bonne proportion de substances humiques faciles à minéraliser.

En culture biologique, les engrais utilisés réagissent habituellement plus lentement que ceux utilisés en culture conventionnelle et la pratique des apports fractionnés ou de la fertigation est moins fréquente même si certains y ont recours. Souvent, les apports fractionnés réagissent trop lentement ; on tend à utiliser des doses très élevées pour compenser, ce qui est très coûteux et laisse souvent un niveau élevé d'éléments solubles résiduels. En plus, les apports liquides sous forme de purins végétaux en fertigation tendent à bloquer les systèmes d'irrigation, ce qui peut éventuellement réduire le rendement. Difficiles à épandre, les poudres se prêtent mal à l'apport en cours de culture ; les engrais granulaires y sont mieux adaptés. Depuis qu'il est accepté par les normes de certification, le fumier de volailles séché et granulé est ce qu'on utilise le plus. L'auteur préfère le fumier de bovins composté. Les engrais minéraux utilisés en culture biologique sont généralement insolubles ou faiblement solubles, ce qui implique une réaction avec les acides du sol ou une attaque microbienne pour les rendre lentement assimilables par les plantes. On accepte l'utilisation de certains matériaux solubles, comme le sulfate de potassium, puisqu'ils sont d'origine naturelle. Il faudrait cependant faire preuve de circonspection dans leur utilisation, car ils peuvent entraîner une consommation excessive par les plantes et causer des problèmes.

Enfin, on doit fertiliser en tenant compte de la densité, c'est-à-dire la population de légumes à l'hectare, car elle a un impact important en fertilisation. Plus les populations par surface sont élevées, plus la fertilité devra être élevée, et plus le rendement potentiel sera élevé.

2.4.1 ÉLÉMENTS NUTRITIFS

En plus de l'azote, les principaux éléments nutritifs du sol absorbés par les plantes sont le phosphore, le potassium, le calcium, le magnésium, le soufre et les oligo-éléments.

A. Phosphore

La nutrition phosphatée des plants dépend d'abord du fait que cet élément est très peu mobile dans le sol. En culture conventionnelle, on place les engrais à proximité de la culture et on utilise habituellement des doses supérieures aux quantités absorbées par les plantes. En culture biologique, on met l'accent sur trois facteurs principaux, soit :

— le développement d'un système racinaire qui fouille le sol abondamment ;

— la stimulation de l'activité biologique, qui rend les diverses formes de P assimilables par les cultures ;

— le réchauffement du sol, en particulier au printemps, qui favorise un démarrage hâtif de cette activité biologique.

Une attention particulière sera accordée au développement d'une bonne population de mycorhizes qui pénètrent dans les racines et prolongent de façon importante leur extension dans le sol, fournissant ainsi aux plants divers éléments nutritifs dont le plus important est le phosphore. Il est à noter que plus un sol est travaillé mécaniquement, moins il y a de mycorhizes. En général, des sols ayant un historique de culture biologique en sont bien pourvus, mais des souches commerciales sont aussi disponibles et peuvent être inoculées lors de la production des plants en serre. La mise en contact de phosphates minéraux et de matières organiques favorise des associations entre ces substances dans le sol qui conviennent bien à la régie biologique. Le binage aère et réchauffe le sol, stimule l'activité biologique, ce qui favorise une meilleure nutrition phosphatée et azotée.

D'après les travaux de Simard, le P contenu dans la flore microbienne libère entre 8 et plus de 20 kg de P en été (juillet et août). Le P associé à l'humus peut libérer jusqu'à 20 kg de P dans la saison. Si les fertilisations passées ont favorisé l'accumulation de phosphore organique, ces valeurs peuvent être plus élevées. Il est question ici de phosphore pur ; pour déterminer son équivalent en valeur fertilisante, il faut multiplier par 2,29 pour obtenir la quantité de P_2O_5. En pratique, ces formes de P doivent être évaluées empiriquement, car elles ne sont pas mesurées par l'analyse Mehlich III. Cela explique qu'en régie biologique, les analyses de certains sols ne révèlent pas de taux de P élevés, bien que les cultures ne démontrent pas de carence, puisqu'on y a favorisé la présence de quantités appréciables de P dans la biomasse microbienne et dans l'humus, entre autres par l'utilisation répétée de composts.

B. Potassium

Le potassium est l'élément nutritif majeur le plus abondant dans nos sols, mais il est contenu essentiellement dans des minéraux insolubles. Les légumes sont, dans l'ensemble, très exigeants en potasse, et la carence de potasse entraîne des problèmes sérieux de rendement et de qualité. Le fumier est riche en potasse, en particulier celui d'animaux consommant des fourrages. Mais la potasse est hautement soluble et on retrouve couramment des problèmes de potasse sur des fermes biologiques qui utilisent du fumier en abondance, parce qu'on néglige souvent de protéger les tas de compost contre le lessivage. Il faut choisir des aires de compostage où aucun lixiviat ne s'accumule à la base des tas et recouvrir systématiquement les composts, soit de géotextiles, soit de polythènes. Il faut aussi faire les épandages d'été ou d'automne systématiquement avant le semis d'un engrais vert qui recycle le K dans ses tissus, ou épandre au printemps avant l'implantation des cultures.

Les sols ayant une capacité d'échange cationique élevée, comme les argiles, conservent une bonne quantité de potassium échangeable, mais les sables souvent utilisés pour la culture légumière, naturellement plus pauvres, demandent une fertilisation très suivie. La potasse s'y lessive facilement. Bien que les résidus de culture soient parfois riches en K, les légumes exportent des quantités importantes de cet élément. L'enfouissement par déchaumage après la récolte, suivi par l'implantation systématique d'engrais verts, aide à minimiser les pertes. La culture en rotation d'un engrais vert de foin fauché, mais laissé sur place, aide à enrichir un sol de façon appréciable à partir de ses réserves peu solubles ; les légumineuses sont particulièrement efficaces pour extraire du potassium insoluble du sol et du sous-sol. La récolte de foin en rotation avec les légumes représente une exportation majeure de potassium.

Notons également que le K des fumiers, des composts, des engrais verts et des résidus de culture est libéré rapidement, car il n'est pas immobilisé par l'humification.

C. Calcium

Lorsque l'entretien calcique est effectué correctement les carences nutritives sont rares, car les quantités nécessaires pour maintenir l'équilibre du sol dépassent largement les besoins nutritifs des plantes. Les carences en calcium les plus communes, dans ce cas, sont le fait d'irrégularités du régime hydrique ou de croissance accélérée de certaines cultures comme les laitues, les solanacées ou les crucifères. Des apports foliaires seront alors nécessaires en prévention ou en correction.

D. Magnésium

Certains sols de la plaine du Saint-Laurent sont très riches en magnésium et leur taux ne baisse pas avec le temps. Des sols de teneurs moyennes ne nécessiteront pas de démarche particulière d'entretien, car fumiers et composts y apportent du magnésium pour compenser les exportations par les cultures et le lessivage.

Dans les sols pauvres ayant des taux de saturation en deçà de 5 % ou des niveaux de moins de 100 kg/ha à l'analyse, une correction de la teneur sera nécessaire. Les sols légers sont plus sujets aux carences en magnésium que les sols lourds.

E. Soufre

Le soufre est un constituant des protéines et il est utilisé en grandes quantités par les crucifères et les liliacées. Les sols en contiennent sous forme minérale et surtout organique ; les fumiers et les composts en apportent, de même que la pollution atmosphérique déposée par la pluie. Les carences sont rares au Québec.

F. Oligo-éléments

Les oligo-éléments sont principalement assimilables en sol légèrement acide ; des blocages peuvent être causés par des chaulages importants, particulièrement en sol léger. L'activité biologique élevée participe à une nutrition correcte en oligo-éléments tout comme l'emploi de fumiers et de composts.

On trouve certains excès de cuivre sur des sols ayant reçu une abondance de fongicides cupriques ou de lisier de granivores, les porcs par exemple, dont on supplémente la ration avec des apports de cuivre. Les carences les plus fréquentes sont les carences en bore, généralisées au Québec. Ces questions sont traitées dans les chapitres 9 à 36 sur la régie de chaque légume.

Il est à noter que les normes de certification exigent une analyse de sol ou de tissus pour justifier un apport d'oligo-élément.

2.4.2 FERTILISANTS UTILISÉS EN CULTURE BIOLOGIQUE

De nombreux engrais sont utilisés en horticulture biologique. Les plus importants sont les fumiers, les minéraux, et diverses farines animales, mais plusieurs autres sont également autorisés. On donne, au tableau 2.4, leur teneur en azote, en phosphore et en potassium, et on mentionne leur disponibilité pour la plante une fois dans le sol. Plusieurs produits avec des analyses différentes sont disponibles. On doit se renseigner auprès des fournisseurs et faire analyser les composts, les fumiers et les lisiers qu'on utilise. Il faut toujours vérifier l'acceptabilité d'un produit auprès de l'organisme de certification. Par exemple, une émulsion de poisson peut avoir été fabriquée à l'aide d'acide phosphorique ou enrichie en potasse de synthèse ; un extrait d'algues peut avoir été stabilisé avec un produit inacceptable.

A. Fumiers

Les analyses de fumiers, lisiers, purins et composts varient d'abord et avant tout selon le taux de matières sèches. Plus le fumier est humide, plus le nombre de kilos par tonne d'éléments nutritifs baisse ; plus il est sec, plus les résultats d'analyse sont élevés.

L'accumulation à l'intérieur sur litière donne des fumiers secs et concentrés ; l'entreposage extérieur à la pluie avec séparation des liquides donne un certain lessivage et un fumier plus humide. L'accumulation de fumiers de bovins de boucherie sur des sites d'élevage extérieurs donnera des fumiers lessivés et plus pauvres que la finition sous abris avec alimentation contenant des grains. Un fumier entreposé dans son purin sera plus mouillé donc plus pauvre. Un purin riche en particules solides sera plus riche. Le vieillissement des fumiers à la pluie entraîne une baisse graduelle d'azote et de potasse, mais pas de perte importante de phosphore. L'épandage des fumiers entraîne aussi des pertes d'azote dont il faut tenir compte ; ces questions sont expliquées en détail dans le *Guide de référence en fertilisation* du CRAAQ. Il faut enfouir les fumiers non compostés immédiatement après l'épandage. Le fumier frais est surtout épandu l'année précédente, avant un engrais vert.

TABLEAU 2.4 Teneurs en N-P-K des principaux engrais utilisés en culture biologique

Engrais	% N	% P_2O_5	% K_2O	Disponibilité
Fumier de volailles composté	1 – 5	2 – 5	1 – 3	Moyennement rapide
Fumier de bovins composté	0,6 – 1	0,4 – 0,6	0,6 – 1,2	Moyennement lente
Lombricompost	0,5 – 1	0,2 – 0,5	0,2 – 0,4	Moyennement lente
Fumier de poulets sur litière	2,7	2,5	1,3	Rapide
Fumier de poules pondeuses	1,8 – 2,5	1,5 – 2	0,7 – 1	Rapide
Fumier de poules séché	4	4	2	Rapide
Fumier de bovins laitiers	0,5 – 0,6	0,33 – 0,45	0,45 – 0,6	Moyennement lente
Fumier de bovins de boucherie	0,2 – 0,7	0,3 – 0,4	0,2 – 0,7	Moyennement lente
Fumier de cheval	0,5	0,2	0,4	Moyennement lente
Fumier de lapins	1,5 – 1,8	1,5 – 1,8	0,9 – 1	Moyennement rapide
Fumier de moutons (litière)	1 – 1,4	0,7 – 0,8	1 – 1,2	Moyennement lente
Fumier de chèvres (litière)	1,2 – 1,4	0,6 – 0,7	1,4 – 1,7	Moyennement lente
Lisier de bovins	0,25 – 0,3	0,12 – 0,17	0,2 – 0,4	Moyennement rapide
Lisier de porcs	0,3 – 0,4	0,25 – 0,3	0,15 – 0,25	Moyennement rapide
Lisier de volailles	0,8 – 1,2	0,6 – 0,8	0,2 – 0,4	Très rapide
Purin de bovins	0,05 – 0,2	0,02 – 0,1	0,15 – 0,3	Rapide
Farine de sang	12 – 13	0	0	Moyennement rapide
Farine de plumes	7 – 13	0	0	Moyennement rapide
Poudre d'os	2	11 – 15	0	Moyennement lente
Farine de poisson	6 – 10	4 – 10	0,5	Moyennement rapide
Farine de crevettes	5 – 8	4 – 6	0 – 1	Moyennement rapide
Farine de crabes	5	3 – 4	0	Moyennement lente
Émulsion de poissons	4 – 5	1 – 2	1 – 2	Rapide
Mélanges algues/poissons	2 – 3	2 – 4	1 – 2	Rapide
Guano (chauve-souris)	6	9	2	Rapide
Guano (poisson)	13	8	2	Rapide
Tourteau de soya	6 – 7	1 – 2	1 – 2	Moyennement lente
Farine de luzerne	3 – 4	0,5	3	Moyennement lente
Gluten de maïs	10	0	0	Moyennement lente
Phosphate de roche	0	13 – 27	0	Selon l'origine, lente
Basalte	0	0	4	Lente
Mica	0	0	10	Lente
Glauconite	0	0	7	Lente
Farine d'algues	1 – 1	0 – 1	2 – 16	Moyennement rapide
Sulfate de potassium	0	0	50	Rapide
Chlorure de potassium	0	0	60	Rapide
Algues liquides	0,4 – 2	0,1 – 1,7	1 – 4	Moyennement rapide
Cendre de bois	–	1 – 3	3 – 10	Rapide
Sul-Po-Mag	0	0	22	Moyennement rapide
Sulfate de potassium	0	0	50	Rapide
Chlorure de potassium	0	0	60	Rapide

Les animaux consommateurs de fourrages donnent des fumiers riches en potasse et pauvres en phosphore ; les fumiers de granivores (porcs, volailles) seront plus riches en phosphore et pauvres en potasse. Une litière de paille riche en potassium modifie l'analyse, de même qu'une litière de foin, plutôt riche en azote et en potassium ; une litière de bois est plutôt pauvre en minéraux.

Le compostage des fumiers entraîne des pertes d'azote qui ressemblent aux pertes lors de l'épandage au champ. Le lessivage des composts peut réduire de beaucoup leur valeur nutritive en azote et potassium ; les compostages prolongés sont donc à éviter sauf sous couverture. Le phosphore étant relativement stable, sa teneur augmente lors du compostage.

Depuis que son utilisation est autorisée, le fumier de volailles déshydraté et cubé est populaire comme engrais en cours de croissance.

Dans tous les cas, il est essentiel de faire analyser les fumiers et les composts pour en connaître la richesse afin de les utiliser de façon optimale dans le plan de fertilisation. Les valeurs présentées au tableau 2.4 sont des indicateurs utiles, mais elles ne remplacent pas les données réelles.

B. Engrais animaux

Les engrais organiques les plus fréquemment utilisés sont constitués de déchets d'abattoir ou de pêcheries. Depuis la crise de la vache folle, soit l'encéphalopathie spongiforme bovine (ESB), certains préfèrent éviter les déchets de ruminants pour minimiser les risques de contamination des récoltes. Certaines parties à risque des animaux sont maintenant d'utilisation interdite.

En pratique, on remarque parfois que l'utilisation de fertilisant animal ou végétal non décomposé à proximité des cultures entraîne la pourriture des semences, de la phytotoxicité, des maladies fongiques ou des mauvaises odeurs. Pour éviter ces problèmes, on peut mélanger ces fertilisants à d'autres matières. Au Japon, on utilise un système d'engrais concentré précomposté, nommé Bokashi, dont il existe plusieurs variantes. Par exemple, on mélange à 50 % de sous-sol 20 % de tourteau de colza ou de soya, 20 % de fumier de volailles, 5 % de farine de poisson et 5 % de poudre d'os. On composte quelques semaines en évitant les très hautes températures ; on inocule parfois de micro-organismes. En Amérique latine, on utilise un produit de même type, mais comportant une composante de luzerne et de la mélasse. En biodynamie, Maria Thun recommande de mélanger les engrais concentrés à 50 % de composts jeunes et de composter un mois en tas de 30 cm d'épaisseur, pour minimiser les effets négatifs des matières non décomposées sur les cultures. La difficulté avec ces mélanges, par rapport aux matériaux bruts, réside dans le fait qu'on doit les appliquer entre les rangs de cultures établies. Il est plus facile de les épandre avant la préparation des sols. L'ajout de ces engrais concentrés au compost peut augmenter les risques de volatilisation de l'azote en cours de compostage.

Le guano est le fumier accumulé de chauve-souris ou d'oiseaux vivant dans des conditions désertiques. Trois types de guano sont disponibles :

— le guano d'oiseaux consommateurs de poissons ;

— le guano de chauve-souris consommatrices d'insectes, riche en phosphore et en azote, mais parfois appauvri en N dans des dépôts très vieux ;

— le guano de chauve-souris consommatrices de fruits, plus faible en N.

C. Extraits

Les algues et les extraits d'algues liquides sont obtenus à partir de varech, principalement *Ascophyllum nodosum*. Riches en oligo-éléments et en hormones (cytokinines), ils n'arrivent pas à corriger une carence, mais ils constituent un apport généralement stimulant qui renforce les plants et les aide à résister aux stress climatiques et nutritifs. Les extraits d'algues enrichis d'engrais de synthèse sont à éviter.

Les extraits de compost en pulvérisation foliaire contribuent légèrement aux besoins nutritifs de la plante, de même que les extraits de lombricompost et les tisanes et purins de plantes comme l'ortie ou la consoude (voir le chapitre 5). Il faut toutefois prendre garde aux risques sanitaires pour tout ce qui est pulvérisation foliaire.

D. Engrais phosphatés

Les phosphates naturels ou phosphates de roche sont issus de dépôts de diverses origines. Leur altérabilité peut être variable. Le phosphate colloïdal américain est argileux. Le Gafsa de Tunisie, actuellement disponible au Québec, est plus mou et se minéralise assez rapidement. La finesse de mouture des minéraux jouera un rôle majeur dans leur vitesse de minéralisation. Ils sont aussi très riches en calcium, mais ils contiennent du fluor comme contaminant.

Utilisés à l'étable dans les litières, ils produisent un fumier de ruminants plus riche en phosphore et ils diminuent la volatilisation du N ammoniacal du fumier. La décomposition du fumier aide à solubiliser le phosphore. On peut rajouter des phosphates naturels lors du compostage, ce qui améliore celui-ci et rentabilise l'utilisation d'un produit autrement assez peu assimilable pour les plantes, sauf en sol acide.

Comme les fumiers de granivores (volailles et porcs) sont riches en phosphore, on ne devrait pas les enrichir de phosphates. Ils en représentent la source la moins coûteuse. Souvent, dans les premières années en culture biologique, on peut utiliser des fumiers de volailles compostés dans des sols pauvres en phosphore pour les enrichir en cet élément. À partir du moment où les analyses indiqueront une hausse des taux de phosphore, on peut en restreindre l'utilisation et utiliser d'autres matériaux comme des fumiers de ruminants riches en potassium.

Les produits marins animaux contiennent des teneurs appréciables de phosphore, de même que la poudre d'os qui est cependant trop coûteuse pour être utilisée au champ.

E. Engrais potassiques

En Europe, en production biologique, on utilise fréquemment diverses pierres volcaniques comme le basalte. Les sols constitués à partir de pierres volcaniques sont habituellement fertiles et riches en minéraux, en particulier en potassium. Mais ces minéraux, parfois apportés à doses élevées, s'altèrent souvent plutôt lentement. Ils doivent être perçus comme un apport visant une amélioration de fond du sol, non comme un fertilisant capable de corriger rapidement une carence. Certains biodynamistes préfèrent ajouter le basalte dans les composts. Au Brésil, des doses massives de basalte ont eu des impacts majeurs sur la fertilité de certains sols. Au Québec, diverses sources de basalte sont commercialisées, mais certains matériaux seraient plutôt du gabbro, moins intéressant pour l'usage agricole.

Aux États-Unis, on commercialise du feldspath et de la glauconite, comme source de potassium ; leur minéralisation est lente. Les micas, comme la biotite, minéralisent plus activement. Si les sols en sont pourvus — il importe de faire des études de profil —, ils peuvent contribuer à minéraliser du potassium. On peut aussi en ajouter au sol si les coûts de transports sont peu élevés. Les poussières de four de cimenteries, utilisées comme apport de potassium et comme chaulant, peuvent contenir des contaminants ; on doit éviter de les utiliser en culture biologique.

Divers engrais utilisés en culture conventionnelle sont actuellement acceptés par les normes de certification, sous condition qu'ils soient naturels, obtenus sans transformation chimique. Ce sont généralement des matériaux extraits de mines et broyés. Leur emploi restreint doit être justifié par une analyse de sol. Même s'il est théoriquement accepté, si on en trouve une source non traitée (de couleur rouge), le muriate de potasse contient du chlorure de potassium et devrait être évité, car sa teneur élevée en chlore n'est pas intéressante pour les sols en culture biologique. Le sulfate de potassium, plus coûteux, est un meilleur produit que le précédent ; le sulfate double de potassium et de magnésium (Sul-Po-Mag ou K Mag) fournit 22 % de potassium et 11 % de magnésium. Certaines certifications n'acceptent pas ces minéraux : considérés comme trop solubles, ils enfreignent des principes de la culture biologique.

F. Apports de calcium et de magnésium

Certains sols, souvent des sols légers, sont pauvres en magnésium et gagnent à être enrichis. Il y a trois solutions possibles, et de coût parfois élevé, pour corriger une carence. L'utilisation de chaux magnésienne ou de chaux dolomitique pouvant contenir un pourcentage de carbonate de magnésium atteignant 30 % environ est la solution la moins coûteuse. Le sulfate double de potassium et de magnésium (Sul-Po-Mag) apporte 11 % de magnésium. Enfin, le sulfate de magnésium peut être utilisé en pulvérisation foliaire ou au sol ; c'est un produit coûteux.

Les apports de chaux assurent généralement une abondance suffisante en calcium. Pour prévenir la carence, induite par un régime hydrique irrégulier ou par des difficultés de transfert vers les jeunes tissus des plants, on utilise un calcium chélaté ou du chlorure de calcium en application foliaire. Le succès est parfois mitigé selon les cultures, car le calcium se déplace difficilement dans la plante.

On peut aussi apporter du gypse (sulfate de calcium) qui fournit du calcium sans affecter le pH, par exemple dans la culture de la pomme de terre ou dans les sols à pH élevé. À cause de son effet positif sur l'activité biologique et de son faible coût, la forme carbonate ($CaCO_3$) de la pierre à chaux est à privilégier autant que possible.

G. Apports de soufre

Le soufre est apporté par la pluie, les fumiers et composts, et libéré par la minéralisation des matières organiques du sol ; il est rarement nécessaire de s'en préoccuper au Québec. On peut fertiliser en soufre en utilisant le Sul-Po-Mag, fait de sulfate de potassium et de magnésium, avec le sulfate de potassium et le gypse (sulfate de calcium). Dans la culture des canneberges et des bleuets, on peut appliquer du soufre élémentaire pour acidifier le sol.

H. Apports d'oligo-éléments

Diverses carences en oligo-éléments peuvent se manifester en culture légumière. On accepte habituellement les solutions utilisées en culture conventionnelle, à cause des faibles doses nécessaires. Les produits chélatés à base de sulfonate de lignine ou d'acides aminés sont utilisés dans le cas d'une carence démontrée. Des produits minéraux extraits de mines sont aussi acceptés. Pour une liste de marques de commerce acceptables, on peut consulter le *Manuel des intrants bio* publié par le Club Bio-Action et disponible sur le site d'Agri-réseau à la section Agriculture biologique.

La carence en bore est répandue au Québec à cause de la pauvreté des sols en cet élément. On peut faire des applications de borate de sodium au sol, mais en sols sableux, elles ne corrigeront pas les carences de façon durable. En pratique, on applique des solutions foliaires, très efficaces, le produit de marque Solubor étant le mieux connu.

On peut appliquer du sulfate de manganèse au sol ou sur le feuillage des cultures en formulation liquide. Le molybdate de sodium est utilisé sur le feuillage ou au sol pour corriger une carence en molybdène.

La carence en cuivre pose des problèmes dans les terres noires. On applique du sulfate de cuivre au sol ou des fertilisations foliaires de produits chélatés. Avec des fertilisations organiques correctes, les carences en zinc sont rares.

Comme les volailles et surtout les porcs ont des alimentations riches en zinc et en cuivre, les sols ayant reçu une abondance de lisiers ou de fumiers de granivores pourraient être excessivement riches en ces éléments, ce qui soulève la question des métaux lourds. En effet, ces substances s'accumulent dans les sols et peuvent éventuellement migrer vers les aliments et causer des problèmes, en particulier lorsqu'un consommateur s'alimente en grande partie des produits de la même ferme. Bien que des analyses soient peu souvent exigées par les organismes de certification, en culture biologique le maraîcher est tenu de s'assurer qu'il évite d'importer des matières fertilisantes contaminées par les métaux lourds. C'est une des raisons pour lesquelles les composts urbains sont interdits.

Les problèmes les plus communs de carences sont traités dans les chapitres 9 à 36 sur la régie spécifique à chacun des légumes.

I. Engrais composés

On trouve maintenant dans le commerce divers engrais composés sous diverses formulations N-P-K : 4-3-6, 5-2-8, etc. Les engrais composés combinent divers matériaux comme des fumiers séchés, des farines animales, des phosphates naturels et du Sul-Po-Mag. Ils sont faciles à appliquer avec les équipements classiques utilisés pour les engrais chimiques. Il faut bien en vérifier les composantes et évaluer si le rythme de minéralisation convient aux besoins des plantes à mettre en culture. On doit aussi s'assurer qu'ils sont acceptables pour la certification. Un engrais accepté par l'Organic Materials Review Intitute (OMRI) peut contenir du nitrate de soude et ne pas être accepté au Québec et au Canada. On trouve aussi des engrais composés liquides.

2.4.3 PLAN AGROENVIRONNEMENTAL DE FERTILISATION

Le *Règlement sur les exploitations agricoles* (REA) vise à diminuer les impacts polluants des fumiers et des fertilisants utilisés en agriculture. Il impose diverses exigences, dont la nécessité de réaliser un plan agroenvironnemental de fertilisation (PAEF), aux fermes cultivant plus de cinq hectares de fruits et légumes. Avec la formation appropriée, tout agriculteur peut élaborer ce plan lui-même, sinon il confie cette tâche à un agronome. Il doit aussi obtenir de la part d'un agronome un bilan du phosphore produit et utilisé sur la ferme.

Sur les fermes qui ont une histoire plus longue de culture légumière, en particulier avec utilisation de fumier de volailles, on peut retrouver des sols fortement enrichis en phosphore. On doit y développer une stratégie dans laquelle on fait une large place aux engrais verts de légumineuses, car le REA impose des restrictions sur l'utilisation des engrais en sols riches.

À la différence des grandes cultures, les doses permises dans les cultures légumières ne sont pas normalisées et les renseignements nécessaires pour établir un bilan des exportations ne sont pas publiés dans le *Guide de fertilisation* du CRAAQ qui ne contient qu'une estimation du prélèvement total par les cultures.

En général, si on utilise des composts et des fumiers compostés pour satisfaire les besoins en azote et en potasse des cultures, on doit s'attendre à une augmentation du niveau de phosphore des sols au bout de quelques années. Les cultures légumières sont exigeantes en phosphore, mais en exportent moins que de l'azote et de la potasse.

Il faut retenir que la fertilisation en production biologique de légumes passe d'abord par une bonne connaissance du potentiel des sols et de leurs caractéristiques intrinsèques. Les premiers outils du producteur pour assurer la fertilité du sol demeurent l'adoption de bonnes pratiques culturales, telles que la culture des engrais verts, la rotation des cultures et le travail du sol. Puis, comme l'agriculture biologique met l'accent sur la vie du sol, l'agriculteur a recours ensuite aux engrais organiques pour nourrir le sol et les plantes.

Enfin, pour corriger les carences ou faire une fertilisation d'appoint, il peut compter sur plusieurs engrais minéraux non traités. Dans tous les cas, il doit viser un maintien ou une amélioration de la fertilité tout en s'assurant de ne pas nuire à l'environnement.

Chapitre 3

DIVERSES PRATIQUES CULTURALES

INTRODUCTION

La philosophie de l'agriculture biologique conduit au développement d'approches et de techniques culturales particulières destinées à faciliter et optimiser la production sans intrant chimique. Tout commence avec le travail de préparation du sol et l'implantation des cultures. On pense tout de suite aussi aux méthodes visant l'amélioration de la structure du sol et aux apports systématiques de matières organiques : les engrais verts, les fumiers et les composts. Ces pratiques sont organisées systématiquement de façon à régler de nombreux problèmes dans une approche préventive, de mieux utiliser les ressources de la ferme tout en diminuant les pertes vers l'environnement, ce qui assure une agriculture plus viable à moyen et à long terme.

La plasticulture sert à contrôler les problèmes de mauvaises herbes, mais elle sert aussi à augmenter les rendements et la précocité des récoltes en offrant une protection climatique. Enfin, la biodynamie constitue une approche culturale particulière assez répandue pour qu'on en précise ici les règles et le fonctionnement. Nous expliquons donc ici ces diverses pratiques culturales et leurs fondements, pour ensuite examiner leurs applications spécifiques à la culture biologique des légumes en deuxième partie.

3.1 PRÉPARATION DES SOLS ET IMPLANTATION DES CULTURES

La préparation des sols est une phase clé de la culture légumière. Les légumes exigent un sol exempt de mauvaises herbes et doivent pouvoir profiter d'excellentes conditions de structure de sol. Toutefois, il est impossible d'obtenir une bonne structure stable simplement par des opérations mécaniques. Autrement dit, le travail du sol vient compléter l'ensemble des pratiques décrites dans les chapitres qui précèdent et qui suivent, et il ne peut en aucun cas les remplacer. La préparation mécanique des sols est donc à considérer comme l'un des éléments d'un programme global d'amélioration de la structure des sols, qui comprend le drainage et le chaulage, l'utilisation des engrais verts et des composts, la gestion des matières organiques et la rotation des cultures.

Le travail du sol doit suivre des règles précises pour obtenir un effet optimal. Il doit aussi être fait selon des méthodes et avec des outils et équipements appropriés. On distinguera donc les outils pour le travail primaire et secondaire du sol, ainsi que les outils pour les opérations de façonnage, de sous-solage et de décompactage. On terminera par les épandages et l'implantation.

3.1.1 RÈGLES DE PRÉPARATION DES SOLS

Une mise en garde s'impose cependant, car pour éviter des erreurs qui auraient des conséquences sur la condition du sol, on doit respecter trois règles de base :

— ne pas travailler le sol quand il est trop humide ;

— placer les matières organiques dans une zone suffisamment aérée ;

— éviter le travail excessif.

A. Humidité excessive

La première règle qui s'impose dans le travail du sol est d'éviter le travail du sol lorsque les conditions d'humidité sont telles que le sol est collant. Le test le plus simple consiste à bien écraser dans son poing une poignée de terre représentative du champ et à la laisser tomber sur une surface dure à partir d'environ 1,20 m de hauteur. La motte doit se défaire complètement. Si la terre reste collée, le travail du sol en endommagera la structure. Si la motte se brise en deux ou trois, c'est que le sol sera bientôt prêt : patience ! Il y a une exception à cette règle ; en effet, le labour peut être effectué en conditions humides, mais non mouillées, surtout à l'automne. S'il pleut, si on observe de l'eau dans le champ ou un lissage par la charrue, il faut attendre. En France, on parle dans ce cas de conditions plastiques, c'est-à-dire que le sol est modelable.

Le travail en profondeur, le sous-solage et le décompactage, doivent être effectués en conditions suffisamment sèches, généralement en été ou avant que le sous-sol ne soit gorgé d'eau par les pluies d'automne.

B. Conditions aérobies

La seconde règle à respecter dans le travail du sol consiste à assurer des conditions aérobies telles que les matières organiques puissent se décomposer sainement. Dans certains sols, on trouve de l'oxygène sur une grande profondeur, ce qui ne pose pas de problème à l'enfouissement des résidus et autres matières organiques jusqu'à 15 à 20 cm de profondeur. Par contre, lorsque la structure ne permet pas une bonne pénétration de l'oxygène, il faut s'assurer que les matières organiques sont enfouies dans les premiers centimètres du sol afin qu'elles se décomposent bien. On peut aussi attendre que la décomposition soit suffisamment avancée en surface, puis effectuer un enfouissement plus profond. C'est le compostage de surface.

La pratique du compostage réduit fortement la demande en oxygène des matières organiques incorporées au sol, de même que la décomposition superficielle qui suit un déchaumage. Si on enfouit une quantité importante de matières organiques peu décomposées, l'activité biologique peut réduire significativement l'oxygène disponible pour les racines de la culture, ce qui peut entraîner de sérieux problèmes phytosanitaires et acidifier le sol.

C. Travail excessif du sol

La troisième règle à respecter dans le travail du sol est d'éviter le travail excessif soit par des passages répétés, soit par un passage lent à régime de moteur élevé d'un appareil rotatif, du type rotoculteur. Si le sol est pulvérisé par un travail excessif, son agrégation est endommagée et il devient battant et sensible à la compaction.

3.1.2 TRAVAIL PRIMAIRE ET SECONDAIRE DU SOL

On divise généralement le travail du sol en deux phases consécutives : le travail primaire qui vise à ameublir la couche arable jusqu'à 15 ou 25 cm de profondeur, et le travail secondaire qui vise à créer les conditions de structure et d'humidité propices au démarrage de la végétation.

En agriculture biologique, on accorde une grande importance aux conditions du sous-sol et un travail de décompactage en profondeur est parfois recommandé. Le travail primaire et le travail secondaire du sol visent à donner à cette couche arable des conditions optimales pour la germination et le développement du système racinaire de la culture.

L'horizon de surface, la couche arable plus ou moins profonde, est la principale zone de contact entre la plante et la terre. La grande majorité des racines, des matières organiques et des substances nutritives y sont situées. C'est là que se fait la majeure partie des échanges, en particulier par l'intermédiaire des micro-organismes vivant à proximité du système racinaire des plantes. Les conditions de sol visées sont propres à chaque culture et peuvent varier d'une culture à une autre. On doit mettre en place un système de préparation primaire qui assure des conditions optimales sur l'ensemble de la couche arable.

Le travail secondaire, qu'on exécute après le travail primaire, permet à la fois de mettre en condition la couche arable dans son ensemble et de préparer le lit de semence ou de transplantation. Il sert, entre autres, à détruire les mauvaises herbes qui ont commencé à s'implanter avant la préparation du sol ou qui ont survécu au travail primaire. Il faut éviter le travail excessif qui donne trop de terre fine et qui endommage la structure. Le travail secondaire doit donner un sol bien nivelé qui permet de sarcler sans déplacement excessif de sol.

A. Préparation du lit de semence et de transplantation

Dans le cas d'une culture semée, le lit de semence devra assurer un contact intime entre la semence et la terre. Cette terre sera d'autant plus fine qu'on a affaire à une petite graine, par exemple la carotte. Dans le cas d'une petite graine, vu que la semence est semée à proximité de la surface, le travail du sol devra placer suffisamment de terre fine en surface pour assurer un bon contact entre la terre et la graine.

Les grosses semences, tels le pois, le haricot et le maïs, sont enfouies plus profondément et la concentration de terre fine doit être en dessous de la surface, au niveau de la graine. On cherche alors à laisser en surface de petites mottes qui protégeront le sol contre les pluies battantes. Les sols battants gagnent beaucoup à cette présence de petites mottes en surface. Sinon ils croûtent sous l'action de la pluie, parce que leur structure est faible et qu'ils sont riches en limons et en sable fin.

On recherche dans tous les cas une zone de terre fine sous les semences pour favoriser une remontée capillaire de l'eau et le développement des premières racines en contact avec le sol. En général, on sème un peu plus profondément les semis d'été, surtout si on prévoit une période chaude et sèche.

B. Capillarité et roulage ou plombage

La préparation du sol vise aussi à assurer la capillarité, c'est-à-dire le déplacement de l'eau dans le sol vers les zones les plus sèches. On complétera le travail secondaire par un plombage du sol (figure 3.1, planches en couleurs ; les figures qui n'apparaissent pas dans le chapitre sont dans les planches en couleurs, pages 231 à 244). On peut rouler le sol avant ou après le semis, utiliser des roues plombeuses devant ou derrière le semoir, ou sur le transplanteur où elles tassent le sol sur les racines. Un rouleau ou une plancheuse est aussi souvent installé sur divers appareils de préparation de sol. On adapte les techniques de plombage selon la culture, le sol, les conditions d'humidité et le climat. En général, on roule plus énergiquement en conditions sèches. Les terres noires exigent un rouleau lourd et doivent être bien retassées, car elles ont tendance à être trop ouvertes et trop sèches.

C. Outils de travail primaire

Les principaux outils servant au travail primaire du sol sont la charrue et le chisel. Leur apparition, leur utilisation et leurs variantes sont liées à des conditions historiques particulières.

a) Charrue

Depuis la révolution industrielle, la charrue à versoir occupe une place dominante dans l'agriculture occidentale pour le travail primaire. Cette pièce d'équipement permet de renverser la couche arable de sol et d'enfouir mauvaises herbes et matières organiques. En conditions trop humides, le fond du profil est compacté par le patinage de la roue du tracteur et par le lissage du soc, entraînant la formation d'une semelle de labour. Comme les charrues sont utilisées depuis longtemps, les semelles de labour sont assez fréquentes. Heureusement, le gel hivernal en amoindrit souvent les effets. Les principaux avantages de la charrue sont de travailler la couche arable en un seul passage et d'exposer le sol à l'action du gel et du dégel ; l'assèchement du sol arable est meilleur au printemps et on peut travailler plus tôt. L'impact du gel et du dégel se fait surtout sentir dans les sols à haute teneur en argile labourés à l'automne. Le labour permet de contrôler plusieurs mauvaises herbes vivaces qui ne repoussent pas. Il sert aussi à détruire les engrais verts de trèfle et autres vivaces. Sauf exception, les labours très profonds ne sont pas recommandés. Le chiendent peut être affaibli temporairement par un labour, mais ne sera pas détruit.

Les agriculteurs biologiques européens qui, à l'exception des biodynamistes, avaient mis de côté le labour parce qu'ils voulaient éviter l'enfouissement trop profond des matières organiques, reviennent en force à la charrue depuis que les Allemands ont développé le labour deux-couches. Pour effectuer un labour deux-couches, on installe derrière le soc de la charrue une dent ou une lame qui soulève une couche de 10 ou 12 cm, ou plus, en brisant les semelles de labour existantes, et on ajuste la charrue pour effectuer un labour d'environ 12 cm (figure 3.2). Les mauvaises herbes et les résidus de culture sont enfouis efficacement, et le fond du profil est ameubli (figure 3.3). Une telle charrue ne peut pas travailler en conditions aussi humides qu'une charrue ordinaire et exige de plus le broyage préalable des résidus abondants. Des fournisseurs québécois offrent maintenant cette option.

Les sols exempts d'argile peuvent être labourés au printemps. Il est même parfois préférable de le faire en sol battant non ameubli par le gel.

b) Chisel

Depuis la crise dite du Dust Bowl des années 1930, on a vu apparaître le chisel, développé dans l'Ouest américain, pour incorporer superficiellement les résidus de culture et effectuer le travail primaire sans renverser le sol superficiel. Le travail du chisel ressemble à celui des charrues traditionnelles non pourvues de versoirs. Son travail déchire le sol et le fait éclater sans le renverser. Toutefois, le chisel doit être utilisé en conditions plus sèches que la charrue. Les pointes minces et les pointes vrillées n'ameublissent pas le sol sur toute la largeur et un deuxième passage est souvent nécessaire. Les pattes d'oies très larges demandent un effort de traction plus important et ameublissent la couche cultivée en une seule opération. Leur passage à proximité de la surface est efficace pour extirper le chiendent. Ajustés plus profondément, ils peuvent effectuer un sous-solage (figures 3.4 à 3.6).

En général, le chisel est moins efficace que la charrue pour la destruction des mauvaises herbes, sauf lorsqu'on pratique une jachère. Par contre, si les passages secondaires détruisent efficacement les mauvaises herbes, le chisel peut très bien s'intégrer dans les pratiques de travail du sol d'une ferme maraîchère. Comme les fermes maraîchères disposent de tracteurs plus petits que la moyenne, il faut rechercher des petits chisels, quitte à enlever des dents dans certains cas. Une force de 10 à 15 chevaux-vapeur (ch, ou hp, pour *horsepower*) par dent est nécessaire selon l'usage qu'on en fait. On trouve aussi des chisels munis de disques à l'avant pour hacher les résidus de culture ; les petits modèles sont rares.

D. Outils rotatifs pour le travail primaire et secondaire

En culture légumière, pour effectuer le travail primaire, ou secondaire, selon l'ajustement adopté, on utilise fréquemment des appareils rotatifs qui ne requièrent pas un grand effort de traction : les rotoculteurs, les rotobutteuses, les cultivateurs rotatifs à axe vertical et des machines à bêcher. Actionnés par la prise de force, ces appareils sont très pratiques et permettent d'obtenir un résultat en un passage. Toutefois, comme ils sont en général très durs pour les vers de terre, il est bon de prévoir des périodes de repos dans la rotation afin de permettre leur régénérescence.

a) Rotoculteur

Le rotoculteur est le plus commun de ces appareils, car il offre l'avantage d'être flexible (figure 3.7). En effet, il peut être ajusté pour travailler une planche à la fois et il est efficace pour ameublir le sol en profondeur, enfouir des résidus et préparer un lit de semence en un seul passage. Des dents coudées sont montées autour d'un axe horizontal, qui tourne sous un boîtier sur lequel le sol est projeté. L'arrière de la machine est muni d'un tablier qui nivelle le sol ou qui laisse projeter des mottes grossières si on le relève (figure 3.8). Des modèles équipés de dents droites ou légèrement vrillées enfouissent les pierres petites ou moyennes (figure 3.9). Comme pour tous les appareils rotatifs, on contrôle la finesse d'émiettement des mottes par la vitesse de rotation de l'axe horizontal et la vitesse d'avancement du tracteur. En conditions humides, les dents peuvent lisser et créer une importante semelle dans le sol et, en conditions sèches, endommager la structure du sol par un affinement excessif. Il faut les utiliser avec prudence car, dans ces deux extrêmes, ils entraînent de la compaction. En petit maraîchage intensif ou dans les serres on utilise un motoculteur, un appareil semblable, mais plus petit et d'opération manuelle, muni de son propre moteur (figure 3.10).

b) Rotobutteuse

Il existe aussi des appareils du type rotobutteuse, qui travaillent le sol à contresens de la direction du tracteur (figure 3.11). Munis d'une grille, ils soulèvent le sol, les pierres, les résidus de culture et d'engrais verts, et les projettent sur la grille qui les dirige ensuite vers le fond du profil ; cela facilite le passage ultérieur du semoir ou du transplanteur. Les rotobutteuses laissent une surface fine, exempte de débris (figure 3.12). Elles sont munies d'une plancheuse et d'un rouleau qui laissent derrière elles une plate-bande relevée, prête à semer ou à planter (figure 3.13).

c) Cultivateurs rotatifs

Les cultivateurs rotatifs à axe vertical sont moins appropriés lorsque d'importants résidus se retrouvent en surface ; on les utilise surtout pour un travail secondaire, sur retour de labour. Ils sont constitués de séries de deux ou trois dents montées sur des pivots verticaux qui tournent un peu comme un malaxeur de cuisine classique (figure 3.14). Avec l'avancement de la machine, le sol se trouve travaillé par les dents verticales tournant dans le sol. Ils sont aussi souvent munis d'un rouleau à l'arrière. Sur des retours de cultures aux résidus modérés, ils effectuent une préparation de sol en un seul passage. Leur mauvaise utilisation peut entraîner des problèmes de structure semblables à ceux causés par le rotoculteur. Ils sont le type d'appareil le plus utilisé par les maraîchers européens en culture biologique (figures 3.15 et 3.16).

d) Machines à bêcher

Des machines à bêcher sont maintenant disponibles sur le marché québécois. Des bêches assemblées sur un vilebrequin, analogue à celui d'un moteur à combustion, lancent une pelletée de terre sur une grille qui brise les mottes, ou sur un tablier qui laisse une terre plus fine en surface (figure 3.17). Ce travail du sol dispose avantageusement les matières organiques qui se trouvent ainsi incorporées au sol assez superficiellement pour bien se décomposer, sans pour autant gêner le passage d'un semoir. Certains modèles plus puissants peuvent bêcher jusqu'en dessous d'une semelle de labour, donc pénétrer dans le sous-sol. Le sol est ameubli mais légèrement motteux, ce qui convient bien à la majorité des semis et des plantations. La machine à bêcher est moins dévastatrice pour les vers de terre que les autres appareils rotatifs (figure 3.18).

E. Outils pour le travail secondaire du sol

Les outils à traction communs, comme les herses à disques, les vibroculteurs et les herses à dents, sont également utilisés pour la préparation secondaire des sols.

a) Herse à disques

La herse à disques hache les matières organiques en surface, les engrais verts ou les résidus de culture. Elle déplace le sol latéralement, dans un sens et dans l'autre, ce qui fait qu'elle est fréquemment utilisée pour amorcer le travail dans des sols motteux. Parfois de vieilles herses à disques sont utilisées : elles sont souvent trop légères pour faire un bon travail et le passage répété du tracteur finit par tasser le sol plus qu'il ne l'ameublit ; cela convient bien aux céréales, mais pas aux légumes ; il faut utiliser un appareil assez lourd pour pénétrer dans le sol plusieurs centimètres. Il faut faire attention de ne pas lisser un sol trop humide. On complète habituellement le travail de la herse à disques avec un outil à dents qui permet de préparer le lit de semences.

Un appareil nommé disques offset, plus lourd, consiste en un assemblage de deux rangées de disques disposés en « V ». Il requiert un tracteur puissant et il est très efficace pour le déchaumage en sol sec. En sol humide, il entraîne de la compaction. Il est surtout utilisé en grandes cultures, et rarement en culture légumière. Cependant, il présente un grand intérêt pour détruire une vieille prairie au début d'une jachère (figure 3.19).

b) Vibroculteur

Le vibroculteur est équipé de dents flexibles en forme de S qui agissent comme un ressort. Il peut aussi être équipé de rouleaux émotteurs à l'arrière. Passé à bonne vitesse, le vibroculteur ameublit le sol par un effet de choc et dépose la terre fine sous les mottes. Plus d'un passage est souvent nécessaire pour obtenir une surface très fine, aussi faut-il prendre garde de ne pas travailler le sol de manière excessive (figure 3.20).

Le vibroculteur ramène une partie des matières organiques, des mauvaises herbes, des mottes et des pierres en surface ; il est souvent utilisé pour effectuer un ou des faux semis. Un faux semis consiste à travailler le sol comme pour semer, mais en le laissant ensuite reposer. On laisse germer les mauvaises herbes, que l'on détruira par un passage ultérieur. Certains agriculteurs répètent l'opération plusieurs fois avant des implantations tardives. D'autres herses de même que les peignes peuvent aussi servir au faux semis.

c) Herse à dents

Des herses à dents de types divers, pourvues de systèmes à ressorts, souvent avec des dents en forme de « C », sont utilisées pour faire un travail analogue à celui du vibroculteur (figure 3.21). Des cultivateurs lourds employés en grande culture peuvent également être adaptés à la culture maraîchère. On peut les munir de pattes d'oies de dimensions variables ; ils servent aussi au déchaumage après broyage des gros résidus et sont efficaces contre le chiendent qu'ils extirpent et exposent au soleil. Lors d'un faux semis, ils affinent moins agressivement le sol que le vibroculteur.

3.1.3 OPÉRATIONS DE FAÇONNAGE DU SOL

La surface du champ où sera implantée une culture doit être bien nivelée pour permettre un binage et un sarclage précis. On peut modeler ou façonner le sol pour cultiver sur billons ou en planches. En augmentant la surface exposée, le sol surélevé sera plus chaud, mieux drainé et plus aéré. Lors de pluies abondantes, l'eau se concentre dans les allées. La ventilation des cultures est améliorée, surtout à la base des plants.

A. Culture sur billons

Les billons sont des buttes sur lesquelles les cultures sont implantées (figure 3.22). La culture sur billons était traditionnellement très utilisée en culture maraîchère et connaît actuellement un retour en vogue sous l'impulsion des courants d'idées en agriculture durable. La technique, considérée écologique, garantit un bon drainage dans la zone cultivée et offre une surface plus grande pour l'aération et le réchauffement du sol, ce qui est avantageux pour stimuler l'activité biologique et pour la culture de primeur. Le billon place une plus grande quantité de sol arable directement sous les racines des cultures. Les sols dotés d'un mauvais mouvement capillaire de l'eau, tels les sables grossiers, sont peu adaptés à ce mode de façonnage du sol (figure 3.23).

La méthode la plus commune consiste à former deux billons sous le tracteur. On implante un rang sur le dessus, parfois deux. L'espacement le plus commun entre les billons est de 75 cm, mais certains maraîchers utilisent de petits tracteurs et des billons espacés de 1 m, par exemple ; le tracteur ne travaille alors qu'un seul billon à la fois.

Pour façonner les billons, des appareils à disques ou des butteuses dotés de divers systèmes de nivellement sont couramment employés (figures 3.24 à 3.27). Certains modèles façonnent le sol derrière un cultivateur rotatif. Un sol billonné à l'automne peut se réchauffer plus rapidement au printemps et favoriser la culture de primeurs. Cette technique accélère la plantation des oignons, par exemple.

Sur les nombreux sols lourds de Californie, on pratique souvent la culture sur billons larges à deux rangs ou plus, par exemple deux rangs de laitues ou trois rangs d'épinards. Des outils particuliers sont ensuite utilisés pour le sarclage, car le système de culture sur billons requiert des techniques qui gardent le sol en place lors des binages et des sarclages. Certains maraîchers québécois ont adopté cette technologie, qui suppose d'élargir l'écartement des roues de tracteurs à 1,80 m ou même 2 m, et d'utiliser des outils adaptés (figure 3.28).

B. Culture en planches

La planche ou plate-bande consiste en une butte de terre plus large qu'un billon, séparée des autres planches par des allées (figure 3.29). La culture en planches est très utilisée en culture maraîchère, où les pneus du tracteur et les travailleurs circulent dans les allées. Les Français qualifient cette zone de passe-pieds. La largeur la plus fréquente est d'environ 1,20 m pour la planche et de 30 cm, ou un peu plus pour l'allée. Les roues du tracteur passent toujours au même endroit. Le sol des planches est parfois remonté avec un appareil appelé plancheuse, ou simplement marqué par les roues du tracteur qui laissent une petite dépression marquant l'allée. La surface doit être bien nivelée et on peut passer un rouleau de la largeur de la planche. Certains maraîchers ont un rotoculteur de la largeur des planches et un épandeur à compost doté d'un rabat qui permet de travailler une planche sans incommoder une culture placée juste à côté.

On peut adjoindre aux appareils rotatifs des équipements qui forment la planche et qui roulent le lit de semence. Une rotobutteuse pourvue de disques peut remonter la terre des allées, un cultivateur rotatif ameublit le sol, une plancheuse forme le sol alors qu'un rouleau le plombe et contrôle la profondeur de travail (figure 3.30). L'agriculteur peut fabriquer un tel système sur un rotoculteur de la largeur de la planche.

Il y a deux, trois, quatre et même cinq rangs par planche dans certains systèmes de culture (figures 3.31 à 3.35). Plus les rangs sont rapprochés, plus la problématique du sarclage se complique ; des appareils très précis sont alors nécessaires. Si différentes cultures sont implantées avec des espacements différents entre les rangs, il faut soit disposer d'équipements ajustés pour ces espacements, soit passer beaucoup de temps à ajuster les équipements entre les parcelles. Il est plus simple de viser une certaine standardisation des espacements. Certains maraîchers utilisant des espacements variés disposent d'un grand nombre de petits tracteurs, tous montés en permanence avec une pièce d'équipement bien ajustée pour un espacement donné, prête à l'usage. Cette stratégie permet d'économiser du temps, ce qui est particulièrement justifié pour le sarclage, notamment lors des années pluvieuses où l'on dispose de peu de temps pour effectuer tous les travaux des champs. La planche est souvent cultivée en plasticulture, ce qui assure un meilleur réchauffement du sol et permet un certain contrôle des adventices. La dérouleuse de paillis de plastique peut aussi être équipée pour façonner la planche.

C. Culture à plat

Les rangs doubles entre les roues du tracteur, espacés de 75 cm, sans façonnage du sol, sont le système d'espacement le plus simple et le plus largement utilisé en culture conventionnelle. Ce système permet d'utiliser des équipements communs, semoirs, sarcloirs et transplanteurs. Pour augmenter les populations à l'hectare dans la culture des légumes semés, on peut utiliser un soc espaceur et semer un rang double ou une bande plus ou moins large. Les bandes larges sont plus difficiles à sarcler, mais la population étant plus élevée, le travail par quantité de plants n'est pas très différent des rangs multiples en lignes (figures 3.36 et 3.37).

D. Culture en sillons

Parfois, on plante dans un sillon, comme dans le cas du poireau qui sera butté pour obtenir un fût long (figure 3.38).

3.1.4 OPÉRATIONS DE SOUS-SOLAGE

Quand un sol est trop compact, il est nécessaire de procéder au sous-solage, qui consiste à défoncer le sol à de grandes profondeurs, sans le retourner, au moyen d'instruments comme les sous-soleuses. Le travail en profondeur vise à corriger la compaction nuisible au mouvement de l'eau, de l'air et des racines. Comme les sols sont très diversifiés, la compaction peut prendre diverses formes :

— des semelles de labour causées par la machinerie et le travail en conditions humides ;

— des zones d'accumulation de particules agglomérées de façon plus ou moins denses, parfois minces, parfois très épaisses ;

— des couches d'alios de type ortstein, c'est-à-dire des couches indurées à l'intérieur de l'horizon B en sols podzoliques ;

— des sous-sols parfois si massifs que seuls des efforts à très long terme réussiront à les améliorer (figures 3.39 et 3.40).

Beaucoup de ces défauts sont d'origine pédologique, donc reliés à l'histoire de l'évolution du sol ; ils seront corrigés par une démarche globale et graduelle, intégrant un ensemble de mesures.

Une bonne préparation du sol vise à favoriser un enracinement profond des plantes, ce qui contribue à un bon approvisionnement en eau. En effet, les racines cherchent à suivre la nappe phréatique à mesure qu'elle descend en été. Un ameublissement du sol améliore à la fois le drainage et la remontée capillaire de l'eau vers la zone des racines. L'augmentation de la masse racinaire permet aussi une meilleure nutrition par l'accès aux minéraux du sous-sol.

A. Nécessité du sous-solage

Pour décider du travail à effectuer, il faut avant tout étudier le profil des sols. La situation peut changer à quelques mètres de distance dans un champ donné, en particulier en fonction des courbes de niveau. On évite le sous-solage dans la mesure du possible, car c'est une opération coûteuse et pas toujours efficace. On effectue si nécessaire un sous-solage en fonction du type de compaction retrouvé dans les divers sols. Certains sols demandent un travail juste sous la couche arable ; d'autres exigent un passage en profondeur. Il faut être conscient qu'une telle opération mécanique ne modifie pas les conditions chimiques du sous-sol et que la correction physique peut s'avérer insuffisante pour corriger une condition qui a souvent des causes physicochimiques.

Sur les fermes maraîchères, le sous-solage fait souvent problème. Non seulement y trouve-t-on les problèmes normaux de compaction du sous-sol, mais les nombreux passages de tracteurs pour l'entretien et la récolte tassent aussi passablement le sol. Or, même si le sous-solage est indiqué, les tracteurs maraîchers ne sont généralement pas assez puissants pour tirer les sous-soleuses, car elles requièrent souvent plus de 50 ch (hp) par patte. Deux solutions existent : utiliser un tracteur puissant, loué ou à forfait avec une sous-soleuse conventionnelle ou fabriquer un décompacteur à partir d'une charrue modifiée.

B. Travail du sol avec les sous-soleuses

Il existe plusieurs types de sous-soleuses qu'il serait trop long de décrire en détail. On peut généraliser en disant que plus les pointes sont larges et dotées d'ailettes, plus leur effet sur le sol est important, donc plus elles peuvent s'espacer sur le porte-outils (figure 3.41). Quand les pointes sont plus minces et sans ailettes, elles cassent moins le sous-sol, et les appareils sont alors dotés de pattes plus nombreuses et plus rapprochées (figure 3.42).

Le travail effectué et l'effort de traction requis varient beaucoup d'un équipement à un autre. Il faut donc bien diagnostiquer le problème à régler et vérifier l'effet du passage de la sous-soleuse pour être certain que ça convient bien à la situation avant de sous-soler partout. Il faut rechercher un appareil muni de pointes qui cassent bien le sol par leur effet latéral. L'ajustement des appareils lors de la réalisation de travaux à forfait est important, car sur le terrain on voit souvent des sous-solages mal exécutés. Normalement, le sous-solage laisse une surface très inégale (figure 3.43).

Depuis quelques années, on a vu apparaître, en grande culture, des appareils combinés, comme le Ecolotiger, qui requièrent une grande puissance de traction et qui combinent sous-solage, travail primaire et secondaire. Ils sont munis de plusieurs dents, avec à l'avant des disques qui hachent les résidus de culture et à l'arrière des disques qui nivèlent le terrain ; ils doivent être passés en conditions suffisamment sèches. Ils pourraient facilement être utilisés pour l'implantation des engrais verts dans des parcelles suffisamment grandes. Vu le coût élevé de tels appareils, on confie généralement ce travail à des opérateurs à forfait (figures 3.44 et 3.45).

On peut aussi fabriquer un décompacteur en adaptant une vieille charrue avec des pointes plutôt que des versoirs. La pénétration sera de 35 à 45 cm, et défoncera les semelles de labour, mais pas les zones compactées en profondeur. Il convient d'effectuer cette opération quand le sol est sec, idéalement après une récolte hâtive et juste avant un engrais vert. Le bâti d'une charrue étant en biais par rapport au tracteur, certains en modifient le design en plaçant une pointe sur le côté opposé pour rééquilibrer l'appareil (figures 3.46 et 3.47).

C. Travail du sol après le sous-solage

Après un sous-solage, on recherche l'effet stabilisant des racines profondes. On peut cultiver des engrais verts, des graminées, des crucifères ou des légumineuses ayant un puissant système racinaire, qui vont explorer le sol ameubli mécaniquement et le maintenir plus ouvert.

Dans un deuxième temps, on vise à augmenter l'action des vers de terre, en particulier des lombrics qui explorent le sol en profondeur et l'ouvrent à la pénétration de l'eau, de l'air et des racines, tout en y apportant des matières organiques et du calcium. Ce dernier élément a une action floculante sur les argiles et l'humus ; le chaulage contribuera donc à la stabilité du sous-sol.

Après un sous-solage, il faut laisser se stabiliser le sous-sol qui sera parfois gorgé d'eau en automne et impropre aux passages de la machinerie avant le printemps. On peut sous-soler à contresens des passages normaux des tracteurs. De plus, il faut faire preuve de prudence dans les travaux mécanisés qui peuvent facilement recompacter le sol et le sous-sol ; des passages en conditions humides constituent toujours un compromis dont il faut ensuite évaluer les effets.

D. Problèmes spécifiques à la culture légumière

La ferme légumière pose des problèmes particuliers lors de la préparation des sols. On y circule plus que dans les autres types de culture : semis, transplantation, sarclages, traitements, récoltes. Cela implique de nombreux passages au champ avec la machinerie et aussi des passages à pied des ouvriers affectés à l'entretien et à la récolte. La nécessité de fournir un marché selon un horaire préétabli oblige parfois à circuler dans les champs à des moments inopportuns. Il en résulte de la compaction, en particulier dans les allées entre les planches qui servent au passage des roues du tracteur ou des employés. Pour les récoltes, il faut autant que possible limiter les passages de tracteur à des chemins enherbés situés entre les parcelles de légumes ou qui occupent les cintres au bout du champ, là ou virent les tracteurs. Ces zones enherbées aident à retenir les sols et à les protéger contre l'érosion hydrique (figure 3.48).

La reprise de sols compactés par les passages nombreux est souvent difficile, car les mottes compactes sont difficiles à briser. La pratique intensive des engrais verts et l'alternance de cultures de prairies en rotation avec les cultures légumières aident à restructurer les sols. Des appareils rotatifs actionnés par la prise de force peuvent travailler agressivement et briser ces mottes en partie, mais ils entraînent parfois la formation de lissage en conditions humides ou, passés trop lentement, ils émiettent trop la structure et causent de la battance et de l'érosion. L'absence d'uniformité de la structure du sol mène également à des problèmes d'uniformité des cultures légumières qui en affectent le rendement et la qualité.

Certains maraîchers européens en culture biologique tentent de résoudre ce problème en adoptant un système de planches permanentes où la terre cultivée est remontée sur une butte avec des disques, le sol est travaillé soit avec des outils à dents ou des appareils rotatifs, et les allées restent toujours au même endroit, car le sol y est compacté par le passage des pneus et des travailleurs. Les épandeurs doivent être ajustés pour se conformer à ce type d'espacement. Les engrais verts sont ensemencés sans défaire les planches permanentes. L'allée est travaillée légèrement pour la garder libre de mauvaises herbes.

3.1.5 ÉPANDAGES ET IMPLANTATIONS

En culture légumière, différents modes d'épandage sont utilisés pour les engrais. Le compost et l'engrais de ferme sont appliqués avec divers types d'épandeurs à fumier.

A. Épandeurs à fumier et à engrais

Les épandeurs classiques sont constitués d'une boîte rectangulaire au fond de laquelle un tablier ou convoyeur, formé de deux chaînes et de barres transversales, entraîne lentement le fumier vers un ou des batteurs déchiqueteurs situés à l'arrière qui le broient et le projettent vers le sol. Du compost assez fin tombe parfois en trop grande quantité entre le pont et les batteurs ; il faut alors modifier la sortie pour s'assurer qu'il se rend aux batteurs. Certains modèles dotés d'une cuvette pour empêcher l'écoulement du purin peuvent être utiles dans ce cas. La vitesse d'avancement du tablier est réglée par des engrenages ou par un contrôle hydraulique. La répartition du fumier sur le sol n'est pas très précise, car les doses diminuent latéralement à mesure qu'on s'éloigne de la ligne de passage de l'épandeur. Il convient de bien calibrer l'épandage et décider à quelle distance effectuer le passage suivant pour obtenir un recoupement correct et des doses à peu près uniformes. Un tel épandeur peut servir à déchiqueter les matériaux à composter lors de la mise en tas ou du retournement du compost. Il fonctionne alors à poste fixe et sera parfois muni d'un rabat qui empêche la projection latérale des matériaux. Ce rabat peut parfois rester en place lors de l'épandage pour éviter la projection latérale du compost (figure 3.49).

Les épandeurs à décharge latérale sont conçus comme une grande trémie en V qui entraîne fumier et compost vers une vis sans fin dans le fond qui les achemine vers une sortie à l'avant où est installé un cylindre à fléaux qui projette le fumier latéralement. Ce type d'épandeur permet une couverture de sol habituellement plus uniforme que celle des épandeurs classiques. Ajustés en modifiant l'ouverture du panneau de sortie, ils permettent des dosages plus bas. Ils sont rarement utilisés en culture maraîchère et ne permettent pas de monter des andains de compost à poste fixe.

Un troisième type d'épandeur de forme rectangulaire, l'épandeur à projection centrifuge, épand latéralement le fumier acheminé vers l'arrière au moyen d'un tablier classique. À l'arrière se trouvent des batteurs horizontaux qui hachent le fumier, qui est ensuite projeté par l'action centrifuge d'assiettes rotatives (figure 3.50). Des modèles sont équipés de batteurs verticaux qui hachent et projettent latéralement le fumier ou le compost. Munis de panneaux spéciaux, ils pourraient servir à monter l'andain de compost.

En culture biologique des légumes, où des doses de compost relativement élevées sont appliquées, le premier type d'épandeur classique est le plus souvent utilisé. Les maraîchers se procurent souvent des épandeurs plus petits, devenus désuets sur les fermes d'élevage (figure 3.51).

On utilise fréquemment des équipements conventionnels selon les besoins particuliers : par exemple, la citerne à lisier pour un engrais vert. D'autres équipements plus spécialisés peuvent être utilisés pour les cultures maraîchères, tel un injecteur d'engrais liquide pour faire passer des purins végétaux ou des extraits d'algues par le biais du système d'irrigation. Les pulvérisations d'engrais foliaires peuvent se faire à l'aide d'un pulvérisateur conventionnel.

Les engrais granulés s'appliquent facilement avec les épandeurs à engrais chimique à la volée ou en bande à proximité du rang. Ils peuvent être montés sur le sarcloir, le semoir ou le transplanteur (figure 3.52) ; les engrais sont alors localisés à proximité des rangs. Enfin, les engrais en poudre peuvent être épandus à la volée avec un épandeur à chaux (figure 3.53), ou entre les rangs avec un appareil quelconque inventé ou modifié par l'agriculteur. Un agriculteur a adapté un épandeur à sel pour appliquer des engrais en poudre entre les rangs.

B. Semoirs

Quelques grands types de semoirs, de précision variable, sont utilisés en culture maraîchère. Un semoir est habituellement constitué de roues à l'avant et à l'arrière qui plombent le sol et assurent un bon contact de celui-ci avec la graine. La trémie contient les graines et divers dispositifs les placent sur le sol derrière le soc qui sert à ouvrir le sol ; un élément recouvreur dépose de la terre par-dessus les semences avant le passage de la seconde roue. Examinons quelques particularités de certaines marques connues.

Le semoir Planet J^{r} est une invention du XIXe siècle. Il est muni de trois disques offrant un potentiel de 39 ouvertures. On choisit une ouverture sur un disque, et un agitateur fait tomber les graines de façon peu précise derrière le soc qui ouvre le sol. Effectué sur une ligne, le semis n'est pas très précis et requiert souvent un éclaircissage. Plusieurs petits maraîchers utilisent encore un Planet J^{r} ou d'autres appareils peu coûteux de même catégorie. Lorsque l'ampleur de la production le justifie, certains préfèrent utiliser un appareil qui procure un résultat plus précis, car les coûts reliés à l'éclaircissage sont élevés. Par contre, les risques de levée irrégulière augmentent avec le semis de précision et certains maraîchers reviennent au Planet J^{r} après avoir utilisé un autre semoir. Il existe en version manuelle, munie de manchons, ou monté sur une barre porte-outils.

Le Nibex est un semoir de précision équipé de godets (ou cuillers) qui soulèvent la graine et la laissent tomber. La chute de la graine entraîne de légères variations dans les espacements. Cet appareil ne nécessite pas de semences enrobées ; plusieurs roues d'ensemencement peuvent être montées avec des godets dont la dimension est adaptée aux différentes semences. Des socs spéciaux permettent de semer une bande de 50 ou 65 mm de largeur (figure 3.54).

Le Stanhay, très répandu, utilise un assortiment de courroies pour entraîner les semences (figures 3.55 et 3.56). Il propose un choix de roues plombeuses et de socs pour des conditions de sol différentes, ainsi que la possibilité de semer en deux ou trois lignes sur une bande de 50 ou 75 mm pour les cultures à haute densité comme les carottes ou les oignons. Il nécessite des semences calibrées ou enrobées.

Il existe un grand nombre de marques de semoirs pneumatiques sur le marché (figure 3.57). En général, une succion d'air actionnée par une turbine mue par la prise de force aspire les graines, enrobées ou non, vers une roue pourvue d'ouvertures et les graines sont déposées à espacements réguliers dans le sol (figure 3.58). Un dispositif assure qu'une seule graine par trou soit entraînée. Ces appareils plus coûteux sont habituellement accessibles aux fermes ayant un certain volume de production. Ils offrent généralement une précision élevée, ce qui élimine les frais d'éclaircissage. Un maraîcher qui cultive 16 ha de maïs sucré a obtenu une augmentation de rendement très importante avec l'achat d'un semoir de précision pneumatique, à cause de la régularité de ses espacements.

Souvent les maraîchers préféreront des semences enrobées lorsqu'ils visent un semis de précision. Le semis de précision augmente cependant les risques de populations faibles si les conditions de germination sont mauvaises, en cas de sécheresse par exemple. Une technique récente consiste à faire prégermer les semences, ce qui accélère la levée et favorise l'uniformité des populations. Les semences prégermées doivent être utilisées l'année même, car elles ne se conservent pas.

Des semoirs ont été développés pour semer en plasticulture. Pour l'instant, ils sont surtout utilisés pour le maïs sucré de primeur et certaines semences plus grosses. Leur coût les rend accessibles à des fermes qui ont une superficie importante. On peut aussi faire effectuer des semis à forfait.

Enfin, de nombreuses fermes sont équipées de semoirs pneumatiques pour plateaux multicellulaires. Disponibles dans le commerce, ces semoirs sont souvent fabriqués à peu de frais par le maraîcher, avec un aspirateur usagé et des plateaux en aluminium ou en plexiglas, équipés de trous aux dimensions et aux espacements appropriés (figures 3.59 et 3.60). Pour la laitue, par exemple, on utilise des graines enrobées. Pour la grande entreprise, il existe des modèles automatisés.

L'éclaircissage, si nécessaire, est habituellement fait à la main. La compagnie californienne Bezzerides fabrique des équipements qui permettent un éclaircissage primaire avec des couteaux rotatifs qui coupent les plants à éclaircir et les dirigent vers l'interligne.

C. Transplanteurs

Les transplanteurs servent à mettre en terre les plants démarrés en serre ou en tunnel. Les techniques ont évolué considérablement. L'utilisation des cultures en plateaux multicellulaires permet de planter des transplants dont le système racinaire est localisé dans une motte individuelle de terreau. Les transplanteurs sont dotés de socs qui ouvrent le sol pour y placer les racines, puis d'un système de roues qui recouvrent les racines et les plombent pour assurer leur contact avec le sol. Habituellement, le planteur comporte une citerne d'arrosage pour assurer la reprise ; on peut aussi ajouter de l'engrais liquide à l'eau d'arrosage. On peut classer les transplanteurs en quatre grandes catégories.

Un premier type commun, entraîné par une chaîne, comporte un système de pinces qui tient le plant et place ses racines dans le sillon ouvert par le soc (figure 3.61). On peut planter des plants à racines nues ou en mottes. Il est communément utilisé pour la plantation de fraisiers. Un second type est doté de disques d'un matériau flexible qui pincent délicatement le plant et le dépose au fond du sillon (figure 3.62). On y trouve un ou deux employés par unité de transplantation selon la vitesse d'avancement du tracteur.

Un troisième type, plus coûteux, est basé sur un système rotatif de godets à fond ouvrant qui s'ouvrent à espacement régulier ; on laisse tomber les plants dans une chute qui les place dans le sillon (figure 3.63). Ces appareils servent à transplanter des plants en multicellules ou en godets. Certains modèles, comme le Ferrari, sont équipés de pistons qui espacent les plants précisément selon l'ajustement d'une roue dentée.

Enfin, avec le développement de la plasticulture, on a vu apparaître sur le marché divers principes de planteurs, parfois même combinés avec une dérouleuse de plastique, qui deviennent intéressants à partir d'une certaine échelle de production. Ils percent le paillis et le sol à espacement régulier et y déposent les transplants. Le système de production de plants en mottes pressées qui donne de beaux résultats en culture biologique en Europe ne s'est jamais vraiment implanté en Amérique du Nord. Il exige une plus grande quantité de terreau, ce qui assure une excellente nutrition des plants. Les planteurs forment un trou carré dans le sol et la motte y est déposée. On trouve aussi en Europe des planteurs à poireau qui ouvrent un trou de 15 à 25 cm de profond avec des espacements de 8 à 12 cm sur le rang, et de 32 à 40 cm entre les rangs ; le poireau étant planté profondément, le buttage n'est plus nécessaire.

Selon l'espacement visé, les modèles de transplanteur à un employé par rang ou même par deux rangs requièrent un tracteur équipé d'une vitesse rampante.

3.1.6 SEMIS DIRECT

On observe de plus en plus de gens qui tentent d'adapter des méthodes de semis et de plantation des cultures sans préparation des sols. Cette nouvelle tendance est de plus en plus présente en grande culture conventionnelle, mais elle nécessite l'utilisation d'herbicides et encourage fortement l'utilisation des cultivars OGM Roundup Ready. Certains agriculteurs biologiques font de la mise au point sur cette question en ce moment.

En culture maraîchère, la mécanisation implique d'adapter des instruments capables de travailler dans des sols non préparés en présence de résidus parfois très abondants en surface. Pour l'instant, les pionniers américains de ces méthodes utilisent des herbicides, et elles ne sont pas encore au point en maraîchage biologique. Cependant, il se fait déjà des choses intéressantes en petite culture manuelle et l'adaptation de méthodes mécanisées ne saurait tarder. Les conditions favorables à la réussite en climat québécois restent à démontrer : nos sols couverts restent froids au printemps, ce qui n'est pas un mince défi. Enfin, la principale méthode en application actuellement consiste à implanter à travers une importante couverture de seigle d'automne ou de vesce velue à l'aide d'un rouleau crêpeur.

3.2 ENGRAIS VERTS

Il y a eu un essor considérable dans l'utilisation des engrais verts dans le monde et au Québec depuis une quinzaine d'années. La pratique consiste à cultiver des plantes pour les incorporer au sol par la suite, sans les récolter. Pendant une saison ou entre deux récoltes, on implante une culture qu'on retourne ensuite au sol en vue d'en améliorer la structure et la fertilité, tout en favorisant les cultures subséquentes. C'est une technique indispensable pour bien réussir en culture biologique, ce que, malheureusement, de nombreux maraîchers négligent (figure 3.64).

On utilise généralement comme engrais verts des crucifères, des légumineuses, des graminées ou d'autres espèces comme le sarrasin et la phacélie. Alors qu'ailleurs dans le monde, on voit apparaître des utilisations de plus en plus sophistiquées des engrais verts, les pratiques actuelles au Québec restent relativement primaires. En effet, elles sont axées principalement sur l'utilisation de semences peu coûteuses dans des systèmes de faible complexité. Par exemple, on se sert de céréales comme couvre-sol à l'automne, principalement dans les terres noires, et on utilise des crucifères, principalement la moutarde blanche, en grande culture et parfois sur les fermes laitières. D'autres espèces servent aussi d'engrais verts :

- le seigle d'automne dans la culture du tabac, quelques cultures maraîchères et d'autres productions ;
- la dernière coupe de foin laissée au champ ou enfouie au labour sur les fermes d'élevage ;
- les repousses des pertes de battage en grande culture et sur les fermes laitières en grande culture ;
- le sarrasin en engrais vert d'été, en préparation de sols ;
- le trèfle, un an en rotation.

En culture maraîchère, à l'exception des productions en terres noires, les engrais verts sont encore relativement peu utilisés, parce que les agriculteurs en connaissent peu les méthodes d'utilisation, en comprennent mal les avantages, ou manquent de temps pour en faire l'essai, la mise au point et l'intégration dans leur système de culture.

3.2.1 BIENFAITS DES ENGRAIS VERTS

Les engrais verts sont reconnus pour aider à atteindre un grand nombre d'objectifs. Ils offrent un outil pour aider à contrer, du moins en partie, le manque de matières organiques et la compaction des sols, les problèmes d'infiltration d'eau causés par une mauvaise structure du sol, ou une baisse de l'activité biologique. Ils aident également à combattre la pollution par les nitrates, l'appauvrissement des sols par le lessivage, les dommages environnementaux et la baisse de fertilité causés par l'érosion des sols. Enfin, les engrais verts constituent un rempart contre la baisse de la biodiversité dans les systèmes de culture de plus en plus simples et dans les monocultures, et contre l'augmentation de l'utilisation des pesticides. Plus spécifiquement, on leur reconnaît les bienfaits suivants :

— fournir des matières organiques qui, selon leur maturité, favorisent à divers degrés l'activité biologique des sols et la formation d'humus ;

— recycler des éléments nutritifs du sol et des engrais et les protéger contre le lessivage, en particulier en ce qui a trait aux nitrates ;

— fixer l'azote de l'air dans le cas des légumineuses et diminuer l'utilisation des fertilisants ;

— augmenter l'activité biologique du sol en nourrissant sa flore et sa faune ;

— extraire des éléments nutritifs des réserves insolubles du sol et du sous-sol et les restituer sous forme soluble ;

— améliorer la structure du sol par l'action des racines, notamment avec la rhizodéposition, et par l'activité biologique qui résulte de la décomposition ;

— protéger les sols contre l'érosion hydrique et éolienne ;

— affaiblir ou étouffer les mauvaises herbes ;

— briser le cycle des ravageurs et des maladies des cultures ;

— améliorer la fertilité globale des sols et réduire les coûts de fertilisation ;

— améliorer le bilan énergétique de la ferme en réduisant l'utilisation d'engrais azoté énergivore qui contribue à l'effet de serre ;

— diversifier le système de culture et améliorer l'équilibre de l'écosystème agricole en favorisant la biodiversité.

La pratique intensive des engrais verts offre donc de nombreux avantages agronomiques et environnementaux pour les maraîchers, qui compensent amplement l'effort et la dépense supplémentaire nécessaires à leur implantation. Lorsqu'on cultive sans herbicides, ils permettent d'abord de réduire sensiblement la pression des mauvaises herbes, ce qui a un effet sur la réduction des coûts de production, en particulier les coûts de main-d'œuvre et de sarclage. Cette économie aide à libérer des ressources humaines pour s'occuper de la mise en place des engrais verts et à en compenser les coûts d'implantation.

A. Circulation au champ

L'abondance de la circulation au champ en culture maraîchère a des impacts négatifs sur la structure du sol et, en conséquence, sur l'activité biologique (figure 3.65). En combinaison avec d'autres pratiques, l'engrais vert aide à corriger cette dégradation de la structure. L'utilisation d'une grande diversité d'espèces d'engrais verts favorise encore davantage la qualité de la structure et la diversification de l'activité biologique des sols, ce qui améliore l'équilibre biologique du sol et mène à un impact sanitaire positif sur les cultures maraîchères, en particulier une baisse de certains types de maladies.

Autre bienfait méconnu : une plante injecte dans le sol une fraction importante des hydrates de carbone résultant de la photosynthèse afin de nourrir la flore de la rhizosphère. Donc, un engrais vert stimule l'activité microbienne associée aux racines lors de sa croissance, puis les décomposeurs après son enfouissement.

B. Protection de l'environnement

La protection des cours d'eau et des nappes phréatiques contre le lessivage des nitrates et l'érosion reste cependant la principale raison d'utilisation de cette technique dans l'agriculture occidentale. Par exemple, en Allemagne, pays hautement conscient des problèmes environnementaux, un pourcentage appréciable des superficies est couvert de moutarde ou de radis avant l'hiver.

L'amélioration des sols et de la gestion des mauvaises herbes favorise une augmentation du rendement, nécessitant moins de surface pour répondre aux besoins du marché visé par la ferme, réduisant les coûts de main-d'œuvre, et libérant des sols pour les rotations améliorantes ou pour l'expansion de la production.

Un autre aspect concerne plus spécifiquement la préparation du Plan agroenvironnemental de fertilisation par les maraîchers qui pratiquent la culture biologique ou qui utilisent une fertilisation principalement organique. Le *Règlement sur les exploitations agricoles* limite l'utilisation des fumiers et des composts dans les sols riches en phosphore. Les maraîchers pratiquant la culture conventionnelle peuvent facilement utiliser des engrais chimiques équilibrés en fertilisation. L'agriculteur biologique utilise couramment le compost ou le fumier comme principale source d'azote en culture légumière (complétée par des engrais animaux comme la farine de plumes ou de crevettes) ; les apports de phosphore sont donc souvent excessifs dans les sols déjà riches en cet élément, car les cultures légumières sont généralement de faibles exportatrices de phosphore. Une utilisation systématique de légumineuses en engrais vert peut aider l'agriculteur à réduire l'utilisation de compost, très coûteuse par ailleurs, et donc à se conformer aux exigences du Plan agroenvironnemental de fertilisation.

C. Pratiques actuelles

En ce moment, le seul groupe de maraîchers utilisant de façon très systématique les engrais verts est celui des producteurs en terre noire qui utilisent la technique de couverture de sol pour protéger leurs sols très sensibles à l'érosion (figure 3.66). Les agriculteurs biologiques devraient utiliser plus d'engrais verts, car ils en connaissent bien les avantages, mais ils ne le font pas de façon systématique, principalement parce que leurs systèmes de culture sont plus diversifiés et qu'ils ont de la difficulté à intégrer cette tâche dans un horaire de travail surchargé, aux priorités difficiles à établir.

On distingue habituellement les diverses pratiques de culture des engrais verts selon la classification de type fonctionnel, qui est la plus commune. Elle distingue :

— la culture de pleine saison, annuelle ou pluriannuelle ;

— la culture associée, pleine largeur, sous les céréales principalement ;

— la culture dérobée, c'est-à-dire avant ou après la culture principale ;

— la culture intercalaire, soit entre les rangs des cultures.

3.2.2 CULTURE DE PLEINE SAISON

La culture de pleine saison consiste à ne faire que de l'engrais vert une année donnée. On ne récolte rien sur la parcelle cette année-là. La culture d'un, deux et parfois trois engrais verts en une saison offre des avantages certains en culture légumière ou fruitière. On peut alors vraiment bien préparer les sols pour l'implantation des cultures.

Cette pratique est particulièrement recommandée lorsqu'on met en culture de nouvelles parcelles infestées de chiendent ou d'autres vivaces, lorsqu'on veut mettre en culture des sols dont la fertilité n'est pas optimale et qu'on doit chauler, drainer, niveler, apporter fumiers et composts, décompacter et améliorer la structure, et stimuler le développement de l'activité biologique. Dans certains cas comme lors de l'implantation d'une aspergeraie ou d'une culture fruitière de longue durée, ou la mise en culture d'un sol fortement infesté de vivaces ou très infertile, il peut être justifié de prendre deux ans pour s'assurer de conditions excellentes avant la mise en culture, et surtout éliminer totalement le chiendent et autres vivaces qui, sinon, peuvent rapidement recoloniser le champ.

Lorsqu'on choisit de prendre la saison complète pour des engrais verts, on peut procéder de la façon suivante : réaliser un ou deux faux semis avant l'implantation du premier engrais vert, à la fin de mai, idéalement un sarrasin qui sera enfoui à l'aide d'une herse à disques après cinq semaines, puis faire une courte jachère après l'enfouissement pour détruire les mauvaises herbes vivaces, en particulier le chiendent. On implantera, avant la fin d'août, un engrais vert d'automne qui complétera le travail.

Dans les cas où le taux d'humus demande à être augmenté, par exemple dans des sols légers ayant un historique de culture intensive de pommes de terre, on peut viser à obtenir des biomasses assez importantes de plantes à rapport C/N élevé, comme le sorgho (hybride sorgho/herbe du soudan) ou le millet japonais.

Avec une culture prolongée, on arrive à faire pénétrer le sol par un système racinaire vigoureux, surtout si on a préalablement fait un sous-solage. On peut aussi fixer une quantité appréciable d'azote (jusqu'à 200 kg/ha !) en cultivant une légumineuse. La fauche de certains engrais verts réduit aussi la présence de mauvaises herbes.

Une année d'engrais verts permet de rallonger la rotation et de briser les cycles d'organismes nuisibles ; cependant, il faut s'assurer que les espèces utilisées en engrais verts ne sont pas des hôtes alternatifs d'un ravageur ou d'une maladie nuisible à nos cultures. Par exemple, les légumineuses peuvent permettre le développement de la pourriture blanche (*Sclerotinia* ssp.).

A. Pratiques de pleine saison

La culture de pleine saison du seigle, du sarrasin ou du millet japonais était le mode principal de culture des engrais verts jusqu'à récemment.

Le seigle d'automne, utilisable aussi en culture dérobée, était couramment implanté après la récolte du tabac ; on le laissait aller à maturité l'année suivante et on l'enfouissait en août, pailles et graines, pour obtenir une repousse d'automne. Le labour de printemps permettait de détruire le seigle avant la plantation du tabac. Dans cet exemple, l'avantage de l'engrais vert détruit à pleine maturité est son rapport C/N relativement élevé qui va produire beaucoup plus d'humus qu'un plant jeune. Par contre, ce système présente un défaut important. Il est pratiqué sur des sols à tendance podzolique où la matière organique ne se complexifie pas faute d'argile et d'entretien calcique régulier ; elle descend plutôt vers le sous-sol qui est souvent aussi riche en matière organique, sinon plus, que le sol de surface. Le seigle mature peut bloquer l'azote pour la culture ultérieure ; une destruction au stade de l'épiaison est plus appropriée (figure 3.67).

La pratique de la culture de seigle enfoui à maturité peut se faire en culture légumière dans un sol qui manque d'humus. Il faut toutefois se méfier si du chiendent est présent, car même si le seigle est réputé bien contrôler le chiendent, ce dernier arrive parfois à proliférer si bien qu'une pratique destinée à assurer des conditions propres conduit parfois à un problème.

L'alternance du sarrasin semé au début de juin, enfoui de cinq à six semaines plus tard (figure 3.68) et suivi d'un seigle d'automne est un classique de l'agriculture biologique qui a démontré son efficacité pour le nettoyage de sols infestés de mauvaises herbes. Le sarrasin et le seigle sont adaptés à la mise en culture de sols peu fertiles. Les deux plantes se défendent contre le chiendent, mais elles sont insuffisamment compétitives pour détruire un chiendent vigoureux. Dans ce cas, une jachère de quatre à cinq semaines en juillet avec des outils à dents s'avère le procédé le plus efficace. On doit donc semer un sarrasin à la fin de mai, après deux ou trois passages de cultivateur, l'enfouir superficiellement au début de juillet, effectuer la jachère et semer le seigle (ou un autre engrais vert vigoureux, crucifères, céréales ou légumineuses, seules ou en combinaison) qui étouffera le reste de chiendent à l'automne. On peut aussi semer le sarrasin suite à la destruction d'une prairie puis effectuer une jachère en été pour détruire les insectes de la prairie. Le sarrasin gèle facilement et ne devrait pas être implanté tôt au printemps, et encore moins en août, car s'il gèle, il ne couvre alors pas le sol en automne et les mauvaises herbes en profitent.

La phacélie, dont la semence est très chère, peut se cultiver en été pour ses propriétés très mellifères et sa capacité d'attirer un grand nombre d'insectes auxiliaires (figure 3.69). Elle peut cependant s'avérer salissante, car elle couvre lentement le sol et de nombreuses mauvaises herbes s'y installent alors. Elle peut se semer en rangs mi-larges (30 cm) pour permettre le sarclage entre les rangs, ce qui n'est pas courant dans les cultures d'engrais verts, normalement étouffantes. Il faut prendre garde de ne pas monopoliser l'attention des pollinisateurs en les détournant des cultures avec les baisses de rendement afférentes. Il faut semer la phacélie en juin pour éviter les problèmes ; la floraison commence environ six semaines après le semis. La semence est petite, et un semoir à légumes donne de bons résultats. En automne, elle pousse jusqu'aux gelées mortelles ; on la sème au début d'août avec un semoir Brillion, le sarclage étant moins important à ce temps de l'année. La phacélie est une culture qui aide à augmenter les populations d'insectes utiles et contribue à l'équilibre écologique de la ferme ; cela aide à justifier des coûts d'implantation élevés.

Le mélilot blanc ou jaune (figure 3.70) est une bisannuelle dont la croissance est assez longue et dont l'utilisation est relativement flexible. C'est un engrais vert utilisé de longue date aux États-Unis. Il peut être semé au printemps ou en première partie d'été, idéalement sous une céréale servant de plante-abri. Des semis effectués en août donnent un plant plus petit et facilement soulevé par le gel, dont la repousse printanière est faible. Bisannuel, le plant développe une forte racine pivotante et redémarre une croissance vigoureuse la deuxième année pour arriver en fleur au début de l'été. La tige florale atteint la hauteur d'un homme et est très fibreuse. On peut labourer le mélilot dormant à l'automne ou au printemps tôt, mais on risque d'avoir quelques repousses à partir des réserves des racines.

On peut le détruire en cours de printemps, après une certaine croissance qui épuise les réserves racinaires, par exemple avant une culture implantée en juin comme un chou d'hiver (figure 3.71). On peut aussi sacrifier la deuxième année et laisser le mélilot fleurir et développer ses fortes tiges qui ont un impact important sur la production d'humus. Un broyage des tiges bien fleuries détruit habituellement le plant. Attention à la production de graines, car le mélilot se ressème. D'ailleurs, une partie de ses graines ne germent pas au semis et on doit en sarcler un peu pendant quelques années dans les cultures.

Un mélilot détruit la deuxième année en juillet devrait être suivi d'un engrais vert d'automne, sinon on risque d'avoir un important lessivage de nitrates ainsi que la reprise de certaines mauvaises herbes. Il peut être associé à du dactyle ; ce dernier repoussera après la fauche du mélilot la deuxième année. La seule exigence du mélilot est un sol suffisamment riche en calcium ; il ne tolère pas les sols acides et désaturés. Il couvre bien le sol à partir de l'automne, son système racinaire étant compétitif pour les mauvaises herbes, et il est très étouffant la deuxième année.

Plusieurs autres espèces sont utilisables dans une régie de pleine saison : le millet japonais dont la culture ressemble à celle de l'hybride sorgho-herbe du Soudan (il s'agit de graminées de climats chauds comme le maïs, exigeants en azote et en chaleur) ; les céréales, les légumineuses à graines comme le soya, la féverole et le pois, les diverses vesces, les trèfles rouge (figure 3.72), blanc et incarnat, et le tournesol dont la biomasse est abondante. Les crucifères sont plus difficiles à réussir dans la chaleur de l'été et produisent des graines à cette période.

Souvent, la maturité du plant arrive suffisamment tôt pour soit faucher et laisser repousser, soit enfouir et ressemer un engrais vert d'automne. La fauche à un temps bien choisi (avant la montée à graines) réduit la population des mauvaises herbes ayant réussi à s'établir dans l'engrais vert. Pour obtenir des repousses des graminées ou des légumineuses, faucher alors qu'elles sont encore jeunes et placer la barre de coupe à 7 cm du sol.

Un exemple de mélange efficace est une combinaison de sorgho-herbe du Soudan et vesce velue semée par un maraîcher en Montérégie au début de juin quand le temps est suffisamment réchauffé pour le sorgho ; lorsque le sorgho développe sa hampe florale, il est fauché, ce qui laisse place à la vesce velue qui repousse vigoureusement jusque tard en automne alors que la croissance du sorgho est arrêtée par le froid (figure 3.73). Rappelons que le sorgho a un impact phytotoxique l'année suivante pour certaines plantes. Dans ce cas-ci, il sert de précédent à une plantation de fraisiers. Le sorgho est extrêmement étouffant pour les mauvaises herbes et produit des racines abondantes qui aident à structurer le sol en profondeur.

La luzerne annuelle, assez coûteuse, peut être implantée si on vise une abondante fixation d'azote en une année. On peut la combiner à du ray-grass annuel pas trop dense qui consommera l'azote du sol et celui issu de la décomposition de la luzerne fauchée quelques fois. Il faudra labourer pour assurer la destruction subséquente du ray-grass.

B. Séquence de prairie

Une excellente pratique sur une ferme maraîchère est de cultiver une séquence de prairie d'un an, ou mieux de deux et même trois ou quatre ans, en alternance avec les légumes (figure 3.74). Plus la séquence sera longue, plus on aura des sols libres de mauvaises herbes annuelles lors du retour aux légumes. La banque de graines d'annuelles est fortement réduite après quelques années. La fauche répétée aura un impact nettoyant pour plusieurs espèces de mauvaises herbes. Par contre, on doit faire attention à l'infestation des vivaces (surtout le chiendent) si la prairie faiblit. On peut récolter le foin, mais la fauche sur place est très avantageuse pour la fertilité générale comme nous le verrons.

Cette technique est coûteuse, car elle nécessite la mise à l'écart de champs pour une certaine période et les coûts de semences de prairie sont assez élevés, mais les avantages ne se limitent pas à la propreté quant aux mauvaises herbes. Il faut comprendre ce qui se passe lorsqu'on fauche une prairie (figure 3.75) : après la fauche, il y a un arrêt dans le développement des plants et une abondante mort de racines, de radicelles et de poils absorbants ; ceci entraîne une excellente répartition dans le sol de matière organique de grande qualité, une stimulation de l'activité biologique, un renouvellement de l'humus, car les processus d'humification sont favorisés sous prairie. Les vers de terre, en particulier les lombrics, apprécient une période où le sol n'est pas travaillé. L'apport d'azote des racines de légumineuses contribue à la formation d'un humus particulièrement riche en azote qui aura un impact très positif sur le rendement des cultures légumières à venir.

Après une séquence de prairie, il est bien connu que la stabilité de la structure du sol se trouve fortement améliorée, et ce, pour quelques années, ce qui compense le fait que la culture maraîchère peut endommager la structure à cause des passages relativement nombreux et aussi, parfois, des récoltes en conditions humides. Donc, la séquence de prairie dans la rotation reconstitue la structure et la stabilise pour un laps de temps subséquent. Elle se place au cœur de la rotation des cultures et précède très bien des cultures exigeantes placées en tête de rotation.

Diverses stratégies sont utilisables en pratique. On peut implanter la prairie en semis pur, idéalement avec un semoir Brillion, car cet appareil est particulièrement indiqué pour semer les prairies et divers engrais verts à petites semences de même que les graminées fourragères. On peut aussi semer sous la plante-abri d'une céréale de printemps et faucher celle-ci en engrais vert ou la récolter en fourrage afin de laisser la prairie effectuer une bonne croissance d'automne, favorable à sa vigueur ultérieure. On peut aussi semer la prairie en deuxième partie d'été, vers la fin de juillet ou le début d'août, après une récolte hâtive.

Le choix des espèces est important. Un mélange de légumineuses et de graminées s'impose. Dans les cas où l'on cultive une légumineuse en association avec une non-légumineuse, on observe généralement le phénomène suivant : comme son voisin consomme l'azote du sol, la légumineuse est forcée de fixer plus d'azote de l'air et le gain par fixation est optimal. Un point important et mal compris des agriculteurs est que l'azote fixé par une légumineuse ne se retrouve pas dans les racines et les nodules, mais principalement dans la biomasse aérienne du plant, la feuille et éventuellement la graine pour un pois ou un soya. Les légumineuses dont on récolte les gousses en vert laissent abondamment d'azote dans les résidus, ce qui n'est plus vrai pour une graine récoltée en sec. Une récolte de foin exportée enlève le gros de l'azote fixé ainsi que beaucoup d'autres éléments nutritifs, notamment une quantité importante de potassium. Une prairie de deux ou trois ans peut très bien être fauchée en engrais vert une ou deux fois par année, à condition de contenir un bon pourcentage de graminées efficaces à réutiliser les éléments nutritifs issus de la décomposition ; cette technique entraîne du lessivage d'azote si elle est pratiquée avec une légumineuse pure. Si on vend le foin, on appauvrit le sol en potasse et on exporte l'azote fixé.

Le trèfle rouge, adaptable et peu coûteux à semer, faiblit après la deuxième année, mais il existe des cultivars plus persistants. Il peut être intéressant d'inclure de la luzerne, des trèfles blancs et Ladino pour des mélanges de plus d'un an. La luzerne, en particulier, si elle reste deux ans ou plus, a le temps de développer un système racinaire pivotant qui ouvre le sous-sol ; de par ses nombreuses qualités, elle est une des meilleures cultures à placer en rotation avec les légumes. Et les racines mortes seront particulièrement riches en protéines, ce qui entraîne la formation d'un humus de très grande qualité, très riche en azote.

La présence des graminées vivaces est essentielle en combinaison avec les légumineuses, d'abord pour leur capacité d'absorber l'azote et de produire beaucoup d'humus lors de leur décomposition. Puis pour leur système racinaire qui a un excellent effet sur l'agrégation du sol, laissant une structure plus stable pendant quelques années de cultures selon le type de sol. Et enfin, pour leur effet étouffant sur les mauvaises herbes annuelles et vivaces.

Le dactyle pelotonné, très compétitif pour le chiendent, est très intéressant, car ses racines abondantes pénètrent le sol en profondeur et il offre un très bon regain, en sol riche en azote, même par temps sec, ce qui n'est pas le cas du mil, ou fléole des prés. Ce dernier est quand même intéressant à inclure dans les mélanges, car son système racinaire a un excellent impact sur la structure, il est facile à implanter, pousse très bien au printemps, tolère le froid et la glace hivernale et offre une garantie au cas où les autres espèces réussiraient mal. Le brome inerme est une autre espèce dotée d'un fort système racinaire et productive même un été sec ; il pousse généralement beaucoup la première année ; ses semences très grosses germent à la lumière. Par contre, ses rhizomes peuvent être difficiles à détruire, si on ne s'y prend pas suffisamment d'avance, et repousser dans les cultures, tout comme du chiendent. Il faut donc être prudent dans l'utilisation de cette espèce. D'autres graminées vivaces peuvent aussi être implantées, par exemple la fétuque élevée ; le ray-grass annuel, avec sa tendance bisannuelle, pourrait servir aussi pour une prairie de courte durée.

Si on laisse mûrir les graminées, elles peuvent se ressemer et devenir envahissantes pour les cultures. Il fait tout particulièrement faire attention au mil, et faucher au moment approprié.

La régie peut être variable. Certains maraîchers exportent une ou deux coupes de foin, parfois payées en retour par du fumier, ce qui représente un excellent scénario. Un producteur de choux du Nouveau-Brunswick vend la première coupe, fauche la seconde sur place, et laisse mourir la troisième coupe debout. Le voisin qui prend la coupe de foin épand une couche de fumier sur la prairie. Il y trouve l'avantage de bons rendements en foin de première coupe et le maraîcher profite de l'amélioration de la fertilité de son sol. Ses sols contiennent 1 % de matière organique de plus que ceux des autres producteurs de choux de la région. Si on adopte une telle pratique, il faut inclure une bonne proportion de graminées dans le mélange, car elles récupèrent assez efficacement l'azote libéré par la décomposition de l'engrais vert fauché et laissé sur place et par la minéralisation du fumier qui se poursuit sur toute la saison.

Plus la séquence de prairie sera longue, plus il risque d'y avoir un problème de prolifération de hanneton, de ver fil de fer et de vers gris, tous nuisibles aux légumes. La meilleure solution consiste à pratiquer une jachère d'été de plusieurs semaines en juillet de la dernière année pour exposer larves et œufs aux éléments, et aux oiseaux. Les goélands n'ont pas que des impacts négatifs. Des poules peuvent être placées en parcours dans les champs, avec l'aide de petits poulaillers mobiles, pour consommer ces organismes nuisibles. La jachère sera suivie d'un engrais vert d'automne qui protégera le sol en recyclant des éléments nutritifs solubles et en stabilisant la structure.

Il faut aussi prendre garde de ne pas circuler sur des prairies humides lors des récoltes ou des fauches, car la compaction superficielle peut endommager la structure et affaiblir le mélange, favorisant, entre autres, la prolifération du pissenlit et du chiendent.

3.2.3 CULTURE ASSOCIÉE AUX CÉRÉALES

La culture d'engrais verts associée aux céréales consiste à semer une légumineuse, en même temps qu'une céréale, ou quelques jours ou semaines plus tard, lors d'un binage (figure 3.76). Elle présente un certain intérêt pour des maraîchers qui souhaitent cultiver des céréales soit pour la commercialisation du grain, soit pour l'utilisation des pailles comme paillis, comme litière pour des animaux sur une ferme mixte, ou comme source de compost. Le semoir Brillion est tout indiqué pour réussir l'implantation des engrais verts associés. Équipé de deux rouleaux, il sert aussi à rouler la céréale après le semis, ce qui favorise une émergence plus uniforme.

Certains maraîchers utilisent une céréale, à taux de semis modéré (90-100 kg/ha), comme plante-abri pour un trèfle rouge qui occupera le terrain l'automne après la récolte de la céréale. Le trèfle peut être laissé une partie du printemps suivant et enfoui quelque temps avant une culture tardive comme un chou d'automne planté en juin, un chou chinois semé ou planté en juillet, ou un maïs sucré pour la récolte tardive. Le mélilot se prête aussi à cette pratique. Dans la culture de l'orge, préférer un trèfle blanc d'un cultivar assez court pour éviter les problèmes lors de conditions humides qui retardent la récolte : un trèfle rouge peut alors se mettre à pousser en hauteur et nuire à la récolte ; ce risque ne se présente généralement pas dans le blé ou l'avoine.

On peut aussi implanter une céréale en plante-abri pour d'autres plantes et faucher la céréale pour favoriser la repousse de ces dernières. Plusieurs légumineuses se prêtent à cette pratique ; on peut faucher un peu plus haut que le niveau du sol et laisser un peu de feuillage, ce qui accélère la repousse. Dans un sol pauvre en humus, on peut retarder la fauche ; une céréale plus mature, plus fibreuse, favorisera la formation d'humus.

Un agriculteur qui récolte du seigle d'automne, la céréale qui donne le plus de paille, y sème au printemps de la vesce velue. Comme le seigle est récolté assez tôt, la vesce effectue une croissance abondante après la récolte et fixe une grande quantité d'azote, tout en étouffant les mauvaises herbes et structurant le sol par ses racines abondantes. La présence d'une légumineuse associée aux céréales aide à contrôler les mauvaises herbes si l'implantation est bien réussie ; son impact se fait particulièrement ressentir sur le chiendent et les vivaces comme le plantain et le pissenlit.

3.2.4 CULTURE DÉROBÉE

Par l'expression « culture dérobée », on désigne la pratique d'implantation d'une culture après la récolte de la culture principale. Exceptionnellement, on pourrait cultiver un engrais vert avant une culture principale, mais on cultive l'engrais vert dérobé en fin de saison habituellement.

La pratique systématique de l'engrais vert en culture dérobée a aussi un impact important sur les mauvaises herbes, la fertilité des sols et la protection contre l'érosion. Il faut noter, en particulier, l'amélioration de la structure du sol par le système racinaire des engrais verts même s'ils sont semés tard, ou que l'automne est froid, et que leur biomasse est peu abondante.

Cette pratique très importante devrait être adoptée systématiquement par les maraîchers en culture biologique ; les avantages qui en découlent justifient pleinement les efforts qu'on y consacre. Sur certaines fermes excellentes, c'est une tâche prioritaire et un employé formé à cet effet en a la responsabilité. Malheureusement, cette pratique est négligée sur de nombreuses fermes biologiques avec des impacts négatifs comme l'augmentation des mauvaises herbes.

C'est une excellente pratique d'épandre les composts ou les fumiers avant le semis d'un engrais vert de fin de saison qui en absorbera des éléments solubles et les protégera contre le lessivage. En culture légumière, où l'azote résiduel est souvent important, l'engrais vert d'automne récupère une bonne quantité de nitrates. Les légumineuses sont moins intéressantes pour cette fonction, car bien qu'elles consomment l'azote du sol, elles en fixent alors moins.

Les espèces les plus intéressantes à introduire dans nos cultures maraîchères pour l'engrais vert dérobé d'automne sont : la vesce commune, le trèfle incarnat, les trèfles vivaces, les céréales de printemps, le seigle d'automne, les crucifères, la vesce velue et le ray-grass.

A. Vesce commune et trèfle incarnat

La vesce commune et le trèfle incarnat poussent très bien à l'automne et restent vivants jusqu'aux gelées mortelles de l'hiver (figures 3.77 et 3.78). Dans les zones où l'on cultive du maïs, elles peuvent se semer jusqu'au début de septembre et offrir une bonne croissance si l'automne n'est pas excessivement froid. Des semis de vesce commune à la fin de juillet ont produit 5 t/ha de biomasse aérienne contenant 150 kg/ha d'azote. Des semis du début de septembre produisent une biomasse de 1 t/ha et une teneur d'azote en proportion. Elle suit très bien les récoltes hâtives ; son système racinaire puissant effectue tout un travail sur la structure du sol pour la culture suivante. La couverture de sol est excellente, étouffante pour les mauvaises herbes. La vesce commune est la plus mal connue, la plus sous-estimée et probablement la plus intéressante des légumineuses annuelles en engrais vert pour les cultures légumières.

On doit porter attention à certaines maladies racinaires du pois, qui peuvent être propagées par les vesces. Le trèfle incarnat a un port différent, mais il est adapté à cette période et offre aussi un excellent rendement en fin de saison. Il est cultivé l'hiver dans le Sud des États-Unis parce qu'il pousse bien au froid. Il repousse occasionnellement le printemps suivant.

B. Trèfles vivaces

Les trèfles vivaces, rouge et blanc principalement, ont le défaut de ne pas geler en hiver, ce qui oblige à les détruire avant la culture suivante. Ils constituent des précédents intéressants pour des cultures semées ou plantées tard, car ils peuvent repousser tôt au printemps, ce qui permet de les enfouir avant de semer, souvent par labour. Ils suivent bien le pois et les autres récoltes hâtives. Pour pouvoir survivre à l'hiver, ils doivent être semés au plus tard au début d'août dans le Centre du Québec, même si un semis de début septembre réussit à l'occasion.

C. Céréales de printemps

Les céréales de printemps, soit le blé, l'orge et l'avoine, sont les engrais verts d'automne les plus utilisés actuellement sur les fermes légumières (figure 3.79). Leur usage, très répandu dans les terres noires, représente une grande amélioration des pratiques culturales. Ces céréales sont d'utilisation flexible, on peut les semer à divers moments de l'année, jusqu'à la fin de septembre dans le sud du Québec. Il faut augmenter graduellement le taux de semis à mesure que l'automne arrive, pour atteindre 200 kg/ha à la fin de septembre. Leur chevelu racinaire ramifié développe et stabilise la structure de sol, et elles complètent bien les légumineuses dans un mélange. Elles précèdent bien les cultures implantées tôt comme les pois, les gourganes, les radis, laitues, épinards, car elles gèlent en hiver. Certains pratiquent même le semis ou la plantation directe le printemps suivant, sans préparation de sol, si le couvert végétal est manœuvrable.

D. Seigle d'automne

Le seigle d'automne a l'avantage et l'inconvénient de survivre à l'hiver et de repousser au printemps (figure 3.80). Il est peu adapté avant des cultures implantées tôt le printemps, sauf si on laboure en fin d'automne. Il a démontré une certaine phytotoxicité pour les mauvaises herbes de la famille des graminées, mais attention, il peut être nuisible à la germination de certaines graines de légumes, par exemple le maïs. Il doit être enfoui suffisamment longtemps à l'avance pour subir une certaine décomposition avant un semis. Le seigle peut être semé très tard ; même s'il a peu de feuilles, son système racinaire fortement ramifié aura un excellent effet sur la structure de sol.

Un producteur de crucifères de l'île d'Orléans détruit le seigle à la montaison, entre 60 et 90 cm de haut, à l'aide d'une débroussailleuse, puis d'un labour, avant la plantation de chou de Bruxelles. Dans un tel cas, il faut surveiller le comportement de l'azote, car le seigle se minéralise d'autant moins rapidement que sa maturité est avancée. Le défaut du seigle est qu'il est parfois difficile à enfouir lors d'un printemps pluvieux et qu'il devient trop avancé au point de nuire aux cultures et aux travaux mécanisés (figure 3.81).

L'un des avantages du seigle d'automne, et aussi du sarrasin, c'est qu'il peut pousser dans un sol pauvre. On peut semer ces deux plantes dans des sols qu'on commence à améliorer. Les sections les moins réussies servent à indiquer les sections de champ à éviter parce qu'elles n'offrent pas de bonnes conditions pour l'implantation de légumes (figure 3.82).

E. Crucifères

Quand les crucifères, principalement la moutarde, le radis et le colza, sont semées assez tôt en août, elles donnent généralement une biomasse importante dans des sols riches en azote, et des racines pivotantes qui approfondissent les sols. Dans les meilleurs climats, on peut les semer jusqu'au premier septembre. Elles récupèrent bien les éléments nutritifs résiduels en fin de saison et sont très étouffantes pour les mauvaises herbes.

On recommande d'éviter les engrais verts de crucifères aux gens qui cultivent des légumes de cette espèce dans la rotation. Il semble que le contraire puisse s'avérer d'un certain intérêt pour nettoyer les sols infestés par la hernie, une maladie virulente qui pourrait survivre jusqu'à 18 ans dans le sol. Les spores de repos de la hernie présentes dans le sol seraient activées par un engrais vert de crucifère semé en août alors que les sols sont assez chauds pour en favoriser la germination, mais la maladie n'aurait pas le temps de se reproduire durant l'automne.

F. Vesce velue

La vesce velue a été abondamment utilisée dans la mise au point d'engrais verts dérobés ou intercalaires, car elle survit à l'hiver dans les climats plus cléments et fixe souvent une importante quantité d'azote le printemps suivant avant d'être incorporée au sol. Elle est très utilisée aux États-Unis, mais au Québec elle est souvent détruite par l'hiver. Sa croissance plus lente que celle de la vesce commune en automne nous incite à favoriser sa parente en culture dérobée en fin de saison. Toutefois, si on l'implante assez tôt, elle produit une excellente biomasse, tolère les conditions humides et fraîches et, après un départ lent, offre une excellente couverture du sol. Il est préférable de la combiner à une céréale comme l'avoine qui sert de plante-abri.

G. Pois et féverole

D'autres légumineuses comme le pois et la féverole sont adaptées à la culture en automne et peuvent facilement se combiner à un mélange. Elles requièrent un taux de semis assez élevé et, en semis pur, devraient pouvoir profiter d'une période de croissance suffisamment longue pour atteindre un développement avancé afin de justifier le coût des semences. Elles se combinent bien aux vesces et aux céréales.

H. Ray-grass

Le ray-grass annuel est friand d'azote et peut fournir un bon système racinaire structurant. Il utilise bien l'azote résiduel et réduit les quantités disponibles pour certaines mauvaises herbes nitrophiles, comme le mouron des oiseaux. Attention, car il a la mauvaise habitude de survivre à l'hiver lorsque le plant est jeune.

I. Impact de la température

Les gelées auront une incidence sur les engrais verts à l'automne. Le sarrasin gèle tôt, suivi du tournesol ; puis ce sont les céréales et les crucifères, le pois et la féverole, avec les grosses gelées, habituellement en novembre ; la vesce commune et le trèfle incarnat ne gèlent fréquemment qu'en janvier. Les plantes annuelles qui gèlent présentent une grande utilité par rapport au seigle d'automne ou aux vivaces qui demanderont un labour ou un travail plus important de destruction.

L'engrais vert dérobé en été est peu commun, mais le sarrasin peut être semé en juin après une récolte hâtive comme un épinard, un radis ou une laitue de primeur et avant une culture tardive comme un épinard, de la mâche, de la laitue ou un engrais vert d'automne. Diverses espèces peuvent être semées en mai, enfouies à la fin de juin avant un légume tardif comme un chou chinois ; la vesce commune, le pois, la féverole, diverses céréales, le sarrasin sont indiqués, préférablement en mélange.

3.2.5 CULTURE INTERCALAIRE

La culture intercalaire de l'engrais vert consiste à semer des engrais verts entre les rangs des plantes cultivées. Cette technique est plus risquée que les autres méthodes, car il y a danger de compétition, d'envahissement de la culture, ou de problèmes phytosanitaires causés, par exemple, par un excès d'humidité ou une aération insuffisante.

Les facteurs clés du succès de cette pratique consistent à trouver une ou des espèces appropriées pour la culture en place, et surtout à semer à une période qui assure un bon établissement de l'engrais vert, mais suffisamment tard dans le développement de la culture pour ne pas nuire au rendement, à la qualité de la culture ou aux opérations de sarclage du début de la saison. Cinq à six semaines après l'implantation de la culture s'avère habituellement une période d'attente adéquate avant le semis de l'engrais vert intercalaire ; pour plus d'assurance, effectuer une mise au point sur de petites parcelles.

Comme toujours, de bonnes conditions climatiques sont nécessaires à la réussite. Parfois, la culture est très vigoureuse et l'engrais vert reste chétif ; c'est souvent le cas pour les engrais verts de légumineuses, entre autres, qui se développent mieux en pleine lumière.

Il faut un bon contrôle des mauvaises herbes avant l'établissement de l'engrais vert ; dans des champs très sales, il risque d'y avoir une abondante pousse de mauvaises herbes et la poursuite du sarclage sera préférable à l'établissement d'une plante intercalaire.

Un des premiers usages d'engrais verts intercalaires en culture biologique au Québec a été le sarrasin semé dans une aspergeraie de l'Outaouais. La culture était sarclée en début de saison, puis, lorsque l'asperge devenait trop haute après la récolte pour être sarclée mécaniquement, le sarrasin occupait le terrain pour la saison et on le laissait se ressemer. La technique s'est avérée efficace durant un certain temps, mais elle n'a pas pu empêcher l'installation du chiendent dans l'aspergeraie à moyen terme.

On peut semer un seigle d'automne entre des planches en plasticulture, ou entre d'autres cultures comme un maïs sucré, car il ne monte que l'année suivante après sa vernalisation. Un maraîcher sème du seigle entre des courges en plasticulture ; si la croissance est trop vigoureuse, il tond à l'aide d'une débroussailleuse.

Le ray-grass est utilisable aussi, à condition de le semer assez tard, car il est envahissant, compétitif et friand d'azote. Il convient bien dans un maïs sucré récolté tôt où il pourra se développer à l'automne. Le ray-grass est efficace pour utiliser les reliquats d'azote, mais sa minéralisation l'année suivante sera généralement plus lente que dans le cas d'une légumineuse.

Les légumineuses sont souvent semées en engrais vert intercalaire ; durant leur croissance, elles libèrent une certaine quantité d'azote issu de la fixation ; on parle alors de rhizodéposition. Le phénomène n'est pas facilement quantifiable. On peut compter cependant sur l'azote fixé par la légumineuse pour la ou les saisons suivantes. Les trèfles, le mélilot et la vesce velue sont les légumineuses intercalaires les plus courantes (figure 3.83).

Une façon de faire utilisée par divers maraîchers est d'implanter un trèfle blanc nain, au dernier sarclage, entre des crucifères, brocoli et chou-fleur notamment, entre des piments et des tomates avec ou sans paillis de plastique. En plasticulture, les espaces entre les paillis peuvent presque toujours être recouverts de trèfle blanc nain semé au dernier sarclage. Des cultivars de trèfle blanc, comme Sonja ou Ladino, sont trop élevés et ils risquent de devenir envahissants. Semé à un faible taux de semis, par exemple 3 à 5 kg/ha, le trèfle blanc couvre graduellement le sol de ses stolons à la fin de la saison. S'il a l'occasion de se ressemer, il peut s'établir graduellement entre les rangs de nombreuses cultures après l'abandon des sarclages et couvrir le sol en fin d'été sans compétition importante pour la culture tout en réduisant l'espace disponible pour la stellaire moyenne et d'autres mauvaises herbes d'automne. Il est aussi beaucoup plus résistant au piétinement et au passage de machineries que toute autre espèce de légumineuse. Le trèfle blanc peut s'adapter à une foule de cultures légumières à condition de l'implanter assez tard pour qu'il ne nuise pas à la culture. Les courges et les citrouilles, avec ou sans paillis, s'accommodent d'un tel couvre-sol.

Il est très bon pour couvrir les allées dans une culture en planche récoltée tard comme la carotte, ou dans l'entrerang de poireaux au dernier buttage ; il assure alors une certaine protection contre l'érosion dans ces sols nus pour l'hiver. Par contre, il peut nuire à la récolte mécanique, ou être détruit en partie par la récolte. La semence de trèfle blanc nain n'est pas facile à trouver ; il faut souvent la commander longtemps à l'avance.

La vesce velue, dont la croissance est étalée jusqu'à ce que ses vrilles rencontrent un support, est recommandable en culture intercalaire. Il faut s'assurer de la semer suffisamment tard pour qu'elle n'envahisse pas les cultures. Elle tolère un certain piétinement, mais moins que le trèfle blanc nain. Le mélilot offre aussi diverses possibilités d'utilisation, par exemple dans le maïs, les tomates, les citrouilles et les courges. Le soya, assez coûteux à semer, s'avère un bon compagnon pour le maïs sucré, bien qu'il soit piétiné à la récolte et détruit par le gel.

Un maraîcher en Mauricie qui cultive deux ans d'affilée du maïs sucré a développé la technique suivante : il sème un trèfle rouge intercalaire dans les maïs hâtifs ou semi-hâtifs et le laisse repousser le printemps suivant pour l'enfouir en mai ou au début de juin par labour, avant des semis de maïs en juin pour les dernières récoltes. Les tiges de maïs sont broyées après la récolte et laissées en surface dans le trèfle. Il travaille parfois le sol après le maïs de primeur et sème le trèfle rouge en culture dérobée.

Un producteur de maïs grain sur billons a développé un système de cultures intercalaires de début de saison, inspiré des travaux de Gertrud Franck avec les épinards en jardinage biologique, en Allemagne. Un mélange de céréales et de sarrasin, des plantes à croissance rapide, est implanté dans une bande de 30 cm entre les billons au moment du semis et détruit par sarclage cinq ou six semaines plus tard.

La technique peut être utilisée assez facilement dans un semis conventionnel de maïs sucré biné à l'aide d'une houe rotative ou d'un peigne. Elle pourrait être applicable dans d'autres cultures, mais elle empêcherait les sarclages conventionnels entre les rangs, jusqu'à l'enfouissement de l'engrais vert, ce qui représente un risque d'échapper des mauvaises herbes. Par contre, la présence de l'engrais vert dans l'interligne a souvent comme effet de réduire la présence de mauvaises herbes sur le rang.

Certains maraîchers qui pratiquent la plasticulture laissent les paillis en place durant deux ans sans travail de sol, profitant de la fertilité résiduelle, avec injection potentielle de fertilisants dans un goutte à goutte. La couverture de l'entre-rang par un engrais vert très court, comme un trèfle blanc nain, devient utile pour réduire l'implantation des mauvaises herbes. Il existe en Suisse et au Brésil des broyeurs adaptés au passage entre les rangs des cultures ; à petite échelle, une tondeuse à gazon peut être utilisée.

L'utilisation de cultures intercalaires dans les vergers est courante ; la prairie de légumineuses et graminées est répandue au Québec, mais plusieurs autres espèces sont utilisées ailleurs dans le monde. La culture entre les rangs des vignes et d'autres cultures fruitières se répand de plus en plus. Dans les vignes, on enherbe une bande sur deux en sarclant l'autre, et on alterne l'année suivante.

Des études ont été effectuées sur la dynamique des insectes dans les cultures intercalaires ; on doit évaluer chaque situation lors de mises au point techniques sur la ferme. Les vergers offrent peut-être un plus grand intérêt pour cette question, mais des insectes communs des cultures légumières (la mouche du chou) ont été influencés par la présence d'un engrais vert associé. Ce qu'il faut retenir de nombre de ces études est que, si un élément du système — comme le moment de semis de l'engrais vert — n'est pas au point, la réduction du rendement ou de la qualité de la récolte peut souvent être plus grande à cause de la compétition provenant de l'intercalaire que de la pression du ravageur en absence de l'intercalaire. Il est donc très important de faire des essais à petite échelle pour se familiariser avec cette méthode.

Enfin, l'implantation des engrais verts intercalaires demande des conditions de sol favorables. Généralement, la graine est semée juste avant ou juste après un dernier sarclage. Des semoirs de marque Gandy se sont démontrés très efficaces ; on peut les ajuster pour semer sur une largeur assez précise (figure 3.84). L'implantation d'engrais verts à trop grande proximité des cultures peut causer divers problèmes ; le semis à la volée est donc peu recommandé et on lui préfère la mise en place d'une bande relativement mince et bien localisée. Eliot Coleman prône l'utilisation de semoirs en rang pour les semis intercalaires.

3.2.6 MÉLANGES COMPLEXES

L'intégration de diverses espèces de plantes en mélange, ce qu'on appelle mélanges complexes, est une pratique utilisée de longue date en agriculture, particulièrement les combinaisons avec des légumineuses. Certains intervenants en agronomie conventionnelle critiquent cette pratique sous l'argument qu'à partir du moment où l'on combine deux espèces, il y a compétition. Les problèmes viennent surtout des difficultés à mécaniser un système où plusieurs plantes sont associées. Et pourtant, dans la nature, on trouve rarement autre chose que des associations de plantes diverses. On a souvent démontré les avantages de mélanges de plantes dans un écosystème et la productivité totale plus élevée d'associations par rapport à des populations pures. Comme l'agriculture biologique cherche à s'inspirer de la nature, on y pratique assez souvent les cultures associées. Les associations de légumes étant fréquentes en jardinage mais difficiles en culture mécanisée, on peut facilement se tourner vers les engrais verts en mélanges pour diversifier les espèces cultivées dans nos fermes maraîchères. Le tableau 3.1 offre quelques exemples de mélanges qui donnent généralement de bons résultats.

Des mélanges simples sont utilisés de longue date : seigle et vesce velue, avoine et pois, ray-grass et trèfle. La combinaison de légumineuses et de graminées remonte aux origines de l'agriculture et fut pratiquée dans presque toutes les agricultures traditionnelles du monde ; elle est quasi systématique dans les prairies de nos fermes d'élevage.

TABLEAU 3.1 Mélanges d'engrais verts

Engrais verts	Mélange 1	Mélange 2	Mélange 3
Avoine	60 kg	30 kg	—
Blé	—	30 kg	60 kg
Féverole	—	—	20 kg
Pois	20 kg	20 kg	20 kg
Trèfle incarnat	—	8 kg	—
Vesce commune	40 kg	—	20 kg
Vesce velue	20 kg	—	20 kg

Une nouvelle approche qui présente plusieurs avantages consiste à semer des mélanges complexes afin de viser une diversification des impacts racinaires sur le sol et, en particulier, une diversification des flores microbiennes associées aux rhizosphères des diverses espèces (figure 3.85). La technique présente aussi des avantages pratiques : un mélange assure généralement une meilleure couverture du sol par l'adaptation des espèces à des conditions climatiques ou pédologiques variables. Un mélange permet même d'inclure divers surplus de semences. En culture dérobée, comme les espèces utilisées gèlent graduellement à l'automne, les survivants (trèfle incarnat et vesce) continuent de pousser jusqu'à l'hiver (figure 3.86). Des espèces moins coûteuses comme les céréales ou les crucifères réduisent le coût d'ensemble et compensent le coût élevé des légumineuses annuelles. Cependant, les crucifères sont souvent trop étouffantes pour être associées à des légumineuses, et il faut en réduire beaucoup le taux de semis dans le mélange.

Il y a une école de pensée qui, depuis près d'un siècle, prône l'implantation de mélanges très complexes dans les prairies, à la fois pour la dynamique des espèces combinées qui donne d'excellentes prairies, productives et durables, mais aussi pour la diversification de l'alimentation animale. Actuellement, on trouve aussi en Europe quelques fermes qui utilisent des mélanges hyperdiversifiés, atteignant plus d'une vingtaine d'espèces, y compris des herbes culinaires et médicinales. Ces méthodes n'ont pas été validées au Québec et on peut s'interroger sur le coût de telles pratiques par rapport à leur bénéfice. Néanmoins, le principe est intéressant et l'on gagnerait à accroître la diversité des engrais verts.

On ne doit pas viser la diversité à tout prix, mais plutôt trouver des mélanges qui donnent de bons résultats. Le choix des mélanges doit se faire de façon raisonnée, la complémentarité entre les espèces étant cruciale. Par exemple, le choix d'espèces avec des semences relativement grosses assure souvent une certaine sécurité, car les réserves abondantes contenues dans de grosses graines facilitent un bon départ de la végétation, comparativement à des espèces dotées de petites semences. La présence d'une composante de céréale (60 à 80 kg/ha) dans un mélange offre aussi l'avantage de fournir une couverture de sol rapide qui domine les mauvaises herbes et réduit leur prolifération.

3.2.7 IMPLANTATION ET INCORPORATION

Pour un engrais vert, il n'est généralement pas nécessaire de préparer aussi soigneusement le lit de semence que pour une culture. Les coûts d'implantation sont moindres si les façons culturales sont réduites à une préparation sommaire du sol combinée à l'enfouissement normal des résidus de culture et des mauvaises herbes, par exemple un semis à la volée avant un ou deux passages de herse à disques après la récolte. On peut aussi faire une préparation plus élaborée en prévision de laisser un sol prêt pour la culture suivante, par exemple un labour ou un travail de chisel en profondeur, suivi de la préparation d'un lit de semences sommaire et d'un passage de semoir (figure 3.87). Dans ce deuxième cas, la préparation de sol peut être fortement réduite au printemps, car l'engrais vert préservera la bonne structure durant l'hiver. En général, les semences assez grosses se prêtent à un semis avec préparation de sol réduite, mais pas les trèfles et les autres cultures à graines assez petites.

Les coûts de la semence sont souvent compensés par les éléments nutritifs contenus dans l'engrais vert, la réduction du lessivage, la destruction des mauvaises herbes, et surtout l'amélioration de la structure du sol très favorable au rendement de la culture suivante. La pratique systématique des engrais verts réduit de façon appréciable les coûts du sarclage, ce qui couvre généralement les dépenses générées par leur pratique.

Plusieurs considérations importantes président à l'incorporation au sol de l'engrais vert :

- la demande d'oxygène nécessaire pour leur décomposition ;
- l'acidification du sol résultant des acides générés par leur décomposition ;
- la phytotoxicité potentielle sur la culture suivante en provenance de composés contenus dans les résidus d'engrais vert ou générés lors de leur décomposition ;
- le ralentissement du réchauffement printanier par la couverture du sol si l'engrais vert n'est pas enfoui avant le printemps ;
- le rythme de décomposition, variable selon les conditions de température et d'humidité ;
- la valeur fertilisante ;
- la nécessité de broyage ou non et les autres difficultés mécaniques ;
- l'impact sur les mauvaises herbes.

La décomposition d'un engrais vert demande de l'oxygène et son enfouissement peut causer des problèmes dans le sol, ce qui nuit par la suite à la culture. On conseille depuis longtemps d'enfouir l'engrais vert au moins deux semaines avant la mise en culture, mais dans le cas de biomasses importantes, ce délai pourrait être insuffisant. L'engrais vert peut alors avoir un impact négatif sur la culture, soit par une décomposition trop active dans la zone racinaire, soit par un impact phytotoxique sur la graine de la culture ou les plants à partir de certaines de ses composantes. La décomposition entraîne aussi la production d'une certaine acidité ; lorsqu'ils incorporent un engrais vert, certains préfèrent chauler systématiquement ; pour des raisons pratiques, de portance des sols au printemps en particulier, on peut chauler avant le semis.

En Europe, on suggère de broyer un engrais vert et de le laisser sécher en surface avant l'enfouissement ; on peut broyer les engrais verts importants en été ou à l'automne, mais ce n'est parfois pas faisable en novembre à cause des conditions d'humidité du sol, ou au printemps parce que les plants sont couchés par l'hiver. Il faut reconnaître qu'avec les saisons beaucoup plus courtes du Québec, le broyage avant enfouissement est une pratique plus difficile ici, car elle entraîne des retards dans les travaux.

Une question importante est la couverture du sol et le réchauffement printanier. Le fait de laisser l'engrais vert comme couverture tout l'hiver assure un contrôle des mauvaises herbes, une protection contre l'érosion en hiver, mais peut retarder le réchauffement printanier. Par exemple, les résidus de couleur claire d'un engrais vert de céréale de printemps détruit par l'hiver réfléchissent la lumière du soleil et retardent le réchauffement (figure 3.88). Dans de nombreux cas où des cultures seront implantées tôt, il est préférable d'incorporer l'engrais vert une semaine avant le semis, et même dès l'automne précédent, pour exposer le sol au moins partiellement aux éléments ; la protection contre l'érosion sera adéquate et le sol pourra se réchauffer plus tôt.

Si une préparation de sol en profondeur a été effectuée avant le semis de l'engrais vert, il est suffisant que les travaux de culture se limitent à la couche superficielle. Dans le cas d'un sol argileux, un enfouissement par labour d'automne offre l'avantage d'exposer le sol au gel et au dégel, ce qui a un effet structurant. La décision d'enfouir l'engrais vert au printemps ou à l'automne doit donc se prendre selon la texture de sol, le besoin de protection contre l'érosion et la précocité de la culture à implanter.

En ce qui concerne la valeur fertilisante et le rythme de décomposition, on peut échantillonner l'engrais vert avant l'enfouissement, ou en fin d'automne. En gros, on peut dire que plus un plant est riche en azote, plus il se décompose rapidement l'année suivante. Donc, une légumineuse libère ses minéraux rapidement au printemps, alors qu'une crucifère très mature produira beaucoup d'humus, mais une libération plus graduelle de l'azote et du phosphore. Le potassium est soluble et libéré rapidement.

Un problème pratique fréquemment rencontré est l'humidité du sol à l'automne, à la fin de la croissance des engrais verts. Si on veut les enfouir, une pratique de compromis consiste à utiliser un cultivateur lourd ou un chisel, un matin où le sol est gelé à 3 à 5 cm de profond. Il s'agit alors d'ajuster l'appareil pour un travail superficiel et de ne soulever que la croûte gelée qui assure en même temps la portance du tracteur (figure 3.89).

Enfin, il faut s'assurer que les façons culturales pratiquées pour l'enfouissement de l'engrais vert affectent négativement les mauvaises herbes présentes dans le champ. Une séquence de temps de 7 à 10 jours entre des travaux favorisera la levée des graines de mauvaises herbes. On doit choisir les outils les plus appropriés à la destruction des espèces présentes : labour pour certaines vivaces, herses à disques, appareils à dents, ou rotatifs. Ces pratiques dépendront aussi de la machinerie de travail de sol disponible sur la ferme ou dans ses environs.

L'auteur a développé une méthode de préparation de sol pour faciliter la préparation de planches à l'aide d'une rotobutteuse au printemps. L'été précédent, le sol est travaillé en profondeur à l'aide d'un chisel, puis nivelé et ameubli à l'aide d'un vibroculteur ou d'une herse à disques, selon les résidus, et semé en un mélange d'espèces détruites par l'hiver. En septembre ou octobre, alors que les sols sont suffisamment ressuyés, un passage de deux disques creuse les allées des planches à mettre en place l'année suivante (figure 3.90).

De cette façon, on arrive à compenser en partie le retard de réchauffement du sol dû à un important couvert d'engrais vert au printemps. La rotobutteuse est alors passée directement pour préparer les planches pour le semis ou la plantation. Il arrive que le soc du semoir ou du transplanteur bourre dans les résidus d'engrais verts. Un labour serait alors la solution la plus appropriée pour enfouir les résidus ; certains préfèrent d'abord herser les engrais verts avec une herse à disques pour les hacher partiellement avant de les enfouir.

Il convient de travailler avec prudence et de mettre au point les diverses pratiques adaptées à son système de production. Il y a rarement une méthode parfaite, adaptée à toutes les situations. On est souvent amené à modifier ses façons culturales selon les conditions spécifiques du moment. Il faut disposer d'un assortiment correct d'équipements permettant de réaliser les travaux nécessaires selon ces conditions variables.

Il faut rappeler que le plus important, ce n'est pas la biomasse totale des engrais verts. On a tendance à leur accorder une valeur sur la base des éléments N, P, et K qu'ils contiennent, ce qui est une erreur. Le plus important, c'est l'impact global sur le sol et le système de culture, qui provient pour beaucoup de leurs racines. Parfois, un engrais vert semé tard aura une biomasse peu importante, mais un excellent effet sur le sol et sur le comportement de la culture subséquente. Cet effet positif est parfois meilleur qu'un précédent abondant et riche en minéraux.

Il y a toujours de la mise au point à faire sur la ferme : il faut réaliser de petits essais pour trouver les façons efficaces d'intégrer les engrais verts dans notre système de culture. On doit progresser prudemment et bien évaluer les résultats avant d'adopter les techniques sur une échelle plus large. Pour plus de renseignements, notamment sur les taux de semis, on peut se référer à P. Jobin et Y. Douville, *Engrais verts et cultures intercalaires*, 1997.

3.3 COMPOST ET COMPOSTAGE

Le compostage est une technique qui consiste à placer en tas ou dans un contenant une quantité de matières organiques pour les faire décomposer et amorcer leur transformation en humus. Les mécanismes de décomposition et de transformation en présence sont désormais bien connus, tout comme les paramètres de base à respecter pour réussir son compostage.

3.3.1 BASE DU COMPOSTAGE

Assurer un équilibre entre l'oxygène et l'humidité de même qu'entre l'azote et le carbone nécessaires à la nutrition des décomposeurs est fondamental. La première phase du procédé est dominée par la décomposition ou dégradation des matières organiques et la seconde phase en est une de réorganisation ou de maturation.

On ne soulignera jamais assez l'importance de la mise au point de techniques d'utilisation des composts et de fertilisation adaptées au système de culture de la ferme. Gardons à l'esprit qu'il faut aussi ajuster ces techniques sol par sol sur la ferme, car dans des sols différents, les réactions peuvent différer passablement.

A. Objectifs du compostage

Le compostage sert à stabiliser l'azote des fumiers et des autres matières organiques, à en diminuer le volume et les coûts de transport, à en ralentir la minéralisation, à diminuer les impacts négatifs potentiels sur la saveur des légumes et à éliminer les contaminants microbiens potentiellement nocifs pour les consommateurs. De plus, c'est un matériau d'odeur agréable que les voisins préfèrent au fumier lors de l'épandage. Il permet de détruire de nombreuses graines de mauvaises herbes présentes dans le fumier ; sa nature, son rythme de décomposition plus lent au sol réduisent la pression des mauvaises herbes par rapport au fumier. Plus stable, le compost aura une demande plus faible en oxygène pour la décomposition, demande qui peut poser des problèmes aux cultures lorsqu'on utilise du fumier frais. À maturité et bien préparé, il est assez sec et friable, moins lourd et plus facile à épandre que du fumier, donc moins coûteux à transporter et moins rude pour la machinerie. Il contient également moins de grosses mottes que du fumier et sera plus facile à bien répartir.

Depuis quelques années, de nombreuses études ont démontré l'impact positif de l'emploi régulier de compost sur l'état sanitaire des légumes. Les légumes deviennent naturellement plus résistants aux ravageurs et organismes pathogènes ; l'équilibre microbien du sol y réduit la pathogénie. De plus, l'utilisation d'extraits de compost en pulvérisation démontre un effet fongistatique.

B. Matières premières du compost

Comme on n'élève pas d'animaux dans la majorité des fermes légumières, les maraîchers achètent des fumiers en provenance de sources diverses. Ils se procurent aussi diverses matières organiques d'autres provenances. On ne doit jamais oublier le lien entre la qualité du système de production, la qualité des sols, celle des aliments qui y sont cultivés et celle des fumiers issus d'une ferme donnée. Certains fumiers issus de fermes conventionnelles contiennent des résidus d'antibiotiques, d'hormones de croissance ; le compostage aide à réduire les effets négatifs de ces substances. Toutefois, pour d'autres types de contaminants, le compostage n'y peut rien. Par exemple, les porcs et les volailles reçoivent d'importants suppléments de cuivre, parfois de zinc, qui peuvent s'accumuler lorsqu'on épand leur fumier, composté ou non, dans les sols. Ces animaux granivores reçoivent aussi une alimentation contenant de bonnes quantités d'organismes génétiquement modifiés, ce qui n'est pas compatible avec les principes de la culture biologique. Les maraîchers ont avantage à choisir soigneusement la provenance des matières organiques importées et, autant que possible, à choisir des fumiers en provenance de fermes bien cultivées, de préférence en culture biologique (figures 3.91 et 3.92). La qualité des pratiques culturales influençant la qualité du fumier, et donc celle du compost, aura un effet sur la qualité des légumes fertilisés par ces fumiers.

Dans une perspective historique, les légumes ont évolué depuis les débuts de l'agriculture, il y a de 8 000 à 10 000 ans, mais certains depuis quelques siècles seulement. Souvent situées à proximité des habitations et dans des systèmes d'élevage avec des stabulations peu développées, les cultures légumières ont toujours été les premières à recevoir le fumier. Ce n'est généralement pas le cas des céréales, exception faite du maïs cultivé en buttes qui a souvent reçu sa dose de fumier. L'accumulation de fumier était traditionnellement très graduelle, en tas plutôt petits, ce qui donnait des fumiers relativement décomposés, assez proches de nos composts d'aujourd'hui. Selon les biodynamistes, le développement de masses importantes dans les légumes (laitue, chou, légumes-racines), rares ailleurs dans la nature, est soutenu par les apports de fumier. Ces plantes ont été abondamment manipulées par les êtres humains et ont évolué en compagnie d'apports importants de fumier dans les sols où on les a cultivés.

Actuellement, certains courants de pensée concernant le bien-être et les droits des animaux prônent l'élimination des animaux de ferme, considérés comme étant exploités et maltraités par les humains. Certains proposent même de recourir à une alimentation végétalienne pour des raisons de santé, mais aussi de compassion envers les animaux. Ils cherchent donc à remplacer les fumiers par des matières végétales. À l'autre extrémité du spectre, les biodynamistes considèrent les animaux domestiques comme une partie essentielle de l'organisation de la ferme et croient que l'agriculteur consacre sa vie au soin des animaux, dans un esprit de réciprocité, ce qui en fait un « éleveur » plutôt qu'un exploitant. Pour l'instant, l'utilisation de fumiers, le plus souvent compostés, est très présente en culture maraîchère et les résultats sont bons. L'avenir permettra de mesurer la viabilité des alternatives sans fumier.

Outre les fumiers, diverses autres matières premières peuvent être compostées. Il peut s'agir de déchets agroalimentaires, de déchets forestiers, de déchets verts (gazons et feuilles d'arbres), de broussailles, de résidus de taille d'arbres, de déchets d'abattoirs et de pêcheries. Il faut reconnaître le fait que c'est l'agriculteur qui a la responsabilité de s'assurer que ces matériaux sont exempts de contaminants ; on doit bien vérifier les normes avant de les utiliser.

C. Débuts du compostage

Inspiré par 20 ans d'observations de terrain, par la lecture des publications de Waksman sur l'humus et de King sur le compostage en Asie, Howard a développé en Inde, avec l'aide d'une équipe de chercheurs, le système de compostage d'Indore, dont les grands principes sont à peu près tous valables encore aujourd'hui.

On doit tout d'abord bien mélanger végétaux divers et fumier pour obtenir un rapport C/N de 33 au début et des C/N de 10 à 15 à la fin du compostage ; on peut inoculer le mélange en rajoutant du vieux compost. Pour être efficace, le procédé doit être rapide et permettre une bonne oxygénation, tout en maintenant une humidité adéquate. Il doit également être sanitaire, donc sans mauvaises odeurs ni mouches, et sécuritaire pour les humains et les cultures. Le compost qui en résulte doit stimuler l'activité biologique des sols et s'y décomposer sans nuire aux cultures.

Howard croyait aussi que le compostage devait permettre de réduire la main-d'œuvre au minimum. Même si un retournement est souvent utile, parfois deux, il n'est pas toujours nécessaire. On doit minimiser les pertes d'azote. Aussi, la préparation en Inde, en saison sèche, dans des fosses de 60 cm permet-elle à Howard de minimiser les pertes d'azote, et même de réaliser des gains ; en saison humide, il dispose le mélange en tas, et il y a parfois plus de pertes.

À la même époque, les biodynamistes travaillaient de leur côté au développement du compostage à l'aide de leurs préparats et à la découverte de règles semblables. Pfeiffer a par la suite développé des méthodes de compostage mécanisé à grand volume pour des municipalités, méthodes qui sont semblables à plusieurs procédés utilisés encore aujourd'hui. Après le mélange initial, plusieurs biodynamistes ne retournent le compost que si des problèmes se posent ; ils couvrent souvent le tas d'une petite couche de terre, puis de paille, même si plusieurs ont récemment adopté les géotextiles.

3.3.2 PROCESSUS DE COMPOSTAGE MODERNE

Depuis les travaux de mise au point de Howard et Pfeiffer, le compostage a évolué pour devenir sur les fermes un procédé de plus en plus mécanisé. On mélange aux matériaux azotés des matériaux fibreux tels que la paille, la mousse de tourbe, les copeaux de bois et le bran de scie, les écorces et le bois raméal, les résidus de récoltes, les tiges et rafles de maïs et les feuilles mortes. En culture biologique, on évite les cartons et papiers, les boues de papetières, de même que les matériaux issus de conifères. Les matériaux ligneux, matures et durcis auront un effet absorbant pour les liquides des matières azotées, ou un effet structurant permettant de garder le compost poreux pour une meilleure aération. Les matériaux azotés sont les fumiers, les déchets de plantes vertes, le foin, les déchets d'entreposage ou de transformation alimentaire, les déchets des abattoirs ou des pêcheries, les déchets de gazons exempts d'herbicides. Cette liste n'est pas exhaustive. Un mélange de ces matériaux sera constitué en visant un rapport C/N d'environ 30 ou 35 et un taux d'humidité d'environ 50 à 70 %. Dans la nutrition des décomposeurs, l'azote servira surtout à l'élaboration des protéines des corps et le carbone comme source d'énergie tout en participant aussi à l'élaboration des protéines.

La méthode la plus commune de compostage sur les fermes maraîchères est le compostage en andains. Pour monter les andains, le mélange peut être effectué mécaniquement de deux façons : soit avec un épandeur à fumier fonctionnant à poste fixe (figure 3.93), on place alors les matériaux plus légers au fond (figure 3.94) et les matériaux plus lourds, comme du fumier humide, par dessus ; soit en empilant les matériaux avec une voiture de ferme à bascule ou un camion, en replaçant le tout avec un chargeur sur le tracteur, puis en passant un retourneur à compost qui mélange les matériaux et les uniformise (figure 3.95).

Pour des matériaux prémélangés comme du fumier sur litière en stabulation libre dont le niveau de carbone et d'humidité est suffisant, on pourrait effectuer une simple mise en tas sans brassage et possiblement retourner le tas un peu plus tard si nécessaire. Pour des préoccupations sanitaires, les normes biologiques américaines exigent cinq retournements des andains (figure 3.96), ce qui est excessif et potentiellement nuisible au compostage de certains types de matériaux. Habituellement, si le mélange initial est passablement correct, un seul retournement des andains est suffisant, occasionnellement deux. Le brassage intensif favorise l'activité bactérienne et diminue l'activité fongique. Parfois, il masse les fumiers compostés en boulettes, ce qui donne un produit de moindre qualité. Au Québec, les normes biologiques exigent un suivi des températures ou une analyse du produit final pour s'assurer que le compost est sain (figure 3.97).

Que se passe-t-il lorsqu'on monte un andain de compost et que les conditions, nommées aussi paramètres, sont correctes ? Dans un premier temps, il y a une prolifération de bactéries qui se nourrissent des matériaux les plus faciles à décomposer, ce qui entraîne une hausse de la température atteignant entre 40 et 70° C, parfois plus, idéalement entre 50 et 60 °C. Cette hausse de température est désirable, d'abord parce qu'elle indique une décomposition active, mais aussi parce qu'elle contribue à la destruction de micro-organismes pathogènes et de graines de mauvaises herbes. La chaleur élevée conduit à la dominance de bactéries dites thermophiles. La consommation d'oxygène par les micro-organismes maintient un taux beaucoup plus faible que dans l'atmosphère. En présence de fumier, le pH monte couramment à un taux de 8 ou 9 ; à de tels pH, le risque de volatilisation d'azote est élevé. Avec le temps, la masse de matières à consommer diminue, le tas baisse et la chaleur produite par la décomposition plus lente devient moindre. Des bactéries mésophiles, préférant des températures plus modérées, font alors leur apparition. D'autres microbes proliféreront aussi, de plus en plus, notamment des actinomycètes et des champignons, plus efficaces pour décomposer des matières fibreuses ; leur action plus lente sur des matières moins riches en hydrates de carbone simples ne produit plus autant de chaleur.

Graduellement, le processus se déplace d'une dégradation rapide vers une attaque plus lente des matériaux et on entre dans une phase où la masse diminue plus lentement ; on assiste à une réorganisation des matières organiques dont les formes originelles sont de moins en moins identifiables. De nombreux insectes sont présents tout au long du processus ; durant la phase thermophile, on trouve des mouches qui se concentrent sur l'extérieur du tas et, graduellement, on assiste à la prolifération d'arthropodes qui envahissent l'intérieur de la masse.

Avec le temps, si on laisse progresser la phase de maturation, on verra apparaître des vers rougeâtres spécialisés dans la décomposition (*Eisenia fœtida*) (figure 3.98). Lorsque les températures ont baissé, pour se situer à quelques degrés au-dessus des températures ambiantes, et que la couleur des matériaux de départ a évolué vers une teinte brun pâle à brun moyennement foncé, on parle d'un compost jeune (figure 3.99). Ce stade est habituellement atteint après plusieurs semaines, et plus rapidement si on retourne intensivement les matériaux au départ. Un compost ayant passé une phase de maturation de quelques mois est un compost mûr (figure 3.100), car la demande en oxygène y est réduite. Après transformation complète et disparition des vers, on est en présence d'un terreau (figure 3.101). Au Québec, à cause du froid, on atteint rarement le stade terreau en deçà d'un an, sauf dans le procédé connu sous le nom de lombricompostage.

Durant le compostage, il est essentiel de recouvrir le tas soit avec un géotextile spécial qui laisse respirer le tas tout en faisant dévier la pluie, soit avec un polythène solidement mis en place mais laissant circuler l'air par la base, ou installé après la phase thermophile (figures 3.102 et 3.103). Si le compost n'est pas recouvert, il y aura, lors des pluies abondantes, lessivage de minéraux importants pour les légumes (azote et potassium) et polluants (azote) dans le lixiviat (figure 3.104). Au début du processus, il y a une évaporation importante provenant de la décomposition des matières organiques qui dégage du CO_2 et de la vapeur ; en condition de pluie modérée, il est possible de ne pas recouvrir les tas immédiatement, mais après la première phase de dégradation active, l'échappement d'humidité est moindre et des pluies abondantes peuvent stopper le processus de compostage lorsque le taux d'humidité élevé réduit la présence d'air.

Le choix d'une aire de compostage appropriée est essentiel (figure 3.105). Le site doit être élevé, légèrement arrondi autant que possible, avec une légère pente de moins de 5 %. Le sol doit être solide, mais bien drainé et exempt de dépressions. Les petites cuvettes d'un sol mal nivelé sont fatales pour la réussite du compost, car la machinerie compacte le sol, l'eau de pluie s'y accumule, monte dans le tas par capillarité et entraîne l'écoulement de lixiviat ; saturé dans cette zone, le tas y arrête de composter faute d'oxygène. Après l'épandage, le site de compostage sera idéalement nivelé puis enherbé avec du foin après usage si on a l'intention de le réutiliser pour du compost dans un avenir rapproché ; sinon on peut tenter d'y effectuer des cultures exigeantes après une décompaction appropriée. Les règles environnementales exigent une période d'attente de trois ans avant d'utiliser le même site de nouveau pour le compostage.

A. Gestion des paramètres

Aération, humidité, température, pH, taux de carbone et d'azote sont les paramètres à gérer pour réussir le compostage. Ils doivent chacun se situer aux niveaux prescrits, car ces niveaux correspondent aux conditions favorables à la vie des décomposeurs. Pour comprendre le processus, on peut examiner la formule chimique simplifiée de la décomposition des matières organiques.

Commençons par la formule simplifiée de la photosynthèse, processus d'élaboration des matières organiques par les plantes. La plante absorbe le CO_2, l'eau et l'énergie lumineuse pour produire du glucose et libérer de l'oxygène.

La formule est la suivante :

$$6\,CO_2 + 6\,H_2O + \text{énergie lumineuse} = C_6H_{12}O_6 + 6\,O_2$$

Pour décrire la décomposition, on inverse la formule :

$$6\,O_2 + C_6H_{12}O_6 = \text{énergie calorique} + 6\,CO_2 + 6\,H_2O$$

Même si la plante élabore divers hydrates de carbone plus complexes que le glucose, le processus de décomposition est décrit sous une forme simplifiée par la formule. Retenons que la clé de cette formule de la décomposition, c'est l'oxygène. Il doit être disponible si on veut que la décomposition s'amorce. Les matières en décomposition diminueront graduellement de volume à mesure que les fibres disparaissent en libérant de la chaleur, du gaz carbonique et de l'humidité. On observe souvent de la vapeur qui s'élève du tas de compost.

La première clé du succès dans la pratique du compostage est donc l'aération. On peut s'assurer que le compost est suffisamment aéré en mélangeant des matériaux assez grossiers qui permettent à l'air de circuler à l'intérieur de l'andain. Dans certains systèmes de compostage sophistiqués, on insuffle plutôt de l'air forcé dans les composts. Les matériaux s'affaissent en cours de compostage et l'oxygène diminue par le fait même. À la ferme, on choisit habituellement la technique en andains avec retournement, en utilisant préférablement un retourneur à compost qui permet un bon mélange en peu de temps et peu d'effort ; on peut aussi retourner à l'aide d'un épandeur, ce qui est très long, ou d'un chargeur sur le tracteur. Ce dernier appareil donne un mélange beaucoup moins uniforme.

Après l'aération, la deuxième clé du succès est le rapport C/N. Il faut s'assurer dès le départ de conditions nutritives appropriées pour les microbes qui utilisent l'azote pour construire les protéines de leur corps et se nourrir des hydrates de carbone à décomposer. Le rapport C/N décrit la quantité d'hydrates de carbone dans les matériaux à composter en proportion de chaque unité d'azote. Donc, un rapport C/N de 35 signifie qu'il y a 35 fois plus de carbone que d'azote. Un mélange de matériaux ayant un rapport C/N de 25 à 35 donnera un équilibre nutritif optimal. Si le C/N est bas, 10 ou 20, les microbes décomposeurs manqueront d'énergie pour se sustenter et le compost perdra beaucoup d'azote ; on remarquera probablement des odeurs d'ammoniaque gazeux à proximité des tas, ce qui peut même entraîner des plaintes de la part de voisins. Le produit fini sera appauvri en azote total. Par contre, si le C/N est élevé, 60 ou 80, il n'y a pas assez d'azote pour bâtir une population microbienne suffisante pour attaquer les hydrates de carbone disponibles. Le processus de compostage sera alors beaucoup plus long et la population microbienne faible ne libérera pas beaucoup d'énergie ; la température du tas s'élèvera moins.

À titre indicatif, on présente au tableau 3.2 des données de sources diverses sur les rapports C/N des matières le plus fréquemment compostées sur les fermes. Ces rapports peuvent varier dans les faits ; aussi est-il recommandé de vérifier par des analyses le rapport C/N des matières à composter avant d'amorcer le processus.

Si le taux d'azote est trop élevé ou si le carbone est trop difficile à attaquer pour les micro-organismes, on assiste à des pertes d'azote importantes accompagnées d'odeurs d'ammoniaque parfois très fortes. Il faut assurer la présence d'hydrates de carbone suffisamment assimilables. Le fumier de volailles sur litière de copeaux est particulièrement sensible à cette situation, car le pH s'y élève rapidement ; en pratique, on peut y incorporer des matériaux riches en sucre et acidifiants comme des déchets de fruits, de légumes et de pommes de terre.

Des matériaux très grossiers en abondance peuvent réduire la montée de température en réduisant les surfaces de contact disponibles pour le développement des micro-organismes ; dans ce cas particulier, on fera un tas très gros, alors qu'avec des matériaux très fins ce n'est pas conseillé. Les matériaux doivent être répartis assez uniformément dans le tas et la présence de matériaux structurants doit assurer une aération correcte. Les tas ou andains mesureront normalement 2,50 à 3 m de largeur à la base.

L'humidité doit être au maximum à 70 %, idéalement entre 50 et 65 %, mais des matériaux très grossiers peuvent être compostés à un taux d'humidité plus élevé, alors que des matériaux très fins se compostent mieux à des taux un peu plus bas. Humidité et aération sont

TABLEAU 3.2 Rapports C/N de quelques matières premières utilisées dans le compostage moderne

Matières premières à composter	Rapports C/N
Matériaux ligneux	
Bran de scie	200 – 750
Copeaux de bois francs	400 – 800
Écorces de feuillus	100 – 400
Tailles d'arbres et arbustes	15 – 250
Déchets animaux	
Carcasses de volaille	5
Déchets crabes/homards	5
Déchets d'abattoirs	2 – 4
Déchets de crevettes	3,5
Déchets de poissons	3,5
Fumier de panses	20 – 30
Sang séché	3
Foin	
Graminées	32
Légumineuses	15 – 19
Fumiers	
Bovins de boucherie (vache, veau)	20 – 30
Bovins laitiers	10 – 18
Cheval	22 – 50
Moutons	13 – 20
Porcs	9 – 19
Poules pondeuses	3 – 10
Poulets à griller	12 – 15
Maïs	
Ensilage de maïs	38 – 43
Rafle de maïs	55 – 120
Tiges de maïs	60 – 73
Paille	
Avoine/orge	60 – 70
Blé	100 – 150
Déchets agroalimentaires	
Boue de pommes de terre	28
Déchets de fruits	20 – 50
Déchets de légumes	11 – 20
Farine de soya	4 – 6
Moutures de café	20
Pommace	48
Pommes de terre déclassées	18
Divers	
Algues marines	5 – 27
Déchets de gazon	9 – 25
Feuilles mortes (selon l'espèce)	20 – 80
Fougères et broussailles	40 – 80
Mousse de tourbe	60

Source : Rynk, R., *On-Farm Composting Handbook*, NRAES 54, Ithaca, NY, 1992, et autres sources ; analyses effectuées par l'auteur.

forcément opposées ; les matériaux grossiers, structurants, auront la fonction d'équilibrer le rapport entre les deux. En pratique, on utilise le test du poing pour déterminer si l'humidité est acceptable. En serrant les matériaux dans sa main, si de l'eau suinte en abondance entre les doigts, l'humidité est trop élevée, et si une boule reste formée après l'ouverture de la main, le taux est probablement correct. Si les matériaux se séparent et tombent à l'ouverture du poing, ils sont possiblement trop secs ; il faut alors arroser ou rajouter des matériaux humides. L'arrosage qui répartit l'eau peu uniformément sera suivi d'un retournement. Un arrosage goutte à goutte avec des tuyaux peut être approprié ; l'utilisation d'un boyau à gros débit est laborieuse et peut mener à du lessivage. La prudence est donc de mise.

Il existe des méthodes de calcul sophistiquées, et même des logiciels, pour décider des mélanges à effectuer en fonction des taux d'humidité et des rapports C/N des matériaux à composter. À la ferme, on peut encore se fier à une approche intuitive, à l'expérience et à l'observation du compost en évolution.

Les niveaux de chaleur oscillent habituellement entre 50 et 70 °C. Cependant, avec certains matériaux, un niveau de 40 °C est normal, même si on considère qu'un bon assainissement des microbes pathogènes, analogue à la pasteurisation, prend place à des niveaux de 55 °C ou plus. Atteindre 55 °C est maintenant requis pour obtenir la certification, sauf si une analyse démontre des taux de salmonelles acceptables.

L'ajustement du pH est rarement nécessaire. Le pH des composts a parfois tendance à devenir trop élevé s'ils contiennent du fumier, car la transformation des matériaux entraîne une hausse de pH, et il en découle des pertes d'azote ammoniacal gazeux. Du gypse peut être utilisé (jusqu'à 5 % du mélange) pour minimiser ce problème, de même que des déchets agroalimentaires acidifiants et riches en C rapidement assimilable, comme de la pommace (déchet de jus de pomme). Ce dernier matériau est utile en combinaison avec du fumier de volailles dont le N est facilement perdu. On peut équilibrer le pH de matériaux très acides ou acidifiants, comme les déchets de pommes de terre, en ajoutant une fraction de cendre de bois ou de pierre à chaux agricole. Pour un compost de matériaux non acidifiants, il ne faut pas dépasser 0,2 % de cendre ou de chaux. Il faut éviter de rajouter de la chaux ou de la cendre dans du fumier, car cet ajout peut exacerber le problème de perte ammoniacale.

B. Retournement

Il existe des bases sur lesquelles s'appuyer pour décider d'effectuer un retournement. Si on ajoute de l'eau ou des matériaux secs pour changer le taux d'humidité, si on décide d'ajouter des matériaux grossiers, structurants, pour améliorer l'aération, des matériaux azotés ou carbonés pour modifier le rapport C/N, il faudra les mélanger. Si la structure est trop compacte, l'aération diminue, la température baisse et un retournement peut parfois corriger la situation sans ajout ; c'est normalement le cas après quelques semaines de compostage. En compostage urbain, là où les sites de compostage sont très sollicités, on utilise souvent des retournements intensifs pour accélérer le processus de compostage et libérer le site pour l'arrivée de nouveaux matériaux. Cette pratique est coûteuse, surtout si on n'a pas à sa disposition un retourneur à compost. Les normes américaines NOP exigent cinq retournements, ce qui est superflu, à notre avis, pour un compostage de ferme. Idéalement, on doit viser à obtenir un compost de qualité avec le minimum de retournements. Un brassage au démarrage du processus pour uniformiser le mélange des matériaux suivi d'un retournement après quelques semaines devrait, dans la majorité des cas, être suffisant si les mélanges de départ sont corrects.

L'utilisation d'un retourneur simplifie grandement la gestion du compostage (figure 3.106). Il existe des retourneurs actionnés par leur propre moteur qu'on peut traîner avec un petit tracteur. Souvent aussi, plusieurs fermes s'en partagent la propriété et l'utilisation ; on les déplace sur les routes derrière une camionnette.

3.3.3 QUELQUES CAS PARTICULIERS

Il existe d'autres pratiques de compostage utilisées à la ferme et qui méritent qu'on s'y attarde pour en discuter les avantages et les inconvénients. Il s'agit du compostage de déchets de nettoyage de légumes, du compostage de déchets de source industrielle et de lombricompostage.

A. Déchets de nettoyage de légumes

Sur les fermes maraîchères, le compostage des déchets de nettoyage des légumes présente un problème particulier. On trouve presque partout de gros tas de ces matériaux, mal gérés, mal entretenus, exposés aux éléments et éventuellement au lessivage. Pour les fermes de très grandes dimensions, il faudrait intégrer ces résidus dans le programme de compostage régulier. Pour les fermes de dimensions moindres, les quantités plus petites ont souvent tendance à être négligées. Un maraîcher de la région de Montréal utilise une pratique très simple et efficace. Il se fait livrer des résidus d'émondage qu'il étale en un tas de 60 à 90 cm d'épaisseur. Il y étend les résidus de nettoyage et passe le rotoculteur de temps à autre pour les y incorporer (figure 3.107). Le compostage se fait lentement à cause du rapport C/N élevé des copeaux, mais l'assainissement des déchets est excellent, le lessivage est réduit et les mauvaises herbes ne s'installent pas sur le tas comme on l'observe sur de nombreuses fermes.

B. Déchets de source industrielle

Depuis les années 1980, le compostage est passé d'une technique peu répandue à une technique importante en gestion de déchets. Cependant, dans la grande majorité des cas, les déchets proviennent de sources industrielles ou urbaines et produisent des composts plus appropriés pour stabiliser les remblais d'autoroute que pour la chaîne alimentaire à cause des contaminants qu'ils contiennent. L'impact fertilisant de ces composts est souvent peu intéressant (rapports C/N élevés et minéralisation lente). La détection de contaminants se limite couramment à l'analyse des métaux lourds, ce qui est insuffisant ; ils contiennent des huiles usées, des produits de lavage, de nettoyage de peinture au latex, et tout ce que les entreprises locales se permettent de mettre dans les égouts. En général, les feuilles d'arbres ne sont pas à risque. On devrait choisir les déchets des industries agroalimentaires avec prudence et éviter les gazons recevant des herbicides. La prudence est aussi de mise dans le cas des résidus des papetières, à base de conifères, et des composts urbains qui sont toujours douteux. En général, les normes de certification ne tolèrent pas l'utilisation de ces matières.

C. Lombricompostage

Le lombricompostage est une technique particulière de compostage en tas assez minces, sans phase thermophile, pour élever des vers de terre de type épigé comme *Eisenia fœtida* ou *E. andrei* (revoir figure 3.98). Contrairement aux vers de terre communs de type anécique qui aèrent le sol en profondeur, les vers épigés qui vivent en surface tolèrent des concentrations élevées de matières en décomposition. Si on enlève les vers pour les vendre, le compost perd une partie de son azote. Par contre, il s'avère très stimulant pour les cultures et constitue un ajout de grande qualité à la fabrication de terreaux. Des techniques d'extraction ont été développées en vue d'une utilisation en pulvérisation foliaire. On ajoute de petites quantités d'eau dans du compost où les vers sont en grande activité, puis on draine le liquide à la base. Toutefois, produire ou utiliser du lombricompost en grande quantité pour les besoins d'une ferme maraîchère serait trop laborieux et trop coûteux. De plus, des composts moins mûrs sont préférables, car ils stimulent davantage l'activité des vers et des autres organismes dans le sol.

Lors de la mise en tas du compost, on peut ajouter, comme inoculant, des sols et des vieux composts, en particulier dans le cas de matériaux spécialisés comme des déchets agroalimentaires. On peut aussi ajouter des phosphates naturels ou diverses roches broyées comme du basalte, du mica, et des argiles comme de la bentonite. Parfois ces matériaux réduiront la perte de N lors du compostage, en particulier les phosphates naturels.

3.3.4 RÉGLEMENTATION ENVIRONNEMENTALE

La réglementation québécoise actuelle alloue à tout moment la présence de 500 m^3 de fumier et de produits de ferme en compostage ou en entreposage en tas, de 150 m^3 de compost mélangé de feuilles et de fumier et de 150 m^3 par an de produits végétaux ne provenant pas de la ferme. Au total, on permet la fabrication d'un total de 1 500 m^3 par année sur le sol ; autrement dit, les fumiers et produits de la ferme ne peuvent être présents en quantité supérieure à 500 m^3 à un moment donné, mais on peut composter cette quantité plus d'une fois par année. Pour des quantités supérieures, il faut obtenir un certificat d'autorisation du ministère de l'Environnement du Québec. Les matériaux compostés doivent contenir moins de 75 % d'humidité. On exige que le mélange soit effectué à l'aide d'un épandeur ou d'un retourneur au début du compostage, ou qu'un retournement soit fait afin d'uniformiser le mélange. Le compost devra atteindre 40 °C, mesuré à l'aide d'un thermomètre.

Le site de compostage sera situé à au moins 300 m d'un ouvrage de captage d'eau souterraine pour consommation humaine, à au moins 50 m d'un plan d'eau ou d'un cours d'eau et à au moins 15 m d'un fossé. Un site de compostage ne doit pas servir plus d'un an, doit être remis en culture et ne pourra être réutilisé avant trois ans.

Comme la réglementation environnementale est en évolution constante et de plus en plus complexe, comme elle exige de plus en plus l'intervention de professionnels, il est recommandé de se renseigner auprès des autorités compétentes ou à tout le moins de consulter le site Internet du ministère de l'Environnement avant de procéder à la mise en place de composts sur la ferme.

3.3.5 UTILISATION FERTILISANTE DES COMPOSTS

L'utilisation du compost constitue la base de la fertilisation en culture maraîchère biologique. Dans les premières années, des apports de fumier composté auront une très grande importance pour la réussite des cultures. Avec le temps, la fertilité des sols se développe et les doses de compost pourront être réduites, d'autant plus que l'enrichissement en P se fera assez rapidement.

À partir de ce moment, certains maraîchers choisiront d'apporter des doses fréquentes mais moins importantes de compost, et de compter davantage sur les engrais verts de légumineuses comme source d'azote pour les cultures exigeantes ; d'autres donneront des doses plus élevées aux cultures les plus exigeantes qui seront suivies l'année suivante de cultures plus frugales, sans apport. Ces dernières (carottes, oignons, pois, haricots) tolèrent généralement mal une masse importante de matières organiques en décomposition dans leur zone racinaire. Dans des sols à base de sable grossier, le lessivage du potassium est plus important, et la stratégie basée sur des apports importants est moins efficace.

Actuellement, il y a des gens qui préfèrent utiliser des fumiers directement au champ, sans compostage, avant la culture d'un engrais vert qui précède la culture. On comprend les agriculteurs de vouloir éviter la tâche de compostage qui est coûteuse, exigeante en main-d'œuvre, et souvent difficile à réussir. Cependant, il y a certains risques à utiliser des fumiers non compostés : les mauvaises herbes ne sont pas détruites, et des problèmes sanitaires surgissent parfois dans les cultures à cause de la décomposition insuffisante des matières organiques qui se retrouvent dans l'environnement racinaire des légumes. En Amérique, les certifications en agriculture biologique n'acceptent qu'avec certaines restrictions l'utilisation de fumier non composté immédiatement avant une culture de consommation humaine. Il importe de vérifier régulièrement ces normes, car elles sont sujettes à des changements occasionnels. Il faut connaître le danger de contamination par des coliformes fécaux, *Escherichia coli*, salmonelles et autres organismes présents dans les fumiers frais. Le compostage les détruit en grande partie, de même que la décomposition du fumier dans le sol après un certain temps ; la compétition entre les organismes vivants du sol les détruit également. Des recherches faites à l'IRDA ont démontré qu'une centaine de jours est nécessaire après une application de fumier frais pour qu'il n'y ait plus de risques avec les pathogènes.

Les fumiers compostés minéralisent les minéraux intégrés à la matière organique plus lentement que les fumiers non compostés. Typiquement, 15, 20 ou 30 % de leur teneur en azote seront disponibles la première année d'application au sol comparé à 45 ou 55 % pour un fumier de bovins ; le fumier de volailles minéralise quant à lui environ 65 à 75 % de son azote la première année. Les lisiers, plus faibles en litière, minéralisent plus rapidement le N que les fumiers d'une même espèce animale, car ils sont proportionnellement plus riches en NH_4. Par contre, les composts de fumier de volailles peuvent aussi minéraliser plus rapidement (35 % la première année, parfois plus) que les composts provenant des fumiers de bovins ou d'autres consommateurs de fourrages.

Certaines années où les sols sont plus chauds et les précipitations bien réparties, on observe dans certains composts des minéralisations d'azote semblables à celles des fumiers de bovins (environ 50 %). Le phosphore des composts minéralise plus facilement et peut parfois atteindre 65 %, un taux typique des fumiers ; on a peu de données sur la minéralisation du P, mais on observe qu'une utilisation répétée des composts enrichit le sol et améliore la nutrition phosphatée des cultures. Le taux de P augmente lors du compostage. Le potassium des composts est soluble et est aussi facilement minéralisé que celui des fumiers, de 80 à 100 % par année ; facilement lessivable, il faut recouvrir les tas pour le conserver, car les légumes en sont friands.

On peut généraliser en disant qu'un compost jeune, ayant un rapport C/N en deçà de 20, se décomposera de façon active dans le sol, stimulera une augmentation de l'activité biologique, se minéralisera activement et favorisera une tendance végétative dans la croissance des plantes. Il faut l'utiliser avec prudence si on ne veut pas développer un excès de feuillage dans des cultures comme les tomates, par exemple.

Dans un sol dont la structure n'est pas très bonne, il est préférable de ne pas enfouir le compost trop profondément pour assurer une bonne oxygénation ; si on laboure, on appliquera le compost sur la surface du labour avant la reprise des sols.

Un compost mûr est à un stade de décomposition déjà avancé. Il contient parfois un bon niveau de minéraux déjà solubilisés, des nitrates par exemple, mais la poursuite de la minéralisation sera plus lente. Il convient pour des plantes sensibles à la décomposition, des plantes frugales. Il favorisera moins la croissance végétative et sera favorable à la production de saveurs et d'arômes, par exemple pour des plantes comme la vigne, les principales herbes aromatiques, les carottes. Dans un sol pauvre en humus, par exemple un sable grossier ayant été dégradé, on peut se permettre des apports plus élevés de composts mûrs, mais c'est une façon coûteuse d'augmenter le taux d'humus d'un sol.

Parfois, des composts à rapport C/N<20 minéralisent peu de N, donc cet indicateur n'est pas une garantie de bon comportement fertilisant. Les composts ayant des C/N élevés, à plus de 25, minéralisent généralement très peu de N. Il faut faire attention au compost de matériaux ligneux, en particulier de bran de scie, dont la décomposition incomplète entraîne des blocages de l'azote en cours de culture. Les décomposeurs utilisent l'azote du sol pour élaborer leur biomasse corporelle pendant qu'ils s'attaquent à la décomposition des matières fibreuses, et ce, au détriment de la nutrition azotée des cultures. On doit laisser ces composts en tas plus longtemps et vérifier leur stade de décomposition par une analyse du rapport C/N avant l'épandage.

Sur des sols pauvres en P, on peut utiliser préférablement des composts comportant une proportion de fumiers de volailles, par ailleurs moins riches en K qu'en N et P. Après une phase d'enrichissement en P des sols, les fumiers d'animaux consommateurs de fourrages, plus riches en K qu'en P, seront préférables pour les légumes.

En sol lourd, il sera mieux d'appliquer les composts de fumier de vaches à l'avance. Les sols lourds bien structurés peuvent recevoir des doses plus grandes et moins fréquentes de composts ; leur capacité d'échange de cations plus élevée réduit les risques de lessivage. Les épandages d'automne sont aussi plus acceptables sur de tels sols.

En général, les cucurbitacées profitent d'une application de fumier composté assez jeune juste avant la culture. Le maïs réagit bien à des apports de fumier frais.

Les composts de fumier de volailles ont généralement une action rapide. Ils sont même disponibles séchés et granulés, applicables avec un épandeur à engrais granulaire. Ils sont concentrés et à considérer comme des engrais plutôt que des amendements organiques, car les doses d'utilisation seront plus faibles et leur apport de matières organiques humifiables est négligeable. Appliquer un fumier de volailles composté l'année précédente, avant un engrais vert, adoucit son action, ce qui peut être avantageux pour certaines cultures comme des laitues ou des tomates. Par contre, un chou-fleur ou une cucurbitacée préfèrent souvent un épandage immédiatement avant l'implantation.

3.4 PLASTICULTURE

La plasticulture consiste à utiliser diverses pellicules de plastiques pour améliorer les conditions de croissance des plants. La plasticulture a connu une expansion importante depuis le début des années 1980, car elle permet d'intensifier la régie, de protéger les cultures contre les effets négatifs du climat et des ravageurs, d'améliorer la qualité et le rendement, de hâter la récolte ; elle aide à prendre sa place sur le marché tôt en saison alors que les prix sont habituellement meilleurs.

Les matières plastiques servent d'abord à réchauffer le sol et à créer un microclimat sur le principe de l'effet de serre, qui dépend des mécanismes d'absorption et de dissipation de la chaleur. La lumière solaire consiste en une gamme de rayons de longueurs d'ondes variables comprenant le spectre visible, mais aussi les infrarouges et les ultraviolets qui sont les plus proches du spectre visible. Un objet blanc reflète l'ensemble des rayons visibles, un objet noir les absorbe, un objet de couleur ne reflète que les ondes de cette couleur. Lorsque les rayons solaires atteignent un objet, ils se transforment en chaleur, ce qui les réchauffe. La terre et les objets irradient ensuite cette chaleur sous forme de rayons infrarouges vers l'atmosphère, ce qui les refroidit. Ce rayonnement infrarouge sera partiellement bloqué par les vapeurs d'eau, de gaz carbonique, le verre ou certains plastiques, d'où l'effet de serre.

Les plastiques présentent aussi l'avantage de protéger les plants délicats contre le vent et le froid, d'empêcher la croissance des mauvaises herbes, de protéger le sol contre la battance des pluies et l'évaporation, et les plants contre les pluies violentes, la grêle et les légères gelées, de même que les oiseaux, les animaux et certains insectes. Comme ils sont coûteux et ne peuvent généralement pas être réutilisés, ils doivent s'inscrire dans une stratégie d'intensification, souvent avec irrigation au goutte à goutte et même parfois apports de fertilisants liquides, pour les valoriser au maximum.

Dans la situation climatique et géographique qui prévaut en pays nordiques, les limites de la plasticulture sont souvent fixées par le prix des produits importés. On doit aussi choisir les parcelles les plus chaudes et les mieux protégées de la ferme ; le drainage de l'air froid demande une attention particulière. L'exposition sud offre des avantages. On a même vu par le passé l'application de cendre sur la neige pour hâter la fonte le printemps et gagner quelques jours. Évidemment, l'utilisation de cultivars hâtifs, adaptés au climat nordique, appuiera la recherche de primeur.

3.4.1 UTILISATION DE LA PLASTICULTURE

Plusieurs modes d'utilisation ont été développés pour les cultures de climats tempérés : paillis de recouvrement du sol, petits et grands tunnels, irrigation goutte à goutte, couvertures flottantes et brise-vent artificiels. Les grands tunnels non chauffés s'apparentent plus à la culture de serre et sont utilisés pour la primeur et pour prolonger les cultures en automne. Une nouvelle technologie de grands tunnels vient d'émerger ; elle vise davantage la protection contre la pluie les années humides et la réduction des maladies.

A. Paillis

Divers types de plastiques sont disponibles pour les paillis qui sont déroulés en lisières et enterrés sur les côtés ; les largeurs disponibles (90 cm à 1,80 m) permettent de recouvrir le sol d'un rang ou d'une planche jusqu'à 1,5 m de large (figure 3.108). Les matériaux transparents ou translucides réchauffent le sol, car ils laissent passer amplement de lumière et donnent de bons gains de primeur, par exemple dans le maïs sucré, mais ils sont difficiles à utiliser sans herbicides ; ils réchauffent beaucoup le sol, ce qui détruit passablement de mauvaises herbes, mais ils restent d'utilisation délicate. Pour cette raison, en culture biologique, on privilégie les matériaux opaques pour la couverture du sol, car ils aident à réduire fortement les mauvaises herbes. En contrepartie, les paillis noirs absorbent la lumière et réchauffent peu le sol ; ils sont chauds en surface, ils peuvent parfois surchauffer les plants, surtout en combinaison avec un mini-tunnel. Des paillis noirs longue durée servent à la plantation de brise-vent.

On utilise de plus en plus des matériaux photosélectifs verts ou bruns (figure 3.109), qui réchauffent bien le sol, car ils laissent passer certains rayons qui réchauffent le sol tout en bloquant les rayons photosynthétiques, c'est-à-dire la lumière utilisable par les plantes, ce qui empêche les mauvaises herbes de pousser ; cependant, certaines vivaces comme le chiendent, la prêle et le souchet peuvent percer le paillis quand celui-ci est bien tendu sur le sol ; le phragmite perce facilement tout paillis. Des paillis blancs servent à l'occasion à la culture de laitue en été dans les terres noires quand la chaleur menace de brûler les jeunes transplants.

Il existe des paillis qui reflètent certains spectres lumineux vers les plants entraînant des gains de productivité. On explore aussi la possibilité de désorienter certains insectes par l'utilisation de couleurs particulières, par exemple un revêtement argenté ou métallisé.

Certains paillis ont une surface texturée qui leur permet de mieux résister à l'expansion causée par la chaleur et de rester mieux tendus en surface de la planche.

Divers travaux ont porté sur le développement de paillis papier, biodégradable et éliminant la corvée d'enlèvement. Ces produits ne sont parfois pas très au point. Un plastique à base d'amidon de maïs est actuellement sur le marché. Dans un sol ayant une bonne activité biologique, la dégradation commence dès la pose. Souvent un fruit comme le melon sera souillé de morceaux de plastique dégradé : on doit vérifier l'adaptation du produit à son système de culture avant de l'adopter. Aux États-Unis, on stabilise avec des produits antimicrobiens inacceptables en culture biologique.

Souvent les parcelles sont plantées ou semées à la main, mais il existe des planteurs et des semoirs spécialisés pour la plasticulture (figure 3.110). On peut parfois louer ces équipements. Certains maraîchers vont utiliser le paillis pour une deuxième culture, par exemple une laitue après un oignon à botteler de primeurs, un haricot après une laitue. On peut aussi laisser en place les paillis et pratiquer une culture moins exigeante (laitue, haricot) l'année suivant une culture exigeante pour rentabiliser la mise en place du paillis. Il faut alors prêter une attention particulière au sol exposé entre les paillis pour contrôler les mauvaises herbes. L'ensemencement et la tonte de trèfle blanc nain, qui tolère le piétinement, constituent une stratégie envisageable, tout comme les sarclages avec attention particulière aux bords du plastique où les mauvaises herbes s'installent facilement.

B. Dérouleuses

On utilise des dérouleuses montées sur le tracteur pour dérouler et mettre en place le paillis et, éventuellement, un tube d'irrigation goutte à goutte ; on creuse des tranchées, on y insère les bords du paillis en maintenant une tension et on les recouvre de terre (figure 3.111). Certains modèles combinant la dérouleuse à une butteuse qui forme la planche, ou à un semoir ou un transplanteur, peuvent être justifiés pour de grandes surfaces ; ils fonctionnent bien en sols légers, mais pas en sols lourds. Comme ces équipements ne servent pas très longtemps sur une ferme de taille moyenne, on peut les louer ou les acheter en copropriété. De plus, on peut installer les paillis à l'avance. Les paillis doivent être très bien tendus, sinon le vent les ballotte, les déchire et leur mouvement endommage les cultures ; la chaleur cause l'extension des paillis, ce qui augmente les problèmes. La figure 3.112 montre une bonne et une mauvaise façon d'installer un plastique dans le cas d'une pose à plat, sans butte.

C. Brise-vent

L'utilisation de brise-vent artificiels aide à réduire le vent, à réchauffer le microclimat au niveau de la parcelle et à assurer une meilleure réussite en plasticulture (figure 3.113). La présence de brise-vent naturels, ou mieux, de bandes boisées est indispensable en culture légumière biologique.

Le brise-vent artificiel complète la protection climatique. Il est constitué d'un rideau de matériau poreux monté sur des piquets espacés de 3 à 4 m. La porosité alloue une circulation d'air tout en diminuant la vitesse du vent, ce qui diminue les dommages causés par le sable et les bris de feuilles et de tiges ; les cucurbitacées, les solanacées profitent beaucoup de cette protection, de même que les cultures de primeur. En plus de protéger

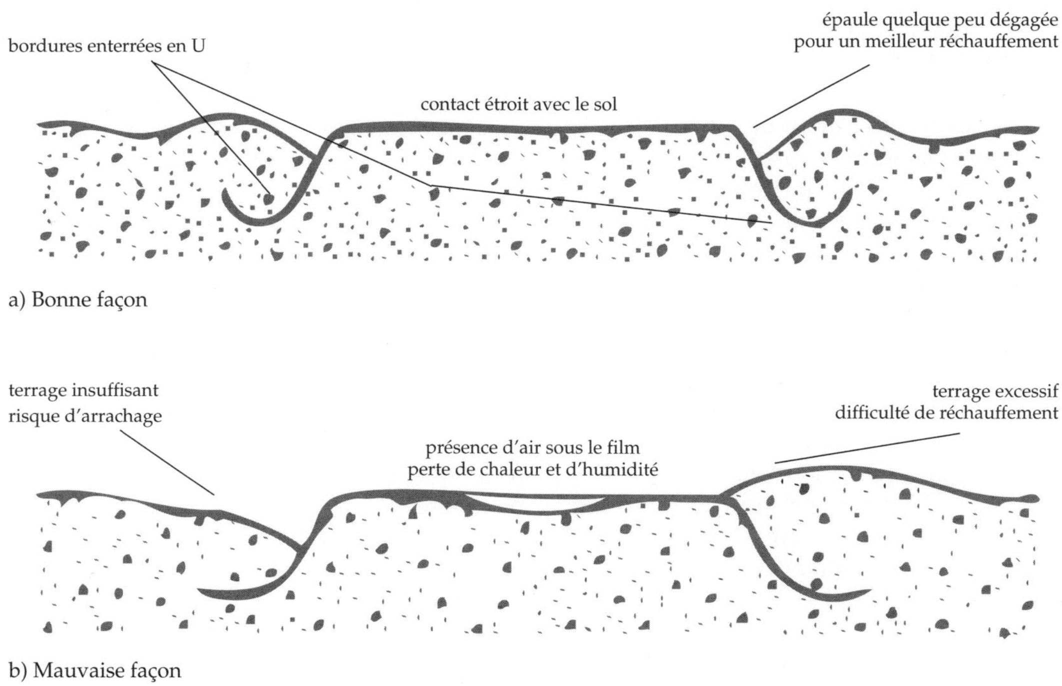

FIGURE 3.112 Façon appropriée d'installer un plastique dans le cas d'une pose à plat. Reproduit avec la permission de Patrick Sullivan.

les cultures, le brise-vent stabilise les paillis, les tunnels et les bâches flottantes, réduisant les problèmes, les dommages et le travail de suivi.

On peut aussi implanter, l'automne précédent, un seigle d'automne dont on conservera des lisières comme brise-vent. Il commencera à faire effet à partir de la montaison, habituellement à la fin de mai. Un maraîcher s'en sert comme support à des bâches flottantes qui, ainsi, ne touchent pas le feuillage des cultures (figure 3.114). Sur une pièce utilisée régulièrement pour la primeur, on pourrait envisager la plantation de lisières de framboisiers qui rehausseraient l'effet brise-vent.

D. Petits tunnels

Les petits tunnels ont graduellement remplacé les couches traditionnelles constituées de planches et de châssis vitrés, très répandues jusqu'aux années 1960. Avec la disparition des chevaux, les couches chaudes fabriquées avec du fumier de cheval ont été remplacées par des serres utilisant les formes d'énergie modernes.

Au champ, le petit tunnel non chauffé, développé en France sous le nom de tunnel nantais, est fabriqué en plaçant une lisière de plastique transparent de 1,50 à 1,80 m de large sur des arceaux de fil de fer, espacés de 70 cm à 1,50 m, ou même 2,40 m, formant une espèce de serre miniature très longue. Des boucles sur les arceaux au niveau du sol servent à enfiler une corde pour maintenir en place le recouvrement ; à cause de l'effet de serre, il faut ouvrir le tunnel durant le jour puis le refermer, ce qui est exigeant en main-d'œuvre.

Ce tunnel peut être plus avantageux sur de petites superficies parce qu'il ne requiert aucune machinerie pour la pose, qu'on n'est pas obligé de planter avant la pose du recouvrement et qu'on peut laisser le sol se réchauffer à l'avance. De plus, on peut le refermer, contrairement au mini-tunnel enterré. L'avantage de cette ouverture réversible, c'est qu'on peut se permettre de planter par étapes.

À cause de la possibilité de pose mécanisée, on préfère maintenant des plastiques perforés de trous ou de fentes, qui sont enterrés sur les côtés, à la main (figure 3.115) ; certains appareils peuvent poser les arceaux mécaniquement. L'utilisation de matériaux perforés (multitroués), ou de matériaux légèrement teintés de blanc ou de vert, diminue la chaleur excessive en laissant circuler de l'air ou en filtrant les rayons solaires pour diminuer l'effet de serre.

Le tunnel est utilisé tout particulièrement pour les cucurbitacées, car le feuillage tolère mal les contacts, mais il peut aussi être utilisé pour d'autres cultures, par exemple les solanacées. Pour toutes les cultures fruitières qui ne sont pas autopollinisées, il faut éviter l'erreur de ne pas l'ouvrir au début de la pollinisation, ce qui annule le gain de primeur.

E. Bâches flottantes

L'utilisation des bâches flottantes s'est répandue durant les années 1970 (figure 3.116). On étend de grandes couvertures sur des parcelles de plusieurs mètres de largeur, soit en contact avec le feuillage des plants ou, plus rarement, soutenues par des arceaux. Maintenues en place par de la terre sur les côtés, ou mieux par des sacs de sable (figures 3.117 et 3.118), ces couvertures permettent une circulation d'air ; elles battent au vent et, comme elles sont en contact direct avec le feuillage, on observe parfois des dommages mécaniques ou causés par le gel ou la chaleur qui peuvent entraîner le développement de maladies. Leur grand avantage est la facilité et la rapidité de la pose dans une période ou le temps manque. Dans de bonnes conditions sans vent, deux ouvriers entraînés peuvent recouvrir la moitié d'un hectare en une heure.

F. Bâches de plastique troué

Le plastique à base de polyéthylène présentant 500 ou 800 trous/m^2 a un effet thermique et permet le passage de l'air et de l'eau, mais il est parfois arraché par le vent. Utilisé au départ pour plusieurs cultures, on le rencontre aujourd'hui principalement dans la culture du maïs sucré, du fraisier et de la pomme de terre de première primeur, ou en recouvrement de tunnels sans ouverture manuelle. Plus lourd et plus résistant que les non tissés, il transmet plus de lumière, mais il protège moins bien contre le gel. Placé à plat sur le sol et les plants, il cause certains dommages aux cultures. Manipulé avec soin, il peut être réutilisé.

G. Bâches non tissées

Les bâches à plat, aussi appelées bâches ou couvertures flottantes, sont maintenant plus utilisées que les polythènes. Elles sont fabriquées à base de polyesters ou de polypropylènes non tissés, traités contre les rayons ultraviolets ; elles sont placées à plat sur le sol et les plants. La lumière, l'eau et l'air les traversent facilement. Les bâches non tissées sont disponibles en diverses dimensions et classées selon leur poids au mètre carré. Elles offrent une gamme de possibilités d'utilisation selon qu'elles sont fabriquées de matériaux plus ou moins légers.

Les bâches faites de matériaux plus lourds (50 ou 70 g/m^2) sont très durables. Elles servent surtout pour la protection hivernale de cultures vivaces, les pépinières ou la protection d'urgence de fruitiers contre le gel tardif au printemps, dans le fraisier par exemple. En France, on utilise des calibres 75 ou 100 pour le blanchiment des chicorées, des scaroles et des frisées, car la densité plus grande bloque davantage de lumière.

Les bâches faites de matériaux de calibre 30 g/m^2 offrent une protection contre des gels de –2 ou –3 °C et servent à la protection hivernale des vivaces.

Les bâches non tissées de 17 ou 19 g/m^2 sont très utilisées pour la culture de primeur. Ce calibre offre une protection contre de légères gelées (–1 et –2 °C); il laisse passer de 70 à 85 % de la lumière, ce qui le rend utilisable pour la culture de primeur et d'automne d'une large gamme de légumes. Il a aussi un bon impact thermique, car il empêche la sortie des rayons infrarouges. Enfin, il offre l'avantage d'être réutilisable, s'il est manipulé avec soin.

Pour sa part, le calibre de non-tissé le plus léger, le 10 g/m^2, permet difficilement une réutilisation et présente peu d'effet thermique. Toutefois, il offre une protection contre le vent, les pluies battantes, la grêle et, surtout, contre les insectes, les mouches, les pucerons (porteurs de virus), les thrips et les chenilles. Les insectes provenant du sol pourront par contre faire des dommages s'ils y sont déjà présents, notamment les altises.

Les bâches sont disponibles en diverses dimensions permettant de couvrir un rang ou une parcelle de plusieurs mètres de large. Les bâches offrent aussi des possibilités pour prolonger les récoltes d'automne, par exemple du persil ou des laitues. Elles servent à protéger les solanacées et cucurbitacées contre les premières gelées. Elles permettent souvent de profiter de la remontée des prix à mesure que l'automne progresse et que le marché est moins engorgé.

Les mauvaises herbes poussent rapidement sous les bâches (et les tunnels); l'utilisation de paillis opaques ne règle pas le problème dans les parties exposées comme l'allée et le trou de plantation ; il faut donc assurer un suivi particulièrement soigneux du sarclage. La tenue en place par sacs de sable (ou de terre) favorise une meilleure durée du matériau de recouvrement ; les sacs laissent glisser la bâche à mesure que la culture pousse et ils facilitent l'enlèvement pour le sarclage ; le renforcement des côtés facilite aussi la manipulation et la durée.

En plus d'aider les cultures de climat chaud comme les solanacées, le basilic et les cucurbitacées, les bâches sont prisées pour la culture de primeurs des laitues, des crucifères, des carottes, des pois, des pommes de terre, des fraises, du maïs sucré et des herbes. Il faut toutefois prévenir les coups de chaleur. Parfois des températures élevées au printemps peuvent endommager les plantations.

Pour des cultures offrant un potentiel de revenu suffisant, certains maraîchers utilisent une double couverture. En France, on les utilise à l'intérieur de grands tunnels froids pour maximiser la protection.

3.4.2 PRATIQUE DE LA PLASTICULTURE

On comprend que la pratique de la plasticulture augmente les coûts de matériel et de main-d'œuvre de façon appréciable. Pour réussir, il faut absolument porter une attention particulière à la gestion ; seul un suivi serré permettra d'obtenir rendements et qualité accrus, en particulier tout ce qui touche les ajustements de régie nécessités par les variations du climat. La minutie est une qualité qui améliore de beaucoup les résultats d'un maraîcher ; c'est doublement vrai en plasticulture.

Généralement, la plasticulture est utilisée sur une fraction des champs de la ferme, souvent pour allonger la saison de livraison, obtenir un prix de primeur et contribuer à l'établissement de sa place sur le marché. Cependant, il pourrait être envisageable de se spécialiser dans cette approche, comme on le voit ailleurs dans le monde.

A. Mise en place des paillis

Le paillis doit être posé bien serré pour améliorer l'effet thermique sur le sol et résister au vent. Mal posé, il bat au vent ou arrache, et endommage les cultures, et transfère mal la chaleur vers le sol. Idéalement, on forme une planche de 15 cm de hauteur sur laquelle on installe le paillis par la suite. Si on le peut, on prépare les sols dès qu'ils sont prêts à être travaillés et on pose le paillis à l'avance pour bien réchauffer le sol avant de mettre en place la culture. Le paillis conserve l'humidité jusqu'à l'implantation de la culture. Le sol doit être travaillé assez finement et assez profondément. Les sols très pierreux se prêtent mal au déroulage des paillis.

La dérouleuse est constituée de deux disques à l'avant qui ouvrent le sol et creusent un sillon de 15 cm de profondeur, deux roues qui tendent le paillis et le maintiennent en place pendant que deux disques à l'arrière reprennent la terre excavée et en recouvrent les bords pour les tenir en place. Le rouleau est monté sur une barre et se déroule automatiquement (figure 3.119).

Tous ces éléments sont ajustables et doivent pouvoir être modifiés si les conditions de sol changent d'une parcelle à une autre. L'ajustement est très important pour obtenir un plastique bien tendu. Les bouts de planches sont enterrés à la pelle. Des champs avec des sols variables peuvent nécessiter des modifications dans l'ajustement. Il est parfois plus simple de les subdiviser et de poser les paillis dans une section puis de réajuster avant de faire l'autre section.

B. Mise en place des tunnels

Il faut chercher à obtenir des plants juste à point, bien endurcis et bien arrosés. On prépare les arceaux et on branche le goutte à goutte pour pouvoir mettre en place les tunnels et irriguer dès la plantation. En général, il faut éviter de travailler par grands vents qui rendent difficile la mise en place des tunnels et endommagent les plants, en particulier les cucurbitacées. Par temps ensoleillé, la température peut monter rapidement ; on doit utiliser des tunnels troués ou translucides ou effectuer la couverture en fin d'après-midi. Il est suggéré de garder des plants en réserve pour remplacer ceux qui ne reprennent pas. Certains producteurs font un deuxième semis dans des alvéoles plus petites pour se prémunir contre les pertes importantes, dues au gel par exemple.

Le tunnel nantais est muni d'un anneau à la base des arceaux. On l'obtient en plaçant le fil de fer galvanisé, de calibre 10 par exemple, sur un gabarit et en le tordant autour d'une tige de métal. Le recouvrement du tunnel dépasse l'arc des arceaux et une corde est enfilée sous les anneaux, placée par-dessus le recouvrement et bien tendue. En position fermée ou entrouverte, elle maintient le tunnel en place, en toiture. Les tunnels nantais sont habituellement conçus pour une utilisation prolongée et sont donc de plus grandes dimensions que les tunnels troués ; le plastique de recouvrement est réutilisable. Ils conviennent particulièrement bien pour les solanacées, le basilic ou les zucchinis ; on leur donne une forme plus élevée.

Les tunnels avec recouvrement troué, de 500 ou 800 trous/m^2, sont enterrés sur les côtés. Ils sont généralement moins hauts, restent en place moins longtemps. On les pose habituellement à la pelle pour les petites superficies et avec un applicateur spécial pour les surfaces plus grandes ; ils doivent être bien tendus pour ne pas ballotter au vent. Ils n'ont pas à être ouverts avant l'arrivée des journées chaudes et ils offrent une protection contre le gel moindre que les tunnels nantais plus épais. Par grands vents, ils sont plus stables que ces derniers.

C. Aération des tunnels

Si on utilise des tunnels nantais, lorsqu'il fait chaud mais froid la nuit, il faut ouvrir le matin et fermer le soir. On peut entrouvrir du côté opposé au vent et n'ouvrir complètement que lorsqu'il fait très chaud. Les tunnels troués demandent aussi un suivi, car ils peuvent surchauffer dès la première journée chaude. On déchire alors des ouvertures limitées, sur le côté opposé aux vents dominants, entre les arceaux, à mi-chemin entre le sol et le faîte du tunnel (figure 3.120). Le recouvrement offre encore une certaine protection contre une légère gelée. À mesure que la saison progresse, on agrandit ces ouvertures ou, dans le cas des solanacées qui poussent à la verticale, on ouvre le dessus pour les laisser passer tout en conservant une protection pour la base des plants. On enlève le recouvrement le plus tard possible pour maintenir leur impact positif sur le microclimat. Dans les cucurbitacées, les tunnels devront être ouverts pour donner l'accès aux insectes, à l'apparition des fleurs femelles ou hermaphrodites qui suivent de plusieurs jours les fleurs mâles, ou pour laisser courir les tiges étalées.

D. Mise en place des cultures

Lorsque les superficies sont modérément importantes, on sème ou on plante à la main. On percera alors les paillis à l'endroit approprié soit avec les doigts, un planteur à bulbe, un couteau ou en brûlant avec une petite torche au gaz.

Il existe aussi des transplanteurs adaptés, souvent des appareils qui percent un trou pyramidal dans lequel on insère le plant en alvéole qui reçoit ensuite de l'eau ou un mélange d'engrais de démarrage (figure 3.110). En culture de maïs sucré de primeurs, on utilise un semoir spécialisé dit plastisemeuse, qui peut aussi servir à semer des grosses graines comme les courges et la citrouille. Certains sèment ou plantent à l'avance, puis déroulent les paillis et les entrouvrent vis-à-vis des plants pour les laisser passer.

E. Mise en place des bâches

Les couvertures flottantes sont assez délicates et demandent une attention particulière. Pour simplifier la pose, on place des sacs de sable au préalable dans la ligne où l'on installera la lisière de la bâche. Aux États-Unis, on utilise parfois des barres de renforcement de béton armé. Pour une installation manuelle, on déroule le rouleau et on coupe à la longueur appropriée, idéalement du côté opposé au vent et on déplie la bâche avec l'aide du vent et on l'étend sur les cultures. La présence de trois ou quatre personnes facilite la tâche. Pour de très grandes longueurs, on utilise le tracteur qui porte le rouleau monté sur une barre de déroulage. Le tracteur passe sur la parcelle et les employés déploient la bâche de chaque côté en enterrant la lisière, ou mieux en la stabilisant avec des sacs de sable.

F. Enlèvement des bâches

En culture biologique, il est habituellement nécessaire d'enlever la bâche pour sarcler et de la remettre en place. C'est laborieux et potentiellement dommageable pour la culture. Mouillées, les bâches sont lourdes et difficiles à manipuler. Le vent peut compliquer la tâche. Si on veut réutiliser les bâches, il faut faire attention de ne pas les déchirer en les manipulant par la lisière de renforcement qu'on trouve sur le côté de certains produits. L'enlèvement par temps couvert peut diminuer le risque de choc dû à une exposition directe au soleil.

Un maraîcher canadien évite le sarclage en tendant un paillis très large qui recouvre la parcelle au complet, éliminant la nécessité de sarcler les allées entre les cultures.

G. Entreposage des recouvrements réutilisables

Les bâches et les recouvrements réutilisables doivent être pliés soigneusement et entreposés à l'abri de la lumière pour prolonger leur durée de vie. Une bâche est plus délicate d'utilisation la deuxième fois et présentera habituellement quelques déchirures.

3.4.3 PLASTICULTURE ÉCOLOGIQUE

Un sujet souvent débattu est l'impact écologique et le recyclage de ces matériaux issus de produits pétroliers. Les matériaux souillés par les sols sont difficilement recyclables ; ils sont enfouis ou incinérés dans certaines régions du globe. Les Européens travaillent actuellement à des solutions, comme le nettoyage lors de l'enlèvement pour faciliter le recyclage, mais il reste du chemin à faire.

Certains matériaux sont vendus comme biodégradables ou photodégradables, puisqu'on y inclut, par exemple, des molécules à base de maïs dans la structure des plastiques. Il importe toutefois de bien vérifier leur acceptabilité, car plusieurs produits ne sont pas vraiment biodégradables et les résidus des plastiques polluent le sol, ce qui n'est pas acceptable en culture biologique. Pour l'instant, les paillis à base de papier sont complètement biodégradables, mais comme ils se décomposent rapidement, ils deviennent difficiles d'utilisation dans un sol à activité biologique élevée. De véritables plastiques biodégradables sont maintenant sur le marché.

Il existe des impacts écologiques positifs de la plasticulture qui justifient amplement leur utilisation en culture biologique : économie de pétrole par diminution des passages pour le sarclage et les traitements de phytoprotection, moindre impact des insectes, réduction des surfaces pour un rendement donné, meilleure qualité des produits, réduction de transports pour les aliments importés et rallongement de la saison d'approvisionnement local.

3.5 BIODYNAMIE

La culture biologique-dynamique ou biodynamie s'appuie d'abord et avant tout sur les bonnes pratiques agronomiques nécessaires pour réussir en culture biologique : gestion des sols et des matières organiques, gestion des mauvaises herbes, rotation des cultures, etc.

Comme la biodynamie reflète une conception du monde basée sur les travaux de Rudolph Steiner (article 1.2.3) et que ce sujet est amplement traité dans de nombreuses publications, nous n'examinons ici que les quelques aspects spécifiques à la pratique de la culture biodynamique qui permettront de comprendre et d'apprécier les indications données sur chacun des légumes dans les chapitres portant sur la régie de leur culture.

3.5.1 FERME GÉNÉRATRICE DE FERTILITÉ

En agriculture biologique, la ferme est conçue comme un organisme. L'agriculteur tentera de générer la fertilité par le design ou l'aménagement de la ferme. L'animal, en particulier le ruminant consommateur de fourrages et de légumineuses, occupe une place centrale dans l'organisation de la ferme. On trouve donc idéalement des fermes biodynamiques qui combinent élevage et cultures, même dans le cas de certaines fermes maraîchères. On vise la production de suffisamment de fumier de qualité pour fertiliser les cultures de la ferme, ce qui est difficile en culture maraîchère, car elle exige une abondance de fumier.

3.5.2 INTERRELATIONS DANS LE SOL ET COMPAGNONNAGE

Les biodynamistes accordent une attention particulière à la vie dans le sol. À la différence de certaines écoles de culture biologique qui prônent l'utilisation massive de matières organiques, les praticiens de la biodynamie visent à vivifier le sol de manière équilibrée en tenant compte des influences réciproques entre les plantes et les autres composantes de la ferme. Cette conception de l'agriculture est à la source du compagnonnage des plantes, une pratique très populaire en jardinage biologique. Toutefois, ce compagnonnage est beaucoup plus difficile à appliquer en culture maraîchère mécanisée. Les biodynamistes reconnaissent aussi le rôle des insectes, des vers et des oiseaux comme des régulateurs de l'environnement végétal et ils font en sorte de maximiser leur présence sur la ferme par un aménagement écologique.

3.5.3 PRÉPARATS BIODYNAMIQUES

Un concept important de l'école de pensée biodynamique est le caractère médicinal de l'agriculture ; une telle agriculture vise à agir sur la santé de la nature plutôt que de combattre les organismes vivants que l'agriculture conventionnelle considère comme des ennemis, qu'ils soient ravageurs ou parasites. Les biodynamistes ont développé l'utilisation d'une série de préparations, principalement fabriquées à base de plantes médicinales. Elles sont appliquées à dose infinitésimale sur le sol, les plantes ou dans les fumiers, lisiers et composts, et visent à agir sur les cultures et les consommateurs des produits de la ferme dans une approche apparentée à l'homéopathie. On utilise une séquence numérique de 500 à 508 pour codifier les différents préparats.

Le préparat 500, la bouse de corne, est brassé, ou dynamisé pendant une heure dans de l'eau qui est ensuite filtrée et pulvérisée sur les sols au printemps ou à l'automne. Très riche en souches microbiennes des sols, cette préparation aide à développer une bonne structure de sol, facilite l'enracinement des cultures et leur utilisation des ressources du sol, et stimule l'activité biologique. En Australie, on a développé une variante dite 500 préparé, que certains agriculteurs préfèrent utiliser.

Le préparat 501, la silice de corne, est aussi brassé dans de l'eau, habituellement tôt le matin, et pulvérisé finement sur le feuillage des plants cultivés. Il vise à faciliter l'action de la lumière et de la chaleur sur les plants cultivés et à rehausser leur qualité générale.

Certains préparats sont plutôt insérés dans le fumier, le purin et le compost ; il y a le 502, à base d'achillée millefeuille, le 503, de camomille, le 504, d'ortie dioïque, le 505, d'écorce de chêne, le 506, à base de pissenlit et le 507, de valériane. On utilise des doses minimes de ces préparations qui visent à agir, par l'intermédiaire de la fumure organique, sur les sols et les plantes. Le préparat 508 est constitué d'un extrait de prêle des champs et vise à renforcer la résistance des cultures aux maladies fongiques ; on le pulvérise sur le feuillage et le sol. La tisane ou le purin d'orties sont des extraits d'orties dioïques qui sont pulvérisés sur les sols et les cultures et qui peuvent aussi être ajoutés à l'eau d'irrigation.

Le compost de bouse est fabriqué à base de bouse de vache et on y ajoute, pour 50 L de fumier, 100 g de coquilles d'œufs broyées et 500 g de basalte ; après une heure de brassage à la bêche, on place le mélange dans un contenant de bois partiellement enterré et on ajoute une quantité relativement élevée des préparats 502 à 507. Après une fermentation de quelques semaines et une opération de mélange, on pulvérise sur les sols, les résidus de culture lors du déchaumage, et sur les engrais verts avant l'enfouissement. Ce produit est particulièrement utile pour les sols qui ne reçoivent pas de compost ou de fumier contenant les préparats 502 à 507.

3.5.4 CALENDRIER BIODYNAMIQUE

On porte une attention particulière à l'action des dynamismes, des forces, des rythmes dans la nature et dans la vie et la croissance des végétaux et des animaux. On considère qu'il y a des différences marquées entre divers moments de la journée, du mois et de l'année et qu'il faut en tenir compte dans les pratiques culturales. Les rythmes dans la nature sont en lien avec les grands cycles cosmiques, en particulier celui du soleil. Les biodynamistes considèrent que des influences cosmiques agissent sur la croissance des plantes et qu'il faut intervenir pour équilibrer leur effet. Par exemple, lors de périodes humides prolongées, on croit que la lune agit trop sur les plantes, par son action sur l'eau, avec des effets sanitaires néfastes.

En biodynamie, on utilise un calendrier lunaire lorsque c'est possible. La présence de la lune devant une constellation de feu, soit Bélier, Lion et Sagittaire, renforcerait la capacité des plants de produire des fruits ou des graines. Lors de sa présence en constellations de terre, soit Taureau, Vierge et Capricorne, les racines seraient favorisées. En air, Gémeaux, Balance et Verseau, la lune stimulerait la floraison, et en eau, Cancer, Scorpion et Poissons, elle agirait en particulier sur le feuillage des plants.

Comme de nombreux maraîchers en culture biologique utilisent ce calendrier, on en trouve une mention dans la régie de chaque légume.

Les biodynamistes visent à influencer positivement la qualité et la saveur des aliments et leur impact sur les consommateurs, humains et animaux. Plusieurs grands vignobles français ont adopté la biodynamie parce qu'ils jugent qu'elle a un impact positif sur la qualité des vins ; soulignons que le domaine du vin a mis au point des critères très développés d'évaluation de la qualité.

Ceux qui perçoivent la biodynamie comme une approche plutôt ésotérique ou même irrationnelle de l'agriculture biologique doivent se rappeler que les biodynamistes furent les pionniers de la recherche scientifique en culture biologique. Sans être des adeptes de l'anthroposophie de Steiner, plusieurs agriculteurs utilisent des pratiques biodynamiques parce qu'ils ont constaté leur intérêt au plan agronomique.

3.5.5 BRASSAGE BIODYNAMIQUE

Le brassage des préparats biodynamiques à pulvériser sur le sol ou le feuillage des cultures requiert une technique spéciale où on tourne le liquide dans un baril cylindrique jusqu'à l'obtention d'un vortex, suivi d'un renversement de direction du brassage jusqu'à l'obtention du vortex dans le sens contraire. Cette opération est répétée pendant une heure. On peut brasser à la main pour une ferme de quelques hectares, mais à plus grande échelle, on utilise un brasseur mécanique équipé d'un senseur ou d'une minuterie qui contrôle le renversement alterné du mouvement (figure 3.121). De petits brasseurs mécaniques sont disponibles sur le marché européen, mais ils demandent une adaptation à cause des différences de systèmes électriques entre les deux continents. Certains ont fabriqué au Québec des équipements entraînés par un moteur ou par une pompe hydraulique sur la prise de force du tracteur. On rencontre fréquemment un défaut d'étanchéité avec les barils ; il n'y a pas de fabricant de barils au Québec. Certains brassent aussi avec des vasques vives (*flowform*).

Chapitre 4

LA ROTATION DES CULTURES

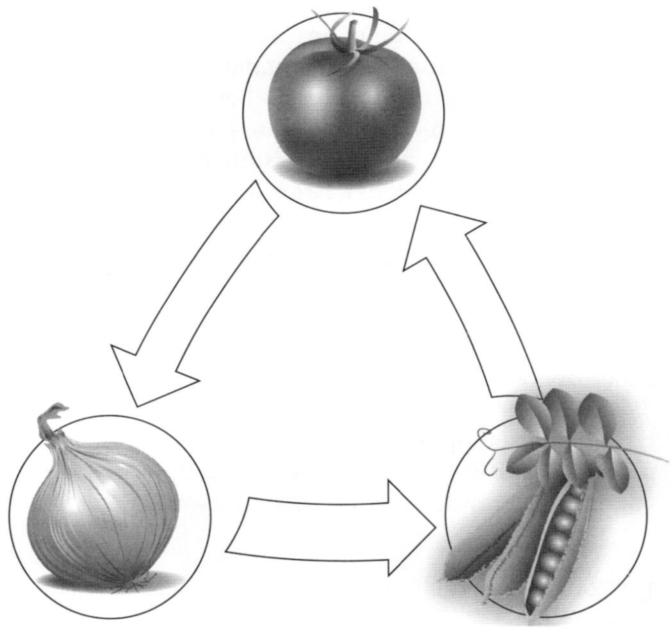

INTRODUCTION

La rotation des cultures consiste à changer les cultures de champ ou de parcelle au fil des années de façon qu'elles se suivent dans un certain ordre sur une parcelle donnée ou un champ donné. Cette succession sur un certain nombre d'années se nomme rotation.

Il importe de connaître les bienfaits de la rotation des cultures et les techniques très avancées qui ont été développées depuis de nombreuses années de pratiques sur des fermes. Mettre en place une rotation sur une ferme s'accompagne de difficultés et de contraintes ; en revanche, lorsqu'on arrive à implanter un bon système de rotation des cultures, les bénéfices sont énormes, en particulier en ce qui a trait au capital sol.

Changer les cultures de champ au fil des années permet de placer chacune des cultures sur une parcelle dans une succession telle qu'elle suit celle ou celles qui lui laissent les meilleures conditions possible. La question première est donc : « qu'est-ce qui pousse le mieux à la suite de quoi ? » ou à tout le moins : « qu'est-ce qui n'est pas désavantagé à la suite de quoi ? » Par exemple, si la ferme cultive des courges d'été et d'hiver, de l'ail et des oignons, des betteraves, sur trois ans suivis d'une céréale grainée et de deux ans de foin sur six champs, on représente ce dispositif de rotation dans l'ordre des années : 1- courges, 2- liliacées, 3- betteraves, 4- céréale grainée, 5- foin, 6- foin (tableau 4.1). On place les courges en premier, car elles constituent la tête de rotation. Cette rotation est tirée du cas d'une ferme maraîchère québécoise illustré au chapitre 8. En termes techniques, les six champs ou groupes de champs utilisés pour ces cultures sont nommés soles. Les six soles constituent l'assolement de la ferme, c'est-à-dire l'ensemble des diverses cultures qui couvrent la ferme une année donnée.

En plus d'exemples concernant la culture légumière, le présent chapitre fera aussi référence aux fermes d'élevage et de grande culture ; mais faisons d'abord un retour dans l'histoire avant de passer aux objectifs de la rotation des cultures, à sa planification et aux divers paramètres qui président à sa mise en place.

4.1 HISTORIQUE DE LA ROTATION DES CULTURES

Les premières traces de rotation des cultures remontent à l'origine de l'agriculture dans les bassins mésopotamiens et égyptiens ; on présentera aussi l'évolution de la rotation en Occident dans les siècles récents, on donnera quelques exemples de rotations traditionnelles au Québec pour enfin exposer la situation actuelle.

4.1.1 ROTATION BIENNALE

Dans de nombreuses agricultures anciennes, et dans plusieurs agricultures tropicales, on défrichait un champ et on l'utilisait aussi longtemps que les rendements étaient adéquats et que les mauvaises herbes n'envahissaient pas trop. Les anciens peuples d'Asie Mineure cultivaient des légumineuses à graines en rotation avec les céréales ou en culture d'engrais vert

TABLEAU 4.1 Dispositif de rotation courges - liliacées - betteraves avec céréales grainées et foin sur six champs

Années	Rotations		
	Champ n° 1	**Champ n° 2**	**Champ n° 3**
2009	Courges	Foin	Foin
2010	Oignons et ail	Courge	Foin
2011	Betteraves	Oignons et ail	Courge
2012	Céréales grainées	Betteraves	Oignons et ail
2013	Foin	Céréales grainées	Betteraves
2014	Foin	Foin	Céréales grainées
	Champ n° 4	**Champ n° 5**	**Champ n° 6**
2009	Céréales grainées	Betteraves	Oignons et ail
2010	Foin	Céréales grainées	Betteraves
2011	Foin	Foin	Céréales grainées
2012	Courge	Foin	Foin
2013	Oignons et ail	Courge	Foin
2014	Betteraves	Oignons et ail	Courge

dérobée après la récolte de la céréale. Le seigle et la moutarde étaient aussi utilisés comme engrais vert d'automne. Les Égyptiens, dans le développement d'une agriculture très diversifiée sur les bords du Nil, adoptèrent ces méthodes et inclurent le trèfle d'Alexandrie comme culture d'engrais vert.

Les Romains utilisaient dans certaines régions, comme la Sicile, une rotation biennale qui a entraîné la diminution de la fertilité et la dégradation de certains sols. Ils alternaient la céréale d'hiver et la jachère. Une alternance de ce type est utilisée dans les zones sèches des prairies nord-américaines pour conserver l'humidité et nettoyer les sols des mauvaises herbes pour la culture des céréales de printemps et d'autres grandes cultures.

4.1.2 ROTATION TRIENNALE

La rotation triennale était utilisée par les peuples européens de l'Antiquité et du Moyen Âge. Elle était prédominante dans l'organisation sociale seigneuriale ou manoriale. Trois grands champs étaient partagés en diverses lisières cultivées par les paysans. Ces parcelles d'un même champ recevaient la même culture. On y alternait le blé d'automne (ou le seigle) semé après la jachère et le blé de printemps (ou l'avoine, l'orge, les pois) en deuxième année. Les animaux pâturaient les chaumes et les mauvaises herbes l'automne et l'hiver suivant les récoltes jusqu'à l'été de la troisième année, avant la jachère qui précédait le semis de la céréale d'automne. Les animaux étaient nourris avec le foin des prés et des prairies permanentes et ils broutaient en partie dans les champs en rotation, sur des pâturages permanents, dans les bois et sur les bords de chemins. Les techniques de collecte et d'utilisation du fumier étaient peu développées si bien que cette rotation s'est souvent avérée contreproductive pour la fertilité des sols. Le fumier était surtout utilisé pour les jardins et aussi pour les vergers situés près des habitations.

4.1.3 ROTATION DE NORFOLK

Au XVIIIe siècle, on voit apparaître la célèbre rotation de Norfolk dans le climat sec et les sols légers de l'est de l'Angleterre. Inventée par Townsend, cette rotation alterne plante sarclée (navet fourrager et rutabaga, betterave fourragère ou chou fourrager), orge, trèfle et blé sur quatre ans. Elle contribue à une meilleure alimentation des animaux durant l'hiver, à l'utilisation systématique du fumier et à la culture du trèfle en semis associé à la céréale de printemps. Cette rotation influence d'abord l'agriculture anglaise, puis sert de modèle pour la mise en place de nombreuses rotations en Europe. Examinons comment le système de production s'articulait autour de cette rotation ainsi que les variations utilisées par les agriculteurs.

Les fermiers avaient un troupeau de moutons et des bovins à l'engraissement l'hiver. Les fermes de cette région plutôt sèche avaient peu de pâturages et les moutons broutaient les sols cultivés. On contrôlait leurs mouvements avec l'aide de claies, clôtures mobiles légères nécessitant beaucoup de main-d'œuvre. Ils consommaient les chaumes et le trèfle à certaines saisons. L'hiver, ils mangeaient des racines et pâturaient les champs après la récolte des racines pour consommer les résidus et les mauvaises herbes. On introduisait graduellement le chou fourrager pour améliorer le pâturage hivernal. Au printemps, les animaux pâturaient une partie du trèfle et le reste était utilisé pour le foin. Il y avait un risque de manque de nourriture avant le départ de la prairie et les agriculteurs semaient divers mélanges fourragers à la fin de l'été après la récolte du blé pour un pâturage de printemps avant le semis des racines fourragères à l'été. Les agneaux nés tôt durant l'hiver étaient surtout vendus à Pâques.

Des bovins étaient engraissés durant l'hiver et le printemps, dans des parcs, et recevaient de la paille et des racines ainsi qu'une importante quantité de tourteau de lin et de coton. Les agriculteurs étaient très conscients que le tourteau rendait le fumier très riche en minéraux. Il faut comprendre que les engrais n'étaient pas facilement disponibles à l'époque. Le fumier des bovins était surtout appliqué sur les prairies avant le labour pour le semis de blé d'automne. L'utilisation avant les racines avait souvent des effets négatifs sur la qualité de l'orge de brasserie l'année suivante. Par contre, une légère couche de fumier de mouton couvrait de nombreuses surfaces et les agriculteurs considéraient la présence des moutons comme ayant un excellent effet sur la bonne condition des sols.

Les trèfles produisaient souvent une récolte de semences après la coupe des foins ou la paissance, et la paille de trèfle était donnée aux bovins. On pratiquait au besoin une courte jachère à la destruction des prairies infestées de mauvaises herbes, avant le blé. Du ray-grass était parfois associé au trèfle qui était remplacé dans certaines circonstances par du lotier, du sainfoin, des pois et des féveroles. Dans les sols moins appropriés, on cultivait de l'avoine à la place de l'orge et du blé.

L'utilisation de la betterave fourragère est apparue graduellement et s'est avérée plus appropriée au climat sec que les crucifères. Puis la demande a incité les fermes à produire de la betterave à sucre et des pommes de terre. La hausse des coûts de la main-d'œuvre et l'importation de bœufs et d'agneaux ont entraîné la disparition de ce système de production. Le système exigeait beaucoup de main-d'œuvre et la tenait occupée toute l'année ; les entreprises agricoles se sont donc converties à l'élevage laitier et aux grandes cultures.

On trouve dans la rotation de Norfolk à peu près tous les principes de l'établissement d'une rotation bien pensée permettant de maintenir l'équilibre sur la ferme et le bon état des sols et des cultures.

4.1.4 PLANTES À FEUILLES ET À GRAINES

Traditionnellement, la distinction entre plantes à feuilles et plantes à graines a été largement utilisée par les agriculteurs d'Europe centrale dans l'établissement d'une rotation. Les plantes à graines sont les céréales et le maïs grain, les légumineuses et les oléagineux qui mûrissent et sèchent aux champs ; on considérait généralement qu'elles ne laissaient pas d'excellentes conditions pour les cultures subséquentes, en comparaison avec les plantes à feuilles qui comptent les prairies, les fourrages annuels, les plantes sarclées, les betteraves fourragères et sucrées, etc.

On cherchait donc à alterner les deux types de cultures. On utilisait le fumier pour les plantes à feuilles et les plantes à graines étaient fertilisées par l'effet résiduel des fumiers. La rotation de Norfolk intégrait aussi ces principes.

Une explication possible pour ce phénomène est la présence de racines jeunes et actives après la récolte de plantes à feuilles ; par contre, une céréale laisse des racines sénescentes et lors de la maturation des légumineuses à graines, une partie de l'azote des racines migre vers la graine.

4.1.5 ROTATIONS TRADITIONNELLES AU QUÉBEC

Sur la ferme traditionnelle au Québec, on a toujours des animaux, au moins pour les besoins de la famille, et les chevaux de trait. La prairie et le pâturage ont donc toujours occupé une place dans les rotations des cultures. Les agriculteurs étaient sensibles à la nécessité d'effectuer une certaine rotation.

Lors d'une enquête réalisée en 1815 par un comité nommé par le gouvernement, Pierre-Édouard Desbarrats prône une rotation de six ans : 1- jachère d'été ou plante sarclée ; 2- blé ; 3-4 foin ; 5-6 pâturage. David Anderson propose une séquence semblable avec une période de foin pouvant se prolonger pour donner une rotation de 4 ou 5 jusqu'à 10 ans.

L'élevage a pris plus d'importance après 1865 avec une augmentation de la demande pour les produits laitiers et une diminution de la production de blé. C'est aussi à cette époque que la production s'oriente vers la commercialisation par le biais d'entreprises de transformation. Puis, il y a eu une explosion de la production laitière avec plus de 2 000 beurreries et fromageries au début du XXe siècle.

On trouve de nombreux exemples de rotations des cultures dans les rapports de l'Ordre du mérite agricole. Au début de la décennie 1890, on observe souvent trois ou quatre cultures sur les soles des trois premières années, puis le champ retourne en foin et en pâturage pour trois à huit ans.

George Irving de Pointe-aux-Trembles pratique en 1890 la rotation suivante : 1- avoine ; 2- pois ou orge ; 3- pommes de terre et légumes ; 4- orge ou blé grainés ; 5- trèfle ; 6-7- foin ; 8- pâturage. Chez Henri Bourassa, à Montebello, on a en 1893 la rotation suivante: 1- avoine et pois sur sols propres et sarrasin sur sols sales ; 2- maïs à ensilage et racines ; 3- avoine ou orge grainées ; 4-6-foin ; 7-8- pâturage.

Les cultures de première année permettaient de faire décomposer les résidus de prairie et facilitaient le sarclage la deuxième année. Une influence majeure sur les systèmes de rotation a été la division des fermes en surfaces minces et longues à partir de la route. Les champs situés à proximité des bâtiments ont reçu plus de fumier et étaient accessibles pour les cultures plus intensives et les cultures sarclées. On a fréquemment observé des situations de fertilité variable.

Il n'est pas rare non plus de rencontrer une rotation entre le « haut » et le « bas » de la terre. En 1913, la ferme de W. Owens de Montebello présente un aménagement de ce genre :

Bas de la terre	1- maïs et racines ; 2- avoine et orge grainés ; 3- trèfle et luzerne
Haut de la terre	1- orge ou avoine grainés ; 2- trèfle et luzerne ; 3-5- luzerne et mil

Durant la première moitié du XXe siècle, il n'est pas rare non plus de rencontrer une rotation comprenant des légumes et des céréales. En sols légers, J. D. Morin de Sainte-Élizabeth-de-Warwick pratique la rotation suivante : 1- patates et maïs ; 2- blé et orge ; 3-4- foin. Dans les années 1930, on trouve plusieurs rotations sur le modèle : 1- plantes sarclées ; 2- céréales ; 3-5- foin ; puis pâturage. Plusieurs fermes ne conservent les prairies que durant deux ou trois ans. En 1941, on trouve de nombreuses rotations de quatre ou cinq ans complétées de pâturages hors rotation.

Après 1950, des rotations flexibles organisées autour de la survie des luzernières et des prairies sont courantes. La séquence maïs - céréale grainée est encore fréquente. Graduellement, les rotations deviennent de moins en moins systématiques et certaines cultures, comme le maïs, occupent le même champ durant plusieurs années. Les rapports de l'Ordre du mérite agricole abandonnent graduellement toute mention de la rotation des cultures, ce qui démontre bien l'essor de l'agriculture industrielle québécoise.

4.1.6 CONDITIONS PEU FAVORABLES À LA MISE EN CULTURE

La rotation des cultures est moins appropriée dans des conditions très difficiles. Dans les climats très secs, on privilégie une agriculture pastorale, avec soit des fermes de type ranch, soit des déplacements majeurs de troupeaux. On ne cultive pas non plus sur les topographies trop en pente, en présence de risques élevés d'érosion ou d'inondation, dans les sols très pauvres et très secs ou excessivement lourds et humides, dans les sols trop pierreux, en cas de très mauvais drainage, d'excès ou de manque d'ensoleillement, et quand la saison de production est trop courte. Tous ces facteurs, surtout s'ils se renforcent mutuellement, rendent la situation impropre à un système de culture et mèneront à l'établissement d'un système de prairies permanentes ou d'un système agroforestier. Cependant, les moyens modernes tels que la mécanisation, l'irrigation, l'amélioration génétique des cultivars, les râteaux à roches et les drains souterrains aident à contourner certaines de ces limitations.

4.1.7 SITUATION ACTUELLE

Par contre, là où les étés sont plus tempérés et les sols plus faciles à travailler, on observe la mise en place de systèmes de culture, et les animaux sont alimentés avec une plus grande proportion de céréales et de fourrages annuels, comme le maïs, la betterave fourragère, et divers fourrages. C'est l'état de fait que nous observons. Le XXe siècle a accéléré cette tendance avec l'intensification des systèmes de production et la séparation, parfois complète dans certains pays, de l'élevage et des cultures. Il faut éviter à tout prix l'évolution vers le système américain d'hyperindustrialisation des élevages et viser des équilibres régionaux entre élevage et culture.

Il serait bénéfique d'intensifier un peu la production dans certaines régions où l'on garde les champs en prairies si longtemps que l'impact sur le sol et la productivité sont négatifs, ou encore dans des régions où il y a surplus de fumier. Il serait également productif de réintégrer une proportion d'élevage, d'utilisation des fumiers et des prairies en rotation dans des systèmes de culture qui dégradent les sols, par exemple la monoculture de maïs, de pommes de terre ou de légumes. Le compostage est très en vogue dans les systèmes où des excès de fumier sont compostés pour être ensuite utilisés dans l'aménagement paysager et le jardinage domestique, alors que dans les régions de culture sans élevage, les sols continuent de se dégrader faute de rotation adéquate et de fumier.

C'est notamment pour contrer les effets nocifs des monocultures, c'est-à-dire la répétition année après année de la même culture sur un même champ, qu'il est important de réintroduire la diversification que permet la rotation des cultures. Certains de ces systèmes sont viables comme la canne à sucre ou les vergers fruitiers, mais généralement la répétition de cultures comme le maïs, l'orge et les pommes de terre entraîne des problèmes à plus ou moins long terme. Ce sont d'abord des contraintes économiques qui ont entraîné l'apparition de la spécialisation et de la monoculture, car le retrait de la main-d'œuvre a mené à des coûts de capitaux très élevés. Cependant, on voit apparaître de nouveaux problèmes : des mauvaises herbes, dont certaines deviennent résistantes aux herbicides, des insectes et des maladies qui s'adaptent aux biocides, des techniques culturales polluantes et dommageables pour les sols, des coûts économiques, environnementaux et agronomiques de plus en plus élevés.

Toutefois, alors que les systèmes de rotation au XVIIIe et au XIXe siècles étaient très stables, le début du XXIe siècle exige de concevoir des systèmes beaucoup plus flexibles. Il faut éviter les approches rigides et s'ajuster aux aléas du climat, aux variations des marchés et aux changements dans l'élevage sur une ferme.

4.2 OBJECTIFS DE LA ROTATION

L'équilibre écologique général de la ferme est l'objectif premier de la diversification biologique que permet la rotation des cultures. Toutefois, il existe de très nombreux objectifs spécifiques qu'on peut chercher à atteindre grâce à une rotation des cultures, mais chaque système de production incite à viser certains objectifs plutôt que d'autres. Par exemple, le producteur de choux priorisera la prévention des maladies alors que l'éleveur cherchera avant tout à nourrir ses animaux de façon adéquate, notamment en fourrage. Devant la quantité de contraintes économiques et commerciales auxquelles faire face, il est bon d'essayer de rechercher le maximum d'avantages et d'éliminer beaucoup d'inconvénients par le design de la rotation et du système de culture. Par exemple, il est très efficace d'assortir le plan de rotation des cultures à un plan de prévention des mauvaises herbes, des insectes et des maladies dans nos cultures.

La réussite dépend de la capacité à se donner une vision d'ensemble de la ferme et à comprendre l'interaction entre ses constituants. Quelle que soit la rotation envisagée, on peut d'abord rechercher un aménagement écologique de la ferme en copiant partiellement le modèle naturel de diversité biologique. Cette diversité de plantes sur des parcelles voisines, combinée à un aménagement écologique comprenant des haies brise-vent et des espaces sauvages, contribue aussi, habituellement, à embellir le paysage. On envisage de plus en plus le développement du tourisme et de l'agrotourisme pour le maintien de la structure sociale et économique des régions rurales. À notre époque où de nouvelles valeurs interviennent dans l'occupation du territoire, la conservation du patrimoine paysager trouve de plus en plus sa place en agriculture.

Dans un premier groupe, on trouve des objectifs liés au sol, à la fertilité et aux impacts de la rotation sur les rendements. Un second ensemble d'objectifs est en lien avec les pratiques culturales visant la phytoprotection.

4.2.1 FERTILITÉ DES SOLS ET EFFETS DES PRÉCÉDENTS CULTURAUX

La première raison d'être de la rotation des cultures, c'est donc la création de conditions optimales de fertilité du sol pour la réussite de toutes les cultures dans la séquence de rotation. On vise à ce que la situation d'une culture dans la séquence soit telle que la fertilisation et les amendements, le travail du sol et le sarclage, le type de résidus de culture, les conditions de structure, de drainage et d'aération du sol, les conditions sanitaires et plusieurs autres facteurs issus de la culture précédente favorisent la réussite de la culture subséquente. Un bon exemple à souligner est la réussite des cultures très exigeantes en azote, comme les crucifères, les cucurbitacées, le maïs sucré, après la destruction d'une prairie riche en légumineuses.

Généralement, on observe que la répétition continue de cultures nécessitant un travail du sol entraîne une détérioration de la fertilité du sol, un affaissement de la structure, le développement de la compaction, une baisse de la qualité du drainage et de la rétention d'eau, et aussi une baisse des fractions humiques faciles à minéraliser. La solution la plus efficace consiste, lorsque le système de production le permet, à inclure une séquence de prairie de légumineuses et de graminées dans la rotation. Des producteurs de légumes et de pommes de terre ont adopté cette pratique tout en vendant parfois une coupe de foin par année. Les légumineuses fixent de l'azote et sont efficaces pour absorber certains éléments nutritifs, tels le phosphore et la potasse, et leurs racines vigoureuses et souvent pivotantes aident à défoncer les semelles qui apparaissent en période de culture. Les graminées ont des racines fasciculées qui occupent complètement le sol cultivé et qui laissent une matière organique très bien répartie dans le sol arable, ce qui favorise la division du sol en petits agrégats. Les prairies contribuent donc au maintien du taux de matières organiques et à la stabilité de la structure du sol.

Il faut insister sur le fait qu'une bonne rotation des cultures n'est habituellement pas suffisante pour assurer la fertilité optimale du sol ; il faut y adjoindre un bon système de gestion des fumiers ou d'utilisation des composts, et d'entretien calcique, car ils stimulent l'activité biologique, la structuration du sol et le maintien du taux d'humus. Le contraire est généralement vrai aussi : la seule utilisation de fumiers ou de composts ne compense habituellement pas tous les effets négatifs d'une monoculture ou d'une rotation mal conçue.

Une contribution des plus importantes de l'utilisation des fumiers et des composts est l'effet d'arrière-fumure. Seule une fraction des éléments nutritifs contenus dans les fumiers et les composts est soluble ou minéralisée la première année. Cette fraction varie, probablement de 10 à 90 % selon les éléments et selon les types d'amendements. À l'occasion, un compost peut immobiliser l'azote du sol. Il est impossible de prédire précisément le rythme de libération des éléments nutritifs, mais un ordre de grandeur approximatif peut être établi. Les substances nutritives deviennent donc disponibles graduellement et contribuent au rendement des cultures subséquentes.

Une autre question à examiner sera l'impact potentiellement négatif d'une culture précédente sur la germination et la croissance de la culture subséquente. On utilise le terme phytotoxicité pour décrire certains de ces phénomènes reliés soit à des exsudats racinaires incompatibles ou à la décomposition des résidus du précédent qui libèrent des substances nuisibles.

L'étude très soignée de toutes les questions reliées à l'effet des précédents sur la fertilité ultérieure fait partie de la planification de la rotation. La fertilité est un phénomène global et dynamique qui varie au gré de la rotation et des autres pratiques culturales, notamment d'un bon entretien de l'humus. Comme le dit H. H. Koepf : « On ne juge pas une rotation de cultures au rendement de l'une ou l'autre des cultures, mais on doit plutôt juger la productivité de l'ensemble ».

4.2.2 ENTRETIEN DE LA MATIÈRE ORGANIQUE

Historiquement, l'entretien de l'humus du sol était obtenu par l'accumulation des résidus de culture et des fumiers issus du système de production. La technique par excellence pour éviter la dégradation des sols était une rotation de culture permettant d'alterner des cultures produisant du fumier ou des résidus abondants, et des cultures qui détériorent les réserves d'humus parce qu'elles favorisent la minéralisation des matières organiques tout en laissant peu de résidus. Économiquement, les agriculteurs n'ont jamais eu les moyens d'entretenir l'humus du sol par l'achat de matières organiques extérieures à la ferme.

Une des rares exceptions est le maraîchage suburbain où l'on utilisait surtout le fumier des chevaux des résidents urbains, en particulier pour la fabrication de couches chaudes. Les voitures transportant les légumes aux magasins et aux marchés revenaient chargées de fumier. Cette technique assurait un bilan humique très positif et l'effet d'arrière-fumure répondait à presque tous les besoins nutritifs des cultures. Une telle stratégie était très rentable dans des cultures payantes comme les légumes de primeur sur couches chaudes.

Les cultures ayant un bilan humique positif sont celles qui laissent une abondance de résidus ligneux comme la luzerne et les prairies, le maïs grain, le canola, le blé, le seigle et le triticale. Par contre, la répétition trop fréquente des céréales peut entraîner la détérioration de la structure du sol. Cependant, les cultures qui reçoivent un engrais organique comme le fumier ou le compost peuvent contribuer au maintien de l'humus et de la structure du sol.

Les engrais verts jeunes contribuent peu à l'entretien du bilan humique et peuvent parfois accélérer la minéralisation. En revanche, ils ont un effet fugace, mais habituellement excellent sur la structure. Les engrais verts plus mûrs comme, par exemple, le millet japonais, le sorgho, le mélilot détruit bien en fleur, les crucifères d'automne semées assez tôt, les légumineuses fourragères occupant le sol pour une saison ou plus, laissent des résidus humifiables et améliorent les conditions de structure du sol.

L'inclusion d'un grand nombre de légumineuses dans la rotation contribue à fixer de l'azote. Si on gère bien les résidus et les fumiers, on assure un enrichissement des sols ou à tout le moins le maintien équilibré des réserves d'azote organique du sol. Ces techniques de gestion des matières organiques auront des impacts positifs sur la fertilité des sols et sur la stabilité de la structure, en particulier par leur influence sur l'accroissement et le maintien d'une faune et d'une flore qui assurent l'activité biologique du sol. Toutefois, il faut éviter le travail et la récolte en conditions humides pour ne pas endommager la structure du sol.

4.2.3 ACTIVITÉ BIOLOGIQUE ET PÉDOGENÈSE

La rotation doit chercher à faire évoluer un sol vers sa condition et sa productivité optimales notamment en stimulant l'activité biologique du sol. On organise donc la rotation des cultures en prévoyant des apports fréquents et répétés de résidus de cultures et de fumiers, des alternances entre des périodes de repos et des périodes où le travail du sol, de l'ameublissement profond au binage en passant par la jachère et le faux semis, stimule une décomposition active des matières organiques accumulées précédemment.

Évidemment, les chaulages et les fertilisations ainsi que l'inclusion des engrais verts à tous les endroits de la séquence qui le permettent compléteront les moyens de stimuler l'activité biologique. On prévoira aussi une phase de prairie temporaire pour favoriser le développement de la faune du sol, car on observe en sol non cultivé des conditions plus favorables pour la prolifération des vers de terre et d'autres petits animaux.

Toutes ces interventions, agencées de façon équilibrée dans la séquence de rotation, ont un effet positif sur la pédogenèse, c'est-à-dire, selon G. Gaucher, sur l'ensemble des phénomènes qui décomposent les roches, transforment et déplacent les minéraux issus de la roche mère, participant ainsi à la création du complexe argilo-humique et à la nutrition des plantes cultivées. En assurant le maintien de la stabilité structurale des sols, la couverture des sols par les engrais verts, les prairies et les résidus de cultures, la répartition bien planifiée des fumiers, des purins et des engrais, une rotation bien organisée devient le meilleur moyen de prévenir les pertes de sol et d'éléments nutritifs dommageables pour l'environnement.

Varier les systèmes racinaires permet aussi d'améliorer les conditions dans les différentes couches du sol et du sous-sol et l'activité biologique. Il est bien connu que les formes des systèmes racinaires sont très variables chez les espèces cultivées. Les racines ont un effet majeur sur l'évolution du sol. On a mentionné la répartition omniprésente des racines de prairies dans le sol arable ainsi que leur pénétration dans le sous-sol. Une plante à enracinement superficiel telle la laitue ne pénètre le sol que 30 ou 45 cm. Une plante à enracinement moyen comme une céréale ou un maïs peuvent pénétrer à des profondeurs équivalentes à la hauteur de leur tige si les conditions de drainage et de structure le permettent. Certaines plantes à enracinement profond peuvent pénétrer plusieurs mètres dans le sous-sol.

Évidemment, le sous-sol contribue plus à la fourniture d'eau qu'à l'alimentation minérale des plants, mais l'inclusion d'espèces à enracinement profond aide, dans une certaine mesure, à l'enrichissement des parties aériennes par les minéraux du sous-sol. Ces racines aident à décompacter les semelles de labour ou les couches compactes naturelles, à incorporer des matières organiques en profondeur, à encourager le mouvement des espèces anéciques de vers de terre adaptées à pénétrer en profondeur.

Tout cela améliore le drainage et facilite l'enracinement des cultures ultérieures avec, à court terme, de meilleures conditions pour les cultures et, à long terme, un approfondissement de la couche arable. Par exemple, le système racinaire est mieux développé chez un blé ou un maïs ayant comme précédent une prairie de luzerne et de graminées à enracinement profond.

Autre phénomène de plus en plus étudié : la relation entre les racines des plantes et l'activité biologique. Dans la zone immédiate des racines, il y a une zone de prolifération microbienne qu'on dénomme rhizosphère (figure 2.11). Il s'y développe une flore et une faune dont les fonctions sont multiples allant, par exemple, de la décomposition des tissus racinaires morts à la minéralisation de l'humus du sol, de la protection contre les pathogènes à l'altération de minéraux insolubles. Ces microbes associés participent très activement à la nutrition de la plante. On les compare parfois à la flore intestinale des animaux ou des humains et D. Soltner lui donne le nom de flore d'assimilation.

Comme les plantes excrètent dans le sol diverses substances, tant stimulantes pour certaines espèces de micro-organismes qu'inhibitrices pour d'autres, elles agissent sur l'évolution de cette flore associée. Une fraction importante des hydrates de carbone élaborés par la plante lors de la photosynthèse peut être incorporée dans le sol par le biais de ces phénomènes d'excrétion et participer à la nutrition des microbes associés de la rhizosphère. En retour, les micro-organismes participent à la nutrition des plantes. Les exsudats racinaires sont variables en abondance et en nature et influencent la nature de l'activité biologique dans la rhizosphère. En variant les espèces de plantes cultivées dans la rotation, on stimule de façon diversifiée la rhizosphère associée avec un impact généralement positif à la fois sur l'abondance et sur la diversité et l'équilibre de l'activité biologique du sol.

4.2.4 ÉQUILIBRE DES IMPORTATIONS ET EXPORTATIONS D'ÉLÉMENTS NUTRITIFS

Il est bien connu que les cultures exportent des minéraux hors de la ferme. Les fermes d'élevage en exportent très peu, car la grande majorité des éléments nutritifs des récoltes retournent au sol par le fumier et le purin. La ferme laitière en exporte un peu plus, mais très souvent les achats de suppléments et de minéraux compensent une partie des exportations. Les céréales et les grandes cultures représentent une exportation plus importante, mais il faut savoir qu'une fraction importante de l'azote et du phosphore ainsi que la majeure partie de la potasse restent emprisonnées dans les pailles et les racines. Il est donc toujours préférable de garder les résidus de cultures à l'intérieur du cycle de production plutôt que de les vendre. Plus les systèmes de production sont basés sur la vente de plantes complètes, plus on voit s'élever la proportion des minéraux vendus, en particulier l'azote et la potasse. Les plus hauts niveaux d'exportation minérale sont atteints par le foin et les légumes verts ainsi que les plantes racines.

Sur chaque ferme, il est essentiel d'établir un bilan des exportations et des importations d'éléments nutritifs. Forcément, si le bilan est fortement négatif, il faudra importer plus de fertilisants pour compenser les exportations. Par exemple, un système de production mixte, comprenant des prairies de légumineuses pour la fixation de l'azote et une bonne conservation des fumiers, pourrait très bien générer les bases de la fertilité permettant la réussite de cultures plus exportatrices sans importation majeure de fertilisants. Naturellement, c'est possible dans un sol fertile, mais plus difficile en sol pauvre.

Lorsqu'on cultive constamment la même plante, les exportations de minéraux sont semblables et on en arrive souvent à des déséquilibres des sols alors qu'une variété de plants extrait des minéraux en proportions diverses. Des plantes aux systèmes racinaires plus profonds utilisent aussi des éléments du sous-sol, ce qui varie l'impact sur le cycle nutritif ; si des résidus abondants sont recyclés sur le sol ou dans le fumier, ceci peut même enrichir le sol de surface en certains minéraux.

La rotation des cultures permettra aussi l'agencement de séquences de plantes d'exigences décroissantes bien adaptées au niveau de fertilité qui variera selon les étapes de la rotation.

4.2.5 GESTION DES MAUVAISES HERBES

Les monocultures ou les systèmes de production très simples comme les prairies très prolongées ont habituellement tendance à engendrer des problèmes de mauvaises herbes assez prévisibles et souvent une certaine simplification des communautés de mauvaises herbes, dominées par quelques espèces. Par exemple, dans une monoculture de maïs ou de céréales, on observe parfois une infestation de graminées annuelles et de quelques espèces à feuilles larges, exigeantes en azote. Lorsqu'on prolonge les prairies, on voit habituellement apparaître une infestation de chiendent et de pissenlit. D'autres espèces, comme la marguerite, et éventuellement l'agrostide et l'épervière apparaissent en succession si on laisse dégrader le sol par trop d'exportations, pas suffisamment de fumier et un manque de chaulage. On ne peut compenser une mauvaise gestion des sols et des fumiers par la rotation des cultures. Toutefois, on peut organiser la rotation pour éviter que les mauvaises herbes ne se développent jusqu'au stade de l'infestation.

Il faut comprendre qu'une mauvaise herbe cherche à accompagner une culture dont le cycle et les conditions de croissance lui sont favorables. On décrit l'ensemble des conditions favorables au développement d'une espèce comme sa niche écologique. Habituellement, plus les conditions lui sont favorables, plus elle aura de facilité à s'implanter et à se reproduire, ce qui augmente les risques d'infestation. C'est pour cette raison que varier les cultures dans le temps aide à diminuer l'infestation des mauvaises herbes.

L'établissement d'une rotation des cultures ne résout pas totalement les problèmes de mauvaises herbes, mais il aide à diminuer leur prolifération. Les populations et les communautés de mauvaises herbes présentes sur une ferme sont en évolution constante et sont modifiées dans le temps selon la place que leur laisse le système de production. Par exemple, les systèmes de culture sur billons, avec des rotations maïs - soya ou des monocultures de maïs favorisent souvent le développement de vivaces et de bisannuelles. Les systèmes plus conventionnels de grandes cultures favorisent certaines graminées annuelles. Certains légumes encouragent la prolifération du galinsoga ou du chénopode blanc. Les prairies, en se dégradant, laissent la place au chiendent et au pissenlit.

On comprend de mieux en mieux le fait que plusieurs mauvaises herbes occupent une niche écologique particulière et qu'elles prolifèrent dans les cultures ou les systèmes de production qui leur sont les plus favorables. Donc, pour réduire leur incidence, on prévoit une rotation qui alterne entre cultures compétitives et non compétitives. C'est ainsi qu'en fonction des mauvaises herbes et de leur degré d'envahissement, on choisira des cultures nettoyantes ou salissantes, d'automne ou de printemps, annuelles ou vivaces, sarclées ou fauchées de telle sorte que la variation des dates de semis, des périodes de croissance, du travail du sol et des types des cultures contribue à contrôler leur prolifération.

On entend par culture étouffante une culture qui contrôle l'expansion des mauvaises herbes. Cette culture domine la végétation des mauvaises herbes, les étouffe et inhibe leur croissance. Par exemple, les engrais verts d'automne en culture dérobée et les légumineuses associées en cultures intercalaires permettent de couvrir le sol et d'étouffer les mauvaises herbes. L'alternance dans la rotation des cultures empêche la dominance d'une espèce très adaptable. Les seigles d'automne ou de printemps étouffent bien les mauvaises herbes ; on attribue notamment au seigle une capacité à inhiber le chiendent et d'autres graminées par des exsudats racinaires allélopathiques, mais ce n'est pas suffisant pour dominer une sérieuse infestation de chiendent. Dans ce cas, une jachère sera préférable avant le semis de seigle d'automne.

Les cultures peu compétitives qui couvrent peu le sol ou qui le couvrent lentement ont avantage à suivre une culture étouffante ou une culture nettoyante. La culture nettoyante sera habituellement une culture facile à sarcler et relativement facile à garder propre. Par exemple, Eliot Coleman recommande de cultiver les légumes-racines après deux années de cultures nettoyantes si elles sont bien gérées : les pommes de terre, puis les courges. La carotte et l'oignon sont des cultures salissantes, la première parce qu'elle germe et couvre le sol très tard, le second parce qu'il ne couvre jamais totalement le sol. Le tableau 4.2 donne des exemples de cultures nettoyantes et salissantes.

TABLEAU 4.2 Exemples de cultures nettoyantes et salissantes

Effet	Cultures
Nettoyant	Pommes de terre, plusieurs crucifères, poireaux, piments, haricots, courges, citrouilles et melons
Salissant	Pois, carottes, oignons, céréales répétées trop souvent sur un même sol, prairies qui se sont dégradées

Les cultures semées tôt au printemps auront une longueur d'avance sur les mauvaises herbes qui germent plus tard ; les cultures semées tard permettent le nettoyage préalable des parcelles. Le choix de cultures semées tôt ou tard le printemps, et à divers moments de l'été, offre la possibilité de travail de sol à des saisons différentes. Ceci facilite la destruction de mauvaises herbes dont la période de germination est plus hâtive ou l'établissement de la culture avant l'apparition d'autres mauvaises herbes.

Les variations des dates de récolte offrent aussi des moments divers pour déchaumer et semer un engrais vert pour couvrir le sol. Par contre, les cultures récoltées tard à l'automne peuvent causer des problèmes de mauvaises herbes, car souvent on ne peut plus travailler les sols après la récolte. On récolte, on laboure ou on déchaume souvent en conditions humides, ce qui compacte le sol et dégrade la structure. Parfois, on décide de ne pas travailler le sol et on perd ainsi la chance de bien nettoyer le sol pour la culture suivante.

La culture d'une prairie pendant quelques années brise le cycle des annuelles même si des graines demeurent dormantes dans le sol. Il faut gérer les prairies de façon conservatrice, en s'abstenant de les épuiser, en faisant un bon entretien pour assurer une croissance vigoureuse des espèces désirables, car leur dégradation mène à l'infestation de mauvaises herbes vivaces qui obligera un travail important de nettoyage.

L'action d'espèces à enracinement profond et vigoureux comme le trèfle rouge et la luzerne, le brome et le dactyle peut aider à éliminer des vivaces comme la prêle ou le chardon, par l'action combinée de la compétition dans le sol et hors du sol, et par la fauche qui aide à épuiser les vivaces. Une stratégie de rotation où l'on ne garde les prairies que deux, trois ou quatre ans peut aider à éviter la prolifération du chiendent et à assurer une flore plus riche en légumineuses. Dans ce cas, on peut remettre ces champs en culture en se dispensant d'avoir à contrôler le chiendent.

4.2.6 CONTRÔLE DES MALADIES ET DES RAVAGEURS

Un grand nombre d'insectes nuisibles et de maladies ont des besoins spécifiques en ce qui concerne leur plante hôte. Lorsque celle-ci est cultivée en monoculture ou qu'elle revient très souvent dans la rotation, on s'aperçoit souvent que le parasitisme et les dommages augmentent. Certains organismes nuisibles peuvent s'adapter à plus d'un hôte. La technique la plus simple pour prévenir leur prolifération est de briser leur cycle de reproduction en laissant suffisamment de temps entre le retour de cultures susceptibles dans la rotation. Certains organismes mobiles peuvent migrer vers des champs voisins ; on peut alors tenter d'éloigner les parcelles d'une année à l'autre.

La rotation des cultures contribue de façon importante à la réduction des pathogènes et des parasites, en particulier ceux qui survivent dans le sol ou dans les résidus après le passage de la culture dans le champ. Il faut examiner soigneusement la question des plantes hôtes dans le design de rotation. La plante hôte fournit un milieu favorable au développement et à la survie d'un pathogène ou d'un insecte. La répétition de ces cultures peut entraîner une prolifération nuisible aux cultures ultérieures. Par exemple, la prairie est favorable à la prolifération de vers fil de fer et de hannetons. On devra éviter les cultures sensibles sur un retour de prairie et prendre le temps de bien nettoyer le sol avant de les cultiver.

La rotation sert surtout à prévenir l'accroissement des ravageurs et des maladies qui survivent dans le sol. Lorsque la plante hôte est cultivée à répétition, on assiste à un accroissement des populations de ravageurs qui feront potentiellement de plus en plus de dommages. Lorsqu'on cultive d'autres espèces, l'organisme ne disparaît pas totalement. Même si survient une mortalité naturelle, des spores, des sclérotes et des œufs peuvent survivre et se développer de nouveau quelques années plus tard au retour de la plante hôte dans la rotation.

Cependant, la non-répétition de la plante hôte évite l'accroissement majeur du parasitisme. Lorsque la régie est favorable à une excellente activité biologique dans le sol, la compétition entre les occupants du sol réduira beaucoup plus les populations qu'une simple pause entre les cultures dans la séquence. Et la variation des cultures dans une séquence favorisera une diversité dans la microflore et la faune du sol ainsi que la décomposition des débris porteurs de maladies laissés par la culture sensible.

La propagation d'un grand nombre de pathogènes a lieu sur ces mêmes débris après la récolte ; le broyage, le déchaumage, un apport de fumier ou de compost, le semis d'un engrais vert, toutes les techniques favorables à l'activité biologique contribueront donc à la réduction des pathogènes. Cependant, certains pathogènes largement adaptables seront peu affectés par la rotation des cultures. L'alternance des dates de semis et de récolte a un effet semblable à celui qu'on recherche sur les mauvaises herbes.

Le contrôle des mauvaises herbes servant de plante hôte est essentiel si on veut tirer pleinement parti des avantages de la rotation. Par exemple, les crucifères sauvages servent d'hôte alternatif à des ravageurs et maladies des crucifères cultivées.

Enfin, le placement de la culture à l'endroit qui lui convient le mieux dans la séquence assurera une croissance vigoureuse qui est encore le meilleur garant d'une culture saine. L'inclusion d'une courte jachère d'été aura parfois un effet spectaculaire sur les populations d'insectes, de nématodes et de pathogènes, en particulier si les travaux ont lieu en conditions sèches et chaudes. Les insectes, les larves, les nématodes et les diverses populations de spores et d'autres inoculums de pathogènes sont détruits par l'assèchement et l'effet du soleil ou l'attaque par des oiseaux insectivores.

Évidemment, l'aménagement d'une rotation des cultures n'est qu'un moyen de minimiser le parasitisme et doit faire partie d'une stratégie globale comprenant des techniques allant du choix de cultivars résistants au dépistage et à l'utilisation de pesticides appropriés si nécessaire. Examinons un exemple.

Les producteurs de légumes et de fruits auront tout avantage à étudier soigneusement les insectes et les maladies qui affectent leurs cultures et à composer une rotation préventive. Par exemple, plusieurs nématodes, espèces de petits vers microscopiques, peuvent causer des dommages aux cultures suivantes : céleri, carotte, tomate, radis, oignon, panais, laitue, pomme de terre et une foule de fleurs. Les légumineuses et les graminées sont aussi sensibles à certains nématodes. Si on décèle des problèmes de nématodes, il faut travailler avec l'aide d'un conseiller à déterminer les cultures susceptibles de souffrir de ce type de vers. On pourra aménager la rotation en conséquence même si les nématodes ne représentent pas un problème aussi sérieux que dans certains climats plus doux. Les sols de serre sont plus propices à la prolifération des nématodes.

Au-delà de la présence d'une plante hôte dans la rotation, il faut aussi considérer la contribution de « l'effet rotation » à la santé et la résistance naturelle des cultures parce qu'elles sont placées de façon appropriée dans la succession.

4.3 PARAMÈTRES POUR LA MISE EN PLACE DE LA ROTATION

Le succès d'une rotation, c'est une planification judicieuse qui tient compte d'un ensemble de paramètres ou de critères, et ils sont nombreux. Selon Koepf, « la mise en place d'une rotation de cultures comporte plus de considérations empiriques que tout autre aspect de l'agriculture ». Nous en discutons quelques-unes ici pour orienter les nombreux choix présidant à l'établissement d'un plan de rotation.

4.3.1 ADAPTATION DES CULTURES AU TYPE DE SOL

Il est toujours préférable de choisir des cultures adaptées au type de sol. On accorde peu d'attention à la notion de terroir en agriculture moderne, sauf pour la vigne. Il est probable qu'à l'avenir, on accorde plus d'importance à l'adaptation des cultures aux sols et au climat en fonction de critères gustatifs et de qualité, comme on le fait pour le vin. Choisir les cultures en rotation en fonction de leur adaptation aux sols facilite la réussite. On a eu tendance à étendre la pratique de certaines cultures à des sols peu appropriés avec des résultats laissant souvent à désirer et parfois des dommages sérieux au capital sol.

Les sols très argileux seront adaptés aux fourrages, aux grandes cultures et à certains légumes, notamment les crucifères. S'ils sont bien drainés et chaulés soigneusement, ils deviennent plus adaptables, mais les conditions de récolte sont souvent défavorables les années humides. Les sols légers et bien drainés seront excellents pour la pomme de terre, les légumes de primeur, les légumes-racines et les légumes qui préfèrent un sol chaud. Les résultats des autres cultures seront meilleurs les étés humides et plus faibles les années sèches, à moins qu'on puisse irriguer. La croissance des racines y réussit bien, mais les cultures y sont sensibles à la sécheresse. Les sols à texture moyenne, loams sableux, limoneux et terre franche, sont adaptés pour les légumes en général. Au-delà de la texture, le comportement de l'eau, le drainage seront déterminants.

4.3.2 APPORTS DES PRÉCÉDENTS CULTURAUX

Les apports des divers précédents sont tributaires d'un grand nombre de facteurs qui influent sur la culture subséquente si bien qu'ils varient d'une région à une autre, d'un sol à un autre, d'une ferme à une autre. Plusieurs recherches ont été effectuées à divers endroits, mais seuls quelques résultats sont généralisables.

En général, les cultures exigeantes en azote suivent bien les prairies riches en légumineuses, de même que les cultures et les engrais verts de cette famille. Le maïs est une bonne tête de rotation pour valoriser les résidus de la prairie, de même que les crucifères, et les cucurbitacées.

Les légumineuses, pois, gourganes, haricots, s'insèrent bien avant plusieurs légumes exigeants. Leurs résidus azotés améliorent le rendement de la culture suivante. Les pommes de terre suivent bien une légumineuse ou une prairie débarrassée de ses insectes du sol par une jachère d'été, et elles constituent un des meilleurs précédents pour les légumes-racines.

Une ferme qui comporte beaucoup de céréales aurait souvent avantage à placer deux courtes séquences de prairies plutôt qu'une longue séquence de céréales et une prairie prolongée. L'impact sur les mauvaises herbes et les maladies ainsi que sur les rendements des cultures sera habituellement meilleur, malgré des dépenses accrues pour l'implantation des prairies.

En culture maraîchère, on accorde d'abord beaucoup d'attention aux influences des cultures sur les maladies, les insectes et les mauvaises herbes, aux dates d'accès aux champs et aux conditions de travail du sol, notamment à l'abondance des résidus et à l'état de la structure. On cherche ensuite à agencer des séquences qui valoriseront les apports de compost, des engrais verts et des légumineuses ainsi que des prairies dans certains cas. Souvent les engrais verts, parfois même les céréales, seront cultivés pour briser des cycles de maladies et ravageurs et rallonger la rotation. On trouvera sur les fermes maraîchères des séquences où les plantes exigeantes forment la tête d'assolement sur un retour de trèfle ou de prairie ; elles sont suivies de cultures dont les exigences vont décroissant.

La plupart des cultures dont les résidus sont incorporés au sol laissent des proportions variables, mais appréciables, d'éléments nutritifs qui pourront servir à la nutrition des cultures subséquentes et des microbes des sols. On s'est peu intéressé au cours des ans au fait qu'un résidu de maïs grain laisse au champ environ 40 % de l'azote, 30-35 % du phosphore et 75 % de la potasse absorbés par la plante lors de sa croissance.

Des éléments comme la potasse sont généralement libérés assez rapidement alors que l'azote, le phosphore et divers oligo-éléments seront soit minéralisés lors de la décomposition, soit humifiés et libérés graduellement au cours des années subséquentes lors de la minéralisation secondaire de l'humus stable. La gestion des cycles nutritifs dans les sols, qui empruntent la voie de la minéralisation rapide, la phase d'humification et la libération ultérieure de l'azote et de quelques autres éléments, est une habileté acquise récemment par un grand nombre d'agriculteurs et qui a modifié à la baisse leurs coûts de fertilisation.

Lorsqu'un agriculteur découvre en labourant une prairie de quatre ans que le sol contient encore des résidus non décomposés du maïs précédant la prairie, il peut conclure que l'activité biologique est très faible et que la décomposition et la minéralisation des résidus de culture contribuent peu aux cultures subséquentes. Par ailleurs, si l'agriculteur est suffisamment habile pour favoriser l'activité biologique et la minéralisation rapide des résidus, leur contribution aux cultures ultérieures sera importante. La rapidité de la minéralisation dépendra beaucoup de la richesse en azote des résidus, de la façon dont ils sont incorporés au sol, des conditions de la structure et de l'activité biologique du sol ainsi que de la fertilisation azotée qui accompagne leur enfouissement.

Les données sur la quantité d'azote minéralisé par les résidus de culture sont de plus en plus documentées. On doit les modifier à la baisse dans les sols froids, mal structurés et où l'activité biologique est faible, surtout si les résidus sont enfouis profondément. On doit les modifier à la hausse dans les cas contraires, par exemple lorsque le binage et le sarclage sont utilisés en cours de culture, pour réchauffer et aérer les sols et stimuler l'action des décomposeurs. En ce qui concerne les apports nutritifs des résidus de culture, se référer au chapitre 2 et aux sections sur la fertilisation des chapitres 9 à 36.

4.3.3 INFLUENCE DES RÉSIDUS DE CULTURE

Le type et l'abondance des résidus de culture peuvent avoir un impact positif ou négatif sur la culture subséquente. Les pailles et les chaumes ont un rapport C/N élevé et peuvent entraîner une carence en azote lorsque des micro-organismes immobilisent une partie de l'azote du sol pour élaborer leur corps durant la décomposition. Un engrais vert très mature, un fumier ou un compost riche en litière de bran de scie peuvent causer les mêmes carences. Des résidus verts, jeunes et azotés, comme avec les légumineuses, auront plutôt l'effet contraire.

Donc, les cultures qui laissent des résidus fibreux pauvres en azote favorisent la formation d'humus stable ; ce processus immobilise l'azote des résidus, du sol et des fertilisants. Il faut donc le planifier dans la rotation. Par contre, cet azote sera libéré graduellement pendant plusieurs années et on devra tenir compte de la contribution de l'humus stable à la nutrition des cultures. De même, les prairies libèrent de l'azote pendant plus d'un an après leur destruction et il faut en prévoir les effets sur la nutrition des deux ou trois cultures suivantes. Sur le plan pratique, des résidus grossiers, comme des tiges de crucifères, peuvent nuire au semis, à la transplantation et au sarclage de la culture suivante.

On accorde encore peu d'importance aux phénomènes de phytotoxicité liés à l'influence des résidus de culture sur la culture subséquente, en particulier au moment de la germination et du départ de la végétation. Pourtant, on les connaît depuis longtemps. Il faut donc être très prudent lorsqu'on enfouit une importante masse de résidus en profondeur ou que les résidus sont en contact avec les graines en germination. Les résidus servent aussi à renouveler l'humus du sol et à stimuler l'activité biologique. Leur abondance aura une influence importante sur le bilan humique. Les engrais verts laissent des résidus abondants ou peu abondants selon leur rendement en matière sèche et leur maturité (tableau 4.3).

TABLEAU 4.3 Abondance des résidus selon les cultures

Abondance	Cultures
Résidus abondants	Colza, maïs grain, prairie, seigle, tournesol
Résidus moyens	Avoine, blé, brocoli, gourgane
Peu de résidus	Majorité des légumes, pomme de terre

4.3.4 DEGRÉ D'ENRACINEMENT DES CULTURES

Les racines des plantes sont de formes très variables d'une espèce à une autre. Elles explorent le sol de façons différentes : certaines sont pivotantes, fasciculées ou traçantes, plus superficielles ou très profondes. Comme les racines injectent des substances dans le sol, elles influencent aussi bien l'activité biologique que la structure du sol, et partant, l'évolution du sol. Un bon plan de rotation alterne donc des cultures dont les racines sont différentes (tableau 4.4), en s'assurant que certaines pénètreront en profondeur pour aider à décompacter le sol et d'autres, comme les graminées, développeront la structure grumeleuse désirable dans tous les sols.

4.3.5 TÊTE DE ROTATION

On nomme tête de rotation, ou tête d'assolement, une culture exigeante que l'on place souvent, dans la rotation, après le foin, des engrais verts ou des légumineuses, et qui nécessite une préparation particulièrement soignée. Par exemple, dans la rotation de Norfolk, c'est la racine fourragère ; dans un autre système, ce sera par exemple la pomme de terre, le maïs, les crucifères, les cucurbitacées.

Dans la séquence des cultures, on choisit généralement la tête de rotation pour sous-soler et effectuer une jachère afin de détruire les mauvaises herbes vivaces et pour accélérer la décomposition des résidus accumulés.

TABLEAU 4.4 Enracinement de quelques plantes

Niveau d'enracinement	Plantes cultivées
Enracinement profond	Luzerne, trèfle, mélilot, vesces, seigle, plusieurs légumineuses à graines, colza et radis fourrager, tournesol, dactyle, fétuque élevée, brome, chicorée, endive, panais, salsifis, tomate, citrouille et courge d'hiver
Enracinement moyen	Blé, maïs, avoine, haricots, pois et pomme de terre, carotte, betterave, bette à carde, concombre, aubergine, piment, rutabaga et navet, courge d'été
Enracinement superficiel	Orge, mil (fléole), laitue, oignon, choux, brocoli, chou-fleur, céleri et poireau, épinard, ail

Souvent le sol recevra de la chaux et d'importants apports d'engrais, de fumier ou de compost et tout le travail sera complété par une culture d'engrais vert d'automne. La culture est souvent sarclée ou binée et parfois rechaussée (au Québec, on dit « renchaussée »), et elle laisse habituellement d'excellentes conditions de propreté, de fertilité et de structure de sol. Ces travaux accélèrent le développement de l'activité biologique des sols, ce qui intensifie le cycle des matières organiques et qui facilite à la fois les processus de minéralisation et d'humification.

C'est le moment dans la séquence où placer la culture la plus exigeante, après une légumineuse ou idéalement une prairie riche en légumineuses. Les cultures ultérieures profiteront de toutes ces améliorations. Lors du calcul des coûts de production, on peut étaler une proportion des coûts de cette préparation sur le reste de la rotation, car ces efforts peuvent améliorer les résultats pendant plusieurs années. Parfois certains producteurs préféreront placer une culture étouffante comme le seigle d'automne après un simple labour sur la prairie et effectuer tous les travaux d'amélioration après le seigle qui est récolté assez tôt l'année suivante. Ainsi, la prairie sera partiellement décomposée et les conditions de travail du sol seront moins grossières.

4.3.6 EXIGENCES NUTRITIVES

Habituellement, on établira une séquence de rotation qui permet aux cultures d'utiliser au maximum l'effet résiduel des précédents, des prairies en particulier, et des fumiers ou des composts dont la minéralisation est étalée sur quelques saisons. Les cultures les plus exigeantes sont placées en tête de rotation ; on place des cultures de moins en moins exigeantes dans une séquence d'exigences décroissantes à mesure que l'effet de la prairie et de l'apport de fumier ou de compost en tête d'assolement s'estompe. On fertilise avec des composts ou d'autres fertilisants et on insère des légumineuses et des engrais verts dans la séquence pour rehausser la fertilité du sol et améliorer les rendements. On donne au tableau 4.5 le niveau d'exigence nutritive de quelques plantes cultivées. Notons que cette classification est parfois arbitraire ; E. Pfeiffer, qui en a élaboré les bases, insistait pour faire remarquer qu'une culture frugale est exigeante dans un sol pauvre.

4.3.7 EXEMPLE DE SÉQUENCE DE ROTATION

Voici l'exemple d'une séquence de rotation appliquée à une ferme combinant culture maraîchère et élevage :

1- chou-fleur, brocoli et concombres suivis d'engrais verts d'automne si possible, ou de la plantation d'ail après les concombres,
2- laitue et ail suivis d'engrais verts d'automne,
3- oignons et carottes, suivis d'engrais verts de seigle si la situation le permet,
4- pois et haricots, suivis d'engrais verts d'automne,
5- céréale grainée,
6- prairie de légumineuses et graminées,
7- prairie de légumineuses et graminées,
8- prairie de légumineuses et graminées, suivie de jachère et engrais vert.

Une jachère d'été permet d'éliminer les mauvaises herbes et les insectes avant le retour à la tête de rotation. Un engrais vert d'automne complète obligatoirement cette technique. La troisième année, les carottes suivent l'ail et les oignons suivent la laitue. Les résidus de crucifères sont broyés avant l'enfouissement pour faciliter le sarclage les années suivantes.

La stratégie d'utilisation du compost consiste en un épandage avant la tête de rotation qui regroupe les cultures les plus exigeantes. Une dose importante (35 à 50 t/ha selon la fertilité du sol) peut être donnée à l'engrais vert de 8e année. La laitue reçoit aussi un bon apport (30-40 t/ha) et l'oignon 15-20 t/ha. L'ail n'occupe qu'une petite fraction de la sole. D'autres champs peu propices aux légumes sont aussi en culture pour les animaux.

TABLEAU 4.5 Niveau d'exigence nutritive de quelques plantes cultivées*

Niveau d'exigences	Céréales et légumes cultivés
Cultures exigeantes	Maïs, blé, colza, sorgho, millet japonais ; graminées fourragères (brome, mil, dactyle, ray-grass); pommes de terre, choux-fleurs et brocolis et presque toutes les crucifères, céleri, céleri-rave, poireaux, concombres, cornichons, melons, courges, citrouilles, aubergines, asperges, épinards, tomates, bette à carde, rhubarbe, tournesol, chanvre, menthe, estragon, persil, basilic
Cultures moyennement exigeantes	Avoine, orge ; piments, ail, laitues et diverses salades, endives, cerises de terre, choux-raves, choux de Siam, daïkon, mâche, betteraves, navets, framboisiers
Cultures frugales	Sarrasin, seigle, carottes, oignons, radis, panais, salsifis, raifort, bardane, sarriette, thym, la plupart des herbes culinaires et médicinales
Légumineuses	Pois, haricots, gourganes, soya, lupins, vesce, féverole, luzerne, trèfles, mélilot, minette (*Medicago lupulina*), lotier

*Adapté de Jobin, La France, Petit, *La gestion des matières organiques*, Cégep de Victoriaville et Centre de développement d'agrobiologie, 1990.

4.3.8 PLACE DES LÉGUMINEUSES

Les cultures ou les engrais verts de légumineuses utilisent peu d'azote du sol, ne requièrent habituellement pas d'apport d'engrais organique et laissent souvent des résidus riches en azote. Ces cultures sont donc pour la plupart peu exigeantes en azote. Même si elles exportent parfois une abondance de potasse (fourrages), elles ont généralement une influence excellente sur les cultures subséquentes. Certains agriculteurs visent à inclure un nombre important de cultures de légumineuses dans leur séquence de rotation. Ils associent même des légumineuses en engrais verts dans les céréales et certaines cultures sarclées. En culture maraîchère, comme on cultive rarement beaucoup de haricots et de pois, on fera de la place pour des engrais verts de légumineuses.

Il faut reconnaître que la majeure partie de l'azote fixé par les légumineuses est exportée lors de la récolte, soit dans le foin, soit dans les graines des légumineuses mûres. Si ces récoltes servent à l'alimentation d'animaux, on aura des fumiers riches en azote qu'il faudra bien gérer. Les légumineuses fraîches, haricot ou pois, laissent une plus grande proportion d'azote dans les feuilles vertes. De tous les précédents de légumineuses, ce sont les engrais verts de légumineuses ou les prairies de légumineuses dont on enfouit la dernière coupe qui fournissent le plus d'azote.

Les fourrages comportent une proportion importante de légumineuses, surtout les premières années. Sur certaines fermes, les champs de foin ne sont en place que trois ans. De cette façon, on tire parti de l'effet résiduel de prairies encore riches en légumineuses. Le maintien de prairies plusieurs années après la disparition des légumineuses requiert des fertilisations plus abondantes et les graminées fourragères utilisent l'azote résiduel des légumineuses. La libération d'azote à la destruction de la prairie peut s'en trouver diminuée.

Généralement, la légumineuse est le meilleur précédent pour une culture exigeante, par exemple un chou-fleur ou une courge.

4.3.9 UTILISATION DES FUMIERS DANS LA ROTATION

Les fermes maraîchères utilisent des fumiers de diverses sources, habituellement sous forme compostée. Les plus grandes quantités sont appliquées sur les cultures exigeantes et l'effet d'arrière-fumure est souvent suffisant pour les cultures plus frugales. Certains maraîchers utilisent des doses annuelles modérées de compost et complètent avec d'autres engrais, comme les farines de produits animaux, les phosphates naturels, et maintenant le fumier de volaille granulé. Enfin, sur de nombreuses fermes, du fumier frais ou du lisier est épandu sur un engrais vert d'automne précédant une culture exigeante.

4.3.10 DURÉE DE LA COUVERTURE DU SOL

Il faut viser à maintenir une couverture du sol la plus longue possible durant la rotation de culture et l'emploi des engrais verts intercalaires entre les cultures sarclées, les engrais verts dérobés à l'automne ou les légumineuses associées dans les céréales seront des moyens à privilégier, de même que d'abondants résidus de cultures. Dans des régions ou des reliefs topographiques moins à risque, une couverture de neige peut offrir une protection adéquate. Le labour d'automne est acceptable lorsque la stabilité structurale du sol est excellente ou lorsqu'un sol argileux doit être exposé à l'action du gel et du dégel. De même, des cultures récoltées tardivement peuvent forcer à laisser le sol à nu, ce qui ne pose pas de problèmes avec une bonne stabilité structurale. Une culture subséquente qu'on doit implanter très tôt au printemps peut faire en sorte qu'on expose le sol avant l'hiver pour qu'il se réchauffe plus tôt au printemps.

4.3.11 PLACE DES ENGRAIS VERTS DANS LA ROTATION

Il y a une multitude de manières d'inclure les engrais verts dans la rotation des cultures pour améliorer la qualité et la productivité des sols. Il faut trouver des façons de faire qui offrent beaucoup de flexibilité. Les engrais verts de pleine saison, intercalaires et dérobés présentent des avantages divers selon l'espèce utilisée et leur place dans la rotation.

A. Engrais verts de pleine saison

Les engrais verts de pleine saison sont principalement utilisés pour préparer les sols pour des cultures comme les fraisiers, les plantations de fruits, les légumes ou les pommes de terre. Plusieurs espèces sont semées en sol chaud et offrent un certain temps pour travailler les sols avant le semis, ce qui aide à nettoyer les mauvaises herbes. Le ray-grass, le sorgho, le seigle d'automne, le millet japonais, le sorgho combiné à la vesce velue, sont utilisés fréquemment pour produire beaucoup d'humus ; on peut faucher certaines espèces une ou deux fois. Des légumineuses, comme le trèfle incarnat, ou des légumineuses annuelles, comme la féverole, le pois ou la vesce commune, en combinaison avec une céréale offrent la possibilité d'obtenir une bonne fixation d'azote. Le sarrasin est semé en juin ou juillet et est normalement suivi d'un engrais vert d'automne, comme une crucifère, un seigle ou un mélange.

Certaines fermes choisissent de cultiver un engrais vert deux ans d'affilée, le plus souvent un trèfle rouge ou mieux, un mélange de foin de trèfle et de graminées, comme le dactyle, qui aura un excellent effet sur la structure du sol et une importante production de matières organiques. Cette technique est justifiée pour des sols dégradés qui ont un important besoin d'amélioration.

B. Engrais verts intercalaires

Les engrais verts intercalaires doivent se semer lors du dernier sarclage dans une culture sarclée ; une erreur assez fréquente consiste à les semer en même temps que la culture. La réussite est variable d'une année à l'autre. Il faut faire de la mise au point pour trouver une façon de pratiquer ces cultures sans nuire à la culture principale. La tomate tuteurée peut s'associer au ray-grass annuel semé assez tard, ou au trèfle blanc nain ou à un seigle d'automne. Quand la tomate n'est pas tuteurée, un trèfle blanc nain conviendra. Il faut que ces cultures d'engrais atteignent leur croissance active vers la fin de la récolte des légumes pour ne pas nuire ; l'organisation chronologique de l'ensemble est important.

Le chou, le brocoli et le chou-fleur peuvent être accompagnés de mélilot, une plante qui apprécie les niveaux de calcium élevés nécessaires pour les crucifères. Le mélilot, une légumineuse bisannuelle, sera enfoui au printemps en pleine croissance pour être suivi d'une culture d'été ou il sera enfoui en fleur en juillet pour une énorme production de matière organique. Les crucifères peuvent aussi être accompagnées d'une culture intercalaire de trèfle blanc ou d'autres légumineuses naines ou rampantes comme la vesce velue.

Le trèfle blanc nain peut couvrir le sol en fin de saison dans une betterave ou un oignon. Il y a une foule de possibilités, mais il faut faire une mise au point soignée pour éviter la compétition entre l'engrais vert et la culture.

C. Engrais verts dérobés

La culture dérobée suit une culture principale ou parfois la précède. C'est une façon idéale de cultiver des engrais verts, mais il faut choisir des espèces adaptées au climat saisonnier. C'est un bon moment pour appliquer des engrais de ferme dont les éléments solubles seront utilisés par l'engrais vert.

Les céréales sont suivies d'un engrais vert de pertes au battage: on déchaume rapidement pour répartir les graines tombées et on obtient une excellente couverture du sol après avoir détruit les mauvaises herbes. Les cultures récoltées avant le début d'août en région nordique ou à la fin d'août au sud du Québec laissent du temps pour un engrais vert d'automne. Les crucifères, telles que la moutarde blanche, le radis huileux ou mieux le radis fourrager aux racines pivotantes et le canola ou le colza, sont de très bons choix, peu coûteux, pour les rotations qui comportent peu ou pas de crucifères. Les céréales de printemps aussi sont de bons choix qui, comme les crucifères, sont détruites par l'hiver.

Comme précédent pour des cultures rentables, on peut utiliser les légumineuses annuelles qui coûtent plus cher à semer : trèfle incarnat, féverole, pois, vesce commune. Ces dernières réussissent bien lorsqu'elles sont semées tôt en août et elles sont détruites par l'hiver. La vesce velue peut être utilisée, mais comme elle est bisannuelle, elle survit parfois et doit être détruite au printemps. Le seigle d'automne peut être semé en septembre, même dans les régions nordiques ; il sera enfoui soigneusement en novembre avant les cultures hâtives ou en mai avant les cultures d'été.

Il est essentiel après une jachère d'été de semer un engrais vert d'automne qui étouffera les mauvaises herbes, stabilisera la structure du sol et absorbera les éléments nutritifs minéralisés durant et après la jachère.

La jachère doit donc être terminée assez tôt en août pour laisser du temps à la réussite de l'engrais vert.

D. Contribution nutritive aux cultures subséquentes

Les engrais verts ont des teneurs en éléments nutritifs variant de 25-10-40 de N-P-K lorsqu'ils sont peu réussis, jusqu'à des taux dépassant les 200-45-200 dans les meilleurs champs. Les richesses nutritives varient beaucoup d'une espèce à l'autre et dépendent des fertilisants utilisés avant la culture des engrais verts. Les légumineuses fixent aussi une quantité parfois importante, parfois moindre d'azote.

La minéralisation de la potasse est généralement très rapide, alors que l'azote et le phosphore sont partiellement humifiés et leur rythme de minéralisation dépendra de la richesse en azote des résidus et de leur maturité. Plus la plante est fibreuse, plus la voie de l'humification se trouve favorisée. Plus la plante est jeune et azotée, plus la minéralisation domine.

Cette rotation comporte trois ans de foin de légumineuses et de graminées. Les récoltes avant la mi-août sont suivies d'un semis de foin les années 2, 5 et 7 ; les récoltes tardives sont suivies d'un semis printanier. L'avoine sert de plante-abri. Toutes les parcelles récoltées avant le 30 septembre reçoivent un engrais vert d'avoine, parfois de seigle d'automne (voir le quatrième exemple du tableau 4.7).

Un agriculteur américain a conçu un système de rotation où les engrais verts alternent systématiquement avec les cultures une année sur deux.

4.3.12 RETOUR DE LA CULTURE DANS LA SÉQUENCE

Selon des sources européennes, le maïs revient bien sur lui-même, mais le blé, l'orge et l'avoine devraient ne pas revenir plus d'un an sur deux. De même, la pomme de terre et la betterave ne devraient pas revenir plus d'un an sur trois. Le pois ne devrait revenir qu'aux quatre ans.

On peut généraliser en disant que les légumineuses ne devraient pas se succéder l'une à l'autre sauf comme engrais verts, car elles seront détruites après quelques mois. Par contre, les légumineuses s'avèrent de bons précédents pour les céréales et les cultures sarclées exigeantes.

Certaines espèces ne tolèrent pas du tout d'être cultivées plus d'une année au même endroit et les rendements décroissent rapidement. Cela provient de l'accroissement des maladies ou des parasites, mais aussi parfois d'un phénomène d'intolérance face à ses propres résidus. Par contre, d'autres espèces, comme le maïs et la pomme de terre, tolèrent très bien le retour sur elles-mêmes, sans exclure toutefois l'apparition de maladies ou de mauvaises herbes. Les cultures présentent donc des tolérances variables à se suivre elles-mêmes, et on doit en tenir compte dans l'établissement de la séquence de rotation.

Malheureusement, on dispose de moins de données sur les légumes que sur les grandes cultures. On essaie de laisser trois ans au minimum avant le retour de la même culture, mais quatre ou cinq ans sont préférables.

4.4 PLANIFICATION D'UNE ROTATION

Étant donné les grands objectifs poursuivis dans la rotation des cultures, les trois principaux facteurs à considérer dans l'établissement d'une rotation maraîchère sont, dans l'ordre, les ravageurs et les maladies, la fertilité du sol et, enfin, les mauvaises herbes. Toutefois, on doit avant tout choisir les cultures et les quantités cultivées en fonction des besoins d'un marché et des objectifs de rentabilité. Rares sont les agriculteurs qui peuvent se permettre de cultiver à perte sans affecter négativement la situation de la ferme dans son ensemble. Cependant, les rendements et les prix payés pour les cultures fluctuent d'une année à l'autre ; on ne connaît donc la rentabilité de nos efforts qu'après coup. Une certaine variété de cultures agencées en rotation donnent une certaine assurance par le fait que toutes ne peuvent pas connaître en même temps un échec et de faibles prix. D'autres considérations pratiques entrent aussi en jeu dans la planification de l'agriculteur biologique : les caractéristiques de sa ferme, donc de son système d'exploitation, le respect de ses priorités en matière de phytoprotection et de fertilité des sols et la nécessaire flexibilité dans la marche à suivre.

4.4.1 SELON LA NATURE DU SYSTÈME D'EXPLOITATION

La ferme a habituellement une spécialité, grande culture, élevage laitier ou autre, ou culture maraîchère. Malgré l'importance d'une séquence de prairie pour entretenir la structure du sol et fixer de l'azote, la séquence de prairie n'est pas possible dans tous les systèmes de production. Certains producteurs sans animaux incluent des prairies dans le système de production et vendent du foin tout en important une fertilisation pour compenser les abondantes exportations minérales reliées à la vente de foin, ce qui est parfaitement réalisable en culture maraîchère. L'alternative consiste à utiliser un maximum d'engrais verts dérobés, intercalaires dans les cultures sarclées et associées aux céréales et, dans les systèmes maraîchers, des engrais verts de pleine saison ou des prairies en engrais vert. Généralement, on doit importer des fumiers et des composts pour compléter la fertilisation et l'entretien du bilan humique.

Lorsque le potentiel de la ferme et les choix des agriculteurs le permettent, le système de polyculture-élevage constitue un idéal en culture maraîchère pour l'entretien des sols, la fixation d'azote et l'approvisionnement en fumier et en compost. Par contre, il implique une plus grande diversification des tâches, des investissements, des marchés et des expertises ; des considérations de coûts et de qualification de main-d'œuvre font donc toujours partie de l'équation. Ce type de système est rare, sauf dans les situations où plusieurs associés sont capables de prendre en charge des activités différentes sur une ferme plus complexe. On bâtira alors une rotation comportant une alternance de prairies et de cultures maraîchères. La ferme aura un bilan humique équilibré et les fumiers servent alors de base à la fertilisation. Au besoin, des engrais achetés complètent les besoins de la ferme.

La ferme spécialisée en production de pommes de terre aura habituellement à faire face au fait que le travail intensif des sols et les bouleversements à la récolte, la faible quantité de résidus, l'accélération de la minéralisation par la fertilisation entraînent une baisse de l'humus des sols et il faut établir un système pour en assurer l'entretien. La pomme de terre se combine très bien à un élevage de ruminants : les prairies entretiennent les sols et fournissent le fumier pour fertiliser la pomme de terre. Il faut bien équilibrer le ratio entre les deux productions. Une stratégie intéressante consiste à échanger des champs entre voisins ayant des productions différentes. Les pommes de terre, fertilisées au fumier et au compost et cultivées durant un ou deux ans sur un champ, laissent d'excellentes conditions pour un retour aux céréales et au foin. Cette stratégie d'échange de champs ou de location est couramment appliquée sur les fermes conventionnelles de crucifères qui doivent impérativement pratiquer la rotation.

Tous les organismes du sol sont à la fois compétitifs, complémentaires et interdépendants et ils contribuent à la productivité de l'ensemble. Chaque système de production tente de s'inspirer de ces phénomènes soit en associant diverses espèces dans un même champ, comme dans les prairies mixtes de légumineuses et de graminées, soit en associant diverses espèces dans une longue séquence temporelle. Bref, on diversifie aussi bien dans le temps que dans l'espace, avec plus ou moins de ressemblance avec les systèmes naturels.

Enfin, contrairement aux agricultures de subsistance, des problèmes pratiques et mécaniques empêchent l'utilisation de mélanges de cultures, mixtes ou associées, dans les systèmes agricoles plus mécanisés. On peut pratiquer certaines associations qui contribuent à une meilleure adaptation et au succès des cultures, comme les mélanges de prairies, les céréales mélangées ou certaines associations en culture légumière. La culture en bandes dans les fermes de grandes cultures est aussi un effort dans ce sens. À cause des problèmes d'organisation et de mécanisation liés aux cultures mixtes, on utilise surtout une mixité étalée pendant quelques années dans la rotation des cultures.

4.4.2 ÉTABLISSEMENT DES PRIORITÉS

On priorise d'abord la gestion des maladies et des insectes. On cherche à connaître la persistance des maladies dans les sols et les résidus de culture, et à identifier les cultures — souvent de même famille — qui partagent des problèmes communs. Avant le retour d'une culture sensible, il faut laisser s'écouler suffisamment de temps pour que les organismes pathogènes soient fortement diminués ou aient disparu de façon à éliminer le risque d'infection. Il en va de même pour les insectes nuisibles. Dans certains cas, on pensera aussi aux distances entre les parcelles pour minimiser la contamination possible ou le déplacement d'insectes d'une année à l'autre.

Dans un deuxième temps, on prête attention aux conditions de fertilité des sols. On cherche à placer une culture donnée l'année qui suit une culture qui laisse des conditions optimales ou suffisantes de fertilité des sols. Ainsi, les nombreuses cultures exigeantes qui reçoivent des fertilisations abondantes suivent des précédents enrichissants (légumineuses, prairies et engrais verts), alors que les cultures frugales ou modérément exigeantes sont semées après les cultures fertilisées abondamment et profitent de l'effet résiduel des engrais organiques apportés à ces dernières, souvent même sans recevoir de fertilisation si la fertilité du sol le permet.

Troisièmement, la pression des mauvaises herbes augmente habituellement au cours de la rotation. Une rotation bien pensée, avec alternance des cultures salissantes et des cultures nettoyantes, ou faciles à sarcler, est une des clés pour réussir la gestion des mauvaises herbes. Pour réduire les problèmes de mauvaises herbes, on peut privilégier l'intégration systématique d'engrais verts dans la rotation chaque fois que le sol est libre durant quelques semaines. Il faut faire une place importante en culture légumière à des séquences de prairies de deux ou trois ans qui brisent le cycle des mauvaises herbes annuelles. Ces prairies fauchées empêchent la prolifération des mauvaises herbes annuelles et peuvent être utilisées, du moins en partie, comme engrais vert.

4.4.3 MARCHE À SUIVRE

L'agriculteur doit d'abord avoir une vision claire de ses objectifs de production, soit le choix des cultures et les quantités de récoltes nécessaires pour son marché.

Il examinera ensuite les parcelles à cultiver : la disponibilité de l'eau d'irrigation dans ces parcelles, le bilan humique (équilibré ou positif), les risques d'érosion, la proximité et l'accessibilité des champs, l'adaptabilité des parcelles à la culture des primeurs, le regroupement de cultures dans une même sole, pour enfin déterminer la possibilité de plus d'une rotation, par exemple selon les types de sol. Il devra réfléchir à l'adaptation des cultures possibles aux divers sols de la ferme.

Ce n'est qu'ensuite qu'il considérera l'ensemble des impacts des précédents sur les cultures subséquentes, soit leur apport fertilisant, la quantité des résidus laissés au sol, leur effet nettoyant ou salissant dans la gestion des mauvaises herbes, leur capacité de gestion des ravageurs et maladies et leur profondeur d'enracinement.

Il pourra ensuite choisir la tête de rotation, la séquence et les travaux de préparation à la rotation (jachère, par exemple). Il pourra déterminer si et comment il introduira les légumineuses, les engrais verts, les fumiers et les composts en prenant soin d'établir les effets résiduels et d'arrière-fumure. Il restera encore à décider le laps de temps avant le retour d'une même culture et la flexibilité d'une année à l'autre selon les fluctuations de la demande.

4.4.4 FLEXIBILITÉ

Il faut savoir conserver une certaine flexibilité dans l'aménagement d'un plan de rotation. Par exemple, on se garde la possibilité d'utiliser une autre culture à la place de la culture prévue. Des dommages causés par l'hiver aux fraisières, de mauvaises conditions printanières entraînent des changements de dernière minute dans le plan de travail. Parfois il faut réagir aux demandes du marché et à de meilleures possibilités économiques selon la fluctuation des prix. Un producteur de légumes n'aura pas les mêmes quantités de chaque légume tous les ans, donc il doit utiliser une méthode pour établir la rotation qui lui offre beaucoup de flexibilité.

4.4.5 ROTATIONS MULTIPLES SUR LA MÊME FERME

Il est souvent nécessaire d'établir plusieurs séquences de rotation sur la même ferme pour diverses raisons. Souvent, seuls certains sols sont propices à certaines cultures ou à des régies de saison précise. Il faut donc accommoder ces limitations et composer des rotations pour adapter les cultures aux conditions les plus favorables ; il reste toujours plus facile de choisir les cultures bien adaptées à nos sols et à notre climat. Par exemple, sur une ferme maraîchère, on trouve les légumes et les fraises en auto-cueillette à proximité du kiosque ; une rotation spécifique à ces parcelles plus accessibles sera établie. Des sols plus secs ou avec une pente sud seront utilisés pour des cultures de primeur et des sols plus humides pour les cultures d'été.

Les séquences de rotation varieront selon ces divers groupes de cultures. Certaines cultures ne conviendront pas à certains sols qui sont soit trop lourds ou trop légers. Certains sols plus dégradés ou moins fertiles seront inclus dans des séquences de rotation qui comptent plus de cultures améliorantes, légumineuses, engrais verts et prairies. Certains sols à faible potentiel ou à limitation majeure peuvent demeurer hors rotation. Certains champs très éloignés ne seront pas cultivés de la même façon, mais il ne faut pas les négliger pour autant, ce qui est parfois le cas.

Lorsqu'une culture n'occupe pas une sole complète ou un champ complet, on la groupe, dans la mesure du possible, avec une ou d'autres cultures dont les exigences et les influences sont semblables. On peut le faire sur deux bases : on groupe soit des plants de même famille ou des espèces qui ont des problèmes phytosanitaires communs afin de laisser assez de temps avant de les ramener dans le même champ, ou on groupe des espèces qui ont des besoins culturaux semblables et qui se placeront bien à ce stade de la rotation. Par exemple, certains maraîchers regroupent les diverses crucifères, chou, chou-fleur, brocoli, etc., sur un même terrain dans la même année de rotation. On groupe aussi des légumes-feuilles, des

TABLEAU 4.6 Rotations multiples sur la même ferme selon diverses contraintes

Rotation	Cultures
Sur sols légers	1. Pomme de terre 2. Courge d'hiver suivi d'ail d'automne 3. Ail d'automne suivi d'engrais vert 4. Crucifères feuilles 5. Carottes, panais, salsifis 6. Engrais vert avoine-trèfle 7. Pomme de terre 8. Betterave, laitue, bette-à-carde, rabiole, radis, suivis d'engrais verts d'automne, si possible 9. Courge d'hiver 10. Oignons et herbes 11. Betterave, navets, racines diverses 12. Avoine et foin luzerne, trèfle, graminées 13. Foin 14. Foin, jachère, engrais vert
Sur loam argileux	1. Maïs sucré 2. Crucifères 3. Pois haricots 4. Fraisier 5. Fraises 6. Fraises 7. Avoine, foin de luzerne 8. Foin 9. Foin, jachère, engrais vert
Sur parcelles irriguées	1. Plasticulture irriguée : tomate, concombre, melon, melon d'eau, poivron, aubergine, cerise de terre, céleri, céleri-rave 2. Avoine, trèfle rouge 3. Maïs sucré, crucifères

légumes-racines, ou des légumineuses comme le pois et le haricot. Le maraîcher dont la production est très diversifiée aura souvent quelques parcelles sur un même champ et pourra se réserver beaucoup de flexibilité pour répondre aux demandes fluctuantes. Le cas de la ferme présenté au tableau 4.7 fournit plus de 400 paniers hebdomadaires. L'agriculteur adopte alors une rotation parcelle par parcelle en choisissant les cultures en fonction de leur adaptation à la séquence. L'identification soignée des parcelles et une régie informatisée, ou un cahier des champs bien tenu sont essentiels à une telle approche. Souvent, il combinera sur une même parcelle, des cultures dont les caractéristiques et les exigences se ressemblent. Par exemple, il existe un maraîcher qui applique le principe de rotation suivant : 1- cultures exigeantes, 2- cultures moins exigeantes, 3- engrais verts. Sous ce grand classement, il peut organiser ses parcelles en suivant soigneusement les diverses cultures de sa production de paniers hebdomadaires. Dans la rotation très longue sur sols légers, certaines cultures nécessitant des superficies plus importantes reviennent plus d'une fois. Les cultures irriguées reviennent sur cycle court à cause de la difficulté d'accès à l'eau sur cette ferme faite sur le long. On place sur le loam argileux des cultures qui y réussissent bien. Il existe d'autres exemples de rotations des cultures qui peuvent inspirer la réflexion des agriculteurs biologiques. Il y a au tableau 4.7 quelques exemples de rotations en production maraîchère

TABLEAU 4.7 Rotation en production maraîchère selon le degré de diversification de la ferme

Système de production maraîcher	Rotation
Ferme maraîchère moyennement diversifiée sur 25 ha	1. Choux et courges 2. Carottes, panais, betteraves 3. Laitues, oignons, radis noir, daikon, haricots, pois 4. Divers engrais vert d'automne ou de printemps selon moment de disponibilité des parcelles
Ferme de production légumière diversifiée	1. Maïs sucré 2. Solanacées 3. Crucifères 4. Légumes-racines et légumineuses 5. Avoine et trèfle Divers engrais verts dérobés sont insérés dans la séquence.
Ferme spécialisée dans les choux et le maïs sucré	1. Choux tardifs 2. Maïs sucré 3. Blé de printemps, mélilot associé 4. Engrais vert de mélilot 5. Choux hâtifs et mi-saison, suivi du semis de blé 6. Blé d'automne grainé au printemps 7. Foin de luzerne-graminées, 1 coupe vendue 8. Foin de luzerne-graminées, 1 coupe vendue
Rotation moyennement diversifiée	1. Courges, melons, tomates, piments, aubergines, ail après melons, préparation de billons à l'automne pour les oignons 2. Ail suivi d'avoine grainée en août Oignons suivis d'engrais vert d'avoine 3. Semis de foin après oignon 4. Betteraves, bette-à-carde, persil 5. Laitues suivies d'avoine grainé et avoine après laitue tardive 6. Foin après laitue tardive 7. Brocoli suivi d'avoine grainée 8. Foin, semis de foin après brocoli tardif

qui tiennent compte du degré de diversification des fermes. Il importe surtout de bien mener sa réflexion en fonction de ses sols, de ses parcelles, du type de culture légumière visée et du degré de diversification de la ferme.

4.4.6 ÉLABORATION DU PLAN DE ROTATION

Après avoir considéré tous les aspects de la rotation, il est temps d'établir un plan définitif.

L'agriculteur devra d'abord identifier ses parcelles et recenser les cultures recouvrant des superficies importantes et les cultures mineures. La division des parcelles sera faite d'abord en fonction d'une séquence des cultures abondantes et les cultures mineures seront regroupées.

On fait un premier plan, qu'on cherche ensuite à raffiner en y intégrant les diverses pratiques et opérations de planification mentionnées au tableau 4.8. Tout ce travail demande une réflexion prolongée ; on doit souvent lui consacrer de longues journées de réflexion, habituellement l'hiver.

À la fin du processus, le maraîcher disposera d'un plan de travail avec lequel il devra vivre le plus systématiquement possible par la suite.

TABLEAU 4.8 Établissement d'un plan de rotation

Opérations à mener	Considérations
Faire un plan des parcelles	Regrouper toutes les parcelles de caractéristiques et de limitations semblables quant à la fertilité, au drainage, à l'exposition et à la date d'entrée au printemps Au besoin, regrouper des cultures
Établir les cultures à faire et les parcelles qui leur conviennent	Évaluer les possibilités de ventes selon les marchés et les revenus potentiels Facteurs économiques, de sols et de climats. Cultures de primeur. Accessibilité à l'autocueillette, etc.
Faire un plan préliminaire	Évaluer l'adaptation des cultures aux types de sols des divers groupes de parcelles Essayer de combiner ou de diviser des champs pour obtenir des soles de dimensions semblables pour une rotation. Grouper des cultures s'il le faut.
Établir un plan d'utilisation des engrais de ferme	Réviser le plan d'épandage des fumiers et des composts.
Planifier les engrais verts et la couverture du sol	Planifier les engrais verts de manière à les maximiser.
Évaluer la répartition du travail	Planifier la répartition du travail dans l'année. Est-ce que les périodes de concentration du travail sont réalistes pour la main-d'œuvre disponible ?
Élaborer le plan définitif	Regrouper toutes les décisions en un schéma clair, en ordonnant les séquences de rotation pour chacune des parcelles et en indiquant les alternatives possibles.
Planifier la transition entre la situation actuelle et la nouvelle rotation	Selon le système de culture, prévoir quelques années de transition.

Chapitre 5

LA PHYTOPROTECTION

INTRODUCTION

Le sujet de la protection sanitaire des cultures est immense. Aux problèmes courants peuvent se greffer des problèmes très pointus et particuliers qu'il serait impossible de traiter ici. La culture biologique se distingue par son approche globale visant à mettre de côté les produits chimiques omniprésents en culture conventionnelle. La phytoprotection comprend d'abord le dépistage des ennemis des cultures ; cependant, sauf pour effectuer un bref rappel, il n'est pas de notre propos de montrer comment caractériser et reconnaître les principaux types d'ennemis, ni de présenter les techniques de dépistage. On abordera les concepts de base essentiels à une bonne gestion phytosanitaire des cultures légumières, pour ensuite traiter des pratiques de lutte contre les insectes, les ravageurs, contre les maladies bactériennes, fongiques, virales, et contre divers désordres abiotiques, quitte à emprunter quelques exemples aux cultures fruitières. Les problèmes les plus communs aux cultures biologiques de légumes et les moyens de défense spécifiques à chacune des cultures seront développés dans les chapitres 9 à 36.

Les procédures et produits acceptés en culture biologique ne cessent de se perfectionner et peuvent changer avec le temps. Certaines méthodes mentionnées peuvent éventuellement être soumises à des restrictions. En cas de doute, il faut toujours vérifier que l'organisme de certification autorise les pratiques ou les produits que l'on prévoit utiliser.

Les praticiens font parfois appel à des produits d'origine naturelle pour lesquels il n'y a pas nécessairement d'homologation, par exemple des extraits végétaux fabriqués à la ferme. Au Canada, le processus d'homologation des produits antiparasitaires est contrôlé par l'Agence de réglementation de la lutte antiparasitaire (ARLA). L'homologation d'un pesticide consiste pour un fabricant à obtenir l'autorisation de vendre le produit après que des tests d'efficacité et de sécurité publique aient été effectués sur ce produit.

Les producteurs qui voudraient fabriquer leurs propres produits de phytoprotection doivent être conscients qu'en production commerciale, seuls des produits homologués par l'ARLA peuvent être légalement employés. Certains agriculteurs préfèrent utiliser divers matériaux maison en fertilisation foliaire pour stimuler la plante et renforcer ses défenses naturelles, ce qui a un effet positif en phytoprotection.

5.1 APPROCHE GLOBALE

En culture biologique, on privilégie une approche globale à la phytoprotection basée d'abord sur la prévention. Le maraîcher devra faire preuve d'une observation et d'une présence constantes. Il devra bien connaître ses cultures et les difficultés particulières qu'elles posent. Il devra notamment savoir quels organismes causent des problèmes : insectes, acariens, nématodes, animaux, bactéries, champignons, virus. Il lui faudra savoir identifier les maladies physiogéniques, non parasitaires et apprendre à reconnaître les problèmes abiotiques. Il devra être bien au fait des mauvaises herbes qui peuvent entrer en compétition avec ses cultures et maîtriser les techniques permettant de les éradiquer.

Souvent, quand les conditions sont optimales pour la culture, on rencontre peu de difficultés. Les efforts du maraîcher seront d'assurer une bonne croissance à sa culture ; il vise à tout faire pour obtenir un plant sain dont le système de résistance naturelle fonctionne bien. Il choisit donc un sol approprié à la culture, doté d'une très bonne structure et d'un bon drainage. Il visera à y diversifier l'activité biologique qui constitue, on s'en rend compte aujourd'hui, la première ligne de défense des plants contre ravageurs et maladies. La gestion des matières organiques favorisera cette activité biologique diversifiée, de même que la formation d'humus de qualité.

Le maintien d'un bon état calcique et d'un équilibre des cations sera essentiel pour l'atteinte de ces derniers objectifs. La fertilisation sera adéquate, bien adaptée aux besoins de chaque culture, de même que le placement dans la rotation. Il est toujours plus facile de réussir en choisissant des cultures adaptées aux sites, aux sols et au climat de sa ferme.

Lorsque les conditions externes lui conviennent bien, la plante dispose d'une capacité de résistance naturelle aux agressions externes, un peu comme le système immunitaire des humains et des animaux. Par contre, elle est encore plus soumise aux influences externes que ces derniers et le cultivateur aura une responsabilité de lui assurer des conditions de vie optimales, dans la mesure de ses capacités à gérer l'environnement.

En culture biologique, on considère souvent un problème sanitaire comme étant dû à un affaiblissement de la plante. Les attaques parasitaires trouvent peu de prise sur un plant sain en bonne condition ; les ravageurs et les mauvaises herbes ont toujours plus de facilité à se développer lorsque la culture est affaiblie. On vise donc à obtenir une plante en santé, naturellement résistante.

5.1.1 FACTEURS À CONSIDÉRER

Les influences climatiques négatives, les problèmes nutritifs et les mauvaises conditions du sol seront souvent les premières causes de problèmes sanitaires ; l'agriculteur aura parfois plus, parfois moins de recours à leur égard, mais ses efforts doivent porter en priorité sur ces aspects. Il appliquera un programme de prévention qui comprend l'aménagement écologique de la ferme, la gestion des mauvaises herbes ainsi qu'une diversité de pratiques culturales, en particulier la rotation des cultures. Il doit aussi pratiquer un dépistage systématique afin d'identifier les problèmes dès leur apparition pour pouvoir intervenir tôt si nécessaire.

La réussite d'une telle approche globale passe par la conception du système de production, ce qui requiert du temps, de l'expérience, et une sérieuse planification.

A. Influences négatives des facteurs climatiques

Souvent, la première cause de stress vient du climat. Quand on considère les éléments climatiques, comme le vent et le gel, sous l'angle de leur influence sur les cultures, on les nomme agents abiotiques, c'est-à-dire non vivants. Voici quelques exemples.

Le vent brise les plants ou les endommage par abrasion en soulevant du sable qui égratigne les tissus. Un vent chaud et sec assèche les plants ou le sol. Une sécheresse entraîne un déficit hydrique, ralentit la croissance et conduit à une dégradation des plants. La chaleur accentue les effets de la sécheresse et peut entraîner le flétrissement des plants ; elle présente un risque particulier pour les cultures sous abris. Un excès de froid ralentit le développement du plant et mène à une dégradation éventuelle. Chaque espèce nécessite une température minimale pour sa germination, sa croissance, sa mise à fruit ; certains cultivars peuvent offrir une adaptation plus grande aux températures fraîches.

Le gel, évidemment, est une cause majeure de problèmes. Il peut détruire complètement une culture, ou l'endommager partiellement en réduisant le rendement ou en ouvrant la porte à une attaque ultérieure par des pathogènes. La grêle aussi peut conduire à une situation analogue.

L'excès d'eau, les longues périodes pluvieuses sont une cause majeure de dégradation des plants menant souvent à des problèmes sanitaires sérieux, par exemple l'invasion de maladies fongiques, ou cryptogamiques. Une bonne structure et un bon drainage tant du sol de surface que du sous-sol, amoindriront ces influences négatives, alors qu'un drainage insuffisant amplifiera le problème.

Les longues périodes pluvieuses ou nuageuses fournissent aux cultures une luminosité insuffisante, ce qui occasionne diverses difficultés. Enfin, une photopériode inadéquate peut nuire à la croissance ; certains légumes, nécessitant une adaptation à la photopériode spécifique de nos latitudes, exigent le choix de cultivars adaptés.

Les problèmes causés par les stress climatiques entraînent diverses conséquences négatives plus ou moins graves selon le cas, par exemple, un retard de croissance ou des carences induites (causées par les mauvaises conditions climatiques) pouvant mener à des chloroses (jaunissement du feuillage) ou d'autres dégradations. La floraison et la mise à fruit peuvent être affectées sérieusement, par exemple dans des cas de coulure des fleurs dus à une température inadéquate ou une pollinisation insuffisante parce que diverses formes de mauvais temps (pluie, vent, froid, etc.) nuisent au travail des insectes pollinisateurs.

Un problème typique et sérieux dû au stress climatique est la pourriture des racines, qui apparaît lors de pluies abondantes ; celles-ci causent aussi le fendillement des fruits, en particulier à la suite d'une période sèche.

On peut généraliser en disant que les diverses formes de stress reliées aux excès du climat renforcent les possibilités ultérieures d'attaques parasitaires.

Pour minimiser les influences négatives du climat, on peut utiliser certaines méthodes et certains outils dont voici une liste partielle.

On doit choisir des cultures et des cultivars adaptés au climat local, puis utiliser les techniques d'aménagement et de protection adéquates pour les cultures choisies. Les brise-vent végétaux, naturels ou aménagés, sont un point de départ essentiel à condition qu'ils permettent d'assurer le drainage de l'air froid en cas de gel.

Les plantes sensibles au gel seront situées à des endroits sécuritaires, normalement des parcelles plus élevées assurant un drainage de l'air froid vers les points plus bas de la ferme. On doit compléter parfois par des mesures artificielles de protection climatique comme des brise-vent artificiels, des couvertures flottantes et diverses méthodes de plasticulture, par exemple pour des cucurbitacées ou des solanacées très sensibles aux influences climatiques négatives. L'irrigation par aspersion à faible débit, le brassage de l'air, l'installation de brasiers ou de réchauds, la création de brouillard ou de fumée au lever du jour peuvent offrir une certaine protection contre le gel.

Les biodynamistes corrigent l'effet d'un gel par une pulvérisation de préparat 507 de Valériane à une goutte par litre, sur le plant exposé au gel, suivie d'une irrigation.

Le bon drainage est absolument essentiel en agriculture et toutes les mesures préventives seront utilisées, de l'entretien des fossés à la pose de drains souterrains, de l'aménagement de planches à la culture sur billons, du sous-solage aux pratiques qui améliorent la structure des sols.

Enfin, l'irrigation aidera à compenser les déficits de pluie lors de périodes sèches. Elle peut aider à réduire certains problèmes sanitaires comme la gale de la pomme de terre ; on irrigue dans les semaines suivant la tubérisation. Elle peut aussi permettre de prévenir les problèmes de carences induites en certains éléments (calcium, bore, etc.).

S'il y a une diversité de sites et de microclimats sur la ferme, on peut identifier les cultures qui y sont le mieux adaptées et composer des rotations adéquates pour chaque section. La plupart de ces questions seront traitées par la suite dans les chapitres consacrés à chacun des légumes (9 à 36).

B. Influences des facteurs nutritifs

Une deuxième forme de stress provient des problèmes nutritifs. Il faut bien planifier la nutrition de la culture, choisir des cultivars adaptés au sol et au climat local. Si les sols de la ferme sont diversifiés, on peut placer dans chacun d'eux les cultures qui conviennent le mieux à leur texture, leur niveau de richesse en certains éléments ou leur niveau de matière organique.

Les cultivars modernes ont été développés pour offrir un potentiel de rendement élevé. Il n'est pas toujours facile de satisfaire aux besoins nutritifs supérieurs que requiert ce potentiel de croissance, en particulier en culture biologique. Des problèmes peuvent s'ensuivre comme, par exemple, un déséquilibre entre les forces de croissance d'un plant et la mise en réserve d'éléments nutritifs dans certains organes. La tomate offre un bon exemple, elle dont le feuillage en bonne condition se met à dépérir à mesure que la mise à fruit progresse, ou le céleri dont le cœur devient noir dans des conditions analogues. On parle de carence induite, mais le problème est souvent relié à une incapacité du sol et de son hygrométrie à répondre aux besoins d'une culture.

La plupart des légumes demandent un sol riche et équilibré, capable de leur fournir une nutrition adéquate. L'état calcique doit être correct, soigneusement entretenu, avec un bon équilibre des cations et un pH adéquat, car plusieurs blocages peuvent résulter d'un pH déséquilibré ou de chaulages excessifs. Même si le calcium n'est pas absorbé en très grande quantité, il faut s'assurer que la plante l'absorbe correctement, car sa carence entraîne des problèmes ; un bon équilibre des cations est essentiel de même qu'une irrigation régulière pour éviter les carences induites.

Il faut assurer une dynamique adéquate de l'azote, car elle est centrale dans la nutrition de la plante et de l'activité biologique du sol qui lui est nécessaire. Tant la carence que l'excès d'azote entraînent des suites fâcheuses. Une carence mène au sous-développement du plant qui sera faible et peu capable de résister aux influences négatives. Par contre, l'excès d'azote peut augmenter le parasitisme, par exemple celui des pucerons, ainsi que les risques de maladies fongiques, soit directement par un affaiblissement des tissus ou indirectement en entraînant une mauvaise circulation d'air due à un feuillage excessif. De plus, cela conduit parfois à un problème d'accumulation de nitrates dans les légumes, ce qui est malsain pour les consommateurs et réduit la qualité. On visera donc à bien prévoir la nutrition azotée et on supplémentera seulement si nécessaire. Le binage sera une façon privilégiée de stimuler la minéralisation des matières organiques, première source d'azote des plants.

On verra à inoculer les semences de légumineuses, car leur croissance est meilleure et les plants sont plus beaux si elles sont bien nodulées par le *Rhizobium* approprié.

Les légumes sont généralement exigeants en potassium et en exportent beaucoup lors de la récolte. Il faut éviter le compostage sans couverture, car il peut réduire fortement la teneur en potassium des composts. Les engrais verts aident à solubiliser cet élément à partir de la fraction insoluble, abondante dans bon nombre de sols.

Une attention particulière doit être apportée à la phytotoxicité des engrais, des résidus de culture, des engrais verts. Un compost trop jeune, par exemple, un fumier frais, une masse importante de matières organiques peu évoluées, des engrais animaux non compostés peuvent causer des problèmes, en particulier pour des plantes comme l'oignon, la carotte et les légumineuses ; ces matériaux peu ou pas décomposés favorisent les *Pythium* spp. La demande biologique en oxygène des matières en décomposition endommage certaines cultures.

Une flore microbienne de décomposition très active dans la zone des racines, où la flore associée de la rhizosphère doit être dominante, est également nuisible. On doit laisser une période suffisante entre l'enfouissement des matières organiques non décomposées et l'implantation des cultures, selon leur tolérance ; les cucurbitacées et le maïs sont tolérants au fumier frais. Les petites semences sont généralement plus sensibles à ces phénomènes que les transplants ou les cultures à grosses graines.

Tous les efforts de gestion des sols verront à développer des conditions optimales pour le développement du système racinaire, de son environnement microbien et des conditions nutritives. Les bonnes pratiques de gestion des sols, d'entretien calcique régulier, de gestion des matières organiques favorisent le développement d'un plant fort et naturellement résistant. On doit obtenir une flore et une faune très actives dans les sols et très diversifiées. C'est une résultante des bonnes pratiques. On peut aussi intervenir et inoculer nos sols à l'aide de diverses souches microbiennes pour favoriser un bon équilibre dans l'écosystème du sol. En sol pauvre, on peut introduire des mycorhizes qui augmentent l'efficacité nutritive du système racinaire en s'associant aux racines pour agrandir la zone de sol qu'elles peuvent explorer. Les préparats biodynamiques se sont avérés d'excellentes sources d'inoculation microbienne et accélèrent le développement d'une flore et d'une faune favorables dans le sol.

Le travail du sol en bonnes conditions d'humidité visera à offrir d'excellentes conditions de germination et d'enracinement à nos cultures ; une structure adéquate est essentielle pour favoriser l'activité biologique du sol et l'état sanitaire correct des cultures. Des binages fréquents permettent de maintenir de bonnes conditions d'aération en contrant la battance du sol de surface ; ainsi la croissance est soutenue par une minéralisation active des matières organiques et l'activité biologique abondante ; le gaz carbonique s'échappe du sol et l'oxygène y pénètre abondamment. La nutrition azotée, entre autres, s'en trouve stimulée.

Depuis plusieurs années des études ont démontré les effets positifs de l'utilisation du compost sur l'état sanitaire des cultures. On est allé jusqu'à l'application foliaire d'extraits aqueux de composts de formulation spécifique (voir ci-dessous). Il est clairement démontré que l'utilisation de compost renforce la résistance naturelle des plants et diminue la pression des pathogènes, par exemple *Sclerotinia minor*. La diversité microbienne des sols favorise une compétition favorable entre les microbes utiles et les microbes nuisibles qui s'en trouvent réprimés. Toutes ces considérations dépassent en partie les strictes fonctions nutritives de la culture, mais y sont quand même reliées.

Lorsqu'on observe un problème nutritif, il faut chercher à le corriger rapidement. Lorsque ce problème est récurrent, il faut prévoir une action préventive. Par exemple on utilisera des traitements foliaires, des algues marines, des extraits de plantes (décoction, purin d'orties ou d'autres plantes). Ces produits agissent comme stimulant de la plante plutôt que comme apport fertilisant ; mais la nutrition s'améliore par cette activité accrue. On préviendra les carences en oligo-éléments par des fertilisations du sol ou du feuillage avec des minéraux comme le borate de sodium ou d'autres formes d'oligo-éléments, notamment chélatés.

On utilise aussi le système d'irrigation pour certains apports d'engrais liquides comme le purin de compost, l'extrait d'orties et autres extraits végétaux. Les apports nutritifs de tels extraits restent minimes, mais leur impact sur la plante peut être très positif. Certains biodynamistes pulvérisent aussi le sol avec des extraits d'orties. Dans les cas de carences induites, il faut d'abord travailler les causes : améliorer la régie de l'irrigation, les conditions du sol, les fertilisations déséquilibrées. Cette question sera développée au cas par cas dans les chapitres sur la régie des légumes (9 à 36).

C. Pratiques culturales inappropriées

Dans nos efforts pour favoriser le développement d'un plant sain, on évite soigneusement diverses pratiques culturales ayant des effets très négatifs, comme la préparation du sol en conditions trop humides ainsi que la compaction causée par la circulation en de telles conditions. Il est évident que certains compromis s'imposent, en particulier pour la récolte, mais ce n'est jamais payant d'endommager un sol. Le sarclage peut aussi endommager les cultures s'il est fait trop près des plants et trop profondément ou si le système racinaire se retrouve plus près de la surface après une période de pluie abondante. Le travail au champ en conditions de feuillage mouillé est un autre facteur négatif, favorable à la propagation des maladies.

Le manque d'endurcissement des plants entraînant un choc de transplantation, le mauvais dosage des fertilisants, la mauvaise densité (espacements et design de plantation inappropriés) sont d'autres exemples où l'amélioration des techniques utilisées prévient de nombreux problèmes.

Les pulvérisations de biocides, même naturels, fongicides et insecticides, par exemple des savons, peuvent causer des dommages sérieux aux plants cultivés et demandent une grande rigueur. Il est préférable d'effectuer un test pour mettre au point l'utilisation d'un produit ou d'une technique nouvelle et de voir la réaction des plants avant de généraliser la technique.

5.1.2 PRÉVENTION ET LUTTE CULTURALE

Il existe un ensemble de pratiques qui sont classées comme pratiques préventives et lutte culturale. Elles sont habituellement développées en fonction de chaque culture dans les chapitres sur les légumes.

On doit choisir des champs dont le sol et le microclimat sont bien adaptés à la culture. Une espèce mal adaptée au site sera toujours difficile à réussir. Il est recommandé de choisir des cultures qui poussent bien chez soi et d'attendre que les conditions climatiques soient favorables à une croissance rapide. La culture de primeurs offre toujours des risques accrus de conditions défavorables entraînant des problèmes phytosanitaires.

L'utilisation de cultivars offrant une résistance ou une tolérance à un organisme reconnu comme posant des problèmes dans une ferme ou une région donnée est une pratique très simple et efficace. Un cultivar résistant ne sera pas infecté par une maladie donnée alors qu'un cultivar tolérant pourra continuer à produire malgré la présence de la maladie. Il existe souvent diverses lignées d'un même micro-organisme causant une maladie ; l'aide d'un laboratoire phytosanitaire peut être nécessaire pour les identifier. Avec le temps les pathogènes s'adaptent et les cultivars perdent leur résistance.

Malheureusement, certaines personnes, souvent des amateurs, sont critiques à l'endroit de l'utilisation des hybrides en culture biologique, alors que c'est en partie par l'hybridation que les résistances sont obtenues. L'émergence d'une industrie de la semence biologique devrait nous apporter d'ici quelque temps un meilleur choix de cultivars non hybrides, tolérants ou résistants. Entre-temps, il y a peut-être lieu, comme c'est le cas pour de nombreux maraîchers professionnels, d'être moins critiques à l'endroit des hybrides. Dans le choix des cultivars, un soin particulier sera accordé à trouver des cultivars adaptés au sol, au climat et au mode de culture biologique, ce qui réduira éventuellement les problèmes. Des semences hybrides certifiées biologiques sont maintenant disponibles. C'est une bonne pratique de faire des essais de cultivars chaque année afin d'identifier ceux qui sont les mieux adaptés à une ferme particulière.

Comme toujours dans la lutte aux ennemis des cultures, il faut bien connaître les conditions qui conviennent aux principaux ravageurs et maladies qui causent des problèmes. Il existe un excellent livre de référence à ce sujet : *Maladies et ravageurs des cultures légumières au Canada.*

L'achat de semences saines, certifiées exemptes de maladies spécifiques est une excellente pratique, peu compliquée. Souvent les semences sont la cause de l'introduction de nouveaux organismes sur la ferme. Le traitement des semences à la chaleur, en général sur une base de 50 °C, est une pratique qui peut être effectuée par le fournisseur ou le maraîcher et qui s'avère efficace pour un grand nombre de problèmes. Elle requiert une grande précision pour ne pas baisser le pouvoir germinatif des semences. Pour une description précise, on consultera les chapitres sur chacun des légumes (9 à 36). Les traitements fongicides et insecticides de synthèse ne sont pas acceptés en culture biologique. Certains biodynamistes enduisent les semences de cendre de bois tamisées afin d'obtenir un effet fongistatique et répulsif. Les traitements biologiques à base de micro-organismes antagonistes sont maintenant disponibles pour contrer les *Pythium* et *Rhizoctonia* responsables des fontes de semis. Dans les céréales, on teste actuellement le traitement des semences aux oligo-éléments.

La régie des plants en serre (densité, ensoleillement, qualité et quantité du terreau, ventilation, dépistage) aidera à prévenir une foule de problèmes au champ par la suite. Il faut prévoir un endurcissement approprié par une baisse des températures ou une réduction des arrosages selon les besoins de chaque espèce. Le nettoyage et même la désinfection de la serre, des caissettes et des équipements utilisés en production de plants sont essentiels. On ne doit pas utiliser le sol en provenance des champs pour la fabrication de terreau et ne jamais planter de plants contaminés. Le traitement à la chaleur du terreau peut être nécessaire si les risques de contamination sont sérieux. Les plants produits sur une base contractuelle par une autre ferme peuvent arriver accompagnés de nouvelles maladies ou de nouveaux insectes.

En général, l'utilisation de plants partis en caissettes ou en multicellules est préférable au semis en pleine terre, car on contrôle mieux les conditions de démarrage, ce qui réduit les problèmes par la suite.

La lutte culturale consiste avant tout à effectuer une excellente régie des cultures. La rotation est sa composante la plus importante. La rotation des cultures consiste à changer les cultures de champ d'une année à l'autre et de ne pas les réimplanter dans le même champ avant quelques années. Entre-temps, on cultive d'autres espèces et on fait une bonne place aux engrais verts. De cette façon, les insectes et les maladies qui ont survécu dans le sol et sur les résidus de culture ne retrouvent pas leur plante hôte l'année suivante. Ils doivent se déplacer pour retrouver la même culture que l'année précédente, ce qui réduit les infestations. Et, dans le cas des pathogènes peu mobiles, durant les années avant le retour de la même culture, ils doivent faire face à une abondante compétition, en particulier de la part des micro-organismes du sol. De cette façon, lorsqu'on réimplante la même culture quatre ou cinq ans plus tard il y a peu d'organismes infectieux. La diversité des cultures et des engrais verts sur une période de quelques années favorise la diversification des organismes vivant dans le sol, ce qui diminue le potentiel de survie des pathogènes qui s'y installent. Pour réussir, il faut bien connaître la biologie des organismes infectieux et des ravageurs.

On examine d'abord soigneusement le plan de rotation des cultures en considérant des facteurs comme la durée de vie des organismes pathogènes dans les sols et les résidus des cultures, la mobilité des insectes et les distances à respecter entre les parcelles d'une année à l'autre. Plusieurs pathogènes se développent sur des plants de même famille et le rythme de répétition de ces cultures dans la rotation devra être examiné, mais d'autres organismes sont adaptables à plusieurs espèces et il faut en tenir compte dans la succession des cultures sur une parcelle donnée. Par exemple, la pourriture blanche (*Sclerotinia sclerotiorum*) affecte le soya, la laitue, les carottes, les haricots, et des dizaines d'autres plantes ; ou la verticilliose (*Verticilium albo-atrum*) qui affecte les solanacées mais aussi les fraisiers ; ou la pourriture molle bactérienne (*Erwinia carotovora*) qui peut passer des carottes aux oignons, des crucifères aux piments, à la laitue et aux pommes de terre. Il faut donc produire une diversité de cultures et planifier la séquence de rotation en fonction des problèmes prévisibles afin de briser les cycles des insectes et maladies. Pour de sérieux problèmes récurrents comme la mouche de la carotte ou le doryphore de la pomme de terre, on peut aménager une rotation à longue distance avec des champs éloignés les uns des autres, ce qui donne parfois du succès contre ces ravageurs. Si les voisins pratiquent de telles cultures, ce sera plus compliqué à gérer et nécessitera peut-être une concertation.

La même règle s'applique parfois entre deux parcelles d'une même culture implantée la même année. La culture de primeurs peut servir d'hôte à la première génération d'un ravageur ou d'une maladie qui migrera par la suite sur la culture tardive. Si on effectue plusieurs semis d'une culture sensible à une maladie propagée par le vent, comme le blanc dans le zucchini, on peut choisir des parcelles à contre-sens du vent dominant pour éviter la contamination des cultures tardives par les plus hâtives.

Le choix du moment du semis ou de la transplantation peut aider à régler certains problèmes. On évite d'implanter les cultures sensibles dans les périodes de grande activité reproductive d'un ravageur ; ou on attend plus tard, alors que les auxiliaires sont bien développés ou que les conditions climatiques sont moins favorables au ravageur ; ou on termine la récolte avant l'infestation. Ces stratégies sont utiles pour des problèmes sérieux comme la mouche du chou (*Delia radicum*) ou de la carotte (*Psila rosae*). Par exemple, on évite d'implanter des carottes de primeur, à une période qui offrira un hôte à la mouche en période de reproduction en début de saison, et on récolte la récolte semée tôt en juin avant l'infestation d'automne. Cependant, ceci nécessite un entrepôt réfrigéré.

Une pratique essentielle, mais négligée, consiste à déchaumer et enfouir les résidus de culture le plus tôt possible après la récolte pour les faire décomposer rapidement et interrompre le cycle de reproduction des insectes, maladies et mauvaises herbes. La décomposition est un excellent processus d'assainissement. Aussitôt le déchaumage effectué, il faut semer un engrais vert. Certains maraîchers compétents dédient un employé bien formé en priorité à cette tâche, en deuxième partie de saison.

On va aussi composter soigneusement les résidus, les retailles, les produits déclassés issus de l'entrepôt et des salles de préparation des commandes. Empiler ces produits sur un tas sans en activer la décomposition est une excellente façon de propager les maladies et ravageurs qui y survivent. Une bonne pratique consiste à étaler un tas de copeaux de bois de taille d'arbres sur 50 ou 80 cm d'épaisseur, d'y jeter les résidus et d'y passer un rotoculteur de temps à autre, ou encore de recouvrir les résidus de couches de copeaux.

Le nettoyage des équipements entre les parcelles est une autre pratique qui peut sembler fastidieuse, mais qui diminue les risques de propager des organismes identifiés comme problématiques. Désinfecter le couteau de récolte à l'alcool ou à l'eau de Javel peut diminuer les risques de propagation de virus dans les courgettes. L'eau d'irrigation provenant du drainage de parcelles infectées peut poser problème.

Le compagnonnage souvent utilisé en jardinage offre très peu de potentiel en culture maraîchère, sauf dans une production de type grand jardin. Il complique fortement la rotation des cultures, car plusieurs plants différents se retrouvent sur une même parcelle ; il nuit aussi à la mécanisation du travail et augmente donc le besoin de main-d'œuvre et les coûts reliés à l'implantation, à l'entretien et à la récolte. Dans certains cas, les engrais verts intercalaires peuvent avoir un effet bénéfique. Si on décide d'implanter une diversité de cultures sur une parcelle donnée, on note soigneusement les emplacements pour éviter le retour de plantes sensibles sur le même emplacement.

Il est plus simple de subdiviser des champs en parcelles bien identifiées et de placer des cultures ayant des besoins semblables dans ces parcelles, quitte à avoir des cultures de même type à des endroits différents. On peut aussi pratiquer un aménagement de la ferme en mosaïque, c'est-à-dire de disperser les cultures sur des blocs assez petits à des endroits différents. On n'obtient pas un véritable effet « compagnonnage », mais la diversification des emplacements peut contribuer à la confusion des insectes qui recherchent les cultures. Le contraire peut aussi être vrai ; la proximité des champs aux parcelles d'une même culture l'année précédente peut favoriser l'infestation.

Une bonne gestion des matières organiques et une activité biologique élevée réduisent la gale, les flétrissures, les nématodes, etc. On parle de l'effet suppressif de ces méthodes de gestion des sols. Les organes de reproduction des pathogènes sont moins nombreux et la diversité biologique réduit fortement leurs populations. La mycorhization des cultures peut aider à réduire les attaques aux racines.

On doit bien contrôler les mauvaises herbes dont la compétition pour les nutriments, la lumière et l'humidité nuit aux plants. Une densité excessive de mauvaises herbes favorise les maladies en empêchant la circulation d'air ; elles peuvent aussi devenir des hôtes d'insectes, de maladies ; il faut détruire soigneusement les plantes hôtes d'insectes identifiés en bordure des champs. Parfois des mauvaises herbes s'installent dans les brise-vent ; les faucher une ou deux fois par année réduit le risque de propagation tout en encourageant la diffusion vers les cultures des auxiliaires qui s'y trouvent. Par contre, la même chose peut être vraie dans le cas de certains ravageurs ; des punaises ternes présentes dans une bordure, par exemple sur des fleurs de trèfle, peuvent migrer dans le champ cultivé si on fauche la bordure.

Pour favoriser une bonne ventilation et un bon drainage, on implante les cultures sur des planches relevées ou sur des billons plutôt qu'à plat. Un maraîcher a augmenté ses rendements de laitue, tout en réduisant la densité à l'hectare, en adoptant un système de culture sur billons aux 75 cm. Orienter les rangs dans le sens des vents dominants tout en évitant les densités trop élevées sur le rang diminue l'accumulation d'air stagnant favorable à certaines maladies fongiques.

Les méthodes de travail du sol sont importantes. La jachère permet de réduire les insectes du sol. Le labour d'automne peut exposer des larves à la destruction par le froid, par exemple des vers gris. Faire plusieurs faux semis peut affamer les vers gris au printemps.

La plasticulture réduit la contamination des maladies à partir du sol, la présence des mauvaises herbes et favorise l'assèchement du feuillage. Combinée à l'irrigation goutte à goutte, elle peut améliorer fortement l'état sanitaire des cultures et leur rendement. Le petit tunnel ou la bâche flottante réduit l'accès des insectes aux plants. On doit éviter de souiller le feuillage en enlevant les tunnels et bien couvrir les composts pour empêcher la ponte des noctuelles (vers gris) qui peuvent y proliférer.

La culture en grand tunnel est utilisée de longue date au Québec, mais depuis peu, les technologies ont évolué. On les utilise moins pour le forçage hors saison et davantage pour la protection contre les pluies et le maintien d'une atmosphère plus sèche afin de réduire les risques de maladies. Un grand nombre de mises au point sont actuellement en cours et, d'ici quelques années, ces nouvelles méthodes de régie seront clarifiées.

L'irrigation, qui favorise une levée et une croissance rapide, est un facteur d'influence positive sur la santé et la résistance des cultures. Idéalement, il faut pratiquer l'irrigation par aspersion tôt le matin, afin que le feuillage et le sol sèchent avant la nuit, ce qui réduit l'incidence des maladies fongiques et des limaces. Le goutte à goutte permet aussi de réduire ces problèmes. La brumisation du feuillage est utilisée en serre. Au champ, on peut arroser souvent en petites quantités pour réduire l'incidence de thrips, d'altises, de tétranyques, d'oïdium qui aiment des conditions sèches, au risque de favoriser d'autres insectes ou des maladies fongiques.

5.1.3 AMÉNAGEMENT ÉCOLOGIQUE DE LA FERME

Il est reconnu, en culture biologique, que si on respecte les suggestions précédentes visant à donner aux cultures des conditions optimales, le gros de la gestion des insectes ravageurs et des maladies sera ensuite articulé autour du développement d'un équilibre écologique sur la ferme. On recherche un équilibre dans la flore et la faune qui empêchera la prolifération d'organismes nuisibles. Même si le succès n'est jamais total et qu'il faudra probablement réaliser certaines interventions de protection, la biodiversité et l'équilibre écologique sont à la base du succès. Cet aménagement écologique concerne les populations vivant dans l'environnement aérien des plantes et celles vivant dans le sol.

Il faut apprendre à vivre avec les insectes, ravageurs ou autres, qui ont leur place dans la nature. Il est bon de rappeler que plus de 90 % des espèces d'insectes et autres arthropodes présents sur une ferme ne sont pas nuisibles aux cultures. On doit viser l'absence d'infestation, mais tolérer un certain niveau de ravageurs, car une présence minimale assure aussi la présence d'auxiliaires, c'est-à-dire d'organismes utiles qui vivent aux dépens des ravageurs en évitant leur prolifération.

On tente de favoriser la mortalité naturelle et l'autorégulation des populations, et d'atteindre un équilibre écologique, un contrôle biologique naturel. Par exemple, on connaît plusieurs centaines d'espèces qui se nourrissent de pucerons. La biodiversité dans le sol sera complétée par une grande diversité des êtres vivant en surface ; on doit observer une abondance d'êtres vivants dans l'entourage de nos cultures.

La diversité des cultures et la rotation contribueront à cet équilibre, mais on compte aussi sur l'aménagement écologique de la ferme avec des plantes diverses, en premier lieu des haies brise-vent et des boisés diversifiés, mais aussi des cours d'eau, des espaces humides, des pâturages, les bordures des champs et des chemins, et même diverses parcelles aménagées à cet effet. Les diverses plantes de bordure, ainsi que les engrais verts, servent d'hôtes à plusieurs espèces d'insectes et pucerons, permettant ainsi de maintenir en activité des colonies d'auxiliaires qui pourront coloniser les cultures à partir de ces refuges. Les refuges offrent des lieux de reproduction et d'alimentation pour les auxiliaires à des époques où l'organisme contrôlé n'est pas actif dans les cultures.

On préserve les boisés existants et les espaces sauvages dans la mesure du possible, surtout dans les régions fortement dominées par les terres cultivées ; on doit préserver aussi des étangs, des marécages et autres points d'eau. L'aménagement de bandes riveraines offre un excellent potentiel de diversification écologique. Quand elles sont possibles, les prairies et les pâturages contribuent aussi à l'équilibre écologique, surtout si le foin est placé en rotation avec les légumes, car il a un impact très positif sur la structure et l'activité biologique des sols. Cependant, la fauche des prairies entraîne parfois la migration d'insectes vers les cultures, notamment les punaises ternes.

On aménage des brise-vent en bordure des champs de légumes, en les orientant le plus possible de manière à freiner les vents dominants. Il faut éviter d'étendre à ses aménagements les concepts de monoculture et de résultats rapides avec une plantation de peuplier hybride, dont la croissance rapide est possible grâce à un puissant réseau de racines compétitives et envahissantes pour les champs voisins et les drains souterrains. Avec ce type de brise-vent, un maraîcher se voit obligé de tailler les racines tous les ans à l'aide d'une sous-soleuse pour éviter la compétition avec les légumes voisins et l'envahissement des drains. Il existe aujourd'hui des cultivars de peuplier moins envahissants.

Il est bon de composer un brise-vent diversifié en alternant des arbres de haut jet, des arbres intermédiaires et des arbustes. Le premier effet est de réduire les dommages causés par le vent et de réchauffer légèrement le milieu tout en réduisant l'assèchement, en améliorant la conservation des sols. La porosité doit permettre la ventilation et le drainage de l'air.

On choisit des essences qui attirent les oiseaux insectivores et les auxiliaires, par exemple des sureaux, des rosacées, des viornes, des aulnes, des noisetiers, des robiniers, des sorbiers, des saules arbustifs ; les érables,

les frênes, les peupliers en quantité modérée, les chênes, les tilleuls ainsi qu'une proportion modérée de conifères fournissent des arbres de haut jet. On peut tenter l'implantation d'ormes avec le compagnonnage de sureaux à la base. On peut aussi tenter de choisir une dominante d'espèces qui poussent déjà dans la région, pour ne pas dénaturer le paysage et éviter les espèces exotiques qui détonent. Enfin, il faut bien évaluer les sols et choisir des espèces convenables.

On effectue une préparation de sol soignée, avec soussolage si nécessaire, et on détruit le chiendent ; la plantation avec paillis de plastique ou toile de paillage est essentielle. Il faut prévoir quelques heures d'entretien par année, la taille de formation des arbres, au début, puis, avec le temps, un entretien occasionnel à la débroussailleuse. En bordure des brise-vent, on installe des fossés et des chemins pour éviter la compétition des racines. Des essences nobles, avec une taille soignée, peuvent produire du bois de qualité à maturité et représenter un investissement ayant une très grande valeur économique après 20, 30 ou 40 ans, rentabilisant le travail et le terrain occupé.

Diverses plantes herbacées occuperont la bordure du brise-vent. On peut y naturaliser des espèces utiles comme la tanaisie, le mélilot, l'achillée millefeuille, la rudbeckie, des ombellifères, des composées. On peut aussi cultiver des fleurs sur la ferme à des fins de commercialisation. Le pollen et le nectar des espèces ligneuses et des herbacées servent de nourriture à plusieurs auxiliaires. On peut aussi installer des cabanes d'oiseaux, des abris pour insectes et chauve-souris. Des tas de pierres sont à prévoir aussi pour les reptiles et batraciens. On cherche à favoriser oiseaux et oiseaux de proie, couleuvres, crapauds, insectes auxiliaires, et divers mammifères. Des étangs et points d'eau augmenteront la présence de batraciens. Coccinelles, syrphes, chrysopes, mantes religieuses, araignées, carabes, entre autres, devraient proliférer et coloniser les cultures.

Diverses espèces s'abritant dans les brise-vent peuvent être considérées comme nuisibles, mais la distinction entre utile et nuisible est souvent floue. La belette qui cause des dommages dans la basse-cour s'attaque aussi aux rongeurs et consomme certains insectes ; la taupe dérange certaines cultures, mais elle consomme des larves et des vers ; la corneille mange des jeunes pousses, mais aussi des limaces ; l'étourneau consomme des insectes et des limaces avant de se tourner vers les fruits. L'important pour éviter une dominante d'espèces causant des dommages est de viser la diversité et l'équilibre. Un nombre élevé d'espèces et la constitution de strates herbacées, arbustives et arborescentes sont favorables à la diversification. On s'aperçoit que si le territoire est occupé par des dizaines d'espèces, il y a beaucoup moins de place pour les infestations. Par contre, certains ravageurs hivernent dans les brise-vent, comme la punaise terne qui migre vers les cultures et les mauvaises herbes au printemps.

Divers mésanges et merles sont principalement insectivores, tout comme les hirondelles. Divers bruants, le carouge à épaulettes et le chardonneret jaune sont également considérés comme particulièrement bénéfiques. Au printemps, la plupart des espèces sont insectivores. Une densité élevée d'oiseaux peut consommer plus de 100 000 insectes par jour par hectare, plutôt des ravageurs que des auxiliaires.

Il faut viser un aménagement avec des espèces complémentaires qui s'associent bien ; les connaissances dans ce domaine manquent parfois. Pour des renseignements pratiques sur l'aménagement des brise-vent, on peut consulter les brochures publiées par le CPVQ au début des années 1990. Les travaux de Miguel Altieri et le document ATTRA *Farmscaping to Enhance Biological Control* sont aussi de bonnes ressources.

Des Européens mettant des champs en jachère afin de diminuer la production ont développé le concept de jachère florale. À proximité des champs de légumes, on aménage des espaces non cultivés, où l'on implante des espèces particulièrement favorables pour la nutrition, la reproduction et la survie hivernale des auxiliaires ; on y naturalise divers trèfles, de l'ortie dioïque, de l'achillée millefeuille, de l'angélique, de la verge d'or, des asters, des marguerites, des gaillardes, de l'onagre, du mélilot, du thym. Certains prédateurs et parasites sont très mobiles et peuvent, tout en se reproduisant ailleurs sur la ferme, coloniser nos cultures au moment approprié. Aneth, moutarde, carvi, fenouil, tournesol, cosmos, coriandre sont des plantes utiles pour attirer et nourrir les auxiliaires ; elles peuvent se ressemer et demandent un certain entretien. On peut aussi les cultiver et les commercialiser tout en allouant un certain nombre de plants à la floraison. Une technique californienne consiste à semer des bandes d'alysse tout autour des parcelles maraîchères. L'alysse a une floraison prolongée et attire un grand nombre d'auxiliaires.

On peut aussi cultiver des parcelles de sarrasin ou de phacélie qui, par leur production de pollen et de nectar, servent de nourriture autant aux pollinisateurs qu'à un grand nombre d'auxiliaires. Il importe de s'assurer que la floraison de la phacélie ne coïncide pas avec le besoin de pollinisation des cultures, car l'offre de nourriture est telle qu'elle déplacera les pollinisateurs et réduira les rendements. Il faut prendre son temps dans l'aménagement écologique de la ferme et bien planifier les actions.

Une autre pratique favorisant la biodiversité consiste à enherber, entre les parcelles cultivées, des bandes utilisées pour les passages de machineries, principalement lors de la récolte. On peut renouveler ces parcelles tous les ans ou les laisser en place de façon permanente. Du trèfle blanc nain, tolérant à la circulation, peut y être implanté ; si on utilise des graminées, prévoir de les faucher occasionnellement.

Enfin, il ne faut pas négliger l'impact sur les insectes bénéfiques des mauvaises herbes qui s'implantent en fin de saison entre nos cultures après l'abandon des sarclages. On peut aussi implanter des engrais verts intercalaires. L'auteur a longtemps travaillé avec du trèfle blanc nain naturalisé qui couvrait le sol entre les cultures en fin de saison. Il faut éviter les hybrides de trèfle blanc, beaucoup trop hauts. Ces plantes ne doivent en aucun cas nuire aux cultures.

Dans tous les cas, il faut aménager en fonction d'obtenir une certaine proximité entre tous ces espaces soutenant la diversification et les champs cultivés, afin de favoriser la circulation des insectes. On placera des parcelles favorables aux insectes bénéfiques dans les champs très grands et on pourra même subdiviser ceux-ci en plantant des brise-vent.

La biodiversité dans le sol est un second facteur d'importance majeure pour y diminuer la présence de pathogènes et de ravageurs. Une abondance d'espèces vivant dans le sol entraîne une compétition pour les territoires de vie et la nourriture. En favorisant la biodiversité dans l'activité biologique du sol, on diminue la facilité qu'auront les ravageurs et les pathogènes à survivre. Pour favoriser cette diversité, en plus des bonnes pratiques déjà mentionnées, on doit intervenir dans le design du système de culture et y introduire une grande diversité d'espèces végétales. Comme le maraîcher ne cultive que quelques espèces de plantes, issues de quelques familles, il doit faire un effort particulier pour diversifier les espèces présentes dans ses champs. Dans le jardin domestique, on peut facilement pratiquer le compagnonnage, l'interplantation d'herbes et de fleurs. Mais en culture mécanisée, c'est rarement faisable, entre autres parce que la rotation et la mécanisation s'en trouvent très compliquées. On visera donc la diversification des espèces dans une séquence de temps plutôt que dans l'espace. Une façon simple d'y arriver consiste à intensifier les cultures d'engrais verts et à en diversifier les espèces cultivées. Certaines fermes européennes, en culture biologique, cultivent plusieurs dizaines d'espèces en engrais vert, dans des mélanges complexes. Ils combinent à cette pratique l'utilisation d'inoculants de micro-organismes du sol, par exemple le préparat biodynamique de bouse de corne. Ils obtiennent des résultats intéressants quant à la diversité de l'activité biologique et à la résistance de leurs cultures au parasitisme.

5.1.4 DÉPISTAGE DES PROBLÈMES

Le dépistage, qui consiste à observer régulièrement l'état des ravageurs dans les cultures pour appuyer la prise de décisions, s'est développé dans les dernières décennies pour satisfaire aux exigences de la lutte intégrée en agriculture conventionnelle où l'on applique parfois des programmes préétablis de traitements chimiques assez coûteux et pas toujours efficaces. En établissant des seuils critiques de population d'un ravageur à partir duquel le dommage n'est pas assez important pour justifier un traitement sur une base économique, on arrive parfois à diminuer le nombre des traitements. Le dépistage vise aussi à identifier le meilleur moment dans le cycle du ravageur pour intervenir avec un traitement.

Au Québec, il existe divers types de dépistage : d'abord celui effectué par les vendeurs de produits représentant des entreprises ou des coopératives ayant des intérêts commerciaux, et celui des réseaux ou des clubs offrant les services de dépisteurs privés, par exemple le Prisme dans la zone sud de Montréal, ou divers clubs-conseils. Les agriculteurs qui ont des volumes de production importants ont parfois dans leur équipe de personnel un technicien ou un agronome qui aura, parmi ses tâches, à effectuer le dépistage ; enfin, plusieurs producteurs biologiques font eux-mêmes leur dépistage.

Le dépistage consiste à effectuer régulièrement des observations sur les cultures. Si l'agriculteur effectue son propre dépistage, il ne doit pas le faire à temps perdu mais l'intégrer dans l'horaire de travail. S'il utilise les services d'un dépisteur, il faut développer avec lui une bonne communication. Le dépisteur verra à identifier les organismes nuisibles présents dans les champs, leur densité de population, les auxiliaires qui peuvent les contrôler et les dommages potentiels. Il cherchera aussi à identifier la répartition des ravageurs dans les parcelles.

Les méthodes de dépistage impliquent soit d'utiliser des pièges, principalement dans le cas des insectes, soit d'effectuer divers types d'observations visuelles. Les pièges à phéromones, hormones sexuelles artificielles, permettent d'attraper des individus d'une espèce donnée et de surveiller l'évolution des populations. Les pièges collants attrapent beaucoup d'insectes qui sont souvent endommagés par la colle, donc moins faciles à identifier. Très présents dans les serres, on utilise les pièges jaunes au champ pour divers insectes ; les pièges jaune orange attirent les mouches de la carotte ; on prend les pièges blancs pour les punaises ternes ; les bleus, utilisés surtout pour les thrips, attirent moins les guêpes parasitoïdes. Diverses formes de pièges apparaissent régulièrement sur le terrain, dont certains pièges-appâts qui ont été développés pour attraper des espèces spécifiques.

Les observations visuelles sont basées sur un parcours systématique du champ et le recensement des insectes, des maladies, des mauvaises herbes ou des troubles abiotiques. On peut utiliser une méthode de frappage qui permet de faire tomber et recueillir les insectes comme la punaise terne. L'échantillonnage séquentiel permet de compter les insectes ou les maladies au fur et à mesure de la progression dans le champ et de juger assez rapidement de la nécessité d'une intervention ou non. La méthode par décompte consiste à arpenter les champs en zigzag, d'examiner des plants de façon aléatoire, et de compter les plants endommagés ou les ravageurs présents pour arriver à un diagnostic. Elle permet d'identifier aussi les maladies et les désordres abiotiques.

Pour certains problèmes de maladie, par exemple la tavelure de la pomme ou le mildiou de la pomme de terre, on effectue un suivi à l'aide d'une station météorologique à la ferme ou dans la région, qui permet de prédire les conditions d'émergence de la maladie et de mieux cibler le moment favorable à un traitement préventif. On utilise souvent un logiciel de modélisation informatique pour assister le travail de prédiction et décider du moment approprié pour les traitements. Ces systèmes sont évidemment plus appropriés sur une ferme produisant sur une échelle plus grande.

Dans tous les cas, le dépistage doit s'appuyer sur les renseignements communiqués par le Réseau d'avertissements phytosanitaires (RAP) du ministère de l'Agriculture du Québec (MAPAQ), auquel on peut s'abonner ; les avertissements arrivent par courriel. Il y a bon nombre de réseaux portant sur des cultures ou groupes de cultures spécifiques ; des observateurs situés dans plusieurs régions communiquent leurs observations sur l'émergence et l'évolution des maladies et des ravageurs et le maraîcher se sert de ces renseignements pour appuyer sa propre surveillance de ces problèmes.

En général, les seuils d'intervention ont été développés plus pour les fermes spécialisées, en culture conventionnelle. Il faut poser la question des seuils d'intervention, adaptés à la culture biologique, dans des situations plus diversifiées, avec un choix moins grand de produits phytosanitaires. Parfois, si on utilise un produit moins virulent qu'en culture conventionnelle, on doit intervenir plus tôt, alors que la pression des organismes est moins forte.

Le dépistage et le suivi des cultures doivent s'appuyer sur un suivi rigoureux et sur l'historique des cultures affectées sur la ferme ; on doit donc tenir des registres précis sur les problèmes passés et porter une attention particulière aux parcelles dans le cas d'organismes rémanents comme la hernie des crucifères.

Pour appuyer le dépistage, on peut faire échantillonner la plante malade, l'insecte, ou la mauvaise herbe aux fins de diagnostic par le Laboratoire de diagnostic en phytoprotection du MAPAQ. On peut aussi leur transmettre une photo numérisée. Il faut s'assurer d'une identification correcte du problème ; la méconnaissance est un problème fréquent. S'il y a plus d'un agent pathogène en jeu, le diagnostic est plus compliqué.

5.1.5 PULVÉRISATEURS

Les pulvérisateurs sont des outils nécessaires aux traitements en phytoprotection, ainsi qu'en biodynamie. Il existe plusieurs types de pulvérisateurs dont il faut connaître le fonctionnement et les ajustements. Les principaux modèles de pulvérisateurs disposent d'une rampe qui passe au-dessus des sols et des cultures, mais il existe des appareils à jet projeté utilisés principalement dans les vergers, les vignobles, les pépinières, où les rampes ne sont pas adaptées, et aussi dans diverses autres cultures. Ces appareils à jet projeté requièrent moins de bouillie. Les modèles à rampe, plus communs, peuvent être montés sur le tracteur, à l'avant ou à l'arrière, être traînés, automoteurs ou montés sur un avion ou un hélicoptère. On peut aussi monter sur le pulvérisateur une lance enroulable pour des traitements manuels localisés, en serre ou dans des cultures inaccessibles en tracteur, par exemple (figure 5.1, planches en couleurs, page 245).

Des pulvérisateurs manuels sont utilisés par un opérateur à pied et peuvent être actionnés par un moteur ou une pompe manuelle. Les petites fermes maraîchères ont le plus souvent des appareils à dos, que l'on pompe d'une main pendant que l'autre main dirige le jet. De petits pulvérisateurs équipés d'un moteur peuvent être remorqués par un VTT.

Le liquide à pulvériser est contenu dans un réservoir ; il est mis sous pression par une pompe, canalisé dans des tuyaux montés sur une rampe et mis en buée par des buses équipées d'une pastille qui donne une forme et une direction au jet, tout en influençant en partie la finesse des gouttelettes et le débit. Les appareils sont munis de filtres, d'un manomètre pour vérifier la pression, d'un régulateur pour ajuster la pression, de valves et de soupapes, et souvent d'un agitateur de liquide. On installe parfois sur les buses un système antigouttes. Des commandes à distance montées sur le tracteur facilitent l'opération de pulvérisation. Certains appareils plus sophistiqués fonctionnent avec un dispositif d'injection qui ajoute et dose les produits au fur et à mesure, ce qui évite d'avoir à prémélanger les produits ou à disposer de bouillie en surplus.

En culture maraîchère, on rencontre parfois des montages spéciaux visant à diriger les jets vers la base des plants, ou le dessous des feuilles. Il arrive aussi qu'on choisisse des buses dont la forme du jet donne une meilleure pénétration vers la base des plants. Généralement, les quantités de bouillies et les pressions sont plus élevées qu'en grande culture conventionnelle où l'on applique des herbicides ; cela est d'autant plus vrai qu'on a affaire à un insecte localisé sous les plants comme la piéride du chou. Le petit maraîcher utilise souvent un appareil plus petit qui lui permet de traiter des petites surfaces. Il peut utiliser des valves sur la rampe pour bloquer certaines sections et ne traiter qu'une zone donnée, par exemple dans le cas de cultures différentes situées dans des planches voisines. Si les distances entre les planches varient, on peut installer des cylindres sur la rampe pour ajuster les espacements si on pulvérise, par exemple, trois planches de large.

Les biodynamistes pulvérisent le sol avec le préparat 500, de bouse de corne, en gouttelettes relativement grosses, et le feuillage des cultures avec la silice, 501, en fines gouttelettes. Ils ne visent pas une couverture précise du sol ou du feuillage. Ils utilisent souvent des taux de 40 L/ha, beaucoup plus faibles que pour une bouillie classique. La vitesse d'avancement du tracteur sera accrue. On peut aussi remplacer la rampe par un jet en éventail dirigé vers le haut, favoriser au maximum la dérive et passer à des espacements plus larges. Un taux d'application de 40 L/ha est difficile à atteindre.

Certains maraîchers construisent un dispositif permettant d'appliquer des gouttes de préparat 500 ou de compost de bouse entre les rangs lors du sarclage ; ces équipements fonctionnent par gravité. Matthias Thun applique le 500 au labour avec des jets situés vis-à-vis du tracteur et de chaque côté. Il traite donc, en un passage, avant, pendant et après le labour, ce qui donne une répartition plus concentrée ; le taux d'application de préparat dépassera les 40 L/ha. Comme certains préparats contiennent des matières organiques, il faut bien filtrer les liquides lors du transfert dans le pulvérisateur.

5.2 LUTTE CONTRE LES INSECTES ET LES RAVAGEURS

Plusieurs insectes et autres petits animaux peuvent s'avérer des ravageurs importants des cultures légumières. La très grande majorité d'entre eux n'a, par contre, pas d'incidence sérieuse. Il faut apprendre à connaître les quelques organismes problématiques et établir une stratégie de gestion pour éviter les dommages sérieux.

On classe les insectes en piqueurs et piqueurs-suceurs, comme les pucerons, les cicadelles, les punaises, les thrips, et en broyeurs comme les larves de mouches et de lépidoptères (papillons), les coléoptères, les charançons, les collemboles, les sauterelles, les perce-oreilles. Cette classification basée sur l'action des pièces buccales offre un intérêt fonctionnel pour l'utilisation de produits répulsifs ou de traitements insecticides. La classification scientifique de la classe des insectes les divise en plus d'une vingtaine d'ordres, dont les plus importants en agriculture sont les orthoptères, les thysanoptères, les hémiptères, les homoptères, les coléoptères, les lépidoptères et les diptères. D'autres ravageurs présents ne font pas partie de la classe des insectes, tels les *Arachnidae* (acariens), les mollusques (limaces) et les crustacés (cloportes).

Comme une infime proportion des espèces d'insectes présentes sur une ferme pose des problèmes, on favorisera une stratégie basée sur l'aménagement du milieu et sur une excellente connaissance des organismes potentiellement nuisibles. L'action des auxiliaires sera la première ligne de défense et sera complétée par divers moyens comme la prévention, la lutte culturale et la rotation des cultures, la lutte physique, la lutte biologique, l'utilisation éventuelle de répulsifs dont l'efficacité n'est pas toujours très grande, et, en dernier recours, l'emploi de traitements utilisant des insecticides biodégradables et non nocifs pour les humains.

L'utilisation occasionnelle d'un nom commercial ne constitue pas un endossement des produits d'une entreprise en particulier. Le *Manuel des intrants bio* de Jean Duval et Anne Weill du Club Bio-Action, disponible sur le site d'Agri-réseau, est une excellente référence pour connaître la gamme des produits disponibles, leurs fournisseurs et leur statut en agriculture biologique.

5.2.1 LUTTE PHYSIQUE

La lutte physique se développe actuellement dans une stratégie de lutte intégrée. Par exemple, diverses formes de barrières physiques limitant le déplacement des insectes et des animaux, plus communément l'utilisation de bâches flottantes non tissées posées à plat sur la culture. Un maraîcher en région éloignée protège ses semis de crucifères avec des bâches légères lors de l'endurcissement pour éviter la ponte de la mouche du chou dans ses plateaux de multicellules. Les bâches flottantes ont une fonction thermique, ce qui limite leur utilisation en périodes chaudes. On utilise de longue date des filets dans les cultures fruitières, par exemple le bleuet de corymbes. Il existe en Europe des filets tissés à mailles plus ou moins fines, relativement coûteux et parfois assez lourds, qui offrent une protection contre certains insectes ; ils n'ont pas ou peu d'impact thermique. On s'en sert, par exemple, contre les mouches du chou et de la carotte, deux problèmes difficiles en culture biologique ; les rendements sont potentiellement très améliorés. Leur utilisation augmente les coûts de main-d'œuvre, les problèmes d'aération et les dommages à la culture par friction ; des arceaux aident à éliminer ce dernier problème. Ils perdent leur efficacité lorsque l'insecte émerge du sol, comme l'altise. Ces filets sont, depuis peu, disponibles au Québec. Comme les bâches nuisent au sarclage, à l'entretien et aux récoltes, il y a lieu de dépister les insectes et de ne les appliquer qu'à un moment bien ciblé.

Dans certains cas, la présence d'un brise-vent artificiel ou naturel peut réduire la mobilité des insectes. On expérimente actuellement la pose d'écrans verticaux bas en bordure des cultures pour des insectes qui volent au ras du sol.

Il y a une méthode qui a été mise au point pour limiter les déplacements des doryphores de la pomme de terre (*Leptinotarsa decemlineata*), qui émergent du sol en début de saison et se mettent à la recherche de nouvelles plantations. On installe en bordure des champs des pièges-fosses plastifiés pour intercepter les doryphores adultes. On creuse un fossé qu'on recouvre d'un polythène bien tendu. Les insectes qui y pénètrent n'arrivent plus à en sortir.

Des paillis sont parfois utiles, soit de plastique ou de paille ; par exemple, un paillage avec de la paille de blé ou de seigle réduit le dommage causé par le doryphore aux pommes de terre.

La jachère d'été et les autres travaux du sol aident à exposer au soleil et à détruire les larves et pupes dans le sol (hannetons, vers gris, taupins, mollusques, etc.) et à attirer les oiseaux qui les consomment. Les goélands ne mangent pas seulement des vers de terre, ils sont utiles. La jachère consiste à herser plusieurs fois un champ en période chaude et sèche pour détruire le chiendent, d'autres vivaces, ainsi que les organismes mentionnés. Ces types d'insectes prolifèrent dans une prairie ; comme une séquence de prairie est recommandée pour reposer les sols en cultures maraîchères, il est recommandé de terminer cette période de repos par une jachère. Celle-ci doit être complétée par un engrais vert d'automne pour éviter le lessivage et la dégradation du sol.

Des techniques de choc thermique utilisant le gaz propane sont actuellement en développement ; elles sont basées sur la différence de sensibilité à la chaleur entre la culture et l'insecte ciblé. Par exemple, on traite de jeunes pommes de terre plantées tardivement pour détruire les doryphores. Le défanage thermique des pommes de terre réduit le potentiel de contamination du mildiou (*Phytophtora infestans*) et détruit une partie des doryphores en fin de saison.

Le climat québécois est peu propice à la solarisation. On effectue la solarisation en tendant un plastique hermétique sur un sol humide en période chaude, pour une durée de 250 heures d'ensoleillement. Il y aurait peut-être des applications en serre, pour la racine liégeuse par exemple, mais son utilisation au champ requiert un climat comme celui de la Californie ou de la Méditerranée. La solarisation réduit fortement les nématodes, les mauvaises herbes, les maladies et certains insectes.

La pasteurisation ou désinfection à la vapeur à des températures de 75 °C détruit plusieurs maladies et mauvaises herbes. Elle est peu utilisée au Québec ; son coût en limite l'utilisation à des cultures de haut rapport, des serres et des terreaux. Elle entraîne une transformation complète de l'activité biologique des sols.

En lutte pneumatique, des aspirateurs détruisent les insectes qui passent à l'intérieur de la machine ; ils sont non sélectifs et coûteux d'utilisation ; les nombreux passages augmentent les problèmes de compaction.

Des souffleurs sont utilisés pour déloger les insectes qui n'auront souvent plus la force de remonter sur le plant. Certains appareils attrapent les insectes ; par exemple, des réservoirs allongés contenant de l'eau ou un produit collant sont passés sous le feuillage des crucifères, et les altises sautent et retombent dans l'eau. Un équipement du même type est adapté pour les doryphores de la pomme de terre ; un souffleur est combiné à des cuves sous les feuilles qui collectent les larves et les enlèvent du champ. Un maraîcher a mis au point un appareil qui déloge les doryphores avec un souffleur et les brûle dans le creux des billons où ils tombent. Un arboriculteur utilise un équipement qui frappe les arbres et déloge les insectes qui tombent sur une plateforme.

Des pièges collants utilisés pour le dépistage peuvent aussi permettre d'attraper une bonne quantité d'insectes si on en installe beaucoup. On les utilise davantage en serre, mais au champ les pièges bleus attirent les thrips, et les pièges blancs la punaise terne. Les pièges jaunes attirent les mineuses, les pucerons, les cicadelles, les chrysomèles et plusieurs autres insectes. Ces pièges sont non sélectifs et détruisent aussi certains auxiliaires. On peut fabriquer ses propres pièges avec une colle disponible sous le nom de Tanglefoot.

5.2.2 PLANTES COMPAGNES

Les plantes compagnes sont implantées à proximité de la culture à laquelle on les associe et visent à en améliorer la croissance ou à les protéger contre les ravageurs. Il y a beaucoup de folklore associé à cette pratique de jardinage biologique et peu de résultats concluants. La rotation des cultures s'en trouve très compliquée.

Les applications pratiques sont peu faisables en culture maraîchère. Par exemple, associer de l'oignon et de la carotte : en culture de primeur des carottes, on observe un certain effet, mais il faut arracher les carottes avant la maturité de l'oignon, ce qui dérange celui-ci ; en culture tardive, la carotte est semée quelques semaines après la plantation de l'oignon, ce qui complique la préparation du sol ; et l'oignon sera récolté avant la ponte de la mouche en fin d'été. On ne peut récolter mécaniquement la carotte hâtive ni l'oignon, et si on fait des parcelles ou des planches alternées, qu'on pourrait récolter mécaniquement, on ne voit aucun effet.

La seule façon pratique d'utiliser le compagnonnage consiste à diviser le terrain en lisières bien identifiées et à implanter les plantes compagnes dans ces lisières. Il faut surveiller la situation soigneusement pour éviter une dérive de ces emplacements au fil des années, ce qui pourrait fausser la planification de la rotation et favoriser la survie de pathogènes dans le sol. Les épandages de compost doivent aussi être bien localisés pour assurer le dosage adéquat de chaque lisière. Dans les fraisières, une lisière de luzerne réduit les dommages causés par la punaise terne. Par contre, la récolte des champs de luzerne environnants déplace ces insectes vers les cultures horticoles.

On a expérimenté l'implantation de trèfles et de raygrass annuel associés pour diminuer la ponte de la mouche du chou et du thrips du tabac sur le poireau. Cependant, ces associations doivent être réalisées tôt en saison pour réduire la ponte, ce qui diminue le rendement des cultures à cause de la compétition des plantes compagnes intercalaires. Les *Tagetes* réduisent fortement les nématodes, mais le moyen efficace d'y arriver est d'en cultiver une parcelle complète ce qu'on ne peut envisager ailleurs que dans un jardin. Planter de l'ail demande un sol meuble ; serait-il possible de le faire à l'automne dans des fraisiers pour protéger les fruits du *Botrytis* ? Le calibre de l'ail conviendra-t-il ? Pourra-t-on l'arracher sans endommager le fraisier ?

Une association potentiellement intéressante : implanter du seigle d'automne dont on laisse épier des lisières pour agir comme brise-vent et réchauffer le microclimat dans une culture de cucurbitacées ou de solanacées. Un autre exemple pas trop compliqué : un maraîcher a constaté que la culture d'une bordure dense de citrouilles autour d'un champ de maïs sucré repousse les ratons laveurs.

Un conseil : sauf pour des cas bien précis, il faut concentrer son action sur la rotation et sur une bonne organisation du système de culture et laisser le compagnonnage systématique aux amateurs !

L'implantation d'une culture piège est une stratégie utile dans certains cas. Elle consiste à mettre en place une culture qui attire certains insectes nuisibles ; souvent on l'implante avant la culture principale à protéger. Par exemple, les altises préfèrent la moutarde aux crucifères légumières ; on implante alors des lisières et des bordures pour attirer les altises vers ces pièges. On peut aussi concentrer les chrysomèles rayées des cucurbitacées dans des cultures de courges « Blue Hubbard » qui les attirent en bordure, et on traite localement, ce qui coûte moins cher que de traiter un champ complet. On peut éventuellement traiter des insectes concentrés dans une culture piège ou se servir de celle-ci comme réservoir pour des auxiliaires.

5.2.3 LUTTE BIOLOGIQUE

La lutte biologique consiste à importer et introduire des organismes prédateurs ou parasites d'un insecte nuisible, soit de façon à ce qu'ils se naturalisent dans le milieu de culture, soit de façon récurrente s'ils n'arrivent pas à s'implanter. Le prédateur consomme sa proie, le parasite vit à ses dépens. Des entreprises spécialisées élèvent ces organismes et planifient leur disponibilité pour les périodes appropriées. La lutte biologique se développe plus lentement en culture de champ qu'en serre, parce que, dans ce dernier milieu, les conditions favorables à l'organisme introduit sont plus faciles à contrôler. La grande valeur des cultures de serre facilite aussi les investissements en recherche et développement. Au champ, les conditions favorables à la reproduction, à la mobilité et à la dispersion sont parfois déficientes. Au contraire, l'absence de barrière physique entraîne la migration à distance, comme dans le cas des coccinelles. Le chapitre 33 sur le maïs contient la description de l'utilisation de trichogrammes qui réussit bien à réduire les populations de pyrales.

Généralement, la lutte biologique est une bonne méthode à utiliser, en complément à toutes les pratiques préventives préalables, car elle est relativement bien ciblée. Mais elle comporte aussi des risques de bavures. La coccinelle asiatique (*Harmonia axyridis*), qui hiverne dans les maisons, attire actuellement l'attention des consommateurs sur les risques inhérents à l'utilisation de la lutte biologique. On craint que cette coccinelle ne nuise aux espèces indigènes.

La forme la plus utilisée de lutte biologique est l'introduction de microbes ayant des actions très ciblées contre des organismes spécifiques ; on peut les qualifier de biopesticides. L'utilisation la plus développée est celle du *Bacillus thuringiensis* (*B.t.*), un type de bactérie dont on connaît des milliers de souches, plusieurs ayant été sélectionnées pour lutter contre des lépidoptères, mais aussi des diptères, des coléoptères comme le doryphore de la pomme de terre, etc. Le *B.t.* est actuellement inséré dans des gènes de plantes par manipulation génétique artificielle, ce qui est inacceptable en culture biologique. Des insecticides à base de virus sont actuellement en développement de même que des champignons ciblant insectes, nématodes ou maladies.

Tous ces organismes ont l'avantage d'être très ciblés, avec des effets secondaires négligeables pour l'environnement et le consommateur. Des centaines de biopesticides existent dans le monde actuellement, au stade expérimental ou commercial ; malheureusement, l'homologation des pesticides est très longue et coûteuse, et doit être renouvelée pour chaque pays, ce qui favorise le développement de produits chimiques avec des applications plus nombreuses, moins ciblées. Espérons que la pression des consommateurs et la demande pour les aliments de culture biologique encourageront l'apparition abondante de ces produits de remplacement. Il est aussi à espérer que les adeptes du génie génétique n'en généraliseront pas l'insertion à l'intérieur des aliments.

Une autre forme de lutte biologique est l'utilisation de phéromones de synthèse, soit pour attirer des auxiliaires comme les coccinelles vers les cultures, soit dans une stratégie de confusion sexuelle visant à nuire à la rencontre et à l'accouplement des mâles et des femelles. Les phéromones naturelles sont parfois difficiles à imiter et les mâles arrivent parfois quand même à reconnaître l'odeur des femelles et à se reproduire. Utilisée pour le contrôle du carpocapse dans les pommiers, cette stratégie peut être efficace certaines années, et échouer totalement dans d'autres circonstances.

On utilise les phéromones dans des pièges collants pour dépister les insectes, mais elles peuvent aussi servir à réduire les populations ; pour les légumes on retrouve, par exemple, les phéromones du ver gris noir, de la fausse-teigne des crucifères, de la pyrale du maïs.

On effectue ailleurs dans le monde des lâchers de mâles stérilisés, par exemple pour le contrôle de la mouche de l'oignon ou du carpocapse ; les accouplements ne mènent pas à la reproduction. Il y aurait de la mise au point à faire afin d'arriver à des applications commerciales à coût raisonnable.

Quelques espèces de nématodes sont commercialisées pour la lutte biologique, par exemple *Steinernema carpocapsae*, introduit parfois en combinaison avec *Heterorhabditis bacteriophera*, pour lutter contre les sciarides, les charançons, la mouche du chou, les altises, les taupins, les hannetons, les noctuelles. Le premier est actif dans la surface du sol à plus de 15 °C, le second pénètre à 18 cm. Adapté au froid, *Steinernema feltiae* parasite plusieurs insectes du sol et les hannetons ; il peut survivre à l'hiver. Les sols doivent être humides lors de l'introduction, ce qui cause des difficultés ; certains agriculteurs l'injectent dans le système d'irrigation goutte à goutte.

Puisque ces nématodes consomment principalement des insectes nuisibles, ils offrent un potentiel utile, mais ils sont actuellement très coûteux à introduire, et ce, avec des résultats variables. Comme ils consomment une grande diversité d'espèces, on doit poser la question de leur impact global sur l'équilibre écologique.

De nombreux prédateurs sont disponibles commercialement pour un usage en plein champ : *Hippodamia convergens*, une coccinelle, des chrysopes, des mantes religieuses ; *Deraeocoris brevis* qui consomme des doryphores, des punaises ternes, en jours longs ; divers *Amblyseius* dont *A. fallacis*, un acarien prédateur d'acariens, tolérant au pyrèthre, qui survit à l'hiver dans les vergers et les petits fruits.

Plusieurs parasitoïdes peuvent aussi être introduits. En plus de *Trichogramma brassicae* pour la pyrale du maïs, on peut importer *T. platerni* qui se nourrit du carpocapse de la pomme, de plusieurs lépidoptères, *T. pretium* qui parasite des lépidoptères des crucifères. Divers *Aphidius* parasitent des pucerons. D'importants travaux sont en cours pour trouver des parasites des mouches du chou, de la carotte, de l'oignon, les ravageurs les plus difficiles à contrôler en culture biologique ; par exemple, *Aleochara bilineata*, un parasite et prédateur des mouches de l'oignon, du chou et des semis. Un chercheur développe actuellement une phéromone pour attirer l'insecte dans les champs de crucifères et augmenter le parasitisme.

Il importe de reconnaître que les agents de lutte biologique agissent en synergie, et que l'utilisation d'une diversité d'organismes donne habituellement de meilleurs résultats. L'introduction de prédateurs et de parasites peut donc être diversifiée, et demande une mise au point au niveau de chaque ferme ; elle vise à compléter un programme préventif d'aménagement écologique de la ferme. Avec les demandes des consommateurs pour une nourriture et un environnement exempts de pesticides, la lutte biologique connaît depuis quelques années un essor sans précédent, et des solutions pratiques deviendront, dans les années qui viennent, de plus en plus accessibles sur le terrain.

La nécessité de trouver des organismes résistants aux pesticides utilisés en culture conventionnelle ralentit malheureusement ces développements. On aurait pu donner ici beaucoup plus d'exemples en utilisant le conditionnel, car une foule de recherches et de mise au point techniques sont en cours.

En culture biologique, plusieurs possibilités s'offrent à l'exploitant pour combattre les insectes et les ravageurs. Il y a les extraits de plantes, l'utilisation de plantes répulsives, les extraits d'algues, les substances repoussantes non végétales, les substances asphyxiantes, les insecticides sélectifs et non sélectifs.

A. Extraits de plantes

L'action des extraits de plantes n'est pas très bien connue, sauf dans le cas des insecticides végétaux traités plus loin, mais on les utilise de longue date avec deux objectifs principaux :

- renforcer la résistance naturelle des cultures contre les insectes et les maladies en stimulant la croissance et en renforçant la structure des tissus ;
- agir comme insectifuge ou répulsif, parfois même comme insecticide, contre les insectes ou les pathogènes.

Ce sont des éliciteurs végétaux ou biostimulants. Le terme « éliciteur » désigne une substance qui déclenche une réaction de défense naturelle de la part d'une plante lorsqu'elle est pulvérisée avant l'apparition d'un ravageur ou d'une maladie. Le terme « biostimulant » réfère à l'effet stimulant et renforçant des traitements à base d'extraits sur la plante dans son ensemble. Ces produits ne sont ni commercialisés, sauf dans le cas des extraits d'algues, ni homologués. Plusieurs recherches ont été effectuées dans les dernières années avec des résultats parfois décevants ; des résultats obtenus en laboratoire ne sont pas transférables en champ. Les propriétés et les principes actifs des plantes utilisées sont variables d'une année à une autre, et les substances appliquées sur les plants se dégradent rapidement.

Il y a plusieurs façons de préparer les extraits de plantes. Au départ, on doit éviter l'eau calcaire et les eaux dont le pH est à plus de 7 ou très acide, soit en deçà de 5,5. On laisse évaporer l'eau traitée au chlore durant deux ou trois jours. On peut généralement s'appuyer sur les procédures utilisées pour l'ortie, le plus connu des extraits de plante. Si on choisit de pratiquer une méthode d'extraction longue et fermentée, il faut brasser quelques minutes par jour et utiliser l'extrait de plante avant que la fermentation ne tourne à la putréfaction. Cette dernière se manifeste par l'apparition d'une odeur nauséabonde ; les températures froides ou très chaudes nuisent aux fermentations. La fermentation produit de fines bulles qui disparaissent lorsque le processus est terminé. Certains entreposent des extraits fermentés dans des contenants hermétiques, au frais dans un hangar ou une cave. Il importe de bien filtrer avant l'entreposage et, de nouveau, avant la pulvérisation. Il est indiqué de faire un test localisé, préalable à la pulvérisation sur toute une parcelle, pour vérifier les possibilités de réactions négatives des cultures. Les extraits fermentés sont souvent dilués dans quatre parties d'eau pour réduire les effets négatifs (1/4).

Les orties (*Urtica dioica*) sont utilisées en purin, en décoction ou en macération, pour renforcer le plant et aident à régler des problèmes de pucerons ou d'autres ravageurs. Issue de la culture biodynamique, leur utilisation est très répandue en culture biologique. Il existe de nombreuses recettes : on fait macérer 800 g ou 1 kg d'orties fraîches une journée dans 10 L d'eau et on l'emploie tel quel. Certains préfèrent une décoction ou une tisane. Pour une décoction, on place les plantes hachées grossièrement dans l'eau et on fait mijoter doucement pendant 30 minutes ; pour une tisane, ou infusion, on place les plantes dans de l'eau bouillante et on laisse infuser. Dans tous les cas, on laisse refroidir avant de filtrer et d'utiliser.

On fait aussi fermenter la même quantité d'orties fraîches pour obtenir un purin après quatre ou cinq jours ; on le dilue dans 10 ou 20 parties d'eau et on pulvérise l'extrait sur les feuilles et le sol. La fermentation se poursuit jusqu'à 10 ou 15 jours. Un purin dilué dans 40 parties d'eau peut servir à l'arrosage. Maria Thun recommande 1/160 parties d'eau. On vise à modifier la sève, à stimuler le plant. On peut répéter les pulvérisations trois jours de suite. On peut ajouter un extrait à 10 % à un traitement pour économiser des passages. L'extrait agit aussi comme répulsif.

La consoude (*Symphitum officinalis*) est utilisée à des concentrations semblables pour renforcer les cultures. Il en va de même pour la camomille à 50 g de fleurs séchées par 10 L d'eau en infusion. Maria Thun traite les radis, les carottes avec des tisanes de camomille beaucoup moins concentrées (10 g fleurs séchées/100 L d'eau) ; elle expérimente actuellement diverses tisanes et recommande l'ortie et l'écorce de chêne pour les tomates. Plusieurs maraîchers et jardiniers ont expérimenté l'utilisation de divers purins, décoctions, macérations de mauvaises herbes, de fougères, et d'une foule d'autres plantes. Encore une fois, il convient d'appeler à la prudence dans l'utilisation de ces produits ; on peut parfois avoir des surprises.

B. Plantes répulsives

On commercialise certaines préparations comme des extraits d'ail ou de piments forts, mais en général, les jardiniers et les maraîchers fabriquent eux-mêmes des décoctions, tisanes ou macérations de plantes aromatiques qui sont pulvérisées sur les cultures pour repousser les ravageurs ou créer une confusion des arômes qui les empêche de trouver leur cible. Il existe de nombreuses recettes. Tout comme dans le cas des plantes compagnes, il ne faut pas surestimer leur efficacité. Leur effet s'estompe rapidement. Ces techniques maison ne sont pas homologuées et requièrent de la prudence.

La tanaisie, la rue, l'absinthe sont utilisées en purin ou décoction (2 kg/10 L d'eau, ou 200 g de plante séchée) contre divers insectes et contre les mouches en période de ponte. Les feuilles de rhubarbe en tisane concentrée sont utilisées contre limaces, chrysomèle rayée du concombre et pucerons. On devrait éviter cette technique qui peut être nocive pour les consommateurs. Plusieurs extraits d'ail ou des mélanges contenant de l'ail sont commercialisés aux États-Unis ; au Canada, ils sont disponibles, mais ils ne sont pas homologués comme insecticides ; on les applique de préférence de façon préventive, avant l'arrivée des insectes. Ces produits peuvent aussi éloigner les abeilles. Actuellement, l'extrait d'ail est toléré par l'ARLA même s'il n'est pas homologué.

On peut fabriquer un purin de feuilles et de peaux d'ail (500 g/10 L d'eau) pour éloigner la mouche de la carotte ; des utilisations répétées d'infusion de bulbes hachés (75 g/10 L d'eau) éloignent pucerons, acariens, doryphores, piéride du chou, et autres insectes. L'oignon (500 g/10 L d'eau, en extrait, en purin ou en tisane) repousserait la mouche de la carotte. Les *Allium* ont des actions répulsives, mais aussi divers effets directs sur les insectes, leur mobilité, leur reproduction. Divers composés soufrés sont considérés comme les principaux agents actifs. Un purin de fougère (*Pteridium aquilinum*) est en voie d'homologation en France pour traiter contre les taupins.

Des extraits divers de sureau, de tomates, de vinaigrier, de thuya, de chiendent, de ciboulette, de capucine, de chêne, de chanvre, de diverses labiées sont utilisés pour leur impact stimulant sur les plantes ou affaiblissant pour les parasites.

Diverses huiles essentielles sont utilisées comme répulsifs et fortifiants des plantes, notamment celles du thuya, du pin, de l'eucalyptus, de la menthe, du carvi, du fenouil et du *Chenopodium ambrosioides,* qui est aussi antifongique. Certaines huiles démontrent aussi une toxicité de contact pour certains insectes comme les extraits de thym, de clou de girofle ou de menthe pouliot. Certains de ces produits désorientent temporairement les insectes qui tombent de leur plante hôte et ont de la difficulté à survivre : c'est l'effet dit *knock down.*

Un mélange d'essences de plantes agissant comme stimulant des plantes et répulsif est vendu sous le nom de Stimuphytol. Un extrait de piments forts mélangé à une huile essentielle de moutarde est commercialisé aux États-Unis comme répulsif, mais aussi comme fongicide pour les sols et comme nématicide. L'extrait de pépins de pamplemousse, très amer, repousse les doryphores. Certaines substances anti-appétentes peuvent tout simplement diminuer la consommation sans affecter directement les insectes.

Parfois les répulsifs repoussent des auxiliaires entomophages, ce qui peut être contre-productif. Cependant, comme la dimension olfactive est très importante dans la capacité des insectes à reconnaître leur plante cible, les utilisations de substances aromatiques offrent beaucoup de potentiel pour l'avenir de la phytoprotection. Il est bon de répéter que ces produits n'étant pas homologués, leur utilisation requiert de la prudence.

C. Extraits d'algues

Les extraits d'algues sont utilisés de longue date pour stimuler la croissance des plantes ; ils contiennent des oligo-éléments, des hormones de croissance, des vitamines et aident à renforcer la résistance au stress climatique et la condition sanitaire générale des cultures. Depuis quelques années, des entreprises commercialisent des extraits d'algues additionnés de fertilisants chimiques ; la prudence s'impose quant à l'origine du produit acheté.

En France, on a développé le concept d'éliciteur végétal pour diverses formulations d'algues, des substances contenues dans une plante ou apportées de l'extérieur qui déclenchent des réactions de trois types :

- stimulation de la nutrition végétale,
- amélioration de la reproduction et de la mise à fruit,
- réaction des défenses naturelles face à un stress, insecte ou maladie.

Les parois végétales épaississent et le plant émet des substances participant à sa capacité de résistance, par exemple des antibiotiques. Cette théorie permet d'expliquer comment les algues (et d'autres extraits de plantes) augmentent la résistance des cultures et améliorent leur nutrition et leur productivité.

D. Substances repoussantes non végétales

Une méthode prônée par certaines organisations américaines de jardinage est la solution d'insectes (*bug juice*). On accumule une certaine quantité d'insectes nuisibles qu'on passe avec de l'eau dans un mélangeur à la cuisine et qu'on pulvérise après dilution sur les plants affectés, ce qui repousse le ravageur. La méthode, peu coûteuse et bien ciblée, présente potentiellement certains risques pour la santé humaine ; si on le fait dans son jardin, la responsabilité n'est pas celle d'un maraîcher professionnel. Les partisans de cette méthode défendent le fait que le risque de maladies en commun avec l'humain est impossible et que, de toute façon, il y aura des insectes morts en abondance dans les cultures. Il existe deux hypothèses sur l'efficacité parfois surprenante de cette méthode : on répand des organismes infectieux présents dans des insectes malades, comme des souches naturelles de *B.t.*, ou la présence des traces d'insectes repousse le ravageur.

Des poudrages de poudres de roches siliceuses sont effectués à la fois comme aide au développement des couches cireuses protectrices des plantes et comme répulsif à la consommation par les insectes. On les utilise aussi en traitement de semences ; c'est aussi le cas pour le lithothamne, constitué de résidus d'algues calcaires, que l'on poudre à la rosée contre les pucerons et les altises. Il faut rester prudent avec le poudrage tardif de minéraux sur les légumes-feuilles. On peut aussi appliquer de la cendre de bois en poudrage aussi à la rosée pour repousser certains insectes, comme les altises ; on le fait aussi à la base des plants contre les mouches du chou ou de la carotte, et les limaces. C'est trop laborieux ailleurs qu'au jardin, car il faut répéter l'opération après les pluies et il faut porter attention au pH, car la cendre peut atteindre un pH de 13.

Surround, un enduit à base d'argile kaolinite, a été développé aux États-Unis pour protéger les arbres fruitiers des insectes. Il sert maintenant en culture biologique contre le thrips de l'oignon, mais aussi contre la chrysomèle rayée des concombres et les altises, deux insectes très mobiles et difficiles à contrôler. L'enduit protège les plants des rayons infrarouges et ultraviolets, tout en laissant passer la lumière. Il semble que le contact de cette substance soit très désagréable pour les insectes auxquels elle adhère. Elle est utilisée en poudre mouillable pour enduire le plant. Si l'insecte est encore actif, on doit renouveler les traitements à mesure que le nouveau feuillage se développe.

Un poudrage de son ou de farine de seigle ou de blé est effectué à la rosée contre plusieurs larves, dont le doryphore, qui ne les digère pas. En biodynamie, on prépare une dilution homéopathique (D8) à partir de cendre d'insectes (voir les travaux de Maria Thun à ce sujet).

E. Substances asphyxiantes

On utilise de longue date des huiles minérales miscibles, principalement dans les vergers au stade dormant, tôt au printemps sur le bois des arbres ; leur effet scellant étouffe principalement les œufs, les larves et les pupes des insectes et des acariens. Certains usages en cours de culture sont en développement, mais en culture biologique on n'accepte en saison que les huiles végétales ou de poissons, qui ont diverses propriétés insecticides. Cependant, elles ont aussi des effets phytotoxiques sur certaines cultures et peuvent réduire les rendements ; les conditions climatiques jouent aussi sur les réactions des plantes.

On peut aussi, à l'aide d'un appareil spécialisé, injecter de l'huile végétale dans les épis de maïs, parfois en combinaison avec du *B.t.*, pour contrôler la pyrale. L'huile est parfois combinée à du savon ou utilisée comme adjuvant lors de l'application d'autres produits ; elle augmenterait ainsi l'efficacité du bicarbonate de potassium contre le blanc des cucurbitacées. Il arrive aussi qu'on pulvérise une solution d'argile, qui se contracte au séchage, pour des problèmes de pucerons.

F. Insecticides sélectifs

Les insecticides microbiens, faits de bactéries, champignons ou virus, sont considérés comme des produits très ciblés, affectant quelques organismes spécifiques, sans endommager les auxiliaires et sans rémanence.

Le plus connu, le *Bacillus thuringiensis*, agit lorsqu'il est ingéré : il produit une protéine qui cristallise dans le système digestif, et les larves cessent de se nourrir. Comme l'effet dépend de la quantité ingérée par rapport à la grosseur des larves, le *B.t.* est plus efficace contre de jeunes larves ; un bon dépistage est nécessaire pour une intervention à point.

Après deux ou trois jours par temps chaud, davantage par temps frais, le produit perd son efficacité sur le feuillage ; pour plus d'efficacité, on peut donc pulvériser le soir. Certaines formulations sont plus persistantes et restent actives quelques jours de plus, ce qui permet de diminuer les applications. Pour améliorer l'ingestion, certains ajoutent du sucre, de la mélasse ou un phagostimulant. On doit en recouvrir le feuillage, en particulier le dessous, pour les lépidoptères des crucifères. Il est préférable d'utiliser une eau entre pH 6 et 6,5 ; une eau calcaire accélère la dégradation du produit.

Diverses souches sont en développement, contre les limaces, la punaise terne, des acariens et des nématodes. Actuellement, le plus utilisé est le *B.t.* var. *kurstaki* contre la fausse teigne des crucifères, la fausse arpenteuse du chou, la piéride du chou, le sphinx de la tomate, les noctuelles et divers autres lépidoptères. L'efficacité d'un produit peut être variable d'une année à une autre ; il est recommandé de varier les souches et les fournisseurs, ce qui diminue les risques d'apparition de résistances. Le *B.t.* var. *israelensis* contrôle les moustiques (au Québec, on les appelle maringouins) et les mouches noires ; une souche est utilisée pour les larves de sciarides en serre. Les *B.t.* var. *tenebrionis* et *B.t.* var. *san diego* ont été développés pour le contrôle des larves du doryphore de la pomme de terre et d'autres coléoptères. Les diverses formes de *B.t.* sont efficaces lors des premiers stades larvaires ; on doit donc les appliquer aux 5 à 7 jours, idéalement lors de températures nocturnes de 24 °C ; avec une formulation persistante, on peut espacer les traitements. Il est important de vérifier auprès de l'organisme de certification l'acceptabilité de la souche utilisée ; certaines sont issues de manipulation génétique ou contiennent des adjuvants inacceptables.

Sous la pression des consommateurs inquiets quant aux insecticides chimiques, de nombreux insecticides microbiens, faits de bactéries, champignons ou virus, sont en développement en ce moment. Souvent des préparations commerciales sont disponibles ailleurs dans le monde, mais seul un petit nombre de produits sont homologués ou en voie d'homologation pour le marché canadien, jugé souvent trop petit. Les coûts d'homologation sont élevés. Des efforts sont en cours pour simplifier l'homologation de ces produits jugés naturels et utilisables dans de petits marchés. Les lois restreignant l'utilisation de pesticides chimiques devraient contribuer à accélérer le développement de tels produits considérés comme étant appropriés pour la culture biologique.

Donnons quelques exemples. Le Spinosad est obtenu par la fermentation d'un actinomycète (*Saccharophysopra spinosa*) et agit par contact et par ingestion contre une large gamme d'insectes tout en affectant peu les auxiliaires. Vendu sous le nom de Entrust, il est homologué pour le contrôle de la pyrale du maïs, du doryphore et des chenilles des crucifères. On doit l'appliquer en fin de journée s'il y a des abeilles. *Beauveria bassiana,* un champignon utile, entre autres contre le doryphore, la punaise terne, divers charançons et les thrips, est commercialisé aux États-Unis sous le nom de Mycotrol ; il devrait être bientôt homologué au Canada. Il est d'efficacité variable et particulièrement influencé par les conditions ambiantes ; des insectes jeunes, une humidité élevée, des températures modérées et des applications répétées augmentent son efficacité. Sous le nom de Virosoft, on trouve une gamme de baculovirus spécifiques contre divers insectes, dont certains sont en voie d'homologation pour la culture légumière.

G. Insecticides non sélectifs

La terre diatomée est composée des squelettes fossilisés d'organismes marins siliceux unicellulaires appelés diatomées. On les broie et on obtient une fine poudre acérée qui a une action abrasive qui agit de trois façons :

- — elle égratigne ou lacère différentes parties des insectes ;
- — elle absorbe les couches protectrices cutanées, entraînant une perte de liquides ;
- — elle endommage leur système respiratoire ou leur système digestif lorsqu'elle est ingérée.

Elle agit contre insectes et limaces, perce-oreille, fourmis, criquet, punaises, acariens, mouches. Son champ d'action est donc très large, mais elle endommage les auxiliaires autant que les ravageurs. Les abeilles, les larves de parasitoïdes et de coccinelles sont affectées.

Principalement utilisée dans les céréales entreposées pour le contrôle des insectes, la terre diatomée n'est pas nocive pour le système digestif ou la peau des humains ou des animaux, mais il est recommandé de se protéger les poumons et les yeux lors de l'application. On s'en sert pour les parasites internes ou externes en élevage. On commercialise des terres diatomées de qualités variables sur le marché ; une fois qu'on a identifié un produit efficace, on le conserve. Les diatomées les plus efficaces sont formées dans l'eau douce et sont exemptes d'argile et d'autres impuretés. Par contre, les produits utilisés pour les piscines sont traités chimiquement et thermiquement, ce qui les rend dangereux pour les humains : ils sont à éviter.

La terre diatomée s'applique à la rosée. On utilise une poudreuse électrostatique pour obtenir une bonne adhérence, en particulier sous les feuilles ; il y a des formules conçues pour la pulvérisation. On peut aussi traiter les semences. Il existe des produits appâtés pour attirer des insectes particuliers ; ces produits ont été développés pour un usage domestique et pour les silos à grains.

Les savons sont utilisés depuis longtemps comme adjuvant dans des pulvérisations pour faciliter la diffusion et l'adhérence des solutions sur le feuillage. Depuis plusieurs années, on a vu apparaître des formulations à base d'acides gras naturels ayant des propriétés insecticides, mais aussi algicides et fongicides. Les insecticides agissent par contact, principalement en brisant la couche protectrice des insectes qui se dessèchent par la suite. Les pucerons, acariens, cochenilles, larves de punaises ternes et psylles sont parmi les organismes ciblés. Pour un bon contrôle, l'insecte ou la larve doit être complètement enduit de la solution.

Comme il y a des risques de phytotoxicité, entre autres chez les cucurbitacées, on peut faire un test de dilution sur une parcelle ou sur quelques plants. On l'utilise par temps couvert ou le soir ; si on dispose d'une eau calcaire, on ajoute du vinaigre (2 à 3 g/L d'eau). Le Trounce contient du savon et des pyréthrines.

La roténone est un insecticide végétal à large spectre, fabriqué à partir d'extraits de racines de *Derris elliptica* et aussi de *Lonchocarpus*, de *Terphrosia* spp., des légumineuses tropicales. On l'utilise comme dernier recours, car elle est toxique pour les auxiliaires, les poissons, les porcs ; elle agit par ingestion et aussi par contact. Si les auxiliaires sont abondants et en voie de prendre le dessus sur les ravageurs, il est préférable de l'éviter ainsi que le pyrèthre ; la roténone n'affecte pas les abeilles. Comme elle est dégradée par la lumière, qu'elle soit en poudre ou en pulvérisation, on l'applique de préférence le soir contre les pucerons, les acariens, les altises, les thrips, les doryphores, les chenilles, les criocères, les chrysomèles, les cicadelles et plusieurs autres insectes. Les insectes jeunes sont plus sensibles ; on les dépiste et on répète le traitement au besoin après 5 à 7 jours, car son efficacité est de courte durée. Un adjuvant de savon augmente souvent son efficacité. La roténone se dégrade avec le temps d'entreposage et perd de son efficacité. Il faut bien lire les étiquettes, respecter les règles de sécurité lors de l'application et éviter d'inhaler la brumisation ou la poussière lors de l'application. Elle n'est actuellement homologuée que pour un usage domestique.

Constitué d'extraits de *Chrysanthemum cinerariaefolium* ou de *C. coccineum*, le pyrèthre est utilisé comme dernier recours, car il est toxique pour les auxiliaires et les poissons. Son spectre d'action est large. Il agit sur le système nerveux, paralysant les insectes, et demeure efficace moins de 48 heures. On l'utilise avec de l'eau tiède (40 °C) contre les pucerons, les aleurodes, les acariens, la mouche du chou, les thrips, la mouche de la carotte et la piéride, en évitant de le mélanger à des produits acides ou alcalins. Comme il agit surtout par contact, il doit toucher les insectes ; lorsque la dose est faible, certains insectes s'en remettent. Pour la chrysomèle rayée, on l'applique tôt le matin quand l'insecte est léthargique et que les abeilles ne sont pas encore actives. Attention aux pyréthrines de synthèse qu'on trouve sur le marché : elles ne sont pas permises par les normes biologiques. Les pyrèthres naturels en mélange avec le piperonyl butoxide ne sont pas acceptés non plus. Certains agriculteurs fabriquent leur propre extrait de fleurs de pyrèthre.

Trounce est un insecticide contact contenant un mélange d'acides gras potassiques (savon) et de pyrèthre. Il agit à tous les stades sur les pucerons, les acariens, les cochenilles, les cicadelles, les scarabées et les aleurodes.

Des insecticides végétaux non homologués au Canada sont utilisés aux États-Unis : le Ryania, le Sabadilla, le Quassia. On a développé en Chine un insecticide végétal avec la toosendanine comme agent actif.

Le neem est un arbre, le margousier (*Azadiracta indica*), utilisé traditionnellement en Asie pour ses propriétés insecticides ; son principal principe actif est l'azadirachtine, une substance qui inhibe la mue de plusieurs insectes ; on l'extrait des graines. On trouve actuellement sur le marché de l'huile de neem et un produit homologué pour usage forestier. L'utilisation du neem entraîne une série de désordres de la consommation et de la reproduction chez des centaines d'insectes, mais sans les tuer rapidement. Le neem agit par contact et il est plus efficace contre les larves ; les applications doivent être répétées, car il se dégrade rapidement à la lumière. Divers produits à base de neem sont en voie d'homologation au Canada. Certaines formulations sont considérées plutôt comme répulsives et anti-appétentes. Le neem s'est avéré non toxique pour les mammifères et les humains, et peu nuisible pour les insectes bénéfiques. L'huile de neem est vendue comme engrais foliaire ou comme lustrant pour le feuillage en culture ornementale ; elle a un effet répulsif très large ; aucun usage insecticide n'est homologué.

Les phagostimulants utilisés comme appât sont ajoutés à un insecticide pour attirer certains insectes et stimuler leur consommation. Par exemple, le Pheast contient des levures, des polysaccharides, de la farine et des huiles végétales ; on peut l'ajouter à du *B.t.* pour en augmenter l'ingestion par un lépidoptère comme la fausse teigne des crucifères.

Rappelons que pour les problèmes d'insectes récurrents, il faut éviter de toujours utiliser le même insecticide pour ne pas sélectionner des lignées résistantes ; on varie donc les stratégies et les produits utilisés. Par exemple, on peut changer la marque de *B.t.* d'une année à une autre et alterner avec des insecticides végétaux.

5.2.4 LUTTE CONTRE LES AUTRES ANIMAUX RAVAGEURS

Certains animaux ravageurs, tels les limaces, les escargots, les nématodes, les mammifères et les oiseaux, nécessitent des interventions particulières.

A. Limaces et escargots

Les mollusques gastéropodes, comme les limaces et les escargots, sont des ravageurs potentiels. La petite limace grise (*Deroceras reticulatum*) est la plus commune, mais on trouve aussi la grande limace (*Arion ater*). Plusieurs escargots sont actifs au Québec, mais leurs dégâts sont plus rares. La deuxième partie de l'été et l'automne sont les périodes d'infestation, en particulier lors des années humides. La présence de limaces dans une laitue est répugnante pour les consommateurs. Les problèmes sont habituellement plus sérieux au jardin domestique.

Comme les mollusques aiment les matières organiques en surface, la destruction rapide des résidus de culture après une récolte et l'exposition du sol au soleil d'été par une courte jachère les éloignent, de même que l'exposition au gel ; un hersage à l'automne en période froide les affecte également. Il faut donc éviter les paillis de matières organiques qui leur servent de gîte, broyer les résidus de culture avant de les incorporer au sol et éviter d'abandonner un champ couvert de débris de récolte et de mauvaises herbes. En cas de forte infestation, un sol nu est préférable à un engrais vert d'automne. Le non-labour et le semis direct les favorisent. On doit aussi prendre garde au voisinage : les limaces arrivent surtout des fossés, des boisés et des lieux humides. En terre noire, on peut réduire les problèmes en haussant le niveau d'eau des fossés. Si le problème devient important, on pourrait devoir ramasser les grandes mauvaises herbes sarclées à la main et faucher les bords des champs pour réduire les abris.

Après avoir dépisté les limaces, on plante les cultures les plus sensibles dans des sols où il y en a peu. Elles affectionnent particulièrement les laitues et les crucifères. Les limaces peuvent se reproduire dans les composts ; aussi faut-il surveiller les amas d'œufs et éviter de les répandre. On doit bien rouler le lit de semences, car les limaces s'abritent dans les interstices du sol. Une préparation fine du sol, sans être idéale, réduit les abris. Elles n'aiment pas le sol sec ; l'irrigation goutte à goutte est préférable à l'aspersion, sinon il faut plutôt irriguer le matin.

Les poules et les canards, avant ou après une culture, en consomment beaucoup de même que les oiseaux sauvages, en particulier les hiboux. Comme les crapauds et les grenouilles s'en nourrissent abondamment, l'aménagement de points d'eau pour abriter des batraciens peut aussi aider à les contrôler ; de plus, on y trouve des *Schiomizidae*, dont les larves parasitent les mollusques.

Les *Carabidae* sont parmi les plus importants consommateurs de mollusques ; des zones sauvages, des bandes enherbées ou en céréales, des abris artificiels, tas de roches ou autres débris, fournissent un habitat aux carabes et aux limaces qu'on peut y attirer par des appâts à la bière ou au lait. On prône depuis longtemps, à l'échelle du petit jardin, de faire noyer les limaces dans des appâts à la bière, mais cette méthode donne des résultats variables. La Budweiser serait la plus efficace.

Le purin de limaces en décomposition les repousse. On fait pourrir des limaces dans de l'eau durant 10 jours et on pulvérise la solution sur le sol, mais pas sur des plantes comestibles. Les biodynamistes pulvérisent du préparat de silice sur le sol. Certains répandent des feuilles de rhubarbe hachées comme répulsif ou pulvérisent, le soir, un extrait de rhubarbe macérée sur le sol.

En Europe, on utilise des introductions de *Plasmarharbditis hermaphrodita*, un nématode qui mord les limaces et les infecte avec une bactérie qui les détruit. On fait les introductions de ces nématodes avant une pluie ou une irrigation par aspersion pour qu'ils pénètrent dans le sol.

Le sulfate de cuivre dilué à 1 % et pulvérisé tard le soir réduirait aussi les infestations.

En culture conventionnelle, on utilise des appâts de métaldéhyde, interdits ici en culture biologique. En Europe, ils sont acceptés s'ils sont confinés dans des contenants, mais ils seront bientôt interdits. Des appâts de phosphate de fer, relativement coûteux, sont proposés par Safer's ; il faut vérifier leur acceptabilité, car ils sont actuellement interdits. Ils sont permis en Europe. Leur efficacité varie de très bonne à faible dans les essais européens ; leur utilisation nécessite de la mise au point. Pour l'instant, on a recours à un appât commercial au malt et aux levures.

B. Nématodes

Le nématode est un petit ver, généralement de moins d'un millimètre de long, qui endommage son hôte en lui injectant de la salive. Les blessures ouvrent la voie à des contaminations microbiennes. Vu le climat froid qui prévaut au Canada, on a moins de problèmes de nématodes comparativement à d'autres régions du monde, mais les dégâts semblent augmenter à cause des changements climatiques et des pratiques culturales. Quelques nématodes se sont adaptés à nos climats, par exemple le nématode cécidogène du nord (*Meloidogyne hapla*), un endoparasite qui se développe dans les racines d'un grand nombre de légumes comme le céleri et la carotte, de même que le nématode des lésions racinaires (*Pratylenchus penetrans*), fréquent dans les monocultures de pommes de terre.

Difficiles à dépister, les problèmes apparaissent lorsque la densité de nématodes devient très élevée, souvent dans des zones de concentration dans les champs, et surtout lorsqu'on cultive à répétition des cultures hôtes. Les dommages sont en général plus importants en sols légers. La rotation des cultures constitue donc une technique de choix pour prévenir les problèmes. La culture de la luzerne, du haricot et du millet perlé réduirait *P. penetrans*, l'avoine, les *Meloidogynes*, la phacélie, diverses espèces. Les résidus de fléole, de moutarde blanche et de seigle inhibent de nombreux nématodes, mais pas *P. penetrans*. Intégrées comme engrais verts dérobés ou en séquence de prairies en rotation, ces plantes offrent une bonne méthode pour gérer le problème de *M. hapla*.

Dans un sol riche en humus et doté d'une bonne activité biologique, il y a suffisamment de compétition pour éviter la prolifération des nématodes. La mycorhization diminue aussi les attaques. Le labour tardif réduirait les populations, de même que la culture des Tagetes qu'on utilise en compagnonnage ou comme engrais vert dans les jardins et les serres. On peut faire geler le sol de la serre si la pression des nématodes est élevée ; la solarisation entre deux cultures en été y offre aussi un bon potentiel d'efficacité. La lutte biologique contre les nématodes est actuellement en développement.

L'application au sol de carapaces de crustacés, riches en chitine, entraîne le développement d'une flore fongique qui s'attaque aux nématodes ; cette méthode pourrait par contre favoriser le développement de *Fusarium* spp.

Des engrais verts de crucifères, en particulier de radis fourrager, et de sorgho-herbe du Soudan, recouverts d'un plastique hermétique après enfouissement, entraînent la formation de substances volatiles nématicides, fongicides et insecticides. Ces applications offrent surtout du potentiel pour de petites surfaces infestées ou des serres. On nomme cette technique biofumigation.

C. Mammifères et oiseaux

Les chevreuils (cerfs de Virginie), les marmottes, les ratons laveurs, les lièvres et certains oiseaux sont les plus importants ravageurs vertébrés des cultures légumières. On peut les exclure des champs en culture avec des clôtures ou des filets, les tuer en les chassant, les éloigner avec des substances répulsives, ou les effrayer.

Les chevreuils sont probablement le plus sérieux problème actuellement à cause de leur énorme population. Ils aiment les fourrages, mais aussi les pois, les carottes dont ils mangent le haut en les déchaussant à coups de sabots. En fait, ils peuvent prendre goût à une grande diversité de légumes : maïs, courges, légumes-feuilles, betteraves, brocolis et haricots. Ils ont la vilaine habitude de prendre une bouchée dans le cœur des laitues sur le rang. De beaux engrais verts riches en légumineuses peuvent détourner les chevreuils des légumes, mais pas complètement ; ils aiment aussi le sarrasin.

Le raton laveur raffole du maïs sucré ; un maraîcher entoure ses champs de citrouilles qui le repoussent. La présence de brise-vent diversifie les espèces, mais peut causer certains problèmes en fournissant une protection à certains ravageurs. La fauche des parcelles voisines diminue les abris pour les lièvres et d'autres animaux.

On peut utiliser des clôtures électriques ou des filets pour empêcher les animaux de pénétrer dans les champs ; dans la conception de la clôture, on doit tenir compte du type d'animal. On repousse les chevreuils avec une clôture électrique sur laquelle on attache des feuilles d'aluminium enduites de beurre d'arachides ; on peut aussi appâter la clôture avec des pommes. La plupart du temps, les animaux ne reviennent plus après avoir pris un choc dans la gueule ou sur le museau. Un appareil américain utilise un appât et donne un choc puissant. Sinon une clôture à chevreuils efficace de 1,50 m de hauteur requiert plusieurs brins et s'avère souvent trop coûteuse pour protéger la plupart des cultures, sauf peut-être pour un verger ou un grand jardin en production intensive.

On doit bien entretenir les clôtures ; les chevreuils préfèrent traverser ou passer sous la clôture, plutôt que par-dessus. Il existe un type de clôture fait de sept brins en biais. On ajoute parfois un ou deux brins électrifiés à ces obstacles. Installer une clôture après que les chevreuils aient pris l'habitude de fréquenter les cultures est moins efficace ; ils cherchent à passer quand même. Une clôture électrique à moutons, pas très haute, peut entourer une parcelle sensible, comme celles de la laitue ou des carottes.

Les marmottes nécessitent un brin électrifié à 12 cm du sol pour que la clôture soit efficace. Les ratons laveurs grimpent par-dessus ou à travers les clôtures ; seuls des brins électrifiés les repoussent efficacement. Des lièvres sont contrôlés par une clôture à poules au ras du sol. Une bombe fumigène au soufre sert à déloger les rongeurs de leur terrier.

Dans les cultures fruitières comme celle du bleuet en corymbe, des filets peuvent être installés pour empêcher l'accès aux oiseaux ; l'utilisation de tels filets, laborieuse, permet aussi de protéger les légumes comme la laitue, l'épinard et la bette à carde contre les chevreuils. Il faudra les enlever pour récolter ou sarcler, puis les replacer. Une bâche flottante peut aussi éloigner les chevreuils ; il arrive aussi qu'une lisière de filets en bordure et sur les bouts des parcelles suffit, car ils craignent de s'y prendre les pieds. Recouvrir les tomates et le maïs sucré pour les protéger des oiseaux est une pratique trop coûteuse, surtout en main-d'œuvre, pour être utilisée couramment.

Des répulsifs aromatiques naturels ou artificiels sont aussi disponibles, à base de poivre de Cayenne, de poivre noir, d'ail, d'œufs pourris, d'urine ou d'extraits de glandes de prédateurs ; on les trouve dans des magasins de chasse et pêche. Certains suspendent des pains de savon, des sacs de cheveux humains. Les chevreuils n'apprécieraient pas l'émulsion de poissons.

On peut se procurer des répulsifs sonores, comme des canons au propane, pour chasser les oiseaux ou les chevreuils ; on les utilise surtout dans les cultures fruitières et dans le maïs sucré. Les voisins n'apprécient pas. Certains emploient une personne en VTT pour les chasser. Des pétards sont parfois utilisés pour éloigner des chevreuils. Des appels de détresse d'oiseaux sont vendus comme répulsifs.

On trouve aussi un répulsif visuel comme une lampe stroboscopique. On utilise comme répulsifs visuels pour les oiseaux des reproductions de rapaces et on les déplace régulièrement. Après quelque temps, les animaux s'habituent à ces méthodes sonores ou visuelles et elles perdent leur efficacité ; si on les alterne, on en prolonge un peu la durée utile.

On peut attraper les animaux comme les marmottes et les ratons laveurs dans des pièges et les déplacer. La chasse aux marmottes et aux chevreuils est possible ; abattre des femelles réduit l'augmentation de la population. Mais si la densité est élevée, comme dans le cas des chevreuils en ce moment, d'autres animaux se déplacent pour prendre la place disponible.

La présence d'un ou de plusieurs chiens peut aussi être utile ; c'est souvent la façon la plus efficace d'éloigner des chevreuils, des marmottes et des lièvres. Certains distribuent des chiens avec leur niche un peu partout dans les champs. Les chats mangent les bébés lièvres et chassent les oiseaux.

Presque tous les animaux s'habituent à ces stratégies ; il faut habituellement les renouveler de temps à autre. Un animal très affamé est aussi plus difficile à repousser.

5.3 LUTTE CONTRE LES MALADIES

5.3.1 LUTTE CONTRE LES MALADIES FONGIQUES

Les champignons sont les principaux agents de maladies. En effet, les mycoses représentent plus des deux tiers des cas. Très présents dans les sols comme décomposeurs des matières organiques, les champignons forment des filaments dits mycélium ; plusieurs champignons se développent comme maladies sur les plantes cultivées, lorsque leur mycélium en pénètre les tissus, causant par exemple des nécroses et des flétrissements. Un champignon comme la moisissure grise (*Botrytis cinerea*) peut vivre sur des matières organiques en décomposition et aussi sur des plantes vivantes. Les champignons ont divers modes de reproduction et survivent parfois très longtemps dans le sol ou les résidus de culture sous forme de spores, de sclérotes, etc.

Ils sont transmis par la pluie, l'eau d'irrigation, les semences, le vent, les résidus, le sol, les outils, la circulation dans les champs. Ils sont généralement sensibles aux conditions climatiques et leur reproduction se fait habituellement dans des conditions d'humidité et de température particulières.

A. Prévention

Avant tout, on doit voir à prévenir les problèmes fongiques en assurant un bon drainage, une bonne structure du sol, une activité biologique diversifiée et la mycorhization naturelle des plants. On complète ces mesures préventives en façonnant le sol en billons ou en planches relevées, en semant ou en plantant dans des sols assez chauds et à une densité appropriée, en taillant et en tuteurant de façon à obtenir une bonne ventilation de la culture, et en effectuant un bon contrôle des mauvaises herbes. Il faut aussi penser à mettre en place une rotation assez longue avec des plantes non hôtes, à éloigner les parcelles des champs de l'année précédente, à éviter de semer des cultures voisines susceptibles et à fertiliser soigneusement avec du compost en évitant les excès d'azote.

On doit tout particulièrement soigner l'apport en eau. L'idéal est d'irriguer le matin ou en fin d'avant-midi et de laisser sécher le feuillage avant la nuit, ou d'utiliser le goutte à goutte. On doit éviter d'arroser excessivement et d'utiliser une eau d'irrigation ou de lavage en provenance de champs contaminés. On doit choisir des cultivars résistants ou tolérants, utiliser des semences saines et les traiter avec des méthodes biologiques permises, s'abstenir de travailler lorsque le feuillage est mouillé et éviter de blesser le feuillage.

Une foule d'autres mesures préventives sont conçues pour assurer que les récoltes suivantes seront également protégées contre les maladies fongiques. On recommande notamment de déchaumer rapidement après la récolte pour réduire la propagation des maladies, de composter rapidement et soigneusement les déchets d'entreposage, d'éviter de circuler avec des machineries des zones infestées vers des zones saines, de détruire les premiers plants ou les parties de plants malades, par arrachage ou par brûlage. Il convient aussi de récolter en douceur tout en s'assurant de refroidir rapidement et d'entreposer à la bonne température, de nettoyer soigneusement les équipements et les contenants de récolte, de vider et de nettoyer les entrepôts, et enfin, de placer au soleil les contenants d'entreposage (caisses-palettes, etc.).

B. Dépistage

Généralement, les maladies fongiques les plus importantes requièrent un système de dépistage particulier, car l'apparition des organismes dépend habituellement de conditions climatiques particulières : un certain niveau d'humidité et de chaleur pendant un laps de temps donné déclenchera l'activation des spores de tel champignon. Le Réseau d'avertissements phytosanitaires offre un bon soutien, mais l'agriculteur doit aussi mettre en place son propre suivi.

Une bonne connaissance des organismes cibles est essentielle. Par exemple, le mildiou de la pomme de terre (*Phytophtora infestans*) apparaît en premier dans les cuvettes humides près des étangs, des cours d'eau et des accumulations d'eau du système d'irrigation et dans des endroits mal ventilés. Il suffit de quatre à cinq jours de temps humide, brumeux, avec une alternance de 15 à 20 °C le jour et de 10 à 15 °C la nuit pour créer des conditions favorables au développement de ce pathogène.

C. Traitements

Comme les maladies ont des conditions spécifiques de reproduction et de développement, il faut toujours mettre l'accent sur les méthodes préventives et curatives les plus appropriées à chaque cas. On donnera des informations plus précises dans la deuxième partie sur la régie spécifique de chaque légume. Les méthodes curatives les plus courantes sont les pulvérisations de compost, les extraits de plantes, les fongicides microbiens, les métaux et les minéraux.

a) Pulvérisations de compost

Depuis une vingtaine d'années, on a vu apparaître une nouvelle méthode de contrôle des maladies : la pulvérisation d'extraits de compost sur le feuillage et sur les sols. On parle d'une action sur la phyllosphère, c'est-à-dire le microenvironnement des feuilles, y compris l'activité biologique installée en surface du feuillage des plantes ; on mentionne aussi un effet immunitaire.

Certains composts sont fabriqués avec des composantes spécifiques comme des copeaux de bois ou des ajouts de mélasse ou de levure pour favoriser certains types de micro-organismes. On inocule parfois certains micro-organismes au mélange. Des méthodes d'extraction avec des machines spécifiques sont en développement. De nombreuses méthodes d'utilisation apparaissent en Europe et aux États-Unis. Généralement, on utilise des composts ayant atteint une maturité partielle, soit des composts âgés de quelques mois. Les fumiers de bovins et de chevaux compostés semblent offrir un effet appréciable sur une période de temps plus longue que les composts de végétaux qui perdent ces propriétés plus rapidement.

Mentionnons qu'un producteur de semences de pommes de terre du Maine pulvérise un extrait de compost chaque semaine et réussit ainsi à éviter le mildiou. À ce sujet, on peut consulter les travaux de Elaine Ingham et le Soil Food Web.

b) Extraits de plantes

Les biodynamistes ont popularisé l'utilisation d'extrait de prêle des champs (*Equisetum arvense*), le préparat 508, comme fongicide préventif. La prêle est très riche en silice, un élément reconnu dans la prévention des maladies. On peut la préparer en purin, en tisane ou en décoction. Pour préparer cette dernière, on place dans 10 L d'eau froide 150 g d'herbes séchées ou 1 kg de plante fraîche et on fait bouillir durant 20 minutes, puis on laisse reposer jusqu'au lendemain. On pulvérise la solution obtenue sur les cultures et le sol le soir. On recommande parfois de pulvériser le lendemain du purin d'orties. Certains combinent la prêle et l'ortie. Certains diluent la solution à 10 % avec de l'eau. La prêle est parfois peu efficace, surtout lorsqu'elle est utilisée de façon ponctuelle, mais certains ont des résultats corrects par une utilisation répétée.

Divers extraits de plantes sont utilisés : camomille, raifort, hysope, fougères, ciboulette, cannelle, ail, ortie, rhubarbe. Comme dans le cas des extraits de plantes utilisés contre les insectes, il y a beaucoup de folklore, peu de recherches, peu de résultats consistants. L'huile de fenouil est utilisée en Europe contre l'oïdium. On expérimente l'extrait de sauge et la bardane contre le mildiou de la pomme de terre.

Après expérimentation, Maria Thun recommande des pulvérisations successives d'extraits d'achillée millefeuille, de camomille, de pissenlit et d'ortie sur les pommes de terre pour prévenir le mildiou.

Il est possible d'effectuer des traitements de semences avec des algues, mais on utilise aussi l'argile, le lithotamne, la cendre de bois, de même que des extraits d'orties. Une méthode de traitement de semences à base de vinaigre est actuellement en expérimentation en France ; un trempage de 40 minutes a permis de désinfecter en profondeur des semences de carottes infectées par l'alternariose.

Divers produits à base d'extraits d'agrumes ont été développés et ont démontré des propriétés fongicides sur un spectre très large, ainsi que des effets bactéricides. Certaines entreprises ajoutent d'autres ingrédients, comme de l'huile essentielle de menthe ; c'est le cas de Fungastop, accepté aux États-Unis.

Un extrait concentré de neem est vendu aux États-Unis comme fongicide, acaricide et insecticide combinés sous les noms de Triact et Trilogy.

c) Fongicides microbiens

Comme dans le cas des insectes, de nombreux biofongicides sont en développement. En voici quelques exemples :

— *Pseudozyma flocculosa*, contre l'oïdium en serre (Sporodex) ;

— *Microsphaeropsis ochracea*, contre la tavelure de la pomme et la rhizoctonie de la pomme de terre ;

— *Gliocladium virens*, contre *Pythium*, *Rhizoctonia*, *Fusarium* spp. (Soilguard) ;

— *G. catenulatum*, contre la fonte des semis (Prestop WP) ;

— *Streptomyces griseoviridis*, une bactérie vivant naturellement dans le sol ; elle aide à contrôler les fusariums des légumes de serre, la fonte des semis (*Pythium*) et diverses autres maladies fongiques ; elle est homologuée au Canada sous le nom de Mycostop. On l'applique en traitement des semences ou au sol tôt dans la vie du plant où elle colonise la rhizosphère ;

— *Bacillus subtilis*, un bacille présent dans les sols et les composts, est appliqué sur le feuillage des plants, en traitement de semences ou ajouté au terreau ; il est utilisé dans diverses formulations pour réduire l'incidence de la tavelure du pommier et des cryptogammes suivants : *Alternaria* spp., *Botrytis* spp., *Fusarium* spp., *Verticilium* spp., *Phytophtora infestans*, *Bremia lactucae*, ainsi que de *Xanthomonas campestris*, responsable de la gale bactérienne des piments et des tomates ; on le combine avec *Streptomyces gramicifaciens* pour combattre la racine liégeuse des tomates. Une formulation commerciale, Serenade MAX, est maintenant homologuée pour certains de ces problèmes ;

— Vendu aux États-Unis sous le nom de Contans, *Coniothyrium minitans* est un champignon qu'on applique au sol et qui attaque les sclérotes de *Sclerotinia sclerotiorum* et de *S. minor*, les responsables de la pourriture blanche qui affecte des centaines d'espèces : c'est un biofongicide sélectif.

d) Métaux et minéraux

Certains font des poudrages de silice broyée comme prévention des maladies fongiques, sauf sur les légumes-feuilles. La silice de corne, le préparat 501 en biodynamie, est pulvérisé à dose infinitésimale et constitue parfois une aide efficace à la prévention des maladies fongiques. On présume que le développement d'une surface riche en silice augmente la résistance des plantes au parasitisme. Le silicate de sodium à des concentrations de 1 ou 2 % est utilisé comme mesure préventive contre les maladies fongiques, entre autres en arboriculture fruitière et contre l'oïdium des cucurbitacées ; il n'est pas homologué comme fongicide au Canada, mais en culture biologique on l'applique à titre préventif en tant qu'élément nutritif.

Le soufre est appliqué sous forme mouillable (en deçà de 9 à 10 kg/ha) ou en poudre très fine. D'utilisation risquée par temps chaud (on ne dépasse pas 26 °C), il perd en efficacité en deçà de 16 °C. Les traitements concentrés endommagent les acariens ravageurs, mais aussi plusieurs auxiliaires. On utilise le soufre microfin pour l'oïdium des cucurbitacées, des pois, de la tomate et de divers fruits, la rouille des haricots et la tavelure de la pomme. La chaux soufrée, un mélange de soufre et de chaux, est surtout utilisée à des concentrations de 1 à 5 %, dans les cultures fruitières et ornementales. La chaux soufrée a une action curative et préventive ; les autres produits soufrés sont essentiellement préventifs.

Le cuivre est un métal qui s'accumule dans le sol ; on doit donc l'utiliser avec circonspection. De vieux vergers et de vieux vignobles peuvent présenter des niveaux excessifs ; les niveaux dans les sols s'élèvent également après quelques décennies d'horticulture. En Europe, on interdit de dépasser 4 kg/ha par année. Les nouveaux produits cupriques requièrent des doses généralement moindres que la classique bouillie bordelaise.

Absorbé par les spores de champignons en voie de germination, le cuivre dénature la protéine de ces organismes. Il est actuellement le fongicide le plus efficace accepté en culture biologique et a aussi des effets bactéricides. Par contre, en plus d'avoir des effets négatifs sur l'activité biologique des sols, le cuivre peut avoir un impact phytotoxique sur les cultures et son usage est risqué par temps froid et humide ; on ajuste par conséquent la dose selon la sensibilité et l'âge des cultures. La laitue y est très sensible, plus que les cucurbitacées ou la pomme de terre. On réduit les doses sur de jeunes plants. Il faut aussi porter une attention particulière à ses légers effets secondaires sur les auxiliaires et voir à ce qu'il n'inhibe pas les champignons du sol.

Divers produits sont disponibles, notamment le sulfate de cuivre tribasique (53M), plus facile à mélanger, et qui est utilisé contre le mildiou, la septoriose, l'anthracnose et diverses autres maladies des fruits et légumes. Traditionnellement, on fabriquait la bouillie bordelaise avec du sulfate de cuivre afin de réduire la phytotoxicité du cuivre. Chaboussou avance que la bouillie bordelaise, de même que le soufre, a des effets positifs sur la croissance des plants, car elle augmenterait leur résistance naturelle.

Il y a diverses procédures pour fabriquer la bouillie bordelaise, mais elle s'achète aussi prémélangée. On vise un ratio de 1:1 ou de 3:4 de $CuSO_4/Ca(OH)_2$. Le rapport chaux : sulfate varie en fonction du risque de phytotoxicité. Plus la plante est sensible au cuivre, plus le mélange doit être riche en chaux. Voici une procédure pour mélanger 120 L de bouillie bordelaise :

— faire dissoudre 1 kg de sulfate de cuivre dans 10 L d'eau en brassant bien ;

— dissoudre 1 kg de chaux hydratée dans 10 L d'eau froide et brasser ;

— verser lentement la solution de chaux dans la solution de cuivre en brassant ;

— verser dans le pulvérisateur et ajouter 100 L d'eau, puis laisser reposer pendant quelques heures ;

— brasser et pulvériser, mais pas sous des températures de 10 °C ou moins.

L'oxychlorure de cuivre est homologué pour l'alternariose, l'anthracnose, le mildiou, l'oïdium, *Phytophtora*, *Septoria*, et quelques maladies bactériennes. On trouve aussi sur le marché les cuivres fixes comprenant le carbonate de cuivre et l'hydroxyde de cuivre ; ce dernier est homologué pour diverses maladies des solanacées. On évite les surfactants et aussi les mélanges avec de l'eau acide, cette dernière augmentant les risques de phytotoxicité, particulièrement dans le cas de l'hydroxyde de cuivre.

Un chercheur brésilien, le Dr Vanderlei Caetano, a développé un mélange de sulfate de cuivre avec une fine purée de graines de lin. Le mélange est efficace avec une très faible dose de cuivre.

Pour prévenir l'oïdium des cucurbitacées, on pulvérise du bicarbonate de soude avec un adjuvant de savon insecticide ; des résultats positifs ont été obtenus dans des essais sur d'autres maladies fongiques, surtout dans les fruits. Le bicarbonate de potassium est utilisé aussi, avec des résultats parfois supérieurs. Plusieurs produits sont maintenant commercialisés aux États-Unis, avec divers surfactants, entre autres des huiles à des taux de 0,5 à 1 %. Le pH de la solution doit être supérieur à 7 ; une phytotoxicité apparaît à des doses de plus de 5 kg/ha.

Le peroxyde d'hydrogène est utilisé à la fois comme produit de nettoyage, mais aussi comme fongicide, par exemple dans l'eau d'arrosage pour réduire la fonte des semis. Le produit OxiDate est homologué aux États-Unis comme traitement préventif et curatif contre une large gamme de maladies fongiques et bactériennes.

Enfin, en culture abritée, le greffage sur des porte-greffe résistants à des maladies présentes dans le sol est praticable dans le cas des cucurbitacées et des solanacées. En serre, on utilise aussi la pasteurisation et la solarisation pour détruire les maladies fongiques du sol par la chaleur.

5.3.2 LUTTE CONTRE LES MALADIES BACTÉRIENNES

Les bactéries sont des microbes unicellulaires qui peuvent, tout comme les champignons, survivre dans les sols et les résidus de culture, puis coloniser une plante quand les conditions sont propices. Ils pénètrent dans le plant par les stomates ou des blessures. Les bactéries causent des flétrissements, des brûlures, des pourritures et des taches huileuses ou graisseuses. Certaines pourritures sont nauséabondes. Certaines bactéries attaquent de nombreuses espèces alors que d'autres ont des hôtes très spécifiques. Une fois installées dans une culture, elles sont très difficiles à contrôler et se propagent souvent très rapidement.

La transmission des maladies bactériennes se fait de différentes façons : par les insectes et nématodes, par contact avec la machinerie ou les employés, par éclaboussement par l'eau de pluie ou d'irrigation, à partir du sol ou de débris végétaux contaminés. On croit que le chancre bactérien, une maladie extrêmement virulente de la tomate, peut survivre dans la structure et l'environnement d'une serre ; on recommande l'abandon de la culture pour quelques années dans ce cas.

Les bactéries se reproduisent fréquemment dans les semences et les tubercules. Dans ce cas, on peut utiliser les services de fournisseurs consciencieux et exiger des garanties, mais la prudence est de mise. La désinfection des semences par traitement à l'eau chaude est un service offert par certains grainetiers, mais on peut aussi le faire soi-même. La technique sera décrite dans la deuxième partie, notamment au chapitre du chou pommé.

A. Prévention

La prévention des maladies bactériennes repose essentiellement sur l'augmentation de la résistance variétale. Si l'on identifie des problèmes spécifiques dans un système de culture, il faut commencer par rechercher des cultivars résistants. On doit aussi désinfecter le matériel de travail à l'eau de Javel en commençant par la serre, les tables et caissettes, et porter des vêtements de travail lavables et les désinfecter chaque fois qu'on provient d'un champ problématique. Il faut aussi laver les tracteurs et les équipements à la laveuse pression avec une solution contenant de l'eau de Javel. Parmi les techniques de production préventives, on favorise le goutte à goutte, on évite les blessures des tissus et la surfertilisation azotée qui diminue la résistance des plants, on élimine les résidus des cultures malades en déchaumant soigneusement ou par compostage. Si les parcelles sont petites, on doit éviter de placer un plant sensible à proximité d'une parcelle infectée, en particulier en bas de pente où l'eau risque de ruisseler. On doit arracher et détruire les plants malades.

Une bonne rotation des cultures est de mise, mais elle a un effet limité sur la prévention, car la contamination bactérienne provient rarement du sol.

B. Traitements

Il y a peu de solutions efficaces pour ralentir la propagation d'un problème bactérien, même en culture conventionnelle. On utilise certains traitements comme les produits cupriques. L'oxychlorure de cuivre est homologué contre *Erwinia* et *Xanthomonas*.

Un extrait de pépins d'agrumes, vendu aux États-Unis sous le nom de Lonlife, est utilisé pour réduire le développement de diverses bactéries sur le plant en croissance, mais aussi après la récolte. Ce produit a aussi des propriétés antifongiques.

5.3.3 LUTTE CONTRE LES MALADIES VIRALES

Certains symptômes spécifiques, visibles principalement sur le feuillage, annoncent la présence d'un virus, constitué d'acide nucléique, qui se reproduit dans les tissus de la plante. Parmi les principaux indicateurs, on observe un feuillage enroulé et cassant, crispé et déformé, des symptômes de jaunisse, de mosaïque, des striures, des nécroses, du nanisme. La croissance est réduite ou arrêtée. Ces symptômes sont difficiles à identifier, car les laboratoires n'offrent souvent pas les tests viraux.

Les virus se propagent essentiellement à partir de tissus vivants d'une plante cultivée ou sauvage déjà infectée, et les moyens de transmission sont variés :

— multiplication végétative de tubercules, de bulbes, de caïeux, de rhizomes, de boutures et de greffes ;

— transmission mécanique, couteaux, outils, machineries, vêtements, mains ;

— à partir de débris végétaux ;

— propagation par des insectes ; c'est le plus important mode de diffusion, et les principaux vecteurs sont les pucerons, les cicadelles, les thrips, les aleurodes, des insectes piqueurs suceurs ; des insectes broyeurs, comme des coléoptères, peuvent aussi les disséminer.

On retrouve la mosaïque du concombre (CMV 775) dans 86 familles végétales porteuses ; par exemple, le mouron blanc, une mauvaise herbe commune, est porteur dans sa semence.

Pour diminuer la contamination, on cherche d'abord à repousser ou contrôler les vecteurs, en évitant la prolifération de pucerons, par exemple. On peut aussi enlever les plants atteints et réduire les contacts vers les plants sains à travers les déplacements du personnel ou le passage des machineries. En serre, les employés se lavent les mains et les pieds au désinfectant, ce qui diminue la contamination de la mosaïque du tabac dans la tomate ; on n'emploie pas non plus de fumeurs pour éviter la même maladie.

Comme toujours, la résistance variétale est un moyen assez efficace même si les maladies finissent par s'adapter en développant de nouvelles souches. Semer des semences saines est une autre mesure recommandée. Parfois les fournisseurs peuvent garantir un taux maximal de virus.

5.3.4 LUTTE CONTRE LES DÉSORDRES ABIOTIQUES

On confond souvent les maladies fongiques ou virales et divers troubles liés à des facteurs physiologiques internes, parfois influencés par des conditions externes. Ces troubles physiologiques ne sont en aucun cas reliés à des parasites ou des ravageurs. Ce sont des carences ou des toxicités nutritives, des dérèglements de la croissance causés par des conditions climatiques défavorables, par la pollution de l'air ou du sol, par des toxicités consécutives à un traitement, comme le savon insecticide. On observe d'autres types de maladies non parasitaires dans les cultures fruitières : la coulure des fleurs, l'avortement des fruits, l'insolation, l'enroulement des feuilles, la face de chat, la nécrose apicale et les fentes de croissance. Citons enfin quelques exemples rencontrés dans les cultures légumières : le cœur creux et le verdissement de la pomme de terre, les nécroses marginales. Tous les troubles reliés à la pollution atmosphérique, à des facteurs climatiques, à l'application d'intrants chimiques ou à des désordres nutritionnels se classent parmi les désordres abiotiques.

En général, on ne peut prévenir ces problèmes que par la gestion des conditions environnementales, de croissance et de nutrition, car ils sont souvent difficiles à corriger une fois qu'ils sont présents. Les principaux cas sont traités pour chacun des légumes concernés dans les chapitres 9 à 36.

Chapitre 6

LA GESTION DES MAUVAISES HERBES

INTRODUCTION

Étant donné son pari d'éliminer les intrants chimiques, l'agriculture biologique se distingue tout particulièrement de la culture conventionnelle par sa gestion des mauvaises herbes. Pour réussir ce pari, les producteurs maraîchers doivent envisager la question des mauvaises herbes selon une approche globale tenant compte d'un ensemble de facteurs. Comme la question est abondamment traitée ailleurs, le présent chapitre s'arrêtera surtout aux pratiques de contrôle mécanique. Les problèmes les plus communs aux légumes et les moyens de défense spécifiques de chacun seront développés dans la deuxième partie sur la régie de chacun des légumes.

Après de nombreuses visites de fermes maraîchères biologiques, on est amené à constater qu'il y a un problème de mauvaises herbes presque partout (figure 6.1 ; les figures qui n'apparaissent pas dans le chapitre sont dans les planches en couleurs, pages 245 à 251). On a souvent justifié une certaine tolérance face aux mauvaises herbes en culture biologique, mais il faut savoir où s'arrêtent les avantages et où commencent les dommages aux cultures et les baisses de rendement et de qualité des récoltes. On peut généraliser en disant que les fermes qui réussissent à maintenir des champs propres obtiennent de meilleurs rendements et souvent une meilleure qualité de leurs produits maraîchers.

6.1 PRÉVENTION DE L'ENVAHISSEMENT

Dans toutes les cultures, le pire impact des mauvaises herbes est causé par un envahissement hâtif qui entraîne une forte compétition à l'époque où les plants commencent leur expansion et cherchent à couvrir le terrain. De nombreux maraîchers sarclent à cette époque où il est souvent trop tard. Il faut prévenir cet envahissement en intervenant tôt et de façon préventive. Il existe plusieurs solutions à ce problème. En voici quelques-unes.

Pour contrer l'envahissement par les mauvaises herbes, on peut :

— idéalement, détruire les mauvaises herbes quand elles sont très jeunes (figure 6.2) ;

— préparer minutieusement les sols avant le retour en culture maraîchère d'un champ ;

— pratiquer une courte jachère d'été de trois à cinq semaines, suivie d'un engrais vert d'automne, s'il y a du chiendent et d'autres mauvaises herbes vivaces difficiles à éliminer ;

— consacrer une année et même deux à effectuer jachères, engrais verts, chaulages et fertilisations dans le cas de sols en mauvais état ou infestés de mauvaises herbes pour les ramener en excellente condition avant de les mettre en culture maraîchère ;

— utiliser systématiquement des faux semis dès que les sols peuvent être travaillés au début de la saison ; les cultures implantées plus tard bénéficient de faux semis répétés tous les 7 à 15 jours ; les champs disposant d'une banque de graines de mauvaises herbes importante peuvent être mis en culture plus tard afin de profiter au maximum des faux semis répétés ;

— cultiver les transplants en serre plutôt que le semis en pleine terre, car les plants couvrent le sol rapidement ; on n'a pas à attendre le démarrage parfois lent des semis pour commencer à sarcler ; bien sélectionner les plants en déclassant les plus faibles ;

— réaliser de fréquents binages en début de culture, par exemple avec une bineuse à peigne, aussi appelée herse étrille, pour les cultures qui tolèrent ce passage ; sur les cultures semées à plus de 3 cm de profondeur on peut faire un passage en prélevée, durant la germination ; des passages répétés aux 10 jours sont tout indiqués ;

— améliorer le sarclage mécanique, par une synchronisation optimale des passages, en particulier en fonction du stade des mauvaises herbes et des cultures ; on passe lorsque les mauvaises herbes sont au stade cotylédon ou des premières feuilles ; c'est plus facile à dire qu'à faire, mais c'est un objectif à viser ;

— utiliser l'irrigation localisée à l'aide d'un système goutte à goutte qui réduit le développement des mauvaises herbes en saison sèche, comparativement à l'irrigation par aspersion ;

— encadrer les employés affectés au sarclage manuel et les payer après co-évaluation de la qualité du travail ;

— éviter de laisser monter les mauvaises herbes en graines ; un retour sur les parcelles sarclées après que la culture est bien établie permet d'enlever quelques oublis qui peuvent ressemer une quantité surprenante de graines (un plant de chénopode blanc peut produire 70 000 graines, un plant d'amarante à racines rouges, jusqu'à 1 million) ;

— utiliser le déchaumage de façon systématique dès la fin de la récolte, tout particulièrement pour les parcelles où il y a des mauvaises herbes en voie de maturation ; une destruction rapide stoppera la maturation, diminuera la survie des semences et allégera l'accumulation de la banque de graines dans le sol ;

— bien nettoyer les équipements en provenance de parcelles sales, plus spécifiquement dans le cas du chiendent ou du souchet ;

— effectuer des calculs de fertilisation permettant de prévoir assez précisément les besoins des cultures et, en particulier, la minéralisation de l'azote, car la surfertilisation favorise les espèces nitrophiles ;

— faire des rotations bien planifiées, un bon choix des précédents ;

— prévoir des séquences de prairie de légumineuses et graminées entre les séquences de cultures maraîchères ; ces périodes de repos permettent la disparition de nombreuses graines de la banque de graines du sol ;

— intensifier les engrais verts, en particulier en culture dérobée, mais aussi, dans certains cas, en culture intercalaire.

Dans les cultures qui couvrent bien le sol en cours de culture, crucifères plantées, laitues, betteraves et haricots, on peut tolérer un léger enherbement en fin de culture, surtout si on réduit la montée en graines en déchaumant dès la récolte. La carotte et la courge d'hiver peuvent accepter une levée de mauvaises herbes lorsqu'elles se préparent à couvrir le sol. Par contre, l'oignon et le poireau, qui ne couvrent pas le sol, doivent être gardés propres plus longtemps, jusqu'à ce que le rendement soit assuré. L'épinard, le persil, les minisalades de type mesclun et les herbes doivent être gardés propres jusqu'à la récolte, car la présence de mauvaises herbes nuit fortement à la récolte et la présence d'impuretés peut entraîner le déclassement du produit.

Problème fréquent, faute de temps ou de connaissances : on n'arrive pas à inclure dans le système de production légumière des techniques ayant un impact optimal pour un coût relativement modéré comme le faux semis, le binage, le déchaumage ou les semis d'engrais verts en temps approprié. Le maraîcher a une très lourde charge de travail en saison de production ; comme gestionnaire à long terme de sa ferme, il doit absolument soit aménager ses tâches pour effectuer ces opérations supplémentaires en temps opportun, soit former du personnel capable de les réaliser. Dans nos régions, la date de semis de l'engrais vert a une importance primordiale, en particulier en culture dérobée d'automne ; un retard de 10 jours peut réduire de moitié la biomasse et la couverture de sol.

Pour une présentation de l'approche globale à la gestion des mauvaises herbes, on peut consulter la publication de l'auteur (1991) ainsi que les publications de Douville et Coulombe (2000), axées sur les grandes cultures, mais très utiles aussi pour le maraîcher. Il est possible de consulter la collection de brochures de Jean Duval et Anne Weill, intitulée *Moyens de lutte en production biologique* et disponible sur le site d'Agri-Réseau-Agriculture biologique. Des renseignements plus élaborés y sont présentés en fonction de mauvaises herbes spécifiques.

Les opérations mécaniques de déchaumage et de jachère, de binage et de sarclage sont les interventions pratiques principales pour détruire les mauvaises herbes. Elles seront complétées par le sarclage manuel, l'utilisation de paillis et la lutte thermique. Examinons ces pratiques en détail.

6.2 OPÉRATIONS DE JACHÈRE

Le terme jachère désigne toute pratique consistant à tenir un sol au repos pendant un laps de temps donné. À la limite, une période où l'on cultive des engrais verts pourrait aussi être considérée comme une jachère. Dans certains pays occidentaux, on subventionne les agriculteurs pour ne pas récolter de cultures sur une partie de leurs terres en période de surproduction : c'est une autre forme de jachère. Il existe aussi un mode de jachère où l'on laboure le sol à répétition, comme dans l'Ouest nord-américain. Cette pratique empêche les mauvaises herbes de se développer et conserve l'humidité du sol. Au Québec, on s'en sert pour détruire les mauvaises herbes vivaces sans utiliser d'herbicide, en particulier le chiendent.

Dans tous les cas où le chiendent ou certaines vivaces coriaces, comme le chardon, atteignent un niveau inacceptable, la jachère sera pratiquée pour en réduire les populations. Dans nos conditions, on préfère une courte jachère durant l'été, en conditions sèches. Il sera alors désirable de la faire suivre par un semis d'engrais vert d'automne qui visera à étouffer les repousses, à recycler les minéraux libérés durant la jachère, à stabiliser la structure et à protéger le sol.

Sur les fermes où on cultive des prairies, on effectue habituellement la jachère durant l'été après la première coupe de foin, parfois la seconde. Notons au passage, l'importance des jachères lorsqu'on alterne pommes de terre ou légumes avec des prairies. En effet, la prairie favorise l'installation d'une foule de parasites comme les hannetons, les noctuelles et les vers fil de fer qui sont dommageables aux cultures légumières. Les passages répétés de la machinerie lors de la jachère exposeront larves et œufs, tant à l'action desséchante du soleil, qu'à la consommation par des oiseaux, comme les goélands (figure 6.3).

Sur une ferme horticole, la jachère est particulièrement utile lors de la destruction d'une fraisière ou d'une aspergeraie, car les vivaces y prolifèrent habituellement. Le maraîcher peut, si nécessaire, effectuer une courte jachère entre ses cultures de primeur et ses engrais verts ou ses cultures d'automne, comme après une récolte de pois ou d'épinards. Il peut également effectuer une jachère au printemps avant l'implantation de cultures d'automne comme des crucifères, des laitues, des épinards ; attention à la perte d'humidité lors de travaux du sol à répétition ; prévoir de l'irrigation par la suite.

Avant de commencer, il faut se pencher sur le comportement de la plante vivace à détruire. Les rhizomes de chardon et de laiteron des champs sont profonds ; il faudra tenter de les extirper avec des dents de chisel ou un décompacteur fabriqué avec une vieille charrue (figure 6.4). Sur un champ non travaillé depuis quelques années, comme une prairie, le chiendent est localisé à 7 ou 8 cm de la surface, peut-être 10 cm. Dans ce cas, il faudra concentrer le travail près de la surface et éviter de commencer par un labour qui éloigne les rhizomes de la surface. Si le champ a été travaillé régulièrement et labouré, le chiendent sera réparti sur l'ensemble de la couche arable ; on devra ajuster les équipements en conséquence pour extirper le chiendent.

Il faut aussi se pencher sur la biologie de la plante cible. Le chardon utilise les réserves de ses rhizomes pour soutenir sa croissance végétative jusqu'à la floraison, moment où il est le plus affaibli. Le chiendent commence à accumuler des réserves dès que le feuillage atteint environ 10 cm de long ; il peut devenir dormant en période de forte sécheresse ou en période froide en automne. Lorsque le chiendent pousse, il vide les réserves sucrées de ses rhizomes jusqu'au moment où le feuillage est suffisamment établi pour recommencer à transférer des hydrates de carbone vers les rhizomes.

La jachère vise à épuiser les réserves des rhizomes et à empêcher leur enrichissement en sucres. Dans tous les cas, il est préférable de travailler en conditions sèches et venteuses afin d'exposer les rhizomes à la destruction par assèchement.

Les interventions mécaniques varient selon l'outillage disponible sur la ferme. Examinons quelques possibilités.

Sur une vieille prairie, on commence le travail en utilisant un disque offset lourd qui permet de lacérer la « couenne » (figure 6.5). On peut louer cet équipement ou faire faire le travail à forfait. On vise à obtenir des mottes pas trop grosses ; deux passages peuvent être nécessaires. Ce travail est suivi de hersages soit avec un vibroculteur à bon dégagement, soit avec un cultivateur lourd (figures 6.6 et 6.7) ; un rotoculteur ou un cultivateur rotatif pourrait être utilisé ; son travail est plus lent, mais plus agressif. On évite de travailler plus profondément que la localisation des rhizomes afin de ne pas remonter de sol inutilement ; ils sont alors mieux exposés aux éléments.

Plusieurs croient que la division du chiendent par les disques est nocive. Oui et non. Oui, si on ne répète pas les passages jusqu'à son épuisement ou sa destruction ; non, si on poursuit le travail avec discipline pendant quelques semaines et qu'on l'étouffe ensuite avec un engrais vert. Les rhizomes sectionnés s'épuisent plus facilement que des rhizomes longs qui peuvent transférer des hydrates de carbone sur une plus grande longueur.

Un agriculteur peut commencer sa jachère en rotocultant la prairie superficiellement, puis en poursuivant avec des outils à dents. Si le sol est très inégal, les parties les plus basses ne seront peut-être pas travaillées. Cette technique s'applique sur des fermes de petite dimension, car le passage du rotoculteur est long.

Plusieurs producteurs utilisent un cultivateur lourd ayant un bon dégagement pour lacérer la prairie et soulever le chiendent qui est implanté juste au-dessous de la surface, dans les premiers centimètres de sol. Certains utilisent des pattes d'oie allant jusqu'à 15 ou 18 cm de large pour bien remonter le chiendent vers la surface et l'exposer au soleil. L'angle d'attaque des pointes doit être approprié pour assurer une bonne pénétration dans le sol.

Une autre technique consiste à effectuer un labour mince juste au-dessous du niveau du chiendent, puis à disquer et à poursuivre avec un vibroculteur ou un cultivateur lourd. Un labour à 10 cm est difficile à effectuer. On observe fréquemment l'erreur de labourer à 15 ou 20 cm et de placer le chiendent hors d'atteinte.

Dans des champs cultivés où le chiendent est présent sur tout le profil travaillé, on devra herser sur toute la profondeur de la couche arable. On peut travailler avec un décompacteur ou un chisel, idéalement équipé de pattes d'oie (figure 6.8). On peut effectuer deux passages croisés de chisel ou de décompacteur et poursuivre la jachère soit avec un cultivateur lourd, soit avec un rotoculteur.

En général, quatre ou cinq passages à quatre ou cinq jours d'intervalle sont nécessaires lors d'une période très sèche (figures 6.9 et 6.10). Si les conditions sont humides, qu'il pleut après nos passages et que les rhizomes reprennent facilement, le chiendent s'épuisera par des repousses répétées. Il faut repasser alors que les pousses atteignent 10 cm ; le laps de temps entre les passages sera plus long. En automne, le chiendent est moins actif et les conditions moins asséchantes ; on évite la pratique de la jachère à cette époque.

La jachère effectuée en bonnes conditions stimule le développement de l'activité biologique et donc la minéralisation et l'humification des matières organiques accumulées. Un apport de compost et de chaux au moment de la jachère est une bonne pratique. La décomposition des résidus aide à la formation d'une structure grumeleuse dans le sol, donc à un meilleur potentiel de rétention d'eau et de croissance. La minéralisation des matières organiques entraîne une grande disponibilité de minéraux dans le sol. Il faut s'assurer de les conserver par un semis d'engrais vert ou d'une culture d'automne. L'engrais vert va stabiliser la structure par ses racines, par sa décomposition ultérieure et conservera azote, potasse et autres minéraux. Il étouffera les dernières pousses survivantes de vivaces et nous garantira des conditions propres l'année suivante.

Le couvert d'un engrais vert d'automne offre des conditions très favorables pour un semis subséquent. Au printemps suivant, on a habituellement de très belles conditions pour le semis. Ces travaux peuvent sembler onéreux, mais la stimulation de la minéralisation combinée à un bon contrôle des mauvaises herbes donne parfois des augmentations appréciables dans le rendement des cultures. On doit calculer l'amortissement des coûts sur toute la rotation.

Pour la mise en culture maraîchère de nouvelles terres, on peut prendre plus de temps pour préparer les sols et s'assurer que la jachère est très bien réussie. L'infestation de plantes difficiles à détruire comme le chardon ou le chiendent justifie une telle pratique. On commencera la jachère au printemps puis on sèmera un sarrasin qu'on laissera pousser environ cinq semaines ; on enfouira le sarrasin par disquage et on poursuivra la jachère durant quelques semaines avant de compléter par un engrais vert d'automne étouffant.

La plantation de vivaces sensibles à la compétition de mauvaises herbes vivaces comme des bleuets, des framboisiers, des asperges justifie même de prendre deux ans pour préparer les sols ; il en va de même pour une forte infestation de souchet, par exemple. On ne doit pas tenir le sol en jachère pendant deux ans. On alternera alors des périodes où le sol est travaillé et des périodes en engrais verts.

Comme on peut le voir, les techniques de jachère sont très variables. Le plus important, c'est d'abord la régularité des interventions. On ne répétera jamais trop qu'une bonne synchronisation est aussi importante que la nature de l'intervention. Il est essentiel de terminer une jachère après l'avoir commencée, sinon le chiendent et les autres vivaces prolifèrent : il s'agit là d'une erreur commune. Il faut aussi bien étudier les habitudes des plantes à détruire et travailler à la fréquence et à la profondeur appropriées.

La préparation des sols et l'implantation des cultures jouent aussi un rôle important dans la gestion des mauvaises herbes (section 3.1).

6.3 OPÉRATIONS DE BINAGE

Une fois la culture implantée, on doit entretenir la couche superficielle du sol en brisant la croûte de battance qui s'y forme autour des plantes cultivées. Cette opération agricole qui consiste à travailler la partie superficielle du sol pour rompre la continuité de la capillarité entre les couches profondes et la surface et détruire les mauvaises herbes s'appelle binage. Le binage est très stimulant pour la croissance des plants. De plus, l'activité biologique des sols est favorisée par l'amélioration de l'oxygénation, de la respiration des racines et des échanges nutritifs dans le sol. Dans une période sèche, la couche superficielle de sol meuble protège les réserves d'humidité du sol en coupant la remontée capillaire de l'eau. Lorsqu'il pleut, la présence de sol meuble améliore la pénétration de l'eau, ce qui aide aussi à diminuer l'érosion.

Le binage sert souvent à sarcler et le sarclage à biner. Par définition, le sarclage vise à déraciner, assécher ou enterrer les mauvaises herbes, et le binage à briser la croûte de battance. Il faudrait biner tous les 7 à 10 jours au début de la saison pour maintenir le sol ouvert et garder les mauvaises herbes en respect.

En culture maraîchère, on peut très bien biner avec tous les principaux sarcloirs en rang décrits ci-dessous. En grande culture, on bine à l'aide d'une houe rotative ou d'une bineuse à peigne, ou herse étrille (figure 6.11). En culture maraîchère, la houe rotative n'offre un intérêt que pour le maïs sucré cultivé sur une échelle relativement importante.

On constate une innovation importante ces dernières années : certains maraîchers ont développé l'utilisation de la bineuse à peigne, ou herse étrille, conçue pour les céréales et les grandes cultures, dans une variété de cultures légumières. Plusieurs modèles sont disponibles sur le marché québécois et peuvent être utilisés en culture légumière, entre autres : Lely, Hatzenbichler, Einböck, Rabe Werke. Les trois derniers appareils sont disponibles en sections de 1,5 m ; pour la culture légumière, c'est le dernier qui s'avère le plus facile à ajuster.

Certains maraîchers l'utilisent dans presque toutes leurs cultures ; ils passent en pré-émergence dans les cultures semées suffisamment profondément. Ils binent dès que les plants sont bien enracinés après la plantation dans des cultures transplantées comme le chou, la fraise et la laitue, et s'en servent même dans des cultures délicates comme l'oignon, l'oignon à botteler et la carotte.

Lorsqu'on arrive à passer au moment approprié sur des mauvaises herbes à la levée, au stade dit fil blanc, ou au stade cotylédon ou premières feuilles, les premières pousses de mauvaises herbes sont très réduites. Comme l'appareil peigne tout le sol, même sur le rang, il réduit de beaucoup la pression des mauvaises herbes sur le rang. Il faut bien vérifier qu'on n'endommage pas les cultures par dommage mécanique ou en les enterrant ; dans certains sols de tels appareils ne sont pas appropriés.

Un maraîcher québécois a importé la vibrobineuse Kress, un genre de herse à pacage légère supportée par un bâti ; il la passe dans plusieurs cultures soit en pré-émergence, soit après l'établissement de la culture. Divers modèles sont adaptés à divers types de sol.

Dans de petites parcelles et en culture intensive manuelle, on bine à l'aide d'un outil manuel dit binette à dents ou « diable ». Sur des parcelles de dimension modeste, en période pluvieuse prolongée interdisant l'utilisation des outils tractés, on peut justifier des binages manuels pour éviter l'infestation de mauvaises herbes.

6.4 OPÉRATIONS DE SARCLAGE

Le sarclage fait l'objet d'un rare consensus parmi les maraîchers pratiquant la culture biologique. Tous sont prêts à admettre que le sarclage est, avec la fertilisation, le défi technique le plus important. Il a une très grande incidence sur les coûts de production.

Les sarclages les plus efficaces sont effectués lorsque les mauvaises herbes annuelles sont au stade cotylédon ou fil blanc (germe), à la rigueur au stade des premières ou deuxièmes feuilles ; à ce moment, elles sont facilement détruites par assèchement ou elles sont enterrées (figure 6.12). Le stade approprié varie selon l'espèce. L'action du sarclage vise à couper, déraciner, enterrer ou extirper les mauvaises herbes. Les points de croissance enterrés limitent la reprise alors que les racines ou le feuillage exposés au soleil entraînent la mort du plant. Un plant avancé est plus difficile à détruire, car les racines abondantes, en contact avec le sol, peuvent se réenraciner.

Des conditions sèches, ensoleillées et venteuses sont idéales pour le sarclage. Les années humides, la réussite du sarclage est plus difficile. Le choix du moment est plus important que l'appareil utilisé. Une bonne régie avec des équipements sommaires donnera de meilleurs résultats qu'un appareil très sophistiqué passé trop tard ou en conditions trop humides. Par contre, la conception des sarcloirs est possiblement le domaine technique où il existe le plus de diversité. Le sarclage manuel, coûteux, doit être réduit au minimum.

Il est bon de rappeler qu'il faut au départ un bon design du système de production. Celui-ci est composé des aspects suivants : une judicieuse rotation des cultures, une fertilisation bien calibrée, une bonne préparation des sols avec labour au besoin, une introduction de périodes de repos qui brisent le cycle de plusieurs mauvaises herbes et qui contribuent à la diminution de la banque de graines (prairies), une systématisation des engrais verts, un déchaumage rapide après la récolte, des binages fréquents. Toutes ces mesures préventives et culturales concourent à assurer des cultures propres. Les vivaces doivent être détruites lors de la préparation du sol ; le chiendent ne sera éliminé que par une jachère soignée, combinée à des engrais verts, ou par un sarclage manuel très coûteux et souvent peu efficace. Les vivaces restantes ne sont généralement détruites en cours de culture que par l'extirpation et l'exposition au soleil ; celles qui repoussent sur le rang ne seront souvent pas très affectées par le sarclage mécanique, mais elles peuvent être affaiblies par un couvert végétal dense.

6.4.1 SARCLOIRS CONVENTIONNELS

Les sarcloirs sont constitués d'une barre porte-outils qui peut être installée sous le tracteur, à la vue de l'opérateur, qui corrige l'alignement de l'appareil par la conduite du tracteur (figure 6.13). Il ajuste aussi la hauteur de la barre pour contrôler la profondeur de travail. Habituellement, le travail sera complété par un sarcloir placé derrière les roues du tracteur (figure 6.14).

Un sarcloir monté à l'arrière du tracteur, sur les trois points, est plus difficile à opérer : souvent lorsqu'on regarde à l'arrière pour vérifier l'alignement ou la profondeur de travail, on donne un petit coup de volant qui déplace le sarcloir (figure 6.15). Le sarcloir se déplace latéralement dans le sens contraire aux roues avant du tracteur. En grandes cultures, les sarcloirs montés à l'arrière sont la norme. Certains modèles sont guidés par un ouvrier assis à l'arrière : ils permettent un passage plus précis et requièrent une main-d'œuvre supplémentaire (figure 6.16).

Les sarcloirs les plus communs sont équipés de dents droites rigides munies de ressorts, dites étançons, de dents en « C » munies de ressorts ou de dents vibrantes type vibroculteur (figures 6.17, 6.18 et 6.19). Ces dents sont équipées de pointes diverses qui travaillent le sol et le déplacent. Les pièces travaillantes, pointes, socs, ou disques peuvent être de divers types (figure 6.20) :

- — pointe bombée ou droite, souvent réversible,
- — pattes d'oies de 5 à 25 cm de largeur,
- — pattes d'oies pour sarcloir lourd de 30 à 60 cm de largeur,
- — divers couteaux, principalement en forme de L (figure 6.21),
- — des disques (figure 6.22),
- — des éléments buttants divers (figures 6.23 et 6.24).

Les pointes moins larges visent à ouvrir le sol en le déplaçant peu, à enterrer légèrement les pousses de mauvaises herbes ou à les assécher. Les pattes d'oies visent à extirper les plants plus développés, à les couper au niveau du sol ou à les exposer au soleil. Elles peuvent également enterrer les pousses et elles déplacent de la terre vers la base des plants sur le rang. On monte parfois les deux types de pointe sur le même appareil, petites pointes à proximité des rangs et pattes d'oies plus loin, au centre de l'entre-rang. On coupe parfois l'ailette de la patte d'oie du côté du rang pour déplacer moins de sol.

On peut généraliser et dire que plus les dents sont rigides et plus les pointes sont larges, plus il est facile de déraciner des mauvaises herbes plus grosses. La vitesse d'avancement aura aussi une incidence sur l'action de l'appareil.

Les couteaux, de designs variés, ont des lames horizontales qui visent à couper les mauvaises herbes au niveau du collet. Ils soulèvent le sol et le déplacent peu latéralement. Souvent en forme de L, la partie verticale passe à proximité du plant, en le protégeant un peu contre le déplacement de sol.

En Californie, des couteaux à 135° sont beaucoup utilisés pour le flanc des billons. En conditions humides, les lames et les pattes d'oies peuvent lisser le sol. Il faut donc être prudent et choisir des angles de pénétration qui diminuent le contact et l'effet lissant tout en favorisant une bonne pénétration dans le sol.

Des disques sont souvent montés sur le sarcloir pour éloigner la terre des plants ou, au contraire pour les butter. Bien ajustés, ils permettent un bon gain d'efficacité lors du sarclage. On les utilise aussi, en plasticulture, pour nettoyer les abords des paillis de plastique. On combine souvent un disque qui déchausse suivi d'un disque qui renchausse. Lorsque la culture est très jeune ou lorsque la rosette de feuilles ne tolère pas le buttage, on n'utilise ce dispositif que pour éloigner la terre des plants ; ce travail laisse parfois, en sol battant, une bande non travaillée qui sèche, se contracte et endommage le collet des plants.

Des écrans peuvent être installés à proximité des rangs pour contrôler le déplacement de sol et éviter d'enterrer les cultures. Des disques et des roues-soleils sont utilisés à cet effet ; ils sont ronds et passent en roulant près des plants, à proximité des dents les plus rapprochées du rang qui risquent de déplacer de la terre. Des tôles et des tunnels, de 60 cm à 1 m de long, montés sur parallélogramme, sont aussi utilisés comme écran (figure 6.25) ; ils sont à privilégier en culture biologique, car on peut les ajuster, en les soulevant légèrement du sol, pour effectuer un déplacement contrôlé de sol vers le rang de toutes les cultures qui tolèrent un buttage léger. Cette pratique réduit fortement la pousse des mauvaises herbes sur le rang et les coûts de sarclage manuel.

Les sarcloirs conventionnels sont souvent montés sur des parallélogrammes qui leur permettent de bien suivre la surface du sol et de maintenir l'uniformité de la profondeur de pénétration (figure 6.26). Sur les sarcloirs montés à l'arrière du tracteur, on utilise souvent des roues de profondeur conjointement à chaque parallélogramme pour éviter que la pénétration trop profonde des pointes n'endommage les racines (figure 6.27). D'autres roues sont parfois montées sur la barre porte-outil pour stabiliser le suivi du terrain et assurer la profondeur, de même que des coutres pour compenser la dérive latérale du tracteur.

Il existe des systèmes de guidage qui corrigent la dérive et maintiennent le sarcloir sur sa ligne. Divers appareils requièrent un opérateur assis à l'arrière pour guider le sarcloir avec l'aide de systèmes mécaniques ou hydrauliques. Cette pratique permet habituellement des ajustements plus précis et des passages à grande proximité de la culture. De plus, le travail est plus rapide et moins fatigant que de guider un appareil monté sous le tracteur, et le chauffeur et l'opérateur peuvent alterner les tâches pour limiter la fatigue.

Des systèmes de guidage électronique ont été développés. Ils sont munis de senseurs optiques ou de contact. Ils assurent un suivi plus précis des rangs et réduisent aussi la fatigue de l'opérateur. Ils perdent de leur efficacité s'il y a beaucoup de mauvaises herbes, compliquant la localisation du rang pour l'opérateur. On utilise aussi le guidage par GPS sur les fermes de plus grande taille.

Un autre système de guidage simple et efficace consiste à ouvrir un sillon en forme de V lors du semis, de la transplantation ou du façonnage du sol, en ligne avec les roues avant du tracteur utilisé pour le sarclage (figure 6.28). Le tracteur est alors muni d'un pneu spécial avec une bosse centrale qui suit le sillon ; le sarcloir monté à l'arrière est aussi muni de roues guides en forme de V qui suivent le sillon et assurent un suivi précis des rangs de légumes (figure 6.29).

Pour un certain nombre de cultures comme la pomme de terre, la tomate, l'aubergine, presque toutes les crucifères, le céleri, les liliacées, les légumineuses et le maïs sucré, le buttage est une des meilleures techniques pour recouvrir les mauvaises herbes sur le rang et diminuer de beaucoup la nécessité de sarclages manuels. Certaines de ces cultures ne peuvent recevoir que 2, 3 ou 4 cm de sol, mais d'autres se prêtent à des renchaussages répétés, en deux ou même trois ou quatre passages formant un billon important. La qualité de l'ajustement, l'ajout de disques ou d'éléments billonneurs, et l'utilisation judicieuse des écrans protecteurs pour contrôler le déplacement de sol peuvent avoir un impact important sur la gestion des mauvaises herbes et les coûts de désherbage manuel. Cependant, il faut rappeler que le plus important est de passer lorsque les mauvaises herbes sont encore faciles à enterrer.

Dans tous les cas, il convient de préciser que l'appareil choisi le sera en fonction du système de culture et du nombre de rangs implantés à la fois. Par exemple, si on sème ou plante 2, 3, 4 ou 6 rangs à la fois, le sarcloir sera installé en fonction des largeurs de travail au moment de l'implantation. Sur les petites fermes, on implante et on sarcle sous le tracteur alors que sur les grandes fermes, on travaille avec des largeurs plus grandes.

6.4.2 SARCLOIRS SPÉCIAUX

Il existe aussi divers sarcloirs spéciaux à la disposition des agriculteurs :

— le sarcloir rotatif à fraises,

— le sarcloir rotatif à doigts de caoutchouc,

— le sarcloir rotatif à dents en étoile,

— le sarcloir cage-écureuil,

— le sarcloir polyvalent Bezzerides,

— le sarcloir à piochons,

— le sarcloir à brosses Bärtschi,

— le sarcloir rotatif Eco (Reigi).

A. Sarcloir rotatif à fraises

Les sarcloirs rotatifs à fraises sont conçus comme de mini rotoculteurs installés entre les rangs des cultures, montés sur une barre porte-outil et entraînés par la prise de force (figure 6.30). Des couteaux semblables à ceux d'un rotoculteur fraisent le sol de façon relativement agressive en arrachant et hachant les mauvaises herbes, ce qui est efficace pour les annuelles assez vieilles, moins pour le chiendent. À vitesse de rotation élevée, ils peuvent affiner le sol et entraîner la formation d'une croûte de battance.

Les éléments sarcleurs sont disponibles en diverses largeurs selon les espacements ; sur certains modèles ils peuvent être modifiés par l'ajout de couteaux et par l'enlèvement des panneaux de côté pour permettre un certain mouvement latéral du sol. On peut aussi ajouter une renchausseuse à l'arrière. Certains modèles sont conçus pour la rénovation de fraisiers en rangs nattés ; ils rotocultent fraisiers et mauvaises herbes et buttent légèrement la zone centrale du rang.

B. Sarcloir rotatif à doigts de caoutchouc

L'appareil le plus répandu est fabriqué par Buddingh et consiste en deux paires de roues montées en étoile avec des doigts de caoutchouc à l'horizontale (figure 6.31). À la verticale, des dents de métal binent le sol et entraînent les doigts de caoutchouc qui peuvent biner sur le rang en touchant la tige des plants sans l'endommager. Le sarclage sur le rang est efficace quand les mauvaises herbes sont jeunes. Très utilisé dans les fraises l'année de plantation, il a été conçu au départ pour des espacements larges, mais certains maraîchers l'ont modifié pour des espacements plus rapprochés. Une variante développée en Allemagne par Kress est disponible en plusieurs modèles, avec diverses rigidités de caoutchouc, et plus facile à utiliser dans des cultures rapprochées.

C. Sarcloir rotatif à dents en étoile

Le sarcloir rotatif Lilliston ou Howard est constitué de roues de dents courbées en étoile (ou araignée) montées par groupes de quatre ou cinq sur des barres rondes (figure 6.32). L'angle de travail peut être modifié de diverses façons, ce qui permet, par l'action roulante, de déplacer le sol de surface soit dans le sens du rang, soit en l'éloignant du rang, ou même en renchaussant légèrement. Les dents ne coupent pas les mauvaises herbes, mais elles les arrachent, les déplacent, les extirpent ou les enterrent ; les dents se nettoient en travaillant. Très utilisé en Californie, l'appareil demande une certaine vitesse de travail pour être efficace. On s'en sert aussi pour travailler le flanc des billons. Il présente un intérêt particulier pour la plasticulture, car il recouvre le bord d'un paillis de plastique sans risquer de le déchirer ou de le déterrer. S'il est passé trop tard, son efficacité diminue.

Un appareil analogue, développé par Hatzenbichler, utilise des roues de dents plus minces, dites étoiles, à mouvement autonome permettant un sarclage plus agressif (figure 6.33). En sol très pierreux, ces appareils sont moins efficaces. Ils travaillent bien aussi dans un système de culture sur billons et peuvent butter des pommes de terre. Ils peuvent être munis d'un système de réglage en marche.

D. Sarcloir cage-écureuil

Un sarcloir développé par la compagnie Buddingh consiste en une série de cages-écureuil montées en lignes sur deux barres parallèles, installées sous le tracteur ou sur l'attelage de trois points (figure 6.34). Les cages sont fabriquées sur mesure en fonction des espacements entre les rangs ; l'appareil ne peut pas facilement être modifié pour des espacements différents. En opération, la première ligne de cages avance en roulant et en brisant la croûte superficielle. Une roue dentée située sur le bout de la barre entraîne une chaîne qui fait tourner une seconde roue dentée plus petite située sur la deuxième barre. Les cages de seconde ligne tournent donc plus vite que l'avancement du tracteur, ce qui déplace le sol vers l'arrière avec un bon effet de binage et de sarclage (figure 6.35) ; l'appareil déplace peu de sol latéralement et il n'est pas nécessaire de protéger les jeunes cultures.

Cet appareil permet un passage très rapide, jusqu'à 12 km/h, car même si l'opérateur s'éloigne accidentellement de sa ligne, le feuillage des plants n'est pas endommagé et les plants bien enracinés ne sont pas déracinés. Le seul ajustement possible consiste à dévisser des boulons et déplacer les cages latéralement sur la barre. L'opération est relativement longue mais assez simple. La zone de 10 ou 12 cm entre les cages n'est pas sarclée. Dans de jeunes cultures, un maraîcher américain passe une fois à proximité du rang et repasse aussi très près dans l'autre sens, ce qui laisse moins de 12 cm non sarclés.

E. Sarcloir polyvalent Bezzerides

L'entreprise Bezzerides Brothers fabrique en Californie toute une gamme d'équipements pour le sarclage et l'éclaircissage dans les cultures légumières et fruitières. Les équipements les plus communs sont les ressorts Torsion weeder, les roues-araignées, les lames butteuses flexibles (figure 6.36). Les roues-araignées binent l'abord du plant et brisent la croûte, sans trancher comme un disque conventionnel. Le sol étant ameubli, le ressort, ajusté pour passer à un angle à proximité du plant permet de compléter le binage, tout en soulevant et déracinant les mauvaises herbes ; il peut travailler sous les feuilles. Ces outils déplacent peu de sol et requièrent une grande précision dans le travail et beaucoup d'ajustements (figure 6.37). Les lames butteuses déplacent une quantité modérée de sol vers la base des plants pour y couvrir les petites mauvaises herbes.

F. Sarcloir à piochons

De nombreux maraîchers utilisent des sarcloirs à « piochons » qui se sont particulièrement développés dans le tabac et la fraise, mais qu'on trouve aussi en modèle deux-rangs (figure 6.38). Un opérateur assis à l'arrière opère, à l'aide de manches, deux pioches qui travaillent à proximité des plants et entre les plants sur le rang, ce qui réduit la nécessité de sarclage manuel (figure 6.39). Comme toujours, un passage au moment approprié augmente la qualité du résultat. L'angle des pioches peut être modifié pour déchausser ou renchausser les cultures selon l'objectif visé. Un maraîcher s'est fabriqué un tel appareil sur un vieux vibroculteur qui sarcle l'espace entre les rangs ; les employés disposent de miroirs pour pouvoir observer le rang à sarcler, tout en gardant le dos droit pendant l'opération, ce qui diminue la fatigue.

G. Sarcloir à brosses Bärtschi

Le sarcloir à brosses Bärtschi consiste en une série de brosses rotatives en polypropylène montées sur un axe horizontal perpendiculaire aux rangs des cultures (figures 6.40, 6.41 et 6.42). La vitesse d'avancement du tracteur est relativement lente, jusqu'à 1 km/h ou moins. Les brosses sont situées entre les rangs et tournent à une vitesse relativement lente en repoussant une légère couche de sol et les mauvaises herbes de 20 à 40 cm vers l'arrière. Des tunnels protecteurs (de 5 ou 10 cm de largeur et 20 cm de hauteur) sont placés sur le rang pour protéger les plants ; l'avant de ces écrans comporte un design ingénieux avec une pointe pénétrant légèrement dans le sol qui soulève les feuilles de plantes pour les ramener à l'intérieur de l'écran, ce qui permet, pour un plant établi, d'aller sarcler sous les feuilles sans les endommager. Les brosses travaillent à proximité de la surface sans endommager les racines.

Porté sur le relevage à trois points du tracteur, l'appareil demande un opérateur pour le guider. S'il est monté en position centrale sur le tracteur, il est guidé par le chauffeur. En sol pierreux, le montage central est préférable ; ce type de montage est aussi moins coûteux. Un modèle plus élevé, développé pour les pépinières forestières, permet de passer dans des cultures étroites et hautes ; il se monte en position arrière. L'action des brosses sur le sol et les mauvaises herbes est efficace parce que tout le sol superficiel en contact avec la brosse est déplacé de même que les petites mauvaises herbes. Des mauvaises herbes relativement avancées (20 à 30 cm de hauteur) peuvent même être enterrées complètement. L'appareil est répandu en maraîchage biologique en Europe centrale, car malgré un prix élevé, il réduit fortement les coûts de sarclage. Si la surface du sol est très inégale, l'appareil perd en efficacité. Un avantage consiste dans le fait qu'il peut travailler le sol en conditions relativement humides. Il existe un autre appareil à brosses fabriqué en Scandinavie dont l'action rotative part d'un axe vertical.

H. Sarcloir rotatif ECO (Reigi)

La compagnie Univerco n'utilise plus le nom Reigi pour son sarcloir rotatif, mais sur le terrain, l'utilisation de l'ancien nom est encore généralisée. Développé sur un principe de sarcloir à piochons, c'est-à-dire que les parties travaillantes sont approchées ou éloignés des plants par un employé qui contrôle des manches, le sarcloir Eco (Reigi) est un appareil actionné par la prise de force, avec des dents rotatives qui tournent, sur un axe vertical, dans le sol à proximité des plants (figure 6.43). Il existe en version un, deux ou quatre rangs avec des pièces travaillantes de dimensions variables pour différentes cultures. On peut ramener les pièces travaillantes entre les cultures sur le rang, ce qui diminue la nécessité de sarclage manuel. Il peut aussi travailler en plasticulture. Une fois ajustés, les équipements ne se déplacent pas à la verticale et ne travaillent pas l'allée dans un système de planche relevée. Si le niveau de la surface varie, l'appareil perd beaucoup de son efficacité. Agressif, il réussit à déraciner des mauvaises herbes très avancées.

Actuellement, de nombreuses recherches visent à développer des appareils de sarclage robotisé.

6.4.3 SARCLAGE MANUEL

Tous les maraîchers cherchent à diminuer autant que possible le sarclage manuel. Par contre, il est rarement possible de s'en passer complètement. La présence de travailleurs agricoles réguliers et efficaces constitue un facteur clé. L'utilisation d'outillage en bon état et bien aiguisé, de même que de machineries ou de plateformes automotrices ou montées sur le tracteur permettant de travailler assis ou à plat ventre, aide à accélérer les opérations de sarclage tout en diminuant la fatigue des employés (figures 6.44, 6.45, 6.46 et 6.47).

L'entreprise Elomestari a développé divers modèles de plateformes d'assistance au sarclage, notamment le Weed-Master.

Dans tous les cas, il est essentiel d'optimiser les opérations mécanisées pour ne jamais en venir à perdre de vue la culture et à être réduit à un arrachage manuel, ce qui est tout à fait ruineux. Il est essentiel que les outils à manche soient utilisés lors du sarclage manuel et que seuls les plants à grande proximité des cultures soient arrachés avec les mains.

Certains préfèrent payer les employés à l'heure, alors que d'autres considèrent qu'un système de prime à la production permet d'obtenir de meilleurs résultats. Un contrôle régulier et soigné de la qualité du travail effectué par le personnel est hautement désirable. Lorsque la dimension de l'entreprise le permet, certains maraîchers nomment un chef d'équipe responsable de l'organisation et du contrôle du travail. Certains aiment beaucoup employer des équipes de travailleurs étrangers souvent plus habitués au travail dur du sarclage.

Il y a des fermes biologiques québécoises où le nom de l'employé responsable est placé au bout du rang (figure 6.48). À la fin du sarclage, le rang est évalué conjointement par l'employé et le contremaître pour s'assurer que le travail est satisfaisant. La qualité du sarclage est d'une telle importance qu'une négligence, même faible, peut entraîner des problèmes sérieux récurrents pendant plusieurs années. En Allemagne, des maraîchers effectuent cette évaluation une semaine après le travail et ils réduisent le salaire si le travail a laissé des mauvaises herbes et nécessite des retouches.

Des études suisses font ressortir, pour le sarclage, des exigences en main-d'œuvre hautement variables selon la pression de mauvaises herbes d'un champ donné. En conditions de forte pression, pour un hectare de culture, on a observé des besoins dépassant 100 heures dans le cas des pommes de terre, de plus de 700 heures pour le démariage et le sarclage des betteraves, et jusqu'à 900 heures dans le cas des carottes (figure 6.49).

Avec de tels coûts, les agriculteurs choisissent généralement de laisser aller la situation et de ne pas nettoyer les champs avec les baisses de rendement conséquentes. La montée à graines des mauvaises herbes mène alors à l'accumulation d'une banque de graines dans le sol qui exacerbera le problème avec les années. Dans les sols très sales avec de fortes pressions de mauvaises herbes, il est fortement recommandé de mettre de côté temporairement la parcelle, de la semer en foin par exemple, de la laisser reposer et de la ramener en culture quelques années plus tard quand la pression de mauvaises herbes aura diminué.

6.5 OPÉRATIONS DE DÉCHAUMAGE

Le déchaumage est une opération qui consiste à travailler le sol après la récolte. Par le déchaumage, on cherche à broyer les résidus de cultures, à les enfouir superficiellement avec les mauvaises herbes et à favoriser leur décomposition. Le déchaumage aère le sol, favorise la pénétration des pluies et stimule l'activité biologique. Parfois, un broyage préalable s'avère nécessaire.

L'impact sanitaire du déchaumage est capital. Il arrête la maturation des graines de mauvaises herbes annuelles et détruit plusieurs mauvaises herbes vivaces. Il amorce la germination des graines de mauvaises herbes qui seront ensuite détruites par l'hiver ou par le travail du sol, et il interrompt le cycle évolutif des maladies qui vivent dans les résidus de cultures. Le déchaumage expose les larves et les œufs d'insectes au soleil et aux oiseaux, et détruit les insectes installés dans les résidus de culture ou, à tout le moins, il perturbe leur cycle. Il sert aussi à préparer un lit de semences pour le semis de l'engrais vert. On pourra donc laisser le sol protégé contre l'érosion avant l'hiver si un labour n'est pas prévu.

Pour déchaumer, on peut utiliser les équipements suivants : herse à disques, disques offset, cultivateur à dents, cultivateur lourd, chisel, machine à bêcher, cultivateur rotatif ou rotoculteur. Le moment du déchaumage est souvent tout indiqué pour effectuer le sous-solage, car les sols sont souvent moins humides à la fin de la récolte.

Le déchaumage se pratique le plus rapidement possible après la récolte, en conditions modérément humides pour ne pas endommager la structure du sol (figure 6.50). On évite de trop affiner la surface en y laissant des mottes moyennes en surface. Si on ne recourt pas au labour ou aux engrais verts, on laisse également une certaine quantité de résidus pour protéger le sol en hiver. Si le sous-solage s'avère nécessaire, il faut le réaliser juste avant ou après le déchaumage. On peut faire suivre cette opération par un semis d'engrais vert (figure 6.51). Pour les récoltes tardives, en période plus humide, le labour est le travail le plus approprié dans certains cas.

6.6 UTILISATION DES PAILLIS

Dans le jardinage à petite échelle, on voit parfois l'utilisation de paillis végétaux (*mulching*) pour éliminer les mauvaises herbes. Cette pratique consiste à recouvrir le sol avec de la paille, du vieux foin, des copeaux de bois, du compost à demi décomposé ou toute autre matière végétale pour empêcher la pousse des mauvaises herbes, maintenir l'humidité du sol et fournir de la matière organique. Certains prônent même l'utilisation de cartons ou de journaux.

En production commerciale, l'utilisation de paillis végétaux est moins courante et plutôt réservée à certaines cultures. Ainsi, le paillis est communément utilisé dans la culture des fraisiers, d'où leur nom de « *strawberry* » (figure 6.52). Appliqué mécaniquement, il sert alors à protéger les plants pour l'hiver et sera déplacé vers la base des plants au printemps ; il est aussi utilisé pour plusieurs vivaces.

Le paillis peut être utile lors d'une année chaude et sèche, car il réduit l'évaporation d'eau à la surface du sol. Il protège la structure du sol contre la battance et, s'il est suffisamment épais, réduit le développement de certaines mauvaises herbes. Il protège les plants et les fruits des éclaboussures de terre. En se décomposant, il libère des minéraux et participe à la nutrition des plantes et des organismes du sol ; les vers de terre apprécient particulièrement les conditions retrouvées sous un paillis (figure 6.53).

Par contre, plusieurs désavantages accompagnent l'utilisation de paillis végétaux, dont la difficulté de mécaniser leur utilisation, ce qui représente un coût de main-d'œuvre élevé. Ils empêchent le binage et le sarclage mécanisé ou même à l'aide d'outils manuels, et comme ils contiennent habituellement des graines de mauvaises herbes dans le foin ou la paille, ils favorisent leur prolifération à moins qu'ils ne soient utilisés en une couche très épaisse. Ils favorisent aussi la reproduction des limaces et des rongeurs qui peuvent endommager sérieusement certaines cultures. En année sèche, ils ralentissent la pénétration de l'humidité dans le sol. De plus, ils maintiennent le sol plus frais, ce qui est plus désirable en régions très chaudes et sèches qu'au Québec, et réduisent même parfois le drainage et l'aération lors d'une année humide ; ils augmentent le risque de gel dans les situations où le sol tempérerait l'effet de l'air froid. En se décomposant, en particulier après l'incorporation au sol, ils peuvent entraîner des carences en azote et avoir des impacts phytotoxiques sur le semis et les cultures.

En grandes parcelles, l'emploi de paillis est donc plus approprié pour des cultures vivaces tels les petits fruits et les vergers où leur application est plus facilement mécanisable. En culture maraîchère, il sera généralement plus pratique d'utiliser des paillis de plastique avec impact thermique positif sur les sols et les cultures. Si on choisit d'utiliser des paillis végétaux, il faut bien cibler les cultures qui en feront l'objet et attendre que le sol soit suffisamment réchauffé avant leur application. Les plantes qui demandent une bonne circulation d'air à la base, comme les laitues, ne doivent pas être paillées. En année sèche, des plantes voraces, comme les choux-fleurs, peuvent profiter d'un paillis de foin de légumineuse. Les arbres et les arbustes apprécient le bois raméal fragmenté.

6.7 PYRODÉSHERBAGE

La première utilisation de contrôles thermiques pour les mauvaises herbes remonte au XIXe siècle aux États-Unis. On utilise aujourd'hui des jets de flammes au gaz propane. La technique consiste à donner un choc thermique à des mauvaises herbes, pendant une fraction de seconde, ce qui endommage les tissus et entraîne la mort de la plantule. On l'utilise soit en pré-émergence dans des cultures germant très lentement, soit dans des cultures dont les tissus toléreront un certain contact sans dommage sérieux ou en protégeant les plants au moyen d'écrans. On utilise aussi le choc thermique pour le défanage des pommes de terre. En Europe, la pratique est largement répandue sur les fermes maraîchères biologiques.

6.7.1 BRÛLAGE EN PRÉ-ÉMERGENCE

La technique la plus fréquente est le passage en pré-émergence dans des légumes qui émergent lentement (figure 6.54). On brûle les mauvaises herbes établies sur le rang juste avant l'émergence de la culture. Pour assurer une bonne destruction, il faut que les mauvaises herbes aient germé le plus possible. Certains maraîchers préparent les sols quelques jours avant de semer la culture pour assurer de meilleures chances de succès. Certains placent une plaque de verre témoin en un endroit représentatif du champ pour hâter la germination. Dès que la culture est levée sous la plaque, ils brûlent les mauvaises herbes sur le rang. Cette technique est utilisée d'abord et avant tout dans les carottes, mais aussi dans d'autres cultures à germination lente comme le persil, les oignons semés, les panais et même dans les betteraves. Si la plupart des mauvaises herbes ont fini de germer, l'effet est efficace ; mais si la germination se poursuit activement après le traitement, l'efficacité est évidemment réduite. Les graminées annuelles, dont le point de croissance est situé dans le sol, repoussent. Les vivaces sont peu affectées.

6.7.2 BRÛLAGE SÉLECTIF

On effectue le brûlage sélectif en dirigeant un jet à la base de plants établis (figure 6.55). Ce type de brûlage est utilisé dans les vergers, les vignes, les pépinières, ainsi que des cultures qui tolèrent un certain contact avec la flamme, comme le maïs ou les oignons. Avec des écrans de protection adaptés ou en accélérant la vitesse d'avancement pour réduire le degré d'exposition des cultures, on peut passer dans un grand nombre de cultures. On doit effectuer une mise au point précise selon l'appareillage utilisé, le débit du gaz, l'état des cultures et des mauvaises herbes, la vitesse d'avancement du tracteur, et plusieurs autres facteurs. Plusieurs modèles d'équipements sont commercialisés par bon nombre d'entreprises en Europe ; certains sont distribués au Québec ; on trouve aussi des fabricants québécois dans ce domaine, habituellement des artisans. Il existe aussi des modèles qui peuvent être utilisés à échelle manuelle (figure 6.56).

La technique a d'autant plus de potentiel de rentabilité que l'équipement permet une efficacité à faible débit et qu'il mène à une réduction appréciable du sarclage manuel. Il est évident que l'impact polluant est moindre que pour la plupart des herbicides si on prend en considération l'énergie nécessaire pour la dépollution des herbicides. Quelques fermes utilisent cette technique avec succès au Québec. Cependant, il faut faire preuve d'une grande prudence dans le design des systèmes à cause du caractère explosif de la matière première. Des accidents sérieux ont déjà eu lieu. On aura recours à des professionnels compétents. Il ne faut pas oublier que c'est une méthode complémentaire dans un bon programme de gestion et de prévention. Au Québec, Daniel Cloutier, de l'Institut de malherbologie, et Maryse Leblanc, de l'IRDA, travaillent activement à la mise au point de ces techniques. On devrait observer une expansion de son utilisation sous peu.

6.8 PERSPECTIVES D'AVENIR

Les coûts de l'énergie et la nécessité de réduire les gaz à effet de serre conduiront à de nouveaux développements à l'avenir. La question de l'implantation en semis et en plantation directe est plus que jamais posée. Elle se développe à l'aide d'herbicides en ce moment, mais des essais en culture biologique sont en cours. L'impératif de réchauffer nos sols au printemps ainsi que la courte durée de cette saison sont des handicaps comparativement à des contrées plus chaudes comme le Brésil ou les États-Unis.

L'utilisation de nouveaux produits comme l'injection de vinaigre pour contrôler les mauvaises herbes vivaces dans une plantation de canneberges ouvre également des perspectives nouvelles.

Chapitre 7

LA RÉCOLTE ET L'ENTREPOSAGE

INTRODUCTION

Tous les efforts consacrés à prodiguer des soins aux sols et aux plantes peuvent être anéantis par des techniques de récolte inappropriées et des mauvaises conditions d'entreposage. Ce sont des aspects à ne pas négliger.

7.1 MÉTHODES ET OUTILS DE RÉCOLTE

Pour la récolte, on peut utiliser toute une gamme d'équipements. Certains sont spécialisés, donc utilisables pour une seule culture, et d'autres plus flexibles. C'est peut-être le secteur technique où l'on trouve la plus grande diversité de designs. À cause de cette diversité, la présente description succincte sera forcément fragmentaire.

En général, les modèles de culture industrielle, en augmentant l'échelle de production et en diminuant le nombre de cultures, ouvrent la voie à des équipements coûteux et sophistiqués qui visent à réduire les coûts de main-d'œuvre et à améliorer l'organisation de la récolte, tout en augmentant la productivité (figure 7.1). On pourrait généraliser en disant que les petits maraîchers auront accès à des équipements moins coûteux, plus polyvalents, alors que ceux qui produisent à plus grande échelle pourront justifier le coût d'appareils plus performants.

Pour la culture maraîchère, on peut diviser les équipements de récolte en deux grands groupes : les récolteuses et les aides à la récolte. Les premières effectuent une récolte mécanisée en un passage, avec ou sans surveillance humaine ; les secondes soutiennent le travail manuel des personnes effectuant la récolte.

7.1.1 RÉCOLTEUSES

Les appareils développés pour les cultures de transformation (haricots, pois, maïs) effectuent la récolte en un seul passage. Ils sont destinés pour des cultivars qui arrivent à maturité de façon uniforme. Pour l'instant, ces cultures ne sont pas pratiquées au Québec en culture biologique.

Les récolteuses pour les légumes-racines sont de deux grands types. D'abord, il y a des appareils qui soulèvent les plants par les fanes (préhension) entre des courroies de caoutchouc (figure 7.2). Ils équeutent les fanes et acheminent les racines vers un contenant ou une voiture sur un ou des convoyeurs permettant à la terre de retomber au sol. Des pointes ou un soc soulèvent les racines dans le sol. Développés pour les carottes, ces appareils peuvent être adaptés pour d'autres légumes comme le panais, le navet, le rutabaga, la betterave. Ils sont disponibles en versions de un à quatre rangs et sont actionnés par des systèmes mixtes : prise de force, hydraulique et électrique. On peut équiper l'appareil d'un système automatique de détection du rang, d'équipements de nettoyage qui peuvent éliminer les surplus de terre. Des appareils à préhension sont aussi utilisés pour le poireau et le céleri. Les récoltes sont empilées dans une voiture ou dans des caisses-palettes.

Le second type d'équipement a été développé pour la pomme de terre et peut être utilisé pour la récolte d'autres racines. Les légumes doivent être effeuillés au préalable. Un soc adaptable au type de récolte soulève la partie récoltée qui est acheminée sur un ou des convoyeurs grillagés de tamisage, en métal ou en caoutchouc, actionnés par des secoueurs, ce qui permet à la terre de retomber (figure 7.3). Les pommes de terre ou autres légumes peuvent être laissés en andains sur le sol, puis ramassés à la main ou repris par une ramasseuse. On peut également installer un convoyeur qui achemine la récolte vers une voiture. Des employés peuvent être debout sur une plateforme pour faire un tri sur le convoyeur.

Un appareil analogue sert pour l'andainage des oignons ; il soulève les oignons et les met en andains à sécher sur le sol qui est roulé sous l'appareil. On utilise une récolteuse pour ramasser les oignons après séchage. Les fanes des oignons peuvent être tondues par un appareil qui dirige les fanes vers les allées ; si la maturation est plus avancée, on peut andainer les oignons sans avoir à les équeuter, ce qui est plus courant.

Une récolteuse a été développée pour ramasser les oignons, les équeuter avec un équipement muni de rouleaux, avant de les diriger vers une voiture ou des caisses-palettes à l'aide d'un convoyeur. Un équipement à rouleaux sur la prise de force du tracteur peut aussi équeuter les queues sèches après la récolte manuelle, avant la mise en entrepôt.

Entraînées par la prise de force et l'hydraulique, les récolteuses à maïs sucré sont équipées d'un nez analogue à ce qu'on trouve sur une moissonneuse-batteuse à maïs grain ; les épis sont coupés et acheminés sur des convoyeurs vers une voiture. Un éventail élimine les débris et un éjecteur peut être installé pour séparer les tiges. Si le maïs n'est pas de maturité uniforme, il faut faire un tri manuel.

Une récolteuse de haricots frais entraînée par une pompe hydraulique sépare les débris au moyen d'un aspirateur et canalise les haricots vers une plateforme pour l'ensachage ou vers une voiture pour empaquetage ultérieur.

Une récolteuse de choux coupe les choux, un rang à la fois, et les achemine à l'aide de convoyeurs vers une table de travail où des employés les nettoient et les placent dans des caisses-palettes, prêts pour l'entreposage.

7.1.2 AIDES À LA RÉCOLTE

Les aides à la récolte sont des équipements qui visent à faciliter la récolte manuelle en diminuant la fatigue des cueilleurs, par un design ergonomique, la diminution des manipulations, la réduction des flexions, le déplacement des récoltes vers des caisses-palettes ou une plateforme pour l'emballage.

Le concombre et le cornichon de transformation sont récoltés à la main au moyen d'aides à la récolte. Des employés sont couchés à plat ventre sur une rampe très large qui couvre plusieurs rangs ; ils cueillent les concombres ou les cornichons et les déposent sur un convoyeur qui les achemine vers une benne de bois servant à la livraison à l'usine de transformation. Ces cultures ne sont pas non plus pratiquées en culture biologique.

Il existe des plateformes automotrices d'aide à la récolte utilisables dans diverses cultures, actionnées par petits moteurs électriques ou à essence (revoir figure 6.45). Certaines fermes québécoises se sont fabriqué des appareils de ce type ; en Europe, elles sont commercialisées par des entreprises spécialisées. Dans le zucchini, deux employés sont assis et récoltent chacun leur côté du rang central, enjambé par l'appareil, ainsi que le côté du rang extérieur. Les courgettes sont entreposées à l'ombre sous une toile.

Dans l'asperge ou la fraise, un employé ou deux font la récolte ; on actionne avec son pied le dispositif d'avancement dans les versions électriques et, avec un petit moteur à essence, on ajuste la vitesse d'avancement tout en ayant la possibilité d'arrêter la machine au besoin. Parfois le même appareil est utilisé pour le semis manuel en plasticulture ou la transplantation de melons, pour sarcler ou tailler les fleurs de fraisiers.

Dans un grand nombre de cultures, on trouve des aides à la récolte développées selon le principe suivant. Une voiture couverte, protégée du soleil, sert de plateforme de travail pour tailler et apprêter les légumes, parfois pour les emballer et les placer dans des boîtes prêtes à l'entreposage ou la livraison (figure 7.4). Par exemple, dans la culture du brocoli, des employés coupent le brocoli au champ, d'autres le taillent et l'attachent en bottes avec des élastiques et une identification de la ferme, et le placent enfin dans les boîtes. À l'entrepôt, on le décharge et on le recouvre de glace.

On verse les laitues dans un bassin d'eau réfrigérée pour laver et refroidir la récolte ; une réserve d'eau propre peut être installée sur la plateforme ou sur un toit au-dessus des travailleurs (figure 7.5). Les cultures sont placées dans des boîtes et empilées sur la voiture. Un maraîcher américain recule un camion isolé derrière la plateforme et transfère directement les caisses de laitues à l'entrepôt.

Dans le céleri, certains récoltent les plants puis les classent et les apprêtent en entrepôt, mais des aides à la récolte sont également utilisées (figure 7.6).

Un convoyeur peut être installé de façon perpendiculaire aux rangs afin de récolter plusieurs rangs à la fois sans marcher vers la voiture ; il achemine les produits récoltés vers la voiture où ils sont apprêtés. Par exemple, dans le céleri, certains récoltent les plants manuellement, les placent sur un convoyeur et des employés les classent, les taillent et les emballent sur des tables de travail situées sous une toile ombrageante. Les employés sont debout sur le sol. Une réserve d'eau et une pompe permettent de laver les plants. On récolte le piment, le chou et plusieurs autres cultures à l'aide de cette technologie.

Des équipements de récolte pour les laitues sont de plus en plus utilisés en Europe, où les rangs sont plus rapprochés qu'ici, ce qui aide à justifier un tel équipement. Ils coupent plusieurs rangs de laitue à la fois et les acheminent sur un convoyeur. Des équipements équivalents sont disponibles pour l'épinard et certaines herbes. On trouve maintenant des petits modèles manuels.

Pour la récolte de la mâche et du mesclun, on utilise des scies à ruban qui coupent les plants au ras du sol et les placent sur un convoyeur où l'on peut effecteur un tri. Le sol doit être bien nivelé. La culture doit être réfrigérée rapidement, car les feuilles flétrissent vite.

Le petit maraîcher utilisera une souleveuse à racines faite d'une simple lame oblique montée sur l'hydraulique du tracteur. Celle-ci pénètre dans le sol, soulève le sol et les plants qui sont ensuite arrachés à la main. Le design de l'angle de pénétration doit assurer un maintien de la lame à la profondeur appropriée. Tous les légumes-racines, les poireaux, les oignons, l'ail peuvent être récoltés de cette façon. Il existe des modèles de lame souleveuse vibrante, actionnés par la prise de force, avec une grille permettant au sol de se séparer des légumes ; ils endommagent certains légumes, ils ne conviennent donc pas à tout (figure 7.7).

Pour les légumes-fruits, des seaux sont communément utilisés par les employés au champ. Les fruits peuvent être transférés vers des contenants plus grands, par exemple des caisses-palettes ou des voitures pour des poivrons, des tomates vertes, des cantaloups, des courges d'hiver à peau épaisse, avant la reprise en entrepôt pour le nettoyage et le classement. Les fruits comme les concombres, les courges d'été, les poivrons verts, les aubergines demandent une manipulation très soignée, de même que les tomates mûres et de nombreux types de melons.

Il y a un maraîcher américain qui utilise des barils de plastique coupés en deux, munis de poignées en câble pour récolter les laitues et divers légumes. Plutôt que d'être portés, les demi-barils sont traînés dans les allées pour diminuer l'effort des travailleurs.

Dans la mesure où le produit est placé directement dans son emballage final, il faut assurer une bonne formation et un bon encadrement des employés qui effectuent le travail de tri et de classement. Si les produits sont repris en entrepôt sur une chaîne de tri, les conditions de travail sont meilleures et permettent d'obtenir un bon classement. En revanche, l'emballage au champ présente des avantages, car il diminue la manipulation et les dommages potentiels.

Dans tous les cas, il faut un volume suffisant de chaque culture spécifique pour justifier l'investissement d'une récolteuse ou d'une aide à la récolte. Par contre, certains appareils plus polyvalents peuvent servir dans plus d'une culture.

7.2 ENTREPOSAGE

Il est possible de ruiner par un mauvais entreposage toute une saison d'excellentes pratiques. C'est une étape non moins cruciale que les étapes de rotation des cultures, de fertilisation et de récolte. Aussi faut-il bien savoir planifier l'organisation de l'entrepôt et procéder de manière optimale aux opérations de lavage, d'emballage et de nettoyage des entrepôts.

7.2.1 ORGANISATION DE L'ENTREPÔT

Pour la conception d'un entrepôt, l'organisation d'une chaîne de classement et de nettoyage en entrepôt, la fabrication de caisses-palettes, l'installation d'un système de refroidissement accéléré en chambre froide, il existe de nombreux plans disponibles, notamment sur le site Internet d'Agri-Réseau. Pour les aménagements importants, toutefois, il est recommandé de consulter un ingénieur agronome spécialisé dans le domaine.

La capacité du système de refroidissement doit être suffisante pour permettre un refroidissement rapide des récoltes et un maintien de la température lors de l'ouverture des portes et de l'arrivée de nouveaux produits. Les fluctuations de températures font suinter les légumes et accélèrent leur dégradation. L'entrepôt doit être bien isolé, bien ventilé et doté d'instruments de contrôle précis, qu'on calibre de temps à autre.

A. Contrôle de l'entrepôt

Dès qu'on sépare un légume de sa plante mère, ou qu'on le retire de son milieu de croissance, une détérioration s'amorce. Il n'existe aucune technique de conservation qui puisse rendre le produit meilleur qu'au moment de sa récolte. Le produit doit être récolté à son stade de maturité optimale ; ce stade est spécifique à chaque produit et peut même varier en fonction du mode de commercialisation, par exemple le mûrissement post-récolte des tomates. La rigueur apportée aux pratiques de conditionnement et d'entreposage qui suivront déterminera la durée de vie commercialisable du produit.

Une particularité du règne végétal, c'est que même si on coupe un organe de sa source d'alimentation, il demeure vivant. Un légume en entreposage continue à respirer et à transpirer. À l'aide de l'oxygène de l'air ambiant, il puise dans ses réserves de sucres et dans diverses substances nutritives pour entretenir son métabolisme de base. Ce métabolisme dégage de la chaleur, des gaz (CO_2, éthylène) et de l'eau. Avec le temps, un produit se dégrade et flétrit, se décompose ou redémarre sa croissance. Les bonnes pratiques de conditionnement post-récolte consisteront principalement à maintenir la température optimale de conservation, à éliminer les gaz et à éviter les pertes excessives d'humidité.

B. Contrôle de la température

L'activité métabolique, c'est-à-dire la respiration et les transformations qui l'accompagnent, est directement liée à la température ambiante. Cela est de loin le paramètre le plus important influençant la durée de vie d'un produit. On abaissera donc la température jusqu'à un point critique de tolérance pour préserver la valeur commerciale du produit. Ce point critique est plus rapidement atteint chez les cucurbitacées, les solanacées et les haricots qui souffrent de sensibilité au froid. Il faut bien respecter les températures recommandées pour l'entreposage dans les fiches des légumes individuels. Un refroidissement graduel peut diminuer le problème.

Mais généralement, plus le refroidissement sera rapide, plus le produit se conservera longtemps. Une intervention rapide dans les minutes qui suivent la récolte se traduit par une durée de conservation accrue. Il n'est pas rare qu'au moment de la récolte, le légume soit à 25, 30 et même 35 °C. C'est pourquoi il est préférable de cueillir les légumes tôt le matin. En Californie, on cueille même certains légumes la nuit. On utilise un écran qui maintient les cultures à l'ombre lors de la récolte ; une simple toile tendue sur une voiture de ferme convient habituellement.

C. Prérefroidissement

Puisque les entrepôts et les véhicules réfrigérés n'ont pas la capacité de refroidir rapidement un lot important de produits, on distingue une phase dite de prérefroidissement. Elle consiste à refroidir les récoltes avant de les placer dans un entrepôt. À la différence des courges, des oignons, de l'ail et des pommes de terre, des cultures comme la laitue, le pois, le maïs sucré et le brocoli sont particulièrement avantagées par un refroidissement rapide.

Le refroidissement à l'air forcé en chambre froide est la technique la plus simple et la plus accessible. La pratique de disposer les légumes nouvellement cueillis en tas dans la chambre froide est normalement insuffisante. L'air doit circuler rapidement entre les boîtes, les sacs ou les produits en vrac. Le simple fait de forcer le passage de l'air froid au travers des contenants peut augmenter la vitesse de refroidissement de 4 à 10 fois. Il existe une technique toute simple qui n'exige qu'un ventilateur supplémentaire. Il s'agit de placer les boîtes de produit à refroidir en deux rangées parallèles. On ferme l'espace entre les deux rangées avec un polyéthylène et on place un ventilateur de façon à ce qu'il tire l'air contenu entre les deux rangées. Il existe une multitude de variantes qui s'adaptent aux différents besoins. En période de récoltes importantes, on peut installer plusieurs de ces dispositifs d'un côté de l'entrepôt et entreposer les cultures déjà refroidies de l'autre côté.

Plus on apporte simultanément des quantités abondantes de légumes à l'entrepôt, plus les variations de température seront importantes. Pour diminuer les fluctuations de températures liées à cette pratique, certains agriculteurs auront une chambre froide à part, dédiée au prérefroidissement, ou même un camion réfrigéré usagé adapté à cet usage. Il faut comprendre que si la chambre froide sert au refroidissement des produits, elle devra être dotée d'un système de réfrigération beaucoup plus puissant que si elle ne sert qu'au maintien de la température de produits préréfrigérés. Cela justifie souvent deux installations séparées. De plus, la circulation forcée de l'air accélère la perte d'humidité.

Il faut donc des contrôles adéquats pour interrompre la ventilation forcée dès que le produit atteint la température appropriée.

Le refroidissement à l'eau froide consiste à plonger le légume dans de l'eau froide ou à lui donner une douche, ce qui ne convient pas à tous les légumes (tableau 7.1). Le trempage dans un bain peut être une source importante de transmission de maladies. En production conventionnelle, ce problème est maîtrisé en partie par l'ajout de chlore ou de peroxyde d'hydrogène dans l'eau ; les normes biologiques n'acceptent pas cette

TABLEAU 7.1 Prérefroidissement des légumes

Légume	Mode de prérefroidissement	Commentaire
Légumes-feuilles		
Asperge	Air forcé, eau froide, glace	Prérefroidissement important
Céleri	Air forcé, eau froide, glace	
Laitue	Air forcé	Eau froide possible pour les laitues non pommées
Épinard	Air forcé, eau froide, glace	Prérefroidissement important
Poireau	Eau froide, glace	
Fines herbes	Air forcé	
Crucifères-feuilles		
Chou pommé	Chambre froide, air forcé	
Brocoli	Air forcé, eau froide, glace	Prérefroidissement important
Chou de Bruxelles	Air forcé, eau froide, glace	
Chou-fleur	Air forcé, vide	Pas de glace, ni d'eau
Chou chinois	Air forcé	
Légumineuses		
Haricot	Air forcé	
Pois	Air forcé, glace	
Légumes-fruits		Plus un légume-fruit est mûr, moins il est sensible au froid.
Maïs sucré	Air forcé, eau froide, glace	
Concombre et cornichon	Air forcé	
Citrouille et courge d'hiver	Chambre froide	
Tomate	Air forcé	
Piment	Air forcé	
Melons	Air forcé, eau froide	Glace pour cantaloup mais attention aux maladies
Légumes-racines		
Carotte	Chambre froide et air forcé	Eau froide et glace pour carotte en feuille
Betterave	Chambre froide et air forcé	Eau froide et glace pour betterave en feuille
Radis	Chambre froide et air forcé	Eau froide pour radis en feuille
Navet et rutabaga	Chambre froide et air forcé	Eau froide pour racines en feuille
Ail	Chambre froide	
Oignon	Chambre froide et air forcé	Oignon vert : air forcé, eau froide, glace

pratique. Aux États-Unis, toutefois, une controverse entoure cette question : certains jugent le lavage à l'eau chlorée acceptable si l'eau de rinçage final est en deçà de 4 ppm de chlore, soit la norme acceptée pour l'eau potable. Ce mode de refroidissement requiert des emballages résistants à l'eau.

Il va de soi que le refroidissement à l'eau limite la déshydratation des légumes. Par exemple, un bac d'eau glacée peut être installé sur la voiture de récolte et le légume est emballé puis transféré le plus rapidement possible vers l'entrepôt ou un camion réfrigéré. On peut aussi transporter rapidement les légumes vers un entrepôt où ils sont jetés dans un bac d'eau glacée puis emballés avant leur transfert dans l'entrepôt réfrigéré. Une vieille citerne utilisée pour le lait (*bulk tank*) peut être recyclée à cette fin. L'un des avantages de cette technique est qu'elle assure un relativement bon lavage des légumes. On peut aussi laver les légumes au boyau à l'eau courante. L'eau du robinet sera moins froide que de l'eau additionnée de glace et donc moins efficace. Certains agriculteurs ont une réserve d'eau glacée sur une plateforme au champ et lavent avec un boyau avant emballage.

La qualité réfrigérante de la glace est utilisée autant pour le transport que pour le prérefroidissement de certains légumes. On utilise alors de la glace concassée ou un mélange de glace et d'eau, appelée glace liquide (*liquid ice*), qui donne un meilleur rendement. Ce mode de conditionnement requiert également des emballages résistants à l'eau. Dans certaines grandes entreprises, on ajoute la glace sur le dessus des caisses ou on injecte la glace liquide directement dans les boîtes par les ouvertures. Le refroidissement sous vide (vacuum) consiste à mettre le légume dans une chambre pressurisée où l'on abaisse la pression à 5 mm de mercure. Dans ces conditions, l'eau s'évapore à 1 °C en utilisant la chaleur du légume, ce qui le refroidit. C'est une technique coûteuse, utilisée dans les fermes à grande échelle et qui demeure inaccessible aux petites entreprises.

D. Contrôle de l'atmosphère

L'activité métabolique utilise de l'oxygène. Certaines techniques consistent à modifier la composition de l'air ambiant en modifiant le mélange gazeux de façon à réduire le pourcentage d'oxygène. Le contrôle de l'oxygène est délicat puisqu'au-delà d'un seuil critique, l'activité métabolique change de forme et devient anaérobique, ce qui provoque de la fermentation. L'augmentation de la teneur en CO_2 dans l'atmosphère a aussi un impact très significatif. Le juste dosage est primordial et nécessite une expertise spécialisée.

Outre les techniques d'atmosphère modifiée, la bonne ventilation est d'usage. Les végétaux dégagent en quantités variables des gaz d'éthylène. Une mauvaise ventilation favorise l'accumulation d'éthylène au-delà d'un certain seuil qui pourrait être dommageable aux légumes entreposés. Une attention particulière devra être portée à cette question lorsqu'on entrepose plusieurs sortes de produits dans le même espace.

Les producteurs d'éthylène les plus à surveiller sont les pommes, les poires, les prunes, les bleuets, les cantaloups et melons, ainsi que les tomates. Les légumes sensibles, facilement affectés, sont les choux (choux de Bruxelles, choux-fleurs et brocolis), les épinards et les laitues, les concombres et les tomates. Les légumes moins sensibles à l'éthylène sont les betteraves, les carottes, les panais, les radis et rutabagas, le maïs sucré, les aubergines, les poivrons, les citrouilles, les courges et les melons d'eau.

La circulation de l'air devra être ajustée de façon à :

- assurer l'uniformité de la température dans l'ensemble de l'espace d'entreposage ;
- prévenir l'accumulation de gaz carbonique et d'éthylène ;
- prévenir la condensation sur les légumes ;
- éviter la déshydratation ;
- inhiber le développement des maladies fongiques.

Certains légumes peuvent dégager des odeurs ; c'est le cas de l'ail, de l'oignon, de la pomme de terre, du céleri, ainsi que de certains fruits, tout particulièrement la pomme. On devrait éviter d'entreposer dans la même pièce des récoltes qui peuvent influencer les arômes et les saveurs de leurs voisines.

E. Contrôle de l'humidité

Les pertes d'eau sont inévitables puisqu'elles sont le produit de la respiration et de la transpiration ; de plus, la réfrigération forcée est asséchante. Divers moyens de contrôle de l'hygrométrie sont envisageables. L'utilisation d'un hygromètre dans l'entrepôt est plus que justifiée. En plus du contrôle métabolique par l'abaissement de la température et les contrôles d'atmosphère, il est possible d'intervenir sur l'humidité relative de l'atmosphère, sur la surface d'exposition à l'atmosphère (sacs, emballages) et sur les bris de tissus dus aux manipulations. Maintenir le plancher humide est une pratique courante, mais glissante ; faire couler de l'eau sur des murs de tôle dans un entrepôt de longue conservation est aussi envisageable. L'insertion d'humidité dans l'entrée d'air de ventilation est une autre possibilité. L'injection de buée dans l'air de l'entrepôt est une autre méthode. Par contre, le maintien d'une hygrométrie élevée favorise l'apparition de maladies et requiert de bonnes pratiques d'entretien sanitaire. Tout comme sur les tablettes de l'épicerie, on peut arroser les légumes qui le tolèrent.

F. Entreposage de longue durée

Divers légumes se prêtent à un entreposage prolongé, ce qui permet d'étaler les ventes en hiver et d'attendre un meilleur prix, le cas échéant.

Les choux, les poireaux et les légumes-racines requièrent des conditions froides et humides (près de 0 °C) et seront entreposés séparément des oignons et de l'ail qui préfèrent des conditions froides et plus sèches. La pomme de terre demande des conditions fraîches et humides alors que les courges d'hiver requièrent des températures modérées et plutôt sèches. Il sera difficile de combiner ces groupes de produits dans un même entrepôt. Il vaut mieux prévoir des pièces séparées avec des contrôles appropriés. Les oignons et l'ail doivent être bien secs avant l'entreposage au froid ; les courges doivent être subérisées.

Traditionnellement, les légumes étaient entreposés l'hiver dans des caveaux souterrains ou semi-souterrains ; la fraîcheur du sous-sol combinée à un apport d'air froid de l'extérieur permettait le maintien de conditions fraîches et humides. Le sol empêchait aussi le gel en période très froide. Aujourd'hui, on trouve souvent des entrepôts sans système de refroidissement actif où l'on entrepose les récoltes à partir de l'automne et où l'on contrôle la température en aspirant de l'air les nuits froides et en maintenant la température au moyen d'une bonne couche d'isolation. La chaleur dégagée par la respiration des légumes permet le maintien d'une température correcte dans les conditions très froides de l'hiver, mais un chauffage d'appoint est parfois nécessaire lors de périodes prolongées de grands froids. Parfois une vieille grange peut être convertie pour cet usage. Il faut tenter de dévier l'air froid aspiré vers l'entrepôt, car s'il est projeté directement sur les récoltes, il peut causer du gel et une détérioration subséquente. Certaines cultures, comme l'oignon ou l'ail, survivent bien à un gel si le dégel est graduel, mais les tissus d'une carotte éclatent habituellement par suite d'un gel.

7.2.2 LAVAGE ET EMBALLAGE

Une petite ferme diversifiée pourra installer une chaîne de nettoyage et de lavage assez simple, composée d'un bassin, une vieille baignoire, par exemple, et des tables où l'on peut classer, nettoyer, peser, ensacher, étiqueter et préparer les commandes. Au besoin, un jet d'eau peut-être utilisé, par exemple pour des bottes de légumes vendues avec les feuilles et dont le sol se détache difficilement. Pour des produits comme l'asperge ou l'oignon à botteler, on peut installer un gabarit qui permet de les couper à la longueur appropriée.

Pour certaines productions spécialisées, par exemple les carottes et d'autres légumes-racines, il est nécessaire d'installer une chaîne de lavage, de classement, de pesée et d'ensachage des légumes. Les équipements se composent habituellement d'un chariot élévateur permettant de manipuler les caisses-palettes et de les placer sur une pièce d'équipement qui verse graduellement les racines dans un baril de lavage (figure 7.8). Celui-ci est constitué de lattes de bois ajourées ou d'un grillage, et d'un système d'arrosage qui projette l'eau sur les légumes lorsque le baril tourne. Quand les racines sont propres, elles sont déversées sur un convoyeur où l'on peut faire un tri et les prendre pour les peser (figure 7.9). Les balances sont équipées d'une bascule qui permet de verser les carottes pesées dans un sac approprié et de le fermer avant de le placer dans un grand sac, dit *master* (figure 7.10). Les masters seront empilés sur des palettes et repris ensuite pour la livraison.

Les légumes entreposés à long terme le sont habituellement dans des conditions terreuses ; ils sont lavés juste avant la vente.

7.2.3 MANUTENTION

Après la récolte, chacune des étapes de manipulation des légumes entraîne un risque de blessures. Une attention particulière devra être portée à la manutention afin d'éliminer les étapes inutiles en post-récolte. Il est souvent avantageux d'en faire le plus possible au champ, à l'instant même de la récolte, comme le nettoyage, la classification, et l'emballage. Tous les légumes endommagés, tachés et malades doivent être déclassés immédiatement. Les chargements et déchargements doivent être limités, afin d'éviter les chocs qui causent des dommages. On peut utiliser des morceaux de caoutchouc pour amortir les chocs lors du remplissage des bennes ; par la suite, on choisira le transport le plus adapté possible. Les contenants doivent être soigneusement choisis afin de limiter les dommages causés par l'écrasement ainsi que tout autre type de blessure mécanique, telle la perforation des tissus par les queues. Le contenant devra aussi être approprié au type de refroidissement choisi.

Afin de corriger les blessures causées par les manipulations, certains légumes peuvent passer par une étape de cicatrisation, principalement les légumes-racines et les courges d'hiver. Il s'agit d'une période où l'on augmente la température d'entreposage et où l'on dose judicieusement l'humidité relative et la ventilation afin d'amorcer le processus métabolique de la cicatrisation.

Le classement des produits en entrepôt requiert une installation appropriée pour l'échelle de production. Dans les cultures fruitières, une chaîne de tri peut comporter une première section qui sépare automatiquement les fruits trop petits ; puis une équipe élimine les fruits difformes, défectueux, trop mûrs, habituellement sur un convoyeur, et les classe par grosseur, couleur et maturité. Les grandes fermes possèdent généralement des lecteurs optiques et des équipements automatiques de classement par grosseur.

7.2.4 NORMALISATION

Le Canada s'est donné une loi sur les produits agricoles qui sert de référence pour la normalisation des aliments. Le *Règlement sur les fruits et les légumes frais* peut être consulté en tout temps sur Internet.

Ce règlement encadre le classement, l'emballage et l'étiquetage des fruits et des légumes et couvre, entre autres, les questions suivantes : les catégories et les normes, la santé et la sécurité, l'emballage, l'étiquetage, le commerce interprovincial, l'importation et l'exportation, l'inspection, la saisie et la disposition, la perception de droits, l'agrément des établissements. Le règlement décrit aussi en détail les catégories et normes permettant de classifier un produit selon une échelle variable d'un légume à un autre, mais comportant habituellement les catégories Canada n° 1, Canada n° 2, et parfois Canada Commerciale, Canada Domestique et Canada de Fantaisie.

Le règlement décrit aussi les poids et dimensions acceptés pour les emballages. Enfin, les principaux fruits et légumes cultivés ou commercialisés sont décrits en détail dans des sections individuelles. Il relève de la responsabilité de l'agriculteur de s'informer de ce règlement avant de mettre en marché ses produits dans des épiceries. En vente directe aux consommateurs, il est possible d'effectuer un classement moins serré, selon les exigences de la clientèle, en particulier dans les cas de vente en vrac, sans emballage.

Évidemment, ce règlement canadien a sa contrepartie québécoise qui fait partie de la *Loi sur les produits alimentaires*. Il réglemente les aliments commercialisés au Québec et peut également être consulté sur Internet.

7.2.5 MALADIES ET DÉSORDRES PHYSIOLOGIQUES EN ENTREPOSAGE

La meilleure façon de limiter les maladies d'entreposage consiste à n'entreposer que des légumes sains au départ. Limiter les blessures lors des manipulations, assurer un refroidissement rapide, entreposer dans de bonnes conditions d'humidité, de température et d'aération, bien nettoyer et désinfecter les entrepôts sont des pratiques recommandées pour prévenir les maladies et désordres physiologiques.

Le développement des maladies fongiques en entrepôt est favorisé par une humidité relative supérieure à 90 %. Malheureusement, seuls les oignons, l'ail et les courges ont avantage à être conservés à une faible humidité relative. Avant la livraison, il est recommandé de réchauffer les légumes par paliers de 5 °C pour limiter la condensation. Certaines maladies sont communes à plusieurs légumes et fruits comme le botrytis (*Botrytis cinerea*), l'anthracnose (*Colletotrichum lindemuthianum*) ou les pourritures blanches (*Sclerotinia sclerotiorum* ou *S. minor*). Souvent les agents infectieux proviennent des champs et s'introduisent à l'entrepôt avec la récolte. Des températures froides limitent le développement de nombreuses maladies fongiques, sauf le botrytis.

Des maladies bactériennes comme *Erwinia carotovora* affectent plusieurs légumes. On applique les principes de prévention ci-dessus, mais le refroidissement rapide demeure prioritaire pour diminuer l'incidence de ce problème.

On prévient la germination et le redémarrage de la croissance des légumes en entrepôt par une température appropriée et une atmosphère saine, de même que par une obscurité complète. L'accumulation d'éthylène dans l'air est responsable de beaucoup de désordres physiologiques. Le stade de maturité au moment de la récolte est aussi un facteur important.

7.2.6 NETTOYAGE DES ENTREPÔTS

La procédure recommandée consiste à vider et nettoyer l'entrepôt en enlevant toutes les traces de culture, en brossant et grattant les endroits où il y a eu de la pourriture. Les palettes et contenants, les chaînes de préparation des produits, les équipements de transport, le système de réfrigération, les contenants de déchets, doivent tous être nettoyés soigneusement. La désinfection suivra en utilisant des produits dont on aura préalablement vérifié s'ils sont acceptés auprès de son agence de certification. Actuellement, les savons biodégradables, l'eau de Javel, l'alcool de grade alimentaire, la soude caustique, le peroxyde d'hydrogène sont les produits de désinfection les plus communément acceptés.

Bien entendu, cette opération se fait en absence de nourriture. Il faut bien rincer et sécher soigneusement toutes les surfaces. Des mesures de sécurité et de ventilation sont essentielles pour protéger les travailleurs. Les entrepôts doivent être nettoyés dès la fin de la saison des ventes des produits entreposés. Le contrôle des rongeurs devra respecter les normes de certification.

Les caisses-palettes sont entreposées en hauteur, à l'extérieur, bien exposées au soleil et au vent, ce qui a un effet assainissant. Le compostage des débris de nettoyage des produits doit être soigné en évitant l'entreposage en tas à proximité. Pour des quantités modérées, la mise en place d'un tas étalé de copeaux de bois, sur lequel on étend les déchets avant de les incorporer par hersage, est une pratique qu'on rencontre sur certaines fermes.

Chapitre 8

MODÈLES DE FERMES ET PLANIFICATION

INTRODUCTION

Un système de production comprend l'ensemble des activités de production de la ferme : par exemple la production laitière, ovine, de bœuf de boucherie, de gros gibier ; la grande culture, la culture maraîchère, la ferme horticole spécialisée dans les petits fruits ou les plantes médicinales ou aromatiques, et enfin la pépinière de fleurs vivaces ou d'arbres et d'arbustes ornementaux. Le système de production inclut la mise en place d'un système de culture qui comprend tout le travail aux champs, de l'entretien des sols jusqu'à la récolte.

La planification de la production est essentielle à la réussite, mais elle ne suffit pas à garantir la commercialisation et la vente du produit. Tout au long de la chaîne de production, du travail du sol à l'entreposage, l'agriculteur doit adopter de bonnes pratiques culturales, car elles sont indispensables à l'obtention d'un aliment de bonne qualité.

On a longtemps tenu pour acquis qu'un légume biologique devait avoir une apparence défraîchie et ratatinée sur les tablettes de l'épicerie. Les agriculteurs portent une partie du blâme, les employés des petites épiceries aussi, et on peut également pointer du doigt le faible volume de ventes au détail. Avec des compétences correctes, le respect de la chaîne de froid et l'amélioration des volumes de ventes, il n'y a plus de raison que le problème persiste.

D'abord, les pratiques culturales influencent la qualité du produit. Le choix d'un cultivar adapté au type de sol et de climat, au transport et à la vente en épicerie, une fertilisation bien ajustée, un bon suivi de l'irrigation, la non-utilisation de fumiers frais contribuent à la qualité des aliments. La récolte au bon stade de maturité joue également un rôle important. À partir de la récolte, le maintien de la qualité dépendra des soins apportés à la manutention, au classement selon les normes, au refroidissement, à l'emballage, à l'entreposage et au transport tant à la ferme qu'en épicerie.

De plus, des conditions environnementales inappropriées, en particulier des périodes pluvieuses excessives ou prolongées, réduisent la qualité de nombreux légumes comme les laitues ou les melons.

8.1 MODÈLES DE FERMES MARAÎCHÈRES BIOLOGIQUES

Traditionnellement, la culture maraîchère biologique se pratique à une échelle modérée. Le modèle de ferme légumière dépendra d'abord et avant tout du marché visé.

Plus vaste que le grand jardin, la ferme maraîchère biologique n'atteint pas l'échelle de production des cultures industrielles spécialisées qu'on rencontre en abondance aux États-Unis et aussi sur certaines fermes conventionnelles québécoises. Les pois et les haricots de transformation sont cultivés à échelle industrielle au Québec et le modèle serait difficilement transférable à la culture biologique.

Essayons de caractériser les fermes maraîchères biologiques québécoises en fonction de l'échelle de production qu'on y rencontre.

8.1.1 FERME SPÉCIALISÉE

Aux États-Unis, il existe des fermes qui cultivent biologiquement à échelle industrielle et qui occupent beaucoup d'espace sur les tablettes des épiceries. Sans chercher à imiter ce modèle industriel, d'ailleurs fortement critiqué par certains adeptes de la culture biologique, il est possible, avec la mécanisation, le personnel et les habiletés de gestion appropriées, de cultiver 6, 10 ou même 25 ha de légumes avec succès, en atteignant les exigences de la certification. L'avantage d'une ferme plus grande est qu'elle offre de meilleures possibilités de mécanisation et permet d'offrir un volume plus important de produits pour une période plus longue, ce que les acheteurs des épiceries et des chaînes d'épicerie apprécient beaucoup.

Les fermes plus grandes sont plus spécialisées ; mais elles produisent plus d'une culture, ce qui leur donne l'avantage d'une certaine diversité biologique et la possibilité d'effectuer une rotation des cultures. Elles sont plus mécanisées, nécessitent plus de personnel et s'adaptent plus facilement aux exigences actuelles des grossistes et des chaînes d'alimentation : constance de la qualité, régularité de l'approvisionnement, standardisation, emballage avec PLU et code à barres, conformité aux normes de classement gouvernementales, et ainsi de suite. Elles s'adaptent aussi plus facilement aux règles de plus en plus contraignantes que l'on exige pour exporter aux États-Unis. Aujourd'hui, environ 10 à 15 fermes légumières québécoises se conforment plus ou moins à un modèle de ce type. Certaines se sont regroupées sous la bannière Symbiosis.

La spécialisation comporte des risques analogues à ceux de la culture conventionnelle : manque de rotations, retour trop rapide de certaines cultures sur les mêmes sols avec les problèmes phytosanitaires qui s'ensuivent. Certaines fermes de plus grande taille sont quand même plutôt diversifiées. La dépendance à l'endroit d'un nombre d'acheteurs limité est aussi perçue négativement par certains producteurs biologiques. La simplicité relative du système de culture permet, par contre, de se concentrer sur les problèmes les plus importants et d'effectuer un suivi plus serré des pratiques culturales.

8.1.2 FERME ASC

À l'opposé, il existe un modèle de ferme maraîchère biologique qui s'est fortement développé depuis quelques années : celui d'une agriculture soutenue par la communauté (ASC). Ce modèle implique une diversification parfois très grande. Des familles s'abonnent à un service de livraison hebdomadaire d'un panier de légumes sur une période prédéterminée de juin à novembre, par exemple 20 semaines. L'agriculteur cultive alors une grande diversité de légumes, habituellement avec des semis successifs, et aussi des fruits et des herbes, pour fournir régulièrement ces clients auxquels il garantit un approvisionnement pour la saison. Souvent, des serres et des tunnels complètent la production en champ. La gestion de la rotation est hautement complexe et parfois des erreurs se glissent dans la séquence, ce qui entraîne l'apparition de problèmes phytosanitaires. Malgré la complexité de ce modèle, certains agriculteurs réussissent à gérer plus de 60 cultures différentes.

Il arrive que la ferme ASC commercialise certaines récoltes dans d'autres circuits de distribution, tels le marché public, le kiosque (stand) à la ferme, le semi-gros et le restaurant. Ce modèle de ferme est aussi typique d'une commercialisation locale en vente directe au marché ou en kiosque. Généralement, cette grande diversification se pratique sur des échelles entre 1 et 10 ha. Les risques associés à ce modèle tiennent à son nombre très élevé de cultures. La gestion devient très complexe du fait du grand nombre de cultures pratiquées : le suivi technique en souffre forcément à l'occasion, et l'éparpillement guette le maraîcher, ce qui affecte parfois la rentabilité. On connaît le cas d'un maraîcher pratiquant cette approche sur une grande échelle et qui croit qu'elle devrait être réservée aux agriculteurs expérimentés, parce qu'elle est trop complexe pour des débutants.

8.1.3 MODÈLE INTERMÉDIAIRE

Un troisième modèle, intermédiaire, se caractérise par une diversification moindre, des superficies moyennes et une mise en marché adaptée à des clients de taille moyenne. Ce type de commercialisation permet de répondre à la demande des épiceries et fruiteries indépendantes, des restaurants, des petites entreprises de transformation, des petits grossistes spécialisés en culture biologique ainsi que la vente au marché ou au kiosque d'un nombre modéré de produits. Ce modèle de développement intermédiaire permet l'établissement d'une bonne rotation des cultures, d'un suivi technique adéquat et d'une mécanisation suffisamment développée. On trouve typiquement entre 10 et 15 cultures sur ce genre de ferme.

Parfois, l'agriculteur choisit de s'associer à d'autres pour élargir sa gamme de produits et compléter ainsi son offre. Un regroupement de fermes sur la base d'un tel modèle permettrait aussi d'approvisionner les familles abonnées au service de livraison d'un panier hebdomadaire de légumes, en réduisant le risque d'éparpillement qui guette les fermes hautement diversifiées.

8.2 ORGANISATION DU SYSTÈME DE CULTURE

Dès le moment où l'on décide du marché vers lequel la ferme sera orientée et de l'échelle de production, il faut réfléchir à l'organisation du système de culture. Cela implique des décisions importantes. Lorsqu'on met en place un système de culture, on doit notamment effectuer des choix quant aux équipements à utiliser. L'agriculteur ne peut pas tout avoir à sa disposition ; il lui faudra donc prendre une décision judicieuse, car les équipements représentent un coût important pour la ferme. À la différence des fermes de grande culture, l'accès au travail mécanisé à forfait est souvent réduit sur une ferme maraîchère biologique.

8.2.1 CHOIX DES ÉQUIPEMENTS

Après avoir déterminé le type de travail du sol et les espacements entre les rangs, il devient possible de choisir les équipements d'implantation, soit le semoir et le transplanteur, et les équipements de fertilisation, soit l'épandeur à fumier et l'applicateur d'engrais. Sur la ferme biologique, on trouve souvent deux ou trois sarcloirs différents permettant d'intervenir dans des cultures ou des conditions de sol différentes, ou à des stades différents dans l'évolution de la culture ou des mauvaises herbes. Le pyrodésherbage sera aussi peut-être utilisé. Pour les pulvérisations, il est nécessaire de sélectionner un appareil polyvalent, adapté au passage dans les cultures et utilisable aussi en position stationnaire avec un boyau pour des applications localisées, ou lorsque l'accès au tracteur est impossible. Des équipements de récolte, comme les souleveuses et les plateformes diverses, seront aussi nécessaires, de même que des infrastructures d'entreposage, de nettoyage et de préparation des commandes. Enfin, on devra aussi prévoir un véhicule de livraison. Évidemment, deux ou trois tracteurs seront présents sur la ferme, parfois plus. Certains agriculteurs aiment utiliser des tracteurs peu coûteux avec des équipements de sarclage montés en permanence et déjà ajustés pour les diverses opérations, afin d'épargner du temps.

8.2.2 ORGANISATION DES PARCELLES

On décidera de l'organisation physique des parcelles, en prenant en compte les techniques de récolte et l'accès aux parcelles. Il faut mettre en place un réseau de chemins et prévoir les situations où l'accès au champ sera limité par des conditions excessivement humides alors que des livraisons devront impérativement être faites.

La circulation de la machinerie doit être fluide dans les champs et dans la cour de ferme ainsi qu'à proximité des bâtiments. La mise en place de chemins permanents enherbés, sur les cheintres et sur les bords de fossés est un bon choix. Si les parcelles sont longues, il faut prévoir soit de les diviser pour avoir un accès transversal avec la machinerie, soit de pouvoir sortir les récoltes latéralement vers les chemins en bordure des parcelles. Si on fait surtout des récoltes mécanisées, les champs pourront être plus longs. Tous les espaces non cultivés doivent idéalement être enherbés, aménagés en bandes florales, bordures bénéfiques, et doivent possiblement être débroussaillés une ou deux fois par année. La présence de chemins enherbés permettra de contrôler l'érosion hydrique en retenant les particules de sol qui pourraient être emportées par des pluies abondantes.

On plantera aussi des brise-vent et on préservera et aménagera les boisés existants. Certains équipements comme l'épandeur à fumier, le pulvérisateur à rampe et les aides à la récolte demandent un espace de manœuvre plus important. Il importe de bien les prévoir lors de l'aménagement.

8.2.3 PLANIFICATION DE LA PRODUCTION

La planification concerne tous les aspects du fonctionnement de l'entreprise et constitue une étape classique des méthodes de gestion. La planification qui doit ici retenir l'attention est celle des cultures, car elle mène à la préparation d'un programme de culture. Ce travail revêt une grande importance, car plus la planification est élaborée et détaillée, plus le déroulement des activités de production a de chance de fonctionner rondement.

Le cadre global de la planification de la production demeure le plan de rotation des cultures. Tout en étant préétabli, ce plan de rotation doit être structuré de façon à laisser place à une certaine flexibilité, afin de pouvoir être adapté chaque année selon les prévisions de ventes en fonction des variations de la demande. Normalement, une première décision doit être prise l'été précédent, car souvent les épandages de compost seront faits à ce moment pour la culture de l'année suivante, de même que la préparation primaire et l'implantation des engrais verts.

Selon le travail saisonnier, on devra ensuite réserver du temps pour effectuer une planification détaillée de la production pour l'année suivante. Parfois, pour des raisons fiscales, on commandera des semences à la fin de l'automne, mais la période habituelle pour ce travail de planification est le début de l'hiver. La planification se fait le plus souvent après le congé de Noël, au moment où l'on dispose des nouveaux catalogues des fournisseurs et où les travaux extérieurs requièrent le moins d'attention. On contacte les acheteurs pour convenir de leurs prévisions d'achats pour l'année qui vient. On doit alors prévoir les quantités de semences pour les diverses cultures en fonction des dates de livraison, décider des dates d'implantation au champ en fonction de ce calendrier et planifier les semis en serre pour disposer du nombre de plants approprié au moment opportun.

Les quantités de semences commandées doivent être adaptées au plan de travail. On peut parfois prévoir une réserve pour les cas où l'on manquerait une implantation ou pour faire face à des changements possibles de la demande en cours de route. On doit aussi produire un surplus de plants pour avoir une réserve en fonction des pépins éventuels. Toutefois, comme les semences sont relativement coûteuses, on cherche habituellement à les commander le plus précisément possible en fonction des quantités prévues.

On doit préparer à l'avance les matériaux pour le terreau, notamment les composts, car ils doivent être suffisamment matures ; c'est pourquoi on les fabrique souvent un an, et même deux ans, avant de les utiliser. Il convient de faire le mélange des terreaux le plus possible à l'automne et de le mettre dans un abri où il sera possible de l'utiliser au fur et à mesure des besoins. Il faudra également prévoir du chauffage pour dégeler le terreau.

Enfin, on procède à l'inventaire des contenants réutilisables, des engrais solides, des engrais liquides, des produits de phytoprotection et des produits pour la plasticulture, pour ensuite calculer les quantités à commander pour l'année suivante.

8.3 ÉTUDE DE CAS

Pour illustrer la planification du programme de culture, examinons un cas. On en précise la localisation et les infrastructures ainsi que les cultures et les marchés, pour ensuite discuter tous les aspects de sa planification.

8.3.1 INFRASTRUCTURE ET LOCALISATION

Imaginons une ferme maraîchère située au Centre du Québec, près du lac Saint-Pierre, aux limites de la Montérégie. La ferme dispose en moyenne de 2 650 unités thermiques de maïs. L'entrée au champ se fait à la fin d'avril ou au début de mai, alors que le dernier gel survient généralement vers le 10 ou 15 mai. Le sol est de type loam sablonneux, avec un réseau de drains souterrains.

La ferme dispose d'une superficie totale de 30 ha, dont six hectares sont réservés aux légumes. Des parcelles de terre sont louées au voisin qui y cultive du foin. L'agriculteur envisage de les récupérer bientôt pour augmenter sa production maraîchère, car le nombre de familles abonnées augmente régulièrement et il a de la difficulté à répondre à la demande pour l'ail et l'oignon. Il cultive des parcelles de 2 ha. Les chemins d'accès aux récoltes ne sont pas inclus dans la superficie cultivée. Les parcelles mesurent 100 m de longueur sur 200 m de largeur.

Pour travailler les sols, implanter et sarcler, la ferme dispose d'un tracteur à quatre roues motrices de 90 ch, équipé d'un chargeur, de deux tracteurs Farmall 404 avec porte-outils sous le moteur, d'une charrue à trois versoirs, d'un petit chisel à six dents, d'une herse à disques crénelés, d'un vibroculteur, d'un rotoculteur, d'une plancheuse, d'un semoir à céréales, d'un semoir Stanhay, d'un transplanteur à disques flexibles, d'un pyrodésherbeur, d'un sarcloir Reigi deux rangs, ainsi que divers dents, disques et couteaux qui se montent sur la barre porte-outils pour sarcler. On utilise un pulvérisateur, équipé d'un fusil et d'un boyau flexible, et dont la rampe couvre trois planches. Une pompe équipée d'un moteur à essence pour l'irrigation goutte à goutte et un petit épandeur New Holland complètent les équipements de production.

Pour les récoltes, une vieille arracheuse de pommes de terre pour les oignons et l'ail, une récolteuse à légumes-racines, une équeuteuse à rouleaux pour les oignons

Pour l'entreposage et le séchage, la ferme dispose d'un entrepôt réfrigéré, d'un séchoir installé dans le fenil d'une vieille grange équipée de déshumidificateurs, d'un entrepôt sec. Ses infrastructures comprennent une salle de lavage et d'emballage, et une serre pour démarrer des plants d'oignons, de courges et de betteraves. Un abri extérieur sert à endurcir les plants. Un chariot élévateur permet de manipuler des palettes et de les charger sur le camion de livraison.

8.3.2 MARCHÉ

La ferme fait partie d'un regroupement de producteurs membres d'une coopérative d'assemblage et de distribution de paniers, livrés à environ 2 500 familles. Les légumes sont livrés à un centre d'assemblage et de préparation des paniers. Durant l'été et l'automne, les livraisons sont effectuées sur une base hebdomadaire, alors que l'hiver, on livre aux 15 jours à un nombre réduit d'abonnés. Les points de chute sont des épiceries alternatives qui touchent un pourcentage pour assurer la distribution finale au client.

Les fermes membres de la coopérative sont relativement spécialisées. Par exemple, l'une d'entre elles intègre des pommes de terre dans une rotation de grandes cultures et une production de farine et de viande. Une autre se spécialise dans les cultures de serre, y compris le mesclun et les légumes-feuilles en hiver. Les fermes membres ont réparti leurs choix de spécialités en fonction des potentiels locaux de sols et de climat, des équipements et entrepôts disponibles, et des aspirations et habiletés des agriculteurs.

La ferme vend aussi des surplus à un grossiste qui revend à des épiceries indépendantes et des restaurants au Québec, ainsi qu'à des acheteurs américains.

8.3.3 ROTATION DES CULTURES

Il importe de bien planifier la rotation des cultures. Dans le cas à l'étude, la rotation des cultures se fait sur six ans ; on la présente au tableau 8.1.

Le foin en engrais vert est constitué de 10 kg/ha de dactyle, de 6 kg de luzerne commune, de 2 kg de trèfle rouge 2 coupes, 2 kg de trèfle blanc nain. Ce mélange est productif, fixe de l'azote en abondance et étouffe bien les mauvaises herbes, y compris le chiendent. Il est semé au printemps suivant les cultures de betteraves, sous une plante abri de céréale, de pois et de vesce commune, par un voisin qui récolte la plante abri en balles rondes. Le sol reçoit ensuite une application d'environ 1 t/ha de pierre à chaux.

TABLEAU 8.1 Mélanges d'engrais verts

Année	Cultures
An 1	Courges d'été et d'hiver sur 2 ha Engrais vert d'avoine sur les parcelles libérées avant le 30 septembre
An 2	Ail sur 0,2 ha et oignons sur 1,8 ha Engrais vert : vesce velue, vesce commune ; céréale après ail Engrais vert de céréale après les oignons, avant le 30 septembre
An 3	Betteraves sur 2 ha Engrais vert de céréale après les betteraves avant le 30 septembre
An 4	Foin implanté sous une plante abri
An 5	Foin en engrais vert
An 6	Foin en engrais vert

La première année, la repousse de foin de fin d'été n'est pas récoltée.

La deuxième année, la première coupe est récoltée au tout début de juin par le voisin qui échange la récolte contre du fumier de bovins. La deuxième coupe est fauchée vers la fin de juillet et est laissée sur place en engrais vert. La troisième coupe est laissée debout sur place.

La troisième année, la séquence est semblable, sauf qu'on applique de la chaux après la première coupe, qu'on épand du compost pour les courges après la deuxième coupe et qu'on enfouit la troisième coupe par labour vers le début d'octobre. L'agriculteur envisage de modifier sa régie et d'effectuer une courte jachère suivie d'un engrais vert de moutarde et de radis fourragers la troisième année de foin.

8.3.4 SYSTÈME DE COMPOSTAGE

Le système de compostage est installé sur des parcelles aménagées à cet effet sur des planches rondes surélevées. On a choisi des terrains très solides, secs et bien drainés. Le site de compostage est déplacé en rotation sur quatre parcelles qui sont réenherbées par la suite et dont le foin est récolté par le voisin. Le fumier de bovins obtenu du voisin y est mis à composter avec des feuilles obtenues en vrac d'une petite ville voisine qui nettoie ses parcs en automne ; en effet, tous les parcs publics sont en culture biologique pour des raisons de sécurité publique.

La ferme est propriétaire d'une part sur un retourneur à compost, doté d'un moteur, qui est déplacé sur la route à l'arrière d'une camionnette ; l'appareil est en copropriété avec quatre autres fermes. Les feuilles sont livrées par la ville l'automne précédent et sont exposées aux pluies de l'hiver pour les humidifier. Le fumier est livré à la mi-juin dans une voiture à bascule et empilé par-dessus les feuilles, qui sont relativement réduites après un entassement de six mois.

Le compost pour les courges est épandu l'année précédant leur culture. Les oignons et l'ail ne reçoivent pas de compost, mais ils profitent de l'effet résiduel du compost donné aux courges et des engrais verts de foin. Après la récolte de l'ail et des oignons, on applique du compost avant le semis des engrais verts en août ou septembre pour fertiliser les betteraves à venir.

8.3.5 TRAVAUX À PRÉVOIR POUR LA PRODUCTION

Le travail à prévoir pour la production varie selon les légumes produits. Pour les courges, les betteraves, les oignons et l'ail, on donnera en exemple toutes les étapes à respecter pour une production.

A. Courges

Sur les deux hectares prévus pour la culture des courges, on implante les courges en trois étapes. On transplante d'abord 0,4 ha de courges de primeur en plasticulture de façon à être prêt pour la vente tôt en août ; on transplante 0,4 ha de courges en pleine terre et on sème 1,2 ha de courges en pleine terre.

Lorsqu'on sème les transplants, on met manuellement deux graines par cellule, car au champ, on vise à placer deux plants par poquet. Les plants uniques sont combinés lors de la transplantation. On sème en serre une réserve supplémentaire d'environ 20 % de la quantité totale nécessaire pour compenser les problèmes de levée ou de mauvaise reprise au champ. Si un cultivar lève très mal, on a le loisir d'en planter un autre dans les espaces où il manque des plants. Pour les semis au champ, on sème manuellement en poquets de trois plants et on éclaircit à deux plants après la levée, lors du sarclage.

Au moment de la culture en champ, les espacements sont standardisés à 1,8 m entre les rangs. Les courges de variétés semi-buissonnantes sont espacées de 1,5 m sur le rang et les courges coureuses, de 2 m.

Les courges de primeur en plasticulture sont plantées sur des buttes fabriquées à l'aide d'une plancheuse après la préparation du sol avec une herse à disques et un vibroculteur. La butte et le paillis augmentent la chaleur du sol. On transplante les courges dans le paillis de plastique vers le 20 mai et on les recouvre d'une bâche flottante. Pour mettre en place les paillis, on loue la dérouleuse d'un fermier voisin.

Le reste des courges est cultivé à plat, sans façonnage du sol.

Pour attirer les chrysomèles et faire des traitements localisés, on utilise une culture piège de courges Blue Hubbard. Elles sont semées en même temps que les autres courges plantées, vers le 10 mai pour être transplantées vers la fin de mai ou le début de juin. Le semis de courges en pleine terre se fait aussi à ce moment, selon les conditions de sol et de température. L'agriculteur envisage de remplacer sa culture piège par des Red Kuri qui semblent aussi efficaces et qui sont plus appréciées des consommateurs.

On trouve au tableau 8.2 le détail de la planification de ce cas particulier.

TABLEAU 8.2 Planification détaillée d'une production légumière biologique

Légumes	Cultivars	Superficie (ha)	Rangs	Plants à transplanter	Nombre de cellules	Numéro de semis	Semis en serre
Betterave	Touchtone Gold	0,015	2	2000	128	1	20 mars
	Early Wonder	0,18	24	24 000	128	1	20 mars
	Touchtone Gold	0,015	2	semé		2	1er mai
	Early Wonder	0,15	20	semé		2	1er mai
	Touchtone Gold	0,06	8	semé		3	fin mai
	Red Ace	0,09	12	semé		3	fin mai
	Touchtone Gold	0,045	6	semé		5	15-20 juin
	Red Ace	0,78	104	semé		5	15-20 juin
	Touchtone Gold	0,06	8	semé		5	1er-10 juillet
	Red Ace	0,6	80	semé		5	1er-10 juillet
Ail	Music	0,2	26	43 000			non
Oignon blanc	Super Star	0,1 ha		13 333	bacs	1	28 février
Oignon rouge	Greek Salad	0,1 ha		13 333		1	28 février
	Red Wing	0,1 ha		13 333		1	28 février
Oignon espagnol	Candy	0,6		64 000		1	28 février
Oignon jaune	Copra	0,7		93 330		1	28 février
	Norstar	0,2		26 666		1	28 février
Courge de primeur		0,4	22 rangs				1er mai
	Beta Gold		4	266	24	1	1er mai
	Jet		4	266	24	1	1er mai
	Uchiki Kuri		4	200	24	1	1er mai
	Early Butternut		6	400	24	1	1er mai
	Sweet Mama		4	266	24	1	1er mai
Piège à chrysomèles	Baby Blue Hubbard	0,1	6 rangs et bouts	566	24	2	10 mai
Courge plantée		0,4	22 rangs	610			
	Vegetable Spaghetti		2	100	24	3	10 mai
	Beta Gold		2	133	24	3	10 mai
	Jet		4	266	24	3	10 mai
	Sweet Mama		2	133	24	3	10 mai
	Burgess Organic		4	200	24	3	10 mai
	Early Butternut		2	133	24	3	10 mai
	Waltham Organic		4	200	24	3	10 mai
	Uchiki Kuri		2	100	24	3	10 mai
Courge semée		1,1	61				Semis au champ
	Vegetable Spaghetti		6	semé		4	29 mai
	Beta Gold		3	semé		4	29 mai
	Jet		8	semé		4	29 mai
	Sweet Mama		6	semé		4	29 mai
	Burgess Organic		14	semé		4	29 mai
	Early Butternut		18	semé		4	29 mai
	Uchiki Kuri		6	semé		4	29 mai

B. Betteraves

Les betteraves de primeur sont semées en serre et transplantées sous bâche flottante au champ vers le 1er mai. Ces primeurs arrivent environ trois semaines avant les betteraves semées. On évite l'emploi de vermiculite dans la fabrication du terreau, car elle s'entremêle aux racines, ce qui rallonge l'opération de lavage.

Entre 30 et 40 % des betteraves sont vendues fraîches, avec les feuilles attachées en bottes de quatre unités. Lors de la récolte, ces betteraves sont lavées à l'entrepôt, triées et bottelées.

La principale superficie est consacrée à des betteraves rouges, entreposées et livrées en hiver, lavées et emballées. Une petite partie de la production est constituée de betteraves dorées dont le goût est différent ; ce produit est livré une fois par an dans les paniers et il est surtout vendu dans les restaurants.

On voit, au tableau 8.2, qu'en plus de la transplantation de primeur, les betteraves sont implantées en quatre semis différents pour étaler la récolte. Les semis sont réalisés au début de mai, à la fin de mai, dans la deuxième moitié de juin et dans la première moitié de juillet, lorsque les conditions de sol et d'humidité conviennent.

C. Oignons

Les oignons sont semés en serre vers la fin de février, en bacs de 40 sur 60 cm, remplis d'un terreau profond, contenant chacun 800 oignons. Ils sont transplantés dès que les sols sont prêts, en rangs espacés de 75 cm. Les serres sont alors libres pour démarrer la production des courges.

Des oignons de spécialité sont cultivés en petite quantité : oignons blancs, oignons rouges, oignons jaunes très hâtifs. Les principales superficies sont consacrées aux oignons espagnols et aux oignons jaunes, qui supportent des entreposages à long terme.

D. Ail

Le sol est façonné en billons en septembre après la récolte des courges de primeur en plasticulture ; les fanes de courges sont enlevées du champ lors de l'enlèvement des paillis de plastique sur 0,2 ha. Les sols sont alors travaillés en profondeur à l'aide d'un chisel à pattes d'oie, hersés puis façonnés en billons espacés de 75 cm centre à centre pour améliorer le drainage. Les billons permettent ainsi d'améliorer la survie à l'hiver.

L'ail est planté en rangs doubles sur les billons. On le plante du côté de la parcelle le plus proche des brise-vent qui accumulent de la neige, sans le pailler, car il survit bien à l'hiver sauf lors de conditions exceptionnelles.

Lors de la récolte, l'ail est séché dans une section de la grange aménagée pour le séchage des oignons. On ferme une section, on suspend l'ail sur des fils de fer, et on sèche rapidement à l'aide de déshumidificateurs. On tresse ensuite une partie de l'ail afin d'obtenir une plus-value. Une autre ferme fournit aussi de l'ail aux abonnés.

On met les plants de meilleur calibre de côté à la récolte afin de les réutiliser comme semences à la ferme. Environ 400 kg d'ail sont utilisés pour replanter.

8.3.6 ACHAT DES SEMENCES

On verra à acheter les semences en fonction de la planification. Le tableau 8.3 résume la planification des achats de semences. On y trouve le nom des fournisseurs, les quantités, les codes qu'ils utilisent dans leur catalogue, le nom du cultivar ainsi que le coût total pour la quantité commandée.

Plusieurs fournisseurs différents auraient pu être choisis ; dans ce cas-ci, ce sont William Dam Seeds et Johnny's Selected Seeds. Les prix mentionnés ici le sont à titre d'exemple, car ils peuvent varier dans le temps et selon les fournisseurs.

Lorsqu'on achète des semences et que les quantités sont offertes à prix très avantageux, on peut en acheter un peu plus afin de les utiliser l'année suivante. Par exemple, 450 g de Vegetable Spaghetti coûtent 20 % plus cher que 200 g. Dans ce cas, il faut entreposer les graines supplémentaires dans de bonnes conditions, au frais et au sec, sinon il est préférable de n'acheter que ce que l'on utilise dans l'année en cours.

Comme l'oignon n'est viable que deux ans et qu'on ne connaît pas l'âge des semences en provenance du fournisseur, on tente d'acheter la quantité la plus exacte possible pour nos besoins. Lorsqu'on achète un bon volume, le fournisseur accepte habituellement de nous préparer des quantités adaptées à nos besoins, sur demande. Par contre, il est souvent utile d'avoir une quantité de semences en réserve pour ressemer en cas de mauvaise levée ou de fonte de semis.

8.3.7 FERTILISATION

Pour fertiliser les cultures, on épandra les doses de compost suivantes aux moments indiqués :

- — 40 t/ha vers la mi-août la dernière année du foin, avant les courges,
- — 30 t/ha après la récolte d'ail avant l'engrais vert précédant les betteraves de primeur,
- — 30 t/ha au printemps avant les betteraves de saison.

Les engrais suivants sont aussi utilisés :

- — Sul-Po-Mag après la plantation des oignons, entre les rangs, lors d'un sarclage,
- — Solubor foliaire pour les betteraves, sensibles aux carences en bore.

TABLEAU 8.3 Planification de l'achat des semences

Fournisseur	Quantités	Code	Cultivar	Coût $
Oignons				
WD	125 000	277	Copra Hybrid	225,00
WD	35 000	270	Norstar Hybrid	91,00
WD	450 g	272	Candy Hybrid	245,00
WD	15 000	A 276	Red Wing	58,00
WD	100 g	B 276	Greek Salad	52,50
WD	100 g	273	Super Star Hybrid	74,95
Betteraves				
WD	2 kg	86	Early Wonder	52,00
Johnny's	800 000	2841	Red Ace bio	544,00 $US
Johnny's	4 lbs	128G	Touchtone Gold bio	596,00 $US
Courges				
WD	450 g	B383	Beta Gold Hybrid	132,50
WD	450 g	383	Vegetable Spaghetti	24,50
Johnny's	450 g	2616	Jet	77,00 $US
WD	450 g	D362	Uchiki Kuri	99,50
WD	450 g	D360	Early Butternut	132,50
WD	450 g	E363	Sweet Mama	189,50
WD	450 g	680	Baby Blue Hubbard	52,50
WD	450 g	0361	Burgess Buttercup bio	54,25
WD	100 g	0360	Waltham Butternut bio	15,95

Les oignons et les courges reçoivent une application d'algues en solution, lors de la plantation, et toutes les cultures reçoivent une fertilisation foliaire une fois par saison, parfois deux si les conditions climatiques sont difficiles.

8.3.8 PHYTOPROTECTION

Dans ces cultures, les problèmes les plus communs sont les mineuses et la gale pour les betteraves, l'oïdium et la chrysomèle rayée du concombre pour les courges. Par ailleurs, diverses maladies fongiques et bactériennes peuvent affecter l'oignon. La ferme tient donc des stocks de divers produits de phytoprotection, notamment l'oxychlorure de cuivre (Copper Spray) pour les oignons, les pièges collants jaunes pour le dépistage des chrysomèles, ainsi que le pyrèthre et la roténone pour la lutte contre les chrysomèles. L'utilisation de Surround et de Serenade est en voie d'expérimentation.

Une stratégie de culture piège est actuellement à l'essai. Elle consiste à planter deux rangées de courges Baby Blue Hubbard de 200 m entre les courges de primeur et la seconde plantation, deux autres rangées entre les courges plantées et les courges semées, et deux autres rangées au bout du champ semé. Un plant de Baby Blue Hubbard est aussi placé sur tous les bouts de rangs plantés ou semés, sauf pour la parcelle en plasticulture qui est protégée par les bâches flottantes. L'objectif est d'attirer et de concentrer les chrysomèles qui arrivent des sites d'hivernage et migrent vers les jeunes courges. Comme la concentration d'insectes a tendance à être plus élevée sur ces plants, on effectue des traitements insecticides localisés. Certaines années, on ne traite pas du tout les courges en plein champ, parfois on traite moins les courges en champ que les courges Blue Hubbard, mais parfois, quand la pression est très forte, il faut les traiter tout autant.

8.3.9 PLASTICULTURE

On utilise un rouleau de plastique biodégradable à base d'amidon de maïs, d'une longueur de 2400 m, pour les courges de primeur. On recouvre les primeurs avec des bâches flottantes de 17 g/m^2, qu'on peut réutiliser si on les manipule soigneusement.

8.3.10 IRRIGATION

On irrigue toutes les cultures au goutte à goutte. On rembobine ensuite les tuyaux en bonne condition pour les réutiliser l'année suivante. On fait les réparations avec du ruban gommé de couleur blanche, ce qui permet de déclasser les tuyaux endommagés lors de leur enlèvement.

Deuxième partie

LA RÉGIE DES CULTURES LÉGUMIÈRES

La présentation de la régie des légumes ne consiste pas en un guide méthodologique décrivant une procédure unique pour chacun. Comme il y a plusieurs façons de faire, on discute de différentes méthodes, des divers problèmes techniques ou des raisons justifiant le choix de l'une ou l'autre façon de faire. Chaque agriculteur doit organiser son système de production et raffiner les méthodes qui conviendront le mieux à sa situation : ses sols et son climat, ses équipements ainsi que la demande de ses marchés.

Malgré ces variantes, une organisation identique a été retenue pour chacun des légumes afin de faciliter à la fois la compréhension et la consultation. Dans tous les cas, les bases de l'agriculture biologique présentées en première partie appuient les renseignements particuliers donnés pour chacun des légumes.

Dans cette deuxième partie, les légumes sont présentés dans l'ordre suivant :

— les légumes-feuilles (laitue, épinard et persil) ;

— les crucifères (chou pommé, brocoli, chou-fleur, chou de Bruxelles, chou chinois, céleri) ;

— les liliacées (asperge, poireau, oignon et ail) ;

— les légumes-racines (carotte, panais, betterave, célerirave, navet, rutabaga, radis) ;

— les légumineuses (pois, haricot) ;

— les légumes-fruits (tomate, piment, aubergine, maïs sucré, concombre, citrouille et courge, melon).

Pour la présentation de chacun de ces légumes, les grandes divisions du plan sont identiques (tableau II.1).

TABLEAU II.1 Structure des chapitres de la deuxième partie sur la régie des légumes

Plan	Contenu
Introduction	Quelques renseignements importants sur la culture
Plante	Description simplifiée de la plante au plan de la physiologie et de l'anatomie, de son développement et de son système racinaire. **Types.** S'il y a lieu, présentation des divers types du légume. **Conditions climatiques.** Les dates de référence utilisées dans le texte décrivent les conditions climatiques du Sud ou du Centre du Québec. Selon l'endroit où l'on cultive, il y a lieu de les adapter aux conditions locales. Dans le Nord et l'Est du Québec, dans certains microclimats ou en altitude, les printemps sont plus tardifs et les dernières gelées peuvent avoir lieu en juin. En région maritime, le réchauffement printanier peut se faire attendre. Les renseignements sur les unités thermiques de maïs et les dates locales moyennes des gelées sont habituellement disponibles dans les Bureaux de renseignements agricoles et peuvent aussi servir au choix des cultures. Il faut être prudent lors du choix d'un endroit pour s'établir. Dans certaines localités du Québec, il gèle parfois en juillet !
Cultivars	**Critères.** Pour effectuer le choix approprié de cultivars, plutôt que informations sur les cultivars disponibles, vu leur évolution rapide. Renseignements permettant la recherche de solutions adaptées à chaque ferme. Le cultivar doit convenir à la situation climatique et pédologique, mais aussi aux problèmes phytosanitaires propres à chaque ferme ; il doit être accepté des consommateurs auxquels il est destiné. Il doit bien se comporter durant le transport, l'entreposage ou la période sur les tablettes après la récolte. Certains cultivars sont développés pour la culture conventionnelle. En culture biologique, on a besoin de systèmes racinaires puissants, capables de fouiller le sol pour trouver leurs nutriments. On cherche des cultivars capables de se défendre contre parasites, maladies et mauvaises herbes sans nécessiter trop d'efforts de phytoprotection. Certains cultivars réagissent mal à une nutrition provenant des sols et des matières organiques et absorbent mieux une nutrition soluble ; d'autres peuvent difficilement être laissés à leurs propres capacités de résistance. Par contre, plusieurs cultivars très adaptables utilisés en culture conventionnelle réussissent bien en régie biologique.
Propagation et implantation au champ	**Semences et germination**. Conditions favorables à la germination et quantités nécessaires, ce qui dépend tant de l'agencement de la culture au champ que de la précision du semoir utilisé. **Semis en pleine terre**. Méthode d'implantation directe, sans production de plants. **Production de transplants**. Méthode de production de plants, principalement en serre ou en tunnel, en vue de la transplantation au champ. **Endurcissement et transplantation au champ**. Méthodes à utiliser pour préparer le plant à la transplantation et méthodes de transplantation. **Espacements**. Divers agencements possibles et diverses densités utilisables.
Sols et fertilité	**Choix et préparation du sol.** Indications sur les types de sols qui conviennent à la culture. Diverses façons de préparer le sol, renseignements sur le pH approprié et sur la gestion de l'état calcique du sol en fonction de la culture. **Exportation et fertilisation.** Devant l'impossibilité d'utiliser des engrais solubles d'action rapide, on doit procéder de façon plus intuitive en connaissant le mieux possible les divers sols de la ferme qui nécessiteront, selon leur historique et leur fertilité, des fertilisations

Plan	Contenu
	différentes pour une même culture. Puisque plusieurs légumes sont exigeants en éléments nutritifs et pour éviter les sur- ou sous-fertilisations, on présente des renseignements permettant de raisonner la fertilisation en fonction du sol et du potentiel de rendement de façon à aider la prise de décision : exportation moyenne, fertilisations répertoriées en culture conventionnelle, fertilisants appropriés, type de compost, engrais minéraux, précédents culturaux, effets résiduels des composts et fertilité des sols en général. Complète le chapitre 2. Tableau des exportations moyennes en fonction de rendements typiques, contenant des renseignements sur la fraction des éléments nutritifs contenus dans la récolte exportée. Utile pour fonder un raisonnement sur la base d'un bilan : éléments nutritifs qui partent avec la récolte et restent dans les résidus de culture. Faire une règle de trois pour utiliser cette information, notamment pour calculer l'exportation d'un autre niveau de rendement. Tableau des plages de fertilisation recensant les niveaux de fertilisation de divers endroits dans le monde en culture conventionnelle. Les Européens obtiennent généralement des rendements plus ou beaucoup plus élevés qu'au Québec et fertilisent bien davantage. Tableau des fertilisations recommandées au Québec, principalement selon le *Guide de référence en fertilisation* du CRAAQ. Des recommandations d'autres sources servent aussi de références car, bien que la grande culture se conforme à ces recommandations, en culture légumière, plusieurs les critiquent et fertilisent au-delà ; on leur préfère parfois des doses proches des niveaux européens, plus élevées. **Oligo-éléments.** Carences communes et mesures à prendre pour les prévenir ou les corriger. La certification exige une analyse pour justifier une fertilisation en oligo-éléments.
Rotation des cultures	Discussion des principes et des nombreuses possibilités de séquences, vu qu'en pratique, on est toujours à la recherche des cultures qui se placent le mieux les unes à la suite de autres sur une ferme donnée et qu'il y a toujours exploration empirique sur chaque ferme. Complète le chapitre 4.
Cultures associées	Quelques indications sur le compagnonnage lorsqu'il est possible, ce qui est moins applicable en maraîchage qu'au jardin domestique.
Irrigation	Indications sommaires sur la régie de l'irrigation, en particulier les périodes sensibles qui requièrent le plus de surveillance.
Gestion des mauvaises herbes	Informations spécifiques à la culture qui complètent celles du chapitre 6.
Insectes et maladies	Principaux problèmes rencontrés dans une culture donnée, description sommaire de l'organisme et des symptômes, et proposition de pistes d'action pour prévenir ou corriger le problème. Consultation recommandée de *Maladies et ravageurs des cultures légumières au Canada* pour des descriptions très détaillées des symptômes, des agents pathogènes et de leur cycle de vie. Chapitre 5 à étudier avant d'aborder les légumes individuels. Vérification du produit en regard de la certification avant utilisation.
Entretien	Taille, éclaircissage et autres mesures particulières en cours de culture, y compris l'application des préparats biodynamiques.
Récolte et entreposage	**Récolte et conditionnement**. Opérations variant selon la situation, l'échelle de production et le marché visé. Contraintes réglementaires de la vente dans un circuit de distribution classique et en vente directe. Lire le chapitre 7. **Entreposage et manutention.** Renseignements spécifiques à chaque culture qui complètent ceux du chapitre 7.
Primeurs	Informations de base sur les principales pratiques possibles.

Chapitre 9

LA LAITUE

Lactuca sativa (Lettuce)

INTRODUCTION

Les laitues sont des plantes de la famille des astéracées, cultivées pour leurs feuilles tendres. Elles se caractérisent par la présence d'un latex blanc auquel elles doivent leur nom.

9.1 PLANTE

La laitue est une plante annuelle de climat frais, à cycle court, avec un système racinaire peu profond. La racine pivotante pénètre potentiellement jusqu'à 60 cm, mais les racines absorbantes se répandent latéralement sur une profondeur de 25 à 30 cm. Comme pour la plupart des légumes-feuilles, la laitue pousse bien dans un sol riche et humide. Elle se cultive en continuité du printemps aux gelées d'automne, et bien au-delà, en culture de serre.

La laitue pommée tolère généralement moins bien la chaleur que la laitue frisée et la Romaine. La culture d'été en sol minéral est plus difficile à réussir à cause des problèmes d'approvisionnement en eau ; on favorise alors la terre noire à cause de sa grande capacité de rétention d'eau.

La laitue est parmi les plantes les plus sensibles à l'excès de salinité et elle est relativement sensible aux maladies et aux insectes. Au Québec, les premières récoltes de laitues de champ s'effectuent à partir du début de juin, et les dernières jusqu'en octobre ou novembre selon la précocité des gelées d'automne. La laitue est cueillie 40 à 85 jours après le semis selon les variétés et les conditions de culture.

9.1.1 TYPES DE LAITUES

Il existe une très grande diversité de laitues dont les très jeunes feuilles sont commercialisées dans les mélanges de type mesclun, où elles sont souvent accompagnées de plantes d'autres espèces. Toutefois, cinq grands types commerciaux sont couramment cultivés : la laitue en feuilles, la laitue pommée de type Iceberg, la laitue pommée de type Boston ou Bibb, la laitue Romaine et, depuis peu, la laitue Batavia.

A. Laitue en feuilles

La laitue en feuilles ou frisée, *Lactuca sativa* var. *crispa* (*Leaf Lettuce*), forme une rosette de feuilles libres frisées, arrondies, découpées, gaufrées ou ondulées de couleur blonde, verte ou rougeâtre selon les cultivars. Elle ne pomme pas. La laitue frisée est le type le plus utilisé en primeur et en début d'été.

B. Laitue pommée de type Iceberg

La laitue pommée, *L. sativa* var. *capitata*, de type Iceberg (*Crisphead*) possède des feuilles ondulées ou cloquées, croustillantes, de couleur verte à l'extérieur et jaune ou blanche à l'intérieur. Les feuilles forment une pomme compacte qui peut atteindre 1 kg et se transporte bien. Cette laitue autrefois très populaire est moins consommée aujourd'hui.

C. Laitue pommée de type Boston ou Bibb

La laitue pommée, *L. sativa* var. *capitata*, de type Boston ou Bibb forme une pomme lâche, blonde, verte ou rougeâtre avec l'intérieur plus pâle ; ses feuilles sont souples et tendres. Plus légère que l'Iceberg ou la Romaine, cette laitue est cultivée en pleine terre, et les cultivars sont plus gros. En serre, les plants sont plus petits en automne et en hiver ; très utilisée en culture de serre, elle se transporte mal sur de longues distances. C'est le type de laitue le plus utilisé en Europe.

D. Laitue Romaine

La laitue Romaine, *L. sativa* var. *longifolia* (Cos Lettuce), forme des feuilles allongées et raides ainsi qu'une pomme longue, serrée, arrondie ou ouverte au sommet. Les cultivars commerciaux sont de couleur verte, telle la Parris Island. La laitue Romaine est ferme et se transporte bien ; depuis la mode de la salade César, elle occupe de plus en plus de place sur les marchés nord-américains.

E. Laitue Batavia

La laitue Batavia, *L. sativa* var. *capitata*, qui est classée en France comme une pommée-frisée, est peu utilisée au Québec, mais on trouve maintenant des cultivars de culture très facile.

9.2 CULTIVARS

L'adaptation au climat local, au type de sol et à la culture de primeur, la résistance à la chaleur, à diverses maladies et à la montée à graines sont les principaux critères de sélection des cultivars. On doit aussi considérer l'apparence et le goût souhaités : plus ou moins frisée, couleur, forme des feuilles, saveur, densité, texture, grosseur et uniformité.

9.3 PROPAGATION

9.3.1 SEMENCES ET GERMINATION

Pour la laitue, on préfère la semence enrobée, car elle permet habituellement d'obtenir une levée et une maturité uniformes. Cependant, lors de semis d'été, en conditions chaudes et sèches, la levée est parfois moins bonne que celle de la semence non enrobée. On doit compter de 600 à 1000 semences/g, de 1 à 2 kg/ha pour les semis en terre et 250 g/ha pour la production de transplants ; leur durée de conservation est de trois à cinq ans.

La germination est possible à partir de 2 °C, mais la laitue germe plus rapidement dans un sol proche de 20 °C. Avec des semences fraîchement récoltées, il y a des risques de dormance. Au-delà de 30 °C, on observe un phénomène de thermodormance. On utilise des semences d'un an et on les traite au froid durant 24 heures au réfrigérateur avant de les semer. Les biodynamistes utilisent un traitement de semence avec le préparat d'orties (504).

9.3.2 SEMIS EN PLEINE TERRE

On pratique le semis en pleine terre, mais la culture de la laitue est surtout faite à partir de transplants. Une fois le sol prêt à être travaillé, on le laisse réchauffer jusqu'à au moins 7 °C. Pour échelonner la récolte, on recommande de faire des semis successifs de différentes variétés. La terre de surface doit être fine et meuble. On doit enfouir les semences à 0,5 cm de profondeur et plomber. Il faut également éviter que la terre ne se dessèche.

Il est préférable d'utiliser des semences enrobées qui offrent des avantages considérables, soit une levée et un espacement plus homogènes ainsi qu'une maturité plus égale. Le semis de précision avec un semoir pneumatique comporte des risques si la levée est irrégulière. Pour éviter ces problèmes, les producteurs sèment les graines aux 10 cm et éclaircissent en gardant un plant sur trois. Avec les coûts de sarclage et d'éclaircissage, la technologie récente mène à l'utilisation de plus en plus dominante de la culture en multicellules et de la transplantation au champ. La laitue supporte mal la compétition d'un semis dense ; les plants restent alors chétifs. On peut semer en poquets, avec deux ou trois graines par poquet, aux 25, 30 ou 38 cm selon l'espacement visé, puis on éclaircit quand les plants sont établis.

9.3.3 PRODUCTION DE TRANSPLANTS

En caissettes, en pots ou en mottes, 1 g de semences donne 400 à 600 plants. Le temps de germination dans le sol est de 6 à 8 jours à une température optimale de 20 ou 21 °C. La semence tolère une température variant entre 5 et 26 °C. La semence de laitue germe mal si le sol n'est pas assez humide. L'humidité devrait se situer entre 50 % au-dessus du point de flétrissement et la capacité au champ. Cependant, le substrat ne doit pas être saturé en eau, car la graine a besoin d'oxygène. Le substrat doit avoir une bonne capacité de rétention d'eau tout en étant bien drainé, et un pH eau supérieur à 6,8. On doit faire attention toutefois à l'excès de salinité.

Le mode de culture le plus utilisé par les maraîchers est le plateau multicellullaire 128 ; cependant, si le climat n'est pas favorable au moment de la plantation, il est difficile de garder les plants longtemps. En culture conventionnelle avec engrais liquides, on préfère le plateau de 200 cellules. Le repiquage est à éviter puisqu'il entraîne un arrêt de végétation qui a un effet sur la précocité et le poids de la récolte finale. Le mal sera moindre si le repiquage s'effectue au stade cotylédons déployés.

La plantation au champ se fait idéalement avec des plants au stade 2-4 feuilles. Plus le plant est avancé à la transplantation, plus le rendement et la précocité sont affectés. On ne dépasse pas le stade 4-5 feuilles, à moins que les plants ne soient dans des mottes, ou des cellules plus grandes. Si on doit garder des plants plus longtemps que prévu, on doit les fertiliser avec des purins de compost ou d'orties, ou un mélange algue-poissons très dilué. En général, il faut prévoir quatre semaines pour la production de plants.

Les Européens préfèrent démarrer les plants dans des mottes de terreau pressé qui donnent des plantons de laitue d'excellente qualité. La quantité de terreau par plant est alors supérieure, et la possibilité d'attente en cas de retard de plantation est excellente. En revanche, les terreaux doivent rencontrer des critères particuliers, la mécanisation est plus coûteuse, et le coût de production beaucoup plus élevé ; beaucoup de maraîchers font produire leurs plants par des entreprises spécialisées. Pour ces raisons, en contexte nord-américain, on a adopté les méthodes, plus simples, de culture en multicellules.

La température de l'air de croissance idéale en contenants est de 15 à 18 °C le jour et d'environ 8 à 10 °C la nuit. On sème en serre environ 25 jours avant la transplantation au champ. Une semaine avant la transplantation, on commence à endurcir les plants. Les plants bien endurcis peuvent supporter, une fois transplantés au champ, des nuits de –7 °C.

9.3.4 PLANTATION AU CHAMP

On doit assurer un bon approvisionnement en eau pour favoriser une bonne reprise des plants au champ, car leurs besoins sont élevés au début de la culture et la chaleur et la sécheresse les font monter à graines. Selon le type et la variété de la laitue, et la saison de culture, le temps de maturation varie de 40 à 85 jours à partir du semis. L'important, c'est que le plant ne subisse pas d'arrêt de croissance ; le rendement, la vitesse de maturité et la qualité sont très affectés par les stress.

Les conditions climatiques et le sol doivent permettre à la laitue de croître rapidement et, pour les cultivars à pomaison, de pommer convenablement. La pomaison est fonction de la lumière et de la chaleur. Si la température reste à plus de 20 °C avec peu de lumière, elles pomment difficilement. Les températures nocturnes basses induisent bien la pomaison. En plein été, avec des journées longues, le problème de pomaison est moins important. Une surfertilisation azotée peut retarder la pomaison. Le choix du cultivar joue aussi un rôle important en ce qui a trait à la capacité de pomaison de la laitue.

Les laitues en feuilles et les Romaines sont moins problématiques. Quoi qu'il en soit, on ne dépassera pas le stade 4-5 feuilles pour la transplantation. Les espacements seront fonction du cultivar.

9.3.5 PLANIFICATION D'UNE SÉQUENCE

Il est difficile de répondre aux besoins d'un marché de façon stable et régulière. En effet, la meilleure planification ne garantit pas toujours un approvisionnement régulier, car le climat peut accélérer ou ralentir la croissance et déjouer les plans. À mesure qu'on avance dans la saison et qu'il fait plus chaud, le développement des plants s'accélère. Les premiers semis seront faits aux 7 jours, puis aux 8, 10, et même 13 jours, afin de maintenir un approvisionnement régulier. Lorsqu'il fait chaud et suffisamment humide, la maturation s'accélère aussi. Dans la récolte d'automne, on observe le phénomène contraire : le développement des plants ralentit. Des semis de juillet-août donneront des récoltes d'automne. On revient à des semis aux 7 jours. Il peut être utile d'installer une ombrière pour les semis ou de mettre les plants à l'extérieur dès la levée.

9.3.6 ESPACEMENTS

Un semis trop dense fait avec un semoir de mauvaise qualité ou mal ajusté nécessite, lorsque les plants ont trois ou quatre feuilles, un éclaircissage très coûteux en main-d'œuvre. Selon les variétés, ils doivent être espacés de 20 à 40 cm sur le rang et de 25 à 40 cm entre les rangs.

Un espacement de 25 cm est un minimum pour les laitues en feuilles et les petites laitues Boston à contre-saison ; 28 à 35 cm sont idéals. Les Boston de grande taille et les Romaines requièrent plutôt un minimum de 30 à 35 cm, et les pommées 40 cm. Au plan fonctionnel, selon le système de sarclage, certains vont jusqu'à des espacements de 75 cm entre les rangs.

A. Culture sur billons en Californie

Dans les vallées côtières de la Californie centrale, en culture irriguée sur sols argileux, on plante des rangs doubles de laitue pommée espacés de 38 cm, sur des billons espacés de 1,05 m. Les laitues sont espacées de 30 à 35 cm sur le rang, si bien que les densités sont de 63 000 plants/ha. Certains maraîchers québécois utilisent un tel système en culture conventionnelle.

B. Laitue en rangs doubles

On rencontre au Québec des cultures en rangs doubles espacés de 75 cm. Des laitues frisées à 30 cm auront une densité de 44 400 plants/ha. Un agriculteur cultive avec succès sur des billons espacés de 75 cm.

C. Système en planche

Certains maraîchers cultivent la laitue à quatre rangs sur une planche de 1,5 m centre à centre : les densités varient de 70 000 à 90 000 plants/ha. La fertilité et l'irrigation doivent être beaucoup mieux suivies avec de telles densités. Il y a des risques de mauvaise ventilation.

D. Système en planche en Allemagne

Des systèmes de culture à cinq rangs sur une planche de 1,5 m sont utilisés en Allemagne : les densités atteignent 110 000 plants/ha. Les calibres vendus sont généralement plus petits qu'en Amérique du Nord.

9.4 SOLS ET FERTILISATION

9.4.1 CHOIX ET PRÉPARATION DU SOL

La laitue préfère un sol humifère, mais elle s'accommode bien de tous les types de sols, des plus lourds aux plus sablonneux pourvu qu'ils soient bien préparés et amendés. Les sols doivent avoir une structure stable, combinant aération, bon drainage et rétention d'eau. On choisit des sols qui ont connu un programme d'amélioration pendant quelques années. Les sols légers seront utilisés pour la laitue de primeur au printemps et au début de l'été. Durant l'été, les terres noires, les loams argileux et les argiles bien structurées sont préférables. L'enracinement est superficiel, soit de 30 à 60 cm de profondeur. Le sol doit être exempt de semelle de compaction pour que la circulation verticale de l'eau se fasse bien ; le mauvais drainage entraîne l'apparition de maladies fongiques.

Pour le semis en pleine terre, on prépare le sol de manière à obtenir une terre bien rassise et un lit de semence humide par remontée capillaire, tout en ayant une surface fine et grumeleuse. Il faut éviter les surfaces battantes défavorables à la levée.

Pour la plantation, la structure doit être bonne, pas trop fine, roulée légèrement ; on plombe la zone des racines à la plantation.

Les biodynamistes utilisent la préparation de bouse de corne (500) en combinaison avec de la valériane (507) sur le sol au moment de la préparation, et parfois en cours de culture lors des binages. Ils préparent le sol et plantent un jour feuille.

9.4.2 FERTILISATION

Pour la culture de la laitue, on vise un pH de 6,5 à 7,0, mais la laitue supporte un pH de 6 ou 7,5. Dans les terres noires, on travaille à pH d'environ 5,6. Si le sol est acide, on peut chauler, mais il est risqué de cultiver la laitue dans un sol dont la fertilité n'est pas déjà optimale. On chaule par applications fractionnées. La cendre de bois peut s'appliquer à raison de 600 kg/ha, mais on ne doit pas utiliser de cendre si le pH est élevé et le sol riche en potassium, ni quand on a appliqué un compost contenant déjà de la cendre de bois ou de la chaux.

On fertilise en épandant un fumier bien composté à raison de 20 à 40 t/ha. Sur un sol riche ou sur une terre noire, on peut diminuer la quantité de moitié, ou même cultiver la laitue sur l'effet résiduel de la culture précédente. Pour les cultures de printemps, il est généralement préférable d'incorporer le compost avant un engrais vert d'automne pas trop abondant, l'année précédant la laitue, ou d'utiliser un compost suffisamment mûr. Pour les cultures d'été-automne, il faut l'incorporer suffisamment tôt pour permettre une décomposition et une intégration au sol avant la plantation.

Dans certains cas, l'apport d'un compost insuffisamment décomposé avant une culture de laitue peut entraîner des problèmes sanitaires, notamment des maladies cryptogamiques. On doit aussi éviter les fumiers porteurs de contaminants. Pour cette raison, plusieurs producteurs préfèrent cultiver la laitue après la culture d'une plante abondamment fertilisée, par exemple une crucifère, une cucurbitacée ou un poireau, sans ajouter de nouvel apport de compost. Cette stratégie est également recommandée en période de faible luminosité où les taux de nitrate dans le plant peuvent devenir excessifs et rendre le produit malsain pour le consommateur. Cela n'est habituellement pas un problème en culture biologique.

La difficulté dans la nutrition de la laitue, c'est que sa croissance est rapide sur une courte durée. Même si la consommation totale n'est pas très élevée, la minéralisation doit être rapide. Il importe de ne pas laisser un champ abandonné après la récolte ; si on n'implante pas d'autre culture, il faut enfouir et implanter un engrais vert pour récupérer l'azote qui continue de se minéraliser.

Aux sols pauvres en phosphore, on ajoute au début du compostage 10 kg/t de phosphate naturel. L'action du compostage libérera le phosphore plus rapidement qu'une application directe au sol.

Il peut être utile de faire des fertilisations d'entretien, soit des arrosages au sol de purin de compost, d'orties ou d'autres purins végétaux, soit des pulvérisations foliaires d'émulsion de poissons, d'algues liquides ou de purin d'orties. Toutefois, ces apports complémentaires ne peuvent en aucun cas compenser une sous-fertilisation du sol. Certains producteurs apportent du fumier de volailles granulé au sarclage.

Voici les données de fertilisation disponibles susceptibles d'indiquer aux maraîchers biologiques la fertilisation appropriée pour leur situation. On présente d'abord le bilan des éléments nutritifs exportés dans les parties vendues de divers types de laitues (tableau 9.1), puis les fertilisations courantes qu'on rencontre de par le monde (tableau 9.2) et on termine par les recommandations pour un sol moyen en P et K au Québec (tableau 9.3).

TABLEAU 9.1 Exportation moyenne

N (kg/ha)	P_2O_5 (kg/ha)	K_2O (kg/ha)
Laitue pommée USA		
40 — 50	8—20	130
Laitue Boston en serre Europe		
80 —120	50	200
Laitue Romaine bio Québec		
45 — 90	19 —27	65 — 94
Laitue frisée bio Québec		
20 — 30	6 — 9	33 — 50

Les moyennes d'exportation européennes et américaines du tableau 9.1 sont tirées de la littérature scientifique. Les données québécoises sont calculées, pour une ferme existante, à partir d'un rendement moyen de 50 % de laitues vendables (18 t/ha), 70 % dans le cas de la Romaine (26 t/ha). La frisée, plus légère, exporte 10 à 15 t/ha pour les mêmes proportions de plants vendables.

L'exportation est un facteur à considérer dans la régie de la fertilisation. Cependant, un rendement moyen de 50 % de plants vendables exporte probablement le tiers des éléments contenus dans la culture si on tient compte des résidus au champ. Un rendement de 70 % en exporte environ la moitié. En moyenne, on trouve entre 40 et 80 kg de N au champ après la récolte, dans les résidus de culture et les plants déclassés.

TABLEAU 9.2 Fertilisations courantes en culture conventionnelle

N (kg/ha)	P_2O_5 (kg/ha)	K_2O (kg/ha)
70 —190	100 — 200	55 — 200

TABLEAU 9.3 Recommandations québécoises

Type de sol	N (kg/ha)	P_2O_5 (kg/ha)	K_2O (kg/ha)
Minéral	70 — 135	130— 145	100 — 125
Organique	55 — 100	55— 60	110 — 145

Enfin, rappelons que la laitue est sensible aux carences en manganèse, en cuivre et en molybdène et, à un degré moindre, à la carence en bore.

9.5 ROTATION DES CULTURES

La laitue tolère de nombreux précédents, mais pas une masse énorme de matière organique en décomposition. Entre autres, la laitue n'aime pas la décomposition de résidus de crucifères récemment enfouis. Elle préfère suivre une culture qui reçoit un gros apport de compost, sans en recevoir elle-même, sinon elle requiert un compost assez mûr. La laitue se place donc en deuxième position dans la séquence. Elle peut revenir rapidement sur le même terrain s'il n'y a pas de maladie.

Certains producteurs qui pratiquent des cultures de courte durée comme l'épinard, le pois, le radis, la mâche, les mélanges à salades récoltés très jeunes et plusieurs légumes-feuilles, cultivent la laitue aussi souvent qu'une fois par année dans la rotation, et ce, sans problème. Par ailleurs, une rotation plus longue aide à prévenir les problèmes.

La laitue suit bien le pois, l'épinard, le radis, la pomme de terre, la carotte, et même les crucifères et le maïs si les résidus sont suffisamment décomposés. Elle constitue un bon précédent pour le haricot de fin d'été dans les zones à saison longue et pour l'épinard d'automne. La laitue peut être précédée d'un engrais vert à condition qu'il ait le temps de se décomposer avant la culture de laitue. La laitue peut très bien être suivie d'une culture d'automne ou d'un engrais vert lorsqu'elle est récoltée assez tôt. On choisit alors un engrais vert qui utilise au maximum la longueur de saison disponible.

Lorsqu'on observe la présence de maladies, on privilégie, dans la rotation, des plantes qui ne partagent pas de maladies avec la laitue, par exemple la tomate, les cucurbitacées, le maïs sucré, l'épinard, la betterave et la carotte. Il y a un maraîcher, au Lac-Saint-Jean, qui utilise la séquence engrais vert - laitue - oignon - carotte, ou la séquence engrais vert - maïs de primeur sur paillis de plastique - laitue sur le même paillis - légumineuse avec ou sans paillis.

9.6 CULTURES ASSOCIÉES

La laitue, dont la croissance est relativement rapide, peut facilement être intercalée dans des rangs intermédiaires entre des cultures de croissance plus lente ; par exemple, des poireaux ou des céleris peuvent être accompagnés de laitues plantées dans les entre-rangs, si le système de sarclage s'y prête. Après la récolte de la laitue, le sol peut être utilisé pour butter l'autre culture. La laitue peut accompagner de même façon le chou-fleur et le brocoli, dont les feuilles occuperont l'espace après la récolte de la laitue. Plusieurs légumes pourraient être accompagnés de laitue à condition que cette dernière soit plantée et récoltée assez rapidement pour ne pas les concurrencer. C'est le cas des concombres, des zucchinis et des plantations de fruitiers vivaces. La laitue de primeur peut être interplantée de concombres ou de courges d'automne.

9.7 IRRIGATION

Comme pour toutes les cultures, l'irrigation doit se faire en tenant compte de l'état de la végétation, du climat et du sol. La majeure partie de la masse racinaire de la laitue se situe dans les premiers 15 à 20 cm de sol. On maintient l'humidité du sol entre 50 et 80 % de la capacité au champ. Si on doit irriguer un semis pour favoriser la levée, il faut éviter de croûter le sol.

À la plantation, les racines ne sont pas encore bien développées ; on doit donc s'assurer que la zone des racines est continuellement humide. Un sol bien travaillé et profond favorise une plus grande masse racinaire, donc une plus grande indépendance hydrique. Le manque d'eau chez la laitue peut entraîner un arrêt de croissance, une perte de poids et une plus grande sensibilité au *Botrytis*.

La sécheresse peut aussi induire une carence en calcium, ce qui se traduit par des nécroses sur la pointe des feuilles : brûlure de la pointe ou pourriture du cœur. Un excès d'eau peut conduire à l'asphyxie des racines, qui provoquera un arrêt de croissance et des carences ; les effets sont difficilement récupérables.

L'arrosage s'effectue de préférence le matin pour que le feuillage ait le temps de sécher avant la nuit. L'irrigation par aspersion est la plus commune ; le goutte à goutte est aussi possible et particulièrement intéressant en plasticulture.

Dans les terres noires, on contrôle la nappe en bouchant les drains et en contrôlant le niveau d'eau dans les fossés. Sans irrigation, durant une année chaude et sèche, la proportion de plants vendables peut tomber à 10 % des populations.

9.8 GESTION DES MAUVAISES HERBES

Le précédent de culture et l'état du terrain jouent un rôle important dans le contrôle des mauvaises herbes. Comme pour les autres cultures, une bonne préparation de sol combinée à un faux semis permet de conserver une avance sur la mauvaise herbe. La laitue est une plante qui couvre bien le sol, ce qui laisse peu de place aux mauvaises herbes, lorsqu'elle est transplantée.

De plus, elle est facile à sarcler mécaniquement et, comme la culture est de courte durée, on s'en tire avec un ou deux sarclages mécaniques superficiels, et parfois un sarclage manuel. Par contre, il est important que la densité soit appropriée et que les mauvaises herbes n'envahissent pas la culture, puisque certaines variétés ont tendance à monter à graines lorsqu'elles sont stressées. Un précédent d'engrais vert laisse généralement un sol propre.

On pratique peu la culture de la laitue semée en culture biologique, principalement pour faciliter le contrôle des mauvaises herbes et en réduire le coût.

9.9 INSECTES ET MALADIES

La laitue est sensible à la fonte des semis causée par divers champignons : une bonne qualité de substrat et de bonnes conditions de température, d'humidité et surtout de ventilation sont les meilleurs moyens de prévention. Une couverture du semis avec du sable horticole ou de la vermiculite peut aider. Il faut garder les plants au frais la nuit.

Les maladies fongiques, tels la moisissure grise (*Botrytis*), le mildiou (*Bremia lactucae*), la pourriture sclérotique (*Sclerotinia*) et la pourriture basale, se développent facilement sur la laitue. Les cultures abritées sont particulièrement sensibles à ce genre d'infection.

Il existe de nombreux moyens de prévention et de contrôle des insectes et des maladies :

— un bon contrôle des mauvaises herbes,
— une densité de plantation allouant une bonne aération,
— un excellent drainage (culture sur billons),
— la transplantation de plants sains avec le collet légèrement surélevé par rapport au niveau du sol,
— des variétés au feuillage dressé,
— une rotation minimale de quatre ans,
— une bonne préparation de sol sans résidus de cultures, surtout de choux et de céleris,
— la pulvérisation de purins de prêle,
— des cultivars appropriés à la saison de cultures,
— des cultivars résistants, notamment à *Bremia*,
— une fertilisation azotée équilibrée,
— de bonnes pratiques d'irrigation,
— aucun travail lorsque le feuillage est mouillé,
— des terreaux à base de compost bien mûr,
— le traitement à la chaleur du terreau si c'est nécessaire,
— le traitement à la décoction de prêle (508),
— la pulvérisation d'extraits de compost, suffisamment longtemps avant la récolte,
— l'utilisation de biofongicides (en développement),
— l'enfouissement rapide des résidus de culture et la stimulation de l'activité biologique,
— le contrôle des conditions atmosphériques en serre.

La brûlure de la pointe (*tipburn*), nommée aussi nécrose marginale, endommage les bords des jeunes feuilles et cause une pourriture du cœur. C'est une maladie physiologique qui apparaît surtout lorsque la croissance devient subitement trop rapide ou lorsque le régime d'eau est irrégulier. On met ce problème en lien avec une carence en calcium causée par un mauvais régime d'eau et une fertilisation excessive en azote, en potassium ou en magnésium. L'acidité ou la salinité sont aussi en cause. Les stress hydriques sont à éviter complètement. Si le problème survient malgré une bonne gestion de l'eau, on peut appliquer du chélate de calcium ou du chlorure de calcium. Pour être efficace, le traitement doit toucher le cœur de la laitue puisque la mobilité du calcium est réduite dans les tissus de la plante ; il doit donc être effectué avant l'apparition des symptômes. Certaines variétés sont moins sensibles à ce problème, alors que d'autres sont vendues comme y étant tolérantes.

Un autre désordre physiologique, la nervation brune, affecte les laitues pommées récoltées en période chaude. Il se manifeste par des taches brunes le long des nervures des feuilles à l'intérieur de la pomme. Pour le prévenir, on choisit des cultivars résistants.

Les nématodes peuvent endommager les racines des laitues. Ce sont des vers microscopiques qui s'attaquent aux racines en créant des nodosités. La rotation des cultures demeure le meilleur moyen de prévention. Si un problème de nématodes survient, on verra à tenir en dehors de la rotation les autres plantes sensibles : carotte, pomme de terre, céleri, oignon et radis.

Certaines bactérioses (*Pseudomonas*, *Xanthomonas*) et certaines viroses (mosaïques, jaunisses) affectent couramment la laitue. L'utilisation de semences saines, une bonne régie des plants en serre et l'élimination des plants malades constituent les pratiques de prévention les plus usuelles.

Les pucerons sont probablement les insectes les plus problématiques dans la culture de la laitue. En plus de ralentir la croissance du plant, ce sont des vecteurs de virus. Un traitement au purin d'orties (1/10) ou au savon Safer's aide à les contrôler ; il faut utiliser de l'eau douce, car le calcaire de l'eau dure réduit l'efficacité des acides gras du savon. Pour contrôler les limaces, on utilise des trappes et on évite les excès d'azote.

La mosaïque de la laitue est transmise par le puceron *Myzus persicae.* D'autres pucerons peuvent être présents seulement sur les feuilles extérieures et ne causer aucun dommage notable aux tissus. Les variétés de laitue codées M.I. présentent un taux de plants affectés par la mosaïque en deçà de 1/30 000. Des plantes-hôtes vivaces (asters, chicorées) de même que des mauvaises herbes annuelles (bourse à pasteur, chénopode, amarante) peuvent être présentes dans l'entourage des champs cultivés et offrir une source d'infection. On protège les plants en pépinière des pucerons avec des couvertures flottantes. On enfouit les résidus dès la fin de la récolte pour éviter une propagation à partir de vieux plants au champ.

9.10 ENTRETIEN

L'entretien de la culture de la laitue se fait d'abord par le maintien d'une bonne aération et d'une bonne humidification du sol. On doit biner fréquemment pour l'aérer, en stimuler l'activité microbienne et éviter la formation d'une croûte qui pourrait favoriser la pourriture.

Les biodynamistes utilisent la préparation de silice, un jour feuille, très tôt (entre 5 h et 7 h) sur le feuillage des plants bien enracinés. Un deuxième traitement est parfois effectué au début de la pommaison lors des années humides.

9.11 RÉCOLTE

Le rendement est variable, en particulier selon la densité de plantation et les conditions climatiques, mais on peut s'attendre à récolter entre 50 à 75 % des plants. En culture sous abris, les pourcentages de plants vendables sont plus élevés. Des producteurs habiles atteignent jusqu'à 90 %. Ainsi, pour un rendement de 50 %, une densité de 45 000 plants/ha donne près de 22 500 laitues, soit 935 boîtes de 24 laitues ; pour un rendement de 70 %, on obtient 31 500 laitues, soit 1312 boîtes. De belles laitues Romaines pèsent 20 kg/boîte, et les frisées, 11 à 12 kg.

On récolte les laitues aussitôt que leur taille et leur fermeté sont jugées correctes. On le fait tôt le matin, pour ensuite les refroidir rapidement, idéalement sous vide, sinon à l'air forcé. Certains utilisent des bains d'eau glacée au champ sur une plate forme d'aide à la récolte ; c'est possible avec les cultivars de laitues en feuilles ainsi que la Romaine et la Batavia, à condition de changer fréquemment l'eau de refroidissement et de bien égoutter les laitues avant de les mettre en boîtes.

La meilleure méthode consiste à faire la récolte et le conditionnement des laitues dans le champ. La laitue étant un légume fragile, on doit limiter le plus possible les manipulations. Les opérations sont habituellement manuelles et supportées par un équipement d'aide à la récolte. En Europe, il existe des récolteuses de laitue. La coupe de la laitue doit être nette ; on enlève les feuilles de la base qui sont souillées ou endommagées.

9.12 CONSERVATION ET MANUTENTION PRÉVENTE

La manière de refroidir la laitue après la récolte a des conséquences sur sa conservation. Si la laitue est refroidie immédiatement à 2 °C, elle se conservera bien durant huit jours. Par contre, si elle est refroidie sur une période de six heures, la conservation se limitera à six jours. Si elle n'est pas refroidie, elle fanera rapidement.

La conservation se fait à 0 °C à une humidité relative de 95 à 97 %. L'utilisation de film de polyéthylène est recommandée pour conserver l'humidité. La laitue gèle à –0,2 °C en entrepôt. Les feuilles sont sensibles à l'éthylène dégagé par les fruits.

9.13 PRIMEURS

Dans le cas de la laitue, la culture forcée est plus facile au printemps qu'à l'automne. À l'automne, on préfère la culture en serre. Le site doit être choisi pour son microclimat propice à la culture de primeurs : sol chaud, foncé, protection contre le vent, réchauffement hâtif, risques de gelée restreints. De bons brise-vent contribuent à améliorer le microclimat.

Il faut d'abord choisir des variétés adaptées à la saison et résistantes aux moisissures. Les plants de laitue devront être aérés à partir de 14 °C, ou même très tôt le matin après une gelée. Si les températures élevées sont à éviter, les sols trop secs le sont également. En grand tunnel, il est préférable d'arroser les plants par matins ensoleillés, car les feuilles des laitues doivent sécher avant la nuit. Les besoins en lumière sont moyens et l'humidité de l'air ne doit pas être trop élevée. Le semis est fait quatre semaines avant la plantation.

Il faut espacer les plants de laitue en feuilles et les plants de laitue semi-pommée de 30 ∞ 30 cm. Rappelons que les feuilles minces indiquent un manque d'eau.

Quand la plantation se fait en grand tunnel avec un chauffage d'appoint, elle peut se faire dès mars et avril, mais en grand tunnel non chauffé et en couche froide, on attend avril. En petit tunnel ou sous une bâche flottante, on plante dès que le sol est prêt, en avril ou en mai selon les années.

L'utilisation de polythène au sol est une combinaison utile qui réchauffera le sol tout en limitant les mauvaises herbes. Un producteur de la Mauricie replante même une deuxième laitue dans tous les orifices du polythène après la récolte du début de juin. Il y a des risques phytosanitaires à cette pratique.

Il importe d'endurcir les plants contre la gelée et de choisir des variétés résistantes aux températures froides. La récolte s'effectue de quatre à six semaines après la transplantation. En grand tunnel, un chauffage d'appoint peut être utilisé lors des gelées ; on chauffe pour éviter des températures en deçà de 1 °C. La laitue tolère beaucoup mieux le gel lorsqu'elle est jeune qu'à l'approche de la maturité. L'utilisation du chauffage d'appoint accélère la croissance et assure une meilleure qualité.

Pour la culture d'automne, on choisit des cultivars appropriés et on utilise des bâches flottantes. On peut récolter jusqu'en novembre, mais la croissance est alors beaucoup plus lente en plus d'être irrégulière. Il faut mettre au point un calendrier de récolte selon les cultivars, le marché et le microclimat.

Chapitre 10

L'ÉPINARD

Spinacia oleracea (Spinach)

INTRODUCTION

L'épinard est une plante annuelle semi-rustique de la même famille que la betterave et la bette à carde, soit la famille des chénopodiacées. Il est consommé cuit ou cru, ou transformé, congelé ou en conserves, en particulier dans les aliments pour bébés. L'épinard est un légume qui doit être semé tôt au printemps puisqu'il déteste les jours longs et la chaleur. Il est aussi possible de le cultiver à l'automne.

Avec l'épinard, le défi consiste à le faire produire le plus tard possible en saison estivale, sans qu'il ne monte à graines. Il a des besoins élevés en eau et en éléments nutritifs, notamment en azote et en calcium. On procède par semis successifs en sols sableux ou organiques bien enrichis de compost. Au Québec, les premières récoltes d'épinard se font autour du 20 mai jusqu'en juillet et reprennent en septembre jusqu'en octobre ou novembre selon les gelées d'automne.

10.1 PLANTE

De croissance très rapide, le plant d'épinard produit une racine pivotante qui peut dépasser 1,20 m de profondeur dans de bonnes conditions. La masse racinaire explore les premiers 30 cm de sol sur une largeur de 80 cm ; quelques racines secondaires atteignent 80 cm à 1 m de profondeur.

Les feuilles forment une rosette sur une tige très courte qui s'allongera lors de la floraison. Comme elles sont riches en acide oxalique, il est préférable d'éviter la consommation excessive. Les cultivars à feuilles cloquées sont généralement moins riches en oxalates.

La floraison dioïque est déclenchée plus tôt chez le plant mâle. L'allongement des jours est la principale influence sur la floraison. Le plant ne fleurit pas en culture d'automne.

10.1.1 TYPES D'ÉPINARDS

C'est essentiellement la forme du feuillage qui sert à caractériser les épinards ; les feuilles peuvent être lisses, cloquées ou semi-cloquées.

10.1.2 CONDITIONS CLIMATIQUES

L'épinard est une plante de climat frais, de culture difficile en été dans le sud du Québec à cause de la chaleur. Un climat maritime avec des périodes brumeuses convient mieux à la culture d'été. La photopériode estivale déclenche la floraison, d'autant plus que le plant a été exposé à des températures basses en début de culture ; si l'épinard est semé un peu plus tard ou lors d'un printemps doux, l'influence de la photopériode sera moindre. Les températures élevées en juin accentuent le problème. À l'automne, l'épinard ne monte pas à graines et peut être récolté jusqu'à ce qu'il reste gelé durant la journée. La croissance est bonne entre 10 et 25 °C. Le jeune plant résiste bien au gel.

10.2 CULTIVARS

Le choix des cultivars doit être fait méticuleusement afin d'obtenir des récoltes successives le plus longtemps et le plus régulièrement possible. La précocité et la lenteur à monter à graines sont des facteurs importants dans le choix des cultivars. L'épinard peut être récolté entre 45 et 60 jours après le semis selon les variétés et les régions. Les cultivars à feuillage lisse sont surtout utilisés pour la transformation et ceux dont le feuillage est cloqué, pour le frais ; les semi-cloqués servent aux deux fins. Le feuillage cloqué sèche plus lentement après une pluie ou une rosée. On trouve aussi de nouveaux cultivars récoltés en mini-épinards pour les salades préparées de type mesclun.

On fait le choix des cultivars d'épinard selon les critères suivants :

- feuillage pâle ou foncé,
- précocité,
- résistance à la montée à graines,
- plants étalés ou dressés,
- longueur des pétioles (assez court pour la vente en frais),
- pollinisation ouverte ou hybride,
- tolérances et résistances aux maladies.

10.3 PROPAGATION

10.3.1 SEMENCES ET GERMINATION

Les producteurs maraîchers sèment les épinards en employant de 10 à 12 kg de semences/ha. Un gramme contient de 80 à 120 graines de semence. Les semences se conservent jusqu'à cinq ans en bonnes conditions. La levée au champ est souvent beaucoup plus faible qu'en laboratoire.

10.3.2 SEMIS EN PLEINE TERRE

Les premiers semis d'épinard se font dès que le sol est prêt à travailler, dans la mesure du possible avant la mi-avril, puis on refait des semis à intervalles réguliers. Dans les régions où le printemps est long, on peut faire deux ou trois semis pour étaler la récolte. Les semis de printemps sont possibles d'avril jusqu'au début de juin selon les régions et les cultivars. Les semis d'automne se font après la mi-juillet et permettent une récolte d'automne, mais il faut alors assurer une bonne humidité. Normalement, le dernier semis est fait vers le début ou la mi-août selon les régions, mais lors d'un bel automne, on peut parfois réussir un semis un peu plus tard dans les régions plus au sud. Certains maraîchers obtiennent de bien meilleurs rendements en culture d'automne.

Normalement, la graine germe bien entre 5 et 25 °C, et la germination est optimale de 10 °C jusqu'à 20 °C. Si le sol est plus chaud, la levée sera plus rapide, mais le pourcentage de germination décroîtra. Les semences se conservent plusieurs années ; toutefois, leur capacité de germination peut descendre sous les 80 % et leur levée risque d'être lente et irrégulière.

On doit semer à la profondeur de 1 cm et rouler le lit de semences avant ou après le semis. L'utilisation d'un semoir de précision est fortement recommandée pour éviter des frais d'éclaircissage, le bon espacement étant nécessaire pour obtenir un bon rendement.

10.3.3 PRODUCTION DE PLANTS

Certains maraîchers démarrent leurs plants d'épinard dans des plateaux multicellulaires de 128 cellules. Ils le font à des températures de serre semblables à celles utilisées pour la laitue.

10.3.4 ESPACEMENTS

L'espacement sera un facteur de production important. Un semis trop dense peut avoir l'effet d'augmenter le ratio de tiges à la récolte. Un semis très clair peut donner des tiges importantes mais aussi des feuilles très grandes, car le poids d'un plant unique espacé peut être très élevé, et le limbe d'une feuille peut atteindre une longueur de 30 cm. Cependant, les gros plants très espacés ne sont pas appropriés pour le marché du frais qui exige des feuilles et des tiges plus petites.

Fréquemment, l'espacement sur le rang sera de 5 à 10 cm et de 30 cm entre les rangs. En fait, ce dernier peut varier de 25 à 45 cm ; certains producteurs utilisent même un espacement standard de 75 cm. Pour la transformation, on rencontre en Europe des densités linéaires de 35 graines/m et des espacements aussi rapprochés que 15 à 20 cm entre les rangs. En culture biologique, avec un appareil de binage de précision, on peut semer jusqu'à 5 rangs sur une planche de 1,20 m, donc de 23 à 25 cm entre les rangs. Pour les récoltes d'été dont la croissance est plus rapide, certains producteurs augmentent la densité linéaire. Le mini-épinard pour la salade de mesclun est semé plus densément, environ 2,5 ∞ 2,5 cm.

10.4 SOLS ET FERTILISATION

10.4.1 CHOIX ET PRÉPARATION DU SOL

L'épinard est une plante exigeante. Pour la culture hâtive, il préfère donc un sol léger et très fertile qui permet de commencer tôt. Pour la culture d'automne, on peut choisir un sol plus lourd. Dans tous les cas, le sol doit être bien drainé, profond, tout en retenant bien l'eau.

La production commerciale d'épinards au Québec est située en grande partie dans les terres noires, car l'alimentation hydrique y est plus régulière ; toutefois, la température de l'air peut y devenir élevée lors d'étés chauds et secs, ce qui nuit à la réussite. On doit éviter à la plante tout stress hydrique si l'on ne veut pas qu'elle monte à graines. Le terrain peut être chaulé à la préparation du lit de semence ; même si le pH est relativement correct, un léger chaulage d'entretien est souhaitable. Un pH minimal de 6, idéalement entre 6,5 et 7,5, est à rechercher.

Le travail, au moment de la préparation du sol, est moyennement profond, soit environ 15 cm. Un labour ou un passage de chisel effectué l'automne précédent donnera habituellement un bon profil cultural. On doit laisser la surface assez fine et plomber légèrement.

10.4.2 FERTILISATION

En culture de printemps, la croissance du plant d'épinard s'accélère dans les trois semaines avant la récolte ; durant cette période, le plant gagne les deux tiers de son poids et consomme près des deux tiers de ses besoins en éléments nutritifs. Cela coïncide avec le réchauffement du sol et de l'air, vers la fin de mai et le début de juin. En culture d'automne, la croissance est lente et une carence nutritive se manifeste par une dégradation des plus vieilles feuilles et une translocation des éléments nutritifs vers les parties plus jeunes du plant.

A. Exportation moyenne

On présente aux tableaux 10.1 à 10.4 des données d'exportation et de fertilisation permettant aux maraîchers biologiques de déterminer la fertilisation la plus appropriée pour leur situation.

Pour l'exportation moyenne, on a mesuré la teneur du plant complet en éléments nutritifs pour un bon rendement : 80 kg de N, 20 kg de P_2O_5 et 90 kg de K_2O.

Les recommandations québécoises pour le phosphore, dans les sols pauvres, soit entre 160 et 190 kg/ha, sont particulièrement élevées comparé à ce qu'on trouve couramment ailleurs dans le monde. Cependant, il est rare de trouver des sols pauvres sur les fermes légumières.

Pour une culture biologique, on doit prévoir une disponibilité de N d'environ 100 kg/ha, et même 150 kg/ha en haute densité ; il faut noter que l'azote doit être très rapidement assimilable. Le sol doit être bien pourvu en P et K. L'excès de K peut bloquer le Mg et entraîner des chloroses qui déclassent la récolte.

TABLEAU 10.1 Exportation moyenne

Feuilles (t/ha)	N (kg/ha)	P_2O_5 (kg/ha)	K_2O (kg/ha)
12	60	14	80

TABLEAU 10.2 Fertilisations dans le monde en culture conventionnelle

N (kg/ha)	P_2O_5 (kg/ha)	K_2O (kg/ha)
65 — 180	55 — 165	40 — 220

TABLEAU 10.3 Valeurs les plus courantes

N (kg/ha)	P_2O_5 (kg/ha)	K_2O (kg/ha)
100 — 150	30 — 60	100 — 200

TABLEAU 10.4 Recommandations québécoises dans les sols minéraux moyennement riches en P et K

N (kg/ha)	P_2O_5 (kg/ha)	K_2O (kg/ha)
120	120 — 140	120 — 160

L'automne précédent, avant un engrais vert ou juste avant l'épinard, un apport de fumier composté moyennement mûr satisfait aux exigences de cette culture ; le dosage peut aller jusqu'à 35 à 50 t/ha. Sur un sol riche, on réduit cette dose et on peut même réussir la culture avec un précédent d'engrais vert azoté. Le fumier de volailles composté convient bien à l'épinard, mais comme il est plus riche que la moyenne, il faut calibrer soigneusement les doses.

L'épinard réagit très bien à des apports d'extraits d'algues en pulvérisation foliaire.

Lors d'une culture d'automne prolongée, on observe une translocation de substances nutritives des vieilles feuilles vers les points de croissance, ce qui peut nécessiter un effort supplémentaire de nettoyage. Il faut faire attention à l'excès d'azote, surtout en automne, car l'épinard est un accumulateur de nitrates, en particulier en conditions de faible luminosité. Ces nitrates sont nocifs pour les consommateurs.

B. Oligo-éléments

Il faut prévenir les carences en manganèse et en molybdène, ainsi que la carence en cuivre en terre noire. Il faut aussi faire attention à la carence en bore qui cause la pourriture sèche du cœur.

L'épinard apprécie les sols riches en fer, fréquents au Québec.

10.5 ROTATION DES CULTURES

L'idéal pour l'épinard est une rotation des cultures de trois ans dans laquelle on évite les retours trop rapides de la betterave, de la bette à carde et même du chénopode (chou gras), qui est également de la même famille. Certains reviennent plus rapidement avec l'épinard dans la rotation, ce qui est toujours possible tant qu'il n'y a pas de problèmes de maladies.

Comme l'épinard est exigeant, il suit bien une légumineuse ou un engrais vert. On doit enfouir l'engrais vert suffisamment longtemps à l'avance pour ne pas avoir de problèmes mécaniques lors du semis et du sarclage.

L'épinard d'automne peut suivre une laitue, un pois vert, un haricot hâtif, une crucifère ou toute autre culture de primeur.

L'épinard de printemps précède diverses salades et crucifères d'automne, le chou chinois ou le chou de Siam, les oignons à botteler, les pois mange-tout d'automne, les laitues ou les carottes. Grâce à sa courte durée de végétation, l'épinard offre une bonne flexibilité de placement dans la rotation, ce qui permet une multitude de possibilités de séquences. Il se place bien sur le retour de pomme de terre, de maïs, de pois et de haricot.

Il offre aussi une excellente occasion de faire un engrais vert d'été après sa récolte. On pourrait même faire un court engrais vert de sarrasin semé à la mi-juin ou à la fin de juin et suivi d'un engrais vert d'automne ou même d'une culture d'automne plantée en août.

10.6 CULTURES ASSOCIÉES

Quoique l'épinard soit difficile à associer en culture commerciale, on pourrait interplanter des légumes d'été à la main en petites quantités sur des parcelles où l'épinard est récolté tôt.

10.7 IRRIGATION

On doit absolument fournir à l'épinard un apport régulier en eau si on veut obtenir de bons rendements et retarder le plus possible la montée à graines. En période chaude et sèche, il faut arroser aux 4 à 5 jours. L'arrosage par aspersion ou au goutte à goutte est approprié. Pour obtenir un épinard de qualité, la croissance doit être rapide et constante dans les 20 jours précédant la récolte.

10.8 GESTION DES MAUVAISES HERBES

Le précédent de culture et l'état du terrain jouent un rôle important dans le contrôle des mauvaises herbes, mais ce contrôle est habituellement assez facile très tôt au printemps alors que leur croissance est lente. L'épinard est une plante qui couvre bien le sol, ce qui laisse peu de prise aux mauvaises herbes.

De plus, elle est assez facile à sarcler mécaniquement, mais il faut prendre garde de bien ajuster le sarcloir pour ne pas endommager les racines superficielles et de ne pas diriger de terre vers la rosette située au ras du sol.

Comme la culture est de courte durée (45 à 60 jours), un sarclage manuel suffit généralement. Par contre, il est important que la densité du semis ne soit pas trop grande ou que les mauvaises herbes n'envahissent pas la culture puisque l'épinard a tendance à monter à graines lorsqu'il est stressé.

Pour le mini-épinard, on prépare une plate-bande relevée et on effectue un faux semis pour diminuer les populations de mauvaises herbes ; on choisit des sols propres.

10.9 INSECTES ET MALADIES

La fonte de semis, causée par *Pythium ultimum, P. aphanidermatum, Rhizoctonia solani ou Aphanomyces cochlioides,* peut décimer une population d'épinards. La mesure de précaution prioritaire consiste à assurer un bon drainage et, si c'est possible, à semer sur billons. Une structure non battante réduit le risque, de même que la rotation des cultures, à condition d'éviter la prolifération des mauvaises herbes dans la rotation. Un traitement de semences à la cendre de bois est recommandé par les biodynamistes.

Le mildiou, causé par *Peronospora farinosa* f. sp. *spinaciae,* est parfois un problème sérieux. La rotation aide à prévenir le problème, mais on peut aussi utiliser des cultivars résistants.

On rencontre fréquemment des mineuses dont les larves creusent des galeries dans les feuilles ; elles sont visibles et faciles à repérer. Il faut alors déclasser les feuilles à la récolte.

La pourriture molle bactérienne, causée par *Erwinia carotovora* et d'autres bactéries, peut causer des problèmes, en particulier dans l'emballage sur les tablettes. Il importe de bien nettoyer les équipements de récolte et de conditionnement avec une solution d'eau de javel, et de renouveler souvent l'eau de lavage. Dans la rotation, il faut éviter les cultures susceptibles, tels la pomme de terre, la carotte, la laitue, l'oignon et les chicorées, et alterner plutôt avec le maïs, les céréales, le foin, la betterave et le haricot. Il faut utiliser des sols bien drainés.

10.10 ENTRETIEN

L'entretien de la culture d'épinard se limite généralement au binage, au sarclage et à l'arrosage. Le binage est très important pour stimuler la vie microbienne, favoriser les échanges dans le sol et la minéralisation de l'azote, pour contrôler les mauvaises herbes et assurer une bonne aération éliminant ainsi les risques de maladies. Il faut cependant faire attention de ne pas renchausser les plants afin d'éviter la pourriture.

Les extraits d'algues peuvent être utilisés seuls, mais pas en combinaison avec l'émulsion de poissons, car cela peut donner un goût au feuillage. Une application de purin de compost ou d'orties peut être faite lorsque le plant atteint 7 cm de haut.

10.11 RÉCOLTE

La récolte de l'épinard doit absolument être faite avant la montée à graines ; plus elle est retardée, plus la qualité diminue, même si le rendement augmente. On évitera de récolter lorsque les feuilles sont gorgées d'eau et cassantes. Le refroidissement rapide à l'eau glacée ou à l'air froid est nécessaire.

On peut récolter l'épinard de diverses façons, selon le marché visé et le type d'emballage utilisé. On peut récolter les feuilles extérieures et laisser pousser celles de la couronne pour une récolte ultérieure, tout comme on peut effectuer une récolte unique. On peut couper les plants suffisamment haut pour laisser les jeunes pousses et couper de nouveau plus tard. Il est possible de faire une première récolte d'éclaircissage en coupant une partie des plants sous le collet selon la densité visée, mais c'est laborieux et plus applicable dans le jardin domestique ; les plants éclaircis donneront un bon rendement et monteront un peu moins vite à graines. En culture d'automne, comme le plant ne monte pas à graines, on peut étaler la récolte ; on doit prévoir que les feuilles extérieures se dégraderont avec le temps et voir à les récolter assez tôt.

L'épinard est généralement ensaché en sacs de diverses dimensions, mais aux États-Unis, il est de plus en plus attaché en bottes de plants complets, récoltés avec l'hypocotyle, soit la partie rose hors terre de la racine. En culture commerciale, en production de mini-épinards et pour la transformation, la récolte est souvent mécanisée ; il existe des appareils spécialisés, mais on peut aussi modifier une fourragère pour le faire. Le nivellement du sol est un préalable à la mécanisation.

Il faut manipuler l'épinard délicatement, car les feuilles sont faciles à blesser, ce qui entraîne une dégradation plus rapide.

10.12 CONSERVATION ET MANUTENTION PRÉVENTE

L'épinard doit être refroidi pour la vente en frais. On le fait à l'eau glacée, à l'air forcé ou par vacuum. Une récolte tôt le matin limite le besoin de refroidissement. En petit maraîchage, on le place simplement dans la chambre froide ou l'entrepôt. Le type de sol et les opérations de sarclage influenceront la nécessité ou non de laver les feuilles avant la vente. Si on lave et refroidit à l'eau glacée, les feuilles devront être ressuyées avant l'emballage ; certains utilisent même une essoreuse par centrifuge. Les bottes peuvent être faites aux champs, et l'ensachage en salle de conditionnement.

L'épinard se conserve 10 à 14 jours à 0 °C à haute humidité. Si on le met en caisses, il est préférable d'utiliser du plastique pour diminuer l'assèchement.

10.13 PRIMEURS

L'épinard se prête à la culture de primeur en serre ou en grand tunnel où il peut précéder une culture de pleine saison, ou à l'automne. Cependant, la présence d'épinards américains sur le marché rend le produit non compétitif sauf pour une clientèle prête à payer une prime à la qualité.

Il existe un producteur qui démarre l'épinard en plateaux multicellulaires 128 pour le forçage en serre avec des plants de tomates en début de saison. Il plante avec un large espacement et obtient des feuilles de 40 cm pour approvisionner, en début de saison, des familles abonnées à un panier hebdomadaire.

Équipements et pratiques culturales

Les photographies présentées ici ont toutes été prises par l'auteur, Denis La France, sauf deux exceptions, celles prises par Karel Michalica (figure 2.4) et par Christian Legault (figure 3.28). Les photographies représentent l'un ou l'autre aspect du travail du maraîcher en culture biologique, soit la gestion des sols, diverses pratiques culturales et certains équipements utilisés pour la culture des légumes.

Il est à remarquer que les photos illustrent une diversité de pratiques et de situations adaptées à différents types et à différentes échelles de productions. Le maraîcher spécialisé y trouvera son compte, tout comme le petit horticulteur diversifié.

FIGURE 2.1 Loam sableux, bonne structure

FIGURE 2.2 Sol sableux, mauvaise structure

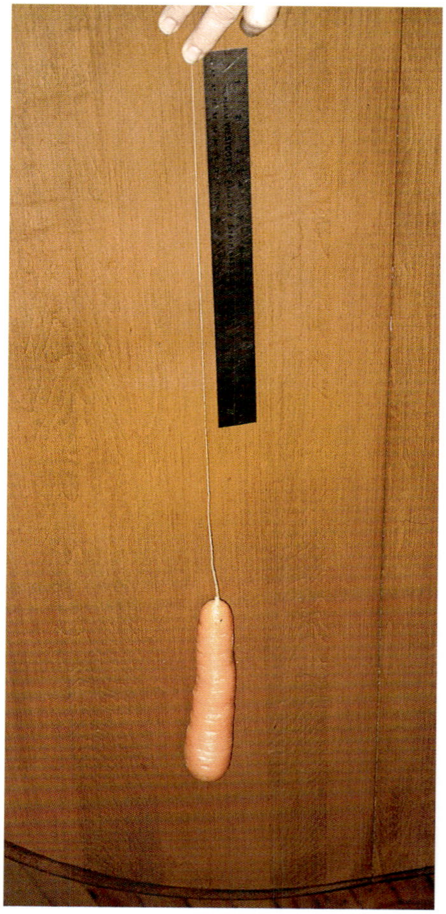

FIGURE 2.3 Racine profonde d'une carotte

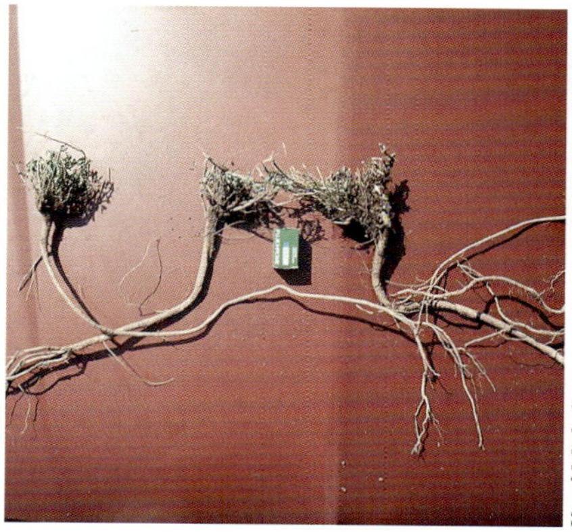

Karel Michalica

FIGURE 2.4 Racines de luzerne limitées par la compaction

FIGURE 2.5 Racines de céréales en engrais vert

FIGURE 2.6 Racines de vesce commune

FIGURE 2.7 Structure de sol sous prairie

FIGURE 2.8 Étude de profil

FIGURE 2.9 Profil à la bêche

FIGURE 2.10 Épandeur à chaux

FIGURE 2.12 Vers de terre

FIGURE 2.13 Enfouissement superficiel des matières organiques

FIGURE 2.14 Nodules sur haricots

FIGURE 2.15 Résidus de culture

FIGURE 3.1 Rouleau devant semoirs

FIGURE 3.2 Charrue réversible à contre-jour, lame pour labour deux-couches

FIGURE 3.3 Ameublissement de la deuxième couche derrière le soc de la charrue

FIGURE 3.4 Chisel en conditions sèches

FIGURE 3.5 Pointe mince pour chisel

FIGURE 3.6 Petit chisel avec pattes d'oie

FIGURE 3.7 Rotoculteur avec plancheuse sommaire

FIGURE 3.8 Tablier baissé sur rotoculteur

FIGURE 3.9 Dents vrillées d'un rotoculteur

FIGURE 3.10 Motoculteur à roues motrices

FIGURE 3.11 Disques de rotobutteuse permettant de ramener la terre

FIGURE 3.12 Rotobutteuse

FIGURE 3.13 Rouleau arrière monté sur une rotobutteuse

FIGURE 3.14 Dents montées sur un cultivateur rotatif à axe vertical

FIGURE 3.15 Cultivateur à axe vertical pour une planche

FIGURE 3.16 Sol travaillé par un cultivateur rotatif

FIGURE 3.17 Machine à bêcher de grande taille

FIGURE 3.18 Machine à bêcher montée sur un motoculteur

FIGURE 3.19 Dents crénelées agressives sur un disque Offset

FIGURE 3.20 Vibroculteur

FIGURE 3.21 Herse à ressorts de type dents en C

FIGURE 3.22 Billons semés

FIGURE 3.23 Billons préparés en octobre pour une culture d'oignons au printemps suivant

FIGURE 3.24 Butteuse pour billons

FIGURE 3.25 Autre modèle de butteuse

FIGURE 3.26 Billons larges en Californie

FIGURE 3.27 Semis sur billons larges en Californie

Christian Legault

FIGURE 3.28 Laitue industrielle au Québec sur billons deux-rangs

FIGURE 3.29 Planche relevée facilitant l'accès aux cultures

FIGURE 3.30 Disque monté sur une rotobutteuse

FIGURE 3.31 Laitue à trois rangs par planche

FIGURE 3.32 Système allemand à cinq rangs par planche

FIGURE 3.33 Planches marquées en vue d'une plantation manuelle d'ail

FIGURE 3.34 Planches prêtes pour la transplantation

FIGURE 3.35 Planche affaissée après un sarclage d'oignons au sarcloir Reigi

FIGURE 3.36 Semis sans façonnage du sol

FIGURE 3.37 Transplantation sans façonnage du sol

FIGURE 3.38 Poireaux plantés en sillons

FIGURE 3.39 Sous-sol très dense et mal drainé

FIGURE 3.40 Étude de profil permettant de localiser la compaction

FIGURE 3.41 Ailettes utilisées pour une sous-soleuse

FIGURE 3.42 Sous-soleuse sans ailette

FIGURE 3.43 Sous-solage en sol humide (à éviter)

FIGURE 3.44 Combiné pour le sous-solage

FIGURE 3.45 Pointe de décompaction sur un combiné

FIGURE 3.46 Charrue modifiée pour décompacter

FIGURE 3.47 Pointe de décompaction pour une charrue modifiée

FIGURE 3.48 Chemins enherbés entre les parcelles

FIGURE 3.49 Épandeur classique modifié pour le compostage

FIGURE 3.50 Nouveau type d'épandeur à projection centrifuge

FIGURE 3.51 Micro-épandeur classique

FIGURE 3.52 Applicateur d'engrais monté sur un sarcloir

FIGURE 3.53 Vieil épandeur à chaux épandant du phosphate naturel

FIGURE 3.54 Semoirs Nibex

FIGURE 3.55 Semoirs Stanhay

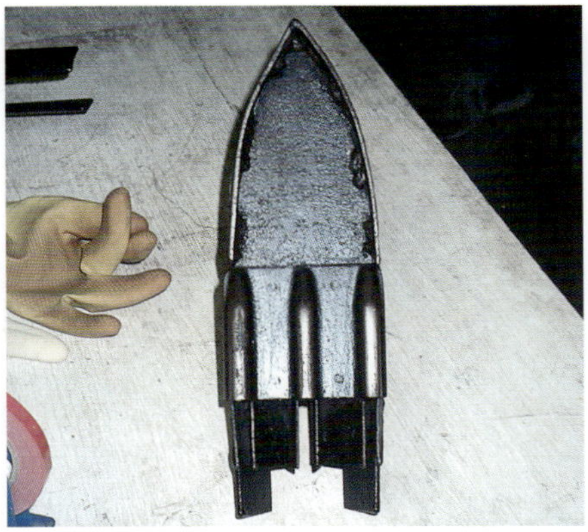

FIGURE 3.56 Soc pour bande large sur un semoir Stanhay

FIGURE 3.57 Semoirs pneumatiques

FIGURE 3.58 Roue d'entraînement des semences pour un semoir pneumatique

FIGURE 3.59 Semoir pneumatique de fabrication domestique

FIGURE 3.60 Semis en multicellules

FIGURE 3.61 Transplanteur à pinces

FIGURE 3.62 Transplanteur à disques

FIGURE 3.63 Transplanteur à godets

FIGURE 3.64 Engrais vert de moutarde blanche en automne

FIGURE 3.65 Sol compacté par la récolte de pomme de terre

FIGURE 3.66 Engrais vert sur une ferme industrielle

FIGURE 3.67 Broyage de seigle à l'épiaison

FIGURE 3.68 Enfouissement de sarrasin à la herse à disques

FIGURE 3.69 Parcelle de phacélie

FIGURE 3.70 Mélilot blanc et jaune côte-à-côte en début d'été

FIGURE 3.71 Mélilot au début de juin avant de planter le chou d'hiver

FIGURE 3.72 Trèfle rouge en rotation avec des légumes

FIGURE 3.73 Repousse de vesce velue dans une culture de sorgho-Soudan fauchée

FIGURE 3.74 Foin en rotation avec des légumes

FIGURE 3.75 Petite faucheuse

FIGURE 3.76 Trèfle associé sous avoine

FIGURE 3.77 Vesce commune

FIGURE 3.78 Trèfle incarnat

FIGURE 3.79 Céréales sur un retour de pomme de terre, billonné au chisel

FIGURE 3.80 Seigle tard en automne

FIGURE 3.81 Seigle à la montaison au printemps

FIGURE 3.82 Seigle indicateur d'un mauvais drainage, parcelle à éviter pour la culture des légumes

FIGURE 3.83 Vesce velue intercalaire dans une culture de maïs grain

FIGURE 3.84 Semoirs Gandy pour intercalaire

FIGURE 3.85 Semis avoine-triticale-pois-féverole-trèfle incarnat

FIGURE 3.86 Mélange complexe commençant à geler en automne

FIGURE 3.87 Petit chisel travaillant en profondeur

FIGURE 3.88 Sol couvert au printemps par un engrais vert d'automne

FIGURE 3.89 Travail sur sol gelé

FIGURE 3.90 Creusage des allées à l'automne

FIGURE 3.91 Bouse d'une vache laitière correctement alimentée

FIGURE 3.92 Fumier pailleux intéressant à composter

FIGURE 3.93 Fabrication d'un andain avec un épandeur

FIGURE 3.94 Paille placée au fond avant l'ajout de fumier

FIGURE 3.95 Fumier pailleux tout juste composté

FIGURE 3.96 Retournement de compost

FIGURE 3.97 Mesure de la température avec un thermomètre à compost

FIGURE 3.98 Prolifération d'*Eisenia fœtida* dans un compost

FIGURE 3.99 Compost jeune de fumier de bovins laitiers

FIGURE 3.100 Compost mûr

FIGURE 3.101 Compost végétal au stade du terreau

FIGURE 3.102 Andains recouverts de géotextiles

FIGURE 3.103 Andains recouverts de polythène

FIGURE 3.104 Lixiviat polluant inacceptable

FIGURE 3.105 Aire de compostage bien aménagée

FIGURE 3.106 Retourneur avec moteur

FIGURE 3.107 Compostage de déchets de légumes sur des copeaux d'émondage

FIGURE 3.108 Planches recouvertes de paillis

FIGURE 3.109 Paillis brun

FIGURE 3.110 Transplanteur pour plasticulture

FIGURE 3.111 Dérouleuse pour paillis

FIGURE 3.113 Parcelles de plasticulture avec brise-vent artificiels

FIGURE 3.114 Bâche supportée par du seigle d'automne

FIGURE 3.115 Petits tunnels recouverts de plastique troué

FIGURE 3.116 Bâches flottantes

FIGURE 3.117 Terre placée sur le bord d'une bâche supportée par des arceaux

FIGURE 3.118 Sacs de sable pour maintenir une bâche

FIGURE 3.119 Dérouleuse de paillis en action

FIGURE 3.120 Ouvertures pour l'aération des tunnels

FIGURE 3.121 Intérieur d'un brasseur à préparats

FIGURE 5.1 Pulvérisateur avec une rampe à l'avant du tracteur, une bobine de tuyau flexible pour la lance et un applicateur à préparats à l'arrière

FIGURE 6.1 Champ envahi par les mauvaises herbes

FIGURE 6.2 Sarclage de fraisiers tôt en été

FIGURE 6.3 Goélands consommant des vers de terre et ravageurs

FIGURE 6.4 Décompacteur fabriqué avec une vieille charrue

FIGURE 6.5 Disques offset

FIGURE 6.6 Vibroculteur et rhizomes de chiendent

FIGURE 6.7 Cultivateur lourd sur un engrais vert de seigle

FIGURE 6.8 Patte d'oie de 40 cm pour le chisel

FIGURE 6.9 Jachère à mi-parcours

FIGURE 6.10 Jachère avancée

FIGURE 6.11 Passage d'un peigne dans des fraises

FIGURE 6.12 Stade cotylédon ou fil blanc, bon pour le sarclage

FIGURE 6.13 Barre porte-outils sous le tracteur

FIGURE 6.14 Dents vibrantes derrière les roues d'un tracteur

FIGURE 6.15 Sarcloir monté à l'arrière

FIGURE 6.16 Système de guidage effectué par un opérateur

FIGURE 6.17 Dent droite, ressort et patte d'oie

FIGURE 6.18 Dents en C

FIGURE 6.19 Sarcloir de type vibroculteur avec écrans soleil

FIGURE 6.21 Couteaux en L

FIGURE 6.20 Pointes (de gauche à droite) : pointe banane pour chisel, pointe vibro large, petite patte d'oie, pointe vibro bombée, moyenne patte d'oie

FIGURE 6.22 Sarcloir à disques

FIGURE 6.23 Butteuse

FIGURE 6.24 Butteuse à disques

FIGURE 6.25 Tôles sur parallélogramme

FIGURE 6.26 Montage sur parallélogramme

FIGURE 6.27 Roues de profondeur

FIGURE 6.28 Pneu en V

FIGURE 6.29 Système de guidage en V

FIGURE 6.30 Sarcloirs rotatifs à fraises

FIGURE 6.31 Sarcloir Buddingh C à doigts de caoutchouc

FIGURE 6.32 Sarcloir Lilliston

FIGURE 6.33 Sarcloir en étoile

FIGURE 6.34 Sarcloir Buddingh cage-écureuil

FIGURE 6.35 Travail du Buddingh cage-écureuil

FIGURE 6.36 Bezzerides avec roues araignées, lames droites et « torsion weeder »

FIGURE 6.37 Bezzerides avec des araignées et des lames effectuant un buttage modéré

FIGURE 6.38 Sarcloir à piochons

FIGURE 6.39 Lame de piochon

FIGURE 6.40 Sarcloir à brosses Bärtschi

FIGURE 6.41 Bärtschi monté sous le tracteur

FIGURE 6.42 Culture de pois très propre sarclée par un Bärtschi

FIGURE 6.43 Sarcloir Reigi à un rang

FIGURE 6.44 Outil à manche pour faciliter le sarclage

FIGURE 6.45 Plateforme automotrice

FIGURE 6.46 Plateforme sur tracteur

FIGURE 6.47 Plateforme pour démariage des betteraves

FIGURE 6.48 Identification du sarcleur

FIGURE 6.49 Coûteux sarclage en retard

FIGURE 6.50 Déchaumage à la herse à disques sur des parcelles récoltées

FIGURE 6.51 Déchaumage suivi d'un semis d'engrais vert

FIGURE 6.52 Paillis dans une culture de fraisiers

FIGURE 6.53 Paillis dans une culture de tomates

FIGURE 6.54 Pyrodésherbeur pleine largeur pour un passage en pré-émergence

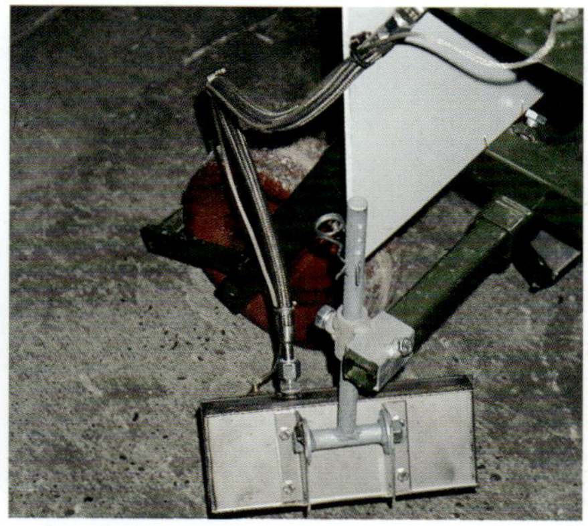

FIGURE 6.55 Pyrodésherbeur à jet dirigé (détail)

FIGURE 6.56 Petit pyrodésherbeur maison

FIGURE 7.1 Aides à la récolte dans le chou-fleur industriel

FIGURE 7.2 Récolteuse à racines et à céleri

FIGURE 7.3 Petite récolteuse traditionnelle

FIGURE 7.4 Plateforme de récolte pour les brocolis

FIGURE 7.5 Plateforme de récolte pour les laitues

FIGURE 7.6 Aide à la récolte pour le céleri

FIGURE 7.7 Souleveuse vibrante

FIGURE 7.8 Petit baril de lavage pour les racines

FIGURE 7.9 Convoyeur pour trier les carottes

FIGURE 7.10 Système de pesée et d'ensachage pour les carottes

Chapitre 11

LE PERSIL

Petroselinum crispum (Parsley)

INTRODUCTION

Le persil est une plante bisannuelle de la famille des ombellifères, cultivée comme une annuelle. C'est probablement la plus consommée des herbes aromatiques ; on l'apprécie pour ses feuilles, en garniture ou en salade, mais il existe aussi un persil-racine (*Petroselinum tuberosum*) qui ressemble à un panais et que l'on consomme cuit.

Le persil est réputé pour éliminer les odeurs d'ail et d'oignon de l'haleine. Riche en vitamine C et en propriétés médicinales, il est considéré comme excellent pour la santé. Le persil est plus exigeant que la plupart des autres herbes aromatiques, mais il n'aime pas une fumure fraîche.

11.1 PLANTE

Les feuilles du persil contiennent des huiles éthériques, en particulier de l'apiol. Semblables à celles des carottes, elles se développent lentement et forment une rosette. Qu'elles soient plates, frisées ou très frisées, elles atteignent 20 à 25 cm de long, 35 cm dans le cas du persil italien.

La racine blanc crème est pivotante et puissante ; elle est beaucoup plus épaisse dans le cas du persil-racine et sa longueur est variable. Elle emmagasine des réserves pour la survie hivernale du plant. La racine atteint jusqu'à 80 à 100 cm de profondeur. La hampe florale se développe à la fin du second printemps, après la vernalisation de l'hiver.

11.1.1 TYPES DE PERSILS

Plusieurs types de persil sont disponibles sur les marchés :

— le persil italien, à feuilles plates, de saveur plus prononcée, préféré pour le séchage et la cuisine italienne ;

— le persil frisé, avec des variantes semi-frisées et très frisées ;

— le persil tubéreux, ou de Hambourg, cultivé pour sa racine ; les feuilles sont aussi comestibles.

11.1.2 CONDITIONS CLIMATIQUES

D'origine méditerranéenne, le plant de persil est adapté à des conditions fraîches. Dans des climats chauds, le plant est cultivé comme une vivace, mais il préfère un climat maritime, avec une humidité de l'air et du sol élevée. Le feuillage tolère de légères gelées au printemps et des gelées plus sévères à l'automne. La vernalisation déclenche la floraison et, lorsque le plant est exposé au froid en culture de primeur, il arrive que le persil fleurisse la première année. Les températures favorisant sa croissance se situent entre 7 et 22 °C ; la température optimale se situe entre 16 et 20 °C. Cependant, il tolère assez bien des températures chaudes passagères.

À l'aide d'une protection hivernale, il est possible de récolter les premières feuilles du second printemps, avant la floraison. Si l'hiver est rigoureux, la racine ne survit pas. Le persil italien est beaucoup moins résistant au froid que le persil frisé.

11.2 CULTIVARS

Pour le persil-feuille, voici les critères de choix des cultivars :

— forme des feuilles,

— couleur,

— solidité des pétioles,

— longueur des pétioles,

— résistance à la chaleur,

— tolérance au froid,

— conservation après récolte,

— saveur,

— maturité.

Pour le persil-racine, on insiste davantage sur la longueur des racines et l'entreposage.

11.3 PROPAGATION

11.3.1 SEMENCES ET GERMINATION

Les graines de semence du persil sont très fines. On en compte de 600 à 700 par gramme, ce qui nécessite de 2,5 à 3,5 kg/ha de semences en espacement standard. Leur durée de conservation est de trois ans, parfois davantage. La germination prend de deux à quatre semaines sans prégermination.

11.3.2 SEMIS EN PLEINE TERRE

Comme la germination des semences de persil est très longue, on peut faire tremper les semences durant 48 heures dans de l'eau tiède, on assèche les graines et on effectue le semis. Les semis se font généralement au début de mai. La semence doit être à peine recouverte de terre, et le sol ne doit pas croûter avant la levée. Un taux de semis de 1,2 à 1,5 kg/ha dans des espacements de 75 cm donnera entre 20 et 40 plants par mètre linéaire, ou un peu plus selon la levée. Des taux de 2,5 à 3 kg/ha sont utilisables pour des espacements plus rapprochés entre les rangs. En Europe, en haute densité, on sème jusqu'à 7 à 10 kg/ha.

En culture biologique, à cause de la longueur de la levée, il est préférable de démarrer les plants en serre et de les transplanter ; on allonge ainsi la saison de récolte. Le persil-racine se sème tôt à raison de 65 graines par mètre linéaire.

11.3.3 PRODUCTION DE TRANSPLANTS

Les semis en serre se font deux mois avant la transplantation au champ. Les semences sont petites et doivent être recouvertes très finement dans les caissettes avec un peu de sable blanc. Le trempage dans de l'eau tiède durant 12 à 48 heures aide à la levée. La température optimale de germination est de 24 °C. Les plants sont démarrés en caissettes et repiqués en multicellules de 128 ou moins, en poquets de deux à quatre, au stade cotylédon. On peut aussi semer directement trois à quatre semences en multicellules ; la durée de la germination augmente les coûts de chauffage, mais elle réduit les frais de main-d'œuvre. Il faut maintenir une température de croissance de 14 °C la nuit et 20 °C le jour.

11.3.4 PLANTATION AU CHAMP

Le persil se transplante assez tôt en plein champ, car une fois qu'il est bien endurci, il tolère les basses températures. Planté très tôt, le persil italien est plus susceptible de monter en août.

11.3.5 ESPACEMENTS

On laissera de 10 à 35 cm entre les poquets sur le rang et de 35 à 50 cm, ou même 75 cm entre les rangs. En Europe, des espacements de 25 à 35 cm entre les rangs sont communs, et même de 15 à 20 cm en récolte mécanique.

11.4 SOLS ET FERTILISATION

11.4.1 CHOIX ET PRÉPARATION DU SOL

Le persil poussait à l'origine dans des sols graveleux (*petro* signifie pierre). En pratique, on évite les sols très graveleux ou les sables grossiers secs ainsi que les argiles lourdes ; hormis ces restrictions, le persil s'adapte à de nombreux types de sols. Un bon sol humide et bien drainé donne le meilleur rendement et la meilleure qualité. On considère des pH de 5,5 à 6,8 comme les plus propices. Un bon développement de la racine pivotante est essentiel pour l'obtention d'un bon rendement ; aussi faut-il assurer un sol meuble, sans semelle. Une planche élevée convient bien.

Si le persil est semé en pleine terre, la préparation du sol doit être beaucoup plus rigoureuse qu'avec des transplants, puisque la germination est très longue et que le sol aura le temps de croûter et de se couvrir de mauvaises herbes avant la levée.

11.4.2 FERTILISATION

Voici quelques indicateurs de fertilisation des persils permettant aux maraîchers biologiques de raisonner la fertilisation appropriée à leur situation : d'abord, au tableau 11.1, le bilan des éléments nutritifs exportés dans les feuilles, puis, au tableau 11.2, les fertilisations courantes en culture conventionnelle pour deux à trois coupes.

TABLEAU 11.1 Exportation moyenne dans les feuilles

(t/ha)	N (kg/ha)	P_2O_5 (kg/ha)	K_2O (kg/ha)
15	18 — 33	6 — 12	20 — 30

TABLEAU 11.2 Fertilisations en culture conventionnelle

N (kg/ha)	P_2O_5 (kg/ha)	K_2O (kg/ha)
130 — 160	50 — 100	300 — 400

Pour une culture biologique, la fertilisation dépend de la densité :

— une disponibilité de N de l'ordre de 120 à 140 kg/ha,

— un apport de 30 à 50 kg/ha de N après chaque coupe, sauf si un bon apport de compost rencontre les besoins.

Comme pour la carotte, on doit éviter le compost jeune avant la culture, car le persil profite bien d'une fertilité résiduelle. Il est bon de fournir un apport de compost en août de l'année précédente sur un engrais vert. Le persil exporte surtout de la potasse et de l'azote ; si le sol est déficient en potasse, il est possible d'utiliser du Sul-Po-Mag lors de la préparation du sol.

11.5 ROTATION DES CULTURES

Le persil est fortement auto-incompatible ; aussi faut-il laisser un délai de quatre ans avant de répéter la culture sur la même parcelle. On évite les ombellifères dans la rotation. Les résidus de racines en décomposition dérangent plusieurs plantes : on doit laisser passer un laps de temps pour éliminer cet effet phytotoxique potentiel. Un précédent d'engrais vert est excellent ; on devrait inclure des légumineuses quand c'est possible.

11.6 CULTURES ASSOCIÉES

À petite échelle, le persil peut s'associer aux tomates comme plante compagne.

11.7 IRRIGATION

Le plant de persil ne tolère pas les sols secs. On doit maintenir une humidité constante. On peut redémarrer la croissance par une irrigation après la récolte.

11.8 GESTION DES MAUVAISES HERBES

Comme pour toutes les herbes, la culture du persil doit être parfaitement propre, sinon la présence de plantes étrangères à la récolte ralentit fortement la préparation des paquets. On doit éviter les semis en pleine terre et planter des plants démarrés en serre pour diminuer le salissement de la parcelle par les mauvaises herbes.

On peut utiliser un peigne dès que les plants sont enracinés. Sarcler régulièrement et sarcler après les récoltes permet d'éviter la compétition dans la repousse.

11.9 INSECTES ET MALADIES

Le persil est généralement sain, surtout avec une bonne densité, une taille régulière des plants, une fertilisation équilibrée et un arrosage régulier. Si des problèmes surviennent, on peut recourir aux renseignements donnés pour les autres ombellifères, notamment la carotte.

L'alternariose et la cercosporose peuvent affecter le feuillage. Les *Pythium* sont aussi communs. Il importe d'assurer un bon drainage et d'appliquer les techniques préventives contre les maladies fongiques.

Les pucerons peuvent être problématiques ; le savon aide à les contrôler. Il faut aussi surveiller les chenilles du papillon du céleri (*Papilio* spp.), peu nombreuses mais très grosses et très voraces ; elles sont sensibles au *B.t. kurstaki*. On les écrase durant la récolte.

La mouche de la carotte prolifère parfois dans les racines du persil sans en empêcher la récolte, sauf pour le persil-racine ; on doit détruire les résidus après la récolte pour diminuer la survie à l'hiver.

11.10 ENTRETIEN

Le persil requiert peu d'entretien. On peut appliquer une fertilisation foliaire sur les plants en croissance.

11.11 RÉCOLTE

Des données européennes montrent des rendements de l'ordre de 10 à 30 t/ha par coupe, avec deux ou trois coupes par an, et jusqu'à six dans des climats très cléments. Ces rendements proviennent de cultures à haute densité.

La technique de récolte dépend de l'échelle de production. Il est possible de récolter les feuilles extérieures les plus grandes pour favoriser une production continue des plants durant toute la saison ; on repasse tous les mois, ou même plus souvent, si les conditions de croissance sont favorables. Quoiqu'elle soit laborieuse, cette méthode donne les meilleurs rendements.

Il est aussi possible de récolter des plants complets, ce qui coûte moins cher de manutention. On coupe les plants à 3 cm du sol ; la repousse redémarre et offre une seconde coupe. On façonne les bottes aux champs, puis on lave le persil à l'eau froide. On le place ensuite dans des boîtes de carton ciré, et on le recouvre de glace avant la mise en chambre froide et la livraison.

Le persil-racine se récolte en octobre ; la récolte et l'entreposage sont similaires à ceux des carottes. On peut aussi le récolter en septembre ; on le vend alors avec les feuilles.

11.12 CONSERVATION ET MANUTENTION PRÉVENTE

Le persil se conserve en chambre froide à 0 °C et dans une atmosphère à 95 % d'humidité relative. Il peut être séché ou congelé.

11.13 PRIMEURS

Le persil se cultive bien en serre, mais il faut faire attention à la surfertilisation et au manque de lumière. À petite échelle, les plants peuvent être arrachés et transplantés en serre à l'automne pour prolonger la récolte. La primeur se fait généralement avec des plants de deuxième année conservés sous paillis durant l'hiver. Il est important de couper ce persil régulièrement au printemps, si on ne veut pas qu'il monte à graines ; une fertilisation azotée peut en ralentir la montée.

On peut aussi les planter tôt et les recouvrir d'une bâche flottante ou d'un plastique troué ; dans ce cas, il faut voir à enlever la protection s'il fait trop chaud.

Chapitre 12

LE CHOU POMMÉ

Brassica oleracea var. *capitata* (Cabbage)

INTRODUCTION

Le chou pommé fait partie de la famille des crucifères, ou brassicacées, qui offre la plus importante diversité de légumes : chou, chou chinois, chou de Savoie (aussi appelé de Milan), chou frisé (kale), chou-fleur, brocoli, chou de Bruxelles, chou-rave, rutabaga, navet, radis, collard, moutarde, daïkon, rapini et de nombreuses variantes de ces groupes de base, particulièrement en Asie.

En maraîchage, les crucifères donnent principalement des légumes-feuilles et des légumes-racines. D'autres crucifères produisent aussi des graines condimentaires ou oléagineuses comme la moutarde et le colza, et des plantes fourragères comme le navet, le radis et le chou fourragers. Enfin, ces espèces agricoles sont couramment utilisées en engrais verts d'automne.

Les renseignements de base sur la culture de cette famille de légumes seront donnés ici à titre de référence pour les autres légumes de cette vaste famille. La plupart des informations sur le chou pommé sont aussi valables pour le chou de Savoie, qui est un chou pommé à feuilles frisées (*Brassicae oleracea* var. *sabauda*).

12.1 PLANTE

Les plants de crucifères se caractérisent par une germination et une croissance rapides, et un enracinement vigoureux. Les fleurs sont jaunes ou blanches et toujours en forme de croix, d'où leur nom. Ce sont des plantes qui aiment les climats frais. Les plantes sont riches en soufre, ce qui leur donne un arôme caractéristique. Le chou demande beaucoup d'eau pour donner un bon rendement. Il est la cible de plusieurs maladies et insectes, qui sont généralement contrôlables. Le chou d'été est planté en mai et parfois en avril pour les primeurs ; on plante en juin le chou d'hiver que l'on récolte en octobre pour l'entreposage.

12.1.1 TYPES DE CHOUX

On trouve sur le marché des choux verts et rouges d'été, et des choux d'automne et d'hiver pour la conservation. Leurs formes varient selon les cultivars. Les choux peuvent être aplatis, ronds, pointus ou convexes. Les choux d'été arrivent sur le marché à la mi-juin, suivis des choux d'automne en août-septembre et des choux d'hiver qui sont entreposables jusqu'à la prochaine récolte pour certains.

De la plantation à la maturation, la durée de croissance varie selon le type de chou. À titre indicatif, voici des durées auxquelles il faut ajouter la période de culture des plants : chou d'été, 55 à 65 jours ; chou mi-saison, 65 à 75 jours ; chou d'automne, 80 à 90 jours ; chou d'hiver, 85 à 100 jours, et chou de Savoie, 75 à 100 jours.

12.1.2 CONDITIONS CLIMATIQUES

Le chou pommé est une plante bisannuelle cultivée comme une annuelle. Le chou est probablement la plante la plus résistante au froid parmi les crucifères. S'il est bien endurci, il peut même résister à un court gel de −10 °C. Par contre, s'il est mal endurci, il peut être endommagé par une légère gelée. Même si sa croissance est possible à partir de 1 °C, il donne de meilleurs rendements entre 15 et 20 °C. Il s'adapte à toutes sortes de conditions de climats et de sols.

12.2 CULTIVARS

Le choix du cultivar se fait en fonction du marché à desservir. Que ce soit pour le chou rouge ou vert, il y a un grand choix dans les variétés hâtives, de mi-saison et tardives. Des tolérances et résistances ont été développées dans plusieurs variétés. Les catalogues de semences sont assez explicites sur les caractéristiques variétales ; les nombres de jours qui y apparaissent vont de la transplantation à la maturité. Il peut y avoir des variations importantes selon le climat et la date de plantation. Comme les nombres de jours nécessaires ne sont pas les mêmes à St. Catharines, au sud de l'Ontario, à Laval ou à Matane, chaque maraîcher doit faire ses propres essais de cultivars.

Les critères de sélection des cultivars sont principalement la forme, la précocité, la durée d'entreposage, la tendance au fendillement, la compacité, la texture, la saveur, le taux de sucre et la grosseur. On doit également tenir compte de la stabilité des rendements en conditions climatiques variables, de l'adaptation au type de sol ainsi que de diverses résistances et tolérances.

12.3 PROPAGATION

12.3.1 SEMENCES ET GERMINATION

La durée de conservation des semences du chou pommé est de cinq ans. Les semences sont relativement grosses si bien qu'on en trouve entre 200 et 300 par gramme. Il faut compter de 150 à 350 g de semences pour assurer le nombre suffisant de transplants/ha. Les températures de germination ont un impact sur la durée nécessaire pour la germination ; à 21 °C, la germination prend de quatre à six jours et à l'autre extrême, soit entre 4 et 6 °C, la germination se prolonge entre 12 et 14 jours.

12.3.2 SEMIS EN PLEINE TERRE

Le semis en pleine terre est possible pour la plupart des crucifères. Il est toujours pratiqué pour les légumes-racines, tels les radis et les navets (chapitres 26 et 27). Par contre, les cultures de chou, de brocoli et de chou-fleur ont avantage à être transplantées pour assurer, entre autres, une maturité uniforme au champ. La pratique semble confirmer qu'il est beaucoup plus rentable de faire des récoltes uniques au champ, autrement dit en un seul passage.

De plus, les semences d'hybrides sont dispendieuses, ce qui rend le semis direct coûteux. Les problèmes, comme l'altise et la hernie, sont mieux contrôlés avec la transplantation. Même si le contrôle des mauvaises herbes est assez facile avec les crucifères étant donné la vitesse de germination et de croissance des plants, il est préférable d'avoir recours à la transplantation pour avoir une avance supplémentaire sur les adventices. Pour toutes ces raisons, le semis direct n'est pas recommandé pour le chou, en culture biologique.

12.3.3 PRODUCTION DE TRANSPLANTS

Il est bon d'aborder la production des transplants du chou pommé par un traitement des semences à l'eau chaude avant le semis. Cela prévient plusieurs maladies. Le terreau, assez riche, devra avoir un pH de 6,5 et être exempt de terre de culture pour prévenir les problèmes de hernie. Il faut toutefois prêter attention aux excès d'azote afin d'éviter de produire des plants succulents trop sensibles aux stress de la transplantation.

La température idéale de croissance se situe entre 13 et 16 °C le jour, et 10 et 12 °C la nuit. Pour produire les plants nécessaires à 1 ha de culture, il faut de 250 à 350 g de semences. On sème en multicellules, en caissettes, en couches ou sur un sol de serre à partir de la mi-mars.

A. En multicellules

Il faut compter de trois à cinq semaines entre le semis et la plantation au champ. L'utilisation de transplants en multicellules est généralisée, car le niveau de contrôle technique y est meilleur que pour les plants produits au sol. La reprise des plants est plus rapide ainsi que la maturité plus uniforme à la récolte. Le calibre utilisé varie de 96 à 200 selon les producteurs, ce qui correspond au nombre de plants dans un plateau de 27 ∞ 53 cm. Les plus petites cellules (200) offrent peu de flexibilité lorsqu'on doit attendre le moment propice pour entrer au champ pour la transplantation. Par contre, l'espace de serre requis est plus coûteux avec des plants moins denses. L'utilisation de plateaux de 128 cellules constitue généralement un bon choix.

B. En pépinière

La culture du chou pommé en pépinière se fait en couche froide ou en pleine terre en serre selon la saison. La qualité sanitaire du terreau est importante. On utilise une bâche flottante en période de vol de la mouche du chou et pour limiter l'accès à divers insectes qui peuvent propager des maladies. On sème dans des rangs espacés de 12 cm en laissant 3 cm entre les plants. Il faut compter de quatre à six semaines avant que le plant ne soit prêt à être transplanté ; on plante souvent un plant à racines nues à un stade plus avancé.

12.3.4 ENDURCISSEMENT ET PLANTATION AU CHAMP

L'endurcissement des crucifères plantées avant juin est essentiel à la réussite de la culture. On endurcit les plants en les exposant à des températures plus fraîches, par exemple dans un tunnel non chauffé qu'on laisse ouvert la nuit. On peut ensuite les sortir le jour sur une voiture de ferme qu'on rentre la nuit. On espace les arrosages en laissant sécher un peu. Tous ces traitements font durcir le plant, épaissir les feuilles et le préparent à un milieu plus hostile que la serre. Un plant mal endurci peut souffrir du vent et du froid après son transfert au champ.

Si l'endurcissement est trop rapide ou insuffisant, si l'humidité du sol est déficiente, si les facteurs climatiques négatifs sont dominants, si le sol est peu fertile, le plant restreint son cycle végétatif pour monter à graines rapidement. Il ne fleurira pas nécessairement, mais sa physiologie sera affectée et sa croissance végétative limitée. Le chou pommé est plus résistant que les autres crucifères au froid du printemps, mais les variétés hâtives, plantées tôt, demeurent sensibles à ce phénomène.

La veille de la transplantation, il est important d'humidifier le terreau des plants avec un purin de compost (ou végétal) ou un extrait d'algues et de poissons. Si c'est possible, une autre dose sera administrée à chaque plant à la plantation au champ. Il faut éviter un arrêt de croissance après la transplantation. Les biodynamistes traitent les racines avec une solution de préparat 500, ou une praline à base d'argile, compost et 500 pour les plants à racines nues.

12.3.5 ESPACEMENTS

L'espacement de plantation au champ pour le chou pommé varie en fonction du cultivar et du calibre visé. Un plant hâtif a besoin de moins d'espace qu'un plant tardif ; certains hybrides exigent moins d'espace que les cultivars standards. Toutes les crucifères sont sensibles à l'espacement ; contrôler l'espacement est la meilleure façon d'en déterminer le calibre. On choisira un espacement plus grand pour les choux destinés à la choucroute ou à une cuisine publique.

Voici tout de même, comme base de référence, des distances de plantation. Pour le chou hâtif, il faut de 30 à 45 cm entre les plants sur le rang et 60 à 75 cm entre les rangs ; certains maraîchers utilisent, pour les choux de petit calibre, un dispositif de trois rangs entre les roues du tracteur et une plantation en quinconce. Cette répartition n'est possible que si l'approvisionnement en eau et la fertilité du sol sont excellents, sinon il y a risque de compétition.

Pour le chou tardif, on ménage 38 à 60 cm entre les plants sur le rang et 75 cm entre les rangs, parfois 90 cm. Pour la fabrication commerciale de salade et de choucroute, certains cultivars de gros calibre, par exemple de 5 kg ou plus, sont espacés de 60 à 75 cm sur le rang. Certains cultivars de petit calibre tolèrent une haute densité et sont plantés à 30 ou 35 cm sur le rang. Certains maraîchers laissent 60 cm entre les rangs, dans un système à deux rangs par planche, et entre 50 et 60 cm sur le rang selon le calibre visé. L'espacement le plus fréquent entre les rangs est de 75 cm, car il est compatible avec plusieurs autres cultures pour les besoins de la plantation et du sarclage, ce qui diminue le travail d'ajustement de la machinerie.

Au tableau 12.1, on donne la densité de plantation par hectare pour des espacements de 75 cm entre les rangs. Certains producteurs biologiques utilisent des densités élevées dans un agencement à trois rangs et atteignent 43 000 plants/ha. Dans le chou d'été, certains utilisent des densités de 50 000 plants. Il faut choisir soigneusement les densités utilisées en fonction des sols et de l'approvisionnement en eau, car on observe parfois des plantations à haute densité dont le rendement est affecté par la compétition. Le système radiculaire du chou est très important et a besoin d'espace.

TABLEAU 12.1 Densité de plantation pour le chou à 75 cm entre les rangs

Espacement entre les plants (cm)	Nombre de plants par hectare
30	44 000
38	35 000
45	29 500
50	26 600
75	17 700

12.4 SOLS ET FERTILISATION

12.4.1 CHOIX ET PRÉPARATION DU SOL

Les choux sont adaptés à divers types de sols, mais ils demandent un bon taux d'humus. Les terres noires leur conviennent peu, de même que les sols secs. Le chou d'hiver se comporte particulièrement bien dans les sols lourds, argileux, et les terres franches. Un loam sableux, riche en humus et bien pourvu en eau donne aussi de bons résultats. Les terrains plus légers qui se réchauffent plus rapidement au printemps sont intéressants pour le chou d'été.

Il va de soi qu'un bon drainage est toujours essentiel à la santé des plants, même si les crucifères ont un seuil de tolérance plus élevé que bien des espèces par rapport à l'humidité constante du sol. L'enracinement peut atteindre 2 m de profondeur, mais 75 à 80 % de racines se trouvent dans les premiers 20 à 30 cm de terre.

Comme l'enracinement est profond, il faut s'assurer d'une bonne structure en profondeur ; on doit en particulier veiller à l'absence d'une semelle de labour qui bloquerait et les racines, et le mouvement vertical de l'eau. On ne répétera jamais trop l'importance prioritaire d'une excellente structure pour la pratique de la culture biologique.

S'il y a semelle, on doit défoncer le sol à l'aide d'une sous-soleuse en conditions sèches l'été précédent et cultiver un engrais vert à enracinement puissant. Le radis fourrager n'est pas indiqué en rotation avec des crucifères. De nombreuses légumineuses ont un système racinaire approprié, par exemple le mélilot, une bisannuelle ; une céréale, comme l'avoine ou le seigle d'automne, convient aussi.

Les sols contenant plus de 5 à 10 % d'argile sont généralement améliorés par un labour d'automne ou un billonnage, à l'aide d'un chisel par exemple. L'alternance de gel et de dégel améliore leur structure. Cette opération est de plus en plus incontournable au fur et à mesure que le taux d'argile augmente. Ce n'est pas le cas pour les sols sableux ou limoneux, qui ont souvent avantage à hiverner sous le couvert d'un engrais vert et à être travaillés au printemps, ce qui donne une meilleure structure qu'un labour d'automne. La principale exception sera pour les cultures très hâtives de choux d'été où il est préférable de détruire un engrais vert de seigle par labour en fin d'automne.

Au printemps, l'emploi d'un cultivateur à dents, d'un cultivateur lourd ou d'un vibroculteur est généralement suffisant pour préparer le sol pour le chou. Il faut toutefois éviter les passages en conditions trop humides qui gâcheraient la structure et ne pas trop affiner la structure. Pour les plantations de juin, on peut effectuer deux ou trois faux semis pour faire lever et détruire les mauvaises herbes et faire décomposer l'engrais vert. Il est bon d'avoir une surface légèrement motteuse et grumeleuse après la plantation ; c'est pourquoi il n'est généralement pas nécessaire d'utiliser un rotoculteur, qui donne une terre plus fine. On doit obtenir un sol suffisamment ressuyé pour favoriser la remontée capillaire. Généralement, les deux ou trois passages de roues suffisent, de roues doubles dans la mesure du possible, et il n'est pas nécessaire de rouler. Les roues plombeuses du planteur assurent la capillarité dans la zone de départ des racines.

Certains producteurs plantent les crucifères sur une planche relevée pour améliorer le drainage et l'aération ; d'autres plantent à plat et aussi parfois sur billon. L'utilisation de buttes, de planches ou de billons est fortement recommandée si l'on désire une croissance optimale de la culture.

12.4.2 FERTILISATION

Pour ce qui est du pH du sol, les crucifères sont à l'aise entre 6,5 et 7,5. La hernie des crucifères est une maladie racinaire qui se contrôle en partie par un pH neutre.

Les amendements calcaires et magnésiens auront une grande importance pour cette culture. Les maraîchers qui chaulent fréquemment ont avantage à chauler avant les crucifères, entre autres. Ceux qui chaulent moins fréquemment devront chauler l'année précédant les crucifères dans la rotation. On devrait éviter les chaulages très abondants, qui peuvent provoquer un blocage du bore. La pratique des petits chaulages fréquents se généralise en culture biologique, avec d'excellents résultats ; on peut se référer aux travaux du Centre de développement d'agrobiologie où ces techniques ont été raffinées. On vise à maintenir un taux de saturation élevé en calcium. On observe parfois des carences en calcium induites par l'irrégularité hydrique ; on peut essayer de compenser par du calcium foliaire.

Si l'approvisionnement en eau est régulier tout au long de la saison et qu'il n'y a pas de lessivage du sol par des pluies abondantes successives, le chou pommé devrait réussir en conditions normales avec la fertilisation de départ faite avant la plantation.

Le chou aime un fumier composté moyennement décomposé ; il pousse bien sur les retours de prairies, surtout si elles comportent des légumineuses, et sur les précédents d'engrais verts ; on prendra soin de ne pas faire d'engrais verts de crucifères, tels le radis huileux ou la moutarde blanche, avant une culture de crucifères. On peut appliquer de 40 à 50 t/ha de fumier composté avant la transplantation ou l'année précédente avant un engrais vert. Un compost à base de fumier de volailles, plus riche, doit être calibré soigneusement.

En sol pauvre, le Sul-Po-Mag (22 à 26 % de K_2O, 11 % de MgO, 18 % S) peut compléter l'apport de potasse tout en fournissant du soufre ; on peut aussi utiliser la cendre de bois à dose modérée, vu son pH élevé.

A. Exportation moyenne

Le chou récolté représente de 35 à 50 % de la production de matière sèche (MS) du plant. Le système racinaire est important, entre 500 et 800 kg MS/ha. Les rendements obtenus en culture biologique se situent en moyenne entre 30 et 40 t/ha, mais les meilleurs producteurs atteignent les 60 t en très bonnes conditions. Après la récolte, on trouve de 25 à 40 t de résidus frais à enfouir.

L'exportation d'une culture de chou représente environ 40 à 50 % des éléments nutritifs contenus dans les plants. Au tableau 12.2, on présente l'exportation moyenne pour le chou d'hiver et le chou de Savoie. Une culture avec un rendement de 60 t/ha contient environ 220 kg de N, 50 à 75 kg de P_2O_5 et plus de 250 kg de K_2O. Il faut bien évaluer le compost et les fertilisants à utiliser, ainsi que la contribution de l'humus et des résidus des précédents. Le chou d'été, plus aqueux, est moins riche et exporte moins d'éléments nutritifs ; de plus, son rendement est généralement inférieur à 30 t/ha. La potasse proviendra des résidus, du compost et des réserves échangeables du sol ; on comprend pourquoi le chou aime un sol assez lourd, bien pourvu en potasse.

TABLEAU 12.2 Exportation moyenne

Chou (t/ha)	N (kg/ha)	P_2O_5 (kg/ha)	K_2O (kg/ha)
60*	115	31	185
30*	62	15	93
40**	128	39	115

* chou d'hiver
** chou de Savoie

Des pulvérisations foliaires de purins végétaux ou d'algues liquides peuvent être utilisées, en particulier en combinaison avec le *B.t.* L'effet est plus stimulant que fertilisant, mais il donne des résultats appréciables.

On peut aussi s'appuyer sur les plages de fertilisation utilisées en culture conventionnelle, pour déterminer les niveaux de fertilisation à utiliser (tableaux 12.3 et 12.4).

TABLEAU 12.3 Fertilisations en culture conventionnelle

N (kg/ha)	P_2O_5 (kg/ha)	K_2O (kg/ha)
90 — 350	55 — 240	20—300

TABLEAU 12.4 Fertilisations les plus courantes

N (kg/ha)	P_2O_5 (kg/ha)	K_2O (kg/ha)
135 — 160	165 — 190	125 — 160

B. Oligo-éléments

On doit surveiller les carences en bore et en molybdène. La carence en bore s'observe au départ par des feuilles gaufrées et cassantes. Lorsque les symptômes sont sévères, on observe une nécrose interne du cœur ou de la tige (cœur brun). Si le sol est carencé en bore, on peut appliquer 20 à 25 kg/ha de borax (11,3 % de B) avant le travail du sol ; 25 kg représentent une augmentation théorique d'un peu moins de 1 ppm de bore. On peut aussi pulvériser 1 ou 2 kg de Solubor en deux passages dans les premières semaines de croissance. Les pulvérisations tardives n'ont que peu ou pas d'impact.

La carence en molybdène affecte surtout le chou et le chou-fleur en modifiant la croissance de la feuille en forme de queue de fouet ; la nervure principale conserve un développement normal, mais le limbe comporte plusieurs zones manquantes. Toutes les crucifères sont sensibles à cette carence. Pour prévenir ce problème, si le sol est carencé, on applique du molybdate de sodium (39 % Mo) au sol à la plantation à raison de 0,6 à 0,8 kg/ha, ou plus simplement, on en pulvérise sur le feuillage à un taux de 60 g/ha. Le fumier composté contient environ 1 g/t de Mo ; son usage fréquent dans la rotation prévient l'apparition de carences. Un entretien calcique fréquent aide aussi à prévenir les carences.

Le chou, de même que les liliacées, exporte beaucoup de soufre, soit en moyenne 100 kg/ha. L'utilisation régulière de fumier composté et un précédent d'engrais vert de légumineuses riches en soufre de même que la minéralisation de l'humus assurent une présence suffisante du soufre. Le sulfate de potassium et de magnésium, la pollution atmosphérique et la pluie apportent aussi du soufre.

12.5 ROTATION

Habituellement, les crucifères sont placées en tête de rotation. Si elles arrivent sur un retour de prairie, il est plus sage de faire un labour ou un passage de chisel en juin l'année précédant l'implantation, suivi d'une bonne jachère et d'un engrais vert de céréales et de légumineuses.

On doit semer avant le 10 août et combiner avoine, blé, seigle de printemps, tournesol, et vesce commune, pois ou féverole ; des surplus ou des vieilles semences (haricots, soya, maïs) peuvent être ajoutés au mélange ; un peu de trèfle incarnat peut être inclus. On épand le compost pour le chou avant de semer l'engrais vert. Si on prend du retard par rapport à cette opération, on peut semer du seigle d'automne assez tôt, vers la mi-août ou la fin d'août, et l'enfouir trois semaines avant la plantation du chou.

La rotation minimale de quatre ans est absolument à respecter. On peut aller à huit ans en alternant une seconde crucifère-racine, comme le radis, le navet ou la rabiole. Les crucifères sont un excellent précédent pour des cultures qui profitent d'une fertilité résiduelle. Le poireau comme culture précédente ou comme compagnon diminuerait les risques de formation de la hernie et stimulerait les choux. Certains cultivent le poireau après les crucifères.

Un précédent de légumineuse est toujours appréciable pour sa contribution en azote. Le mélilot donne de bons résultats ainsi que le pois suivi d'un engrais vert d'automne, ou l'oignon hâtif suivi d'un mélange vesce commune et trèfle incarnat semé à la mi-août. Un agriculteur du Lac-Saint-Jean cultive le chou sur un retour de gourgane.

Les céréales, les pommes de terre et le maïs sont des précédents favorables. Il faut être prudent quant à la place des engrais verts de crucifères dans la rotation.

Dans une ferme commerciale où l'on cultive beaucoup de crucifères, on cultive du foin dont une partie sera laissée en engrais vert et une partie échangée contre du fumier. Voici un exemple de rotation sur huit ans telle que la pratique une ferme commerciale au Nouveau-Brunswick :

1- courge d'hiver et citrouille, concombre et zucchini,
2- crucifères hâtives et rutabaga,
3- céréale (grainée),
4- foin de trèfle et graminée (avec vente de la première coupe),
5- foin (suivi de jachère et engrais vert),
6- chou d'hiver,
7- céréale,
8- trèfle (avec vente de la première coupe).

Sur un sol approprié, en absence de chiendent et d'insecte du sol, un labour de printemps peut être suffisant sur le retour de prairie. La deuxième coupe de foin est broyée au début d'août en engrais vert et la repousse accumule la neige en hiver.

Un résidu de culture de 25 à 40 t contient environ 90 à 150 kg de N, assez facilement minéralisable. Il est bon d'intégrer ces informations dans la planification de la rotation.

12.6 CULTURES ASSOCIÉES

En culture intensive, on peut planter de la laitue en alternance avec le chou d'été et même le chou d'hiver ; le travail mécanique s'en trouve compliqué, mais le rendement par surface est meilleur. Le chou de gros calibre, très espacé, facilite la plantation de laitues alternées sur le rang. Les laitues sont récoltées au moment où le chou prend de l'expansion et occupe l'espace. Certains biodynamistes installent des plates-bandes d'herbes aromatiques dans le voisinage des crucifères.

En culture commerciale, on ne fait pas appel au compagnonnage, on favorise plutôt la rotation. Cependant, c'est une excellente pratique de semer un engrais vert intercalaire de mélilot dans les choux hâtifs ou de trèfle blanc nain dans les choux tardifs.

12.7 IRRIGATION

Comme le chou est un légume-feuille, l'eau est l'élément constitutif le plus important de ce légume. La consommation d'eau est plus faible durant la période d'implantation, mais le sol doit être humide pour favoriser la reprise. S'il ne pleut pas, on doit arroser après la plantation. Après un mois, le feuillage important entraîne une augmentation de l'évapotranspiration. La consommation d'eau atteint son maximum avec la formation de la pomme.

Il ne faut pas attendre d'observer le flétrissement pour irriguer. Selon Pierre Sauriol, il est préférable d'irriguer lorsque la réserve utile, soit la différence entre la capacité au champ et le point de flétrissement, baisse en deçà de 50 %.

Une sécheresse prolongée suivie de pluies importantes par climat chaud peut provoquer une croissance trop rapide et l'éclatement du chou. Le chou d'été est extrêmement sensible à ce problème ; une irrigation régulière par temps sec permet de l'éviter.

De plus, les crucifères sont sensibles à la carence en calcium induite par une irrégularité de l'approvisionnement en eau. C'est une maladie physiologique qui se manifeste par l'apparition de tissus nécrotiques sur la pointe des feuilles (*tip burn*) et de pourriture apicale sur les fruits. Comme pour le céleri, le piment, la tomate, l'aubergine, la laitue et bien d'autres, l'approvisionnement régulier en eau associé à la disponibilité du calcium permet de lutter efficacement contre ce type de problème.

12.8 GESTION DES MAUVAISES HERBES

Le chou est un plant assez compétitif avec la mauvaise herbe. Sa croissance rapide et son feuillage abondant avec son port élevé en font une plante dite nettoyante. Comme pour les autres cultures, une bonne préparation de sol suivi d'un faux semis permettra de garder une avance sur les mauvaises herbes. Il est certain que les grandes quantités de compost mises avant la plantation ne serviront pas qu'à alimenter les choux ; les mauvaises herbes dites nitrophiles (chénopode, ortie royale, amarante, mouron, galinsoga) en profiteront aussi pour bien se développer.

Le sarclage mécanique devra être fait le plus régulièrement possible pour garder le contrôle sur les annuelles. On peut fréquemment travailler le sol à environ 4 à 5 cm de profond, aux 9 à 10 jours, pour éviter que les racines du chou ne s'installent dans le sol de surface, et en profiter pour déplacer un peu de sol sur le rang pour recouvrir les petites mauvaises herbes. Deux légers buttages faciliteront le contrôle sur le rang. Les vivaces comme le chiendent doivent être éliminées durant la préparation de sol. Comme les conditions de sol ne sont pas toujours idéales pour obtenir un contrôle raisonnable, il peut être nécessaire d'utiliser au moins un sarclage manuel, sinon deux lors des années difficiles.

12.9 INSECTES ET MALADIES

Quel que soit le type de maladies ou d'insectes qui affecte le chou, la prévention par une saine rotation est l'outil de prédilection. On doit aussi favoriser une bonne vitalité du sol afin de produire un plant en santé capable de se défendre naturellement contre les ravageurs.

12.9.1 MALADIES

La nervation noire (*Xanthomonas campestris* pv. *campestris*), la jambe noire (*Phoma lingam*) et la tache bactérienne (*Pseudomonas syringae*) se préviennent par un traitement à l'eau chaude des semences.

Selon le CRAAQ et le MAAO, il est essentiel d'utiliser un thermomètre précis pour mesurer la température de l'eau afin de la garder à la température désirée pendant tout le temps requis. Il importe aussi de bien suivre les recommandations au risque de tuer les semences. Dans le cas des semences du chou, du brocoli et du chou de Bruxelles, le traitement doit durer 25 minutes dans une eau portée à 50 °C. Pour le chou-fleur, le chou-rave, le chou frisé et le navet d'été, le traitement se réalise aussi avec une eau à 50 °C, mais il ne dure que 15 minutes.

Le procédé consiste à placer les graines dans un coton hydrophile, à humecter les graines avec l'eau chaude et à tremper le sac dans l'eau à la température recommandée, pour la durée recommandée. On doit agiter régulièrement le sac pour que l'eau circule entre les graines et, à l'expiration du délai, on étend les graines pour les faire sécher à l'air libre.

On doit s'assurer auprès des fournisseurs de semences que l'incidence de nervation noire ne dépasse pas 1/30 000 plant, et 1/10 000 plant dans le cas de la jambe noire.

La nervation noire (*Xanthomonas campestris*) est la maladie bactérienne potentiellement la plus sérieuse du chou. Elle nécessite des conditions pluvieuses et très chaudes et humides pour se déclencher ; les feuilles jaunissent en forme de V, puis les nervures noircissent. Les sources d'infection sont le terreau et les plateaux et caissettes de production contaminés, la présence de canola ou de crucifères sauvages dans le voisinage, et le déplacement d'insectes contaminés, comme les altises. La prévention commence par une production de plants en conditions de chaleur, d'humidité et de drainage adéquates. On suppose, bien sûr, qu'on évite d'acheter des plants contaminés. Après la récolte des crucifères, d'autres mesures de prévention s'imposent : on incorpore les résidus broyés le plus rapidement possible pour accélérer leur décomposition et on lave les équipements entre les passages dans un champ infecté et dans un champ sain. Les traitements à base de cuivre aident aussi à réduire le développement de la maladie.

La tache bactérienne se propage à partir du sol, des résidus de crucifères et des semences. Elle préfère des conditions fraîches et humides, et sa propagation s'arrête durant les périodes chaudes et ensoleillées. On prévient la propagation des maladies bactériennes en recourant à l'irrigation au sol plutôt qu'à l'aspersion sur le feuillage et en effectuant une rotation appropriée.

On doit commencer par choisir des cultivars résistants, mais dans le cas où la nervation noire ou la tache bactérienne sont déjà présentes dans la serre ou le champ et que le feuillage est mouillé, il est primordial de ne pas manipuler les plants ou d'effectuer un travail qui contribuerait à propager la maladie. L'application de cette mesure fait la différence entre des pertes négligeables et des pertes importantes. On fera une rotation minimale de quatre ans avant de replacer une crucifère sur le même terrain. On doit aussi assurer une bonne circulation d'air, éviter les plantations trop denses et les sols mal drainés. La rotation sur un terrain en pente doit partir du bas de la pente pour monter vers le haut de la pente au fil des ans.

La jambe noire (*Phoma lingam*) est une maladie fongique propagée à partir des résidus de culture et des semences. Elle prolifère en conditions humides. Les plus gros problèmes se posent lorsqu'il y a infection en pépinière. Donc, la prévention sanitaire, le nettoyage des caissettes et des serres, et le choix du terreau sont le point de départ de tout contrôle. On doit éviter les conditions très humides en serre et le terreau saturé d'eau en conditions nuageuses, quitte à chauffer les portes ouvertes lors de longues périodes pluvieuses.

La maladie peut survivre trois ans dans le sol sur les résidus de crucifères. Le développement d'une activité biologique élevée dans le sol, l'emploi régulier du compost et des engrais verts, une rotation minimale de quatre ans ou plus s'il y a un historique de *Phoma*, la plantation dans des blocs suffisamment éloignés d'une année à l'autre, le contrôle des crucifères sauvages dans les champs et les bordures sont des pratiques préventives de base.

L'utilisation d'une décoction de prêle le soir durant les périodes humides est une technique préventive ; les biodynamistes pulvérisent le sol et le plant d'un purin d'orties le lendemain matin et terminent avec un binage. Les pratiques préventives utilisées pour la nervation noire sont aussi valables pour la jambe noire et la hernie.

La hernie des crucifères est causée par un champignon du sol (*Plasmodiophora brassicae*). On l'observe par le gonflement des racines près de la tige, qui prennent presque l'aspect de tubercules, et la grande faiblesse du reste du système racinaire. Le plant flétrit rapidement lors des journées ensoleillées ; le rendement peut être affecté considérablement. En général, les crucifères les plus sensibles sont le chou chinois, le chou-fleur, le chou de Bruxelles et le chou pommé. Le chou-rave est moyennement sensible, alors que le navet et le radis sont peu sensibles. On s'entend sur le fait que le risque de maladie est plus grave dans les sols acides, mouillés, mal drainés et froids, mais on a observé, en Angleterre, des taux d'infestation de 100 % en sol calcaire à pH 8. Le binage qui assèche le sol de surface réduirait la mobilité du pathogène, qui se déplace grâce aux films d'eau. Il se développe en deux étapes distinctes et requiert un sol bien humide pour le deuxième stade. Dans la majorité des cas où les pertes sont importantes, il y a eu une période de 24 à 48 heures pendant laquelle le sol était gorgé d'eau et les racines asphyxiées. Ainsi, toutes les mesures favorisant un drainage rapide, tel que l'utilisation de planches ou de billons, permettent de réduire les risques d'infestation.

La pratique prioritaire est une rotation de quatre ans. Si on observe des traces de hernie dans une parcelle, il faut éviter les cultures de crucifères pour huit ans. S'ils sont peu nombreux, on arrache et on brûle les plants flétris. Il est bon de s'abstenir de cultiver du dactyle pelotonné, de l'agrostide, du pavot, ou de laisser proliférer l'oseille, la patience et les mauvaises herbes de la famille des crucifères, car ces plantes peuvent activer la hernie. Il semble que le ray-grass et le dactyle réveillent les spores de la hernie au même titre que les crucifères. Les spores activées de la hernie n'auraient pas les conditions leur permettant de se reproduire, ce qui aurait pour effet de nettoyer les sols. La sarriette, la menthe et le thym auraient les mêmes propriétés. Certains auteurs recommandent de cultiver ces plantes dans la rotation, plutôt que de les éviter. Comme la hernie n'a pas le temps d'arriver à maturité en cinq semaines, on a vu apparaître une pratique qui consiste à cultiver des crucifères en engrais vert d'automne ou de printemps (moutardes, radis, colza, canola) et de les enfouir au bout de quatre ou cinq semaines. Les spores se réveillent, mais comme elles ne peuvent compléter leur cycle, elles meurent, limitant ainsi le potentiel d'infection pour les cultures subséquentes.

Comme le champignon de la hernie des crucifères peut vivre dans le sol plus de 15 ans sous forme de spores, le meilleur moyen d'intervention reste d'utiliser toutes les pratiques préventives habituelles et de surveiller le pH du sol. Certains recommandent de chauler massivement le terrain à la chaux hydratée avant de planter les crucifères pour obtenir un pH supérieur à 7,2 et même 7,6. Cette approche n'est pas approuvée par les normes de certification biologique ; cependant, un apport de 1800 kg/ha de chaux hydratée ($CaOH_2$) six semaines avant la culture reste acceptable en situation à risque. On peut aussi tenter des applications locales de cendre de bois ou de pierre à chaux sous les plants, dans la zone racinaire, ou praliner les racines avec du lithothamne à la plantation. On doit choisir la technique en pensant aux cultures successives qui préfèrent un pH plus bas. La technique des petits chaulages fréquents dans le système de culture présente aussi beaucoup d'intérêt à cause de son impact positif sur le sol et les conditions de croissance. Enfin, la hernie serait inhibée dans un sol riche en bore.

Plusieurs autres précautions s'imposent. Il faut inspecter les plants achetés, ne jamais transplanter des plants malades au champ et se méfier des composts pouvant contenir des résidus de crucifères infectées. Les animaux ayant consommé des rutabagas affectés donneront un fumier infecté. Dans la fabrication des terreaux, on prend les sols de terrains n'ayant pas reçu des cultures de crucifères. De même, on nettoie les équipements après le passage dans un champ infesté. Il existe des cultivars résistants de radis, de navets et de rutabagas, qu'il faut privilégier. Le buttage de plants affectés peut permettre le développement de nouvelles racines saines et améliorer le rendement.

La jaunisse fusarienne (*Fusarium oxysporum* f. sp. *conglutinans*) s'observe par un jaunissement des feuilles du bas de la plante qui s'étend jusqu'aux bordures. Les feuilles s'enroulent, flétrissent et tombent, et les vaisseaux des feuilles deviennent bruns. Le meilleur moyen de contrôler la jaunisse fusarienne consiste à utiliser des variétés résistantes et à faire une rotation minimale de quatre ans. On doit aussi favoriser une activité biologique du sol élevée, car elle contribue à la destruction des spores.

La brûlure interne ou nécrose des marges (*tip burn*) est un problème fréquent favorisé par l'irrégularité du régime hydrique, par un blocage du calcium et par une poussée de croissance excessive résultant d'une alimentation azotée trop importante ou d'un espacement trop important. En présence de ce problème physiologique, on récolte immédiatement le plant lorsqu'il arrive à maturité. Le choix du cultivar est un autre moyen de prévention puisque des résistances variétales ont été développées.

L'alternaria (*Alternaria brassicae* et *A. brassicicola*) est une maladie fongique qui infecte non seulement les crucifères, mais aussi plusieurs plantes sauvages, et qui peut causer des dommages au champ aussi bien qu'en entrepôt. Elle nécessite une période prolongée d'humidité élevée pour se développer, mais elle survit dans le sol et les résidus de culture. Elle est très mobile et peut être déplacée par les semences, les machineries, le vent, les personnes.

Le mildiou (*Peronospora parasitica*) attaque rarement le chou et le chou-fleur. Seules quelques rares variétés sensibles peuvent être affectées. Le brocoli et le rutabaga sont les plus vulnérables. La maladie est favorisée par des conditions fraîches, humides et une mouillure du feuillage, comme il arrive fréquemment au mois d'août lors de fortes rosées. De bonnes pratiques sanitaires générales sont la meilleure prévention. Les produits cupriques sont aussi recommandés comme mesure préventive, mais ils agissent également contre diverses autres maladies fongiques et bactériennes.

Le traitement des semences à l'eau chaude, la prévention sanitaire en pépinière et tout particulièrement le choix de variétés résistantes sont les techniques préventives de première ligne. Le choix d'un emplacement plus aéré et bien ventilé diminue les risques de développement de la maladie. Les longues rotations, les pulvérisations ou poudrages de soufre, la décoction de prêle sont utiles. Il faut éviter l'irrigation par aspersion, prévenir l'excès d'azote et précomposter les engrais azotés animaux.

12.9.2 INSECTES

Les principaux insectes qui causent des problèmes au chou pommé sont l'altise, la mouche du chou, le thrips et la piéride du chou, la fausse-arpenteuse du chou et la fausse-teigne.

Plusieurs espèces d'altises (*Chrysomelidae*), de petits insectes noirs ou bruns, s'attaquent au feuillage en le criblant de petits trous et favorisent la déshydratation des plants. L'altise est active tôt au printemps et cause surtout des dommages aux jeunes plants. On la reconnaît à ce qu'elle saute aussitôt qu'on essaie de l'approcher. Les attaques d'altises peuvent causer un stress important chez les plants, mais si les transplants sont vigoureux, ils passeront cette étape sans intervention. Le poudrage d'absinthe séchée, de lithothamne ou de poudres de roches à la rosée ainsi que la pulvérisation d'une infusion de tanaisie ou d'absinthe donnent certains résultats.

L'altise préfère les conditions chaudes, sèches et ensoleillées. En pépinière, on arrose le midi ou on utilise une bâche protectrice pour limiter son activité. Dans certains cas extrêmes, il est nécessaire de faire un poudrage ou une pulvérisation à la roténone ou au pyrèthre. Pour certaines crucifères très rentables, l'utilisation d'une bâche flottante au champ ou d'un filet anti-insectes est justifiée (voir radis, chapitre 26).

La mouche du chou (*Hylemia brassicae* ou *Delia radicum*) émerge du sol au printemps et pond des œufs dans le sol près des plants de crucifères. Une fois écloses, les larves se nourrissent des racines et de la tige ; elles sont blanchâtres et atteignent jusqu'à 7 mm de longueur. Elles peuvent réaliser trois cycles complets dans la région de Montréal. On a identifié dans cette région deux populations de mouche du chou à comportement différent. La première, bien connue, émerge tôt ; la seconde émerge plus tard et pas nécessairement au même moment que la deuxième génération de la mouche connue. Un dépistage soigneux s'impose. La technique la plus fiable est de chercher la présence d'œufs au collet des plants à l'aide d'un couteau, puis de fouiller sur 2 cm de profond et 1 cm de chaque côté de la tige.

Une rotation de quatre ans est le premier principe de prévention à appliquer. Les méthodes culturales de lutte sont possibles. Autant que possible, on retarde au début de juillet l'installation de la culture, s'il n'y a pas de crucifères hâtives à moins de 100 m (applicable dans les zones sud du Québec seulement). On récolte le plus tôt possible les crucifères hâtives, on composte les tiges ou on les incorpore sur le champ pour ensuite pratiquer une jachère. Le broyage des tiges avant le compostage ou l'incorporation est très utile. Il est toujours mieux de ne pas laisser traîner de débris après les cultures ; la décomposition est l'assainissement le plus simple et souvent le plus efficace. On détruit les sites de reproduction et on expose les larves aux éléments. Il est bon d'éliminer la présence de baissières, car ce sont des sites favorables pour la ponte et l'éclosion des œufs.

Puisque les insecticides sont très toxiques pour les prédateurs et les parasites qui détruisent normalement un grand nombre de larves et que leur emploi sélectionne des lignées résistantes et risque de causer l'augmentation des populations ou même des effets secondaires, on privilégie dans une approche écologique les méthodes culturales ainsi que l'utilisation de substances repoussantes. La présence de brise-vent et d'espaces sauvages sur la ferme favorise le développement d'auxiliaires naturels ennemis de la mouche. Toutefois, comme la mouche préfère voler et pondre dans les zones abritées, on ne doit pas planter près des brise-vent, surtout en mai.

Les écrans protecteurs de bâches flottantes ou de filets anti-insectes sont utiles pour protéger les crucifères des insectes, mais leur coût est prohibitif sauf pour les cultures les plus rentables. Plutôt que de les maintenir en place avec de la terre sur les bords, on utilise des sacs de plastique remplis de terre ou de sable, ce qui rallonge leur vie utile. Pour éviter l'infestation des semis en pépinière, on utilise des bâches aux effets thermiques réduits. La bâche est plus appropriée en région fraîche que chaude. Une méthode expérimentale consiste à installer des écrans en clôture qui nuisent au déplacement des mouches du chou, de l'oignon et de la carotte, qui ont pour caractéristique de voler au ras des plants.

Une application de cendre de bois au pied des plants, que l'on renouvelle après les grosses pluies, s'est avérée efficace mais laborieuse. On peut employer le phosphate naturel ou la terre diatomée pour le même usage, de même que diverses substances aromatiques. La terre diatomée est peu sélective et endommage plusieurs insectes utiles. C'est un dernier recours.

Sur un acre de brocoli de primeur, un maraîcher juge utile de déchausser la base des plants à la main immédiatement après la ponte en déplaçant larves et œufs vers l'allée, puis de renchausser le plant ; l'opération se fait à la main et prend quelques secondes.

Lorsqu'on fait face à des dommages de la mouche du chou, on doit aider la plante à surmonter ce stress en favorisant la formation de nouvelles racines par un renchaussage, par l'irrigation si le sol redevient sec, et par une fertilisation foliaire.

Par ailleurs, trois chenilles affectent les crucifères, dont on récolte les parties aériennes : celle de la piéride du chou, celle de la fausse-teigne des crucifères et celle de la fausse-arpenteuse du chou. Dans le cadre d'une stratégie de contrôle, il est essentiel de savoir quel est le stade critique pour la culture en cause, et comment le ravageur peut causer des dommages. Avec les chenilles, les pertes économiques peuvent être de deux types : perte de qualité ou de rendement à cause des dommages aux plants, et déclassement à cause des excréments.

La piéride du chou (*Pieris rapae*) est souvent l'insecte le plus présent dans les crucifères, quelle que soit la prévention que l'on puisse faire. L'adulte se reconnaît facilement, c'est le papillon blanc qui voltige en grand nombre dans les champs de crucifères et pond en dessous des feuilles, sur les feuilles intermédiaires, ou au cœur du plant. Les dommages sont causés par les larves vertes qui éclosent sous les feuilles, mangent le feuillage et laissent des traces d'excréments verts. La piéride a quatre générations par an dans la région de Montréal, et trois dans la région de Québec. Les plus grandes populations débutent en juillet.

Au début, lorsque la reprise du plant est effectuée, on peut tolérer un peu de dommages. Quand on veut des plants homogènes, le premier stade critique est le début de la pommaison, c'est-à-dire lorsque les feuilles du cœur se referment pour former une pomme. Après le début de la formation de la pomme, les dommages affectent surtout les feuilles enveloppantes de la pomme. Le *B.t.* est efficace s'il est appliqué quelques jours après l'apparition des jeunes larves, puis aux 7 à 10 jours au besoin, selon les populations. Sur le chou pommé, deux ou trois traitements suffisent habituellement, selon la saison. La présence de colza dans une région augmente de beaucoup la pression de la piéride. Une solution de sel de mer (2 kg/100 L) peut être efficace.

La fausse-teigne des crucifères (*Plutella xylostella*) est présente dans le chou sous la forme d'une petite larve de moins de 1 cm. La fausse-teigne peut être très dommageable pour le chou. Elle aime se loger dans le cœur au début de la pommaison ; plus tard, elle peut creuser des galeries dans la pomme ; enfin, on peut trouver un cocon soyeux dans le plant à la récolte. On le traite aux 5 à 10 jours au *B.t.* La fausse-teigne est moins accessible par les pulvérisations que la piéride. On doit donc utiliser un volume d'eau supérieur et effectuer le traitement le soir ou le matin. Le voisinage de plants de tomates réduirait l'activité de cet insecte.

La fausse-arpenteuse du chou (*Trichoplusia ni*) est une larve qui se soulève pour se déplacer. Elle apparaît généralement plus tard en saison. Son dommage ressemble à celui de la piéride, mais elle peut à l'occasion se cacher à la base de la pomme pour s'en nourrir. L'abondance d'ennemis naturels l'empêche souvent de proliférer ; la présence de haies brise-vent encourage le contrôle biologique naturel. Le *B.t.* est efficace, mais on doit utiliser une concentration plus élevée que pour les insectes précédents.

On doit prendre garde aux souches de *B.t.*, car elles peuvent avoir une efficacité variable selon les fournisseurs, et d'une année à l'autre.

Les noctuelles, ou vers gris, sont des chenilles grises de la famille des *noctuidae*, qui comprend un grand nombre d'espèces. Les noctuelles mangent la nuit et elles peuvent couper des jeunes plants au ras du sol ou couper des feuilles ; comme elles se déplacent d'un plant à l'autre, cela laisse des trous dans le champ. Ces insectes sont surtout présents sur des retours de prairies. Une bonne jachère pour détruire la prairie l'été précédant l'implantation d'un champ de crucifères suffit habituellement pour éliminer ce genre de problème. Il en va de même pour le contrôle des hannetons et des taupins. L'exposition des larves et des œufs au soleil, de même que la présence de mouettes et de pluviers lors du travail du sol répété, aide à diminuer les populations de ces insectes. La vieille méthode européenne du poulailler mobile, déplacé au gré des besoins, après ou avant les cultures, durant les jachères, ou même sur les pâturages, pourrait être utilisée de nouveau, car elle s'avérait peu coûteuse et très efficace. Un producteur du Lac-Saint-Jean applique de la chaux hydratée avant la plantation dans le but de réduire l'incidence du problème.

On doit toujours compléter la jachère, que l'on effectue à la fin de juin et en juillet, par un engrais vert au début d'août, préférablement à base de légumineuses.

Les vers fil de fer, ou taupins (*Elateridae*, *Limonius agonus, Melanotus similis*), dont on reconnaît les dommages par des trous dans les racines, sont abondants sur les terres neuves où la matière organique est insuffisamment humifiée et où le rapport C/N est souvent élevé. On doit donc employer des composts à C/N faible en évitant d'incorporer des résidus abondants l'année précédant la culture. Les vers fil de fer prolifèrent aussi dans les champs de pomme de terre. Un engrais vert de légumineuses au printemps, suivi d'une jachère d'été et d'un deuxième engrais vert en août peut être utile. Il est bon aussi d'empêcher les infestations de mauvaises herbes lors de la culture précédente et de biner fréquemment pour activer la décomposition. La luzerne pure en rotation abriterait des populations moindres que le mélange de trèfle et de graminées. L'utilisation fréquente de légumineuses annuelles en engrais vert réduit aussi les populations. L'exposition du sol au gel par labour ou billonnage contribue à diminuer le problème.

Le thrips (*thrips tabaci*) est un ravageur occasionnel mais potentiellement important des choux. Sa présence sur les autres crucifères est sans impact. Les thrips sont de très petits insectes de forme linéaire de 0,5 à 2 mm. Ils se promènent à l'aisselle des feuilles. Lorsque la pomme est formée, ils se nourrissent des tissus entre les trois ou quatre premières feuilles de la pomme. Les dommages de nutrition se transforment en gales à l'intérieur de la pomme, réduisant la qualité esthétique particulièrement pour le chou entreposé. Dépendant du marché, le chou peut être déclassé. Les populations de thrips proviennent souvent de champs d'oignons ou de céréales à proximité. Lorsque ces cultures arrivent à maturité, les thrips déménagent sur le chou. Les thrips préfèrent le temps chaud et humide ; toutefois, les populations explosent seulement lors d'une sécheresse prolongée. Une façon indirecte de les contrôler est donc d'utiliser l'irrigation pour les noyer lorsque le chou est peu ou pas pommé. Par la suite, l'insecte est inaccessible.

Actuellement, on expérimente pour plusieurs insectes la méthode des cultures-pièges. Par exemple, on implante des moutardes chinoises tôt pour attirer les altises et localiser le dépistage et le traitement.

12.10 ENTRETIEN

L'entretien du chou s'adapte à ses trois stades de développement : reprise au champ, formation des grosses feuilles et formation de la pomme. Ce sont les deux premiers stades qui requièrent le plus de soins.

Mieux vaut transplanter par temps couvert, idéalement avant une pluie. Si on plante par temps sec, il faut bien arroser le sol. Dix à quinze jours plus tard, on utilisera une pulvérisation foliaire de purin d'orties ou d'algues liquides. On peut répéter deux ou trois fois ce traitement. Négliger de contrôler les insectes à ces stades peut entraîner des dommages irréparables par la suite.

À la formation de la pomme, il y a une certaine translocation des réserves des feuilles plus vieilles, aussi il est normal d'observer un certain dépérissement des vieilles feuilles en fin de saison.

Les binages d'entretien seront très superficiels et très fréquents, soit à 7 à 10 jours d'intervalle.

Les biodynamistes appliqueront aux trois semaines, lors des jours feuilles, trois traitements de silice tôt le matin : après la reprise des plants au champ, durant l'expansion des feuilles, puis au début de la pommaison ; ils termineront enfin par un quatrième traitement un jour fleur, une ou deux semaines avant la récolte.

12.11 RÉCOLTE

La récolte des choux d'été doit être faite avant maturité complète, aussitôt que la pomme est formée. De la transplantation à la récolte, on compte six semaines pour la plupart des cultivars de chou hâtif. Certains producteurs prolongent la récolte en déracinant partiellement le plant par une torsion ou un soulèvement lors du passage au champ pour la première récolte.

Les choux tardifs se récoltent en octobre. Le chou a une meilleure saveur quand il traverse quelques petites gelées au champ. Par contre, si la gelée est trop forte, il est possible que cela affecte sa conservation en entrepôt. Il est important d'attendre que les feuilles dégèlent avant de récolter le chou.

Le chou est récolté à la main avec un couteau, puis placé dans des bennes. On enlève toutes les feuilles malades, les trognons et on laisse deux à trois feuilles protectrices. Il est important de manipuler les choux avec soin pour éviter les blessures. La plupart des cultivars modernes assurent une maturité assez uniforme pour n'effectuer qu'une récolte. Une ferme assez grande peut utiliser une récolteuse.

12.12 CONSERVATION ET MANUTENTION PRÉVENTE

La durée de conservation est liée tant aux qualités du cultivar qu'aux conditions d'entreposage. Le chou peut se conserver jusqu'à 6 mois à 0 °C et à une humidité relative de 95 %. En atmosphère contrôlée, à 3 à 5 % CO_2, le chou peut être conservé plus longtemps. Les choux sont placés dans des caisses-palettes ou en vrac, à condition qu'ils ne dépassent pas une hauteur de 1,5 m.

L'aération est très importante. On doit laisser séjourner les caisses de bois dehors en plein soleil pour éliminer les champignons qui pourraient causer des dommages au feuillage en entrepôt.

Pour la vente, on pare les feuilles dégradées à l'entreposage et le trognon, et on emballe les pommes dans des sacs ou des boîtes de 22,7 kg (50 lbs).

Le chou sera classé Canada n° 1 ou n° 2 selon des critères que l'on peut consulter dans le *Règlement sur les fruits et les légumes frais*.

12.13 PRIMEURS

La culture de primeurs est pratiquée de façon limitée pour le chou d'été. On choisit un site protégé et un sol qui se réchauffe rapidement au printemps et on utilise une bâche à plat non tissée à la plantation.

Chapitre 13

LE BROCOLI

Brassica oleracea botrytis cymosa (Broccoli)

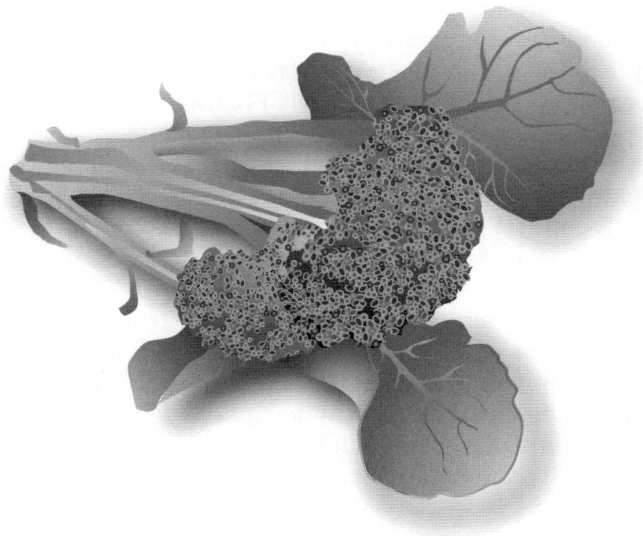

INTRODUCTION

Le brocoli est une annuelle de la famille des crucifères. Sa culture ressemble à celle du chou-fleur bien qu'il soit un peu moins sensible au stress. Le brocoli s'adapte bien à une grande variété de sols et se porte bien dans les sols lourds. Comme pour tous les légumes-feuilles de la famille des crucifères, il demande beaucoup d'eau et il est très sensible au stress hydrique, surtout en sol sableux.

Les brocolis québécois sont sur le marché de la fin de juin à la mi-novembre. On trouve les caractéristiques communes à la famille des crucifères au chapitre 12 sur le chou pommé.

13.1 PLANTE

Le feuillage du brocoli est vigoureux et étalé latéralement comme pour la plupart des crucifères. Il en va de même pour le système racinaire ; en effet, en bonnes conditions, les racines peuvent dépasser 60 cm de profondeur.

De couleur gris vert à bleu-vert, l'inflorescence principale se développe en prolongement de la tige. À la différence du chou-fleur dont la floraison est inhibée, le brocoli est récolté juste avant la floraison. Le poids de la pousse florale relativement au reste du plant est moindre que pour le chou-fleur. La récolte de la pousse centrale déclenche la floraison de pousses axillaires, qui peuvent être récoltées pour des marchés moins exigeants, comme celui des paniers hebdomadaires.

On divise la croissance du brocoli en trois phases : l'établissement du semis, jusqu'au stade 4-5 feuilles, le développement végétatif jusqu'à une douzaine de feuilles, et le développement de l'inflorescence, de la 8e à la 12e semaine environ. Il faut concentrer les soins sur les deux premières phases pour bien réussir la troisième.

13.1.1 TYPES DE BROCOLIS

En plus des diverses teintes de vert, il existe des brocolis violets et des brocolis jaunes, appelés communément broco-fleur. Il existe aussi des brocolis de type Raab, qui ne forment pas une grande inflorescence centrale, mais une abondance de petites pousses.

13.1.2 CONDITIONS CLIMATIQUES

La croissance du brocoli est optimale entre 20 et 24 °C au second stade, mais le plant préfère 15 à 18 °C durant la troisième phase. Des nuits en dessous de 10 °C de façon répétée peuvent déclencher la floraison. Au-delà de 30 °C, la croissance du brocoli est trop rapide et la qualité des récoltes chute rapidement. Sa sensibilité au stress se caractérise par une réaction de la fleur qui s'ouvre prématurément ou par la formation d'une tête lâche.

13.2 CULTIVARS

Il existe un grand nombre de critères de sélection des cultivars de brocoli. Plusieurs tiennent au légume que l'on souhaite produire (longueur et diamètre de la tige, niveau de fibre, finesse de l'inflorescence, saveur, couleur, forme de l'inflorescence). D'autres sont liés aux conditions culturales (type de sol, précocité, saison, résistance à la chaleur et au froid, vigueur ou compacité du plant, espacement entre les plants et adaptation au bottelage, résistance, tenue au champ à maturité et tolérance aux maladies). D'autres, enfin, dépendent des impératifs de la commercialisation (adaptation à la congélation, à la transformation, uniformité à la récolte).

13.3 PROPAGATION

13.3.1 SEMENCES ET GERMINATION

On a généralement entre 150 et 330 semences de brocoli par gramme, et un hectare de transplants nécessite de 200 à 300 g de semences. La température optimale de germination se situe entre 18 et 25 °C.

13.3.2 SEMIS EN PLEINE TERRE

Le semis en pleine terre n'est pas recommandé en culture biologique, car il réduit l'uniformité de la levée et de la récolte, et augmente les coûts de sarclage. La planification des récoltes est également plus difficile.

13.3.3 PRODUCTION DE TRANSPLANTS

Pour la production des transplants, il faut prévoir un traitement à l'eau chaude durant 20 minutes à 50 °C. Le calibre de multicellules 128 est fréquemment utilisé. En culture conventionnelle, on recommande des calibres plus petits ; en culture biologique, certains maraîchers ont délaissé le calibre 200 qui donne un plant moins beau et augmente le risque de pertes. Il est bon de recouvrir le semis de vermiculite. On doit prévoir une période d'élevage de quatre à six semaines selon la saison et la régie utilisée. Les températures nocturnes en dessous de 10 °C sont à proscrire ; de même, il ne faut pas endurcir trop agressivement les transplants.

Les plants peuvent être produits en couches dans un terreau sain, mais la maturation est moins uniforme. Cette méthode est remplacée par la culture en multicellules. Il faut protéger les plants contre la mouche du chou en saison à risque.

13.3.4 PLANTATION AU CHAMP

La reprise en champ du brocoli est légèrement plus risquée que pour le chou pommé. Le plant ne doit pas être endurci par une réduction trop importante des arrosages, il ne doit pas manquer d'eau après la plantation ni être exposé à des températures extrêmes. Les plantations sont échelonnées de la fin d'avril au début d'août dans les meilleurs climats.

13.3.5 ESPACEMENTS

Lors de la plantation au champ, l'espacement du brocoli varie en fonction du port du cultivar choisi, du moment et du type de récolte de la culture. Les plants qui seront récoltés durant la canicule d'été auront besoin de plus d'espace. Depuis quelques années, la tendance est à l'augmentation des densités. Comme toutes les crucifères, le brocoli réagit en fonction des espacements qu'on lui accorde ; on lui laissait donc habituellement des espacements suffisamment grands pour permettre le développement d'une inflorescence centrale de bonne dimension. Si les conditions sont bonnes, la culture réussit bien ; sinon le calibre est petit, et on groupe les bouquets avec un élastique. Cependant, plusieurs préfèrent réduire le risque en utilisant des cultivars adaptés à une densité élevée et pratiquer le bottelage. Il existe donc des cultivars adaptés à de hautes densités et d'autres exigeant des espacements plus généreux. Il appartient au maraîcher de faire sa mise au point.

Dans la pratique, plusieurs espacements sont utilisés : de 60 à 90 cm entre les rangs et de 22 à 60 cm entre les plants sur le rang, pour des densités variant en général de 30 000 à 62 000 plants/ha. Pour certains cultivars tardifs, on trouve même des recommandations de 15 à 20 cm sur le rang. Un bon producteur de brocoli plante à 35 cm pour le bottelage et 45 cm pour le brocoli de gros calibre.

En Californie, on utilise des billons larges, à 1 m centre à centre, avec des rangs doubles et de hautes densités de plantation, dans des sols argileux.

De la plantation à la récolte, on peut prévoir de 55 à 70 jours pour des cultivars hâtifs et de 80 à 90 jours pour le brocoli de pleine saison.

13.4 SOLS ET FERTILISATION

13.4.1 CHOIX ET PRÉPARATION DU SOL

Un sol fertile, humide, riche en humus est idéal pour le brocoli. On évite donc les sols sablonneux secs en présence d'une faible capacité d'irrigation. Un loam sablonneux peut offrir un intérêt pour la culture de primeur, alors qu'un loam moyen ou plus lourd, et même une argile, peut convenir pour les cultures de pleine saison. Le drainage doit être bon.

En sol lourd, la culture sur billons est très avantageuse. Il suffit de bien ameublir le sous-sol et de travailler en bonnes conditions d'humidité. Il ne faut toutefois pas ameublir excessivement le sol pour ne pas favoriser la battance.

Comme pour toutes les crucifères, on doit bien soigner l'entretien calcique afin de favoriser le développement d'une bonne activité biologique. Le brocoli est bien adapté à des sols neutres, entre 6,5 et 7,5.

13.4.2 FERTILISATION

A. Exportation moyenne

Quelques indicateurs permettent aux producteurs de choisir la meilleure approche de fertilisation pour le brocoli : les données d'exportation moyenne pour les inflorescences, les plages de fertilisation en agriculture conventionnelle et les valeurs les plus courantes (tableaux 13.1 à 13.3).

TABLEAU 13.1 Exportation moyenne des inflorescences

Inflorescences (t/ha)	N (kg/ha)	P_2O_5 (kg/ha)	K_2O (kg/ha)
10	30 — 50	10 — 15	40 — 80

TABLEAU 13.2 Fertilisations en culture conventionnelle

N (kg/ha)	P_2O_5 (kg/ha)	K_2O (kg/ha)
65 — 220	50 — 270	20 — 270

TABLEAU 13.3 Valeurs courantes pour un sol moyen

N (kg/ha)	P_2O_5 (kg/ha)	K_2O (kg/ha)
135 — 150	165 — 190	125 — 160

Les exportations d'éléments nutritifs sont peu élevées avec le brocoli, car environ 80 % des nutriments sont recyclés dans les résidus de culture. La tige et les racines produisent de l'humus comme beaucoup de crucifères et les feuilles minéralisent bien la potasse et les autres minéraux pour la culture ultérieure.

Le brocoli exige une bonne nutrition azotée mais sans excès, car l'excès augmente le déclassement dû à la tige creuse en plus de retarder la maturité. Il absorbe entre 150 et 200 kg de N, parfois plus. Un fumier composté assez jeune, comportant une fraction de fumier de volailles, minéralise bien. La consommation d'azote augmente à partir de l'initiation florale ; le binage aidera à l'activité biologique. À ce moment-là, un bon producteur de brocoli ajoute une farine animale entre les rangs pour compléter l'apport d'azote provenant du fumier composté. Les granules de fumier de volailles sont maintenant acceptés. On peut ajouter un fertilisant dans l'eau d'arrosage à la plantation et faire des apports foliaires en cours de culture. Un précédent de légumineuses ou d'engrais verts est aussi utile.

Chez le brocoli, il est bon de surveiller la teneur en magnésium, car sa carence entraîne des problèmes. Si des carences se manifestent dans la rotation, on peut utiliser la chaux dolomitique pour l'entretien calcique. Le sulfate de magnésium en pulvérisation foliaire peut dépanner, et ce, en dilution de 2 %.

B. Oligo-éléments

Le bore doit être très surveillé, car sa carence contribue à la tige brune ou au cœur brun du brocoli. Souvent mal diagnostiquée, la tige creuse est causée par un excès de croissance, mais pas nécessairement par une carence en bore. L'application foliaire risque moins de causer des problèmes à des cultures subséquentes sensibles comme le haricot et le pois. Le brocoli est sensible à d'autres maladies physiologiques, comme la granulée brune ; il faut choisir un cultivar résistant. La feuille en fouet est induite par une carence en molybdène (article 5.3.4).

13.5 ROTATION DES CULTURES

Pour le brocoli, un précédent de légumineuse est un excellent choix de même qu'un engrais vert. Laitues, épinards, pois, oignons suivis d'un engrais vert l'année précédente sont de bons précédents. On doit laisser quatre ans entre les cultures de crucifères afin d'éviter la prolifération de maladies, notamment de la hernie. Les maraîchers retardent souvent l'achat de nouvelles terres pour prendre de l'expansion, ce qui leur cause éventuellement des difficultés.

Lors d'une récolte relativement hâtive, soit avant la mi-septembre, on doit prendre soin d'implanter un engrais vert immédiatement après l'enfouissement pour favoriser le recyclage des minéraux libérés par la décomposition des résidus. On doit assurer une bonne décomposition de ces résidus avant l'implantation, l'année suivante, de laitues, d'épinards et de légumineuses, car elles sont affectées par la décomposition active des crucifères. Pour une récolte tardive de brocoli, on peut utiliser un précédent de trèfle ou de mélilot implanté après une culture hâtive l'année précédente, enfoui deux ou trois semaines avant la plantation.

Une courte séquence de prairie de deux ans, fauchée en engrais vert ou avec une seule récolte par année, constitue un excellent précédent. Les mauvaises herbes vivaces n'ont alors pas le temps de s'y implanter, la population d'annuelles s'en trouve réduite, et le sol est enrichi en azote et structuré.

13.6 CULTURES ASSOCIÉES

En petit maraîchage, si on utilise des espacements importants pour récolter les repousses, on peut interplanter des laitues hâtives.

13.7 IRRIGATION

Les plants de brocoli exigent une humidité constante au-dessus de 50 % de la capacité au champ. Un sol profond, assez lourd et riche en humus contribue à stabiliser l'humidité. On arrose à la plantation, ou avant si on plante en conditions sèches en été. Par la suite, même si le brocoli est moins difficile que le chou-fleur, on surveille bien l'humidité. Durant la période végétative, le brocoli peut bien tolérer un peu moins d'eau : cela force la plante à développer un bon système racinaire. La consommation d'eau est maximale et critique durant la formation de l'inflorescence ; par ailleurs, la récolte d'automne est moins difficile que celle d'été.

13.8 GESTION DES MAUVAISES HERBES

Le brocoli pousse relativement vite et couvre bien le sol. On peut biner plus profondément au début en dirigeant une petite quantité de terre vers le rang pour recouvrir les mauvaises herbes. On ajuste les sarcloirs plus superficiellement dans une culture plus avancée pour ne pas briser trop de racines. En intervenant aux moments propices, il est possible d'éviter le sarclage manuel dans un sol où la pression des mauvaises herbes n'est pas trop forte.

13.9 INSECTES ET MALADIES

La hernie ou la mouche du chou peuvent contribuer à une induction florale prématurée. La mouche est assez problématique pour les récoltes d'été. La piéride du chou, la fausse-teigne et la fausse-arpenteuse doivent être surveillées, car les larves se dirigent vers l'inflorescence. On peut se référer aux chapitres sur le chou pommé et les autres crucifères pour les moyens de prévention et de lutte.

13.10 ENTRETIEN

Il est essentiel de concentrer les soins sur la production du plant, son implantation et la première phase végétative au champ. On vise à obtenir un plant très bien développé lors de l'induction florale, car une fois à ce stade, il devient plus difficile d'influencer le résultat. On travaille à assurer une croissance régulière pour éviter les problèmes physiologiques. Les biodynamistes traitent le brocoli comme un légume-fleur.

13.11 RÉCOLTE

La fleur du brocoli, ou bouquet, est récoltée lorsqu'elle a atteint sa taille maximale, avant que les boutons ne s'entrouvrent. À ce stade, le bouquet est encore dense et vert ; on laisse de 15 à 20 cm de longueur de tiges selon la conformation du cultivar utilisé. La présence de traces de fleurs jaunes ou de boutons bruns déclasse le bouquet.

L'attache des bouquets avec de gros élastiques se fait à l'aide d'un appareil de bottelage qui coupe les tiges à une longueur uniforme. Grâce à des élastiques de couleur spécifique, on peut retracer la date de la récolte. On peut installer cet appareil sur une voiture couverte équipée d'une génératrice ou d'un compresseur actionné par la prise de force du tracteur. Les employés effectuant la récolte font une sélection et une première taille au champ et placent les brocolis dans des contenants sur un convoyeur. Dans la voiture, on complète la préparation des pousses, on les regroupe en bottes de calibre approprié, on les attache et on les place dans les boîtes. Le brocoli peut aussi être récolté en vrac dans des contenants et apprêté dans un bâtiment.

Certains cultivars de brocoli produisent des repousses latérales qui ont une valeur commerciale. La récolte de ces rejets a surtout un intérêt pour une vente au détail à des marchés moins exigeants, comme les abonnés à un panier hebdomadaire. La taille des latérales, plutôt laborieuse, permet d'obtenir des repousses de gros calibre.

13.12 CONSERVATION ET MANUTENTION PRÉVENTE

Une fois récolté, le brocoli doit être refroidi rapidement à l'eau glacée ou à l'air forcé. La glace aide à conserver la qualité lors du transport et de la vente. Le brocoli se conserve environ deux semaines entre 0 et 2 °C, à 95 %

d'humidité relative. Pour une meilleure conservation, il est nécessaire de le récolter avant la maturité. La brumisation sur les tablettes est essentielle ; on utilise parfois un emballage de plastique pour prolonger la vie du brocoli.

13.13 PRIMEURS

Le brocoli peut se cultiver en grand tunnel, à haute densité ou interplanté de laitues ; le tunnel peut être déplacé manuellement s'il ne dépasse pas 15 m de long.

De petits tunnels ou des couvertures flottantes peuvent aussi accélérer la première récolte, en particulier dans les régions à climat plus rude. Ces protections offrent une amélioration des conditions thermiques qui réduit l'impact du froid sur le déclenchement prématuré de l'inflorescence. Il faut prendre garde à l'excès de chaleur. Il n'est pas évident que le forçage offre un grand intérêt, vu la présence de brocoli importé sur le marché.

Dans la grande région de Montréal, on plante le brocoli en pleine terre à la fin d'avril.

Chapitre 14

LE CHOU-FLEUR

Brassica oleracea botrytis (Cauliflower)

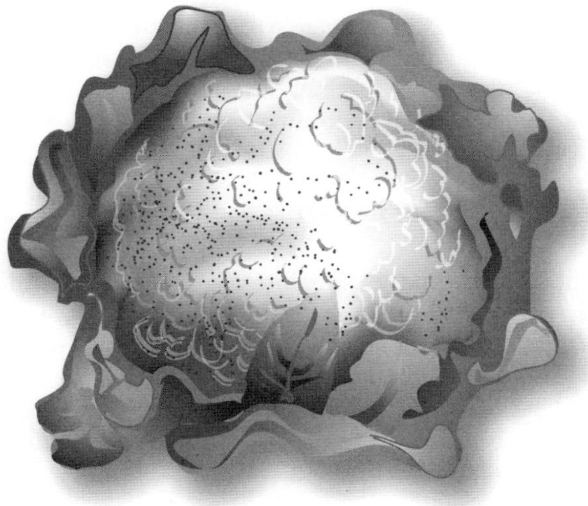

INTRODUCTION

Le chou-fleur est une plante bisannuelle cultivée comme une annuelle. Très sensible au stress, cette culture est difficile et requiert une grande habileté de la part du maraîcher. Comme toutes les crucifères, elle exige beaucoup d'eau. Le chou-fleur est très sensible au stress climatique, mais s'adapte bien à divers types de sol. On le trouve sur le marché de juillet à novembre. On consultera le chapitre sur le chou pommé pour toutes les mesures communes à la famille des crucifères.

14.1 PLANTE

Quand on mange du chou-fleur, on consomme en fait une inflorescence constituée de florettes regroupées de manière à former ce qu'on nomme la pomme. Le développement de la pomme, dite pommaison, constitue la phase finale de la culture ; elle est précédée d'une phase juvénile puis d'une phase d'induction ou de prépommaison. La croissance du jeune plant est rapide. Comme dans le cas du chou, les racines ramifiées et étalées en surface épaississent rapidement : elles atteignent de 60 à 75 cm de large et de 60 à 90 cm de profond.

Le feuillage du jeune plant est relativement étalé et doit être vigoureux. Le feuillage du centre devient de plus en plus allongé à la verticale au fur et à mesure qu'approche la phase d'induction, et les feuilles enveloppent ensuite partiellement la pomme en développement.

14.1.1 CONDITIONS CLIMATIQUES

Le chou-fleur est très sensible au climat et ne tolère aucun excès. Il est à l'aise entre 18 et 22 °C en début de croissance, mais il n'aime pas les nuits en deçà de 5 °C. Bien qu'il tolère en partie les journées chaudes entre 22 et 29 °C, de même que les températures fraîches entre 5 et 15 °C, celles-ci prolongent sa phase végétative et retardent sa maturité.

Entre 15 et 20 °C, voire 22 °C, on obtient un équilibre optimal entre végétation et mise à fruit pour des plants plus avancés. En phase de maturation, une hausse de quelques degrés accélère la récolte, au risque de diminuer la durée de maturation et de provoquer un engorgement du marché suivi d'une baisse de l'offre. Il est difficile de prévoir précisément le moment de la récolte.

Fréquemment, le chou-fleur boutonne, c'est-à-dire que l'induction de la pomme arrive avant que le plant ne dispose d'un feuillage suffisamment développé. Un endurcissement trop vigoureux ou, au contraire, un endurcissement insuffisant avant la transplantation sont des facteurs de déclenchement, de même que la plantation de plants trop vieux, une période prolongée en deçà de 10 °C, la sécheresse ou le manque d'azote.

Donc, le plant de chou-fleur est un plant très sensible aux conditions environnementales et une culture difficile à réussir. Les conditions d'humidité du sol doivent toujours être suffisantes, mais sans excès.

14.2 CULTIVARS

Le choix du cultivar se fera en fonction du marché désiré, de la précocité et de l'homogénéité de la maturation, et de la saison de culture. On examinera aussi les propriétés auto-recouvrantes du feuillage protégeant la pomme du soleil, des maladies et du froid et sa facilité à être attaché. Des critères de sélection propres à l'aspect du légume sont également importants à considérer : qualité de la pomme, grain serré et fin, blancheur, forme, fermeté, ondulé de la surface. Enfin, on choisira selon les tolérances et les résistances ou susceptibilités particulières aux maladies, le rendement et le calibre, l'uniformité, la tolérance au stress climatique et les capacités d'adaptation à la transformation. On trouve aussi des choux-fleurs colorés, jaune par exemple.

La maturité décrite dans les catalogues de semences est calculée à partir de la transplantation au champ et ne tient pas compte de la période d'élevage du plant en serre. Une majorité d'hybrides sont disponibles sur le marché parce qu'ils offrent une vigueur plus grande ainsi qu'une gamme d'avantages culturaux.

14.3 PROPAGATION

14.3.1 SEMENCES ET GERMINATION

Les semences du chou-fleur sont au nombre de 200 à 350 semences par gramme. La température optimale de germination se situe entre 25 et 27 °C.

14.3.2 SEMIS EN PLEINE TERRE

On ne pratique pas le semis en pleine terre en culture biologique, car il comporte trop de risques et entraîne des coûts de sarclage élevés.

14.3.3 PRODUCTION DE TRANSPLANTS

Le calibre de plateaux multicellules le plus utilisé pour la production des transplants est le 128. On peut semer directement ou repiquer dans les cellules. Il faut maintenir le terreau au-delà de 21 °C durant la germination, puis réduire la température à 16 °C la nuit et à 20 °C durant le jour.

Pour contrôler certaines maladies, un traitement des semences à l'eau chaude est offert par les grainetiers pour des quantités minimales. La germination peut s'en trouver légèrement réduite, mais ce traitement est justifié.

14.3.4 PLANTATION AU CHAMP

La plantation au champ se fait avec des plants de trois, quatre ou cinq semaines. On les endurcit modérément en espaçant les arrosages et en exposant le plant graduellement aux conditions extérieures. Un endurcissement trop agressif de même qu'un plant trop vieux font boutonner le plant prématurément. Dès que le plant est un peu dégradé, il devient risqué de le planter. Certains maraîchers font plus d'un semis pour être certains de disposer de beaux plants quand les sols sont prêts. En culture de primeur, qui est plus risquée, certains maraîchers augmentent le calibre des plateaux pour améliorer leur capacité d'attendre en cas de mauvais temps. Le chou-fleur tardif est planté avant la mi-juillet. De la plantation à la maturation complète, la durée de croissance varie d'un type de chou-fleur à un autre ; elle se situe en général entre 50 et 95 jours selon la précocité du cultivar.

14.3.5 ESPACEMENTS

L'espacement au champ varie en fonction du port du cultivar choisi. Comme base de référence, on peut utiliser les espacements standards recommandés, soit de 75 à 90 cm entre les rangs et de 45 à 60 cm entre les plants sur le rang.

14.4 SOLS ET FERTILISATION

14.4.1 CHOIX ET PRÉPARATION DU SOL

Les sols utilisés pour la culture du chou-fleur doivent être riches en humus et en azote, bien structurés et bien drainés. Les pH les plus favorables se situent entre 6,5 et 7,5. Un loam argileux, une argile bien structurée donneront de meilleurs résultats qu'un sol sablonneux, plus chaud, où la qualité est plus difficile à obtenir.

Un sol bien ameubli et travaillé en profondeur est idéal ; on recommande de le sous-soler au besoin. Le labour ou le billonnage d'automne, exposés au gel, sont de bonnes façons pour des sols lourds. Notons qu'il faut travailler le sol en bonnes conditions d'humidité pour obtenir une bonne structure.

Le sol peut être préparé à plat, ou façonné en planches ou en billons ; ces derniers offrent généralement un avantage pour la réussite de la culture.

14.4.2 FERTILISATION

A. Exportation moyenne

L'exportation moyenne d'éléments nutritifs varie beaucoup selon la quantité de feuilles enveloppantes, dites couronne, laissées autour de la pomme (tableau 14.1).

TABLEAU 14.1 Exportation moyenne

Pommes (t/ha)	**N (kg/ha)**	**P_2O_5 (kg/ha)**	**K_2O (kg/ha)**
15	60	16 — 21	60 — 68

Un chou-fleur fortement paré et emballé sous plastique exporte beaucoup moins, car le feuillage est plus riche que la partie blanche ; c'est le cas des données présentées ici. Si le chou-fleur est vendu avec une couronne importante, l'exportation peut tripler.

En culture conventionnelle, on trouve les plages de fertilisation moyennes données au tableau 14.2, mais les valeurs les plus courantes sont celles du tableau 14.3.

TABLEAU 14.2 Fertilisations en culture conventionnelle

N (kg/ha)	**P_2O_5 (kg/ha)**	**K_2O (kg/ha)**
65 — 350	35 — 225	40 — 300

TABLEAU 14.3 Valeurs courantes pour un sol moyen

N (kg/ha)	P_2O_5 (kg/ha)	K_2O (kg/ha)
135 — 160	165 — 190	125 — 160

Pour une culture biologique du chou-fleur, on doit prévoir une minéralisation minimale de 200 kg/ha d'azote, une abondante fertilisation potassique et un sol riche en phosphore. La dose de fumier composté sera établie en fonction de sa richesse et de son potentiel de minéralisation, des résidus de la culture ou de l'engrais vert précédent, et de la dynamique de l'azote dans les sols utilisés. Si la saison est pluvieuse et propice au lessivage, il faudra peut-être intervenir avec des apports supplémentaires. Dans tous les cas, il faut effectuer un suivi des plants, de la couleur des feuilles et, si on le juge nécessaire, effectuer un apport supplémentaire de N environ quatre semaines après la plantation.

Une abondance de calcium et un bon équilibre des cations sont toujours essentiels.

B. Oligo-éléments

Le bore doit être surveillé étroitement, de même que le molybdène et le calcium.

Le bore et le calcium nécessitent une bonne humidité du sol pour être absorbés par les racines. En cas de sécheresse, le plant de chou-fleur ne réussit pas à obtenir tout le bore ou le calcium nécessaires. Si la reprise de la croissance est trop subite, soit à cause de la pluie ou d'une irrigation trop tardive, des symptômes de carences sévères apparaissent rapidement. La carence en calcium fait en sorte que les pointes des petites feuilles du cœur sont mal formées et pourrissent sur la tête du chou-fleur. Les pertes reliées à ce désordre physiologique sont plus importantes dans la région de Montréal en raison des températures plus élevées.

Dans le cas d'une carence en bore, les feuilles n'allongent pas normalement, ce qui rend l'attachage plus difficile ; ultimement, on note la présence du cœur brun ou de la tige brune, ce qui occasionne le déclassement du chou-fleur.

Le meilleur moyen de limiter les carences en bore ou en calcium est de fournir un approvisionnement régulier en eau.

La carence en bore est parfois causée par des chaulages importants. Il est préférable d'effectuer de fréquents chaulages d'entretien qui assurent une meilleure nutrition et un meilleur équilibre du sol.

Enfin, des pluies fréquentes et importantes peuvent réduire la teneur en bore, qui est particulièrement sensible au lessivage dans les sols légers ou pauvres en matière organique. Au besoin, on utilise les pulvérisations foliaires pour éviter le développement du cœur brun. Le Solubor est habituellement dilué de 0,5 à 1,5 kg/1 000 L d'eau. L'efficacité des pulvérisations est optimale lorsqu'elles sont effectuées lors des premières semaines de croissance. Lorsque la pomme est en formation, il est trop tard.

On sous-estime souvent la carence en molybdène qui se manifeste par les feuilles en fouet. Dans le chou-fleur, l'impact de ces feuilles trop minces à la base cause le jaunissement de la pomme par manque de protection lorsque l'on a procédé à l'attachage. Surtout présente à pH faible, une bonne régie du chaulage prévient habituellement le problème. Un ou deux traitements foliaires au molybdate de sodium dosant 60 g/ha aident à corriger la situation très efficacement.

14.5 ROTATION DES CULTURES

Pour une rotation des cultures qui convient au chou-fleur, on peut appliquer les mêmes règles de rotation de quatre ou cinq ans que pour toutes les crucifères. On fait précéder le chou-fleur d'un engrais vert si c'est possible, les légumineuses étant préférables. Un trèfle ou un mélilot semé l'été précédent après une récolte hâtive constitue un excellent choix pour un chou-fleur d'automne, de même qu'un seigle semé en septembre. Pour ce dernier, il faut planifier de l'enfouir avant qu'il ne soit monté à graines.

Le maïs, l'épinard, l'oignon suivis d'un engrais vert constituent aussi de bons précédents.

Les résidus de chou-fleur parés au champ laissent des quantités élevées d'éléments nutritifs pour la culture suivante ; ces résidus se minéralisent facilement. Il faut prévenir le lessivage en semant un engrais vert, par exemple une avoine, si la récolte se fait avant la mi-septembre, ou un seigle jusqu'à la fin de septembre. Des teneurs de 100 à 150 kg/ha de N, assimilables à 80 %, sont communes, de même que des taux de potasse semblables à l'azote ou un peu plus élevés, et des taux de P moindres.

14.6 CULTURES ASSOCIÉES

Certains maraîchers sèment du trèfle blanc nain intercalaire dans les crucifères, que ce soit le brocoli ou le chou-fleur, lors du dernier sarclage. Si on se prête à une telle association, il faut faire attention à la compétition.

14.7 IRRIGATION

L'eau d'irrigation issue du drainage de champs de crucifères des années précédentes pourrait répandre des maladies. Une irrigation fréquente en période de croissance réduit la tendance à boutonner prématurément, puis assure un bon développement de la pomme en fin de culture. Les excès d'eau et l'eau sur le feuillage entraînent parfois des maladies.

14.8 GESTION DES MAUVAISES HERBES

Comme le système racinaire est assez superficiel, on doit réduire la profondeur des binages à mesure que le plant s'étale. Binages et sarclages réguliers sont assez efficaces pour gérer les mauvaises herbes ; un piochage complète habituellement ces opérations.

14.9 INSECTES ET MALADIES

Pour combatte les insectes et les maladies du chou-fleur, on peut en général se référer au chapitre du chou pommé et des autres crucifères. On donne ci-après des renseignements complémentaires plus spécifiques au chou-fleur.

Un bon programme de prévention commence par une rotation de quatre ou cinq ans, avec une distance suffisante entre les champs pour éviter la contamination à partir de champs voisins. L'eau d'arrosage provenant du drainage des champs est risquée, en particulier par aspersion ; un mauvais drainage est fatal. L'obtention de semences garanties exemptes de maladies, les traitements à l'eau chaude, des cultivars résistants, un terreau sain, l'entretien sanitaire des serres et des contenants de culture, le nettoyage des équipements après les passages en parcelles contaminées, le travail en conditions suffisamment sèches sont les méthodes recommandées de prévention.

En ce qui concerne les diverses chenilles affectant les crucifères, les deux semaines précédant le début de l'attachage sont critiques pour le chou-fleur. Un dépistage rigoureux des œufs et des chenilles est essentiel pour déterminer la nécessité d'effectuer une pulvérisation. Une fois le chou-fleur attaché, il est trop tard pour réagir. Pour une gestion vraiment efficace, il faut utiliser un fort volume de pulvérisation (de 600 à 1 000 L/ha) afin d'atteindre l'insecte, le *B.t.* agissant par ingestion. Les pulvérisations en fin de journée, après les chaleurs, permettent d'augmenter la durée d'efficacité du produit.

Le problème le plus important demeure le développement prématuré de la fleur. C'est un accident de végétation plutôt qu'une maladie. Comme le chou-fleur est particulièrement sensible aux stress, les dommages causés aux racines par un ravageur ou une maladie (mouche du chou, hernie des crucifères) ou des conditions de croissance trop difficiles (compaction, manque d'eau) déclenchent une induction florale prématurée. Pour que la fleur atteigne un beau calibre, le plant doit avoir un développement végétatif régulier et vigoureux afin de soutenir le développement de la pomme. Cela exige d'abord des transplants forts, trapus et plantés au bon stade ; l'endurcissement est primordial et il ne doit pas être fait trop brusquement. De plus, on doit maintenir les plants à 10 °C la nuit et entre 15 à 16 °C le jour pendant de 7 à 10 jours avant la plantation, en augmentant la ventilation et en réduisant légèrement les arrosages, mais sans laisser sécher les racines. Les températures trop fraîches prolongées étant la première cause d'une floraison prématurée, il ne faut pas procéder trop violemment. Au champ, fertilité et irrigation aideront à compenser les conditions climatiques négatives incontrôlables. Si, suivant un ralentissement, le développement végétatif reprend activement après l'induction florale, la pomme sera relâchée.

14.10 ENTRETIEN

Pour que la fleur, ou pomme, du chou-fleur ait une bonne valeur commerciale, elle doit être d'un beau blanc pur ou crème ; le soleil la fait jaunir. Pour éviter ce problème, lorsque la pomme commence à voir la lumière (diamètre de 6 à 8 cm), on attache les feuilles à l'aide d'un élastique ou on replie une feuille sur l'inflorescence. Cette dernière technique est plus utilisée à l'automne ou avec certaines variétés auto-recouvrantes. Des passages répétés et l'utilisation d'élastiques de couleurs différentes permettent de planifier une récolte graduelle.

14.11 RÉCOLTE

La maturité à partir de la date d'attache est fonction de la température et de l'humidité du sol ; elle prend habituellement de 3 à 15 jours. Certains cultivars ont un feuillage abondant qui enveloppe la fleur, si bien qu'en bonnes conditions, on n'a pas à les attacher.

Le chou-fleur doit être cueilli à point, bien ferme et compact, avant l'ouverture de l'inflorescence. La surveillance constante du stade de maturité est essentielle ; il peut être nécessaire de récolter tous les jours ou aux deux jours. Des conditions très chaudes affectent rapidement la qualité et la durée de la récolte. Dans ces conditions, on favorise les récoltes du matin. On peut aussi tailler avec quelques feuilles protectrices pour éviter des blessures à la manutention qui se transforment en taches. Il est possible d'utiliser comme aide à la récolte un wagon qui permet de conditionner et d'emballer les choux-fleurs au champ.

14.12 CONSERVATION ET MANUTENTION PRÉVENTE

Une bonne conservation du chou-fleur nécessite un refroidissement rapide à l'air forcé. On recommandait auparavant l'utilisation d'eau glacée pour le refroidissement et de glace pour le transport, mais il s'avère que le conditionnement à l'air froid a moins d'impacts négatifs. Si on choisit tout de même les techniques à l'eau et à la glace, on place le chou-fleur non emballé la tête en bas dans les boîtes pour favoriser un bon drainage.

Le chou-fleur se conserve durant une à trois semaines à 0 °C et à 95 % d'humidité relative. Le mouillage des emballages est important en chambre froide.

14.13 PRIMEURS

Pour le chou-fleur, la culture de primeurs se pratique soit sous couverture flottante, soit en petit ou grand tunnel. Un grand tunnel modérément long (15 m) peut être déplacé lorsque le chou-fleur est suffisamment avancé. Le calibre est généralement plus petit en primeur qu'en culture de fin de saison. Un dispositif à haute densité avec des laitues en feuilles est aussi très intéressant ; il faut bien fertiliser et suivre l'arrosage et la ventilation soigneusement.

Chapitre 15

LE CHOU DE BRUXELLES

Brassica oleracea var. *gemmifera* (Brussels sprouts)

INTRODUCTION

Le chou de Bruxelles appartient à la famille des crucifères. C'est une plante bisannuelle cultivée comme une annuelle. Sa culture s'apparente à celle des autres choux, sauf qu'il est sensible aux excès d'azote. En effet, si la croissance des choux de Bruxelles est trop rapide, ils manqueront de fermeté. Une saison fraîche et longue et un approvisionnement régulier en eau sont primordiaux. L'entretien sera déterminé en partie par le mode de récolte, unique, partiellement mécanisée ou graduelle. La culture est exigeante en main-d'œuvre. La disponibilité sur le marché s'étend du mois d'août au mois de décembre.

Pour les caractéristiques communes à la famille des crucifères, on peut se référer au chapitre du chou pommé.

15.1 PLANTE

Le système racinaire, doté d'une racine pivotante dépassant les 60 cm de profondeur, est très vigoureux et s'étale sur plus de 1 m de large.

La tige de 60 cm à 1 m de hauteur se couvre d'une spirale de feuilles, en forme de cuiller, qui se déroulent à partir de la rosette du sommet.

Entre les feuilles apparaissent des bourgeons axillaires qui deviennent de petites pommes semblables à des choux pommés en miniature. Souvent les quelques premiers bourgeons ont tendance à être inhibés ; puis quelques-uns se développent tôt et se dégradent s'ils ne sont pas récoltés. Par la suite, les choux de Bruxelles se développent graduellement du bas vers le haut. Les variétés récentes, propices à la récolte unique pour la congélation, ont tendance à mûrir plus uniformément.

15.1.1 CONDITIONS CLIMATIQUES

Le plant préfère un climat maritime et reste au champ tout l'hiver dans les régions plus tempérées. Il gagne en sucre avec l'arrivée des gelées d'automne, mais les grandes gelées de novembre peuvent l'endommager.

Les températures de 15 à 21 °C sont optimales. Une chaleur élevée en août et en septembre peut nuire à la culture.

Le sol doit être humide pour assurer une croissance régulière ; les hybrides plantés à densité élevée peuvent nécessiter une irrigation pour assurer le développement constant qui assure une bonne récolte.

15.2 CULTIVARS

La plupart des critères de sélection des cultivars de chou de Bruxelles tiennent à leur adaptation aux pratiques culturales (récolte manuelle ou mécanisée, facilité de cueillette, adaptation au sol et au climat, espacement et régularité sur la tige, résistance au froid et à diverses maladies) et aux attentes du consommateur (couleur, calibre, densité et forme des choux). La précocité varie de 90 à 130 jours à partir de la transplantation. Les cultivars adaptés à la récolte mécanique sont développés pour amener les pommes à une maturité simultanée.

15.3 PROPAGATION

15.3.1 SEMENCES ET GERMINATION

On compte de 170 à 330 semences par gramme et il faut entre 125 et 200 g de semences pour fournir le nombre de transplants nécessaires pour couvrir un hectare. La température optimale de germination est de 21 °C et la germination prend cinq jours.

15.3.2 SEMIS EN PLEINE TERRE

En culture biologique, il n'est pas recommandé d'effectuer des semis en pleine terre pour le chou de Bruxelles.

15.3.3 PRODUCTION DE TRANSPLANTS

Dans la production de transplants, on recommande d'abord le traitement des semences à l'eau chaude à 50 °C durant 25 minutes. On utilise toutes les semences ainsi traitées durant l'année en cours.

Pour une culture tardive, on pourrait démarrer les plants en couches en s'assurant d'utiliser du terreau sain. Il est préférable de les produire en multicellules, le calibre 128 étant le plus utilisé. À ce sujet, on peut consulter le chapitre du chou pommé.

15.3.4 PLANTATION AU CHAMP

Pour la plantation au champ, on peut suivre les directives pour le chou. On plante de la fin d'avril au début de mai pour une récolte hâtive et jusqu'à la fin de juin pour une récolte tardive. Il faut choisir un cultivar approprié à la saison de végétation.

15.3.5 ESPACEMENTS

Le plant du chou de Bruxelles est large et vigoureux. Aussi faut-il espacer les plants de 75 à 90 cm entre les rangs et de 45 à 60 cm et même 80 cm entre les plants sur le rang. Il est bon de comparer les espacements plus denses ou plus larges. Un espacement de 90 cm peut exiger d'espacer les pneus à 1,80 m centre à centre et n'est pas compatible avec un système standard à 1,50 m.

Une densité de plantation plus serrée donnerait un chou à la fois de plus petit calibre et plus uniforme. Ces densités nécessitent de 14 000 à 29 000 plants/ha. Les densités plus élevées sont utilisées pour la récolte unique et auraient tendance à retarder la maturité ; elles demandent de plus une fertilisation plus abondante. Les densités plus faibles sont adaptées à la récolte graduelle.

15.4 SOLS ET FERTILISATION

15.4.1 CHOIX ET PRÉPARATION DU SOL

Un loam sablonneux à argileux et même une argile bien structurée conviennent au chou de Bruxelles à condition d'être assez fertiles et riches en humus. Le sol peut être préparé à plat, ou façonné en planches ou en billons ; ces derniers offrent parfois un avantage pour la réussite de la culture. On recherche habituellement une bonne structure, sans semelle, mais pas trop fine.

Même si le chou de Bruxelles tolère une acidité plus grande que les autres crucifères, il préfère néanmoins des pH proches de la neutralité.

15.4.2 FERTILISATION

A. Exportation moyenne

Les feuilles constituent un résidu abondant de haute valeur fertilisante pour la culture suivante, soit entre 15 et 20 t de matière fraîche. Si on récolte le chou avec les tiges, l'exportation d'éléments nutritifs sera plus élevée. Les données présentées au tableau 15.1 décrivent une récolte manuelle graduelle. Les choux n'exportent que le tiers ou le quart des éléments majeurs contenus dans le plant. Ils constituent le légume le plus riche en protéines (4 %), donc en azote.

TABLEAU 15.1 Exportation moyenne

Chou (t/ha)	N (kg/ha)	P_2O_5 (kg/ha)	K_2O (kg/ha)
9	50 — 60	15	45

En culture conventionnelle, les fertilisations utilisées sont présentées au tableau 15.2, et les valeurs que l'on rencontre le plus couramment au tableau 15.3.

TABLEAU 15.2 Fertilisations en culture conventionnelle

N (kg/ha)	P_2O_5 (kg/ha)	K_2O (kg/ha)
80 — 250	50 — 240	20 — 300

TABLEAU 15.3 Valeurs courantes

N (kg/ha)	P_2O_5 (kg/ha)	K_2O (kg/ha)
135	125 — 150	125 — 160

En culture biologique, on utilise un fumier composté bien décomposé qui se minéralise graduellement, au rythme exigé par cette culture ; il faut l'incorporer l'année précédente avant un engrais vert d'automne. Un fumier ou un compost trop jeunes peuvent favoriser la formation d'un chou insuffisamment ferme. La consommation d'azote et de potasse par la culture se situe entre 150 et 200 kg. Les apports fractionnés à base de farines ne sont pas nécessairement appropriés, car les feuilles des choux peuvent devenir moins denses. La minéralisation du compost et des matières organiques est à privilégier comme source de N. On ne supplémente pas en phosphore si le sol est suffisamment fertile.

Le calcium est à surveiller, car il cause la brûlure de la pointe. Il importe d'assurer un bon équilibre des cations et un entretien calcique régulier (chapitre 16). Il faut aussi faire attention à la surfertilisation potassique.

B. Oligo-éléments

En ce qui concerne les oligo-éléments, il faut exercer le suivi habituel, particulièrement pour le bore et le molybdène.

15.5 ROTATION DES CULTURES

La rotation des cultures à privilégier pour le chou de Bruxelles est la même que pour les autres crucifères. On peut consulter le chapitre de référence sur le chou pommé (chapitre 12).

15.6 CULTURES ASSOCIÉES

L'association de cultures est considérée comme peu appropriée pour le chou de Bruxelles, sauf en petit maraîchage où l'on peut interplanter des laitues.

15.7 IRRIGATION

On devra arroser les plants s'il fait sec, car les arrêts de croissance réduisent le rendement et la qualité, tout en étalant la maturité. L'irrigation aide à diminuer l'impact négatif de la chaleur en deuxième partie de culture. Une période sèche suivie de pluies entraîne des baisses de qualité qui se manifestent par une carence en calcium et une densité variable des choux.

15.8 GESTION DES MAUVAISES HERBES

Pour maintenir le sol ouvert et empêcher l'installation des mauvaises herbes, on bine régulièrement et superficiellement. Un sarcloir à piochons est utile pour nettoyer sur le rang ; habituellement, un piochage est suffisant.

15.9 INSECTES ET MALADIES

Comme pour le chou-fleur et le brocoli, le chou de Bruxelles est affecté par les stress climatiques, hydriques et nutritifs qui peuvent être suivis de problèmes physiologiques ou d'attaques parasitaires.

La brûlure de la pointe des feuilles causée par une carence en calcium due à un stress hydrique, par exemple des pluies abondantes suivant une période chaude et sèche, peut être prévenue par un entretien calcique régulier, un suivi de l'irrigation et des apports préventifs de calcium foliaire. Ce problème est souvent suivi d'infections secondaires de maladies bactériennes ou fongiques. Pour une absorption foliaire optimale des éléments, on doit pulvériser tôt le matin ou en début de soirée. On récolte les pommes du bas dès qu'elles sont prêtes, avant qu'elles ne se dégradent.

Le cœur brun est causé par une carence en bore, qui peut résulter de chaulages trop abondants ; il faut privilégier les apports fréquents modérés. On doit maintenir le sol humide, et fertiliser ou pulvériser du Solubor.

Le puceron peut être un ravageur majeur dans la région de Montréal.

La plupart des autres problèmes affectant le chou de Bruxelles sont traités dans les chapitres sur le chou et d'autres crucifères. Il est moins affecté par la piéride, mais la fausse-teigne est à surveiller. Il est important de conserver les populations faibles en début de croissance pour ne pas perdre le contrôle quand le plant devient plus volumineux. Parmi les ravageurs nuisibles, on compte les limaces qui se nourrissent sur les petits choux et laissent des marques qui en réduisent la qualité.

Un problème insidieux vient de ce que des larves de la mouche du chou peuvent monter sur la tige et pénétrer à l'intérieur des pommes qu'on doit ensuite déclasser, ce qui est difficile à faire, car le dommage n'est parfois pas très apparent. Les traitements ne sont pas faciles, car le feuillage est très développé à partir du milieu de l'été.

15.10 ENTRETIEN

15.10.1 ÉTÊTAGE

L'étêtage consiste à briser le point de croissance apicale pour accélérer et uniformiser le développement des pommes. On arrache à la main les feuilles enroulées de la cime ; l'opération requiert une vingtaine d'heures à l'hectare. L'étêtage n'est pas pratiqué au même moment pour toutes les variétés ; il est généralement fait plus tôt pour les cultivars hâtifs, mais il n'est parfois pas nécessaire pour les cultivars qui sont sélectionnés pour une maturité simultanée. On intervient 3 ou 4 semaines avant la récolte unique pour les cultivars plus tardifs, 7 à 10 jours plus tôt pour les hâtifs. Pour une récolte graduelle, on peut étêter lors du premier ou du second passage selon la date prévue pour la récolte finale. Dans certains cas, l'étêtage donne une récolte plus hâtive. Cette taille entraîne le développement de quelques pommes plus lâches à la cime du plant qui seront déclassées.

Le suivi doit être régulier même si la culture présente un peu moins de difficultés que le chou-fleur, par exemple. Les biodynamistes appliquent les pulvérisations habituelles. Le troisième passage de silice doit se faire alors que la dimension des plants permet encore le passage de la machinerie.

15.11 RÉCOLTE

Il existe deux façons de récolter les choux de Bruxelles, soit graduellement, soit par une récolte unique.

La récolte progressive se fait lorsque les petites pommes sont fermes et bien formées. Les pommes mûrissent du bas vers le haut au fil des jours et les récoltes se succèdent sur un même plant ; en même temps que l'on récolte une rangée de choux, on enlève la feuille en dessous des pommes de choux en formation. Il est important de ne pas dépasser le bon stade de maturité pour la cueillette. Le chou doit avoir de 25 à 51 mm de diamètre, sans dépasser 70 mm de longueur, et il doit être vert. La pomme doit être ronde ou légèrement oblongue. La catégorie Canada n° 2 tolère un feuillage plus pâle mais pas jaunâtre, une densité moindre et un feuillage plus ouvert à la base. Pour le classement des choux, on se réfère à la *Loi sur les produits agricoles*. Un bon travailleur agricole peut en récolter environ 30 kg à l'heure.

La récolte unique vise à récolter le plant d'un seul coup en visant une maturité uniforme des choux sur la tige. Pour ce faire, on étêtera les plants de trois à cinq semaines avant la récolte lorsque les premiers choux atteignent un diamètre de 1 à 2 cm. Une fois que les choux ont la grosseur désirée, on enlève les feuilles sur tout le plant. Il ne faut pas attendre plus d'une journée après l'effeuillage pour faire la récolte. La récolte peut être mécanisée ou effectuée à l'aide d'une hache ou d'une machette.

Il existe des égreneuses qui peuvent être utilisées aussi bien au champ qu'en entrepôt. On peut égrener les choux de Bruxelles à la main en entrepôt et les trier sur une table de tri. On vend parfois la tige au complet sur certains marchés ou pour des abonnés à un service de panier hebdomadaire ; on n'obtient alors pas le classement Canada n° 1 ou n° 2. Il faut souvent enlever les choux du bas, plus vieux et détériorés ; une autre possibilité consiste à effectuer une récolte manuelle des premiers choux, puis de récolter et commercialiser des parties de tige si le marché le permet.

15.12 CONSERVATION ET MANUTENTION PRÉ-VENTE

On doit refroidir les choux de Bruxelles rapidement à l'eau glacée ou à l'air forcé. La glace aide à conserver la qualité lors du transport. On conserve les choux égrenés dans de petits contenants bien ventilés durant trois ou quatre semaines, au plus, ou un peu plus longtemps quand ils sont sur tige.

Le chou de Bruxelles se conserve à des températures de – 0,5 à 0 °C, à 95 % d'humidité relative. La ventilation doit être excellente. Les emballages doivent respirer.

Chapitre 16

LE CHOU CHINOIS

Brassica chinensis, Brassica campestris var. *pekinensis*
(Chinese cabbage)

INTRODUCTION

Plusieurs légumes de la famille des crucifères sont cultivés en Asie ; nous décrirons ici le chou chinois, le plus connu. Pour les caractéristiques communes à la famille, on peut se référer au chou pommé (chapitre 12).

Le chou chinois est une plante bisannuelle cultivée comme une annuelle. Sa culture se pratique surtout à la fin de l'été au Québec, quoiqu'elle donne de bons résultats au printemps certaines années. Le chou chinois est à l'aise entre 12 et 21 °C. La culture se caractérise par une montée à graines lorsqu'elle est soumise à des conditions trop chaudes et sèches. Le chou chinois s'adapte bien à une grande variété de sols et se porte bien dans les sols lourds. Comme pour tous les légumes-feuilles de la famille des crucifères, il demande beaucoup d'eau et est très sensible aux stress hydriques. Les maladies et les insectes du chou chinois sont les mêmes que pour le chou pommé. On surveille de près les altises qui affectent directement la qualité du produit par les perforations qu'elles font aux feuillages. On le trouve sur le marché de la mi-juin à la mi-janvier.

16.1 PLANTE

Le feuillage en rosette forme une pomme serrée soit allongée et pointue, soit plus trapue, selon les types. Les feuilles comportent une nervure centrale blanche, charnue, croustillante, très large, et un limbe mou légèrement ondulé, vert moyen sur les feuilles extérieures, pâle dans la pomme.

La floraison peut être annuelle ou bisannuelle selon les conditions environnementales. Les fleurs vont du jaune au jaune orange.

Le système racinaire est moins étalé et moins vigoureux que chez le chou ; la profondeur atteint quand même plus de 60 cm.

16.1.1 TYPES DE CHOUX CHINOIS

Le type Michihili, qui forme un chou long et pointu, se conserve beaucoup moins longtemps que le type Napa. Atteignant un poids moyen de 2,5 kg/unité, le type Michihili est plus résistant à la montée à graines que le Type Napa. Le type Napa, ou Wong Bok, produit un chou plus court et plus large que le précédent, en forme de baril. Certains cultivars de ce type se conservent presque aussi bien que le chou vert, et leur poids atteint jusqu'à 2 kg.

Plusieurs autres crucifères chinoises sont cultivées pour des marchés spécialisés, mais seul le chou chinois commun est couramment consommé par des Occidentaux actuellement.

16.1.2 CONDITIONS CLIMATIQUES

À l'origine, le plant de chou chinois était adapté à des conditions de croissance en jours décroissants. On a sélectionné des cultivars adaptés à la culture de printemps et d'été, mais divers facteurs de stress déclenchent la montée à graines, le principal étant une combinaison de jours longs et de plusieurs nuits entre 4 et 10 °C ; plus la séquence de froid est prolongée, plus la floraison est uniforme. Pour certains cultivars, 13 à 14 °C ou même 18 °C suffisent à induire la montée. Des températures de 25 à 30 °C en début de culture, suivies de froid en jours courts inhibent la floraison et assurent la réussite. Il y a donc toujours un risque à cultiver cette plante en début de saison.

La résistance au froid en automne va croissant avec la sélection actuelle. La croissance est rapide entre 15 et 25 °C ; en deçà de 8 °C, la croissance est faible.

Les besoins d'humidité sont constants ; une période sèche et chaude affectera la qualité.

16.2 CULTIVARS

Le choix du cultivar se fait en fonction du marché visé, de la forme, de la densité, du poids, de la précocité, qui va de 60 à 80 jours pour un semis au champ. Il faut aussi tenir compte de l'adaptation aux conditions de production : culture de printemps ou d'automne, résistance au stress, adaptabilité à la transplantation, résistance à la montée et au gel d'automne, durée d'entreposage. La couleur du feuillage intérieur, qui va de vert pâle à blanc, à jaune ou même orangé, influence l'acceptation par le consommateur ; la tolérance et la résistance à la hernie, et à divers virus et maladies complètent les critères de choix.

16.3 PROPAGATION

16.3.1 SEMENCES ET GERMINATION

Les semences du chou chinois se conservent durant cinq ans. On en trouve de 240 à 400 par gramme, soit en moyenne 330. Il faudra de 125 à 150 g/ha pour produire des transplants en serre et 1 kg/ha pour les semis en pleine terre. La température optimale de germination se situe vers 17 ou 18 °C.

16.3.2 SEMIS EN PLEINE TERRE

L'altise faisant parfois problème pour obtenir un plant de chou chinois de qualité en culture biologique, il est plus pratique d'avoir recours à des transplants. La semence étant dispendieuse, on évite des charges de sarclage et d'éclaircissage. Le semis en pleine terre nécessite 1 kg/ha de semences, mais la moitié moins (500 g) avec un semoir de précision.

Cependant, le semis est possible en été sur sol propre, dans un dispositif de 75 à 90 cm entre les rangs et de 30 à 40 cm entre les plants selon le type et le cultivar. Les Michihili dressés se cultivent plus rapprochés alors que les Napa gagnent en rendement et en qualité avec des espacements de 40 ou même 45 cm. Les densités iront de 30 000 à 44 000 plants/ha. Un dispositif de trois rangs par planche est aussi utilisé par certains maraîchers, pour des densités de 45 à 50 000 plants. Certaines recherches ont démontré que des espacements de 40 ou 45 cm donnent les plus gros calibres et la meilleure qualité.

La date d'implantation dépend de la date de récolte prévue. Les semis pour l'automne peuvent commencer au début de juillet et se poursuivre en août dans les régions plus au sud.

16.3.3 PRODUCTION DE TRANSPLANTS

Pour la production des transplants, il ne faut pas dépasser cinq semaines en cellules au printemps, et trois ou quatre en été. On utilise des calibres 128 ou, à la rigueur, des 200, et on effectue le semis direct en cellules plutôt que le repiquage. Un plant plus vieux monte plus facilement à graines. On doit viser des températures de 20 °C en période de levée, puis entre 15 °C la nuit et 25 °C le jour. Il ne faut pas laisser sécher le terreau et ne pas endurcir trop vigoureusement.

16.3.4 PLANTATION AU CHAMP

La transplantation retarde la maturité d'environ 10 jours relativement à un semis en pleine terre. L'utilisation de transplants permet une plus grande homogénéité à la récolte alors que les choux chinois semés développent un système racinaire plus abondant et adapté à des conditions de stress hydrique. Un dispositif utilisé en culture conventionnelle en terre noire consiste à planter deux rangs en quinconces sur des billons espacés de 90 cm centre à centre, ce qui donne une population de 60 000 plants/ha. Le chou chinois se déplace alors latéralement en cours de croissance et couvre relativement bien le sol. En petit maraîchage, on observe des densités élevées avec des espacements de 45 ou 50 cm entre les rangs et une plantation en quinconce, qui permet de rentabiliser une bâche flottante. Humidité, nutrition et gestion des mauvaises herbes doivent être parfaitement au point pour cultiver en haute densité en culture biologique.

16.4 SOLS ET FERTILISATION

16.4.1 CHOIX ET PRÉPARATION DU SOL

Un loam sablonneux, limoneux ou argileux riche en humus est idéal. Une argile bien structurée convient aussi. Humidité constante et bon drainage sont essentiels. Le chou chinois est l'une des rares crucifères à être cultivé en terre noire, où les conditions d'humidité lui conviennent. Le sol doit être riche et facile à garder humide. La structure doit être excellente ; on évite donc toute compaction et on prépare soigneusement le sol. Un pH entre 6 et 7,5 est souhaitable en terre minérale, et 5,6 en terre noire.

16.4.2 FERTILISATION

A. Exportation moyenne

Le maraîcher tiendra compte de l'exportation moyenne du chou chinois dans l'établissement de son programme de fertilisation (tableau 16.1). En culture conventionnelle, il existe une vaste gamme de fertilisations (tableau 16.2).

TABLEAU 16.1 Exportation moyenne du chou chinois

Chou chinois (t/ha)	N (kg/ha)	P_2O_5 (kg/ha)	K_2O (kg/ha)
40	80	28 — 40	110 — 145

TABLEAU 16.2 Fertilisations en culture conventionnelle

N (kg/ha)	P_2O_5 (kg/ha)	K_2O (kg/ha)
55 — 165	85 — 165	90 — 165

Pour un rendement de 40 t, on doit prévoir une minéralisation de N de l'ordre de 150 à 160 kg/ha sur une période de deux mois, ce qui est très élevé. Le plant est très exigeant en potasse, et sa croissance est très rapide. Un apport de N en bande à quatre semaines pourrait s'avérer nécessaire. On recommande un fumier composté jeune et un précédent d'engrais vert de légumineuses.

B. Oligo-éléments et calcium

Chez le chou chinois, le calcium est essentiel pour les tissus en croissance. La carence en calcium cause la brûlure de la pointe ou nécrose interne, comme dans la laitue. On utilise ces deux noms selon que les symptômes sont apparents ou cachés dans la pomme. L'apparition de ces symptômes est directement liée à un mauvais approvisionnement en calcium. Le calcium voyage dans l'eau ; en période de sécheresse, il y a moins de calcium absorbé. Plus une feuille ou un organe transpire, plus il aspire l'eau et s'accapare le calcium absorbé. Donc, le risque de symptômes augmente rapidement avec un plant âgé où les vieilles feuilles sont en compétition avec les plus jeunes. La croissance rapide, l'excès d'azote et de potassium, les périodes sèches, les sols sablonneux sont des facteurs de risque. De fréquents chaulages d'entretien donnent de meilleurs résultats qu'un chaulage abondant avant la culture.

Une croissance soutenue par une humidité régulière, un enracinement vigoureux et une bonne activité biologique sont à rechercher. Il existe des cultivars moins susceptibles. L'application foliaire de calcium chélaté ou de chlorure de calcium offre un certain intérêt lors des poussées de croissance, mais ce n'est pas efficace lorsque la pomme est formée, car le transfert ne se fait pas entre les feuilles externes et internes. Si on applique du calcium, on doit utiliser une grande quantité d'eau (600 à 800 L/ha) pour bien couvrir le plant et pulvériser préférablement tôt le matin.

Bien qu'il soit moins sensible que d'autres crucifères à la carence en bore, une fertilisation peut améliorer le rendement et la qualité dans certains cas. Le chou chinois est exigeant en soufre; les fumiers et les composts, de même que la pollution de l'air, répondent habituellement à ses besoins.

16.5 ROTATION DES CULTURES

Le chou chinois se sème bien après une culture de primeur comme l'épinard, la laitue ou un pois hâtif, mais il faut laisser quatre ou cinq ans entre les crucifères.

Si on dispose de suffisamment d'espace, il est bon de cultiver un engrais vert avant le chou chinois. Le seigle d'automne seul ou en combinaison avec la vesce velue peut être enfoui trois à quatre semaines avant la culture. Un semis hâtif de légumineuse peut offrir un engrais azoté appréciable, car sa décomposition est rapide. Un mélilot ou un trèfle rouge implanté l'été précédent, enfoui en juin avant une culture en juillet peut être un bon précédent.

On enfouit les engrais verts deux ou trois semaines à l'avance pour éviter la phytotoxicité associée à la décomposition, de même que les légumineuses vivaces ou bisannuelles qui devraient être bien détruites et partiellement décomposées avant l'implantation du chou chinois. Une vesce commune combinée à une céréale de printemps offre un bon potentiel si on enfouit cette dernière alors qu'elle ne dépasse pas l'épiaison. Un sarrasin semé tôt convient bien.

Pour tous les engrais verts enfouis juste avant le chou chinois, il faut être vigilant quant à la fertilisation azotée. L'azote fourni par la décomposition peut causer une poussée de croissance et favoriser l'apparition d'une carence en calcium tout en rendant la culture plus sensible aux maladies et attirante pour les insectes.

Le parage au champ et le déclassement des invendables laissent habituellement autant d'éléments nutritifs dans les résidus que dans la récolte exportée. En culture hâtive, il est bon de prévoir un engrais vert ou une deuxième culture pour bien utiliser cette richesse. En automne, on enfouit les résidus tardivement pour limiter les pertes.

16.6 CULTURES ASSOCIÉES

Vu la croissance rapide et la principale saison de culture du chou chinois, on ne lui associe généralement pas d'autre culture.

16.7 IRRIGATION

On estime la consommation d'eau à environ 50 L/kg de rendement frais. La croissance rapide nécessite le maintien d'un taux d'humidité proche de la capacité au champ. Des conditions sèches entraînent une baisse de la qualité et du rendement, voire un échec complet.

16.8 GESTION DES MAUVAISES HERBES

Avec le chou chinois, il faut surveiller la situation des mauvaises herbes tôt dans la culture. Le semis est plus difficile à garder propre ; le sarclage manuel permet d'éclaircir pour atteindre l'espacement approprié. Le sarclage mécanique doit être superficiel et sera complété par un sarclage manuel avant que l'étalement de la culture ne couvre le sol. Des conditions malpropres favorisent les maladies parce qu'elles diminuent la circulation de l'air.

16.9 INSECTES ET MALADIES

Le chou chinois n'est pas une culture facile, car il ne rencontre pas toujours dans nos latitudes les conditions tempérées et humides qui lui conviennent. Mouche du chou, piéride et larves diverses, limaces, altises et diverses maladies posent toutes potentiellement un problème. Pour les moyens de lutte, on peut consulter les chapitres sur le chou, le radis, le rutabaga et les autres crucifères, où ces questions sont plus amplement développées.

Il existe de plus en plus de cultivars résistants et tolérants qui constituent une partie importante d'une stratégie préventive.

Une pratique assez coûteuse mais efficace consiste à recouvrir les plants d'une bâche flottante non thermique ou d'un filet anti-insectes pour les protéger.

À la fin de l'été, la mouche du chou pond sur le feuillage des plants, et les larves se développent alors dans les tiges des feuilles. Il faut déclasser les feuilles extérieures s'il y a infestation, ce qui réduit le rendement et la qualité. On récolte dès que le légume est prêt, sinon la pénétration des larves dans la tige augmente les pertes.

Les limaces se déplacent des bords de champs vers le chou chinois et s'y installent en permanence lorsqu'il est suffisamment développé. Elles affectionnent les conditions humides qui conviennent à cette culture. La présence d'étangs, de fossés et de brise-vent en bordure des cultures maraîchères favorise la limace, mais aussi ses prédateurs : crapauds, grenouilles, couleuvres et oiseaux, ainsi que le carabe (*Calosoma frigidum*). Le débroussaillage des bords de brise-vent et fossés, le maintien des fossés pleins en terre noire réduisent les espaces de reproduction. L'enfouissement rapide des résidus de récoltes aide à réduire leur incidence, de même qu'une jachère de deux ou trois semaines avant l'implantation ou à d'autres moments qui le permettent dans la rotation. Les molluscicides conventionnels ne sont pas acceptables en culture biologique. Les trappes à la bière n'offrent qu'un faible intérêt. Safer's offre maintenant un appât à limaces à base de phosphate de fer, mais pour l'instant, il n'est pas accepté par les organismes de certification.

Enfin, on observe parfois un désordre physiologique difficile à distinguer de jeunes symptômes d'*Alternaria*. Il s'agit de la moucheture physiologique. Sa cause est encore nébuleuse, mais elle se présente par l'apparition de petites lésions foncées de 1 mm, généralement sur les feuilles du cœur.

16.10 ENTRETIEN

Il est important de bien suivre la culture du chou chinois, car elle est exigeante en soins.

Les biodynamistes appliquent la bouse de corne en préparation de sol, possiblement le compost de bouse lors des faux semis précédents ; la silice est pulvérisée le matin dès que la rosette est suffisante, puis à l'étalement des feuilles et au début de la pommaison. Pour l'entreposage, on traite parfois le plant 9 à 10 jours avant la récolte. On le traite comme un légume-feuille.

16.11 RÉCOLTE

On récolte les pommes du chou chinois dès que le plant est à maturité. On coupe le plant au ras du sol et on enlève les feuilles détériorées. Le manque d'uniformité dans la maturité réduit les possibilités de récolte mécanique. Un refroidissement rapide est important, préférablement à l'air forcé. Le plant peut se maintenir au champ jusqu'aux gelées dures.

Il ne faut pas récolter les pommes gelées, mais plutôt attendre le dégel.

16.12 CONSERVATION ET MANUTENTION PRÉVENTE

Le chou chinois doit être entreposé la tête vers le haut, sinon il risque de se déformer. Il faut surtout éviter le gel durant l'entreposage.

Les conditions d'entreposage sont les mêmes que pour le chou pommé, soit entre 0 et 1 °C et à une humidité relative de 95 %. Dans ces conditions, il se conserve bien jusqu'en janvier, parfois plus tard, dans le cas des types Napa ou Wong-Bok. Les Michihili ne se conservent que quelques semaines et devraient être vendus rapidement.

Un entreposage prolongé entraîne le déclassement d'un nombre de plus en plus grand de feuilles extérieures, variable selon les cultivars.

16.13 PRIMEURS

Il importe de choisir des cultivars appropriés pour la primeur. Toujours risquée à cause de la montée à graines, on force la culture du chou chinois sous tunnel ou couverture flottante au printemps.

Chapitre 17

LE CÉLERI

Apium graveolens var. *dulce* (Celery)

INTRODUCTION

Le céleri appartient à la famille des ombellifères ; c'est un légume-feuille bisannuel que l'on cultive comme une annuelle. Le céleri-rave, qui en est un très proche parent, est cultivé pour sa racine.

Le céleri est une plante difficile à cultiver à cause de ses exigences physiologiques, des problèmes nombreux de carences, de maladies et d'insectes. Il y a quelques années, le marché demandait un céleri blanchi, ce qui exigeait un surcroît de travail. La tendance est maintenant au céleri vert, qui est plus gros, tendre et croquant. Les céleris se récoltent au Québec de la fin de juillet jusqu'en octobre et se vendent jusqu'à la fin de novembre. L'essentiel de la production commerciale se fait dans les terres noires de la Montérégie.

17.1 PLANTE

Le plant forme d'abord une rosette étalée. On consomme les pétioles dressés, charnus et pleins en forme de gouttière, et le cœur qui regroupe des feuilles pâles autour du bourgeon central. La présence occasionnelle de pousses latérales réduit la valeur commerciale des plants. Le plant dégage un arôme caractéristique qui devient désagréable en mauvaises conditions, car ces dernières induisent la formation d'amertume. La couleur du feuillage varie d'un cultivar à un autre ; les types vert pâle sont généralement hâtifs et les types vert foncé, plus tardifs.

La racine pivotante du céleri peut pénétrer à plus de 60 cm, parfois même à 1 m ; elle se divise habituellement à la transplantation. La grande majorité des racines est située dans les premiers 25 à 30 cm du sol et s'étalent de côté à environ 15 à 20 cm du plant.

La floraison a normalement lieu la deuxième année, mais une période froide peut déclencher la montée à graines en première année, ce qui ruine la valeur de la récolte. Tous les stress, qu'ils soient d'ordre climatique, hydrique ou nutritionnel, peuvent contribuer à la floraison. Lors de la culture des plants en serre, une période d'éclairage de quatre heures prolongeant la journée réduirait aussi la montée à graines, en rallongeant la photopériode.

La plante trouve son origine dans des zones marécageuses, ce qui offre des indications sur ses besoins.

17.1.1 CONDITIONS CLIMATIQUES

Le céleri est une plante de climat frais qui demande une longue saison de croissance et se plaît entre 12 et 24 °C ; entre 16 et 18 °C, la croissance est à son plus rapide. De nombreux bassins de culture sont situés à proximité d'un plan d'eau, dans un climat maritime qui tempère les extrêmes, peu appréciés par le céleri. Ses besoins en eau sont importants et l'approvisionnement doit être régulier, sinon la culture échoue. Par contre, l'excès d'eau lui est néfaste, en particulier si le drainage est imparfait.

Une période prolongée de deux à cinq semaines en deçà de 14 °C constitue une vernalisation qui déclenche la montée à graines ; 6 à 9 °C seraient les plus risqués. Par contre, une température de plus de 21 °C en saison de culture annulerait les effets de cette exposition au froid, par un phénomène de dévernalisation. Certaines années, il y a des pertes importantes dans le céleri hâtif. Le plant ne tolère pas les gelées tardives qui peuvent l'endommager ou induire la montaison. À l'automne, il ne tolère que les premières gelées, plus légères. Les cultivars dorés sont généralement moins résistants au gel.

17.2 CULTIVARS

Les principaux critères pour le choix des cultivars de céleri portent sur les qualités du légume lui-même (uniformité, compacité, couleur, longueur, poids à la récolte, saveur, texture), mais il faut aussi choisir le cultivar en fonction de sa facilité à produire (précocité, résistance à la montaison et au fendillement, résistance à la jaunisse fusarienne et aux autres maladies, tolérance à la carence de bore, aptitude à la transformation).

17.3 PROPAGATION

17.3.1 SEMENCES ET GERMINATION

Il est possible d'obtenir, sur le marché, des semences de céleri enrobées ou prégermées. On compte de 1 400 à 2 500 semences par gramme, et il faut de 125 à 200 g de semences pour couvrir un hectare. La température optimale de germination est de 21 °C et la germination prend de 10 à 21 jours. Les semences de céleri préfèrent le frais ; il faut prendre garde de ne pas dépasser les 29 °C durant la germination.

17.3.2 SEMIS EN PLEINE TERRE

À cause des conditions climatiques nordiques et des délais requis pour la germination du céleri, le semis en pleine terre est impossible au Québec.

17.3.3 PRODUCTION DE TRANSPLANTS

Pour la production des transplants, on sème en mars ou avril, soit huit semaines avant la plantation de mai et six semaines avant la plantation en juin.

On sème une graine à la fois dans des multicellules. Les cellules devront avoir de 8 à 15 cm^3 pour offrir l'espace nécessaire au bon développement de la plante. Comme toujours en culture biologique, on utilise un calibre supérieur, car on n'utilise pas la fertilisation soluble dans un terreau artificiel.

Au lieu des calibres 200 recommandés en culture conventionnelle, on utilise plutôt des 128 ou même des 72 pour la culture de primeur. Il existe un exemple où le maraîcher, qui réussit bien le céleri, place les plateaux sur un lit de terreau pour permettre l'enracinement en dehors de la cellule ; les racines extérieures sont taillées avant la plantation.

Le taux de germination est parfois peu élevé, en particulier dans les semences fraîches. L'inflorescence centrale donne des taux de germination beaucoup plus élevés que les latérales. Un traitement élaboré pour briser la dormance consiste à prétremper les semences de 1 à 4 jours puis de les conserver 6 à 10 jours à 1 °C avant de semer. Le semis mécanisé est alors plus difficile.

Pour contourner ces difficultés, certains grainetiers sélectionnent des semences à taux de germination élevé, en particulier pour l'enrobage ; on doit vérifier avant l'achat. Certains cultivars sont disponibles prégermés. Une alternance de 15 à 25 °C améliorerait la levée, de même qu'un enfouissement très superficiel dans la cellule, la vermiculite étant recommandée, car elle laisse passer de la lumière. On maintient le terreau constamment humide. Une lumière permanente durant la germination a un impact positif sur la levée.

Après la levée, on doit garder les plants entre 16 à 24 °C jusqu'à la plantation. La température optimale est de 22 °C le jour et de 16 °C la nuit, 18 °C quand les jours sont plus longs. Il est bien important de ne jamais descendre sous 13 °C, ce qui peut induire la montée à graines.

L'irrigation est de première importance. On vise à produire un plant robuste, court et trapu. On peut tailler les plants si le besoin s'en fait sentir, notamment en présence d'étiolement, mais ce n'est pas recommandé. Un bon terreau, un suivi méticuleux de l'arrosage et de la température sont garants de succès.

Certains maraîchers démarrent encore les plants en couches pour les transplantations tardives à racines nues. Il convient de bien assainir les couches, de renouveler les terreaux et d'effectuer un suivi serré. On contrôle moins bien les conditions en couches, sauf lorsque les serres ont tendance à surchauffer.

17.3.4 PLANTATION AU CHAMP

On retardera la plantation des céleris de primeur jusqu'à ce que soient écartés les risques de gelées et de température en deçà de 10 °C pour 10 jours consécutifs, et ce, afin d'éviter la montée à graines. Pour cette raison, il est déconseillé d'endurcir par un traitement au froid. L'endurcissement se fait plutôt en réduisant les arrosages très légèrement sept jours avant la plantation au champ ; une réduction importante des arrosages endommage sérieusement la culture. La plantation au champ se fait du début de mai jusqu'à la fin de juin.

17.3.5 ESPACEMENTS

On fait la plantation au champ mécaniquement, en laissant de 15 à 20 cm entre les plants sur le rang et de 50 à 80 cm entre les rangs. Les espacements entre les rangs les plus faibles sont utilisés pour des rangs jumelés. En terre noire, on observe souvent des espacements de rangs à 75 cm avec 23 cm entre les plants, ce qui favorise le développement de calibres plus gros ; un espacement de 60 cm entre les rangs et de 22 cm entre les plants avec trois rangs sur des planches de 1,8 m couvre bien le sol à raison de 75 000 plants/ha.

Il existe un maraîcher qui plante un rang double espacé de 45 cm avec des espacements de 35 cm sur le rang et de 1,5 m centre à centre entre les planches, pour une densité moindre de 38 000 plants/ha. La plantation se fait à la main à travers un paillis de plastique, dont les trous de plantation sont percés avec un rouleau calibré équipé pour faire les trous.

Il faudra de 10 à 11 semaines pour que les céleris aux champs arrivent à maturité.

17.4 SOLS ET FERTILISATION

17.4.1 CHOIX ET PRÉPARATION DU SOL

Le sol idéal pour la culture du céleri est la terre noire, mais les bonnes terres minérales profondes, riches en humus, bien structurées, bien drainées et irriguées, sont aussi productives. Un petit producteur du Lac-Saint-Jean réussit bien le céleri dans un loam argileux riche en potassium. Le système racinaire du céleri étant plutôt réduit alors que les besoins en eau sont élevés, on portera une grande attention au drainage et à l'irrigation. Le céleri apprécie une terre bien engraissée au compost jeune. Le pH visé est de 5,6 à 5,8 en terre noire et de 6,4 à 6,8 en terre minérale.

Une préparation profonde avec sous-solage dans la rotation ainsi que des conditions très propres sont essentielles. Un labour d'automne ou un passage de décompacteur peut être utile, surtout en terre minérale. Un bon ameublissement du sol superficiel est essentiel. En terre noire, on plombe suffisamment pour rétablir la capillarité et diminuer l'érosion éolienne.

Un précédent d'engrais vert de légumineuse est recommandé ainsi qu'un apport de compost important. Il faut ajuster la fertilisation en fonction du potentiel de minéralisation d'azote du sol. Un engrais vert de légumineuse minéralise surtout en première partie de saison, alors qu'un apport de compost continue à libérer de l'azote, et d'autres minéraux, durant la deuxième partie de saison. Cependant, sauf en sol très riche en N, on peut prévoir un apport fractionné de N au dernier sarclage. Des apports de purins de plantes par fertigation peuvent être utiles malgré une valeur fertilisante relativement faible.

17.4.2 FERTILISATION

A. Exportation moyenne

Selon diverses estimations, l'exportation d'éléments nutritifs moyenne représente environ 40 à 50 % de l'azote absorbé par le plant en cours de croissance, entre 25 et 50 % du phosphore et 40 % de la potasse (tableau 17.1).

TABLEAU 17.1 Exportation moyenne

Raves (t/ha)	**N (kg/ha)**	**P_2O_5 (kg/ha)**	**K_2O (kg/ha)**
45	50 — 75	27 — 33	155 — 185

On conclut que le céleri est une culture très exigeante même si une proportion importante des éléments majeurs reste au sol dans les résidus et les racines, sauf si le parage a lieu dans un atelier.

En culture conventionnelle, on rencontre des fertilisations très variables qui se situent à l'intérieur des plages présentées au tableau 17.2. Les valeurs recommandées pour des sols moyens au Québec sont au tableau 17.3. Il est à noter que ces taux d'azote concernent les terres noires, riches en N.

TABLEAU 17.2 Fertilisations en culture conventionnelle

N (kg/ha)	**P_2O_5 (kg/ha)**	**K_2O (kg/ha)**
110 — 400	55 — 275	40 — 370

TABLEAU 17.3 Recommandations québécoises

N (kg/ha)	**P_2O_5 (kg/ha)**	**K_2O (kg/ha)**
110	50 — 60	265 — 310

Pour une culture biologique, on doit assurer une disponibilité de N de l'ordre de 180 kg/ha, un sol très riche en potasse et bien pourvu en phosphore.

Un bon équilibre des cations est essentiel, car autant le calcium que le magnésium peuvent devenir problématiques, particulièrement à cause des taux de K élevés nécessaires à la réussite du céleri. Un suivi serré des oligo-éléments est indispensable.

Le céleri consomme 50 % de ses besoins nutritifs dans les 30 derniers jours avant la récolte. La fertilisation du début de saison peut être insuffisante pour mener à terme un céleri de bonne qualité. On doit alors envisager de faire une fertilisation d'appoint, surtout en azote et en potasse, sinon le plant utilise ses propres réserves pour terminer sa saison de croissance, avec pour résultat des tiges creuses et fibreuses. Une fertilisation d'appoint peut être faite de façon régulière avec des purins de végétaux ou de compost en fertigation, ou de façon plus occasionnelle, soit deux à trois fois en saison, avec des fertilisants solides.

On connaît un exemple de maraîcher qui cultive sur des loams argileux riches en bases, en particulier riches en potasse, et qui chaule modérément l'année précédant le céleri, épand un compost mixte de fumiers de bovins et de volailles à une dose de 30 t/ha et utilise un paillis de plastique pour limiter le lessivage et favoriser un enracinement abondant. Maintenir constamment le sol humide est essentiel pour garantir une bonne nutrition. Aucun fractionnement n'est nécessaire.

B. Oligo-éléments

Le céleri est sensible au cœur noir, une maladie physiologique qui affecte le cœur du plant mais pas les feuilles extérieures. Causée par une insuffisance de calcium, elle résulte souvent d'un stress hydrique, mais aussi d'un excès de Mg et K. Le plant est particulièrement sensible quatre semaines avant la récolte ou lors de poussées de croissance. On peut appliquer un chélate de calcium en fin de journée à raison de 2 à 6 L/ha en pulvérisation foliaire, et ce, une ou deux fois par semaine. Le traitement doit toucher le cœur du céleri puisque la mobilité du calcium est réduite dans les tissus de la plante. On augmente la quantité d'eau jusqu'à 1 000 L/ha pour un gros plant alors que 400 ou 500 L suffisent pour de jeunes plants.

Le céleri prélève environ 120 g/ha de bore. La carence en bore se manifeste par le brunissement des tiges, la gerçure et le craquement des pétioles. Les pH alcalins, mais aussi les chaulages abondants sont des causes connues, de même que des fertilisations potassiques élevées. Le manque d'eau ou de lumière peut induire une carence en nuisant à l'activité nutritionnelle. On applique le bore au sol à raison de 1 à 2 kg/ha, soit de 9 à 18 kg de Borax à 11 % de B, ou en pulvérisations foliaires de Solubor (pentaborate de soude à 17 % de B) en cours de saison (1,5 kg/ha/1 000 L d'eau). Les pulvérisations foliaires peuvent être fractionnées à partir de la reprise ; on utilise plusieurs traitements selon l'ampleur du problème, souvent en combinaison avec d'autres traitements.

L'utilisation combinée de Ca et B lors de poussées de croissance s'est avérée favorable. Le sel était utilisé traditionnellement pour le céleri.

17.5 ROTATION DES CULTURES

On doit pratiquer une rotation minimale de quatre ans, préférablement cinq, avant de revenir avec le céleri. On doit aussi porter attention aux cultures porteuses de sclérotiniose et d'autres maladies communes au céleri.

Le céleri se place bien en tête de rotation après l'enfouissement d'une prairie riche en légumineuses ou d'un engrais vert de même espèce ; idéalement, il faut détruire les vivaces par une jachère suivie d'un engrais vert d'automne. C'est une culture assez facile à garder propre, qui demande une excellente fertilité et qui profite de la minéralisation d'une prairie ou d'un engrais vert enfoui avant la culture. Une culture de laitue ou d'épinard au début de la saison précédente, un pois hâtif, un radis, un chou d'été laissent le temps de réaliser un engrais vert abondant qui profitera au céleri.

Un céleri paré au champ laisse un résidu abondant et riche en N et K. Toutefois, il faut l'enfouir rapidement et implanter un engrais vert pour limiter le lessivage pour les récoltes effectuées avant la mi-septembre.

17.6 CULTURES ASSOCIÉES

Il est difficile d'interplanter le céleri avec d'autres cultures. Les associations avec le poireau et le chou-fleur sont réputées pour leur capacité à réduire les problèmes de septoriose.

17.7 IRRIGATION

Le système racinaire du céleri est assez restreint en regard de ses besoins en eau. Un apport d'eau régulier est essentiel pour produire un céleri de qualité. En terre noire, on contrôle habituellement la nappe phréatique à partir des fossés. L'irrigation par aspersion est utilisée à l'implantation. Un apport d'eau devrait atteindre 30 cm de profondeur.

Le sol doit demeurer constamment humide. Selon les conditions d'évapotranspiration, les besoins d'eau peuvent atteindre 50 mm par semaine. Le suivi du bilan hydrique et une observation fréquente des conditions du sol aident à déterminer les besoins en irrigation. Le maraîcher qui réussit le mieux le céleri en culture biologique utilise l'irrigation goutte à goutte et le paillis de plastique en terre minérale.

Le problème du cœur noir étant causé par un déséquilibre hydrique, l'approvisionnement régulier en eau est essentiel, en particulier durant les dernières semaines avant la récolte.

17.8 GESTION DES MAUVAISES HERBES

Comme on attend une température minimale adéquate avant la transplantation, on peut faire des faux semis. La culture sur planche relevée avec système d'irrigation goutte à goutte et paillis de plastique permet un excellent contrôle des mauvaises herbes tout en assurant un bon contrôle hydrique. Si on implante sans paillis, il est important de bien contrôler la mauvaise herbe au début, jusqu'à ce que le céleri prenne la relève et couvre le sol avec son feuillage abondant.

Le céleri profite énormément de sarclages fréquents. Son réseau de racines est particulièrement stimulé par une bonne aération. En pratique, il faudra ajuster les sarcloirs de façon superficielle à proximité du plant et plus profondément au centre de l'entre-rang. Le déplacement latéral de sol peut être contrôlé à l'aide de tôles qui permettent d'en diriger vers le rang suffisamment pour enterrer les jeunes pousses de mauvaises herbes sans enterrer les céleris. On recommande d'utiliser cette technique à répétition afin de réduire les coûts du sarclage manuel qui, avec un peu de chance, peuvent être assez limités.

17.9 INSECTES ET MALADIES

Le céleri est sensible à la fonte des semis causée par divers organismes présents dans les terreaux ; la qualité de ceux-ci, la ventilation, le contrôle de la température et de l'humidité sont à privilégier comme mesures préventives.

La septoriose (*Septoria apiicola*), ou brûlure tardive, s'attaque au feuillage en faisant des taches brun roux à brun foncé accompagnées de petits points noirs qui font jaunir et sécher le feuillage. Principal problème dans les terres noires, cette maladie continue à se développer après la récolte, même au réfrigérateur.

La brûlure cercosporéenne (*Cercospora apii*) ressemble à la septoriose, sauf que les taches sont plus grandes et de couleur cendrée ; elle se développe habituellement plus tôt que la septoriose et est favorisée par des conditions chaudes et humides.

On traite les semences à l'eau chaude durant 30 minutes à 48 °C. On peut assainir avec de la cendre de bois. On doit bien nettoyer le matériel et les aires de culture des plants. Avant la transplantation, on fait des traitements préventifs avec des purins de prêle des champs et on élimine les plants atteints avant la transplantation ainsi qu'au champ en cours de saison ; il faut bien faire décomposer les résidus de culture en les incorporant au sol dès la récolte. On évite la circulation des machineries et des employés lorsque le feuillage est humide.

Les produits cupriques peuvent aider à prévenir le développement de ces problèmes tant en serre qu'au champ. On utilise des doses faibles sur les jeunes plants en augmentant les concentrations sur les plants plus avancés. Par temps humide, les agriculteurs européens utilisent des pulvérisations répétées de BioS, un mélange de soufre et d'extraits de plantes.

La fusariose vasculaire (*Fusarium oxysporum* sp. *apii*) est présente dans les sols où elle survit à la culture. Pour la contrer, on rallonge la rotation, on use de prudence avec les terreaux et on sélectionne un cultivar résistant. Attention aux sols humides et lourds en saison chaude, de même qu'à l'hygiène, aux terreaux, aux contenants et aux équipements. Il ne faut pas acheter de plants. Travailler les sols infestés les années antérieures après les champs de l'année en cours, arracher et détruire les plants malades aident aussi à combattre la fusariose.

La tache bactérienne peut être un problème sérieux. Comme elle affecte surtout les feuilles extérieures, le céleri demeure vendable après parage, mais le calibre en est diminué. L'apport de cuivre aide à en réduire l'incidence et la population. Les mesures préventives précédentes sont utiles.

La mosaïque du concombre est une maladie virale transmise par les pucerons. Elle prend différentes manifestations, dont la plus manifeste est le marbrage du feuillage avec des veines jaunes et une déformation des folioles ; les pétioles sont repliés vers le bas et la plante a un port ouvert.

On contrôle la mosaïque en prévenant les infestations du vecteur, le puceron, qui prélève la maladie sur les plants de concombre sauvage, sur diverses mauvaises herbes, ainsi que sur les cultures suivantes : tomate, piment, maïs, trèfle, haricot vert et toutes les cucurbitacées. Il faut prendre soin de ne pas contribuer à sa transmission par le biais des équipements et du personnel.

La jaunisse de l'aster est transmise par la cicadelle de l'aster. Le dépistage permettra de savoir si un traitement s'avère nécessaire, la roténone pouvant être utilisée en traitement répressif.

Les punaises ternes peuvent causer des dommages qui seront d'importance variable selon la période de l'année. Très mobiles et polyvalentes dans leurs habitudes alimentaires, leurs dégâts sont souvent plus importants à proximité des brise-vent et des bordures enherbées. Faucher la végétation herbacée des bordures et des brise-vent et bien sarcler les parcelles réduisent habituellement son incidence.

Les dommages sur les feuilles extérieures sont moins importants, mais la présence de larves dans le cœur du céleri peut entraîner des pertes majeures. Un produit à base de savon et de pyréthrine naturelle agit sur certains stades larvaires et diminue les dommages ; la pulvérisation doit lui permettre de bien pénétrer dans le plant.

Diverses chenilles peuvent causer des dommages superficiels qui augmentent le déclassement, comme la fausse-arpenteuse du choux (*Trichoplusia ni*). Les produits à base de *Bacillus thuringiensis* peuvent aider à en diminuer l'incidence.

Les limaces aiment les conditions humides favorables au céleri. Elles migrent généralement des bordures vers les champs. Le débroussaillage des abords des brise-vent et des fossés élimine les gîtes. En terre noire, on atténue le problème en tenant les fossés très pleins.

17.10 ENTRETIEN

En biodynamie, on utilise la bouse de corne avant la préparation des sols pour favoriser l'enracinement, puis trois traitements de silice à partir de la reprise des transplants.

17.11 RÉCOLTE

Le céleri est récolté en un seul passage, soit mécaniquement, soit manuellement avec une aide-récolteuse. La récolteuse mécanique coupe les plants et les soulève vers une voiture ; la taille des feuilles, le parage et le classement s'effectuent dans un hangar à l'abri des intempéries.

En récolte manuelle, le céleri est coupé au couteau aux deux bouts laissant sur le champ les parties en trop. L'aide-récolteuse est dotée d'une scie sur un convoyeur qui coupe les céleris à une longueur uniforme ; une fois lavés, nettoyés et parés, les céleris sont mis en boîte de carton à raison de 18 à 48 unités/boîte selon le calibre. La récolte manuelle est plus ardue pour les employés selon le climat de l'automne ; on leur recommande de porter des gants de caoutchouc, car certaines personnes font des réactions cutanées lors de la manipulation du céleri.

Le refroidissement rapide est important, à l'eau glacée ou à l'air forcé. On vise à terminer les récoltes au début d'octobre autant que possible.

En culture conventionnelle, les rendements dépassent les 60 t/ha, soit 2 200 boîtes de grosseur 24/ha. Il y a peu de marchés au Québec pour les petits calibres.

17.12 CONSERVATION ET MANUTENTION PRÉVENTE

Une fois le céleri refroidi à l'eau glacée ou à l'air forcé, il se conserve entre 95 et 98 % d'humidité relative à 0 °C.

Pour un entreposage prolongé, on place les plants à la verticale pour éviter que le cœur ne pousse hors du pied. Le céleri est particulièrement sensible aux odeurs environnantes puisqu'il a la propriété de les capter. Tous les fruits et légumes qui dégagent de l'éthylène doivent être entreposés séparément du céleri. La glace est parfois utilisée pour le transport, et habituellement en magasin. L'emballage individuel améliore la conservation, car la respiration élevée entraîne une dégradation rapide.

17.13 PRIMEURS

On peut tenter sa chance en culture de primeur avec des variétés de céleri qui ont une certaine résistance à la montée à graines. Il est possible de faire du céleri en grands tunnels et sous bâches. On doit toutefois vérifier le prix du céleri d'importation avant de se lancer dans la production de céleri de primeur, car la demande pour un produit local n'est pas assurée.

Pour la primeur, on peut cultiver le plant dans un plateau de calibre 72 afin de se protéger contre les retards de plantation au champ ; comme les jours sont plus courts, on peut rallonger un peu la séquence de culture en serre. On prévoit planter au début de mai dans le Sud, et à la fin de mai dans les régions périphériques. Une bâche flottante peut être utilisée, avec ou sans arceau sur les planches, ce qui compense partiellement le temps frais. Le paillis de plastique avec goutte à goutte est très recommandé en terre minérale. Si la fin de mai et le début de juin sont froids, il y a des risques d'échec.

On peut aussi planter en grand tunnel, avec une densité plus élevée en limitant les passe-pieds.

Chapitre 18

L'ASPERGE

Asparagus officinalis (Asparagus)

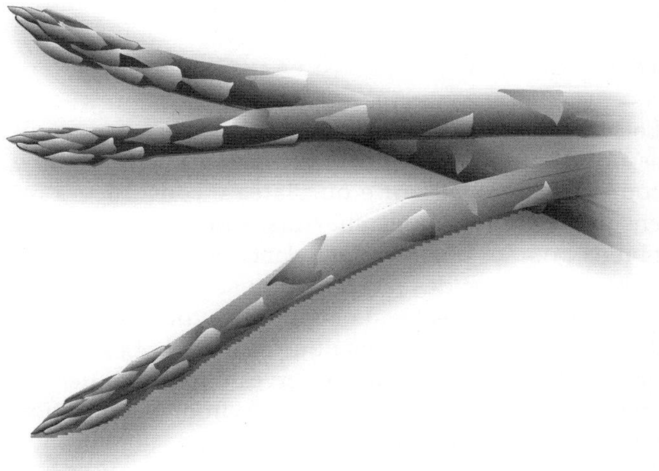

INTRODUCTION

L'asperge est une plante vivace de la famille des liliacées qui pousse dans les terrains sableux ; elle est originaire de l'Eurasie, où elle est cultivée depuis plus de 2 000 ans. La partie consommée est le turion, que l'on récolte au printemps. Les turions sont récoltés après être émergés du sol ; ils sont alors de couleur verte. S'ils sont prélevés avant leur émergence du sol, ils peuvent être blancs. Au Québec, on cultive surtout l'asperge verte, mais nous traitons aussi de l'asperge blanche.

Le turion se transforme en cours de saison en une tige très longue (jusqu'à 2 m) et très ramifiée, qui jaunit et sèche avant l'hiver. À ce moment, les racines ont accumulé les réserves qui produiront les turions du printemps suivant.

Une culture bien implantée et bien gérée peut durer de 12 à 15 ans, et même jusqu'à 20 ans. Le contrôle des mauvaises herbes est le facteur de réussite le plus important dans la production de l'asperge biologique. La production de l'asperge requiert un investissement important, qui doit être amorti sur une longue période de production pour être rentable. La culture ne réussit que si on choisit bien le sol et si elle est menée avec minutie.

18.1 PLANTE

Le système racinaire est l'organe de réserve vivace qui assure la survie de la plante herbacée. Elle forme une couronne nommée griffe ou plateau, constituée d'un ensemble de rhizomes charnus, ramifiés, en partie fibreux pour les plus vieux, et blancs et tendres pour les plus jeunes, avec des radicelles qui se développent sur les racines principales. Les radicelles fournissent à la plante l'eau et les éléments nutritifs du sol. Les racines principales accumulent des réserves d'hydrates de carbone et d'autres constituants qui serviront à la nutrition des pousses en début de saison.

La majorité des racines sont entre 25 et 65 cm de profondeur, mais on a déjà observé, dans des sols dont la nappe est profonde, des racines à 3 ou 4 m de profondeur. Le centre de la griffe est la zone où il y a le moins de racines. Avec le temps, les rhizomes vieillissent et meurent, ce qui est normal ; ce n'est pas causé par des pathogènes. La couronne se développe après plusieurs années aux alentours de 11 à 12 cm de la surface du sol, mais on observe des variations selon la texture du sol. Avec le temps, les vieux rhizomes sont graduellement remplacés par de nouveaux, plus près de la surface du sol ou latéralement, plus loin de la couronne, selon le cultivar. Après quelques années, le plateau peut atteindre 1,0 à 1,2 m de largeur.

En milieu tropical, les repousses apparaissent de façon continue alors que, dans un climat tempéré, le rythme saisonnier mène au développement de bourgeons sur le haut de la griffe en fin de saison, qui formeront les turions lors de la croissance printanière, puis les tiges après la fin de la récolte. Ces turions sont recouverts d'écailles et abritent des bourgeons axillaires. Ceux-ci deviendront des ramifications portant des rameaux fins nommés cladodes. Les tiges atteignent de 1,20 à 2 m de hauteur, et l'activité des rameaux mène à la mise en réserve dans les rhizomes, ce qui assure le rendement de l'année suivante. À l'obscurité, le turion est blanc, puis verdit à la lumière à cause de la chlorophylle.

Les plants sont dioïques. Un semis produit approximativement une quantité égale de plants femelles dont les turions sont plus gros et de meilleure qualité, et de plants mâles qui sont plus longévifs et produisent une plus grande quantité de turions plus hâtifs. Le rendement des plants mâles est plus élevé. Plus compétitifs, ils ont tendance à étouffer les plants voisins avec le temps.

Les fleurs, discrètes, sont abondantes, fines, en forme de cloche et blanc verdâtre. Les plants femelles produisent de petits fruits rouges contenant trois à six graines, ce qui leur enlève des forces pour la mise en réserve dans la griffe et entraîne la présence de repousses. Ces repousses se comportent comme des mauvaises herbes : elles affaiblissent la plantation, produisent une compétition et favorisent les insectes et les maladies.

Les plants d'asperges abandonnés sur des terrains domestiques peuvent se maintenir pendant des décennies. Au contraire, la récolte intensive raccourcit la vie d'une plantation.

18.1.1 TYPES D'ASPERGES

Il y a des différences marquées entre les cultivars, les plus récents offrant des rendements largement supérieurs. Ces nouvelles souches sont composées soit en majorité de plants mâles, soit d'hybrides de clones ne donnant que des mâles. Pour bien contrôler et accélérer la reproduction, on croise les hybrides de clones à partir de parents clonés *in vitro*.

L'asperge verdit au contact du soleil. Sa couleur verte ou blanche est donc reliée à son mode de culture. L'asperge développe parfois une pigmentation violette causée par l'anthocyanine présente dans les souches Jersey. En Europe, on cherche à éviter ces pigments dans les cultivars récoltés verts.

Les turions d'asperge blanche sont récoltés avant leur émergence du sol, qui sera butté avant la récolte. La production et la récolte sont beaucoup plus onéreuses. L'asperge blanche est très rare sur le marché québécois. En France et en Allemagne, on ne trouve pratiquement que de l'asperge blanche sur le marché. Les cultivars choisis et la technique de production utilisée donnent un turion dont le diamètre est supérieur à celui de l'asperge verte, plus fine. Un maraîcher québécois utilise une technique de forçage sous polythène opaque, sous petits tunnels, pour approvisionner des restaurants.

18.1.2 CONDITIONS CLIMATIQUES

La croissance de l'asperge débute quand les sols atteignent entre 8 et 10 °C au printemps. Une baisse rapide de température affectera la pousse des turions deux jours plus tard, ce qui permet un certain pronostic, mais la pousse peut se maintenir lors d'un refroidissement allant jusqu'à 6 °C. La croissance est lente à 10 °C, et très accélérée à des températures du sol de 25 à 30 °C. Une alternance de séquences chaudes et fraîches en saison de récolte perturbe la régularité de celle-ci, car la croissance se développe par coups. Un printemps froid donne un faible rendement, car il ralentit la croissance ; la récolte sera régulière si la température se maintient en moyenne au-dessus de 18 °C. La qualité des turions est améliorée par une croissance rapide. Le gel au printemps entraîne une baisse de rendements et annonce toujours une moins bonne année. Il est préférable de choisir des sites peu exposés au gel. Le froid et le vent peuvent faire courber les turions au point d'entraîner leur déclassement.

Plus on cultive l'asperge dans un climat frais avec une courte saison de végétation, plus on doit raccourcir la période de récolte pour laisser au plant le temps d'effectuer sa pousse végétative et sa mise en réserve. En milieu tropical, comme à Taiwan, on est en présence de pousses végétatives et on récolte toute l'année, mais l'absence de repos raccourcit la vie des plantations. En général, l'asperge est surtout cultivée en zones tempérées avec repos hivernal ou en zone de cultures irriguées avec une période de repos induite par la sécheresse.

Pour la période végétative, l'asperge se plaît à des températures de 16 à 24 °C. Si la température est trop élevée, la plante fait peu de réserves sous forme d'hydrates de carbone dans ses racines et les rendements en sont affectés. D'un autre côté, si la température est trop froide, la croissance est faible et les réserves proportionnellement réduites. En août et en septembre, le temps frais déclenche la translocation et l'accumulation des réserves dans les rhizomes.

L'asperge est rustique et supporte bien l'hiver puisque les couronnes sont sous la terre et la neige. Un sol mal drainé et un gel profond causent des dégâts. Le couvert de neige est donc essentiel. C'est dans nos climats froids que la longévité des plants est la plus élevée.

18.2 CULTIVARS

Les anciens cultivars employés au Québec (Mary Washington et Viking) ne sont plus recommandés. Leur faible rendement et leur manque d'adaptabilité sur le terrain les déclassent par rapport aux nouvelles variétés.

Les nouveaux cultivars dits « super mâles » offrent des rendements de beaucoup supérieurs et des plants plus homogènes. Les plants mâles sont reconnus pour leur plus grande productivité et leur meilleure tolérance aux maladies. L'Université de Rutgers a développé diverses souches d'appellation Jersey. Le cultivar Jersey Giant est actuellement le plus utilisé aux États-Unis ; c'est un hybride de clones entièrement mâles. Il donne de bons rendements (de 4 000 à 4 500 kg/ha dans les essais au Québec) et s'adapte très bien à différents environnements culturaux. Il est résistant à la rouille et à la moisissure grise, et sa grande vigueur lui confère une certaine tolérance au *Fusarium*. Le prix de la semence est très élevé. Plusieurs autres sélections de Jersey sont disponibles.

Durant les années 1990, l'Université de Guelph (Ontario) a développé plusieurs cultivars, dont le Guelph Millenium, qui a donné de bons rendements lors d'essais au Québec, mais comme il est très sensible à la rouille de l'asperge et que la pointe du turion a tendance à ouvrir rapidement, on ne le recommande qu'à la condition de pouvoir bien contrôler la rouille.

Le choix d'un cultivar doit toujours reposer sur des résultats d'essai. L'évaluation du cultivar doit porter sur sa vigueur, sur son comportement et sur sa résistance aux maladies comme la rouille de l'asperge et la fusariose vasculaire. Actuellement, le cultivar Jersey Giant et d'autres sélections de Rutgers sont des cultivars jugés intéressants.

18.3 PROPAGATION

Pour assurer la propagation de l'asperge, on doit lui assurer les conditions de germination appropriées, en matière de température et de durée. On doit absolument éviter de faire le semis en pleine terre et effectuer plutôt la production de griffes en pépinière.

18.3.1 SEMENCES ET GERMINATION

On vise une population de 18 500 plants/ha en moyenne, avec un espacement entre les rangs de 1,80 m et un espacement de 0,30 m sur le rang. Les semences se conservent pendant cinq ans. Un gramme contient de 35 à 45 graines, et 1 kg de semence fournit suffisamment de griffes pour un hectare.

18.3.2 SEMIS EN PLEINE TERRE

Le semis direct d'asperge au champ dans le but de mettre en place une plantation sans transplantation n'est pas recommandé à cause du manque de régularité des plants obtenus ; de plus, il est à peu près impossible d'effectuer le contrôle des mauvaises herbes à un coût raisonnable, vu la lenteur de la croissance de la culture.

18.3.3 PRODUCTION DE GRIFFES EN PÉPINIÈRE

Il est possible d'acheter des griffes ou de les produire soi-même : c'est la méthode de production traditionnelle. La préparation du sol est primordiale, et il est souvent nécessaire de préparer le terrain pendant deux ans avant le semis en pépinière.

Le sol doit être très bien drainé, profond, humifère, avec un pH proche de la neutralité, et exempt de mauvaises herbes vivaces. Il faut choisir un terrain qui n'a jamais servi à la culture de l'asperge, à bonne distance d'autres aspergeraies, pour éviter les problèmes de maladies et d'insectes. Il faut aussi éviter les précédents de maïs, de pomme de terre, de carotte, de blé, d'échalote, de ciboulette ou d'oignon qui sont des hôtes alternatifs de maladies.

Si le temps est sec, il faut absolument irriguer, sinon il est possible que les griffes ne soient pas suffisamment développées à la fin de l'année pour être prêtes à planter le printemps suivant. Il est préférable d'utiliser un loam plutôt qu'un sable pour la pépinière : le calibre des griffes sera meilleur. Propreté, fertilité et humidité constante sont les garanties de succès.

Il a été démontré que des plants de deux ans en pépinières offrent de moins bons résultats sur la vie de la plantation que des griffes d'un an. Les racines trop longues des griffes de deux ans sont endommagées lors de l'arrachage et favorisent ainsi le développement de la fusariose vasculaire.

Pour améliorer la germination, on peut faire tremper les graines durant trois à quatre jours dans de l'eau à 30 °C, puis les assécher avant le semis. On sème vers la mi-mai, lorsque le sol atteint 10 °C ; la germination prendra environ trois semaines. Le semis est fait à l'aide d'un semoir de précision ; on espace à 75 cm entre les rangs ou selon le système de sarclage mécanique. Sur le rang, les semences seront distancées de 6 cm, à 3 cm de profondeur en sol léger et entre 1,5 et 2 cm en sol plus lourd. On vise à garder 10 à 12 plants par mètre linéaire de rang.

Il est essentiel de voir à ce que les jeunes plants ne soient jamais en compétition avec la mauvaise herbe et qu'ils ne manquent pas d'eau en période de sécheresse. On doit aussi faire attention lors des binages, car les racines sont très superficielles. Lors des sarclages manuels, on peut effectuer une première sélection en éliminant les plants plus faibles. Dans une pépinière bien gérée, un kilo de semences devrait produire assez de griffes pour mettre en production un hectare.

À l'automne, un beau plant devrait avoir trois ou quatre tiges de 45 à 60 cm de hauteur. Une bonne griffe a des racines bien blanches, peu nombreuses et grosses, de diamètre égal sur toute la longueur, un collet large pourvu de quatre ou cinq bourgeons vigoureux. Les griffes devraient peser au moins 30 g ; en fait, il est préférable de chercher à obtenir des calibres entre 50 et 75 g. Les plants sont variables et les plus faibles seront vulnérables ; il est donc important de faire un tri sévère à l'arrachage. On peut butter les griffes en pépinière à l'automne pour retarder le départ de la végétation au printemps suivant.

On broie les tiges au printemps avec une faucheuse rotative pour faciliter l'arrachage des griffes. Au début de mai, avant le départ de la croissance, on déterre les griffes avec une arracheuse à pomme de terre modifiée. Pour une petite plantation, une lame souleveuse peut suffire. Il faut éviter de briser les racines et rejeter les griffes trop petites ou endommagées lors de l'arrachage. Avant la transplantation, les griffes subissent un stress qu'il faut réduire au minimum ; il importe donc de les protéger du soleil et du vent, et de les praliner avec un mélange d'argile et de compost mûr, dilué dans de l'eau ou du préparat 500 pour les utilisateurs de la biodynamie. S'il se déroule un laps de temps avant la plantation, on doit entreposer à –2 °C et à une humidité relative de 90 %, car vers les 3 à 5 °C, la croissance peut démarrer. Il est important d'entreposer les griffes sur une faible épaisseur afin d'assurer une bonne aération. Il est bon aussi de garder des plants en réserve au froid pour les planter là où il y aura des manques.

18.3.4 PRODUCTION DE TRANSPLANTS EN SERRE

La technique de production de transplants en serre dans des multicellules est nouvelle et moins utilisée que la précédente. Le démarrage de la plantation est un peu plus lent, mais la technique donne de bons résultats lorsqu'on applique tous les soins requis. Il faut notamment semer au début de mars dans des multicellules ou dans des mottes du volume de 24,6 à 36,1 cm^3. On évite d'utiliser les contenants de styromousse, car le chevelu racinaire y pénètre. On place les contenants sur des tables pour éviter le développement des racines en dessous. Les plants resteront en serre de 10 à 12 semaines. Certains producteurs choisissent l'été pour produire les plants après avoir utilisé la serre pour une autre culture de plants ; avec cette méthode, la séquence de culture est plus courte, vu la longueur des jours.

On utilise un terreau riche en mousse de tourbe. Il y aurait avantage à utiliser un substrat mycorhizé. Pour le semis de l'asperge, on recommande d'enfouir la graine de 1,2 à 1,5 cm de profond pour éviter que la radicule ne pousse la graine hors du terreau, car les racines poussent juste sous la graine. On privilégie une température du sol de 25 °C durant la germination. Il est possible de garder les semis en chambre de germination deux semaines avant de les mettre en serre, à 70 % d'humidité relative ; pour la croissance en serre, on recommande 24 °C le jour et 18 °C la nuit. On peut maintenir des conditions un peu plus chaudes et humides durant les deux premières semaines, et les ajuster par la suite quand la croissance est bien démarrée. On peut effectuer une fertilisation d'appoint avec des purins de plantes, de l'émulsion de poissons ou des extraits d'algues. Lors des arrosages, on recommande d'utiliser un jet fin pour éviter de coucher les pousses au sol, ce qui favorise les maladies.

La transplantation au champ a lieu après la fin des risques de gel, au début de juin, ou en plein été selon la saison de culture en serre. Le calibre est plus petit, les plants plus délicats et difficiles à renchausser, rendant ainsi le contrôle des mauvaises herbes plus difficile.

18.3.5 PLANTATION AU CHAMP

Comme l'asperge n'aime pas le vent, on choisira un champ bien protégé où l'on plantera des brise-vent ; cependant, il faut assurer une porosité suffisante pour l'aération afin d'éviter les maladies et un drainage de l'air pour éviter le gel. Les grands vents entraînent la production de turions crochus. Les rangs peuvent être alignés dans le sens des vents dominants d'été pour favoriser la ventilation. L'asperge doit être plantée dans un sol assez plat ou avec une très légère pente afin d'éviter l'accumulation de l'eau dans les dépressions.

L'asperge est une plante qui retient très peu le sol lorsque celui-ci est soumis à l'érosion hydrique ; s'il y a des risques d'érosion, on peut planter à contresens des pentes. La transplantation au champ, dans le lieu définitif, se fait au début de mai dans le Centre du Québec.

La méthode classique d'implantation consiste à creuser une tranchée assez profonde (30 à 40 cm) avec une sillonneuse à 1 rang, dans laquelle on étend du compost mûr, enrichi de phosphate de roche pour couvrir le fond de la tranchée ; on vise à obtenir une tranchée de 15 à 20 cm de profondeur et 30 cm de largeur, dans laquelle on étale les racines de la griffe par la suite. La butte de compost, ou parfois de terre, donne une tranchée en forme de W. L'important, c'est de planter la griffe de manière à ce que le dessus de la griffe soit à une profondeur de 15 cm.

S'il est impossible de mettre du compost au fond de la tranchée, il faut bien enrichir le sol au préalable et appliquer au fond de la tranchée un phosphate de roche qui minéralisera graduellement ses éléments nutritifs. La technique de plantation dans une tranchée est incontournable avec les griffes.

L'utilisation d'un pralin à base d'argile sur les griffes avant de planter est une bonne pratique. On couvre la griffe de 5 cm de terre en laissant un sillon. Les pousses d'asperge apparaissent généralement une semaine après la plantation de griffes. Il faut protéger les jeunes tiges contre les gelées tardives du printemps.

Habituellement, une équipe de travailleurs plante plusieurs rangs à la fois en transportant les griffes dans des caisses. Un planteur mécanique modifié peut également être utilisé pour planter les griffes. On recommande de planter pas plus de 0,5 hectare par année pour pouvoir exécuter un bon suivi des nouvelles plantations. Le contrôle des mauvaises herbes est le travail le plus important à réaliser lors de la plantation d'asperge.

Les sarclages subséquents verront à diriger de la terre dans la tranchée au fur et à mesure que la saison progresse, ce qui facilitera le contrôle des mauvaises herbes. À la fin de l'été, le sol sera au niveau du champ ou même légèrement butté pour faciliter le drainage hivernal.

Pour ce qui est des transplants provenant d'une serre, on ouvre une tranchée et on les plante au centre en plaçant la couronne à 15 cm de la surface du champ. On peut aussi utiliser un transplanteur. Le renchaussage des transplants devra se faire avec précaution afin de ne pas enterrer les jeunes tiges.

18.3.6 ESPACEMENTS

L'espacement est une question capitale, et controversée, car il influence la grosseur des turions récoltés et la durée de la plantation. En général, depuis 25 ans, on plante serré sur le rang, de 22 à 30 cm, parfois 35 cm, ce qui est peu pour un système racinaire aussi développé que celui de l'asperge. On vise ainsi à augmenter les rendements à court terme par le nombre de turions récoltés et, aussi, la vitesse de récolte. Les turions de calibre moyen seraient plus abondants. Les plateaux élargissent avec le temps vers les allées et le système racinaire colonise abondamment le sol.

Cependant, les plantations durent peu longtemps comparativement aux plantations traditionnelles où l'on a des densités linéaires bien moindres. Comme les aspergeraies commerciales se dégradent rapidement, est-il préférable de planter serré et d'en tirer ce qu'on peut le plus vite possible ou doit-on espacer plus et viser une plus grande productivité à long terme, et des turions de plus gros calibre ? Ces questions ne sont malheureusement pas encore résolues, en particulier à cause de l'attente nécessaire pour observer une plantation dans sa deuxième décennie, et aussi parce qu'on ne connaît pas le comportement à long terme des nouveaux cultivars. En général, les plantations denses ne donnent pas beaucoup plus de rendement après quelques années de récolte, alors que les plants deviennent serrés les uns contre les autres. La tendance qui se dessine est d'espacer davantage les nouveaux cultivars mâles, plus vigoureux et au feuillage plus abondant, sur le rang et entre les rangs.

En culture conventionnelle, le CRAAQ recommande d'espacer de 137 à 152 cm entre les rangs, et de 30 cm entre les plants. Cette densité donne de 22 000 à 24 000 plants/ha. Le ministère de l'Agriculture et de l'Alimentation de l'Ontario (MAAO) recommande 120 à

150 cm entre les rangs et 22 à 30 cm entre les plants sur le rang. Les densités les plus élevées atteignent 38 000 plants/ha. L'espacement entre les rangs est choisi en fonction de la largeur du tracteur utilisé pour passer le sarcloir entre les rangs d'asperges lorsque la plantation est établie.

La tendance en agriculture biologique est de laisser 1,8 m pour les nouveaux cultivars vigoureux, afin de favoriser une meilleure circulation de l'air et permettre le passage de la machinerie pour désherber entre les rangs lorsque la plantation est établie. Un espacement de 30 cm entre les griffes sur le rang permet d'obtenir de bons rendements rapidement et permet aux griffes les plus vigoureuses de couvrir l'espace disponible. Certains préfèrent un espacement de 40 cm entre les plants des nouvelles variétés plus vigoureuses.

18.4 SOLS ET FERTILISATION

La préparation du sol et la fertilisation des plantations d'asperge doivent tenir compte des exigences spécifiques de l'asperge.

18.4.1 CHOIX ET PRÉPARATION DU SOL

La première exigence de l'asperge est de ne pas avoir les pieds dans l'eau, ce qui demande que la nappe phréatique soit maintenue à une profondeur de 1,5 m, même en hiver. Si le drainage n'est pas excellent, on peut envisager l'installation de drains souterrains suffisamment rapprochés pour abaisser la nappe. On doit donc éviter d'utiliser toute parcelle imparfaitement drainée. Un nivellement peut être nécessaire pour assurer le drainage de surface, mais il faut prendre garde de ne pas amincir le sol, ni de le compacter en travaillant en conditions humides. La récolte implique d'entrer dans le champ en tout temps, même en période de pluie.

L'asperge doit être cultivée dans un sol plutôt léger (65 à 85 % de sable) avec une bonne fraction de sable grossier. Les racines peuvent descendre jusqu'à 3 à 4 m et s'étendre latéralement sur plus de 2 m. On recherche les sols chauds, bien exposés, de texture légère, bien drainés et riches ; et on évite les sols très rocheux ou argileux qui pourraient endommager les turions à leur sortie de terre. En France, on a identifié le fait que l'amertume et la fibrosité augmentent quand le sol a une teneur en argile aux environs de 10 %. Les sols limoneux de structure battante ne conviennent pas à l'asperge, car ils retiennent trop l'humidité.

L'asperge pousse naturellement dans des sols pauvres ; par contre, mieux on prépare la culture, plus on donne de soins, plus le rendement sera élevé et la durée de la culture prolongée. Cela implique des travaux de drainage, de sous-solage, de nivellement, de chaulage, des applications de compost, des engrais verts avec des jachères pour le contrôle des mauvaises herbes, celui des vivaces en particulier. Idéalement, on devrait préparer le terrain deux ans à l'avance. Le sous-solage suivi d'engrais verts à enracinement profond assure une bonne décompaction en profondeur. En parallèle, on nettoiera un terrain pour la production de griffes si on ne les achète pas ou si on ne produit pas de transplants en serre.

Les deux premières années de l'aspergeraie sont déterminantes pour la longévité et le rendement de la culture. Étant donné qu'il faudra parfois jusqu'à six ans avant que la plantation ne donne son plein rendement, le choix du site et la préparation sont primordiaux. Les investissements sont importants et on ne doit pas faire de compromis quant à la qualité du travail de préparation. Il faut notamment choisir un sol qui n'a pas servi à la culture de l'asperge afin de prévenir les problèmes de fusariose vasculaire.

L'asperge tolère un pH entre 6 et 7,5 selon les sols, avec un optimum visé de 6,5 à 6,8. Les sols très légers ayant souvent tendance à être acides et pauvres, la régie du chaulage sera importante ; on évite donc les endroits où les sous-sols sont très acides. On peut appliquer de fréquents petits apports ou expérimenter l'utilisation de chaux à fractions granulométriques variables. Il ne faut pas aller à l'encontre de leur génétique et trop chauler les sols légers, ce qui entraîne souvent des déséquilibres d'oligo-éléments, entre autres. La dolomite est souvent recommandée.

18.4.2 FERTILISATION

Des conditions de croissance excellentes et la réussite de l'établissement de la culture sont plus importantes que la régie de fertilisation dans une aspergeraie. Des sols mal choisis et des plants mal partis ne donneront jamais de bons résultats. Il est recommandé de hausser la fertilité du sol avant la plantation plutôt que de corriger un sol pauvre par la fertilisation effectuée après la plantation. Généralement, on effectue un apport de 40 à 60 t/ha de compost et du phosphate de roche dans le sillon de plantation, selon sa richesse.

A. Exportation moyenne

Les prélèvements d'éléments nutritifs effectués par la plante pour produire une récolte de 3 t/ha (turions, tiges, racines) sont estimés à 70 kg N/ha, 9 kg/ha et 50 kg de K/ha. Au tableau 18.1, on donne les valeurs pour l'exportation de deux tonnes à l'hectare.

TABLEAU 18.1 Exportation moyenne

Turions (t/ha)	N (kg/ha)	P_2O_5 (kg/ha)	K_2O (kg/ha)
2	10	2 — 3	7 — 9

Les résidus de culture sont broyés sur le champ, puis minéralisés ou humifiés ; à moyen terme, la majorité des minéraux contenus sont recyclés vers le sol et la culture. Par contre, sur les sols légers où l'on cultive l'asperge, le lessivage peut être important, en particulier puisque le système racinaire n'exploite pas toute la superficie. Il faut viser à maintenir une activité biologique élevée et une circulation active des éléments nutritifs entre les résidus, l'humus et le plant.

Les turions absorbent probablement le phosphore et la potasse à partir des réserves racinaires qui s'appauvrissent durant la récolte et doivent être reconstituées après ; l'azote du sol serait utilisé par le plant durant la récolte. Le plant d'asperge consomme la majeure partie de ses éléments nutritifs durant l'été, dans les semaines qui suivent la récolte. La production des turions absorbe une grande quantité d'hydrates de carbone et la croissance d'un feuillage vigoureux et sain constitue le premier gage de rendement durant l'année suivante. L'asperge blanche est environ 30 % plus pauvre en protéines, en azote. Hormis les légumineuses, l'asperge est un des légumes les plus riches en azote, mais l'exportation d'azote hors du champ reste très faible vu le faible rendement.

En culture conventionnelle, on trouve des fertilisations variées (tableau 18.2). Certains auteurs soulignent le fait que le jeune plant en voie d'établissement doit être fertilisé plus abondamment, puisque les éléments nutritifs stockés dans le système racinaire deviennent la principale source de nutriments ; on doit donc entretenir ces réserves après l'établissement. À retenir : la récolte exporte peu. Les recommandations québécoises pour les sols pauvres en phosphore et potasse sont les plus élevées au monde et fournissent jusqu'à 10 fois les teneurs absorbées par les plants (tableau 18.3).

TABLEAU 18.2 Fertilisations en culture conventionnelle

Type	N (kg/ha)	P_2O_5 (kg/ha)	K_2O (kg/ha)
À l'établissement	55 — 280	55 — 310	40 — 300
En culture	55 — 180	55 — 150	25 — 335

TABLEAU 18.3 Recommandations québécoises

Type	N (kg/ha)	P_2O_5 (kg/ha)	K_2O (kg/ha)
À l'établissement	150	40 — 310	20 — 300
En culture	60 — 100	40 — 150	20 — 335

En culture biologique, on peut fertiliser avec un engrais azoté organique au printemps, mais il est généralement plus pratique d'apporter un compost ou un fumier composté à la fin de la récolte, avant la croissance des tiges ; comme le système racinaire est localisé sur la bande cultivée avant de s'étendre plus large en vieillissant, on peut modifier un épandeur pour localiser le compost sur le rang, ce qui diminue la pression des mauvaises herbes entre les rangs. Les phosphates et la chaux peuvent être ajoutés au compost avant l'épandage. On pratique des applications annuelles de 20 à 30 t/ha de compost au début, puis des doses de 15 à 20 t/ha après quelques années. Certains font des apports plus importants tous les deux ans ; d'autres placent l'équivalent de 15 à 30 t/ha de compost localisé sur le rang à l'automne.

Lors du compostage, on doit bien recouvrir les composts, car la potasse ne doit pas être lessivée.

Une minéralisation de N de 100 kg/ha répond généralement bien aux besoins de l'asperge établie. Par contre, l'absorption localisée du système racinaire exige généralement une augmentation des apports si les engrais ne sont pas localisés, avec consommation accrue par les mauvaises herbes si elles arrivent à s'implanter. Lors de la culture en pépinière de la griffe, 60 à 80 kg de N/ha suffisent. Il faut éviter les excès d'azote, car ils favorisent une diminution du rendement.

Même en sol riche en phosphore, il peut être intéressant de localiser dans la tranchée sous le plant, à la plantation, des phosphates naturels dont l'effet se fera sentir à long terme. Le sol utilisé comme pépinière pour les griffes doit aussi être bien pourvu en phosphore.

Le plant réagit bien à la fertilisation potassique et, comme il est friand de magnésium, le Sul-Po-Mag est un fertilisant envisageable. On peut aussi utiliser la cendre de bois pour hausser le pH et les taux de calcium et de potassium. L'asperge tolère une salinité élevée et elle s'installe parfois au bord de la mer ; traditionnellement, on a vu des applications de sel atteignant 100 kg/ha sur les aspergeraies. Du sel et des algues marines fraîches peuvent être utilisés ; on peut aller jusqu'à une dose de 300 kg/ha de sel marin sans endommager les plants, mais il faut surveiller l'incidence d'une telle pratique sur l'équilibre des cations, le pH et la structure du sol.

En France, dans les aspergeraies établies, on recourt à un mélange N-P-K organo-minéral dosant 100-60-120 comme fertilisant.

B. Oligo-éléments

La carence en bore peut parfois poser des problèmes ; c'est pourquoi on doit éviter les chaulages importants qui nuisent à l'assimilation de plusieurs oligo-éléments, et fertiliser avec du Borax ou du Solubor en cours de culture. Il faut aussi surveiller l'équilibre des cations, car la capacité d'échange cationique est généralement faible en sols légers. Le zinc serait aussi à surveiller, mais l'utilisation de compost en assure habituellement des niveaux suffisants. Une carence en magnésium peut être corrigée par une pulvérisation foliaire de sulfate de magnésium (sel d'Epsom) dilué à 1 ou 2 % ou une application de Sul-Po-Mag. Il faut surveiller les carences en manganèse afin de diminuer les problèmes de fusariose vasculaire.

18.4.3 IMPACT ORGANOLEPTIQUE DE LA FERTILISATION

Sauf pour la vigne, l'impact de la fertilisation sur la saveur des aliments est le talon d'Achille de l'agriculture conventionnelle et constitue l'un des plus importants sujets de recherche à explorer dans les décennies qui viennent. En effet, le plaisir qu'on prend à table est l'un des aspects importants de l'alimentation humaine et une responsabilité ignorée des agriculteurs est de faire jouir de la nourriture. Évidemment, le climat aura une influence sur les saveurs et les arômes, de même que le sol. Ces facteurs ont été bien identifiés dans la viticulture, mais la fertilisation a aussi une influence sur les autres cultures.

Des travaux effectués en France avant la Seconde Guerre mondiale sont cités par Gabriel Billault. Il semble que le fumier donne une asperge fade, ou légèrement amère. Le sang séché donne un goût amer. Le sel donnerait un goût douceâtre de même que le nitrate de soude. Le gypse améliore sensiblement la saveur, de même que l'acide phosphorique. Il y aurait lieu de faire de telles mises au point dans nos conditions culturales avec les cultivars récents. En France, on recommande d'éviter les sulfates de potassium qui donnent un goût amer.

18.5 ROTATION DES CULTURES

L'asperge étant une vivace, elle est hors rotation. Par contre, pour ce qui est des précédents, il est important que le terrain n'ait pas eu de culture d'asperge au préalable. Comme le maïs sucré partage avec l'asperge la maladie causée par *Fusarium proliferatum*, il ne devra pas faire partie des précédents culturaux. Un engrais vert de crucifère pourrait avoir une incidence positive sur le contrôle du *Fusarium* avant la plantation.

Les meilleurs précédents sont des engrais verts dotés de systèmes racinaires défonçants. La carotte, le céleri, l'endive, la pomme de terre, la luzerne sont à éviter. L'épinard, la laitue, le poireau et le chou sont des précédents recommandés. Le sarrasin et le millet japonais peuvent être utilisés comme engrais vert. Il est cependant important d'enfouir le sarrasin avant la formation de graines, environ cinq semaines après le semis.

18.6 CULTURES ASSOCIÉES

En culture commerciale, le travail mécanisé empêche normalement les cultures entre les rangs de l'asperge alors que certaines cultures sont possibles. Dans les petits maraîchages intensifs avec plantation manuelle, diverses cultures hâtives pourraient être pratiquées au début de la saison, mais on préfère généralement rapprocher les rangs d'asperge et conserver l'espace pour les déplacements lors de la récolte.

Un maraîcher a déjà utilisé le sarrasin comme culture intercalaire dans l'asperge. Il entretenait la culture durant la récolte et il continuait les sarclages au début de l'été, puis il laissait monter le sarrasin en deuxième partie de saison ; celui-ci se ressemait, revenait l'année suivante et contrôlait les mauvaises herbes annuelles. La pratique n'a cependant pas empêché le chiendent d'envahir l'aspergeraie, et il n'est pas certain qu'elle ne nuise pas aux travaux de sarclage plus qu'elle ne compétitionne les mauvaises herbes. Il y aurait lieu d'explorer l'utilisation de plantes intercalaires, annuelles ou vivaces, pour couvrir l'inter-rang, mais il faut que ce soit compatible avec les travaux d'entretien et que ça empêche l'implantation du chiendent.

Le semis entre les rangs d'asperge de ray-grass vivace ou de trèfle blanc mériterait d'être essayé pour faciliter le contrôle des mauvaises herbes. Il faudrait s'assurer que le trèfle blanc, qui se propage par stolons, ne pénètre pas la zone occupée par le plateau.

En Ontario et aux États-Unis, on utilise le seigle d'automne, mais il est détruit par un herbicide au printemps ; le paillis formé par le résidu inhibe la pousse de mauvaises herbes et ralentit la croissance de l'asperge en gardant le sol frais. La destruction mécanique serait très difficile à effectuer sur le rang, donc, en l'absence d'herbicide, on doit limiter l'implantation à la bande de l'inter-rang où il n'y a pas de rhizomes. Le seigle pourrait être laissé au sol au printemps, fauché ou tondu, et offrir une certaine protection contre le sable charrié par le vent et une protection du sol lors de la récolte. Par contre, il ne faut pas laisser le seigle se ressemer, car il s'installerait sur le rang et y causerait des problèmes.

Il faut comprendre que ces formes de compagnonnage intercalaire comportent toujours des risques de dommage à la culture par compétition. Le maraîcher doit toujours effectuer une mise au point sur une petite section avant de généraliser ces pratiques qui n'ont pas été validées au Québec.

18.7 IRRIGATION

L'asperge développe un système racinaire en profondeur, ce qui lui permet, une fois bien établie, de résister assez bien aux sécheresses. Mais elle réagit quand même bien à l'irrigation durant les années sèches ; dans ces conditions, un apport régulier en eau est utile durant la récolte, puis durant la période de croissance du feuillage (juillet et août) qui prépare la récolte suivante. On irrigue jusqu'à ce que les conditions automnales commencent à faire tourner le feuillage. Un printemps sec réduit le calibre et le rendement, et l'irrigation sera d'autant plus utile que des conditions climatiques chaudes augmentent le potentiel de rendement.

Un approvisionnement régulier en eau est capital lors de la production de la griffe en pépinière et durant la période d'établissement de deux ou trois ans en pleine terre, car il influencera toute la vie de la plantation. Assurer une humidité suffisante par des arrosages profonds encouragera certaines racines à descendre dans les terres plus chaudes et plus riches, même si l'enracinement est principalement traçant et superficiel. On utilise généralement un système d'irrigation par aspersion mais aussi, dans des régions plus sèches, des systèmes goutte à goutte en surface ou enfouis à 30 cm sous le rang. En localisant l'apport d'eau, le goutte à goutte diminue la croissance des mauvaises herbes. Le système goutte à goutte requiert un certain investissement et un suivi soigné. L'irrigation par aspersion peut servir également à protéger les récoltes lors de gelées tardives.

18.8 GESTION DES MAUVAISES HERBES

Le plus grand problème consiste à assurer que la plantation ne soit pas envahie par les mauvaises herbes. Le contrôle des mauvaises herbes durant la première année de la plantation d'asperge est relativement facile, car on peut passer les sarcloirs entre les rangs et compléter les sarclages mécaniques par des sarclages manuels. Toutefois, durant les années suivantes, il est plus difficile de circuler dans l'aspergeraie, car les tiges ont jusqu'à 2 m de hauteur. Très tôt au printemps, le travail mécanique du sol peut être effectué avec un rotoculteur. Il doit être pratiqué très superficiellement pour ne pas endommager les rhizomes et les turions qui se développent dans le sol. L'espace entre les rangs est entretenu avec des sarclages mécaniques tout au long de la saison si on utilise un petit tracteur ; d'où l'importance d'avoir des rangs suffisamment écartés les uns des autres. Certains gros producteurs préfèrent un tracteur élevé qui passe sur le rang. Il faut éviter de compacter la zone racinaire avec les roues du tracteur. Des sarclages manuels seront nécessaires en cours de saison.

Les mauvaises herbes vivaces sont celles qui causent le plus de problèmes, notamment le chiendent, car son système de rhizomes s'installe dans les griffes d'où il devient pratiquement inextricable. La vesce jargeau est une autre espèce à surveiller, tout comme l'asclépiade et la prêle des champs. Il est primordial d'éliminer soigneusement les vivaces avant l'implantation de la culture. On n'insistera jamais assez sur ce fait.

Tous les moyens de prévention s'appliquent. On doit prendre garde de ne pas utiliser du compost contenant du chiendent, de nettoyer le sarcloir si on y trouve des rhizomes, et de les déraciner à la main si on en aperçoit. Un bon sarclage manuel avant le début de la récolte permet d'enlever les vivaces avant qu'elles n'aient le temps de bien s'enraciner. Une croissance vigoureuse est une bonne défense contre l'herbe sur le rang.

Ailleurs dans le monde, on emploie des oies qui font un sarclage assez systématique sans endommager l'asperge. Mais cela suppose d'hiverner un troupeau suffisant pour qu'elles soient assez grosses aux printemps et à l'été ; de plus, les vivaces ne se trouvent pas déracinées par ce procédé.

Le pyrodésherbage est aussi utilisable pour le contrôle des annuelles. L'utilisation d'un paillis de bois raméal est une manière de ralentir le développement des mauvaises herbes. Il faut l'appliquer en couche mince sur le rang et répondre aux besoins supplémentaires d'azote. Un producteur d'asperges blanches mulche tout l'espace entre ses rangs d'asperges avec les plastiques épais servant au forçage ; il effectue un sarclage manuel au printemps avant le démarrage de la culture pour enlever les vivaces.

18.9 MALADIES ET INSECTES

La fusariose vasculaire constitue la principale maladie de l'asperge. Les champignons *Fusarium oxysporum* sp. *asparagi* et *Fusarium proliferatum* sont fréquents et persistants dans le sol ; ils affectent les tissus vasculaires des racines et des tiges ; on les trouve même sur et dans les semences. La maladie se manifeste par une coloration brunâtre ou rougeâtre des racines, de la griffe ou de la tige, et entraîne un dépérissement progressif et parfois très rapide de la plantation. Les tiges peuvent jaunir prématurément à l'automne, réduisant la mise en réserve des rhizomes. Les nouveaux hybrides ne sont pas totalement résistants, mais à cause de leur vigueur, ils représentent une grande amélioration.

Pour prévenir la maladie, on évite tout stress aux plants grâce à une excellente régie. On commence par éviter l'asperge, le maïs, la carotte, la pomme de terre et le blé comme précédent cultural, puis on maintient un bon drainage avec la nappe à plus de 1,5 m de la surface et on utilise des semences et des griffes ou transplants exempts de maladies. On s'assure ensuite de faire un bon contrôle des mauvaises herbes et des insectes, d'éviter la surcueillette, de ne pas endommager les racines lors des sarclages et de la cueillette, de maintenir une bonne fertilité, de prévenir les stress hydriques importants et de ne pas utiliser de compost trop jeune. Les racines se renouvellent avec le temps ; une régie offrant des conditions favorables à la croissance aide l'asperge à se régénérer. De plus, la protection hivernale contre le froid et la glace diminue le stress des plants ; la présence de brise-vent et l'accumulation de neige sont donc bénéfiques. L'emploi fertilisant de sel diminue l'infestation. Il semble que des engrais verts de crucifères pourraient avoir une incidence sur le contrôle du *Fusarium* avant la plantation. De plus, les mycorhizes jouent possiblement un rôle dans le contrôle des maladies fusariennes. Il se fait actuellement des recherches pour l'utilisation de souches avirulentes de *Fusarium* afin de contrôler la fusariose vasculaire. Pour cultiver les griffes dans des conditions saines, on doit, dans l'ensemble, adopter des pratiques qui diversifient l'écosystème microbien du sol et laissent toujours moins de place à des organismes de ce type. Le 500 préparé en biodynamie est utile ici. L'équilibre naturel des insectes aide à prévenir le transfert du *Fusarium* par les insectes vecteurs de cette maladie.

La rouille de l'asperge (*Puccinia asparagi*) est une maladie qui affecte l'oignon, la ciboulette, l'échalote et l'asperge. On devra les éviter comme précédents culturaux et sur les parcelles voisines. Une alternance de temps chaud et sec avec des averses et orages favorise l'éclosion de ce champignon qui provient de résidus de culture et se développe sur les tiges et le feuillage en présence de gouttelettes d'eau (quelques heures d'humectation peuvent suffire). La maladie se manifeste tôt au printemps par des taches vert pâle sur les tiges qui deviennent orange, puis brun rouge, puis finissent par causer des dépressions noirâtres dans la tige. La maladie peut entraîner des baisses de rendement importantes les années humides et favoriser le développement de fusariose vasculaire.

Pour prévenir les problèmes, on oriente les rangs d'asperge dans le sens des vents dominants, ce qui favorise l'assèchement des plants et offre des conditions moins favorables. Un écartement plus important entre les rangs diminue l'incidence de la maladie. La tolérance des cultivars joue aussi un rôle. Le cultivar Guelph Millenium est sensible à cette maladie. La plupart des cultivars en conditions très favorables à la rouille seront affectés par cette maladie. Lors de la récolte, on ne laisse pas de chicots (sections de turions non récoltées) au champ. En plus, il est important de récolter les turions ayant un faible diamètre et les turions endommagés. On peut aussi irriguer par aspersion tôt le matin pour faire sécher les plants rapidement par la suite. La destruction d'asperges sauvages et d'asperges volontaires réduit le développement de la maladie. Si la maladie est présente, on brûle ou on enlève les tiges au printemps. On peut également composter les tiges pour les utiliser ensuite ailleurs sur la ferme, sur d'autres cultures non affectées par la rouille. Les produits cupriques sont efficaces, mais il faut les utiliser avec prudence vu le caractère vivace de la culture ; une utilisation répétée pourrait hausser le niveau du cuivre dans le sol. Le poudrage de soufre est utilisé en Californie en culture biologique.

La stemphyliose (*Stemphylium vesicarium, S. botryosum*) est une autre maladie cryptogamique qui peut déclasser les turions en créant des taches pourpres sur les jeunes tiges. Elle peut aussi affecter les plants matures et causer des dommages en produisant le brunissement et la perte de cladodes. Comme la stemphyliose est favorisée par l'abrasion du sable sur les tiges, la présence de brise-vent poreux aide à la prévenir, de même que l'enlèvement ou le brûlage des résidus de culture, ou leur décomposition active au sol. Enfin, on doit favoriser un bon écoulement de l'air, car les conditions humides lui sont favorables, et utiliser des produits cupriques comme dernier recours.

La moisissure grise (*Botrytis cinerea*) s'attaque aux plants d'asperges déjà blessés par les insectes ou la rouille. Ce champignon, favorisé par des températures chaudes et humides, est fréquent dans les cultures maraîchères et de fraises. Toutes les mesures de prévention des maladies fongiques peuvent aider : bien doser l'azote, maintenir une bonne structure du sol, contrôler les insectes et la rouille, activer la décomposition des résidus, éviter les plantations trop denses. Le silicate de soude ou la prêle peuvent apporter une aide au contrôle.

Parmi les insectes à surveiller, deux criocères s'avèrent les principaux ravageurs : le criocère de l'asperge et le criocère à douze points.

Le criocère de l'asperge (*Crioceris asparagi*) mesure 6 mm au stade adulte, il a un thorax roux, des ailes noir bleuâtre avec trois taches jaune-beige, et produit deux générations par année au Québec. Les adultes et les larves causent des dommages, surtout dans les jeunes plantations, en se nourrissant des jeunes pousses et des tiges.

Le criocère à douze points (*Crioceris duodecimpunctata*) est rouge vif avec 12 points noirs sur les ailes. Les larves vivent dans les fruits des asperges. L'utilisation de cultivars super-mâles ne produisant pas de semence empêche le développement de cet insecte. On ne compte qu'une seule génération par an au Québec. Les œufs et les blessures à l'épiderme déclassent les turions.

Divers auxiliaires naturels sont utiles, dont les coccinelles, certaines guêpes et le *Tetrastichus aspargi* ; en culture conventionnelle, on s'aperçoit que moins on traite, plus ils agissent. L'aménagement écologique de la ferme et la présence de haies brise-vent favorisent l'équilibre naturel en abritant des insectes et des oiseaux. Le vieillissement d'une aspergeraie permet l'établissement d'un contrôle naturel et biologique du criocère de l'asperge. En Europe, certains introduisent des poules dans les champs après la récolte, mais si elles grattent trop, elles peuvent endommager les plants. À la limite, on peut utiliser de la roténone à l'apparition des larves.

L'agromyze de l'asperge (*Ophiomyia simplex*) est un insecte dont les larves creusent des galeries sous l'épiderme des tiges près de la surface du sol. Elles peuvent ainsi favoriser le développement de la fusariose vasculaire. Il est important de détruire les repousses d'asperge qui se développent dans les aspergeraies après la germination des semences d'asperge tombées au sol.

Le puceron de l'asperge (*Brachycolus asparagi*) est généralement contrôlé biologiquement par les coccinelles. Il provoque une croissance rabougrie en forme de rosette sur les jeunes tiges.

Les vers gris de plusieurs espèces, par exemple le ver-gris moissonneur (*Euxoa messoria*), endommagent l'asperge en se nourrissant des turions près de la surface du sol, surtout la nuit. Un bon contrôle des mauvaises herbes et l'enfouissement des résidus au printemps contribuent à diminuer les dommages provoqués par les vers gris.

Au printemps, la mouche des semis (*Hylemya florilega*) attaque les turions et entraîne une torsion complète dite en tire-bouchon. La ponte commence tôt au printemps. La terre diatomée est efficace dans le haricot, mais son utilisation n'est pas facile dans l'asperge.

Des troubles physiologiques, tels de jeunes turions à tiges creuses, peuvent survenir lors des périodes de croissance trop rapide. Les turions crochus peuvent être causés par un vent trop fort et des blessures causées par le sable, des attaques d'insectes sur une face de la tige provoquant un arrêt de croissance, par exemple le vers gris, ou tout simplement une blessure mécanique ou une mauvaise manœuvre au couteau de la part des cueilleurs. Le froid aussi cause cette déformation, surtout en combinaison avec le vent ; il entraîne aussi des teintes plus anthocyanées (violettes).

Sur certaines fermes, des brise-vent de seigle d'automne sont utilisés ici et là pour réchauffer les parcelles au printemps, protéger les plants des grands vents et diversifier l'environnement. Des brise-vent diversifiés et poreux d'arbres et d'arbustes contribuent toujours à une diversité écologique désirable.

18.10 ENTRETIEN

Les tiges d'asperge doivent être fauchées au printemps avant que les nouvelles pousses ne sortent de terre. Le fait de laisser les tiges sur place l'hiver permet d'accumuler la neige et de mieux protéger la plantation, en particulier en prévenant la formation d'une couche de glace. La présence des tiges au printemps retarde le démarrage, ce qui réduit les risques de gel. La destruction des tiges au printemps peut être pratiquée avec une faucheuse rotative. Après, on effectue un travail superficiel du sol afin d'enfouir les tiges hachées, le compost et les mauvaises herbes. Le travail du sol peut être effectué par un rotoculteur utilisé à vitesse lente et à très faible profondeur.

18.11 RÉCOLTE

La disponibilité de la main-d'œuvre avant la fin de l'année scolaire pose un problème sérieux.

On ne récolte pas les deux premières années de la plantation, car c'est la période de plantation et de renforcement de la culture. La troisième année, on peut faire une légère récolte si la plantation est assez vigoureuse, en prenant deux turions par griffe durant 7 à 10 jours. Si la plantation est peu vigoureuse, il est souvent préférable d'attendre une autre année avant de récolter. La quatrième année, on peut généralement faire une récolte durant trois à quatre semaines. À partir de la cinquième année, on est au plein rendement, on récolte habituellement durant cinq semaines.

La cueillette commence, pour les aspergeraies en pleine production, vers le 10 mai, et se termine lorsque la grosseur des turions diminue, soit vers le 20 juin ; évidemment, ces dates varient selon les régions, soit plus tôt à proximité de Montréal, et plus tard en régions plus nordiques. La croissance des turions est plus lente les jours frais, et plus rapide les jours chauds ; leur qualité est meilleure si les turions poussent rapidement. La différence entre 10 et 25 °C peut faire en sorte qu'un turion pousse jusqu'à trois fois plus rapidement.

Habituellement, durant la période de récolte, on cueille tous les jours. Lorsqu'il fait très chaud, on cueille deux fois par jour, car les turions peuvent croître parfois de 10 cm par jour. L'asperge verte est récoltée lorsque les turions ont 20 à 25 cm de longueur.

On vise à prélever les turions sans endommager la griffe ni les jeunes turions voisins. Cela peut-être fait à la main en cassant la pousse juste au niveau du sol, ou en la coupant à l'aide d'un couteau dentelé ou d'un couteau en biseau, dit gouge. La récolte coupée donne un meilleur rendement et une meilleure qualité, étant donné qu'elle ne laisse pas de chicot après la cueillette. Autant que possible, la récolte se fait tôt le matin, sinon en fin de journée ; l'asperge est ainsi plus ferme, de meilleure qualité, et se conserve mieux. L'asperge recherchée est très verte, de grosseur uniforme, avec une tête bien fermée et de longueur uniforme.

Il existe des plateformes ou des petites voitures automotrices pour asseoir les cueilleurs à proximité du sol, ce qui diminue la fatigue et augmente le rendement des travailleurs. On peut aussi utiliser une voiturette manuelle ou un chariot pour transporter les caisses dans le champ. Un convoyeur monté sur un tracteur à vitesse rampante est une autre possibilité. Le temps moyen requis pour couper l'asperge à pieds est de 3,6 à 6,0 h/ha. Il est de 2,4 à 3,0 h/ha lorsqu'on utilise une aide-récolteuse. En période très chaude, alors que la croissance des turions est très rapide, le temps requis pour effectuer la récolte peut tripler.

Une période de grande chaleur amène les latérales à s'ouvrir avant que le turion n'atteigne une longueur intéressante, ce qui occasionne des pertes. Durant les périodes chaudes, il faut récolter les turions plus courts.

Si les turions sont endommagés par une gelée, il faut les enlever, car tout ce qui dépasse et qui sèche affaiblit le plant et favorise les maladies. Le rendement se situe en moyenne entre 2,0 et 2,5 t/ha. Les nouveaux cultivars offrent de bien meilleurs rendements.

18.12 CONSERVATION ET MANUTENTION PRÉVENTE

Après la cueillette, on refroidit l'asperge le plus vite possible à l'eau froide ou à l'air forcé. Les asperges doivent être gardées en chambre froide en attendant d'être conditionnées.

L'asperge peut se conserver au froid à 1 à 2 °C et à 95 % d'humidité relative durant deux à trois semaines. Mais il est préférable que l'asperge se vende le plus rapidement possible, car elle devient graduellement fibreuse après la récolte, surtout à température plus élevée.

Les asperges sont classées par catégories : n° 1, n° 2, fines et pointes selon les exigences du marché. On peut placer les turions dans une botteleuse qui permet de les attacher et de les tailler à la même longueur. On peut également mettre les turions sur un convoyeur pour les classer, puis on les coupe entre 20,3 à 24,8 cm de long ; on les garde froids tout au long du processus.

Les paquets sont de 453 g (1 lb). Il faudra six minutes en moyenne pour conditionner une boîte d'asperges de 13,6 kg (30 lbs). Le temps requis pour le faire est grandement influencé par l'organisation du système de conditionnement. Les formats de boîtes de 9,06 kg (20 lbs) sont utilisés, mais aussi des formats de 6,8 kg (15 lbs) et de 13,6 kg (30 lbs).

Le marché de la transformation est difficilement accessible étant donné la compétition de nouveaux pays exportateurs d'asperge. Les exigences des transformateurs sont très variables.

La mise en marché de l'asperge est parfois difficile. En culture conventionnelle, 75 % des producteurs ont moins de deux hectares et vendent leurs asperges directement à la ferme pour la plupart. Les producteurs pratiquant la culture de l'asperge sur de grandes surfaces ont tendance à communiquer entre eux pour mieux organiser leur mise en marché. Certains producteurs regroupent leur production afin de mieux alimenter les chaînes d'alimentation et les marchés de gros. Il est possible de promouvoir les ventes d'asperge auprès de restaurateurs, d'hôteliers et d'administrateurs d'institutions afin de développer de nouveaux marchés.

Avant de produire de l'asperge, il est important de prévoir la mise en marché de sa récolte.

18.13 PRIMEURS

Il existait en Europe une technique traditionnelle pour la production de primeurs : à la destruction d'une aspergeraie, on arrachait les plants et on les forçait en serre au printemps avec chauffage du sol et couverture de terreau. En Hollande, on a développé des techniques de forçage l'hiver en contenants, à l'intérieur, avec solutions nutritives, un peu comme pour l'endive.

Aujourd'hui, on utilise principalement un plastique opaque par-dessus les buttes de sol formées pour la production d'asperge blanche. On pratique aussi du forçage en petit et en grand tunnel, mais la présence sur le marché d'asperges importées du Sud limite toujours les techniques de forçage au Nord. Par contre, les tunnels stabilisent la croissance et compensent en partie l'effet des périodes froides tout en protégeant contre le gel ; il y aurait lieu de vérifier leur utilité. Cependant, la présence d'asperges importées des États-Unis, de la Chine, du Pérou, du Chili, du Mexique et de l'Ontario empêche des prix supérieurs pour la culture de primeurs.

18.14 ASPERGE BLANCHE

La culture de l'asperge blanche exige une modification de la technique culturale. Comme les turions sont prélevés avant leur émergence du sol, on recourt habituellement au buttage et au débuttage du sol. L'asperge blanche peut également être produite sous de petits tunnels opaques, ce qui permet d'éviter le buttage et le débuttage.

Le choix du cultivar utilisé pour la production de l'asperge blanche doit tenir compte de la qualité, du calibre et de la sensibilité aux maladies des turions produits.

La production d'asperge blanche exige un sol très léger ne contenant aucun caillou ou gravier qui pourrait faire courber les turions. La préparation du sol est la même que pour la culture de l'asperge verte. On doit varier l'espacement entre les rangs de 1,8 à 2,2 m afin d'avoir suffisamment de sol pour butter les griffes avant la récolte. On a tendance à espacer les griffes sur le rang entre 33 et 40 cm, car cela permet la récolte de turions ayant un diamètre plus gros.

La différence la plus importante dans la régie de production de l'asperge blanche est le buttage et le débuttage. Le buttage est pratiqué avant la récolte lorsque le sol est ressuyé. Il consiste à former une butte pyramidale d'au moins 30 cm au-dessus du plateau de la griffe. Les turions sont récoltés lorsque le sol se fissure en surface sous la poussée des turions. Les turions sont détachés de la griffe à l'aide d'une gouge. La récolte de l'asperge blanche est beaucoup plus laborieuse que celle de la verte étant donné les soins requis pour l'effectuer. Le débuttage s'effectue après la récolte dans le but d'abaisser la butte de terre.

Chapitre 19

LE POIREAU

Allium porrum L., A. ampeloprasum L. var. *porrum* (Leek)

INTRODUCTION

Le poireau est une plante rustique bisannuelle, cultivée comme une annuelle. De toutes les liliacées, le poireau est probablement celle qui se plaît le plus dans les terres lourdes et fraîches. Il est exigeant en eau, mais il craint l'asphyxie ; le drainage doit être adéquat, et la récolte est difficile en conditions humides. Les sols sableux nécessitent de l'irrigation pour fournir un bon rendement.

L'enracinement du poireau est plus profond que celui des autres liliacées. Il aime un climat frais, heureusement d'ailleurs puisqu'il lui faut de 70 à 115 jours après la transplantation pour parvenir à maturité. Le poireau est sensible à certains insectes et à certaines maladies qui affectent l'ail, l'oignon et l'échalote.

Contrairement à l'oignon, le poireau a avantage à être bien butté puisqu'on cherche à obtenir un fût long, bien blanc et uniforme, sans bulbe. Les multiples renchaussages permettent d'obtenir un bon contrôle des mauvaises herbes, ce qui n'est pas le cas avec l'oignon.

Le poireau réagit très bien à l'inoculation des racines avec des endomycorhizes. Le poireau se récolte au Québec à partir du mois de juillet pour être vendu en petites bottes. Le poireau de conservation se récolte en septembre, octobre et même novembre certaines années et il se conserve de quatre à cinq mois, parfois six. Il est rarement intéressant de prolonger l'entreposage, car les prix ne sont pas nécessairement meilleurs et les pertes augmentent.

19.1 PLANTE

La germination des semences du poireau ressemble à celle de l'oignon : on voit émerger un seul cotylédon, d'abord au stade crochet, ou pleinement plié, puis au stade fouet, soit en voie de se déplier. L'enveloppe de la graine reste fréquemment attachée au bout du cotylédon. Les vraies feuilles se développent à partir du plateau, une tige très courte qu'on rencontre aussi chez l'oignon. Les feuilles se développent au centre et sont enveloppées par les feuilles plus vieilles situées sur le pourtour.

Le fût, appelé aussi fausse tige, est formé des gaines de feuilles plus matures qui entourent les jeunes feuilles en développement au centre du plant. Les feuilles donnent au plant un port en forme d'éventail. Le fût s'allonge avec l'âge, et l'objectif de la régie est de le faire allonger le plus possible. Chez certains cultivars, on observe un élargissement à la base du fût ; cette tendance se manifeste aussi lors de la floraison. Parfois, de longues périodes fraîches lors des jours longs sont à l'origine de cette formation de bulbe qui réduit la qualité commerciale du poireau.

L'enracinement fasciculé peut atteindre de 45 à 60 cm ; la majorité des racines se trouve à 20 cm sous le plant, lui-même planté à 10 à 15 cm de profondeur.

La floraison a lieu la deuxième année, après une période d'exposition au froid. Rassemblées en une ombelle, les fleurs sont très abondantes ; elles sont soit pollinisées par des insectes, soit autopollinisées. À la différence de l'oignon, le poireau n'est pas sensible à la photopériode.

19.1.1 TYPES DE POIREAUX

Le classement fonctionnel des poireaux consiste à les diviser en poireaux d'été, d'automne et d'hiver. La couleur peut aussi être plus ou moins bleue.

19.1.2 CONDITIONS CLIMATIQUES

Le poireau est cultivé des Caraïbes à l'Alaska, et du Proche-Orient à la Scandinavie ; il s'adapte donc à une gamme très large de climats. Par contre, il n'aime pas les températures dépassant 28 °C, bien qu'il tolère les fortes chaleurs s'il ne manque pas d'eau. La croissance est stimulée par des températures de 22 °C et une humidité abondante.

Une exposition prolongée à des températures en deçà de 10 °C peut entraîner la floraison d'une partie de la culture la première année. Il semble qu'une période sèche en juin peut aussi démarrer la montaison. La tolérance au froid et au gel varie de très faible pour les cultivars d'été, à bonne pour les cultivars d'automne et excellente pour les cultivars d'hiver.

19.2 CULTIVARS

Les cultivars hâtifs du poireau sont dits « d'été » et se cultivent pour la vente au frais. Leur maturité prend entre 75 et 100 jours après la plantation au champ ; leur durée de conservation est limitée. Les poireaux d'hiver prendront de 100 à 115 jours après la plantation pour parvenir à maturité. Les caractéristiques variétales à surveiller sont la précocité, la couleur et le port du feuillage, la longueur et le diamètre du fût, la vigueur et l'uniformité, la tendance à former un bulbe, la résistance au froid et la conservation en entrepôt.

19.3 PROPAGATION

19.3.1 SEMENCES ET GERMINATION

Les semences du poireau se conservent durant deux ans. Un gramme en contient entre 300 à 450 semences, soit 350 en moyenne, et il en faut de 300 à 400 g/ha pour la transplantation.

19.3.2 SEMIS EN PLEINE TERRE

Dans les régions les plus hâtives, on peut semer le poireau entre la mi-avril et la mi-mai. On peut semer au fond d'un sillon de 8 à 15 cm, mais il y a possibilité d'accumulation d'eau dans le sillon lors de pluies abondantes, donc un certain risque. Certains producteurs européens sèment le poireau en pleine terre tôt au printemps, puis l'arrachent pour le transplanter en été. La production au champ est risquée au Québec et n'est intéressante que pour du mini-poireau destiné à des marchés spécialisés comme la fine restauration. On voit parfois aussi des producteurs qui élèvent les plants en serre en semant sur des planches de bon sol ; quand on produit ainsi les plants en sol, en serre, on doit surveiller la rotation.

En culture biologique, pour avoir un bon contrôle de la production, que ce soit sur la densité, la profondeur, la qualité, le rendement, les mauvaises herbes, les insectes ou les maladies, il est recommandé de produire le poireau à partir de plants.

19.3.3 PRODUCTION DE PLANTS

Dans les régions où la saison est courte, on sème le poireau de la fin de février à la mi-mars, et dans la région montréalaise vers la mi-février en vue d'une transplantation au début du mois de mai ; pour une plantation plus tardive, on peut semer en mars.

On sème environ 1 000 graines (2,7 à 3,5 g) pour obtenir 700 à 800 plants par caissette de 38 ∞ 45 cm. Quel que soit le contenant utilisé, la densité a de l'importance. Si la plantation est trop dense, le calibre des plants sera irrégulier et beaucoup de petits plants devront être déclassés ; si elle est trop clairsemée, les plants auront tendance à rester trop courts, ce qui diminuera la longueur du fût une fois au champ.

On doit utiliser un terreau suffisamment riche pour rendre les plants à terme, mais éviter l'excès de salinité, car le poireau y est très sensible. On recouvre la semence d'environ 1 cm de terreau ou de 5 mm d'un mélange moitié perlite, moitié vermiculite. L'utilisation d'une caisse profonde avec 15 à 20 cm de terreau sous le plant donne de bons résultats. Une émergence rapide et uniforme est souhaitable, car les plants qui lèvent plus tard ont plus de compétition et leur calibre est irrégulier. L'espace racinaire abondant donne un bien meilleur plant.

Quoique les semences se conservent deux ans, il est bon de faire un test de germination avec les restes de l'année précédente. En effet, le fournisseur peut avoir livré des graines ayant déjà deux ans, ou parfois la graine est encore bonne la troisième année. En général, le taux de germination baisse de 15 à 20 % par année.

La graine de poireau nécessite une bonne humidité pour germer. À ce stade, la plage de température optimale est de 18 à 27 °C, mais la semence tolère une température variant de 8 à 32 °C. Par contre, une température dépassant 28 °C peut ralentir la germination. La durée de germination en caissette est de 8 à 15 jours, selon la température et, selon la régie et le climat, il faut compter de 9 à 12 semaines du semis à la plantation ; un plant trop vieux sera plus coûteux et moins productif.

En culture biologique, la production de plants en plateaux multicellulaires est difficile, car on utilise un volume de sol limité et moins de nutrition soluble qu'en culture conventionnelle. Une technique utilisée consiste à semer les poireaux dans des plateaux de 406 cellules, de les faire germer à environ 25 °C et de les repiquer au stade 2 feuilles dans des plateaux de 128 ou 162 cellules. Il y a un maraîcher qui utilise des plateaux de 128 cellules, les dépose sur le sol de la serre et laisse les plants s'enraciner. La taille des racines se fait lors de la préparation à la transplantation.

La production de plants en pleine terre dans une serre ou un tunnel chauffé pourrait être envisagée, comme pour l'oignon, quoique cela complique quelque peu l'endurcissement.

La température idéale durant la croissance est de 20 à 24 °C le jour et de 18 °C la nuit durant les quatre premières semaines, puis de 18 à 20 °C le jour et 12 à 14 °C la nuit ; certains préfèrent réduire à 7 ou 8 °C la nuit. On procède à une fertilisation d'entretien avec des purins de compost ou d'orties, ou avec un mélange d'algues et de poissons ; ce n'est pas nécessaire dans un terreau profond. En cours de croissance, on taille les plants quelques fois à 10 ou 12 cm pour les renforcer, stimuler les racines et faire élargir la base ; on peut tailler, par exemple les 5e, 7e, 9e et 11e semaines. Attention à la fonte des semis en caissette. On peut très bien démarrer la culture du poireau dans une serre chauffée et la terminer dans un grand tunnel à un régime de température inférieur. Avant la transplantation, on endurcit le plant pendant 10 jours en réduisant les arrosages et en l'exposant graduellement aux températures extérieures.

19.3.4 PLANTATION AU CHAMP

La transplantation en plein champ se fait en mai. Traditionnellement, on taille une dernière fois les feuilles à 12 ou 15 cm ; la taille des racines n'est plus pratiquée ; en multicellules, elle n'est pas nécessaire. Le transplant recherché aura le diamètre d'un crayon (5 à 6 mm) et sera d'un beau vert. On peut tremper les racines dans une boue d'argile, une opération appelée pralinage, puis on plante les plants bien droits le plus profondément possible, sans en écraser le feuillage.

La tige caractéristique du poireau, avec ses feuilles engainantes et la dominance apicale à la hauteur du plateau, tolère mal d'être écrasée par le sol. Il faut tout de même planter le plus profondément possible pour augmenter la longueur du fût blanc.

Une technique traditionnelle consiste à préparer des sillons de 10 à 15 cm de profondeur et de planter le poireau au fond de ces tranchées, soit à la main, soit avec un planteur à pinces. Les plants en multicellules se prêtent bien à l'utilisation d'un planteur à godets. On renchausse au fur et à mesure de la croissance par des binages et buttages successifs, ce qui fait allonger le fût. Une deuxième pratique consiste à planter deux rangs à plat, espacés de 75 cm. Ensuite, on renchausse graduellement pour obtenir le fût blanc le plus long possible.

En Europe, on a mis au point des planteuses spéciales qui ouvrent un trou de 15 à 20 cm de profond permettant des espacements plus rapprochés, car le buttage n'est plus nécessaire ; on arrose tout simplement sans refermer le trou. Par contre, cela nécessite des plants forts, longs, si bien qu'on retrouve plus de terre entre les feuilles, surtout dans les sols sableux. Cette technique est difficilement utilisable dans un sol sableux où le trou s'affaisse, ou dans un sol pierreux où la machinerie n'opère pas efficacement.

Les plants doivent toujours être mis en terre bien droits, sinon ils seront croches à la récolte. Les besoins en eau sont élevés pour la reprise et tout au long de la culture. Selon les variétés, la période de maturation s'échelonne de la mi-août à la fin d'octobre.

19.3.5 ESPACEMENTS

Il existe plusieurs façons d'aménager la plantation du poireau. La plus commune consiste à utiliser un espacement de 75 cm entre les rangs et de 15 cm sur le rang, pour une densité d'environ 89 000 plants/ha. Cela laisse amplement de sol pour le renchaussage et permet d'utiliser des équipements et des espacements communs à plusieurs autres cultures. Parfois, en sol riche, le calibre devient trop gros et le renflement de la base déclasse une partie de la récolte ; si on constate cette tendance, on peut augmenter la densité en espaçant de 10 ou 12 cm, ce qui donnera des populations de 110 000 à 133 000 plants/ha.

Une deuxième technique, pour ceux dont les pneus de tracteur sont plus espacés, par exemple de 1,80 m centre à centre, consiste à planter trois rangs par planche à des espacements de 50 ou 60 cm. À 15 cm entre les plants, on obtient 110 000 plants/ha ; à 10 cm, 166 000 plants. De telles densités requièrent un suivi plus serré de la fertilisation, de l'irrigation et de la gestion des mauvaises herbes. La quantité de sol disponible pour le blanchiment du fût s'en trouve réduite. Le calibre des poireaux devient aussi plus variable.

19.4 SOLS ET FERTILISATION

19.4.1 CHOIX ET PRÉPARATION DU SOL

Le poireau aime un sol riche, humide et bien drainé. La structure doit être excellente et profonde pour permettre l'aération, le drainage et la rétention d'eau. Le poireau préfère les loams argileux. Il réussit bien dans les argiles bien structurées, mais la récolte peut être difficile en conditions mouillées. Un loam sablonneux ou limoneux convient bien s'il est suffisamment humide, de même qu'un sol organique. On doit éviter les sols sablonneux secs. Dans un loam sablonneux, il est parfois plus facile d'obtenir un fût long.

Comme il faut pouvoir planter le poireau profondément pour obtenir un fût long, on doit effectuer une préparation profonde du sol. On sous-sole l'été précédent ou au début de l'automne, sauf si le sol est bien meuble, et on cultive un engrais vert à enracinement profond. Au printemps, on effectue la préparation en profondeur lorsque le sol est suffisamment ressuyé et on forme les sillons avant la plantation. Un chisel pourvu de pattes d'oies est approprié pour un ameublissement profond. On peut aussi effectuer un labour l'automne précédent, ou un passage profond de chisel si le sol est assez sec, et travailler superficiellement le sol au printemps si le fond du profil est meuble. Le poireau ne tolère pas les semelles compactes.

Le pH idéal est de 6,5 ; il faut éviter les sols calcaires, les sols alcalins et les sols acides. Lorsque le pH du sol n'est pas trop élevé, un apport de cendre de bois de 400 ou 600 kg/ha convient bien au poireau. Enfin, il faut assurer un bon équilibre des cations.

19.4.2 FERTILISATION

Pour fertiliser une culture de poireau, on peut utiliser de 25 à 50 t/ha de compost bien décomposé, selon la richesse du sol et selon la minéralisation prévisible du compost. Si le compost est bien décomposé, il peut être enfoui juste avant la culture ; un compost jeune peut être épandu l'automne précédent, idéalement avant un engrais vert. Il ne faut pas utiliser de fumier frais et de compost trop jeune immédiatement avant la plantation ; la qualité et l'état sanitaire des poireaux pourraient en être affectés. Un fumier de volailles composté, dont la teneur en azote est plus élevée et la minéralisation plus rapide, doit être utilisé à doses réduites.

Un surplus d'azote entraîne des problèmes de maladies. Le poireau est un accumulateur de nitrates. Comme pour les autres liliacées, la potasse sous forme de sulfate, comme le Sul-Po-Mag, est à favoriser à cause de son contenu en soufre. On croit que le magnésium améliore la résistance au gel du poireau. L'inoculation des plants avec des mycorhizes améliore la nutrition phosphatée du poireau.

Les précédents d'engrais verts conviennent bien à cette culture. Par exemple, un seigle d'automne détruit trois semaines avant la plantation est recommandable, seulement il ne faut pas attendre qu'il soit trop avancé, sinon il nuira à la plantation. Un mélange à base de légumineuses, vesce commune-pois-céréales ayant deux mois de croissance active est aussi un excellent précédent pour la culture du poireau. Enfin, les céréales, les crucifères, le ray-grass préparent très bien le sol pour l'année suivante.

Un poireau de gros calibre pèse de 400 à 600 g à la récolte ; environ 60 % du plant est exporté. Si un premier nettoyage est fait au champ, l'exportation est moindre ; si le plant est paré hors du champ, l'exportation est plus importante.

Une récolte de 75 000 gros plants/ha représente un rendement de 45 t/ha, dont 26 t sont vendues. Des densités de 100 000, 150 000 ou même 200 000 plants/ha, comme on en rencontre en Europe, donnent des rendements plus élevés, mais de plus petits calibres.

A. Exportation type

Étant donné l'exportation moyenne d'éléments nutritifs dans le poireau et sa consommation en cours de saison (tableaux 19.1 et 19.2), on doit s'assurer que les quantités

TABLEAU 19.1 Exportation moyenne

(t/ha)	N (kg/ha)	P_2O_5 (kg/ha)	K_2O (kg/ha)
Bon rendement			
25	60 — 80	20 — 25	60 — 90
Rendement moyen			
12	40	10 — 12	30 — 50

TABLEAU 19.2 Consommation en cours de saison

Poids vif (t/ha)	N (kg/ha)	P_2O_5 (kg/ha)	K_2O (kg/ha)
50	125 — 150	50 — 60	100 — 150

de fertilisants fournissent une nutrition qui permet ces niveaux de consommation par la plante. Heureusement, la culture du poireau est prolongée, et le poireau utilise bien les matières organiques du sol et des composts. Le maraîcher pourra s'appuyer sur les fertilisations courantes en culture conventionnelle et les recommandations québécoises pour les déterminer (tableaux 19.3 et 19.4).

TABLEAU 19.3 Fertilisations en culture conventionnelle

N (kg/ha)	P_2O_5 (kg/ha)	K_2O (kg/ha)
110 — 200	30 — 220	20 — 250

TABLEAU 19.4 Recommandations québécoises

N (kg/ha)	P_2O_5 (kg/ha)	K_2O (kg/ha)
110 — 150	120 — 140	95 — 125

La qualité se trouve améliorée par une minéralisation graduelle. Il est rarement nécessaire de faire un apport fertilisant en cours de culture et les binages et buttages fréquents stimulent l'activité biologique du sol. Les sols légers pourraient nécessiter un supplément d'azote.

B. Oligo-éléments

Le plant est riche en soufre, tout comme les autres liliacées, et il apprécie un apport de sulfate de potassium et de magnésium.

Dans les terres noires, les carences en cuivre et en manganèse causent parfois des problèmes : c'est à surveiller.

19.5 ROTATION DES CULTURES

Le poireau suit très bien la pomme de terre, les crucifères et, en général, les plantes exigeantes qui reçoivent beaucoup de compost. Un engrais vert de pois ou d'autres légumineuses l'automne précédent donne un très bon rendement, mais il faut faire attention à la fertilisation, car le calibre peut devenir trop gros. Les légumineuses sont de bons précédents, de même qu'une culture d'automne, comme le chou chinois ou l'épinard.

Le poireau, s'il est sarclé soigneusement et bien butté, constitue un bon précédent pour la carotte, la betterave, les crucifères et la laitue, mais il faut éviter l'ail et l'oignon dans la même séquence. La majorité des légumes viennent bien sur un retour de poireau si on n'a pas endommagé la structure du sol à la récolte.

19.6 CULTURES ASSOCIÉES

Les cultures associées sont difficilement réalisables avec le poireau.

19.7 IRRIGATION ET DRAINAGE

Une nappe phréatique élevée nuit au rendement du poireau. Elle doit être à au moins 70 cm de la surface. On doit donc choisir des sols bien drainés et éviter une irrigation excessive qui endommagerait les racines si la pénétration de l'eau était ralentie.

L'irrigation est d'importance capitale, non seulement durant les années sèches mais en tout temps, car elle permet une augmentation des rendements. Les poireaux qui ont un régime hydrique irrégulier seront de calibre très variable, fibreux et plus parasité par les thrips. Les systèmes d'irrigation par aspersion conviennent bien.

En période d'établissement, l'évapotranspiration est réduite, et les irrigations devront être modérées mais régulières. En période de croissance active, la consommation d'eau étant importante, on doit assurer des arrosages conséquents ; on les diminue ensuite graduellement dans les semaines précédant la récolte.

19.8 GESTION DES MAUVAISES HERBES

Le contrôle des mauvaises herbes s'avère plus facile pour les poireaux qu'avec les autres liliacées. Les opérations de renchaussage, aux 7 à 10 jours en début de saison, permettent de contrôler la plupart des mauvaises herbes sur le rang.

Lorsque le poireau est planté dans un sillon, les premiers sarclages servent à remplir le trou, mais on doit faire attention de ne pas enterrer les poireaux par un passage trop agressif. Puis, à mesure que le plant pousse, on renchausse vigoureusement à deux reprises, pas trop tard dans la saison.

Un agriculteur a développé un appareil de sarclage-renchaussage permettant à des employés de l'opérer avec les pieds tout en arrachant les quelques mauvaises herbes non contrôlées par les sarclages. Normalement, un sarclage manuel est suffisant quand le sarclage mécanique est bien réussi.

19.9 INSECTES ET MALADIES

L'alternariose, ou tache pourpre, la pourriture fusarienne ou le botrytis, le mildiou, la maladie des racines roses et le charbon affectent tous l'oignon et le poireau ; cependant, ils causent rarement des problèmes sérieux. On peut consulter le chapitre 20 sur l'oignon pour les méthodes de prévention générales et quelques renseignements spécifiques à ces maladies fongiques.

Le virus de la striure chlorotique du poireau réduit le développement du plant affecté ; on observe des stries jaunes le long des feuilles. Le virus hivernerait sur les plants au champ ; sa présence n'est pas fréquente. Il faut arracher et composter les plants affectés durant la culture, et enfouir ou composter les plants déclassés à la récolte pour éviter les repousses au printemps ; enfin, on peut contrôler les pucerons et les thrips, par exemple par l'utilisation d'une bâche en pépinière.

La mouche de l'oignon ne cause pas de problème en présence d'une bonne rotation, mais il faut prévenir l'infestation des jeunes plants. Pour la mouche et le thrips de l'oignon, on peut aussi se référer au chapitre 20.

La teigne du poireau (*Acrolepiopsis assectella*) fait, depuis peu, problème. Le *B.t.* constitue un traitement utile, mais il est difficile d'atteindre les larves avant qu'elles ne pénètrent dans les tissus. On doit dépister la teigne pour identifier le moment d'intervention propice. On est actuellement à la recherche de méthodes de lutte. Le Entrust, bien qu'il ne soit pas encore homologué, serait efficace.

19.10 ENTRETIEN

Pour bien entretenir la culture du poireau, on doit d'abord garder le sol humide, butter au moins à deux reprises et s'assurer que le sol est bien remonté sur le centre du billon. Il ne faut pas endommager le feuillage lors des opérations mécaniques et ne pas mettre de terre dans les gaines, ce qui diminuerait la qualité commerciale. Il ne faut pas non plus tailler les feuilles après la plantation. Il n'est pas nécessaire de faire une fertilisation d'entretien lorsque le sol est suffisamment riche.

19.11 RÉCOLTE

Pour la récolte manuelle du poireau, on passe d'abord une lame, vibrante ou non, sous les poireaux pour les soulever. Après le passage de la souleveuse, on attend deux heures pour les traiter, le temps que le feuillage se ramollisse un peu s'il est gorgé d'eau. La souleveuse vibrante de modèle Fobro est très appropriée pour préparer la récolte manuelle du poireau et, comme l'appareil est polyvalent, il peut servir à nombre d'autres récoltes. La compagnie offre aussi une chaîne de récolte utilisable pour le poireau et plusieurs autres cultures.

Le poireau d'été est lavé, taillé, bottelé et préréfrigéré rapidement, au fur et à mesure des ventes. Pour l'entreposage, on taille les racines, on enlève les feuilles détériorées et on place les poireaux dans des cageots en entrepôt réfrigéré. On les place debout dans les cageots, les feuilles taillées pour ne pas qu'ils dépassent.

Cette technique permet la circulation de l'air, diminue l'apparition de maladies en cours d'entreposage et permet au plant de rester droit durant l'entreposage. Un plant couché et non gelé va croître et courber.

La récolte entièrement mécanisée est possible. Le lavage et l'épluchage du poireau sont des opérations très longues et coûteuses. Il existe des machines qui font les opérations de conditionnement mécaniquement ou semi-mécaniquement. La rentabilité reste à définir en fonction du volume de production des entreprises.

19.12 CONSERVATION ET MANUTENTION PRÉVENTE

La conservation de moins d'un mois exige un taux d'humidité élevé et des températures de 0 à 2 °C. On recouvre généralement les poireaux d'un plastique.

La conservation à long terme du poireau se fait à des températures sous zéro. Cela requiert un entrepôt bien isolé et, généralement, des systèmes combinés de refroidissement et de ventilation pour l'hiver. La température optimale se situe entre –1 et –2 °C ; il est important que les poireaux ne subissent pas de gels et dégels successifs. On vise aussi à maintenir une humidité relative de 95 % et une bonne circulation d'air. On doit dégeler le poireau lentement au froid, entre 2 à 5 °C, avant de le nettoyer, sinon on l'endommage.

Une technique d'entreposage peu coûteuse mais comportant des risques consiste à empiler les poireaux à l'extérieur, tard à l'automne, dans un site bien drainé, dans un andain de 60 à 80 cm de haut, racines face aux racines, dans un tas allongé qu'on recouvre de polythène, puis de paille. Le poireau gèle graduellement et on peut retirer les quantités à préparer deux à trois jours avant la livraison. Il faut voir à le protéger contre le gel excessif, les rongeurs, les chevreuils et les motoneiges. L'entreposage prolongé peut être avantageux, car les prix sont bas à la récolte et remontent habituellement durant l'hiver.

Le coût de main-d'oeuvre pour nettoyer le poireau est très élevé ; on estime le rendement par personne à 30 à 80 kg/heure, selon l'état des plants et l'efficacité de l'employé. Il existe des équipements pour le nettoyage mécanique adaptés à une production plus importante (Le Bohec : 1993).

Apprêter le poireau consiste à éplucher les feuilles extérieures endommagées, à raccourcir les racines et à tailler les feuilles. Les poireaux doivent être le plus uniformes possible. On peut les botteler à l'aide d'un élastique selon les exigences du marché. On peut corriger l'irrégularité des calibres en classant les poireaux par grosseurs uniformes pour chaque client selon ses préférences.

Au Québec, il existe aussi un marché de la transformation pour le poireau, même s'il est beaucoup moins développé qu'en Europe. On peut le sécher, par exemple pour des soupes en sachet, le surgeler ou le présenter prêt à cuire dans un emballage sous vide.

19.13 PRIMEURS

On observe diverses stratégies de production de primeurs. D'abord, certains récoltent un tout petit poireau, vendu en bottes sur des marchés comme la restauration fine. On peut utiliser une bâche flottante ou même une bâche double pour accélérer le poireau. Le calendrier de production en serre sera avancé d'autant. On doit choisir des sols qui sont bien drainés pour permettre une plantation hâtive, et sélectionner les plants les plus forts pour améliorer le rendement.

On ajuste la bâche de façon à ce que les plants puissent la soulever avec le temps, et on surveille les mauvaises herbes, qui aiment bien les conditions sous la bâche.

Une technique de forçage consiste à planter vers la fin de juin ou le début de juillet et à laisser le plant hiverner sur le champ, sous une bâche protectrice ou un paillis. La croissance redémarre la deuxième année et permet de récolter dès le printemps. Cette méthode n'est pas toujours assurée de réussir. L'hivernement n'est pas garanti, et il faut récolter avant la montée à graines dont la date est variable au printemps. C'est une technique qu'il vaut la peine d'essayer dans les régions ayant un bon couvert de neige, à condition de bien surveiller les mulots et les motoneigistes.

Chapitre 20

L'OIGNON

Allium cepa (Onion)

INTRODUCTION

De la famille des liliacées, l'oignon est le légume condimentaire le plus utilisé et l'un des plus anciens légumes cultivés. Sa production dans presque toutes les zones habitées en fait le quatrième plus important légume au monde en tonnage. Chez les fournisseurs de semences, on trouve une grande multitude de types d'oignons qui ont des formes, des couleurs, des grosseurs et des saveurs différentes. L'oignon donne de bons résultats dans tous les types de sols. La plus grande difficulté de sa culture réside dans le contrôle des mauvaises herbes, car l'oignon n'offre pas de compétition et son cycle végétatif est long. La réussite de sa culture dépend d'un bon contrôle technique, notamment de la préparation du terrain et de sa propreté. Le compost jeune est à éviter avant une culture d'oignon, car il favorise les mauvaises herbes aux dépens de l'oignon et en retarde parfois la maturité.

L'oignon aime un démarrage hâtif, un printemps doux et humide, de la chaleur et de la pluie régulière en juin et en juillet, puis de la chaleur sèche en août pour la maturation.

20.1 PLANTE

L'oignon est une plante bisannuelle. Étant donné qu'on en récolte le bulbe, il est cultivé comme une annuelle. Monocotylédone, la plante forme des feuilles tubulaires et pointues qui poussent très lentement durant les premières semaines. Le bulbe est formé par un renflement de la base des feuilles ; la tige, d'où partent des racines fasciculées assez superficielles, est la partie dure de la base qu'on enlève à la cuisine ; on la nomme aussi plateau.

La grande majorité des racines occupent les premiers 30 cm de sol, une partie pénètre jusqu'à 60 cm et, à l'occasion, quelques racines atteignent 90 cm de profondeur. Les racines ont peu de ramifications et de poils absorbants. Le plant produit constamment de nouvelles racines.

Les différentes étapes du cycle de vie de l'oignon sont l'établissement, la croissance végétative rapide, la bulbaison, la tombaison ou couchage des feuilles, la maturation, la repousse, la floraison et la mise à graines. À toutes ces étapes correspondent des phases de la production qui seront influencées par le climat, la photopériode, les conditions de sol et de nutrition ou les conditions d'entreposage.

20.1.1 TYPES D'OIGNONS

Il existe sept principaux types d'oignons ou de modes des cultures : les oignons jaunes, les oignons espagnols, les oignons rouges, les oignons blancs, les oignons à botteler, les oignons à marinades et les oignonets à semences.

A. Oignons jaunes

Les oignons jaunes sont cultivés à grande échelle. Les hybrides hâtifs en semis direct demandent de 75 à 100 jours pour arriver à maturité. Ils ont habituellement une durée d'entreposage courte ou moyenne. Les hybrides de pleine saison et les hybrides tardifs mûrissent entre 100 à 110 jours après le semis. Ils se conservent bien et donnent un bon rendement avec des tolérances et des résistances intéressantes face aux maladies. On plante aussi des oignonets.

B. Oignons espagnols

Les oignons espagnols sont généralement très gros ; il existe un cultivar géant qui donne des oignons dont la taille moyenne atteint 2,4 kg. Les oignons espagnols sont plus sucrés et plus doux que les autres types. Ils mûrissent en 120 à 150 jours et sont habituellement démarrés en serre pour être transplantés en avril et mai.

C. Oignons rouges

Les oignons rouges demandent de 100 à 110 jours pour arriver à maturité, mais ils ne se conservent pas longtemps, sauf quelques hybrides développés pour la conservation. Ils sont cultivés à partir de transplants ou d'oignonets.

D. Oignons blancs

Les oignons blancs sont surtout utilisés comme variété à botteler, mais ils peuvent devenir gros à l'automne avec une chair ferme et douce. Ils ne se conservent pas longtemps et exigent de 100 à 110 jours pour venir à maturité. Ils sont difficiles à réussir à cause de leur susceptibilité à l'anthracnose.

E. Oignons à botteler

Les oignons à botteler, connus sous le nom populaire incorrect d'échalotes, sont des variétés d'oignons que l'on récolte avant que le bulbe ne se développe. Ils sont prêts entre 60 et 75 jours après le semis direct. Il existe des variétés de printemps, d'été et d'automne.

F. Oignons à marinades

Les oignons à marinades sont des petits oignons d'environ 2 cm qu'on obtient en juillet et en août à partir de semis directs faits tôt au printemps. On en trouve des blancs et des jaunes qui prennent entre 65 et 105 jours pour arriver à maturité. Il est important de les semer densément pour obtenir de petits oignons.

H. Oignonets de semences

Les oignonets de semences sont cultivés densément comme les oignons à marinades, dans le but de produire des oignonets qui serviront l'année suivante pour produire des oignons ou des oignons à botteler plus hâtifs.

20.1.2 CONDITIONS CLIMATIQUES

L'oignon est un légume qui doit idéalement effectuer la plus grande partie de sa croissance végétative durant les journées courtes du printemps ; au Québec, il complète son développement végétatif dans les jours longs de mai à juillet. Plus le plant atteint rapidement une certaine taille, plus il peut profiter de l'effet des jours longs, d'où l'importance d'une plantation hâtive. Par la suite, le renflement du bulbe est déclenché par les jours longs, par la chaleur de l'été et par le stade de développement du plant ; des conditions fraîches, humides et peu lumineuses retardent la bulbaison.

En juillet et en août, les facteurs de photopériode et de chaleur induisent la maturation puis la dormance, essentielle pour la bonne conservation des bulbes ; cela est renforcé par la sécheresse et la faible disponibilité d'azote en fin de saison. La maturation est l'étape finale de la bulbaison ; elle correspond au dessèchement des feuilles et des racines et s'étale généralement sur une période de deux semaines. C'est à ce moment que s'installe la dormance du bulbe avant l'hiver.

Comme la bulbaison, la maturation profite des jours longs et des températures élevées, mais elle est, en plus, favorisée par un sol sec et pauvre en azote. Une quantité d'azote élevée et un sol humide ont pour effet de retarder la maturation parce qu'ils favorisent le maintien de la croissance végétative. Ce retard peut avoir des conséquences graves parce que plus la saison avance, plus les jours raccourcissent, et plus les températures baissent. Le passage de la phase végétative à la phase de bulbaison est un phénomène réversible ; s'il est trop tard en saison, les bulbes risquent de reprendre leur croissance végétative et de ne jamais être en mesure de mûrir. Ce phénomène réduit fortement la qualité et augmente la repousse à l'entreposage. La repousse est déclenchée rapidement par un entreposage entre 9 et 15 °C. Si le printemps est très froid, l'oignon aura tendance à monter à graines, surtout si on plante des oignonets ou des plants démarrés en serre.

En Amérique, on classe les oignons en trois types : jours courts, intermédiaires et jours longs. Les premiers sont cultivés au sud des États-Unis et en zones tropicales ; les types intermédiaires se cultivent jusqu'au centre de la Californie et la Virginie, et les cultivars de jours longs, au nord du 38e parallèle. Au Québec, on choisit des variétés nordiques, sensibles aux jours longs de l'été.

20.2 CULTIVARS

À cause de leur sensibilité à la photopériode, les cultivars d'oignons sont vendus pour des zones de culture prédéterminées. Historiquement, on a développé des cultivars d'adaptation locale qui sont de plus en plus remplacés par des hybrides. On choisit les cultivars selon la durée de la culture, le rendement, la couleur, la forme, la tolérance aux maladies, la fermeté, la qualité du recouvrement, le potentiel d'entreposage et, évidemment, la saveur et le taux de sucre.

La précocité est un sujet de débats constants. Plus le nombre de jours à maturité est élevé, plus le potentiel de rendement augmente. Par contre, une longue période végétative augmente le risque de pertes reliées au manque de maturité en fin de saison. Dans le sud du Québec, les cultivars dépassant 105 jours représentent toujours un risque lorsqu'ils sont semés en pleine terre.

20.3 PROPAGATION

20.3.1 SEMENCES ET GERMINATION

Avec l'oignon, la quantité de semences contenue dans chaque gramme est différente d'un cultivar à un autre et varie de 190 à 450 semences/g ; les semences des variétés tardives sont habituellement plus grosses. La durée de conservation des semences va de un à deux ans. Pour le semis direct, il faut entre 3 et 6 kg/ha de semences pour l'oignon et entre 8 et 10 kg/ha pour les oignons à botteler. Les cultivars d'oignons espagnols doivent être semés en serre vers la fin de février ou le début de mars. Les semences enrobées et prégermées sont disponibles.

Les semences sont aujourd'hui souvent vendues au nombre plutôt qu'au poids. Selon que la température est de 5 ou 25 °C, la germination varie de 8 à 30 jours. La température optimale se situe entre 20 et 25 °C.

20.3.2 PLANTATION D'OIGNONETS

Les plantations d'oignonets produisent des oignons plus rapidement qu'un semis direct ou un transplant. Les oignonets sont aussi utilisés pour obtenir des oignons à botteler hâtifs ou des oignons vendus en bottes avec la queue. Dans les régions nordiques et les jardins familiaux, c'est le principal mode de culture de l'oignon. Il y a des oignonets jaunes, rouges et blancs issus de la culture conventionnelle ; ils peuvent ne pas être acceptés par la certification bio, aussi vaut-il mieux vérifier.

Pour produire des oignonets, on sème à très grande densité (70 à 110 kg/ha) de préférence en sol pauvre, soit en mai pour une récolte en juillet, soit en juillet pour une récolte en septembre. Le climat humide du Québec ne convient pas très bien à cette production ; les oignonets disponibles sur le marché proviennent habituellement de l'Ouest canadien ou de l'Ontario.

On compte de 225 à 700 oignonets/kg selon qu'ils sont petits ou très gros. En moyenne, on en trouve environ 400. Il faut vérifier le calibre et acheter en fonction du nombre de plants à planter. Les calibres désirables sont de 10 à 20 mm de diamètre ; il faut déclasser les calibres de plus de 22 mm.

Les oignonets de plus gros calibres ont tendance à fleurir alors que, généralement, les calibres de moins de 16 mm ne fleurissent pas. D'ailleurs, lorsque les conditions climatiques ne sont pas optimales, ce mode de culture donne beaucoup de fleurs et une qualité de produits très variable.

On conserve l'oignonet au froid (0 °C) puis, 7 jours avant la plantation, on le réchauffe à 15 °C pour déclencher sa croissance. Le plus gros problème relié à ce mode de culture est la floraison, influencée d'abord par l'abondance de gros calibres, qu'il convient de déclasser, et ensuite par l'entreposage des bulbes à des températures insuffisamment froides dans le réseau de distribution. Entreposé entre 7 et 13 °C, l'oignonet devient particulièrement susceptible à la floraison. Le second grand problème, c'est que les plants sont souvent porteurs de maladies, d'insectes et de nématodes. On emploie donc l'oignonet pour la première primeur, et ce, sur une parcelle éloignée des autres parcelles d'oignons.

Il est préférable de planter des oignonets très tôt dans un sol bien préparé et bien roulé. Pour les plantations manuelles, on les enfonce, les racines vers le bas, jusqu'au niveau du sol ; il faut repasser au bout d'une dizaine de jours, car la croissance des racines repousse certains oignonets hors du sol. L'espacement sur le rang est de 10 cm et de 25 à 40 cm entre les rangs.

On peut aussi planter les oignonets avec un planteur qui ouvre et referme le sillon de façon superficielle ; cependant, la majorité des oignonets sont sur le côté et certains à l'envers, ce qui entraîne une réduction de rendement et de qualité pouvant atteindre 10 à 20 %. Les biodynamistes traitent l'oignonet avec de la valériane.

20.3.3 SEMIS EN PLEINE TERRE

Le semis en pleine terre est difficile à réussir ailleurs qu'au sud du Québec, et il n'est pas recommandé pour les oignons espagnols. En effet, la préparation du sol est de la toute première importance pour une belle croissance. L'espacement du semis doit être le plus précis possible pour obtenir le calibre d'oignon désiré. L'éclaircissage est une opération très coûteuse et doit être évité. Le semis direct se prête moins bien à la culture biologique, car le contrôle des mauvaises herbes y est plus difficile à cause de la durée de germination ; il n'est pas recommandé. Lors d'un printemps très froid, la croissance manque de vigueur, le développement du feuillage est en retard lorsque la photopériode déclenche la formation du bulbe, et le rendement risque d'être moindre.

L'agencement utilisé dépendra du cultivar, du type de semoir, des outils de sarclage et de récolte. Le semis direct se fait en rangs simples écartés de 40 à 60 cm, fréquemment de 45 cm. Sur des planches de 1,8 m de centre à centre, cela donne quatre rangs sous le tracteur. L'espacement sur le rang varie selon la technique de semis.

Le semis de précision se fait avec des semences enrobées à haut potentiel de germination, un sabot espaceur de 5 à 8 cm de large et un espacement régulier ; les espacements vont de 20 à 40 plants/m et donnent 450 000 à 900 000 plants/ha. En terre noire où l'on adopte souvent des densités plus élevées, on a parfois 50 plants/m, soit 1 100 000 plants/ha. La majorité des maraîchers consultés dans un sondage récent avaient pour objectif une population entre 650 000 et 850 000 plants/ha, en moyenne 750 000. De telles densités donnent une dominante d'oignons moyens.

En culture biologique, où l'on ne place pas l'engrais en bandes à proximité des rangs, on utilise souvent des espacements plus classiques, comme 7 cm entre les plants, soit un peu plus de 300 000 plants/ha. L'utilisation du sabot espaceur pour un rang large augmente la tâche de sarclage manuel sur le rang. Plusieurs producteurs préfèrent un semis en ligne qui permet un passage mécanique plus rapproché et un coût de sarclage moindre. Cependant, on reconnaît qu'une densité plus grande déclenche une bulbaison et une maturation plus hâtive.

Dans le cas de semences non enrobées, on doit prévoir environ 4 à 5 kg de semences pour des densités de 700 000 à 900 000 plants/ha. Quatre rangs sur une planche de 1,5 m de centre à centre avec 7,5 cm entre les plants donnent une population de 350 000 plants/ha. Lors d'un semis de précision, on évalue que le taux de germination moyen sera de 90 %, ou 80 % du test en laboratoire. L'établissement des oignons est généralement moindre avec des semences non traitées, car il y a un peu plus de pertes causées par des maladies causant la fonte des semis ; on utilise des semences calibrées. Comme la durée de vie des semences est très courte, il faut toujours acheter des semences fraîches. En biodynamie, on utilise le préparat de valériane 507 en traitement de semences.

La semence doit être placée à une profondeur de 5 à 25 mm selon la texture, la qualité de la structure, l'humidité du sol et les conditions climatiques, soit plus profondément en conditions plus sèches, et plus superficiellement en sol battant. Idéalement, on la place entre 10 et 15 mm. Il est important d'obtenir de la précision dans la profondeur, sinon l'émergence sera étalée, et le calibre variable.

Les semis destinés à produire des petits oignons à marinades et des oignonets de semences seront très denses ainsi que les semis d'oignons à botteler. On rencontre souvent des espacements de 150 à 165 graines/mètre linéaire, donc selon les espacements et le nombre de rangs, on peut atteindre 3 500 000 graines/ha.

La semence lève à des températures de sol de 5 à 35 °C, l'idéal étant entre 20 et 25 °C. Pour le semis au champ, il est préférable que la température du sol soit au-dessus de 10 °C. Comme l'oignon dispose d'une courte période pour produire son feuillage au printemps, il faut tout mettre en œuvre pour semer tôt. Un sol bien structuré et riche en humus se réchauffera rapidement, car il est plus foncé ; des semences calibrées donneront une levée et une maturité plus uniformes. Une humidité constante est nécessaire, de la germination jusqu'à la levée. Dans le cas d'un semis effectué avant le 20 mai, la maturation arrive normalement en août ou au début de septembre.

Les oignons à botteler constituent une culture particulière, car ils sont récoltés jeunes, avant la bulbaison ; on privilégie les cultivars avec un fût blanc assez long et dont la bulbaison est retardée. Les taux de semis vont de 7 à 10 kg/ha selon l'espacement adopté ; les populations sont donc deux et même trois fois plus denses que pour l'oignon sec semé. Des producteurs utilisent un sabot espaceur pour obtenir un rang large et une densité de 100 ou même 150 à 165 graines/mètre linéaire. Certains renchaussent les plants lorsqu'ils sont assez avancés de façon à augmenter la longueur des fûts.

On effectue habituellement plusieurs semis à répétition pour assurer une présence constante sur le marché, tout en choisissant des cultivars adaptés à la saison.

20.3.4 PRODUCTION DE TRANSPLANTS

La production à partir de transplants offre plusieurs avantages. Comme toujours, en culture biologique des légumes, le coût du sarclage est élevé. La production de plants en serre permet de diminuer le coût du sarclage, tout en améliorant le calibre et la régularité de la plantation si la reprise est bonne. La précocité s'en trouve aussi améliorée. Pour l'oignon espagnol, la transplantation est essentielle. L'utilisation de plants à racines nues nécessite habituellement l'utilisation d'un tracteur à vitesse rampante lors de la transplantation.

Dans un contenant de terreau de repiquage, par exemple dans une caissette de 34 ∞ 45 cm, on sème jusqu'à 1 000 graines à la volée, en recouvrant la semence de 0,5 à 1 cm du terreau. L'objectif est d'obtenir 800 transplants/caissette. Pour un abondant développement racinaire, il est recommandé d'utiliser une caissette profonde ayant de 12 à 15 cm de terreau. Un producteur utilise un bac plastique de 34 ∞ 60 cm et une population plus faible de 450 à 500 plants, ce qui lui permet d'obtenir un calibre plus uniforme ; le semis est recouvert de vermiculite.

Les transplants à racines nues produits en caissettes sont d'excellente qualité quand le terreau est équilibré, la température bien contrôlée et la taille effectuée au besoin. Le plant d'oignon à produire est préférablement gros comme un crayon, trapu et foncé avec une bonne masse racinaire. La fonte des semis peut faire des ravages dans les caissettes de semis, aussi le contrôle de la ventilation et une bonne régie d'arrosage sont-ils importants ; le risque est moindre en multicellules, car elles limitent la propagation des champignons à la surface du terreau. On peut aussi produire les plants en serre en pleine terre.

Il est possible de produire des transplants en multicellules, par exemple de calibre 288 profond, avec deux à trois semences par cellule. Un maraîcher préfère des calibres 128 à deux graines par cellule, ce qui crée un meilleur espacement. Il place les plateaux en contact avec le sol de serre, puis déracine avant de planter. Une méthode développée en Europe consiste à semer plusieurs graines dans des mottes pressées de 27 à 38 mm, puis de transplanter de 4 à 6 oignons en poquets à des espacements de 25 à 30 cm, mais cette technique ne donne pas toujours une rondeur uniforme. Il faut faire attention : une densité élevée conjuguée à un faible volume de terreau pourrait aboutir à de très petits calibres, ce qui réduirait le rendement.

Un autre agriculteur sème cinq graines par cellule dans des plateaux de calibre 200 pour obtenir quatre plants et il espace les poquets de 15 à 20 cm au champ. Quand la culture est bien démarrée, les plateaux sont placés sur le sol pour permettre l'enracinement et prévenir l'épuisement du terreau.

Dans le sud du Québec, les semis se font environ huit semaines avant la plantation, soit à la fin de février ou au début de mars. En région nordique, ou en multicellules, on raccourcit la période de culture en serre à six ou sept semaines. Il est important d'éviter les grandes chaleurs qui causent l'étiolement et affaiblissent le plant. La température de germination est de 20 à 25 °C, la température de croissance, de 18 à 20 °C le jour et de 7 à 13 °C la nuit.

On a longtemps taillé les feuilles à 10 à 15 cm, à deux ou trois reprises durant la croissance et de nouveau juste avant la plantation afin de renforcer le système racinaire. Plusieurs ne font pas cette taille, assez laborieuse. Toutefois, avec des plants qui ont tendance à s'étioler et à pencher dans la serre, la taille doit être envisagée. La taille déclenche le développement de nouvelles feuilles au centre du plant et la production d'un collet plus gros, ce qui renforce le plant. Un producteur de poireau a mécanisé cette opération en installant une tondeuse à gazon sur rails et en la faisant passer au-dessus des caissettes, avec un sac qui ramasse les feuilles.

On endurcit les plants une semaine avant la transplantation, entre 4 à 7 °C la nuit et 15 ou 16 °C le jour, et on les plante dès que le sol est prêt à être travaillé, soit en avril ou en mai. On peut aussi les endurcir en espaçant les arrosages, pour réduire le risque de déclencher la montaison par l'exposition au froid. On favorise la production de plants d'un diamètre de 5 à 6 mm, et si possible, on déclasse ceux de moins de 3 mm. Cette méthode est surtout utilisée pour l'oignon espagnol en culture commerciale, mais on la rencontre aussi pour les autres types d'oignons en culture biologique.

Plusieurs producteurs importent des plants de l'Arizona, de la Géorgie ou du Texas. Malheureusement, souvent ces plants arrivent déjà porteurs de thrips et de *Fusarium*. En culture biologique certifiée, on exige un plant produit selon les normes de certification.

20.3.5 PLANTATION AU CHAMP

La transplantation au champ se fait vers la fin d'avril et le début de mai, aussitôt qu'il devient possible de travailler le sol. Il est important de bien endurcir les plants une semaine avant la plantation. On fait une dernière taille des plants juste avant l'opération. La journée de la plantation, on peut utiliser un pralin à base d'argile dans lequel on fait tremper les racines nues. Certains préfèrent retarder un peu la plantation, ce qui leur laisse le temps de faire un ou deux faux semis afin de réduire la pression des mauvaises herbes ; le coût du chauffage en serre est aussi un peu moindre.

Le terrain doit déjà être bien préparé, sur billon, sur planche relevée ou à plat, selon le type de sol et le système de production de la ferme. L'espacement dépend du cultivar, les oignons espagnols étant espacés de 12 à 15 cm sur le rang, car ils deviennent plus gros. On met de 10 à 20 plants/mètre linéaire pour les oignons jaunes selon le calibre recherché et les possibilités d'ajustement du planteur. En terre noire, la plantation peut être plus dense. La question de la densité est importante pour le rendement par unité de surface. Les densités élevées donnent la plus grande quantité de feuilles par surface, ce qui augmente la photosynthèse totale et favorise une maturation plus uniforme. Par contre, la proximité des rangs favorise la propagation de certaines maladies, par contact entre les feuilles, et la réduction de la circulation de l'air. Pour réduire le sarclage au champ, il est possible de semer l'oignon à botteler dans des multicellules et de le transplanter avec une bonne densité à l'aide d'un planteur. Il est plus facile de planter, à la main, les cellules rapprochées et en contact sur le rang.

Un maraîcher du Lac-Saint-Jean a développé une technique pour accélérer la croissance et réduire l'entretien. Il sème l'oignon en lignes dans des contenants, puis il tranche les lignes au couteau pour les transplanter à la main dans des tranchées.

20.4 SOLS ET FERTILISATION

20.4.1 CHOIX ET PRÉPARATION DU SOL

Étant donné la faible compétitivité de l'oignon, la préparation du sol ainsi que l'emplacement de la culture dans la rotation est d'importance capitale comme mesure préventive contre les mauvaises herbes. La culture précédant l'oignon devra laisser un sol exempt de mauvaises herbes et une bonne fertilité résiduelle. Quand la culture précédente est de récolte hâtive, il est possible de semer un engrais vert de fin de saison, pas trop abondant, par exemple une céréale qui sera enfouie à l'automne pour que le terrain soit prêt aussi tôt que possible au printemps suivant.

Le labour avantage l'oignon ; on doit labourer de préférence avant l'engrais vert et, si on enfouit l'engrais vert, en évitant les conditions trop humides. Le labour de printemps, suivi d'un ou deux passages de vibroculteur, peut convenir dans les sols plus légers, mais il faut s'assurer d'obtenir un sol suffisamment rassis. La technique du labour deux-couches, fréquemment utilisée sur les fermes en culture biologique en Europe centrale, est excellente ; elle consiste à utiliser une charrue combinée à une dent sous-soleuse, et à retourner les premiers 12 à 13 cm tout en ameublissant le fond du profil sans le retourner. Dans un sol exempt de mauvaises herbes vivaces, le chisel convient bien.

Pour bien se développer, l'oignon a besoin d'un sol de belle structure, riche en humus et constamment humide. Il convient donc de l'ameublir profondément, de bien l'affiner et de le rouler fermement. Cette dernière opération est capitale, car les racines doivent rencontrer une résistance uniforme tout au long du profil cultivé. Il faut éviter les sols qui présentent une semelle de labour, ce qu'on peut parfois corriger en sous-solant l'année précédente. Fréquemment, on utilise le vibroculteur, le cultivateur lourd ou le rotoculteur au printemps, suivi d'un rouleau laissant une surface texturée. Les oignons n'aiment pas une terre soufflée ; la surface se doit d'être grumeleuse, ou même légèrement motteuse pour les sols battants. Comme toujours, les terres noires sont roulées beaucoup plus lourdement que les terres minérales, pour bien rétablir leur cohésion.

On peut aussi préparer les sols en octobre et les former en billons pour faciliter une plantation manuelle hâtive l'année suivante. Les terres noires conviennent bien à l'oignon. Les loams sableux ou les terres franches pas trop lourdes, les loams argileux très bien structurés conviennent aussi, à condition que l'irrigation soit adéquate. En sols légers, la maturation est plus hâtive et plus tardive en terre noire. On évite les sols rocheux et pierreux, les sols secs et les sols battants ; on choisit des parcelles ayant des sols homogènes pour uniformiser la maturation.

La plus grande prudence s'impose quant aux conditions d'humidité lors de la préparation du sol ; un excès d'humidité nuit à la structure et entraîne des problèmes de croissance, de drainage et de maladies.

20.4.2 FERTILISATION

Comme le système racinaire est peu développé, l'oignon aime un sol riche, mais il n'apprécie pas la décomposition active de fumier, de compost jeune ou de résidus abondants. On cultive donc l'oignon en sol riche sur l'effet résiduel des fertilisations utilisées pour les cultures précédentes, en binant fréquemment pour stimuler la minéralisation de l'humus du sol et des résidus de compost ou de fumier. Le sol devra être riche en potasse et en phosphore.

Il est bon d'assurer la mycorhization par inoculation si on n'est pas sûr de la mycorhization naturelle. Le système racinaire est surtout limité aux premiers 30 cm jusqu'au stade 8 feuilles, puis une partie des racines pénètre jusqu'à 60 cm.

En sol moyennement riche, un apport de 10 à 15 t/ha de compost mûr est jugé approprié et, en sol pauvre, 20 à 30 t/ha du même compost. Idéalement, si le sol est très bien drainé, le compost est épandu au printemps pour diminuer le lessivage, mais s'il y a risque de dommage à la structure, on fait l'épandage l'automne précédent, pour éviter la compaction lors du passage. On doit éviter le lessivage lors du compostage. Cependant, il est de beaucoup préférable d'augmenter la fertilité lors des précédents plutôt que d'utiliser du compost. Certaines années, celui-ci risque de minéraliser trop d'azote et d'augmenter le risque de maladies ou de libérer l'azote jusque tard en saison, ce qui a pour effet de retarder la maturation. Idéalement, on donne à la culture précédente un apport important de compost qui servira aussi à fertiliser l'oignon. Un précédent recevant du fumier non composté, telle une cucurbitacée, pourrait convenir aussi.

On privilégie un pH entre 6 et 7 en terre minérale et de 5,3 à 5,8 en terre noire. De manière générale, l'oignon tolère mieux les sols légèrement alcalins que les sols acides, sauf en sols organiques.

Au printemps, en sol froid, certains ajoutent un supplément d'azote organique (farine de plumes, sang séché). Il faut jouer de prudence, car l'excès d'azote à la fin de la période de bulbaison retarde la maturation du bulbe. La cendre de bois (6 à 10 % K_2O) peut être appliquée sans dépasser les 600 kg/ha, si le pH le permet. En cas de nécessité, un apport de sulfate de potassium et de magnésium peut être envisagé. Le plant est friand de magnésium ; la chaux dolomitique utilisée lors des chaulages a aussi un effet bénéfique sur l'oignon.

A. Exportation moyenne

Les teneurs en N, K et P_2O_5 exportées par l'oignon sont variables selon les cultivars et la population, mais ils servent d'indicateurs pour la planification de la fertilisation (tableau 20.1). Un oignon doit absorber environ le double du N, P et K contenu dans l'exportation.

TABLEAU 20.1 Exportation moyenne

(t/ha)	N (kg/ha)	P_2O_5 (kg/ha)	K_2O (kg/ha)
Racines			
35	65 — 75	23 — 32	70 — 80
25	45 — 55	16 — 23	50 — 60
Oignons à botteler			
15 — 30	40 — 80	12 — 25	50 — 80

TABLEAU 20.2 Fertilisations en culture conventionnelle

N (kg/ha)	P_2O_5 (kg/ha)	K_2O (kg/ha)
65 — 180	30 — 265	20 — 280

TABLEAU 20.3 Valeurs courantes pour un sol minéral moyen

N (kg/ha)	P_2O_5 (kg/ha)	K_2O (kg/ha)
100	120 — 140	95 — 125

En culture conventionnelle, on utilise les fertilisations données aux tableaux 20.2 et 20.3.

Pourquoi de telles fertilisations pour une exportation moyenne somme toute modérée et un rythme d'absorption relativement lent ? Essentiellement parce que le système racinaire de l'oignon est peu développé, superficiel et mal pourvu de poils absorbants. Une irrigation modérée mais régulière aidera à maintenir une nutrition adéquate.

En culture biologique, selon la densité et le rendement, une disponibilité de N d'environ 120 à 150 kg/ha est nécessaire de même qu'un sol riche en phosphore et en potasse.

Comme la consommation de l'oignon est modérée et que le sol doit être riche, il est bon de prévoir un engrais vert d'automne, par exemple une céréale de printemps, qu'on sème immédiatement après la récolte de l'oignon jusqu'à la mi-septembre, afin de récupérer une partie des éléments solubles sensibles au lessivage.

Pour l'oignon à botteler, la situation est différente. On vend le plant presque complet, sauf une ou deux feuilles extérieures et les bouts qui sont habituellement coupés. On exporte de 10 à 35 t/ha de produits selon le calibre et le rendement. L'oignon à botteler aime un sol riche en azote et en potasse même si l'exportation est moyenne, car sa croissance est rapide. On recommande donc de le traiter comme une culture exigeante, en tête de rotation, sur retour d'engrais vert ou de légumineuse. Il reçoit du compost jeune.

Les chercheurs s'entendent pour dire que, dans un premier temps, la consommation d'azote est dominante mais que, durant le processus de bulbaison, le plant transfère l'azote du feuillage au bulbe. Si l'azote est excessif, comme sur un retour de prairie, d'engrais vert ou de légumineuse, le collet ne rétrécit pas, la croissance végétative continue, et la maturation est retardée sinon inhibée au point d'empêcher la conservation des bulbes. Durant la croissance végétative, l'absorption de P et K est modérée, alors qu'elle augmente durant la bulbaison. On peut corriger une carence en potassium par un apport de cendre ou de Sul-Po-Mag suivi d'un arrosage et d'un binage.

B. Oligo-éléments

On observe certaines carences en cuivre sur des terres noires. On recommande des apports de 50 kg/ha de sulfate de cuivre tous les trois ans. L'oignon aime des taux élevés de zinc et de molybdène ; par ailleurs, la carence en bore ne lui cause pas de problème.

La fertilisation foliaire avec des purins ou des algues liquides est généralement stimulante pour la croissance, surtout en première partie de saison.

20.5 ROTATION DES CULTURES

La rotation des cultures pour la culture de l'oignon doit répondre à deux grands besoins : le précédent doit laisser une excellente structure de sol et contribuer à le nettoyer des mauvaises herbes, vu le manque de compétitivité de l'oignon. Il faut donc prévoir une séquence nettoyante dans les années précédentes et effectuer un suivi très discipliné pour éliminer soigneusement les vivaces et les annuelles.

Si elles sont bien sarclées, les pommes de terre et les courges constituent de bons précédents nettoyants pour les oignons et les autres légumes-racines. Eliott Coleman prône une séquence pomme de terre - courge - oignon. Les crucifères bien sarclées et broyées après la récolte, les concombres, le céleri, la tomate tuteurée et bien sarclée sont de bons précédents. Une céréale propre, bien déchaumée, suivie d'une repousse de pertes au battage peut être un précédent valable ; enfin, le blé ayant reçu un bon apport de compost constitue un bon précédent. Il existe un maraîcher qui pratique des séquences céleri - oignon - carotte ou maïs sucré - laitue - oignon.

En ce qui a trait à la rotation, l'oignon à botteler est aussi à traiter différemment. Il aime les précédents d'engrais verts, de légumineuses et les bons apports de compost. Sa culture est plus courte ; il peut suivre une culture hâtive, comme la laitue et l'épinard, ou un engrais vert de printemps, ou être suivi d'autres cultures de même type.

Il faut laisser s'écouler trois, quatre ou même cinq ans dans la séquence entre l'oignon, l'ail et le poireau. L'oignon peut être un bon précédent pour la carotte, mais seulement s'il est exempt de mauvaises herbes.

Des maraîchers américains, Anne et Eric Nordell, proposent une année de jachère et d'engrais vert avant les oignons. Ils implantent un seigle d'automne qu'ils détruisent en juin, et ils le font suivre d'une jachère, puis d'un semis de pois en engrais vert au début d'août.

20.6 CULTURES ASSOCIÉES

En compagnonnage, les oignons profitent bien en rangs alternés avec des carottes hâtives ou encore de la laitue hâtive, et quelques sarriettes ou camomilles. D'après certaines personnes, les pois et les haricots ne seraient pas de bons voisins. Les associations sont pratiquement impossibles en culture maraîchère.

20.7 IRRIGATION

L'oignon est une culture qui peut tolérer une certaine sécheresse, mais sa croissance est ralentie par le manque d'eau. L'obtention d'un bon rendement dépend donc d'un approvisionnement en eau régulier. Le seul moment où un sol sec est bénéfique à l'oignon est la période de maturation et de séchage au champ.

Il est important que les oignons transplantés ne souffrent pas d'un manque d'eau durant la période d'établissement, sinon la reprise peut être très lente.

L'oignon produit continuellement de nouvelles racines, mais celles-ci s'enfoncent très peu profondément. Une sécheresse suivie de pluie entraîne un dessèchement des enveloppes extérieures qui se fendent lors de la reprise de la croissance. Ces tuniques fendues, bien qu'elles n'aient généralement pas d'influence sur la conservation, réduisent la valeur commerciale de l'oignon. L'oignon est très affecté par la sécheresse à partir du stade 6-7 feuilles. Dans la chaleur des jours longs, il faut assurer une humidité suffisante, soit environ 2,5 cm d'eau par semaine, pour favoriser le renflement des bulbes ; selon la capacité de rétention du sol, on irriguera aux 5 à 10 jours en conditions sèches. On doit bien doser les apports d'eau pour éviter de lessiver l'azote en profondeur, sous la zone d'enracinement.

Le stade le plus critique pour le manque d'eau est le début de la bulbaison ; c'est à ce moment que la sécheresse a le plus d'impact sur le rendement subséquent. On utilise un système d'irrigation par aspersion qui distribue de petites gouttes, pour minimiser les blessures au feuillage et la battance.

Il ne faut pas irriguer durant les heures chaudes de la journée pour éviter au feuillage des dommages qui favorisent les maladies fongiques. L'irrigation par aspersion favorise aussi des maladies bactériennes. Il faut cesser l'irrigation dès que les premières feuilles tombent et annoncent le début de la maturation. Pour les champs qui arrivent à maturité tardivement, il faut cesser d'irriguer deux ou trois semaines à l'avance afin de ne pas favoriser le maintien du feuillage au détriment de la maturation.

20.8 GESTION DES MAUVAISES HERBES

Le contrôle des mauvaises herbes est le principal facteur limitant de la culture de l'oignon en culture biologique. Le feuillage de l'oignon n'est absolument pas compétitif avec les adventices.

Une bonne partie des techniques développées pour la carotte peut être utilisée pour l'oignon. Par exemple, le brûleur au propane est une des possibilités qui s'offrent au producteur bio pour avoir un certain contrôle sur les mauvaises herbes, sauf dans les terres organiques à cause des dangers d'incendie. En Europe, on utilise des brûleurs à raison d'un jet par rang à un angle de 30 à 40° pour produire un choc thermique de 80 °C pendant 1/10e de seconde. L'oignon tolère cette température ou perd une feuille extérieure, alors que la majorité des mauvaises herbes sont affectées. Un brûlage en préémergence dans un oignon semé pourrait être utile. Pour les terres organiques, des appareils de contrôle thermique à la vapeur sont actuellement en développement, ce qui pourrait éventuellement permettre des applications sécuritaires.

Certains producteurs utilisent une herse étrille, efficace contre les très jeunes mauvaises herbes, dans l'oignon à botteler ou les oignons plantés ; il faut attendre que le plant soit bien enraciné. Dans un oignon semé suffisamment profond, on peut biner en préémergence, puis lorsque le semis est suffisamment développé. Il importe de ne pas poursuivre cette opération trop tard, au risque d'endommager l'enveloppe de l'oignon et d'en amoindrir la qualité. Certains maraîchers effectuent quatre ou cinq binages.

Les sarcloirs à paniers, ou cages-écureuil Buddingh, sont aussi assez performants, de même que le Bärtschi et le Reigi. Certains producteurs utilisent des sarcloirs rotatifs de type rotobineuse. Malheureusement, ces appareils ne sarclent pas sur le rang. Enfin, le travail de sarclage doit être superficiel pour éviter d'endommager le système racinaire peu profond des oignons.

Quel que soit le sarcloir utilisé, l'objectif est toujours le même : détruire les plantules de mauvaises herbes sans trop brasser le sol en surface pour éviter de stimuler une nouvelle génération de mauvaises herbes. Rappelons que la technique du faux semis peut être avantageusement utilisée en début de saison si les sols sont prêts tôt, surtout si on utilise des transplants ; lors de printemps tardifs, il faut planter le plus tôt possible. On prévoit normalement dans l'oignon deux sarclages manuels, parfois un seul en sol très propre. Il faut éviter la présence de mauvaises herbes, comme la renouée liseron et le chénopode, au moment de la récolte.

Les sarclages ne doivent pas enterrer les bulbes, car cela aurait pour effet de favoriser la formation d'une grosse tige qui ne sèche pas à maturité.

Une rotation de cultures comportant des engrais verts fréquents, des précédents bien entretenus et propres sont essentiels pour réduire les coûts du sarclage.

20.9 INSECTES ET MALADIES

Les liliacées sont sensibles à plusieurs maladies, et ces dernières sont habituellement la principale cause des faibles rendements ainsi que des pertes à l'entreposage. Plusieurs maladies peuvent affecter l'oignon.

20.9.1 MESURES DE PRÉVENTION

Avant d'aborder individuellement les maladies de l'oignon, voici des moyens de prévention de base :

- ne jamais utiliser de fumier ou de jeune compost juste avant l'implantation de l'oignon ;
- toujours s'assurer de la qualité des semences, des bulbes et des plants utilisés, et laisser une bonne distance entre les parcelles de liliacées semées et les parcelles plantées avec des bulbes, des caïeux ou des oignonets ;
- pratiquer une rotation minimale de quatre à cinq ans pour les légumes de cette famille, et les glaïeuls ;
- faire des applications de purin ou de décoction de prêle en prévention des maladies fongiques ;
- maintenir un régime hydrique régulier et un bon drainage ;
- planter tôt pour obtenir une croissance maximale avant l'arrivée des jours longs ;
- choisir un sol ayant une bonne rétention d'eau et éviter les sols battants ;

— pratiquer la culture sur billons ou sur planches élevées ;

— éviter les excès d'azote et couper l'approvisionnement en eau durant la maturation ;

— choisir les cultivars qui présentent des résistances ou des tolérances particulières aux problèmes rencontrés sur la ferme ;

— pratiquer la mycorhization des transplants ;

— désinfecter les contenants utilisés pour les transplants et élaborer un terreau sain de haute qualité ;

— exercer un contrôle rigoureux de l'environnement et de l'arrosage dans la serre ;

— éviter les densités excessives d'oignons et bien contrôler les mauvaises herbes pour une meilleure circulation de l'air ;

— éviter la présence de thrips qui retardent la maturation et propagent des maladies ;

— pratiquer l'irrigation tôt le matin pour laisser sécher le feuillage avant la nuit ;

— maintenir un pH optimal pour favoriser une bonne nutrition ;

— effectuer des pulvérisations foliaires d'extraits d'algues marines pour renforcer la résistance des plants ;

— éviter les blessures mécaniques provoquées par les outils de sarclage et éviter de toucher aux plants lorsqu'ils sont humides ;

— accélérer la décomposition des résidus de culture en hersant et en semant un engrais vert dès la fin de la récolte ;

— composter rapidement les oignons déclassés qui peuvent être une source importante de maladies.

20.9.2 MALADIES FONGIQUES

La fonte des semis, causée principalement par *Pythium* spp., mais aussi par divers champignons et certaines bactéries, s'attaque particulièrement aux semis en caissettes, mais elle peut aussi causer des problèmes au champ. La plupart des semences d'oignon sont traitées avec un fongicide, mais comme ce n'est pas permis en agriculture biologique, toutes les mesures préventives devront être mises en applications. En serre, on utilise un terreau de bonne composition fait à partir d'un compost sain auquel on ajoute de la farine de silice et on recouvre les semences avec du sable blanc. Le semis doit être peu profond et pas trop dense, dans un sol suffisamment réchauffé ; la ventilation et le contrôle de la température de la serre doivent être surveillés de très près. Ces mesures devraient être suffisantes pour prévenir l'apparition des pathogènes. Certains effectuent un ajout de 1 % de peroxyde d'hydrogène dans l'eau d'arrosage (concentration de 15 %) ; on doit vérifier si la certification accepte cette mesure. Au champ, la prévention consiste en une bonne préparation de sol qui donne au sol une température appropriée pour recevoir le semis.

La pourriture blanche (*Sclerotium cepivorum*) cause des dégâts lors des années fraîches et humides. Elle s'attaque aux racines et aux bulbes et entraîne le dépérissement des plants. L'examen de la base des plants permet d'observer un mycélium blanc duveteux accompagné d'une pourriture molle du bulbe. Dans le champ, les dommages sont répartis en foyers. La maladie survit pendant de nombreuses années dans le sol sous forme de sclérotes. Des rotations très longues, par exemple de 10 ans, permettent de revenir sur un sol avec une charge infectieuse moindre, mais les sols sont rarement complètement débarrassés de sclérotes. Aussi faut-il éviter d'introduire la maladie par le biais de plants et surtout d'oignonets infectés, et favoriser la circulation de l'air.

Les racines des glaïeuls induisent la germination des sclérotes, mais elles sont réfractaires à l'infection : le mycélium ne survit donc pas dans le sol. On pourrait donc assainir un champ sur une petite surface en cultivant des glaïeuls, mais il n'y a pas assez de marché pour une culture importante. S'il y a infestation, on arrache les oignons tôt et on les sèche à la chaleur. Certains arrachent et brûlent les plants malades et, en terre noire, même le sol contaminé ; c'est possible à petite échelle. La maladie peut être propagée par les déplacements de sol.

La maladie des racines roses (*Pyrenochæta terrestris*) serait propagée par les liliacées, les céréales et le maïs. On la trouve sur les épinards, le panais et le radis, mais seul l'oignon est affecté dans son développement. Il importe de prévoir la rotation en conséquence. Les racines affectées deviennent roses, puis de plus en plus foncées en se dégradant. L'infestation réduit le calibre du bulbe et peut même entraîner la mort du plant. La maladie est favorisée par le stress dû à la sécheresse et les sols chauds. On peut acheter des cultivars résistants ou tolérants à cette maladie. La maladie peut être introduite par des oignonets.

La pourriture basale fusarienne (*Fusarium oxysporum* f. sp. *cepæ*) cause des dommages au champ et à l'entrepôt. Au départ, le bout des feuilles jaunit, puis les feuilles s'affaissent. Le plant au complet finit par dépérir et une pourriture sèche se développe à la base du bulbe. Le pathogène survit dans le sol sous forme de spores et s'introduit habituellement dans le plant par les racines. Les blessures aux bulbes causées par des insectes du sol ou des opérations mécaniques peuvent servir de portes d'entrée. La maladie est favorisée par un sol humide et des températures élevées. Lorsque l'infection survient tard en saison, souvent on ne s'aperçoit du problème que durant l'entreposage.

Il faut utiliser des cultivars résistants et bien sécher les oignons avant l'entreposage. Un précédent de luzerne diminuerait l'incidence du problème.

Le mildiou (*Peronospora destructor*) endommage le feuillage et peut causer beaucoup de problèmes les étés pluvieux et frais. Une croissance poudreuse violette apparaissant par plages est observable tôt le matin sur le feuillage humide : la feuille jaunit graduellement, puis meurt. La maladie se répand à partir de foyers d'infestation. Il faut utiliser des plants ou des oignonets de source sûre et choisir des champs bien ventilés. Il faut aussi irriguer tôt dans la journée pour laisser sécher le feuillage. Les oignons malades déclassés en entrepôt sont une source importante de contamination ; on doit les composter soigneusement et ne pas les laisser traîner en tas. Des poudrages ou pulvérisations de soufre ou d'oxychlorure de cuivre peuvent aider à ralentir l'infestation.

La brûlure de la feuille (*Botrytis squamosa*) est une maladie fréquente de l'oignon. Les premiers symptômes sont l'apparition de minuscules taches blanches entourées d'une zone verdâtre ou argentée. Lorsqu'elles sont nombreuses, ces taches entraînent le dépérissement complet de la feuille en commençant par son extrémité. Les périodes prolongées de mouillure du feuillage favorisent l'infection par le champignon, qui n'attaque que les feuilles, pas les bulbes. En détruisant les feuilles, la maladie empêche les oignons de mûrir normalement, ce qui fait que les bulbes perdent leur capacité de conservation à long terme. La rotation des cultures permet de contrôler la maladie à l'échelle du champ. On recommande, entre autres, l'alternance avec la laitue, le céleri, la carotte et la pomme de terre, qui permettent l'élimination de cette maladie. Par contre, elle peut être propagée par le vent, car les spores du champignon voyagent dans l'air ; cela implique de déchaumer rapidement, de bien faire décomposer les résidus de culture l'année précédente et de composter soigneusement les débris de l'entrepôt. Il faut irriguer tôt ou utiliser le goutte à goutte et favoriser une bonne circulation de l'air en évitant les trop hautes densités et la prolifération des mauvaises herbes.

La pourriture du col (*Botrytis allii*) est une maladie qui se développe principalement en entrepôt, même si l'infection a habituellement lieu au champ en fin de saison. Le pathogène qui s'introduit par le collet fait pourrir les bulbes en commençant par le haut. Les parties affectées se couvrent parfois d'un épais duvet gris. Les oignons à gros collet qui ont mal mûri sont particulièrement sensibles à cette maladie. On doit éviter les excès d'azote et gérer les sources de contaminants par la rotation, le déchaumage et le compostage des déchets d'oignons. On doit aussi cesser l'irrigation dès le couchage des feuilles pour les variétés hâtives, et deux semaines plus tôt pour les variétés tardives. On peut sécher les oignons à l'air chaud, puis les refroidir avant l'entreposage pour ensuite bien les trier en rejetant les gros collets et les collets déchirés. Il est important de garder l'entrepôt froid et sec.

Le charbon (*Urocystis cepulæ*) est une maladie importante, surtout dans les champs qui ont souvent servis à la culture de l'oignon par le passé. Il survit dans les sols sous forme de spores dont la durée de vie pourrait dépasser 15 ans. Il a la particularité d'infecter l'oignon uniquement au moment de la levée. Habituellement, les plantules affectées meurent avant le stade 3 feuilles. Des masses de spores poudreuses noires se développent à l'intérieur des tissus affectés. Le charbon peut être importé sur des oignonets ou des plants infestés ; il faut s'assurer de ne pas introduire la maladie au champ. En serre, on utilise un terreau de source sûre, puisque les spores proviennent du sol, et on favorise une levée rapide et un démarrage des oignons dans de bonnes conditions.

La tache pourpre (*Alternaria porri*) est présente sur l'oignon, le poireau et d'autres liliacées. La maladie s'attaque principalement au feuillage et plus rarement aux bulbes. Les taches caractéristiques de cette maladie sur le feuillage sont formées d'ovales de 2 à 5 cm de long et d'anneaux concentriques, les anneaux foncés présentant une teinte noire ou violacée. La tache pourpre attaque un oignon affaibli par des pluies violentes, de la grêle ou des thrips ; les vieilles feuilles sont plus sensibles. De longues périodes de mouillure du feuillage favorisent l'infection ; on évite donc les hautes densités et la présence de mauvaises herbes qui nuisent à l'aération. La maladie survit sur les résidus, dont il faut accélérer la décomposition au champ ou dans le compost. Le soufre et l'oxychlorure de cuivre aident à la contrôler.

20.9.3 MALADIES BACTÉRIENNES

Les pourritures bactériennes causées par *Pseudomonas allicola* (Slippery skin) et *Pseudomonas cepacia* (Sour skin), ainsi que la pourriture molle par *Erwinia carotovora* entraînent des pertes à l'entreposage, en attaquant une ou des écailles du bulbe qui ramollit et dégage un liquide malodorant lorsqu'on le presse. Éventuellement, tout le bulbe pourrit. Les bactéries pénètrent dans le bulbe par des blessures ou se propagent par le biais des larves de la mouche de l'oignon. Parfois, la pourriture a lieu avant la récolte. Les premiers symptômes observables des pourritures bactériennes sont que l'une des feuilles d'âge moyen, située à l'intérieur du bouquet foliaire, flétrit et s'affaisse, tandis que les autres feuilles demeurent vertes et en santé. Si le symptôme est répandu, on peut s'attendre à un lot d'oignons qui se conservent mal à long terme. On doit donc récolter les bulbes à pleine maturité en évitant les blessures à la manutention, bien les sécher, les ventiler et les entreposer à 0 °C. En période de maturation, on doit éviter les conditions humides, surtout l'irrigation excessive à la fin de la bulbaison. Souvent, l'apparition de ces maladies est associée à des orages violents survenant par temps chaud et humide : en cas d'infection, on utilise les traitements à base de cuivre.

Pseudomonas allicola attaque aussi une ou quelques écailles du bulbe, de haut en bas, et se propage par la base du bulbe. Le problème se pose durant l'entreposage : on le prévient en assurant de bonnes conditions de croissance et d'aération au champ, l'absence de mauvaises herbes et en séchant bien le collet avant de le couper. Il faut déclasser les oignons atteints avant l'entreposage. *Pseudomonas cepacia* pénètre dans les bulbes blessés et se propage dans les écailles extérieures. Le haut du bulbe s'affaisse et celui-ci dégage une odeur sure, d'où le nom américain.

20.9.4 INSECTES

Favorisée par le temps frais et humide, la mouche de l'oignon (*Hylemia antiqua*) dépose ses œufs à la base des liliacées ou à la base des feuilles à partir de la fin de mai ou du début de juin. Les dommages sont causés par les jeunes larves blanchâtres qui creusent des galeries dans la base des plants d'ail, d'oignon, d'échalote et de poireau, et qui peuvent se déplacer d'un plant à un autre. Les pertes les plus importantes sont observées dans les oignons semés où chaque larve peut consommer plusieurs plantules pendant sa croissance. L'insecte peut compléter jusqu'à trois générations par année, mais c'est la première génération qui cause habituellement le plus de dommages. Présentement, au Québec, les dommages importants sont concentrés dans les zones de production intensive du sud-ouest de Montréal. Les sols organiques sont davantage exposés aux attaques de mouches que les sols minéraux. En culture conventionnelle, on utilise généralement un insecticide rémanent dans le sillon ou à la base des plants. Dans une approche biologique, on utilisera d'abord tous les moyens pour favoriser la culture, puis en deuxième lieu des aménagements écologiques pour abriter les nombreux prédateurs et parasites de la mouche. On peut appliquer des substances répulsives comme l'absinthe, des extraits de poivre noir, de gingembre et de piments forts, ou de la cendre, en période de ponte ; on a aussi recours à la terre diatomée à la base des plants.

On capture la mouche de l'oignon à l'aide de pièges coniques appâtés avec une substance spéciale, dérivée de l'oignon, qui attire la mouche. De plus, il faut un spécialiste pour l'identifier. Les insectes sont souvent plus abondants aux pourtours des champs, et la ponte est souvent groupée dans des talles. Une rotation où l'on prend soin de choisir des champs éloignés les uns des autres diminue la ponte, car les adultes ont plus de difficulté à trouver les champs. On peut aussi utiliser une bâche flottante légère ou même une clôture basse, en nylon, équipée d'un rebord plié dans le haut : la mouche peu vigoureuse vole bas et rencontre la clôture ; elle monte pour contourner l'obstacle, mais n'a pas la force de passer le rebord. Lorsqu'une culture est affectée, on expose les pupes à l'assèchement et au gel par le passage d'un cultivateur lourd ou d'un chisel après la récolte et à la fin de l'automne, juste avant le gel. Il ne faut surtout pas laisser les bulbes infestés au champ. Dans les petites plantations, on arrache et on brûle les oignons affectés.

Les thrips de l'oignon (*Thrips tabaci*) sont de minuscules insectes de forme linéaire, de jaunes à brun pâle, difficiles à voir à l'œil nu. Ils se concentrent sur les feuilles d'ail, d'oignon, d'échalote et de poireau, en plus grand nombre lors des étés chauds et secs. Ils causent des dommages aux feuillages en suçant la sève, ce qui provoque de minuscules taches blanches ou argentées qui finissent par se rejoindre pour créer des stries longitudinales. Il faut encourager la présence des auxiliaires naturels qui coloniseront à partir des refuges : brise-vent, etc. On peut aussi irriguer les oignons. Le savon Safer's, la roténone, les insecticides à base de neem, les poudrages de farine de silice sont des moyens d'intervention directe, ainsi que la terre diatomée appliquée avec une poudreuse hydrostatique ; selon les conditions de développement des thrips, on traite deux ou trois fois à une semaine d'intervalle. *Beauveria bassiana*, un insecticide fongique, a démontré une certaine efficacité. Les engrais verts d'automne de blé et de seigle favoriseraient la survie des thrips, à la différence de l'avoine. La destruction des mauvaises herbes en bordure des champs diminue le couvert hivernal pour les thrips.

Diverses espèces de noctuelles, ou vers-gris, peuvent aussi causer des dommages. Pour lutter contre elles, il est bon de bien planifier la rotation et la préparation du sol (voir chou pommé, chapitre 12).

Depuis peu, la teigne du poireau affecte très sérieusement l'oignon (voir le chapitre 19).

20.10 ENTRETIEN

En ce qui concerne l'entretien des cultures d'oignons, les points les plus importants à surveiller sont sans aucun doute le contrôle des mauvaises herbes et l'humidité. Si le sol a été bien préparé, l'oignon ne demandera pas de fertilisation d'entretien en cours de culture.

En biodynamie, on applique la pulvérisation de silice tôt le matin lorsque le feuillage est bien établi, puis au début de la bulbaison, et enfin deux ou trois semaines avant la récolte. Les traitements se font les jours racines.

20.11 RÉCOLTE ET SÉCHAGE

Un des facteurs les plus importants pour la réussite de la culture de l'oignon est de la récolter dès que les oignons sont prêts, puis de les sécher rapidement.

Sur de plus grandes superficies, on attend que les feuilles soient partiellement couchées et que les collets soient ramollis. C'est à ce moment que l'excès d'azote et le mauvais placement dans la rotation deviennent évidents, car les collets restent verts et les feuilles dressées. Selon l'échelle de production, certains commencent à arracher lorsque 50 % des plants sont couchés, et d'autres attendent plus tard, quand 75 % sont couchés. Le déracinage des plants accélère alors la maturation physiologique déjà commencée.

Certains biodynamistes appliquent du préparat 501 environ trois semaines avant la récolte pour accélérer la maturation et améliorer la conservation. Sur de petites surfaces, dans les régions à courte saison, quand les premières feuilles commencent à jaunir, on couche les plants afin d'accélérer la maturation du bulbe. Cela se fait aisément à la main, avec le pied, en roulant un baril ou un rouleau léger dessus, mais si la maturité est insuffisamment avancée, les feuilles se redresseront. Cette technique ne peut remplacer le couchage physiologique de l'oignon et favorise certaines maladies comme les pourritures bactériennes et la pourriture du col. Des expériences ont démontré que le fait de couper ou de rouler les feuilles, ou bien de couper les racines, ne contribue pas à hâter la maturité des oignons et peut même réduire leur rendement et leur capacité de conservation. On doit éviter de récolter trop tard, car les enveloppes seront dégradées, ce qui entraîne une baisse de la qualité et une mauvaise conservation.

Lorsqu'il reste trois ou quatre feuilles vertes à l'oignon, on peut procéder à l'effeuillage. Certains utilisent une fourragère pour couper les queues avant la récolte. En Europe, il existe des récolteuses mécaniques qui coupent les tiges à 1 ou 2 cm du bulbe.

Au Québec, on préfère soulever l'oignon sans couper les tiges, puis les équeuter après l'andainage et le séchage au champ. La récolte mécanique consiste à soulever les oignons avec une récolteuse à tubercules munie d'une sortie qui place les oignons en andains. Après un séchage au champ, on les ramasse, on les équeute, on les trie et on les met en bennes.

Pour la récolte manuelle, on soulève les oignons avec une lame, on les arrache à la main et on les étale en andains sur le champ. On place les oignons espagnols avec les feuilles par-dessus les bulbes pour les protéger du soleil et de la gelée.

Le séchage au champ, qui dure entre une et deux semaines, permet des économies d'énergie quand le temps est favorable. La première phase du séchage se fait en andain ; si l'andain reçoit de la pluie, il sera important de retourner les oignons, sinon il risque d'y avoir une repousse de racines. Une seconde phase de séchage peut se poursuivre, toujours au champ, en bennes de bois ou en sacs tissés larges protégés contre la pluie par des bâches. Après le séchage au champ, on effectue un tri et un nettoyage lors de la récolte de l'oignon. La chaîne de nettoyage peut aussi être installée à l'entrepôt : du personnel enlève la terre et les pierres, les oignons malades, endommagés ou de calibre insuffisant. Il faut être prudent lors de la manipulation, car l'oignon est sensible aux chocs. Sauf pour la vente immédiate, il faut déclasser les oignons doubles et ceux à collet ouvert qui risquent de causer des problèmes à l'entreposage ou des pertes en magasin. Si l'effeuillage n'a pas été fait mécaniquement lors du ramassage au champ, on le fait à cette étape en taillant à 2 cm de l'oignon. Il existe des effeuilleuses à rouleaux qui servent à équeuter les oignons et qui peuvent être utilisées à l'entrepôt ou au champ. Pour les petites superficies, l'effeuillage manuel par torsion est long, mais il referme bien la blessure du collet. L'effeuillage mécanique par coupure est rapide, mais il offre plus de possibilités de développement de maladies.

Pour le séchage forcé en entrepôt, quand l'oignon est en sacs, on met les sacs sur des palettes ; quand l'oignon est en bennes, il est difficile de faire sécher une benne remplie d'oignons très humides. Comme on a besoin d'un bon contrôle de la circulation de l'air, on utilisera des bennes ajourées.

On doit réunir des conditions idéales pour le séchage forcé. Les deux premiers jours, il faut de l'air à température ambiante, soit 1,5 m3/min par m3 d'oignon. On les sèche ensuite avec une circulation d'air chauffé à 24 à 30 °C, et une humidité relative de 60 % : il y a donc nécessité de disposer d'un entrepôt avec un système de chauffage et de ventilation. Certains producteurs tolèrent une montée de température à 35 °C et visent une humidité relative de 80 %. On rafraîchit ensuite l'oignon à l'air ambiant avant de le réfrigérer. Si l'humidité relative est plus haute que 75 % et que la température est froide, il y a risque de décoloration des oignons. Le séchage à l'air chaud donne une couleur plus foncée. Un oignon bien séché a l'apparence d'une peau brune accompagnée d'un bruit de papier, un collet sec et bien aminci, une perte de 3 à 5 % du poids (parfois jusqu'à 10 %) ; il est aussi sans tache. Le séchage à l'air chaud forcé est à considérer très sérieusement, car c'est un gage de qualité, ce qui peut éviter des pertes considérables.

En Californie où le climat ambiant est souvent très chaud à la période des récoltes, on utilise parfois pour l'ail et l'oignon un séchage entre 35 à 45 °C avec 60 à 75 % d'humidité relative, avec une ventilation forcée pendant une demi-journée à une journée. Pour un oignon cultivé et récolté en conditions plus fraîches, il y a un risque de dommages. En France, on place de la paille sèche sur le dessus des oignons séchés à l'air forcé pour absorber la condensation.

Beaucoup de petits producteurs sèchent l'oignon dans des serres inutilisées ; il suffit de bien ventiler et de chauffer quand le temps est humide. Cette technique peut être valable, mais elle requiert beaucoup de manipulations tout en offrant moins de contrôle.

Pour l'oignon à botteler, on soulève, on récolte à la main, on nettoie et on attache les oignons en paquets avec un élastique, après avoir nettoyé les feuilles extérieures. On met huit oignons par paquet lorsqu'ils sont petits, et six pour les plus gros calibres.

20.12 CONSERVATION ET MANUTENTION PRÉVENTE

La conservation des oignons se fait dans un endroit froid et sec, de 0 à 5 °C avec 70 à 75 % d'humidité relative ; certains visent 65 %. Il faut assurer une ventilation de 0,5 à 1 m^3/min par m^3 d'oignons, avec de l'air d'autant plus froid que l'humidité relative est élevée (différentiel de 4 à 6 °C). Pour une conservation de longue durée, seul un froid de 0 à 1 °C empêche l'oignon de germer. En deçà de –1 °C, l'oignon gèle ; dans ce cas, il faut le dégeler lentement jusqu'à 4 °C.

Le potentiel de conservation dépend avant tout des cultivars utilisés. Plus le taux de matière sèche est élevé, mieux l'oignon se garde. Cependant, on n'atteindra jamais les durées d'entreposage possibles avec des inhibiteurs de germination ou de l'irradiation aux rayons gamma.

Lors de l'entreposage et du transport, on doit faire attention, car l'oignon dégage des odeurs qui peuvent contaminer des produits sensibles ; il peut lui-même être endommagé s'il est transporté avec des produits à des taux d'humidité élevés.

Sur des petites surfaces, le tressage donne une valeur ajoutée intéressante et donne à l'acheteur une valeur décorative et un meilleur contrôle sur la pourriture ; cette pratique est envisageable quand on a la main-d'œuvre suffisante et le marché en conséquence. L'oignon est aussi de plus en plus congelé et déshydraté ; les légumes prêts à l'emploi sont une tendance importante dans la demande des consommateurs.

Le classement effectué avant la vente permet d'assurer l'uniformité des oignons, des calibres suffisants, ainsi que des enveloppes correctement développées.

20.13 PRIMEURS

L'oignon de primeur est planté tôt à partir de plants démarrés en serre ou d'oignonets, et il est arraché avant maturité. On le vend nettoyé avec les feuilles. Dans les endroits ayant un bon couvert de neige, il est possible de semer, l'été précédent, des oignons adaptés à une telle régie, puis de les récolter tôt l'été suivant. Il existe aussi des cultivars arrivant à maturité en juillet à partir d'une plantation effectuée au début de mai.

Chapitre 21

L'AIL

Allium sativum (Garlic)

INTRODUCTION

L'ail est une plante de la famille des liliacées, plus précisément des amaryllidacées. C'est une plante bulbeuse vivace à multiplication végétative, cultivée comme une annuelle, dans le cas de l'ail de printemps, et cultivée comme une annuelle d'hiver, dans le cas de l'ail d'automne. Le bulbe d'ail est formé de plusieurs caïeux, ou gousses, qui constituent les organes de reproduction. L'ail supporte mal les matières organiques fraîches et sera placé dans la rotation de manière à profiter d'une fertilité résiduelle. Le drainage est important pour cette culture qui répond très bien à l'irrigation, tout en refusant d'avoir les pieds trop longtemps dans l'eau. L'ail préfère les sols riches en humus et exempts de mauvaises herbes vivaces.

21.1 PLANTE

Comme l'ail est reproduit végétativement, on observe de grandes variations locales d'adaptation au climat et à la photopériode, ainsi que de dormance. Il existe une grande diversité de souches d'ail et il est très difficile de généraliser en ce qui concerne leur physiologie, leur adaptation climatique et leur morphologie. On s'en tient donc ici à des généralités qui peuvent présenter des exceptions, selon les cultivars utilisés.

La première région de production est l'Asie, suivie des pays de la Méditerranée où l'ail occupe une place de choix dans la cuisine, puis de l'Amérique du Sud et de la région de Gilroy en Californie.

Les racines occupent principalement la zone de sol située entre 8 et 30 cm ; elles ont tendance à s'étaler à l'horizontale sur une certaine distance avant de tourner vers la verticale. Seules quelques racines descendent à plus de 50 cm de profondeur, si la structure le permet. Les racines se développent à partir du plateau situé à la base des gousses ; le plateau est la partie dure qu'on enlève lorsqu'on apprête l'ail en cuisine.

Les gousses, nommées caïeux en termes techniques, se développent à partir du plateau qui est une tige raccourcie dont partent les racines et les pousses. Les enveloppes des caïeux sont blanches, rouges, roses, mauves ou pourprées. Le rendement des bulbes dépend directement de la quantité et de la qualité des feuilles. Un plant produit de 4 à 20 caïeux.

Les feuilles, en moyenne au nombre de 13, sont aplaties en forme de V ; à la base elles sont cylindriques, formant un fût et plusieurs couches qui enveloppent le bulbe. On utilise parfois le terme tunique du bulbe pour décrire cette enveloppe de feuilles sèches et translucides. Chaque caïeu sera aussi pourvu d'une enveloppe protectrice. Les feuilles atteignent de 75 à 90 cm de hauteur. L'ail d'automne a moins de feuilles.

Certaines souches produisent régulièrement une hampe florale, certaines occasionnellement, d'autres jamais. Les fleurs sont stériles ; le plant ne produit pas des graines mais plutôt, chez les souches qui fleurissent, des bulbilles qui se développent dans la fleur. La hampe florale se déroule en un mouvement circulaire avant de fleurir.

On décrit le cycle de production de l'ail par la séquence : dormance, période végétative, bulbification ou tubérisation, floraison (facultative) et maturation.

21.1.1 TYPES D'AILS

La classification de l'ail est complexe, et il y a actuellement de nombreux désaccords entre les spécialistes.

Plusieurs modes de classification peuvent être utilisés pour l'ail. Il y a deux types d'ail qu'on distingue par leurs tiges : l'un produit une tige molle et l'autre, une tige dure. On peut aussi les classer par couleurs : ail blanc, ail rose ou ail rouge. Le fait de dire d'un ail qu'il est de printemps ou d'automne est plus aléatoire, puisque la plupart des cultivars se plantent aussi bien au printemps qu'à l'automne. Certains utilisent une classification basée sur la dormance, qui est courte ou moyenne chez l'ail d'automne, et longue chez l'ail de printemps. Ce dernier se conserve mieux s'il n'est pas affecté par des virus ou des maladies fongiques systémiques.

L'ail de printemps a une dormance longue et une bulbification suffisamment tardive pour permettre une bonne production de feuilles au préalable : le choix du cultivar sera donc très important.

C.M. Messiaen, un spécialiste français de la culture de l'ail en Occident, classe les variétés d'ail qu'il a étudiées en six groupes. Ron Engeland, un maraîcher et auteur américain, utilise une classification plus simple, mais plus fonctionnelle pour un maraîcher nord-américain : *Allium sativum* var. *ophioscorodon* et *Allium sativum* var. *sativum*. C'est celle que l'on retient ici.

A. Type ophioscorodon

La variété *Allium sativum* var. *ophioscorodon*, moins cultivée, est généralement plantée à l'automne. Elle forme toujours une hampe florale dure qui laisse une tige sèche au centre du bulbe. De 4 à 14 caïeux sont produits en un seul cercle autour de la tige centrale. Ses arômes et saveurs sont puissants et complexes, et les enveloppes des bulbes sont très faciles à détacher. Il est disponible sur les marchés de août à avril s'il est entreposé en bonnes conditions. À cause de la hampe florale rigide, ce type ne se tresse pas de façon traditionnelle. Il correspond grosso modo au groupe I de Messiaen.

Les spécialistes s'entendent en partie pour refuser l'usage du terme rocambole pour décrire l'ensemble de ce type ; le nom est par contre utilisé pour certains cultivars. Les praticiens parlent souvent d'ail à tige dure.

B. Type sativum

La variété *Allium sativum* var. *sativum* est plus courante ; elle fleurit plus rarement et se referme bien dans le haut du bulbe, comme un oignon bien séché. Le nombre de caïeux est plus élevé, sur plus d'un cercle autour du centre, et les enveloppes sont plus difficiles à peler. Des milliers de souches donneront de grandes variations lors de la mise en culture. Chez var. *sativum*, le caractère fonctionnel à retenir est son aptitude à la conservation plus développée qui permet d'étaler la mise en marché jusqu'à la fin de l'hiver. Les tuniques externes du bulbe sont blanches, d'où le nom américain de Silverskin garlic et d'ail blanc ou ail ordinaire en France, mais les caïeux ont des enveloppes de couleurs diverses. On le qualifie parfois d'ail à tige molle ou à cou mou. Les groupes variétaux II et III de Messiaen sont regroupés dans ce type.

La plupart des cultivars des zones occidentales tempérées font partie de ces deux grands ensembles.

21.1.2 CONDITIONS CLIMATIQUES

Expliquer les distinctions entre les types d'ail se complique du fait que certains cultivars se comportent passablement différemment selon les conditions climatiques : les variations vont du rendement au nombre de caïeux par bulbe en passant par la teinte des enveloppes.

Le plant doit être exposé à une période de froid, soit au champ dans le cas de l'ail d'automne, soit à l'entreposage (de 0 à 4 °C) pour l'ail de printemps. Les hivers nordiques font ressortir chez l'ail un goût plus fort, plus piquant.

L'ail doit développer le maximum de végétation durant les jours croissants et frais du printemps qui mènent à l'induction de la bulbification ; le développement végétatif cesse à partir d'un certain degré de décroissance des jours. Les rendements seront proportionnels au développement végétatif que le plant aura fait durant sa première phase ; les températures nocturnes de 16 °C ou plus nuisent au développement végétatif, d'où l'importance d'une plantation hâtive.

Dans l'ail d'automne, dès que le sol est dégelé au printemps, la végétation débute. On observe parfois une croissance sous la neige au printemps, quand le sol n'est pas gelé. À une température de l'air de 0 °C, la croissance démarre.

Dans les cultivars utilisés sous nos latitudes, la bulbification est induite par les jours longs et les températures de 18 à 20 °C. On comprend que l'ail d'automne, dont la végétation démarre avant la plantation de l'ail de printemps, donne de meilleurs rendements.

En culture biologique, au Québec, on cultive plus d'ail d'automne que d'ail de printemps, car il donne un rendement supérieur. L'ail de printemps préfère un printemps long. Pour sa part, l'ail d'automne est plus risqué ; il peut être soulevé par l'alternance gel-dégel du sol, il peut être endommagé par l'excès d'eau, ou tout simplement par un gel rapide du sol. L'ail d'automne préfère les régions où le couvert de neige est stable et important. Chez nous, les premières récoltes d'ail se font en juillet (ail d'automne) suivies en août ou septembre de l'ail de printemps.

21.2 CULTIVARS

La majorité des grainetiers offrant un catalogue pour vente par correspondance n'offrent pas d'ail ou offrent des cultivars mal identifiés.

La reproduction végétative de l'ail permet aux producteurs d'ail de conserver une partie de la récolte aux fins de semence. C'est plus facile avec les variétés d'automne, puisque la récolte se fait à partir de la mi-juillet et que les plantations se font en septembre. L'ail de printemps que l'on récolte en août se conserve plus difficilement jusqu'au printemps, ce qui fait que la semence d'ail de printemps est plus souvent achetée. En pratique, les maraîchers qui plantent de l'ail de printemps achètent souvent des semences provenant de l'hémisphère sud, surtout d'Argentine.

Avant de planter l'ail sur une surface importante, il est fortement recommandé de faire des essais de cultivars. Dans la mesure où certains réussissent bien, on peut conserver les semences pour les replanter. Dans l'ail d'automne, le cultivar Music est actuellement le plus utilisé en culture biologique, car il est sain et donne de bons rendements.

Pour importer certaines semences qui requièrent une inspection, il faut se procurer un permis auprès de l'Agence canadienne d'inspection des aliments.

21.3 PROPAGATION

21.3.1 SEMENCES ET GERMINATION

L'achat de semences, très coûteux, est compliqué par le fait que le calibre, donc le nombre de caïeux, est très variable d'un cultivar à un autre. En pratique, on doit décider de la densité de plantation et connaître le nombre de caïeux utilisables par kilo de semences. Des caïeux de 5 g à faible densité nécessitent l'achat de 450 kg/ha de semences classées et nettoyées ; pour une densité élevée, il en faut 1 400 kg. Il faut généralement de 500 à 2000 kg/ha de caïeux bien choisis. Le taux de 2 000 kg représente des caïeux moyens de 10 g, plantés à cinq rangs par planche de 1,50 m de large, espacés de 15 cm sur le rang, donc une densité très élevée.

Dans l'ail de printemps, on utilise préférablement les caïeux du pourtour du bulbe comme semence ; il faut calibrer et déclasser une partie de la semence si on obtient des bulbes en vrac, en mettant de côté les très petits caïeux.

Les différents cultivars n'ont pas tous les mêmes besoins physiologiques, mais pour l'ail planté au printemps, il faut s'assurer qu'il a bien été conservé au froid ; on peut lui faire subir une période de préparation de trois ou quatre semaines à 7 °C pour mettre fin à la dormance.

Comme la production de semences à la ferme est assez commune chez les maraîchers en culture biologique, en particulier dans l'ail d'automne, on peut définir quelques critères de choix :

— éviter les bulbes ayant très peu de caïeux, car à la cuisine, la préférence va aux gousses moyennes, sauf dans les restaurants ;

— choisir plutôt des caïeux de gros calibres, qui donneront des bulbes plus gros ;

— effectuer une sélection sanitaire ;

— ne pas utiliser les bulbes dont l'enveloppe est mal fermée, ou dont les caïeux sont doubles ;

— ne pas utiliser les caïeux du centre du bulbe qui donneront des bulbes plus petits.

21.3.2 PLANTATION AU CHAMP

Pour planter les bulbes d'ail au champ, on commence par diviser les bulbes à la main, en choisissant les caïeux de bon calibre et en laissant de côté les petits caïeux du centre du bulbe ainsi que les caïeux endommagés, mous ou malades. Il est possible d'effectuer un classement en deux ou trois calibres qui permet ensuite d'espacer les plants différemment selon la grosseur de la gousse. Il faut par contre manipuler les caïeux avec délicatesse, car ils sont faciles à blesser ; surtout, il faut éviter de les lancer et de briser le plateau de croissance lors de la séparation. Il ne faut pas non plus hésiter à déclasser les caïeux ayant un plateau endommagé ou à éliminer tout un bulbe, s'il contient un caïeu pourri.

Normalement, la préparation des caïeux se fait dans les deux à trois jours précédant la plantation, car ils se conservent mal après la séparation ; il faut assurer une bonne ventilation et les conserver au frais en attendant la plantation.

Lorsqu'on plante à la main, on enfonce les caïeux en les tenant la pointe vers le haut ; on vise un bon contact, très ferme, entre le plateau du caïeu et le sol. Il faut s'assurer que les planteurs distinguent bien la pointe et le plateau. Pour l'ail de printemps, la pointe doit être entre 3 à 5 cm de la surface du sol ; pour l'ail d'automne, on plante la pointe plus profondément, à 7 ou 8 cm de la surface.

Il est préférable de planter l'ail de la mi-septembre à la mi-octobre, afin qu'il ait le temps de bien s'enraciner avant l'hiver. Une plantation tardive est plus à risque d'être soulevée par l'hiver ; une plantation trop hâtive risque de voir émerger ses feuilles avant l'hiver, ce qui n'est pas désirable, sauf si le couvert de neige est permanent. Habituellement, une plantation à la mi-septembre donnera un rendement supérieur à une plantation effectuée en octobre. On vise généralement à planter quatre à six semaines avant que le sol ne gèle. Les biodynamistes plantent en lune descendante un jour racine, pour stimuler l'enracinement dès la plantation. Au printemps, on plante aussitôt qu'on peut rentrer dans le champ.

Les lignes doivent être bien marquées et les caïeux, plantés droit, pour faciliter le sarclage et le binage mécanique. Un marqueur rotatif qui marque les lignes et les espacements peut faciliter grandement le travail, en particulier pour des employés qui ont un faible sens des distances. Il peut ouvrir un trou à l'emplacement de la plantation du bulbe et facilitera le labeur, qui peut être assez dur selon les conditions de sol.

Pour la plantation mécanique, il existe des appareils munis de doigts de caoutchouc qui peuvent séparer puis calibrer les caïeux. On utilise pour la plantation un planteur qui permet de laisser tomber l'ail au fond d'un sillon d'environ 5 cm de profond au printemps, et de 8 cm à l'automne. Un tracteur à vitesse rampante est nécessaire. Les caïeux tombent souvent sur le côté dans le fond du sillon ; ceux qui ont la pointe en bas lèveront mal ou ne lèveront pas du tout. Il y aura un certain pourcentage de bulbes déclassés pour cause de malformation. Par contre, le gain de temps permet de réduire fortement le coût très élevé de la main-d'œuvre pour la plantation manuelle. Cependant, un caïeu placé sur le côté démarre plus lentement, ce qui est un handicap en culture de printemps. L'ail de printemps s'adapte mieux à la plantation mécanique ; on plante surtout l'ail à tige dure à la main.

Certains maraîchers roulent les planches après la plantation, qu'elle soit manuelle ou mécanique, pour garantir un très bon contact entre les caïeux et le sol.

21.3.3 ESPACEMENTS

Il existe plusieurs approches à l'aménagement de la plantation d'ail. L'espacement dépend du développement végétatif du cultivar utilisé, mais surtout du calibre des caïeux. On laissera entre 8 et 15 cm entre les plants sur le rang et de 20 à 45 cm, et jusqu'à 75 cm entre les rangs selon les équipements de sarclage. Pour optimiser la densité, on doit laisser 8 cm entre des caïeux de 2,5 g, 12,5 cm pour des caïeux de 5 g et 15 cm pour des calibres de 10 g (tableau 21.1).

Certains utilisent des espacements larges et peu intensifs qui facilitent le sarclage mécanique en utilisant le même équipement que pour d'autres cultures sarclées. Les exigences de fertilité seront moindres, et les rendements par surface aussi. Les densités traditionnelles en Europe sont d'environ 150 000 à 166 000 plants/ha. Les densités élevées d'un système à cinq rangs sont utilisées sur certaines fermes biologiques où le sarclage manuel prédomine ; elles nécessitent une irrigation suivie et une fertilité plus élevée, mais elles donnent plus de rendement par surface.

Les meilleurs rendements sont obtenus par les très hautes densités de petits caïeux, qui donneront des bulbes plus petits. En conditions non irriguées, les densités de plus de 200 000 plants/ha risquent de donner

TABLEAU 21.1 Aménagement d'une plantation d'ail

Rangs par planches de 1,5 m	Espacement entre les caïeux (cm)	Plants par hectare
2	15	88 000
2	10	132 000
3	12,5	160 000
5	12,5	266 000

des rendements moindres. En Californie, des producteurs utilisent des densités de 320 000 plants/ha. Des rangs triples espacés de 40 cm pour une largeur de 1,5 m par planche forment un aménagement facile à mécaniser si le matériel de plantation et de sarclage s'y prête bien.

Un maraîcher québécois plante l'ail sur des billons de deux rangs avec un espacement de 22 cm entre les rangs.

21.4 SOLS ET FERTILISATION

21.4.1 CHOIX ET PRÉPARATION DU SOL

L'ail tolère un pH modérément acide, mais un pH entre 6,5 et 7,2 est préférable. Il faut surtout éviter les sols acides où on trouve des teneurs élevées d'aluminium et de manganèse soluble.

L'ail est tolérant quant au sol, mais le drainage est très important. On utilise généralement des sols légers à moyens, mais un loam argileux bien structuré et pas trop lourd peut convenir, s'il se réchauffe bien au printemps. Un sol sableux mal structuré pourra causer des blessures aux plants par l'érosion lors de grands vents. Un sol limoneux fertile donnera de bons résultats. Les terres noires sont généralement moins propices, surtout pour l'ail d'automne. Les terres très argileuses peuvent donner de très bons calibres, mais les conditions hivernales y sont plus risquées et, comme pour les terres noires, le nettoyage des bulbes y est beaucoup plus difficile.

Lors de la préparation du sol, on ameublit en profondeur, puis on raffermit le profil. Les enfouissements importants de résidus de cultures nuisent à l'ail : on verra donc à les broyer et les faire décomposer quelques semaines avant la plantation ; tout dégagement d'ammoniaque est très risqué.

En pratique, on laboure ou on utilise un chisel ou un rotoculteur pour l'ameublissement profond ; on évite les sols ayant une semelle de labour ou on les sous-sole en conditions suffisamment sèches (pas au printemps). On peut aussi pratiquer un ou deux faux semis. En fait, on cherche à obtenir une belle structure pas trop fine et on roule soigneusement, car le sol doit être bien plombé.

La culture sur billons ou sur planches surélevées est une bonne pratique, en particulier pour l'ail d'automne qui est très affecté par le mauvais drainage. Pour l'ail de printemps, la préparation primaire se fait l'automne précédent ; on ne peut faire de faux semis au printemps, car la plantation est pressante.

21.4.2 FERTILISATION

Historiquement, l'ail a été cultivé dans des sols de fertilité modérée, dans des climats secs, avec de faibles fertilisations. Un petit bulbe en conditions chaudes et sèches donnera de très grandes qualités aromatiques. Toutefois, la nécessité d'un bon rendement et la préférence des consommateurs pour les calibres plus gros forcent les producteurs à fertiliser et à irriguer l'ail plus qu'il ne l'a été traditionnellement.

L'utilisation de compost jeune est à déconseiller. L'ail se cultive de préférence sur le retour d'une culture fortement engraissée comme les crucifères hâtives, le céleri, le concombre, d'autres cucurbitacées et la pomme de terre hâtive. Si le sol est vraiment pauvre, on peut mettre de 20 à 30 t/ha de compost mûr.

L'azote est un élément important pour favoriser une grande masse foliaire avant la bulbification. L'azote n'est pas très disponible très tôt au printemps, alors que le plant en a le plus besoin. Des pulvérisations foliaires peuvent être faites très tôt, pour un léger apport stimulant. Certains utilisent un engrais azoté à proximité du rang ; le danger d'une telle pratique est que la minéralisation se poursuive activement en phase de bulbification au détriment du rendement et de la qualité. Dans un sol ayant reçu un bon apport organique l'année précédente, de fréquents binages seront suffisants pour assurer une bonne nutrition azotée.

A. Exportation moyenne

Lors de la récolte, environ 85 % du N est dans les bulbes, 90 % du P_2O_5 et 66 % du K_2O. Pour obtenir le prélèvement total du plant, on fait une règle de trois pour ces pourcentages. En culture intensive irriguée, les rendements peuvent être plus élevés ; il faudra assurer une nutrition proportionnelle au rendement (tableau 21.2).

TABLEAU 21.2 Exportation moyenne

Bulbes (t/ha)	N (kg/ha)	P_2O_5 (kg/ha)	K_2O (kg/ha)
4,5 9,5	55 — 75 90	16 — 28 30 — 60	35 — 48 64 — 100

En culture conventionnelle, on a habituellement les plages de fertilisation données au tableau 21.3 ; les recommandations au Québec pour un sol moyen sont au tableau 21.4.

TABLEAU 21.3 Fertilisations en culture conventionnelle

N (kg/ha)	P_2O_5 (kg/ha)	K_2O (kg/ha)
80 — 250	30 — 200	20 — 350

TABLEAU 21.4 Recommandations québécoises

N (kg/ha)	P_2O_5 (kg/ha)	K_2O (kg/ha)
110 — 150	120 — 140	95 — 125

Dans le cas d'une culture biologique, on doit prévoir :

— une disponibilité de N de l'ordre de 80 à 120 kg/ha, selon la densité du peuplement et le rendement escompté ; les deux tiers de la consommation d'azote ont lieu après les débuts de la bulbification ;

— des teneurs élevées de potasse échangeable ;

— un sol riche en phosphore ;

— du soufre,que l'ail utilise en abondance pour l'élaboration du sulfure d'allyle qui lui confère son arôme remarquable ; on peut ajouter du Sul-Po-Mag si c'est nécessaire ;

— un sol bien pourvu en calcium et en magnésium.

B. Oligo-éléments

Il faut prendre garde aux carences en cuivre, en bore, en molybdène et en zinc. La carence en bore, commune au Québec dans les sols légers, diminue les aptitudes à la conservation. Les apports foliaires peuvent être utiles.

21.5 ROTATION DES CULTURES

On doit éviter le retour trop rapide sur l'oignon et le poireau, et laisser au moins trois ou quatre ans entre les liliacées dans la rotation, pour empêcher le développement des maladies ou des insectes.

L'ail planté à l'automne suit très bien le concombre, le melon et les courges d'été à condition que la récolte soit terminée assez tôt en septembre pour laisser le temps de préparer les sols. Le blé d'automne, difficile à réussir au Québec, est un précédent très apprécié par les producteurs français ; le blé est une culture exigeante, bien fertilisée, qui laisse une excellente fertilité résiduelle. L'ail peut suivre l'épinard, les crucifères hâtives, la laitue, le pois et le haricot.

Dans certains champs, au Québec, l'ail est précédé d'une céréale accompagnée d'un trèfle qui est enfoui au printemps dans une jachère en mai et juin. Un engrais vert de blé couvre le terrain en été, puis il est enfoui et se décompose durant les semaines précédant la plantation. Il faut tout de même être prudent avec une pratique de ce genre, car même si elle laisse un sol propre, elle entraîne probablement un lessivage assez important, la consommation de l'ail ayant lieu au printemps de la deuxième année. Il faut enfouir l'engrais vert tôt, car si on néglige de le faire, la décomposition peut nuire sérieusement à la plantation.

Si l'ail est propre, il est aussi un bon précédent pour la carotte. Comme il est récolté assez tôt, il laisse le temps pour un bon engrais vert d'automne, par exemple une vesce commune et une céréale, ou des crucifères ou un trèfle incarnat. Il sera alors suivi d'une culture exigeante en azote.

21.6 CULTURES ASSOCIÉES

L'ail est considéré comme une plante compagne très utile pour un grand nombre d'espèces cultivées, du rosier aux laitues, en passant par les épinards, les carottes et les betteraves. En pratique, des contraintes comme la date de plantation ou la fertilisation rendent ces associations impossibles en culture maraîchère. Tout au plus peut-on placer un bloc d'une culture d'ail à côté d'une parcelle de la plante associée.

21.7 IRRIGATION

Le système racinaire superficiel de l'ail le rend très sensible à la sécheresse. De plus, l'ail réagit à l'irrigation par une augmentation significative des rendements, lorsque le sol est suffisamment riche, surtout en azote. Une moyenne de 2,5 cm d'eau par semaine est nécessaire à une croissance régulière, et jusqu'à 5 cm dans un sol sableux très sec. On doit cesser l'irrigation au début de la phase de maturation des bulbes. Dans le cas d'un ail d'automne qui fleurit, la fin de la floraison est un signal pour réduire l'irrigation ; on cesse les arrosages environ trois semaines avant la récolte. Des pluies abondantes au moment de la maturation peuvent entraîner divers problèmes qui diminuent la qualité de l'ail et sa conservation.

Un système goutte à goutte présente l'avantage de laisser une surface de sol plus sèche qui convient bien à l'ail. Il ne forme pas de croûte de battance et favorise moins les mauvaises herbes.

21.8 GESTION DES MAUVAISES HERBES

Comme tous les légumes, l'ail exige un sol propre et bien préparé, totalement exempt de mauvaises herbes vivaces. La rotation des cultures, l'utilisation de précédents nettoyants, le faux semis ou une courte jachère avant la plantation d'automne, et une préparation mécanique soignée sont des préalables incontournables. Il faut choisir des parcelles dont la banque de graines est à un faible niveau.

Les binages réguliers pratiqués pour stimuler la croissance auront pour effet de contrôler une bonne partie des mauvaises herbes. On bine avant que les mauvaises herbes soient établies, idéalement au stade cotylédon, en prenant soin de ne pas endommager le système racinaire assez peu développé. On peut ramener un peu de terre à la base des plants en début de saison, si l'espacement est assez large, et enterrer les jeunes plantules de mauvaises herbes. Des brûleurs à jets dirigés peuvent aider en début de saison quand les mauvaises herbes sont jeunes. Dans une petite plantation, un brûleur manuel peut faire l'affaire.

Normalement, on effectue deux sarclages manuels pour garder la culture propre. Lors d'années humides, on peut travailler le sol en l'éloignant de la base des plants, comme pour l'oignon. Une houe en forme d'étrier permet de travailler assez proche des plants, lors du sarclage manuel, sans les blesser. Le calibre des bulbes et le rendement seront réduits si on tolère la présence de mauvaises herbes dans la culture, en particulier dans les dernières semaines.

21.9 INSECTES ET MALADIES

La plupart des liliacées produisent des substances antibiotiques comme l'allicine, qui est à la fois bactéricide, fongicide et nématicide. Ces propriétés sont exploitées dans la fabrication de purins végétaux. Par exemple, on utilise un purin d'ail pour lutter contre certaines maladies des plantes et agir en tant que répulsif contre certains insectes. Ces substances ne protègent pas pour autant les liliacées contre certains insectes et maladies. L'approche préventive aux maladies fongiques expliquée pour l'oignon s'applique aussi à l'ail (chapitre 20).

La pourriture blanche (*Sclerotium cepivorum*) est une maladie commune aux liliacées. Elle forme d'abord un duvet blanc accompagné d'une pourriture molle sur les bulbes et d'un jaunissement du bout des feuilles, suivie de sclérotes noirs. Cette maladie peut être introduite sur des oignonets ou des bulbes d'ail infectés. L'utilisation de plants exempts de la maladie, le nettoyage des entrepôts et des équipements entre chaque culture, le contrôle de l'eau d'irrigation, l'arrachage des plants atteints et l'enfouissement soigneux des résidus de culture suivi d'un engrais vert, sont à recommander. Une rotation de cinq ans est recommandable. Pour ceux à qui cette culture convient, le glaïeul éveille les sclérotes tout en les empêchant de se reproduire ; elle améliore donc la situation d'un champ infesté. Le *Bacillus subtilis*, une bactérie utilisée pour le contrôle biologique, est disponible commercialement sous le nom de Sérénade.

Il arrive qu'une maladie fongique causée par des *Penicillium* spp. affecte l'ail en automne. Si on plante des caïeux affectés, le plant restera petit et séchera prématurément l'année suivante. Lors de la récolte, le *Penicillium* peut contaminer les bulbes voisins et se propager en entrepôt ou à la plantation. Le problème se contrôle d'abord et avant tout par une sélection soignée lors de la plantation. On doit déclasser soigneusement tous les plants affectés et, après deux ou trois ans, on disposera d'une semence améliorée.

Sauf de rares exceptions, les bulbes sont porteurs de divers virus qui causent des dommages en conditions de stress ; les maladies virales sont particulièrement favorisées par la sécheresse. Les souches cultivées au printemps sont souvent plus fortement affectées. Certaines souches d'ail ont été reproduites en France pour éliminer la présence de virus, mais souvent les plants sont réinfectés en cours de culture. Principale maladie virale de l'ail, la mosaïque striée est identifiable d'abord par une chlorose en forme de stries sur les feuilles, puis les feuilles deviennent vrillées. Le développement du bulbe est alors fortement réduit. Le contrôle des thrips, et parfois des pucerons, est nécessaire pour prévenir la diffusion. On est alors forcé d'arracher les plants atteints ; cependant, un ail bien cultivé est généralement peu affecté. Donc, fertilité et préparation du sol, drainage et irrigation constituent la meilleure prévention.

On contrôle le nématode des tiges et des bulbes (*Ditylenchus dipsaci*) en effectuant une rotation où on évite le retour des oignons, des épinards, des légumineuses à graines, du persil, du céleri, du salsifis, des betteraves et de l'avoine avant trois ans. Comme précédents, on utilise plutôt le blé, l'orge, les pommes de terre, les graminées fourragères, les tomates, les piments, la laitue, le tournesol, la luzerne, les crucifères. Une semence certifiée ou un traitement à l'eau chaude (deux heures à 43 °C ou une heure à 44,5 °C) sont des façons de prévenir l'introduction du nématode par la semence. Si on prévoit un problème, on peut traiter la semence d'ail par trempage durant 24 heures dans une macération de caïeux, par exemple dans les restes de semences trop petites, à une concentration de 25 kg/100 L d'eau. On peut aussi composter les résidus de nettoyage de l'ail. Comme toujours, une attention portée à la diversification de l'activité biologique des sols est la meilleure défense contre la prolifération des nématodes. Si on détecte des plants infestés (petits, feuilles enroulées), il faut absolument les arracher et les brûler, et si les plants sont cassants, on utilise une fourche. Il faut aussi éviter de faire suivre l'ail par une culture hôte.

Les soins préventifs et curatifs contre la mouche de l'oignon et les thrips sont les mêmes pour l'ail que pour l'oignon.

Les problèmes causés par les vers fil de fer sont moindres si, dans la rotation, on éloigne la culture de l'ail de la prairie. Les pratiques de contrôle recommandées contre cette espèce et contre les noctuelles pour le chou pommé devraient aider à prévenir des dommages importants (chapitre 12).

Depuis peu, la teigne du poireau devient un problème majeur. Elle colonise la tige florale et entraîne son déclassement. Il faut la dépister et la traiter. Bien qu'il ne soit pas homologué, le Entrust s'avère le seul traitement efficace (voir le chapitre 19).

21.10 ENTRETIEN

Dès le démarrage du plant au printemps, il est important de commencer à biner pour réchauffer le sol et stimuler l'activité biologique. Certains maraîchers le font en effectuant un apport de farine de plumes ou de sang séché (30 à 40 kg d'azote) ; d'autres font des pulvérisations foliaires de purins riches en azote, jusqu'à une fois par semaine. Un extrait de poissons riche en azote (solution 1 à 2 %) combiné à un extrait d'algues en solution entre 0,5 et 1 % est couramment utilisé.

Plusieurs maraîchers préfèrent utiliser un paillis de paille ou de feuilles dans la culture de l'ail. Cela offre une protection hivernale, ralentit un peu le démarrage printanier, conserve l'humidité et la fraîcheur du sol et élimine les possibilités de binage. Les besoins d'irrigation sont alors réduits. En contrepartie, le sarclage est manuel, et la récolte mécanique plus difficile. La paille de culture biologique est parfois riche en graines de mauvaises herbes. On recouvre le sol de paillis à l'automne après la plantation.

La question du paillis est controversée. Plusieurs maraîchers le considèrent comme essentiel. Pourtant, des cultures d'ail ont été réalisées sans paillis dans diverses situations et sur de nombreuses années, et ce, avec des rendements habituellement excellents. La seule année où l'on a constaté des dommages considérables, les producteurs utilisant un paillis ont également connu des résultats désastreux. Le paillis apporte souvent plus d'inconvénients que d'avantages en climat nordique. Par contre, il est incontournable dans des climats très chauds et secs comme celui de l'Arizona.

Un maraîcher américain a développé une méthode de culture à travers un engrais vert d'avoine qui meurt sur place et laisse un paillis pour l'année suivante. L'avoine est semée à la fin d'août ou au début de septembre, et des sillons de 15 cm de long sont ouverts dans l'avoine avec des disques en vue d'une plantation manuelle. L'avoine continue à pousser jusqu'aux grosses gelées.

En biodynamie, les traitements de silice sont effectués les jours favorables aux racines ; trois traitements débutant dès que le feuillage est sorti de terre et se terminant au début de la bulbification. Un quatrième traitement peut être effectué en jour-fleur deux semaines avant la récolte pour favoriser le séchage.

L'ail d'automne de type ophioscorodon fleurit systématiquement ; il faut tailler la fleur assez tôt, près des feuilles, sinon son développement réduit celui du bulbe. Engeland a expérimenté une taille tardive, lorsque la tige florale se dresse et durcit : l'ail semble se conserver beaucoup plus longtemps en entrepôt. Par contre, certains cultivars ne nécessitent pas de taille en sol fertile. La fleur d'ail ainsi récoltée est transformée de diverses façons (dans l'huile, séchée). Certains transformateurs sont à l'affût de ces sous-produits.

Lorsque l'ail de printemps tarde à mûrir, une pratique traditionnelle consiste à coucher les tiges, ou même les nouer en un nœud simple, une méthode coûteuse en main-d'œuvre. Cette pratique n'est pas justifiée.

21.11 RÉCOLTE

Il est bon de déterrer quelques plants témoins dans la période précédant la récolte et d'observer l'état de l'enveloppe et des bulbes à mesure que les feuilles commencent à se dessécher. On vise à arracher l'ail avec une bonne enveloppe ou tunique de feuilles sur les bulbes. Les cultivars à hampe florale dure (var. *ophioscorodon*) ont plus tendance à s'ouvrir à la maturation, ce qui laisse les caïeux exposés et réduit la conservation et la qualité. En général, il faut récolter l'ail en fonction du nombre de feuilles vertes qui restent, car ces feuilles forment la tunique ; les feuilles brunes du bas donneront des enveloppes friables.

Dans le cas des types qui se referment bien au collet (var. *sativum*), on récolte en général lorsque les deux tiers des feuilles sont sèches. Si on récolte alors qu'il reste cinq ou six feuilles vertes, il restera cinq à six enveloppes à la tunique ; et si on perd deux à trois feuilles de la tunique à la récolte et au nettoyage, il reste trois feuilles pour maintenir une bonne tunique. Les caïeux ne tombent pas lors de la manutention et la protection sanitaire est meilleure. Plusieurs cultivars d'ail ont le collet bien fermé et ne sont pas soumis à cette contrainte : leur tunique est plus résistante, et on peut les récolter lorsque le feuillage est sec. Attention aux maladies qui s'installent lorsque les plants restent au champ trop tard : elles font noircir l'enveloppe.

Dans le cas des cultivars à hampe florale dure, il est parfois plus difficile de déterminer la date de la récolte. Certains commencent la récolte dès que la sixième feuille verte commence à brunir du bout. D'autres maraîchers récoltent avec 60 % des feuilles encore vertes, ce qui permet un entreposage plus long. On commence aussi la récolte quand les trois ou quatre feuilles du bas commencent à brunir. Certaines années, les bouts de toutes les feuilles commencent à sécher en même temps ; il faut alors surveiller de près l'évolution des bulbes et éviter de récolter trop tard.

Dans les climats méditerranéens avec des étés secs, il y a moins de contraintes, mais dans nos climats, il faut porter une attention accrue à ces problèmes. Certains producteurs préfèrent utiliser un réfractomètre et récolter lorsqu'un seuil de Brix de 25 est atteint.

Avant d'arracher à la main, il faut soulever les plants soit à la fourche, soit avec une souleveuse à légumes-racines, une arracheuse à pommes de terre ou même une sous-soleuse. Le lendemain d'une bonne pluie, les plants s'arrachent bien à la main, sans outil. Les plants sont arrachés, nettoyés à la main et, si la saison est chaude et sèche, laissés sur le champ pour une première étape de maturation et de séchage ; selon l'humidité, l'ensoleillement et l'état des bulbes, cette période varie de 3 à 8 jours. Il faut étaler les plants de façon que les feuilles protègent les bulbes du soleil dont l'effet cause un bleuissement des bulbes. Plus tard, si on ne tresse pas, on enlève les feuilles et on entrepose les bulbes dans un endroit sec.

En conditions pluvieuses, il faudra absolument rentrer les plants et les sécher à l'intérieur. On peut couper les racines qui absorbent l'humidité et nuisent au séchage, mais c'est laborieux.

Certains lavent les bulbes immédiatement après la récolte, ce qui diminue le coût du nettoyage. Cependant, cela peut compliquer un peu le séchage qui, dans ce cas, se réalise idéalement à l'air forcé. Certains producteurs sèchent l'ail sur les tables de production de plants dans une serre, en protégeant les bulbes du soleil, en assurant une bonne ventilation et en chauffant quand les conditions ambiantes deviennent humides. On peut aussi recouvrir la serre de bâches pour ombrager.

Une méthode traditionnelle pour le séchage consiste à attacher l'ail en bottes d'environ 12 à 15 plants et à suspendre les bottes à des fils de fer dans un hangar pendant au moins deux semaines, ou à étaler l'ail sur le plancher, dans le grenier d'un hangar. Certains agriculteurs installent un déshumidificateur dans un hangar fermé.

Certains producteurs utilisent une débroussailleuse ou une fourragère pour couper les feuilles avant de récolter avec une récolteuse à pommes de terre. Les bulbes sont rentrés immédiatement pour être séchés en couche de deux à trois épaisseurs dans des cageots de bois. Certains gros producteurs français utilisent l'entreposage dans des boîtes-pallettes avec une ventilation forcée à 29 ou 35 °C pendant trois jours pour le séchage, suivi d'une ventilation intermittente.

En France et en Californie, il existe des équipements pour la récolte et le nettoyage au champ. Certains équipements utilisés pour la récolte de l'oignon pourraient aussi être utilisés. Les maraîchers désirant produire quelques hectares d'ail pourraient envisager d'investir dans l'achat d'un tel matériel.

21.12 CONSERVATION ET MANUTENTION PRÉVENTE

Certains maraîchers vendent une partie de leur ail sous forme non séchée, dès la récolte. Cet ail se conservera généralement moins bien ; comme il n'est pas séché, il est environ 20 % plus lourd. Il faut bien identifier cet ail frais, et s'assurer que les commerçants prennent soin de bien le conserver. Les types *ophioscorodon* séchés doivent être vendus avant la fin de l'hiver ; on surveille la germination qui en réduit la valeur.

Le nettoyage commence lorsque l'ail est bien sec et que l'enveloppe extérieure se détache bien, soit après environ deux à quatre semaines. On coupe la tige avec une petite hache ou un sécateur bien affilés, à environ 1 ou 1,5 cm de long ; puis on taille les racines à 1 cm, ou même au ras du bulbe, selon le marché. Puis on enlève une ou deux enveloppes pour laisser une tunique intacte et unie. Pour un bulbe de haute qualité, on peut nettoyer le dessous du bulbe avec une brosse à dents, lorsque les enveloppes se détachent avec difficulté.

Au nettoyage, on déclasse les bulbes trop mous, endommagés ou mal fermés. Le classement est généralement fait en variables de 1 cm à l'aide d'un gabarit fabriqué avec des clous sur une planche. Les bulbes sont passés entre les clous pour déterminer leur diamètre.

Il y a deux régies utilisées pour la conservation de l'ail. Soit on l'entrepose à 0 °C à une humidité relative de 65 % à 70 % ; les bulbes se conservent alors pendant plusieurs mois, mais la croissance redémarre lorsqu'ils se retrouvent à la température de la pièce et il se forme un germe à l'intérieur des caïeux. Soit on l'entrepose à des températures entre 13 et 18 °C à une humidité relative de 40 à 60 %, mais il doit bien respirer. Il faut par la suite faire un tri avant de vendre l'ail en déclassant les bulbes qui se sont dégradés à l'entreposage.

Si on choisit de tresser l'ail, il faut le faire assez rapidement, avant que le feuillage ne soit trop sec et rigide. Pour tresser de l'ail à tige rigide, on plie la tige à intervalle régulier, quelques jours après la récolte ; une tige complètement séchée sera cassante au moment du tressage.

Il existe en France une production d'ail fumé : on place des tresses dans des fumoirs à des températures ne dépassant pas 40 °C pendant 8 à 10 jours.

La tige florale séchée peut être vendue à des fleuristes. Une maraîchère québécoise a développé un marché pour la fleur d'ail transformé. L'ail de production artisanale est difficile à rentabiliser au Québec si on ne développe pas un marché du haut de gamme. Des tresses, parfois décorées de fleurs séchées, ou des aménagements en forme de couronne avec des fleurs séchées sont des possibilités. Du confit d'ail, de la poudre d'ail séché, de l'huile d'ail sont d'autres produits prisés.

21.13 PRODUCTION DE SEMENCES

Les producteurs intéressés à produire de l'ail de semence peuvent se référer à Messiaen.

Pour faciliter la préparation des caïeux lors de la plantation de l'ail d'automne, certains maraîchers récoltent plus tard si l'état sanitaire des plants est bon. De cette façon, la tunique est moins épaisse et les caïeux se détachent plus facilement.

Chapitre 22

LA CAROTTE

Daucus carota (Carrot)

INTRODUCTION

De la famille des ombellifères, la carotte est un légume-racine bisannuel, qui est cultivé comme une plante annuelle. On trouve la carotte sur le marché de primeurs sous forme de bottes avec le feuillage dès le début de juillet ; c'est ainsi qu'elle sera vendue une bonne partie de l'été sur certains marchés. La majorité des récoltes est destinée à la conservation et vendue en sac de 0,9 kg (2 lbs) ou de 2,27 kg (5 lbs). La carotte est très consommée, crue ou cuite.

La fausse mini-carotte obtenue à partir de longues carottes taillées mécaniquement a pris depuis quelques années une grande part du marché. La carotte est aussi utilisée pour la transformation en macédoine, les aliments pour bébés, le jus et la déshydratation ainsi que divers mets préparés ; ces transformations sont peu développées sur le marché biologique québécois.

L'importance économique de la carotte est considérable en culture biologique ; la carotte biologique offre une différence remarquable de saveur si on la compare à la carotte de production conventionnelle. Les maraîchers exploitent cet avantage en recherchant des cultivars plus savoureux, par exemple des Nantaises plutôt que des Imperator.

22.1 PLANTE

Il y a cinq grandes phases dans la croissance de la carotte : implantation, développement des feuilles, tubérisation, vernalisation et reproduction. Les trois premières phases ont lieu la première année :

— lors de l'implantation, la graine germe et la racine pivotante s'enfonce rapidement dans le sol pendant que le développement foliaire est très lent ;

— après l'établissement de la racine, le feuillage se développe activement ; en bonnes conditions, la racine pivotante continue à s'enfoncer, mais s'élargit peu ; il y a abondance de racines latérales ;

— la tubérisation correspond à l'élargissement de la racine principale en pivot ; elle démarre le deuxième mois après le semis, lorsque le feuillage est bien développé ; la racine grossit d'abord dans le haut, puis vers le bas ; il y a moins de latérales à cette époque ; la production de feuillage se poursuit, mais elle ralentit à mesure que la tubérisation progresse ;

— après la tubérisation, suit la période de vernalisation en pleine terre ou en entrepôt qui déclenchera le phénomène de la reproduction ;

— la cinquième phase commence par une croissance foliaire qui sera suivie de la floraison, de la mise à graine et de la maturation des graines ; la floraison peut parfois être déclenchée la première année par une période de froid ou de chaleur importante ; la sensibilité à la température varie selon le cultivar.

22.1.1 TYPES DE CAROTTES

Les cultivars de carottes sont classés par grands types. Cette classification est principalement reliée aux formes, aux longueurs des racines et aux qualités en lien avec certaines utilisations, entre autres la transformation. Les plus communes sur le marché nord-américain sont les carottes longues de type Imperator. Voici les plus connues :

— l'Amsterdam, utilisée pour le forçage de primeur et la mini-carotte cylindrique ;

— la Nantaise, de courte ou moyenne longueur, fuselée, lisse, cassante, succulente, et dominante sur le marché européen ;

— l'Imperator, longue et effilée, qui se récolte mécaniquement et se présente sous emballage cello, et dominante sur le marché québécois ;

— la Danvers, large et fuselée, au cœur important, adaptée aux sols plus lourds et à la transformation ;

— la Berlicum, effilée, sans cœur, savoureuse, adaptée à la transformation et au frais ;

— la Chantenay, de courte à moyenne et de gros diamètre, au cœur important, et principalement utilisée pour la transformation ;

— la Touchon d'origine nantaise, longue et de belle qualité ;

— la Parisienne, qui forme une petite boule, cultivée pour les primeurs, en argiles, mais peu utilisée aujourd'hui.

L'hybridation entre ces divers types est de plus en plus pratiquée et l'offre de cultivars évolue rapidement, au point que cette classification devient de moins en moins significative.

On trouve aussi des cultivars de couleurs particulières, blanc, rouge, jaune, violet et marron, qui trouvent une niche en fine restauration et qui peuvent intéresser un consommateur curieux.

22.1.2 CONDITIONS CLIMATIQUES

La carotte est une plante de climat frais qui se plaît à des températures entre 16 et 23 °C. La carotte est assez rustique et supporte des gelées modérées au printemps et à l'automne. Elle craint la forte chaleur et la sécheresse ; elle aime un approvisionnement régulier en eau, mais sans excès. En dessous de 16 °C, sa croissance est ralentie. Les expositions venteuses réduisent la présence de la mouche de la carotte, mais peuvent causer de l'érosion éolienne et des dommages au jeune plant.

22.2 CHOIX DES CULTIVARS

Le choix de cultivars est assez vaste chez la carotte. Ce qu'il faut savoir en premier, pour le marché de l'agriculture biologique où le client recherche d'abord des qualités organoleptiques, c'est que le taux de sucre d'une carotte est directement proportionnel à la fragilité de la racine au bris mécanique. Autrement dit, les cultivars les plus savoureux ne peuvent subir le traitement de la récolte mécanique, sans qu'on soit obligé de déclasser une bonne partie de la récolte à cause des carottes cassées. Pour les carottes destinées à la récolte mécanique, on fera nécessairement un compromis entre solidité et saveur.

Comme les carottes cultivées pour être vendues en botte sont récoltées manuellement, on peut se permettre de choisir des cultivars plus fragiles, mais dotés d'une meilleure saveur. Encore une fois, c'est la méthode de récolte et le marché qui déterminent de façon prioritaire les cultivars à choisir.

Les principales caractéristiques à rechercher chez un cultivar dépendent des propriétés souhaitées (forme et caractéristiques appropriées au marché, longueur et calibre des racines, coloration extérieure et intérieure très orangée, saveur et taux de sucre, richesse en vitamines, absence de collet vert et de cœur, ou petit cœur), des conditions culturales dans lesquelles elles seront produites (longueur des fanes et solidité du point d'attache des feuilles, aptitude à la récolte mécanique, adaptation à la saison de culture et au sol, résistance à la montée à graines, résistance ou tolérance à différentes maladies et aptitude à la conservation).

Plusieurs variétés sont appréciées des maraîchers pour leur saveur. Il est bon de parcourir les catalogues pour obtenir plus de renseignements et d'effectuer des essais. Parfois les maraîchers acceptent de parler des cultivars qu'ils privilégient.

22.3 PROPAGATION

22.3.1 SEMENCES ET GERMINATION

Les graines de semences de la carotte sont très petites ; on en trouve entre 500 et 800 par gramme et, selon la densité et le calibre, il faut entre 2 à 5 kg de semences par hectare de culture. Leur durée de conservation est de quatre ans. Pour germer, les semences préfèrent une température entre 20 et 25 °C et prendront de 8 à 18 jours.

22.3.2 SEMIS EN PLEINE TERRE

La carotte ne se transplante pas, les cultures sont toujours faites en semis. Si on désire avoir une production continue de carottes à botteler, on commence les semis à partir de la fin d'avril ou du début de mai. La carotte a besoin d'une saison de végétation fraîche, sans extrêmes de température et d'humidité, et elle n'apprécie pas les fortes chaleurs en début et en fin de végétation, ce qui produit une racine fibreuse au goût prononcé. De plus, la carotte est très capricieuse face au stress hydrique ; elle nécessite un approvisionnement régulier en eau.

La plupart des cultivars requièrent entre 50 et 120 jours pour atteindre leur maturité, les mini-carottes étant les plus rapides. Si on sème trop tôt et qu'on récolte après la maturité, plusieurs cultivars peuvent développer une racine plus coriace au goût prononcé. Pour la carotte de conservation, on a avantage à attendre en juin pour semer, ce qui donne le temps de faire des faux semis, de laisser passer le premier vol de mouche de la carotte, et donne amplement de temps pour conduire les carottes à terme en septembre ou octobre. La date limite du semis est le premier juillet, mais les semis tardifs sont plus exposés à des conditions chaudes et asséchantes et à des dommages appelés chancre de chaleur ou insolation. Il est bon d'espacer quelques semis pour étaler les risques de mauvaises conditions de culture.

Il faut entre 2 et 5 kg/ha de semences selon la technique de semis. On privilégie des semences ayant un taux de germination de 85 à 90 %. La période de germination et d'émergence est la période la plus critique dans le développement de la carotte, et on doit s'attendre à une certaine mortalité dont il faudra tenir compte dans le taux de semis. Le grainetier peut parfois fournir des renseignements sur la vigueur de la semence.

La profondeur du semis varie de 6 à 10 mm pour les primeurs, lorsque le sol est plus froid et pour les sols battants, et de 10 à 13 mm en conditions normales. La semence enrobée peut être placée légèrement plus profondément, jusqu'à 15 mm. En sol organique, on peut aussi semer un peu plus profond, surtout en conditions chaudes et sèches. Les méthodes de culture devront être adaptées à la méthode de récolte. La récolteuse à un rang exige des espacements plus grands entre les rangs. Obtenir une bonne densité exige une très bonne maîtrise du semoir qu'on utilise. Le calibrage, le choix de semences enrobées et même prégermées sont autant de moyens d'obtenir un semis dense et uniforme.

22.3.3 LEVÉE

La germination de la carotte est lente et la levée est souvent irrégulière. Les principaux problèmes rencontrés sont l'assèchement de la surface, la formation d'une croûte de battance par suite d'une pluie violente et la fonte des semis. En culture de primeur, la couverture flottante offre une excellente protection. On doit faire en sorte que le lit de semence assure une remontée capillaire de l'eau jusqu'à la graine, mais ce n'est pas facile puisque le sol doit être très meuble. Le semoir ne doit pas presser trop fort pour éviter la battance. Des conditions chaudes et sèches sont nuisibles, et on doit irriguer si c'est nécessaire.

Certains utilisent des semences prégermées, dont on a activé la germination en les hydratant puis en interrompant le processus par séchage. Si ça fonctionne bien, la levée est accélérée et plus régulière, et les carottes plus uniformes à la récolte. On attribue en partie la différence de calibre entre les carottes à des moments d'émergence variables. Comme la majeure partie des carottes déclassées le sont à cause de leur trop petit calibre, le plus grand défi de la production consiste à obtenir une grande uniformité. En pratique, de plus en plus de maraîchers utilisent les semences prégermées, mais il y a des risques associés à cette méthode. En effet, le traitement entraîne un vieillissement prématuré des semences, ce qui entraîne à son tour une dégradation des semences à l'entreposage. Il suffit de n'acheter que les semences utilisées l'année même. Toutefois, il faut aussi vérifier auprès des organismes de certification biologique si les traitements utilisés sont acceptables.

La prégermination la plus commune consiste à tremper les semences dans l'eau à 20 °C pendant 24 heures avant de semer. La difficulté de ce procédé vient du fait qu'il faut assécher correctement le lot de semences pour éviter le blocage du semoir. Certains biodynamistes traitent les semences avec un extrait de préparat 506 à base de pissenlit et les assèchent avec de la cendre de bois tamisée pour prévenir la fonte des semis.

On connaît le cas d'une agricultrice qui a développé une méthode de prégermination consistant à mélanger les semences à de la perlite et à humecter le tout. Avant le semis, on assèche les semences en rajoutant de la perlite sèche et on ajuste le semoir en conséquence. Une longue période pluvieuse demeure le grand facteur de risque avec cette technique. Si la germination est trop avancée, il y a risque de bris des racines déjà émergées et des dommages mécaniques importants.

Pour faciliter la levée, un producteur aux prises avec un sol battant et asséchant, utilise la technique suivante : il sème à 2 cm de profondeur, puis il utilise un outil de binage très simple fabriqué avec des râteaux à feuilles pour décroûter la surface afin de faciliter la levée des carottes.

Si la surface à tendance à croûter, on peut l'irriguer peu mais régulièrement pour éviter qu'elle ne durcisse trop et nuise à l'émergence. L'émergence des plantules sera plus facile, car le sol sera plus meuble.

22.3.4 ESPACEMENTS ET FAÇONNAGE DU SOL

Un semis trop dense fait avec un semoir mal ajusté nécessite un éclaircissage très coûteux en main-d'œuvre. On peut rapprocher davantage les mini-carottes et les primeurs, soit de 20 à 30 cm entre les rangs, avec des densités sur le rang selon la grosseur visée. On espace la carotte de pleine saison de 30, 60 ou même 75 cm entre les rangs ; les densités sur le rang sont variables selon le type de carotte et le calibre visé. Certains spécialistes conseillent d'éviter les espacements rapprochés pour diminuer les problèmes de maladies. On connaît un cas où, pour tenir compte du peu de précision de son semoir Earthway, le maraîcher dilue la semence avec trois parties de bulghur.

En ce qui a trait au façonnage du sol et à la disposition des rangs, plusieurs systèmes peuvent être utilisés pour la carotte.

Le semis sur billons ou sur planches surélevées est particulièrement recommandé pour la carotte. La qualité des racines est améliorée puisqu'elles peuvent profiter d'une plus grande épaisseur de sol meuble et d'un meilleur drainage.

A. Système en planche

Certains maraîchers cultivent la carotte à deux, trois ou quatre rangs espacés de 75, 50 ou 30 cm, sur une planche de 1,5 m centre à centre, ou parfois de cinq rangs sur une planche de 1,8 m centre à centre : les densités varient de 900 000 à 1 500 000 graines/ha. La fertilité et l'irrigation doivent être beaucoup mieux suivies dans le cas de hautes densités, et les dangers de mauvaise ventilation augmentent.

B. Système en planche en Allemagne

Des systèmes de culture à cinq rangs sur une planche de 1,5 m sont utilisés en Allemagne, en culture biologique : les densités atteignent plus de 2 000 000 plants/ha pour la carotte d'été dans un espacement de 20 à 25 cm entre les rangs. De telles densités requièrent un sol très fertile et un bon suivi de l'irrigation et du sarclage.

C. Mini-carotte à pleine planche

Il existe un système de semis très dense dont les rangs sont espacés de 10 cm, ce qui empêche le sarclage mécanique. On sème la carotte avec un soc espaceur qui répartit le semis sur une bande de 5 cm, ce qui équivaut à un semis à la volée. Les sols doivent être très propres, car le sarclage est manuel. Ce type de semis est difficile à réaliser en culture biologique.

D. Système sur billons

On peut faire deux buttes de 15 à 20 cm de haut entre les roues du tracteur. Avec un espacement de roues de 1,5 m centre à centre, la base des billons aurait environ 45 cm et la crête environ 25 cm de large ; on sème un rang de carottes. Avec un espace de roues de 2,1 m, des billons de 75 cm de large à la base et de 50 cm au sommet offrent suffisamment d'espace pour semer deux rangs de carottes ; c'est un système fréquent en Californie. Le billon a l'avantage d'offrir une meilleure profondeur de sol directement sous la carotte.

Par exemple, sur une planche de 1,5 m centre à centre, on sème trois rangs de carottes pour 20 000 mètres linéaires de rangs à l'hectare, ou en bandes larges distantes de 75 cm avec un sabot espaceur, pour obtenir 13 333 mètres linéaires de rang. Deux billons pour une largeur de tracteur de 1,5 m donnent aussi 13 333 mètres linéaires de rang. En culture conventionnelle, c'est le système le plus commun utilisé en terre minérale pour la carotte d'entreposage (tableau 22.1).

E. Densité sur le rang

La densité sur le rang est une question importante reliée au calibre du cultivar utilisé. Des primeurs seront récoltées à un poids de 50 à 70 g ; des carottes Nantaises auront un poids variant de 90 à110 g ; enfin, des croisements d'Imperator pourront donner des carottes « jumbo » qui dépassent les 200 g. Le cultivar détermine la densité.

On augmente la densité sur le rang avec des petits calibres et on sème plus clair pour les gros calibres. On utilise fréquemment un sabot ou soc espaceur sur le semoir qui répartit les graines sur une bande large. Sur des rangs rapprochés, on sème des bandes minces (semis linéaire). Par contre, plus les rangs sont éloignés, plus on doit élargir la bande semée afin de compenser l'augmentation de la densité linéaire. Une trop forte

TABLEAU 22.1 Densités types de semis selon les espacements

Largeur de planche (m)	Nombre de rangs/planche	Espacement entre rangs (cm)	Longueur rangs/ha (m)	Graines/m linéaire	Graines/ha
1,5	3	45	20 000	40	800 000
1,5	2	75	13 333	60	800 000
1,5	2	75	13 333	90	1 200 000
1,8	3	55	16 666	60	1 000 000

densité de carottes alignées sur une bande étroite augmente la compétition et favorise les déformations dues aux contacts (côtés aplatis, carottes enlacées).

En culture conventionnelle, en terre minérale, on trouve en général des densités de près de 700 000 graines/ha pour les grosses carottes de transformation et d'un peu plus d'un million pour les carottes dites « cello », c'est-à-dire vendues en sacs. En terre noire, on sème 770 000 graines/ha pour la carotte de transformation, 1 200 000 pour la carotte cello, et 2 200 000 graines/ha pour les semis de Nantaises.

Il est à noter que les producteurs en terre noire utilisent des densités plus élevées, car la texture du sol permet aux carottes, en cours de croissance, de se séparer latéralement beaucoup plus facilement qu'en terre minérale.

En culture biologique, on sème parfois plus densément qu'en culture conventionnelle, car on obtient souvent un pourcentage d'établissement un peu moindre avec des semences non traitées. Au tableau 22.1, on présente les données permettant de planifier des densités de semis types selon les espacements choisis. Il suffit d'appliquer une règle de trois pour arriver au taux de semis visé. Il y a toujours une mise au point à faire en fonction de sa situation afin de choisir les pratiques les plus appropriées.

Si les conditions de germination sont bonnes, on obtient une levée de 80 %. Si les conditions sont moins bonnes, la levée peut être moindre. Il faut calibrer le semoir en fonction des densités visées en tenant compte des moyens techniques dont on dispose pour assurer un bon pourcentage de réussite. Avec les semences prégermées, on réduit généralement le taux de semis de 10 à 15 %.

22.4 SOLS ET FERTILISATION

22.4.1 CHOIX ET PRÉPARATION DU SOL

Une belle qualité de carotte ne s'obtient que dans un sol profond, ameubli idéalement à au moins 40 cm de profondeur, sans roches, sans mottes et sans semelle de compaction. On ameublit en général 5 cm plus profond que la longueur habituelle du cultivar choisi. La structure doit être excellente de même que le drainage et la capacité de rétention d'eau. On préférera un loam riche en humus comprenant une bonne proportion de sable et une quantité modérée d'argile, ou une terre noire. La carotte s'avère plus savoureuse en sol minéral qu'en sol organique. Le sol ne doit pas offrir de résistance à la pénétration des racines. Un taux d'argile de 10 à 15 % est intéressant si la structure est stable. Les sols battants croûtent après une pluie et empêchent l'émergence des jeunes pousses. Le sol doit résister aux extrêmes de température si on veut atteindre la saveur et la tendreté optimales.

Il est important de ne jamais mettre de fumier vert, ou de compost trop jeune avant une culture de carotte, ce qui occasionne des problèmes de racines fourchues, tachées ou chevelues. Il est préférable de faire décomposer les résidus de culture ou d'engrais vert avant le semis. Le pH optimal visé est de 6,0 à 6,5 en sol minéral, de 5,0 à 6,2 en sol organique.

Le sous-solage est recommandé l'été avant la culture si une compaction ou une semelle de labour est présente. Certains labourent ou billonnent le sol avant l'hiver pour bien préparer l'ameublissement. Une préparation de sol assez fine avant le semis est une bonne pratique, possiblement avec formation de billons. La culture sur planche est courante aussi ; il se vend une rotobutteuse qui forme une planche ou des billons selon le design souhaité. Les roues du tracteur doivent toujours circuler au même endroit afin de ne pas compacter la zone d'enracinement des carottes. On en traite en détail dans la gestion des mauvaises herbes.

Les biodynamistes appliquent les préparats 500, et parfois 507, au moment du travail du sol et choisissent des jours favorables aux racines pour le faire.

22.4.2 FERTILISATION

Souvent, on sème la carotte sans fertilisation en se fiant uniquement à l'effet résiduel des fertilisations utilisées pour les cultures précédentes. Le sol est alors riche en potasse et pourvu d'une bonne capacité de rétention.

Un sol filtrant où le lessivage est abondant recevra des apports fertilisants avant la carotte. Si un apport de compost s'avère nécessaire en sol relativement pauvre, un compost de déchets végétaux mélangés à du fumier de vaches, très mûr et uniforme, fait l'affaire. Il ne doit pas y avoir de décomposition active près des racines de carottes.

En primeur, en sol froid, certains ajoutent un supplément d'azote organique, tels de la farine de plumes ou du sang séché. Si le pH le permet, la cendre de bois (6 à 10 % K_2O) peut être appliquée sans dépasser 600 kg/ha. En cas de nécessité, un apport de sulfate de potassium et de magnésium peut être envisagé.

Idéalement, on donne à la culture précédente un apport important de compost qui sert plus tard à fertiliser la carotte. Si c'est nécessaire, on enrichit ce compost de fumier de volailles riche en phosphore. Si on n'applique pas cette pratique, il faut envisager un apport d'azote pour assurer un feuillage vigoureux et persistant pour une récolte mécanique fonctionnant par préhension des fanes.

La carotte répond bien à la mycorhization en sol minéral. S'il y a un historique suffisamment long en culture biologique, ces champignons sont habituellement déjà abondants dans le sol. Sinon on peut envisager d'inoculer les plantes démarrées en serre dans la rotation pour que les mycorhizes puissent s'installer dans les sols et, par la suite, coloniser les carottes.

A. Exportation moyenne

Les teneurs en éléments nutritifs de la carotte sont variables, car ils dépendent du cultivar, du sol, de la fertilisation et des conditions de croissance. Les essais réalisés en culture conventionnelle avec des fertilisations importantes et des rendements élevés sont peu représentatifs pour les besoins de l'agriculture biologique. Lorsqu'on examine ces données, il est important de savoir que les feuilles constituent de 15 à 30 % du poids frais à la récolte. Les feuilles contiennent de 40 à 60 % de l'azote du plant, de 20 à 30 % du P_2O_5, de 20 à 65 % de la potasse. Les résultats sont également très variables d'une étude à une autre. Une mesure des éléments exportés est utile pour évaluer le retour au sol des résidus de la culture pour la ou les cultures ultérieures (tableau 22.2).

TABLEAU 22.2 Exportation moyenne

Racines (t/ha)	N (kg/ha)	P_2O_5 (kg/ha)	K_2O (kg/ha)
40	60 — 80	25 — 45	90 — 160
30	45 — 60	20 — 35	70 — 100
*	60 — 120	30 — 45	180 — 320

* vendues en bottes

En culture conventionnelle, les fertilisations utilisées se situent à l'intérieur des plages données au tableau 22.3, mais les valeurs les plus courantes sont au tableau 22.4.

TABLEAU 22.3 Fertilisations en culture conventionnelle

N (kg/ha)	P_2O_5 (kg/ha)	K_2O (kg/ha)
60 — 190	20 — 220	30 — 350

TABLEAU 22.4 Valeurs courantes

N (kg/ha)	P_2O_5 (kg/ha)	K_2O (kg/ha)
60 — 100	80 — 100	200

Les recommandations québécoises distinguent les fertilisations en sol minéral et en sol organique ; on les trouve aux tableaux 22.5 et 22.6.

TABLEAU 22.5 Recommandations québécoises en sol minéral

N (kg/ha)	**P_2O_5 (kg/ha)**	**K_2O (kg/ha)**
80	30 — 170	30 — 225

TABLEAU 22.6 Recommandations en sols organiques

N (kg/ha)	**P_2O_5 (kg/ha)**	**K_2O (kg/ha)**
40 — 60	20 — 110	85 — 320

On doit notamment assurer une disponibilité de N d'environ 100 à 120 kg/ha selon le rendement escompté ; le binage fréquent aide à stimuler la minéralisation. Le sol doit être riche en potasse échangeable, et assez riche en phosphore. Enfin, la carence en magnésium se manifeste parfois.

B. Oligo-éléments

La carence en cuivre peut être un problème dans le cas de certaines terres noires. La carence en bore est à surveiller, car elle pourrait favoriser certaines maladies.

22.5 ROTATION DES CULTURES

La rotation minimale avant de revenir avec la carotte dans le même champ est de quatre ans. Bien entendu, on exclut de la rotation les autres ombellifères (persil, fenouil, céleri, cerfeuil ou panais) ainsi que les plantes exposées aux mêmes maladies. Si des problèmes persistent, on peut rallonger la rotation à six ans.

Des études menées en Europe ont démontré qu'un précédent de carotte à une culture de carotte provoque en moyenne une réduction de rendement de 10 %. La qualité se trouve aussi affectée ; en plus des problèmes parasitaires, les racines sont moins lisses, moins droites et plus courtes.

Jusqu'à présent, la tendance était de placer les carottes en deuxième année de rotation, après une culture bien engraissée, par exemple des crucifères. Les résidus laissés par une culture de crucifères auraient des effets inhibiteurs sur les racines de la carotte ; il faut qu'ils soient broyés à la récolte et décomposés avant le semis. Une culture d'oignon précédant celle des carottes permet une réduction des dégâts causés pas *Pythium*. Le poireau est un excellent précédent pour la carotte, comme pour nombre d'autres légumes. Certains utilisent le concombre, la tomate tuteurée, le haricot et le pois frais comme précédent. Attention aux haricots et aux laitues affectées par le *Sclerotinia* : il ne faut pas les utiliser comme précédents des carottes d'entreposage.

À cause de la tendance salissante de la culture de la carotte, Eliot Coleman propose de la placer après une année de courges, précédées de pommes de terre. Ces deux cultures reçoivent du compost et sont assez faciles à garder propres. Il est possible de semer la carotte après un épinard ou une laitue de primeur ; il est préférable d'effectuer des faux semis pour nettoyer le champ. Un engrais vert d'automne pas trop abondant a un excellent effet sur la structure du sol sans nuire à la carotte.

La carotte est parfois cultivée en Europe sur des fermes de grandes cultures où elle peut suivre une céréale recevant du compost, ou une légumineuse à graines. Il faut se méfier de *Sclerotinia*. La pomme de terre est généralement un excellent précédent, car elle laisse un sol meuble et propre.

Certains producteurs ont actuellement tendance à placer la carotte en première ligne de rotation, sur le retour de prairie. Par exemple, un champ de trèfle ou de luzerne de deux ou trois ans est labouré assez tôt en juillet ou même en juin pour rester en jachère tout l'été. Un compost jeune peut même être utilisé au labour. Le printemps suivant, après quelques faux semis, les carottes sont semées. Cette technique permet de bien faire décomposer les résidus de prairie et donne de bons résultats. Cependant, cette pratique est fort probablement polluante, puisqu'elle favorise un lessivage important de nitrates et probablement d'autres minéraux, lors des périodes pluvieuses. Elle va à l'encontre des objectifs de la culture biologique.

Il faudrait chercher à modifier ce système en effectuant une jachère en saison sèche qui détruirait les mauvaises herbes vivaces, nettoierait le sol des insectes nuisibles et laisserait une belle structure. On mettrait ensuite en place une culture d'automne, tels un épinard ou une autre culture exigeante. On pourrait aussi utiliser une culture fourragère dérobée capable d'absorber des minéraux qui seraient exportés de la parcelle afin d'empêcher toute production de matière organique fraîche, ce qui déplaît généralement aux carottes. On récolte la culture fourragère assez tôt pour éviter la compaction.

On doit porter attention aux problèmes de larves de taupin sur les retours de prairie.

Comme précédent cultural, la carotte laisse une quantité de faible à moyenne de N et de K pour la culture subséquente. Après les premières récoltes, on doit implanter un engrais vert.

22.6 CULTURES ASSOCIÉES

Même s'ils sont difficiles à pratiquer en culture maraîchère, on associe des blocs voisins d'ail, d'oignons, de poireaux. On préfère cependant la rotation des cultures et le retour sur des précédents appropriés.

22.7 IRRIGATION

Les brise-vent réduisent la vitesse du vent et la demande en eau. Ils réduisent l'érosion éolienne dans les sols organiques et les sols sableux ; dans ces derniers, ils diminuent les dommages abrasifs causés par l'effet du sable sur le feuillage lors de grands vents. Par contre, ils favorisent la mouche.

La germination est tributaire de bonnes conditions d'humidité ; en période sèche, on peut devoir arroser par aspersion. Il importe d'éviter la battance sur le rang, car elle peut nuire à l'émergence. Pour réduire les risques, les gouttes doivent être fines, et le débit assez lent pour que l'eau ait le temps de s'infiltrer. Par contre, en conditions sèches après une pluie battante, l'irrigation peut favoriser l'émergence.

Pour obtenir un bon rendement et une bonne qualité, il est essentiel que la carotte ait toujours une humidité constante. Normalement, la carotte nécessite de 35 à 40 mm d'eau par semaine en période de croissance active. L'irrigation est une pratique courante. Certains considèrent que, lorsque le prix payé pour la carotte est bas, la rentabilité de l'irrigation diminue. Il ne faut pas dépasser la capacité au champ, car une journée d'excès d'eau peut nuire fortement au rendement et à la qualité ; en sols organiques, 12 heures d'excès d'eau suffisent à causer des dommages.

Durant sa croissance, la carotte est très sensible aux brusques variations d'humidité dans le sol. Si après une période de temps sec, une bonne pluie survient, une partie des racines risque d'éclater. Il ne faut donc pas trop retarder l'irrigation.

22.8 GESTION DES MAUVAISES HERBES

Comme la carotte est très lente à germer et à lever, la compétition par les mauvaises herbes est le principal facteur limitant de cette culture. C'est à partir des essais dans la carotte qu'une grande partie des techniques de sarclage utilisées aujourd'hui en culture biologique ont été développées. Par exemple, le brûleur au propane est une des possibilités qui s'offre au producteur biologique pour avoir un certain contrôle sur les mauvaises herbes en préémergence.

22.8.1 ROTATION

Dans une approche de gestion des mauvaises herbes, la technique fondamentale est la rotation des cultures. Elle aide à créer des conditions optimales de structure et de fertilité pour que la culture se développe bien et sainement. Elle permet de briser les cycles des mauvaises herbes par la variété et les périodes de repos qu'elle offre. Une séquence de deux ou trois ans en prairie de légumineuses et graminées, souvent fauchées sur place sur une ferme maraîchère, laisse habituellement des banques de graines amoindries dans le sol et des pressions de mauvaises herbes réduites dans les années subséquentes.

On s'assure de détruire les vivaces avant de revenir en culture légumière, et on place en tête de rotation des cultures exigeantes, faciles à sarcler ou produites sous paillis de plastique. Les parcelles sont entretenues soigneusement et on ne permet pas aux mauvaises herbes de monter à graines. On utilise des composts fabriqués soigneusement, exempts de graines, et on couvre le sol avec des engrais verts à chaque occasion.

Avec une telle approche, on arrive à la carotte avec des conditions propres. Le maraîcher imprévoyant qui laisse se salir les sols avant la carotte aura des coûts de sarclage plus élevés.

22.8.2 PRÉPARATION DES SOLS ET FAUX SEMIS

La préparation des sols pour la carotte doit toujours être effectuée dans des conditions excellentes pour la structure. Le mieux, c'est de préparer le sol quelques semaines à l'avance et de former les planches ou les billons. Les passages de roues du tracteur seront toujours effectués au même endroit. Après la préparation du sol, on le laisse reposer durant 10 jours, idéalement avec un peu de pluie, et on travaille très superficiellement le sol pour détruire les mauvaises herbes qui ont germé. Cette technique s'appelle le faux semis. On peut répéter deux ou trois fois ce travail léger, en laissant 10 jours pour assurer une plus ample germination. Après ces faux semis, une part importante des graines en état de germer près de la surface ont été détruites et le champ est plus propre. On sème immédiatement après le dernier passage.

Mentionnons deux désavantages potentiels de l'utilisation du faux semis. Le sol peut être excessivement asséché ou trop raffermi par les passages de pneus lors du faux semis.

22.8.3 BINAGE

Pour biner la carotte, on marque le semis avec quelques graines de laitue, ou de radis si on sème des semences enrobées. Après 7 à 10 jours, on commence à biner à l'aide d'un sarcloir qui passe à proximité des lignes du semis. On peut aussi fabriquer un outil de binage très léger à l'aide de râteaux à feuilles et biner toute la surface de la planche jusqu'à l'émergence. Certains utilisent un peigne après la levée de la carotte. Le binage doit se faire à la plus grande proximité possible des carottes sans les endommager et sans entraîner de déplacement latéral du sol sur la ligne des semis, car ces déplacements brisent les jeunes racines et déclenchent des malformations. Un maraîcher français sème la carotte profondément sur billons et bine en préémergence à l'aide d'une bineuse à chaîne légère de marque Kress. Le sol est déplacé vers le côté, ce qui facilite la levée tout en contrôlant une première levée de mauvaises herbes.

22.8.4 SARCLAGE MÉCANIQUE

Idéalement, les appareils de sarclage sont montés entre les essieux du tracteur pour offrir plus de précision, ou ils sont conduits par un second opérateur à l'arrière. Les sarcloirs à panier, ou cage-écureuil Buddingh, sont utilisés par plusieurs maraîchers en culture biologique ; ils travaillent rapidement. D'autres utilisent le Bezzerides. Le Schmotzer, dirigé par un opérateur, est utilisé par d'autres maraîchers. Un appareil hydraulique ajustable, contrôlé par un opérateur et utilisant des disques pour déplacer le sol latéralement, a été fabriqué au Québec et est utilisé par un producteur de carottes.

Une rotobineuse est une excellente option sur une surface plane. Un maraîcher complète le travail avec un sarcloir à dents de vibro ajusté pour effectuer un léger renchaussage en deuxième partie de culture, après le sarclage manuel.

Le sarcloir à brosses rotatives Bärtschi est un appareil coûteux qui offre une excellente performance ; le design permet de soulever les feuilles et de sarcler dessous dans une culture établie. Il peut être utilisé pour sarcler le dessus des billons, en combinaison avec un appareil à dents et disques qui nettoie l'entre-rang.

Quel que soit le sarcloir utilisé, l'objectif est toujours le même : déchausser ou enterrer les plantules de mauvaises herbes sans trop brasser le sol en surface pour éviter de stimuler une nouvelle germination de mauvaises herbes.

22.8.5 SARCLAGE MANUEL

La carotte demande obligatoirement du sarclage manuel pour assurer une culture très propre ; négliger cette opération affecte et le rendement, et la qualité, et augmente le déclassement et les coûts en fin de saison. Un maraîcher habile et bien organisé s'en tire avec un seul sarclage manuel. Si par malheur la saison est pluvieuse et que le sarclage mécanique s'avère impossible ou inefficace, on devra faire deux sarclages manuels, ce qui augmente les coûts. Si le semis est trop fort, il peut être nécessaire d'éclaircir, ce qui est également coûteux.

L'utilisation d'un semis en lignes minces permet de sarcler mécaniquement à proximité des plants, alors que le sabot espaceur laisse une bande plus large à nettoyer à la main.

Il existe une technique qui a été éprouvée par un excellent producteur de carottes : elle implique qu'un contremaître surveille le travail d'une équipe de sarcleurs. Le salaire est établi au rang selon le travail à accomplir. L'employé marque son nom au bout du rang et doit obligatoirement le terminer ; à la fin du travail, il vérifie son rang en retournant au début du champ, et reprend les sections moins bien sarclées. Le contremaître et l'employé vérifient conjointement la qualité du travail avant que l'approbation de la rémunération soit donnée. L'équipe est suffisante pour qu'en trois semaines, le sarclage soit complété. L'espacement de 75 cm permet d'effectuer un ou deux sarclages mécaniques et de butter légèrement après le sarclage manuel.

Notons qu'il ne faut jamais faire de sarclage manuel lorsque le feuillage est mouillé, sinon la transmission des maladies du feuillage s'en trouve facilitée.

22.8.6 PYRODÉSHERBAGE

Le brûlage au gaz est une technique développée par les Américains dans le coton et remise à l'honneur par les Allemands au cours des années 1970. On prépare les sols à l'avance avec un ou deux faux semis ; si la structure du sol est belle, il arrive qu'on ne travaille pas le sol au moment de semer. Il faut observer soigneusement la germination de la carotte et, deux ou trois jours avant l'émergence, on passe à la surface des champs avec un brûleur au gaz dont les jets couvrent soit le rang, soit l'ensemble de la planche. Les mauvaises herbes qui ont commencé à germer après le dernier hersage subissent un choc thermique et meurent rapidement. La technique n'est habituellement pas utilisée dans les terres noires à cause du danger d'incendie quand le tracteur arrête ; en conditions humides, il y a moins de risques. L'appareillage doit rencontrer des normes sévères, car il y a danger d'explosion.

22.9 INSECTES ET MALADIES

Les moyens de contrôle des insectes et des maladies dans la carotte sont assez limités en culture biologique. Voici un programme préventif de base. Après avoir effectué la rotation des cultures appropriée, ce qui est primordial, une saine gestion des champs et de l'environnement, un choix de sols en bon état et bien drainés, il reste à :

- éviter l'utilisation de matières organiques non décomposées ;
- éviter l'excès d'azote ;
- choisir des dates de semis appropriées ;
- choisir une densité qui assure une bonne ventilation ;
- profiter des avantages de la culture sur billon ou sur planche surélevée ;
- choisir des cultivars tolérants ou résistants aux maladies ;
- nettoyer les champs après la récolte et stimuler l'activité des décomposeurs ;
- utiliser la décoction de prêle en prévention des maladies fongiques ;
- renforcer la résistance par un traitement foliaire d'algues ou de purin d'orties.

On découvre de plus en plus qu'un sol bien cultivé, recevant de fréquents amendements organiques et soumis à un bon programme d'entretien général où l'on diversifie les espèces cultivées, a une activité biologique plus élevée, ce qui réduit sensiblement l'incidence des maladies. L'utilisation régulière de composts bien faits a un effet significatif sur cette activité.

22.9.1 INSECTES

Le charançon de la carotte (*Listronotus oregonensis*) attaque aussi le panais, le céleri et le persil, de même que plusieurs mauvaises herbes dont le panais et la carotte sauvages. C'est un petit coléoptère brun à noir qui mesure en moyenne 7 mm de longueur. Il hiberne sous les résidus de cultures et de plantes sauvages. Le déchaumage après la récolte et l'entretien des bords de champs aident à prévenir l'infestation. La femelle dépose ses œufs sur le feuillage, près de la couronne, de la fin de mai à la fin de juin. La larve blanche à tête brune qui fait jusqu'à 6 mm de long, creuse des galeries dans la partie supérieure de la carotte. On constate les dégâts à partir de la mi-juillet. Le dépistage est nécessaire ; on utilise des pièges appâtés avec des carottes.

L'insecte vit surtout dans les terres noires du sud-ouest du Québec et dans les autres régions de culture intensive de la carotte. On doit effectuer une rotation en blocs éloignés des champs de l'année précédente, car le charançon est surtout un marcheur ; il ne migre donc pas sur de grandes distances. Les primeurs sont les plus à risque ; au besoin, si le piégeage démontre la présence de charançons, on utilise une bâche flottante. Actuellement, un programme est en développement pour implanter un ou des agents de contrôle biologique.

La mouche de la carotte (*Psila rosae*) est un insecte noir brillant de 6 mm de long, à tête rouge et aux longues pattes jaunes. Elle apparaît vers la fin de mai, avec une deuxième génération à la mi-août. La femelle pond ses œufs dans le sol près des carottes. La larve est un asticot blanc sans pattes et sans tête apparente. Les larves se nourrissent d'abord de radicelles puis, un mois après la ponte, pénètrent dans la racine en creusant des galeries dans les deux tiers inférieurs de la carotte. Si on attend le début de juin pour semer, on ne s'expose pas à la première génération et, si on récolte avant la fin de septembre, on s'épargne habituellement les dommages causés par la deuxième génération. Le dépistage est nécessaire pour bien identifier la variation annuelle du cycle ; on prend des cartons collants de couleur orangée pour le faire. La rotation des cultures est indispensable et réduit sensiblement le problème. Il est bon d'éloigner les champs de carottes des champs de l'année précédente, car la mouche ne se déplace pas beaucoup. La culture sur deux fermes à distance l'une de l'autre avec une alternance annuelle aide à réduire la pression.

La proximité d'autres producteurs de carotte est un problème majeur, ainsi que de grandes superficies semées en carotte chaque année. La principale cause de mortalité de la mouche est un sol sec ; les œufs et les jeunes larves sont très sensibles à la déshydratation. Biner soigneusement et recouvrir les fissures du sol avant la ponte détruit les conditions favorables à sa reproduction. Selon certains maraîchers, le buttage des carottes lors du dernier sarclage réduirait les dommages.

Le compagnonnage de liliacées et de plantes aromatiques causerait une certaine confusion chez la mouche ; cependant, les dates de culture sont habituellement différentes et l'oignon planté est souvent en voie d'être récolté en période de ponte. Des blocs alternés ou des planches alternées pourraient avoir une certaine utilité, mais lorsque la mouche est abondante, ce n'est pas suffisant. Plusieurs maraîchers ont tenté d'alterner oignon et carotte, sans succès. Certains producteurs utilisent de la poudre d'absinthe ou de tanaisie comme répulsif ; en Allemagne, le produit Etermut à base de diverses plantes aromatiques donne des résultats intéressants ; certains utilisent de la cendre de bois ; dans tous les cas, les applications doivent être renouvelées.

La prévention inclut d'assurer l'absence de résidus organiques abondants. Une exposition venteuse restreint également les mouvements de la mouche ; les pertes augmentent à proximité des brise-vent et des bosquets. Les nymphes hivernent dans le sol ; le travail superficiel répété après la récolte les expose aux intempéries et aux oiseaux, ce qui aide à réduire les populations. Le persil, le panais et le céleri constituent des hôtes alternatifs de la mouche ; il faudra être prudent quand le persil et le panais hivernent au champ. De même, il faut éliminer les ombellifères sauvages sur la ferme.

Enfin, l'utilisation d'une bâche agrotextile ou d'un filet fin en période de vol de la mouche est une technique appropriée si les pressions de la mouche sont importantes. Il est préférable d'utiliser une bâche qui a peu d'impact sur le réchauffement, sauf en primeur. La protection du sol contre la battance est un autre avantage de cette technique.

Les nématodes sont des vers de petite taille, invisibles à l'œil nu, qui s'attaquent aux racines. L'infestation se manifeste par l'apparition de nodosités sur les radicelles ; la carotte est difforme, trapue et très chevelue. Il faut absolument s'abstenir d'utiliser du fumier ou du compost trop jeune avant une culture de carotte. La rotation demeure le meilleur moyen de contrôle.

La cicadelle inflige des blessures mineures à la carotte. Elle est dommageable plutôt par la jaunisse de l'aster qu'elle transmet à la carotte. Cet insecte se plaît sur la carotte, le panais, le céleri et la laitue ainsi que sur les composées et les ombellifères sauvages. Il mesure 5 mm de long et cause rarement de problèmes majeurs au Québec.

Divers pucerons peuvent aussi affecter le feuillage. Le savon Safer's et l'extrait ou le purin d'orties sont habituellement utiles pour les combattre.

22.9.2 MALADIES

La cercosporose (*Cercospora carotae*) et l'alternariose (*Alternaria dauci*) se caractérisent par l'apparition de taches brunes ou noires sur les feuilles, puis par une dégradation plus ou moins importante du feuillage. Les deux maladies sont souvent présentes en même temps. Dans un cas grave, il peut y avoir des pertes importantes lors de la récolte mécanique à cause du feuillage qui se détache du collet. Les maladies peuvent se transmettre par les vents, les éclaboussures d'eau et les déplacements dans les champs lorsque le feuillage est humide. Elles se développent rapidement durant les périodes humides, surtout sur des plants qui approchent de la maturité, mais elles n'attaquent pas les racines. La préparation de prêle ou un traitement cuprique peuvent ralentir la progression de ces maladies. Une bonne rotation, un bon drainage ainsi que des champs libres de mauvaises herbes favorisant un assèchement rapide du feuillage sont les meilleures mesures préventives. Si une parcelle présente un problème sérieux, il faut s'abstenir de cultiver les carottes pour trois ans. On doit enfouir ou composter les résidus de cultures infectées. On choisit des cultivars tolérants et on irrigue assez tôt pour que le feuillage ait le temps de sécher avant la nuit.

Une technique actuellement à l'essai consiste à tailler le feuillage latéral de la carotte, ce qui stimulerait la croissance tout en favorisant une meilleure aération. À son tour, l'aération réduirait l'incidence des maladies d'entreposage, favorisées par les conditions humides au champ. L'effet de cette technique sur la croissance des mauvaises herbes en l'absence d'herbicides n'a pas encore été déterminé.

La jaunisse se traduit par un jaunissement du feuillage et un rabougrissement du plant qui fait plusieurs tiges grêles à la couronne. La racine produit une multitude de radicelles. La cicadelle en est le principal vecteur. Il existe des cultivars tolérants.

La racine fendue est un désordre physiologique qui se développe lorsqu'une forte période de pluie suit une période sèche. La chair externe de la racine se fissure longitudinalement à cause de la pression exercée par les tissus internes qui croissent rapidement. L'excès d'azote favorise ce désordre.

A. Maladies d'entreposage

Les carottes sont très sujettes à la pourriture en entrepôt causée par *Sclerotinia sclerotiorum*, *Rhizoctonia* et *Botrytis*. Les meilleurs moyens de contrôle sont de voir à ne pas blesser les carottes lors de l'arrachage, d'éviter de rentrer de la terre et des mauvaises herbes avec les carottes, et de refroidir rapidement les carottes après la récolte. Il ne faut pas utiliser de sols mal drainés où ces maladies prolifèrent.

Dans la mesure du possible, on récolte la carotte à une température du sol en deçà de 10 °C à 7 cm de profondeur et on la refroidit rapidement. Même si on conserve habituellement les carottes à des taux d'humidité élevés, on réduit l'humidité relative à l'entreposage à 90 % si le problème est sérieux, de manière à ralentir la progression. Pour les quantités modérées, l'entreposage en sacs de plastique tissé permet d'isoler les sacs infestés. On doit aussi éviter les précédents infestés et surveiller les légumes qui peuvent être porteurs : laitues, haricots, céleris, choux, choux-fleurs et tomates. Les oignons, les poireaux, les betteraves, les épinards et le maïs ne sont pas vulnérables à ces maladies.

22.10 ENTRETIEN

Il est indispensable d'éclaircir les rangs si le semis est trop dense, mais on doit faire en sorte de ne pas être obligé de pratiquer cette opération très coûteuse.

En biodynamie, on utilisera le préparat 501 (silice) trois fois si c'est possible : en jour racine, tôt le matin au début du développement foliaire et le soir au début de la tubérisation ; puis le soir, quelques jours avant la récolte, en jour fruit, pour faire ressortir le caractère fruité de la carotte.

Les biodynamistes utilisent fréquemment une pulvérisation de 500 et de valériane, en alternance avec le compost de bouse, dans l'interligne durant le binage. Certains producteurs ont un dispositif goutte à goutte monté à l'avant du tracteur.

Des apports foliaires d'algues liquides ont un effet stimulant de même que les purins végétaux. En période de stress, le plant laisse détériorer le feuillage au détriment de la racine. Les stimulations du feuillage au début d'une période difficile ont généralement des effets très positifs.

22.11 RÉCOLTE

Lorsqu'on vise à mettre en marché une carotte savoureuse, il faut porter une attention particulière au taux de sucre et aux arômes présents au moment de la récolte, tant dans la carotte de primeur que dans celle d'entreposage. Il semble que certains cultivars, les Nantaises par exemple, atteignent un taux de sucre en fonction de la maturité optimale plutôt que par l'effet des nuits fraîches. Un producteur échelonne les semis et récolte après dégustation pour évaluer la parcelle offrant le meilleur produit. Un réfractomètre peut être utilisé. Il faut aussi tenir compte de la fermeté et de l'absence de lignification du cœur ; on peut utiliser un pénétromètre pour en faire l'évaluation. Certains spécialistes peuvent aider l'agriculteur à déterminer le stade optimal de récolte.

On récolte la carotte à botteler lorsque les racines ont un diamètre minimum de 1,5 à 2 cm. On enlève les feuilles abîmées par les maladies et on les attache par paquet de 6 à 8 carottes. Les bottes sont lavées à l'eau avec une légère pression. Souvent on préfère botteler à l'entrepôt après le lavage. Un refroidissement rapide à l'eau froide est important pour s'assurer que le feuillage garde un bel aspect. En été, une récolte tôt le matin, avant que le sol ne soit chaud, donne une carotte de meilleure qualité.

La carotte de conservation est récoltée tard à l'automne avant que les grandes gelées ne viennent créer des blessures aux collets des racines. La récolte peut être mécanique ou manuelle. Dans les deux cas, la racine doit d'abord être soulevée de terre par une lame qui descend suffisamment sous la ligne des carottes pour ne pas les endommager. Puis le feuillage est coupé sans qu'on n'entame le collet. Les racines sont mises en vrac dans des bennes de bois ; si on utilise une doublure en plastique perforé, on réduit la perte d'humidité, mais on augmente les risques de pourriture. À petite échelle, certains utilisent des poches de plastique tissé. La récolte manuelle, onéreuse en main-d'œuvre, offre l'avantage de permettre un tri au champ et d'économiser l'espace d'entreposage.

22.12 CONSERVATION ET MANUTENTION PRÉVENTE

Les carottes en bottes lavées et refroidies sont mises dans des boîtes de carton ciré et livrées rapidement. Les carottes d'entreposage sont conservées sans être lavées à une température de 0 à 1 °C. À partir de –1,5 °C, la carotte risque de geler en entrepôt. Des carottes à maturité se conservent bien durant quatre à six mois. Elles sont lavées au fur et à mesure des besoins de vente, et ce, avec la même laveuse que pour les betteraves et les panais. Les carottes sont vendues dans des sacs de plastique de 0,9 ou 2,27 kg (2 ou 5 lbs) à 1 °C et à 98 % d'humidité relative. L'utilisation de doublures en plastique à l'intérieur des caisses-palettes peut être utile selon le comportement hygrométrique de l'entrepôt.

Au classement, il faut éliminer les carottes petites, difformes ou endommagées. La carotte de catégorie Canada n° 1 doit avoir une longueur minimale de 114 mm (4 1/2 po). Le diamètre doit être de 19 mm ou plus lorsque les carottes sont apparentes, ou de 25 à 44 mm quand elles sont vendues dans un emballage opaque. Il est bon de vérifier le *Règlement sur les légumes frais*, C.R.C., ch. 285 de la *Loi sur les produits agricoles* du Canada.

Depuis quelques années, la mini-carotte standard est remplacée sur le marché par la mini-carotte coupée-pelée. Cette production, qui utilise des carottes longues, requiert un équipement spécialisé. Peu d'entreprises québécoises interviennent dans ce domaine, dominé par les Américains. En culture biologique, les importations sont californiennes.

22.13 PRIMEURS ET FORÇAGE

Pour cultiver des primeurs, il faut choisir un sol léger, chaud, bien drainé dans un site chaud et très bien protégé des vents et du gel. La carotte de primeur requiert des variétés hâtives, dans les miniatures ou les dimensions ordinaires, et elle est principalement vendue en bottes. On commence la récolte tôt, avant que les carottes n'atteignent leur pleine grosseur. La préparation du sol et la mise en culture ressemblent à celles de la production de pleine saison. Des bâches flottantes tissées ou non tissées ou des polythènes troués sont utilisés pour recouvrir les planches.

Il faut prendre garde de ne pas travailler un sol trop humide et de ne pas utiliser d'engrais vert abondant l'automne précédent. On prépare les billons ou les planches surélevées à l'automne pour gagner en primeur. En général, la levée est très lente en sol froid ; on attend habituellement que le sol atteigne 10 °C avant de semer. Habituellement, les primeurs se sèment à la fin d'avril les années hâtives dans le sud du Québec, sinon au début de mai.

Les risques encourus par une primeur sous bâche sont les suivants :

- quand le temps est trop froid, la germination est mauvaise ;
- quand la chaleur est excessive après la levée, on doit assurer l'aération sous les bâches ;
- s'il y a une croissance rapide des mauvaises herbes sous les bâches, il faut les brûler ou les sarcler soigneusement ;
- les bâches agitées au vent causent des dommages aux jeunes plants, ce que l'on corrige en plaçant des cerceaux sur les planches.

Chapitre 23

LE PANAIS

Pastinaca sativa (Parsnip)

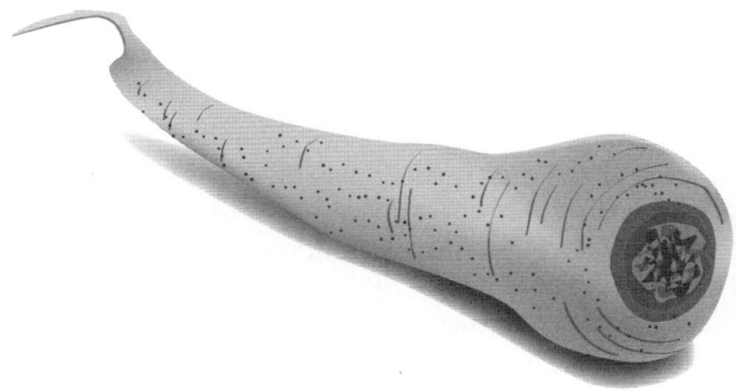

INTRODUCTION

Le panais appartient à la famille des ombellifères. C'est une plante bisannuelle de climat frais. Comme pour la carotte, la germination est longue, et la culture demande de 100 à 130 jours pour parvenir à maturité. Beaucoup de renseignements sur la carotte s'appliquent au panais (chapitre 22). Le panais s'accommode de températures un peu plus fraîches que la carotte.

23.1 PLANTE

De par sa forme, le plant de panais ressemble à la fois au persil et à la carotte, et son feuillage s'apparente aussi à celui du céleri. Comme le panais est bisannuel, la racine constitue l'organe de réserve riche en hydrates de carbone permettant au plant de survivre jusqu'à la deuxième année. En sol profond, la partie consommée de la racine pivotante mesure communément de 15 à 20 cm, mais elle peut atteindre 40 cm et peser jusqu'à 800 g. Le bout de la racine pénètre facilement à 1,20 m. Comme pour la carotte, le cœur de la racine est constitué du xylème et l'extérieur, du phloème. Sa semence est relativement grosse, presque ronde et plate.

23.1.1 CONDITIONS CLIMATIQUES

Une alternance diurne-nocturne entre 25 et 5 °C est favorable à la croissance du panais ; la température optimale se situe entre 15 et 20 °C.

23.2 CULTIVARS

Les caractéristiques recherchées dans le choix des cultivars de panais sont un feuillage bien fixé pour la récolte mécanique, la vigueur et le rendement, l'uniformité de la forme, le taux de sucre élevé et une belle couleur blanche. Il est important d'utiliser des semences de l'année, puisque leur faculté germinative décroît très rapidement ; toutefois, il existe des cultivars dotés d'une faculté germinative plus élevée. Selon les cultivars, il faut de 110 à 130 jours pour atteindre la maturité.

23.3 PROPAGATION

23.3.1 SEMENCES ET GERMINATION

Chez le panais, il y a 180 à 250 semences/g ; il en faut 3 à 5 kg par hectare. Leur durée de conservation moyenne est d'un an seulement, au mieux deux ans : il faut pouvoir compter sur un fournisseur fiable. De plus, la germination prend entre 15 et 30 jours, souvent 21 jours. Des semences enrobées sont disponibles.

23.3.2 SEMIS EN PLEINE TERRE

Le panais se sème tôt au printemps, directement en pleine terre. La température du sol pour la germination va de 3 °C, le minimum, à 30 °C, le maximum. La température optimale se situe entre 10 et 21 °C, idéalement à 18 °C. Comme la germination est longue, il est important que la semence ne manque jamais d'eau durant cette période. La semence est enfouie entre 1 et 2 cm de profondeur.

On doit viser à obtenir la levée la plus uniforme possible. Comme pour la carotte et d'autres légumes-racines, une levée graduelle entraîne le développement de plants dominants, qui retardent la croissance des voisins, et mène à des racines de calibres variables à la récolte, donc à un pourcentage de plants trop petits et déclassés. Pour atteindre une uniformité de la culture, on réunit d'excellentes conditions de semis et de levée : semences de qualité, bonne préparation du lit de semences, structure stable, humidité régulière.

23.3.3 ESPACEMENTS

La distance entre les rangs est de 45 à 75 cm. Sur le rang, on cherche à obtenir un plant aux 3 à 6 cm, ce qui donne de 17 à 33 plants/mètre linéaire. On peut semer sur une bande large. Si on fait trois rangs par planche sous le tracteur, il faudra augmenter l'espacement pour ne pas dépasser 70 plants/m^2. À des densités moindres que 30 plants/m^2, le calibre augmente, mais le rendement baisse. Laisser 10 cm entre les plants donne des panais de plus gros calibre, et un espacement de 15 cm aboutit à une très grosse racine peu appréciée sur le marché. En Europe, on sème à des densités plus élevées qu'en Amérique avec des espacements entre les rangs de 30 à 50 cm.

23.4 SOLS ET FERTILISATION

23.4.1 CHOIX ET PRÉPARATION DU SOL

Un sol très profond, humifère, fertile et bien drainé est essentiel pour la culture du panais. Les sols lourds et motteux sont à éviter, mais le panais pousse bien dans un loam argileux bien structuré ; un loam sablonneux profond ou une terre noire conviennent également. Idéalement, le sol a un pH entre 6 et 7.

Une préparation de sol en profondeur, avec décompaction, est recommandée, que ce soit par un travail à la sous-soleuse ou au chisel, ou un labour. Pour obtenir une racine bien formée, il faut un sol ameubli à une profondeur de 40 cm.

23.4.2 FERTILISATION

Comme la saison de croissance est longue et que la croissance du panais est lente et graduelle, il n'est pas nécessaire de fertiliser en sol fertile ayant reçu des apports organiques réguliers. On évite aussi les apports organiques frais qui endommagent les racines. Comme la carotte, le panais se place bien en deuxième ligne, derrière une plante exigeante ayant reçu un bon apport de fumier composté.

A. Exportation moyenne

Voici les données d'exportation moyenne, les plages de fertilisation en culture conventionnelle et les valeurs les plus courantes (tableaux 23.1, 23.2 et 23.3).

TABLEAU 23.1 Exportation moyenne

(t/ha)	N (kg/ha)	P_2O_5 (kg/ha)	K_2O (kg/ha)
Racines			
15	25 — 30	25	90 — 100

TABLEAU 23.2 Fertilisations en culture conventionnelle

N (kg/ha)	P_2O_5 (kg/ha)	K_2O (kg/ha)
40 — 80	20 — 170	30 — 320

TABLEAU 23.3 Valeurs les plus courantes

N (kg/ha)	P_2O_5 (kg/ha)	K_2O (kg/ha)
60 — 80	85 — 105	75 — 120

Les apports de N sont habituellement modérés, vu la longueur de la culture qui assure une contribution maximale du sol. En culture biologique, on n'ajoute généralement pas d'azote (N). Dans un sol fertile, on réussit sans apport fertilisant ou, à la rigueur, avec un apport de K. En terre noire, on augmente les apports de K et on réduit le P et le N.

B. Oligo-éléments

Dans la culture du panais, il n'y a généralement pas de problème particulier quant aux oligo-éléments, mais on devrait tout de même surveiller les carences en bore, fréquentes dans nos sols.

23.5 ROTATION DES CULTURES

Dans une rotation, on devrait laisser quatre ans entre les cultures de panais. Le persil et la carotte ayant des problèmes phytosanitaires en commun avec lui, on évitera les successions trop rapprochées de ces légumes dans le temps.

23.6 CULTURES ASSOCIÉES

On peut se servir du radis comme marqueur sur le rang et pour empêcher le sol de croûter, mais il ne faut pas oublier de le récolter, sinon il nuira au panais.

23.7 IRRIGATION

Le panais peut résister assez bien à des périodes sèches modérément prolongées. La pénétration en profondeur de sa racine réduit ses besoins d'irrigation en période de croissance. C'est pendant la levée qu'il est le plus sensible au manque d'eau ; il faut donc maintenir une humidité correcte à cette époque de la culture.

23.8 GESTION DES MAUVAISES HERBES

Comme la levée est très lente, il faut choisir un sol propre et commencer à sarcler entre les rangs dès que possible. Le brûlage en préémergence est tout indiqué (chapitre 22). L'association de semences de radis sur le rang peut servir à marquer le semis et permet de sarcler plus tôt. Comme la culture est implantée tôt on ne peut pratiquer le faux semis. Il faut éviter les sols ayant une pression de mauvaises herbes importante, car la compétition en période de levée sera trop élevée. On continue à biner aux 10 à 15 jours jusqu'à la couverture du sol.

23.9 INSECTES ET MALADIES

Le panais peut être attaqué par le charançon et la mouche de la carotte (chapitre 22).

Le chancre itersonilien (*Itersonilia perplexans*) est une maladie fongique qui entraîne le développement de chancres sur les racines. Elle se développe principalement en fin de saison en conditions fraîches et humides. La prévention consiste à butter le collet de la racine avec de la terre et à choisir des cultivars résistants, à effectuer une rotation et, dans les cas d'infestation, à ramasser ou à enfouir les résidus de culture. Il faut faire un tri avant l'entreposage et détruire les panais malades.

On ne doit jamais sarcler lorsque les plants sont humides. Un pH voisin de la neutralité réduit l'incidence de la maladie.

Le chancre phoméen est une autre maladie contrée par la rotation. On recommande aussi de ramasser et de composter les résidus de culture. La culture sur billons ou sur planche surélevée améliore le drainage et l'aération, réduisant ainsi les problèmes de maladies.

Notons que les panais malades produisent des substances irritantes pour la peau. Même du panais sain peut déclencher une irritation cutanée chez certaines personnes. Il est recommandé de porter des gants de caoutchouc et des pantalons longs lors du sarclage et de la récolte.

23.10 ENTRETIEN

Sur la culture du panais, les biodynamistes appliqueront jusqu'à trois pulvérisations de silice de corne, comme pour la carotte.

23.11 RÉCOLTE

Les informations permettant d'optimiser la récolte de la carotte s'appliquent aussi au panais. Si on déterre de petites quantités à la main, il faut faire attention, car les racines peuvent atteindre 25 à 30 cm et sont cassantes. Faucher le feuillage et utiliser une souleveuse facilite le travail. Une récolteuse à carottes peut aussi être utilisée.

Très résistant au froid, le panais peut même passer l'hiver au champ et se récolter tôt au printemps, avant le redémarrage de la croissance ; la saveur du panais s'adoucit après une ou deux gelées. Laisser le panais au champ convient pour de petites quantités, car l'arrachage sera manuel, mais cette méthode est risquée au Québec : s'il y a dégel hivernal ou inondation du champ au printemps, les risques de pourriture sont très élevés.

23.12 CONSERVATION ET MANUTENTION PRÉVENTE

Les conditions d'entreposage du panais ressemblent à celles de la carotte. On peut les laver avant l'entreposage ou avant la vente. Une période d'entreposage de deux semaines entre 0 et 1 °C favorise le développement de saveurs sucrées, tout comme le froid au champ, car l'amidon se change alors en sucre.

Lors d'un entreposage prolongé, il est préférable de ne pas laver les panais. Il faut bien les trier à la récolte et les placer dans des bennes doublées de polythène perforé maintenues à une humidité relative de 98 à 100 %. En conditions plus sèches, les racines ratatinent et la couleur se dégrade.

La racine est emballée pour la vente dans des sacs de polythène percés, tout comme la carotte.

Chapitre 24

LA BETTERAVE

Beta vulgaris var. *esculenta* (Beet)

INTRODUCTION

La betterave potagère est une plante bisannuelle d'origine littorale de la famille des chénopodiacées (*Beta vulgaris* var. *esculenta)* ; elle est cultivée comme une plante annuelle. Ce légume-racine est un très proche parent de la bette à carde ou poirée (*Beta vulgaris* ssp. *cicla*) qui est cultivée pour ses feuilles. L'épinard est aussi un parent de la betterave, même si ses exigences sont différentes.

La betterave est cultivée pour être vendue en bottes (racines et feuillage) en été et pour sa racine seulement (automne et hiver). Au Québec, les premières récoltes de betteraves à botteler se font à partir de la mi-juin pour se poursuivre tout l'été.

24.1 PLANTE

La graine de la betterave est intégrée dans un glomérule qui contient de une à cinq graines, en moyenne trois.

Le feuillage est cloqué, comme celui de l'épinard. Les feuilles, dotées d'un long pétiole, sont arrangées en rosette sur la racine. Les feuilles contiennent, à des degrés variables selon le cultivar, des pigments rouges.

La racine est pivotante et se tubérise en partie hors du sol. Elle pénètre couramment à plus de 1 m de profondeur, parfois jusqu'à 3 m ; aussi une betterave bien établie résiste-t-elle assez bien à la sécheresse. La betterave est généralement de teinte rouge, produite par des bêtacyanines, mais on trouve aussi des betteraves jaunes, blanches ou bicolores. On recherche une teinte rouge uniforme, mais la couleur peut parfois varier en zones concentriques ; on nomme ce problème zonation.

La fleur et le fruit se développent la deuxième année après une vernalisation au champ ou en entrepôt. En semis de primeur, on observe parfois une certaine quantité de mises à fleurs à cause du froid en période d'implantation.

24.1.1 TYPES DE BETTERAVES

La betterave existe en différentes couleurs et formes de racines : longues, demi-longues, rondes et aplaties. Les plus communes sur le marché sont rondes avec une teinte rouge très foncée.

24.1.2 CONDITIONS CLIMATIQUES

La betterave est une plante de climat maritime, assez doux et humide ; la croissance régulière donne la meilleure qualité. Pour éviter la montée à graines, on sème dans un sol réchauffé atteignant entre 6 et 10 °C selon les cultivars et on évite les longues périodes en deçà de 10 °C. La betterave préfère des températures de croissance oscillant entre 16 et 18 °C. Si la température est trop élevée, la croissance est rapide, ce qui affecte l'uniformité de la couleur rouge et la teneur en sucre, qui diminue. La betterave est assez rustique et supporte de légères gelées tant au printemps qu'à l'automne.

24.2 CULTIVARS

Il existe un grand nombre de critères à considérer dans le choix des cultivars. Il y a, bien sûr, les caractéristiques de la betterave elle-même : sa forme (cylindrique, aplatie, globulaire) et sa couleur (teintes de rouge, dorée, blanche, bicolore, et vigueur du feuillage), son calibre (mini, moyen ou extra gros) et sa saveur (taux de sucre et acidité).

On choisit aussi les cultivars conformément aux impératifs de mise en marché : sa présentation (à botteler ou de conservation), son utilisation (transformation, marinades, tranches) et sa commercialisation (précocité, vente directe ou en gros pour marché frais).

Toutefois, on doit aussi prendre en compte son adaptation aux conditions de sol, de climat et de protection dans lesquelles elle sera cultivée. On doit donc aussi sélectionner le cultivar, hybride ou non, en fonction de sa récolte mécanique ou manuelle, de son adaptation au sol minéral ou organique, de la longueur et de la solidité de l'attache du feuillage pour le bottelage, de la semence monogerme, de sa résistance à la montée, de son adaptation aux fluctuations climatiques (chaleur, froid, sécheresse) et de sa résistance aux maladies.

24.3 PROPAGATION

24.3.1 SEMENCES ET GERMINATION

La semence est généralement vendue débarbée, pour l'arrondir, et calibrée. En général, on ne prend pas des semences non calibrées. Les glomérules de gros calibres contiennent plus de graines que les petits glomérules ; par contre, une semence constituée de petits glomérules contient plus de graines par gramme. On trouve de 35 à 85 semences par gramme (en moyenne 75) et, selon la densité, 5 à 10 kg de semences couvrent un hectare. La conservation des semences est de cinq ans ou plus. La viabilité des graines de petits glomérules est moindre. La semence monogerme, qui permet une densité plus régulière, est très utilisée en Europe, mais elle est moins répandue sur le marché nord-américain.

24.3.2 SEMIS EN PLEINE TERRE

Les betteraves sont semées en pleine terre. Si l'on désire avoir une production continue de betteraves à botteler, on commence avec des semis en serre qui seront repiqués au champ au début de mai, en même temps qu'on commencera les premiers semis. Le sol doit être au moins à 7 °C lors du semis ou de la transplantation. La germination exige une humidité élevée ; un bon lit de semence et une profondeur de 15 à 25 mm sont recommandés. En période sèche, on roule agressivement le sol après le semis pour améliorer le transfert capillaire de l'humidité ; il faut généralement irriguer le semis, car la levée est fortement affectée par la chaleur et la sécheresse.

On fait des semis aux 10 à 14 jours jusqu'à la fin de juillet dans le cas de la betterave à botteler. Si la production est destinée à l'entreposage, on sème plutôt de la mi-juin au début de juillet, car il faut compter 10 semaines avant la récolte d'automne.

Il faut entre 5 et 10 kg de semences par hectare selon l'espacement et la précision du semis. Si on fait une récolte mécanique, on n'a pas le choix de semer en rangs assez étroits avec des graines aux 8 cm. Par contre, si on sème en vue de faire des bottes qui seront récoltées à la main, on peut faire des rangs plus larges en rapprochant les graines à 5 cm. L'espace entre les rangs dépend de la méthode de récolte et des sarcloirs utilisés. Il faut laisser au moins 30 cm entre les rangs pour les cultivars peu vigoureux, et jusqu'à 75 cm selon le système choisi.

24.3.3 PRODUCTION DE TRANSPLANTS

Dans la plupart des cas, la production de transplants de betterave n'est intéressante que pour la production de primeurs. On effectue les semis en serre six à sept semaines avant la transplantation au champ. On sème donc à partir de la fin de mars selon les régions. Le substrat de culture contiendra un compost bien mûr pour éviter tout problème racinaire. La température optimale pour la germination se situe entre 10 °C et 20 °C.

Pour germer, la semence exige une bonne humidité et réagit mal aux grandes fluctuations de température et d'humidité. Le minimum nocturne à respecter est de 10 °C et le maximum diurne est de 25 °C. On compte de 35 à 45 jours entre la transplantation et la maturité. Il arrive aussi qu'on la cultive en multicellules 128.

Les premières plantations aux champs s'effectuent au début de mai selon la région, dans un sol à au moins 7 °C. On laisse 8 cm entre les plants et de 30 à 40 cm entre les rangs. On doit éviter la vermiculite dans le terreau, car elle colle aux racines au lavage.

24.4 SOLS ET FERTILISATION

24.4.1 CHOIX ET PRÉPARATION DU SOL

La betterave étant une plante moyennement exigeante, elle s'accommode de la plupart des sols pourvu qu'ils soient bien drainés. Si on choisit des variétés longues, un sol plus léger et profond sera avantageux. Dans tous les cas, le sol doit être libre de roches pour empêcher la déformation des racines. De façon générale, on s'entend pour dire qu'un sol de texture moyenne, tels les loams et les loams sableux, est idéal. Les sols compacts ou très argileux sont à éviter.

L'important est de ne jamais mettre de fumier frais ou de compost trop jeune, ce qui occasionne des problèmes de cheveux aux racines, tout en augmentant les risques de problèmes sanitaires. La betterave a avantage à être mise dans la rotation l'année après une culture bien fumée, ou à recevoir un compost assez mûr au besoin. On rapporte un cas de maraîcher en climat frais qui utilise une dose de 40 t/ha de compost comme seule fertilisation. On ne doit pas effectuer de chaulages importants, car ils entraînent des déséquilibres d'oligo-éléments, notamment de bore. Le pH visé est de 6,5 à 7,5.

Une préparation de sol assez fine au rotoculteur suivie de la formation d'un billon est une bonne pratique. Toutefois, la culture sur planche est plus courante. Un labour ou un passage de chisel assez profondément l'automne précédent favorise un bon enracinement.

24.4.2 FERTILISATION

A. Exportation moyenne

Un rendement typique de 20 t/ha de racines exporte moins que des betteraves vendues avec les feuilles où le recyclage des résidus de culture devient négligeable (tableau 24.1). On peut estimer qu'environ 50 % de l'azote et du potassium et 40 à 45 % du phosphore sont accumulés dans le feuillage. Le résidu de culture comportera donc un potentiel fertilisant non négligeable s'il est laissé au champ. Par contre, la betterave vendue en bottes est fortement exportatrice.

TABLEAU 24.1 Exportation moyenne

Racines (t/ha)	N (kg/ha)	P_2O_5 (kg/ha)	K_2O (kg/ha)
20	48	22 — 25	80 — 100
35*	90 — 100	35	175 — 185

* vendues en bottes

On présente au tableau 24.2 les larges plages de fertilisation qu'on rencontre en culture conventionnelle et, au tableau 24.3, les recommandations québécoises. Pour un rendement cible de 20 t, on doit viser une disponibilité de N d'environ 120 à 140 kg/ha et des teneurs élevées de potasse échangeables, car le potassium joue un rôle important dans le métabolisme des sucres ; un sol modérément bien pourvu en phosphore suffit.

TABLEAU 24.2 Fertilisations en culture conventionnelle

N (kg/ha)	P_2O_5 (kg/ha)	K_2O (kg/ha)
80 — 200	30 — 175	30 — 300

TABLEAU 24.3 Recommandations québécoises

N (kg/ha)	P_2O_5 (kg/ha)	K_2O (kg/ha)
110	30 — 155	30 — 240

B. Oligo-éléments

La betterave est particulièrement sensible à la carence en bore. Comme un grand nombre de sols québécois sont carencés en cet oligo-élément, il serait sage de prévenir en faisant une application de borax avant le semis. On applique aussi du Solubor à raison de 0,2 à 0,4 kg/ha en solution sur le feuillage à partir du début de la tubérisation, et on en fait deux applications. Lors d'étés très secs, on prévoit des applications supplémentaires, car le bore est alors moins soluble.

Un suivi attentif et régulier du feuillage permettra d'intervenir si une carence en bore se manifestait par le noircissement des feuilles internes suivi de leur flétrissement. Dans les cas graves, l'intérieur des racines noircit, et les racines se nécrosent. La carence peut aussi prendre l'apparence d'une nécrose avec fentes et gerçures latérales assez profondes sur la peau de la racine en ceinture au niveau du sol. Une racine carencée sera fibreuse et de très faible qualité. Lorsqu'on voit apparaître les symptômes sur les racines, il est déjà tard pour intervenir. Les sols sableux et les années sèches sont plus favorables à ce type de problème.

Comme l'asperge et le céleri, la betterave ne déteste pas les sols riches en sodium, rares dans le climat pluvieux du Québec. Le sel est parfois utilisé en fertilisation dans les sols pauvres. Dans certains sols, on surveille aussi la carence en manganèse.

24.5 ROTATION DES CULTURES

La betterave est une des plantes qui arrivent en deuxième ligne dans la rotation. Elle utilise la fertilité résiduelle des cultures passées ayant reçu un bon apport de compost. Crucifères, tomates et cucurbitacées sont de bons précédents ; les pommes de terre aussi, sauf s'il y a de la gale. On verra à ne pas semer de betteraves après une culture d'épinard, de bette à carde ou de toute autre plante de la famille des chénopodiacées. Le chou gras et l'amarante font aussi partie de cette famille. Une betterave récoltée avant la mi-septembre sera suivie d'un engrais vert ; la feuille est riche en éléments nutritifs, très labile et se décompose facilement. On tente le plus possible d'éviter le lessivage. On doit évaluer son impact fertilisant sur la culture subséquente.

24.6 CULTURES ASSOCIÉES

Voici un exemple de culture associée : un maraîcher allemand en biodynamie repique des betteraves entre des rangs de céleris-raves. Elles couvrent le sol en début de saison, puis laissent l'espace au voisin après la récolte.

24.7 IRRIGATION

Il importe d'assurer une bonne humidité lors de la germination de la betterave. Par la suite, la betterave résistera à la sécheresse à cause de son enracinement profond, mais sa qualité en sera affectée : zonation accentuée, racine plus fibreuse. On doit donc irriguer au besoin en cours de saison quand la lumière et le vent sont intenses, et l'évapotranspiration élevée. Par contre, si la croissance est trop rapide à cause d'une humidité et d'une température élevées, des zones blanches peuvent se développer dans les racines, ce qui entraîne un déclassement.

24.8 GESTION DES MAUVAISES HERBES

Avec la betterave, on pratique le faux semis autant que possible. Pour ce qui est des betteraves de conservation, on possède une bonne latitude pour faire des faux semis étant donné qu'on sème assez tard. Les derniers passages avant le semis devront être très superficiels, pour éviter de remonter des graines de mauvaises herbes à la surface ; le brûlage en préémergence est une bonne pratique. Des sarclages mécaniques fréquents, et un ou deux sarclages manuels seront probablement nécessaires. Le premier est combiné au démariage. En culture hâtive sans faux semis, la pression des mauvaises herbes est souvent plus élevée.

24.9 INSECTES ET MALADIES

La betterave est d'autant plus sensible à la fonte des semis qu'elle exige une grande humidité pour germer. Étant donné que les normes de l'agriculture biologique exigent d'utiliser autant que possible des semences non traitées, il faut surveiller de près ce problème. Au champ, le semis sur billon peut aider ; on choisit des sols bien drainés et on bine fréquemment. Les attaques de cette maladie cryptogamique peuvent se produire en cours de saison sur des plants qui manquent d'air.

La tache cercosporéenne se manifeste par de petites taches circulaires de couleur brunâtre (qui deviennent grises) à bordure plus foncée qui apparaissent d'abord sur les vieilles feuilles. Les pétioles sont aussi affectés. Une infection grave fait brunir le vieux feuillage qui meurt et les jeunes feuilles suivent le pas, ce qui peut diminuer considérablement les rendements. La rotation reste le meilleur moyen de contrôle.

La gale peut causer des problèmes ; on observe l'apparition de taches brunâtres ou rougeâtres qui noircissent en grossissant et développent des excroissances liégeuses protubérantes. La racine peut se consommer, mais comme elle est mal acceptée par le consommateur, elle est déclassée. On doit éviter le fumier frais et les précédents de pommes de terre galeuses. On cherche à maintenir un pH de sol entre 6,3 et 6,5. Un sol sec augmente le problème.

La mineuse de la betterave est parfois problématique. C'est une petite larve qui creuse des galeries dans le feuillage. On voit de grandes taches jaunâtres puis blanchâtres et, si on soulève délicatement la couche de tissus nécrosés, on aperçoit la larve. Le seul moyen d'intervention est d'enlever le feuillage affecté. C'est plus problématique pour les betteraves à botteler. Pour ce qui est de la betterave d'entreposage, le problème atteint rarement des proportions dangereuses.

Les pucerons peuvent aussi causer occasionnellement des problèmes qui peuvent être atténués grâce aux auxiliaires naturels. La punaise terne peut être contrôlée par une application de pyrèthre ou de Trounce.

Les nématodes sont des vers de petite taille invisibles à l'œil nu qui s'attaquent aux racines. L'infestation se manifeste par une prolifération de radicelles qui finissent par brunir. Certaines espèces sont très polyphages et s'attaquent aux crucifères, aux ombellifères, aux chénopodiacées ainsi qu'à plusieurs espèces de mauvaises herbes. La rotation demeure le meilleur moyen de contrôle.

Les taupins, ou vers fil de fer, et les noctuelles, ou vers gris, peuvent endommager la betterave. On peut prévenir l'infestation en effectuant de courtes jachères d'été et en évitant les retours de prairies.

24.10 ENTRETIEN

Le principal travail d'entretien consiste à démarier les betteraves pour les éclaircir. Le semis de précision avec un sabot espaceur et une semence monogerme à 30 à 40 plants au mètre linéaire permettent d'éliminer cette tâche. Un producteur du Vermont a fabriqué une plateforme roulante qui permet à un employé de travailler assis juste au-dessus des plants. Cette plateforme en contreplaqué est assemblée avec des tuyaux de polychlorure de vinyle (PVC) et des pneus larges de vélos qui suivent les traces de roues du tracteur (figure 6.47). La culture sur billons permet de rapprocher la betterave du travailleur et d'accélérer le travail.

24.11 RÉCOLTE

Les calibres de betterave récoltés vont de 2,5 à 12 cm selon le type de marché.

On récolte la betterave à botteler lorsque les racines ont un diamètre minimum de 4 à 5 cm. On enlève les feuilles abîmées par la mineuse et les maladies, et on les attache en paquets. Les bottes sont lavées à l'eau avec une légère pression. Un refroidissement rapide à l'eau froide est important pour assurer que le feuillage garde un bel aspect.

La betterave de transformation ou de conservation est récoltée avec une récolteuse à carottes dont les couteaux sont ajustés pour couper les queues sans blesser le collet. Un convoyeur achemine les betteraves vers les bennes d'entreposage placées sur une remorque. On doit adoucir la chute dans les bennes avec des matériaux de type caoutchouc, pour prévenir les blessures qui pourraient dégénérer en pourriture en entrepôt. La betterave de conservation est récoltée à l'automne, avant que les grandes gelées ne viennent causer des engelures aux racines. Pour la récolte manuelle, la racine doit d'abord être soulevée de terre par une lame, puis le feuillage est coupé sans qu'on entame le collet pour éviter le saignement. On peut les laisser au champ quelques jours avant la rentrée. Les racines sont triées soigneusement pour déclasser celles qui sont malades ou endommagées, et pour calibrer les plus petites qui se conservent moins longtemps. Elles sont mises en vrac dans des bennes de bois, parfois doublées de plastique, ou dans des poches de jute ou de plastique tissé. Les bennes peuvent être recouvertes de plastique après le refroidissement pour diminuer l'assèchement. Par ailleurs, l'utilisation de plastique entraîne un risque de pourriture, s'il y a trop d'humidité dans les bennes.

Les betteraves de transformation peuvent être récoltées en mini-calibre de 2,5 à 3 cm, ou beaucoup plus grosses pour les cubes. Pour les tranches, on préfère des cultivars du genre *Formanova*. La qualité interne prime la grosseur.

24.12 CONSERVATION ET MANUTENTION PRÉVENTE

Les bottes lavées et refroidies sont mises dans des boîtes de carton ciré et livrées rapidement. Les betteraves d'entreposage sont lavées au fur et à mesure des besoins de vente. Pour ce faire, on utilise la même laveuse que pour les carottes. On peut retailler les collets avant de mettre les betteraves dans des sacs de plastique de 0,9 et 11,3 kg (2 et 25 lbs). Non lavée, la betterave se conserve bien durant six mois à 0 °C et à une humidité relative de 90 à 95 %.

24.13 PRIMEURS

La production de primeurs comporte toujours un risque de vernalisation dans le cas d'une période de 15 jours en deçà de 10 °C. L'utilisation d'une bâche pourrait réchauffer légèrement le milieu, mais le risque demeure. La betterave peut être produite en serre et transplantée. Généralement, le prix ne justifie pas les efforts supplémentaires pour la culture hâtive.

Chapitre 25

LE CÉLERI-RAVE

Apium graveolens var. *rapaceum* (Celeriac)

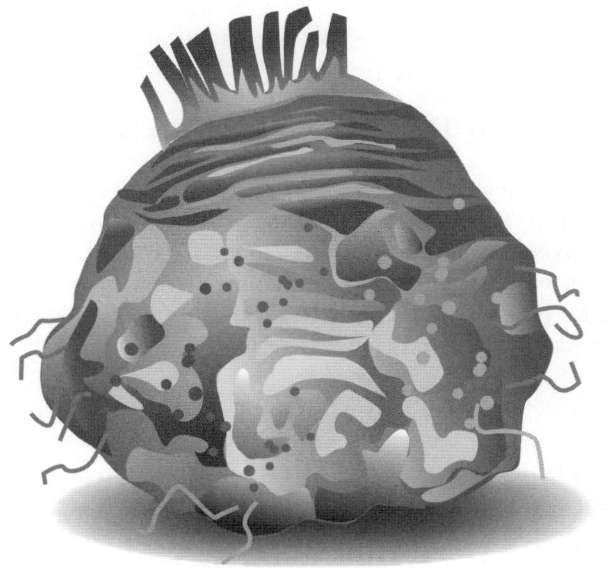

INTRODUCTION

Le céleri-rave appartient à la famille des ombellifères. C'est un légume-racine bisannuel, cultivé comme une plante annuelle. Il est proche parent du céleri. Le céleri-rave est une plante de climat frais qui demande une longue saison de croissance et un sol fertile. Il se plaît entre 12 et 16 °C. Ses besoins en eau sont importants.

25.1 PLANTE

Le plant développe une rosette de feuilles étalées, semblables à celle du céleri. Les pétioles sont creux. Très aromatiques, les céleris ont d'abord été consommés comme plantes médicinales. Il arrive qu'une pousse de drageons émerge en fin de saison et dégrade la qualité de la rave.

Semé en pleine terre, le céleri-rave développe d'abord une racine pivotante, puis de grosses racines ramifiées. Transplanté, il perd cette racine pivotante, ce qui est exceptionnel pour un légume-racine. Les racines peuvent pénétrer à plus d'un mètre de profondeur. La tubérisation se développe principalement à partir de la tige, et aussi de la racine principale ; plusieurs grosses racines occupent le dessous de cette formation alors que le haut est grenu et verdit un peu à la lumière.

25.1.1 CONDITIONS CLIMATIQUES

Le céleri-rave préfère des conditions modérées (18 °C) et humides. Il est sensible au gel tardif. Un climat maritime avec des automnes doux est idéal. Un sol humide en permanence ou une nappe élevée sous un sol bien drainé est essentiel. La rave ne tolère pas les grandes gelées de l'automne.

Bisannuelle, la plante peut monter à graines si les jeunes plantules sont exposées au froid en serre ou à la transplantation. Les températures favorables à la vernalisation vont de 0 à 14 °C, la plage de 5 à 8 °C étant la plus propice ; deux à cinq semaines de temps frais sont alors nécessaires. Après la période de froid, les températures chaudes déclenchent la montée à graines, ce qui détruit la valeur commerciale du légume.

25.2 CULTIVARS

Le choix des cultivars est assez limité. On peut tout de même choisir entre variétés hâtives et tardives. Certaines variétés développent une racine plus blanche et lisse, plus sphérique ; les qualités de conservation sont importantes puisque la vente est étalée. D'autres critères président à la sélection des cultivars : port du feuillage dressé ou étalé, résistance au cœur creux et à la septoriose, positionnement des racines et fermeté.

25.3 PROPAGATION

Le céleri-rave a des exigences thermiques et de manipulation très précises pour chacune des étapes de sa propagation, de la germination à la transplantation.

25.3.1 SEMENCES ET GERMINATION

On compte entre 2 200 à 2 800 graines de semences par gramme. La température de germination optimale se situe entre 20 et 25 °C, et il faut entre 8 et 10 jours pour que la germination soit complétée.

25.3.2 PRODUCTION DE TRANSPLANTS

Pour produire les transplants, on sème à la volée en caissette et on repique. La culture du plant nécessite de 8 à 10 semaines du semis à la transplantation. La levée est parfois irrégulière.

On repique dans un terreau riche à base de compost mûr, car le repiquage renforce le système racinaire. Un plateau de 72 cellules convient bien, mais nécessite beaucoup d'espace. On peut semer directement dans des multicellules pour éviter les coûts du repiquage. La dimension des cellules à utiliser est toujours un sujet de discussion. En culture conventionnelle, le plant est élevé dans des calibres 200, mais en culture biologique, on choisit habituellement des calibres plus élevés. Il est possible de s'en tenir à 200 avec des fertilisations et un arrosage constants, mais en culture biologique, la quantité réduite de terreau ne permet pas l'obtention d'un plant aussi beau. Les petites cellules réduisent les coûts, mais elles donnent des reprises plus lentes à la transplantation et retardent la récolte.

Le plant germe à la lumière ; on le recouvre de sable propre ou on laisse la graine en surface. Après la levée, jusqu'au repiquage, la température doit se maintenir entre 20 et 25 °C le jour et entre 17 et 18 °C la nuit. On repique le plant au plus tard à la troisième vraie feuille. Par la suite et jusqu'à la plantation, on vise de 18 à 20 °C durant le jour et de 15 à 18 °C la nuit. Attention de ne pas baisser sous 14 °C.

On cherche à produire un plant ayant de 5 à 10 feuilles dont les racines sont bien développées avant la transplantation. Les plants plus gros sont plus hâtifs. Il faut les endurcir graduellement en espaçant les arrosages, tout en les protégeant du froid qui déclenche la vernalisation.

25.3.3 PLANTATION AU CHAMP

Le céleri-rave est plus sensible au froid que le céleri ; il risque de monter à graines s'il est vernalisé. On attend le début de juin pour le planter, la fin de mai dans les meilleurs climats. On peut aussi l'abriter sous un tunnel de plastique ou sous une bâche flottante pour obtenir une récolte de primeurs.

Lors de la plantation au champ, on ne doit pas enterrer le feuillage. On arrose les plants à la plantation et on maintient le sol humide dans les premiers temps ; le jeune plant ne doit pas manquer d'eau.

25.3.4 ESPACEMENTS

Pour la transplantation des céleris-raves, l'espacement commun entre les rangs est de 75 cm, mais on peut aussi adopter un espacement de 50 cm dans un dispositif à trois rangs sous le tracteur. Les espacements sur le rang varient de 20 ou 30 cm, et jusqu'à 40 ou 50 cm. Une mise au point doit être faite. Les hautes densités requièrent une fertilité et une humidité accrues. Selon le dispositif adopté, les densités iront de 33 000 à 66 000 plants à l'hectare. Les plantations trop denses sont plus sujettes aux maladies foliaires.

25.4 SOLS ET FERTILISATION

Le céleri-rave s'adapte à divers sols, mais les sols riches donnent de meilleurs rendements. Son exportation moyenne en éléments nutritifs est très élevée ; les pratiques culturales doivent en tenir compte.

25.4.1 CHOIX ET PRÉPARATION DU SOL

Le céleri-rave s'adapte mieux que le céleri à différents types de sols. Il se comporte bien en sol lourd ou caillouteux. Néanmoins, il préfère les bonnes terres riches en humus, bien drainées et présentant des conditions hydriques stables.

La structure du sol doit être bonne, sans être trop fine, car l'irrigation pourrait la dégrader. Un enfouissement d'engrais vert a un effet stabilisateur. Si cela s'avère nécessaire, on peut sous-soler l'année précédente pour favoriser un enracinement profond. Le chisel, la charrue, la machine à bêcher ameublissent le sol en profondeur. Enfin, on évite de trop travailler le sol au printemps.

Le pH idéal se situe entre 6,4 et 6,8. On ne chaule pas immédiatement avant l'implantation, ce qui réduit le blocage du bore ; le céleri-rave n'aime pas le calcaire actif et redoute les sols calcaires. Par contre, il est riche en calcium et peut démontrer une carence qui se traduit par le cœur noir.

On pratique la culture du céleri-rave sur billons ou sur planches surélevées. On peut aussi le planter sur sol plat lorsque le drainage est très bon.

25.4.2 FERTILISATION

A. Exportation moyenne

Comme les raves contiennent environ le tiers de l'azote prélevé, la moitié du phosphore et les deux tiers du potassium, la technique de parage utilisée compte. Certains producteurs sortent le plant au complet et effectuent le parage en entrepôt alors que d'autres taillent les feuilles et les racines au champ, ce qui réduit les exportations et participe à la nutrition de la culture ultérieure. Les données d'exportation moyenne pour le céleri-rave sont données au tableau 25.1.

TABLEAU 25.1 Exportation moyenne

Raves (t/ha)	N (kg/ha)	P_2O_5 (kg/ha)	K_2O (kg/ha)
35	70 — 85	50 — 75	135 — 160

En culture conventionnelle, on rencontre les plages de fertilisation présentées au tableau 25.2.

TABLEAU 25.2 Fertilisations en culture conventionnelle

N (kg/ha)	P_2O_5 (kg/ha)	K_2O (kg/ha)
150 — 200	100 — 160	200 — 300

Les plants prélèvent environ 200 kg de N, 150 de P_2O_5 et 250 de K_2O. La fertilité du sol et les apports fertilisants doivent répondre à ces besoins. La plantation en fin de printemps assure normalement une contribution correcte en azote du sol. En sol moyennement riche, on doit prévoir 60 t/ha de compost jeune en plus d'un engrais vert.

B. Oligo-éléments

Le céleri-rave est particulièrement sensible aux carences en bore (chapitre 17). Des problèmes de cœur creux sont à prévoir ; les premiers symptômes sont des taches brunâtres dans les raves. La sécheresse augmente le problème, car elle diminue la disponibilité du bore ; on doit donc surveiller l'arrosage.

25.5 ROTATION DES CULTURES

On planifie généralement une rotation minimale de trois ou quatre ans, mais on peut aller à cinq ans. Il faut s'abstenir de semer des ombellifères, car elles ont des maladies en commun avec le céleri-rave.

Le céleri-rave se place bien dans la rotation après une culture bien engraissée dont il profite de la fertilité résiduelle l'année suivante. Un précédent d'engrais vert est intéressant. Bien sarclé, le céleri-rave est une culture nettoyante.

25.6 CULTURES ASSOCIÉES

L'une des associations classiques en culture biologique consiste à associer betterave et céleri-rave, mais le risque de compétition reste toujours présent.

25.7 IRRIGATION

Vu que le système racinaire du céleri-rave est assez restreint par rapport à ses besoins en eau, pour l'obtention de racines de belle qualité et de beau calibre, on doit installer un système d'irrigation par aspersion ou goutte à goutte. Le plant est moins sensible que le céleri au cœur noir. Avec un système par aspersion, on arrose le matin pour diminuer les risques de septoriose ; cela permet au feuillage de sécher avant la nuit.

Bien que le plant ne doit jamais manquer d'eau, la période critique va de juillet à septembre, soit la période correspondant à la formation de la rave.

25.8 GESTION DES MAUVAISES HERBES

Pour contrôler les mauvaises herbes, on fait des faux semis jusqu'au moment de la plantation, soit la fin de mai ou le début de juin. La culture sur planche relevée combinée à un système d'irrigation goutte à goutte et un paillis de plastique permet une excellente gestion des mauvaises herbes tout en assurant un bon état hydrique. Le plus difficile est de garder les bords des paillis propres.

Si on cultive sans paillis, il est important de bien contrôler les mauvaises herbes. Binages et sarclages mécaniques devront être complétés par un et même deux sarclages manuels sur le rang.

25.9 INSECTES ET MALADIES

On peut se référer au chapitre sur le céleri pour les principaux problèmes de maladie et d'infestation rencontrés par le céleri-rave et les moyens de le protéger.

Le céleri-rave est moins capricieux que le céleri, mais il faut tout de même surveiller les insectes, les pucerons et, surtout, les punaises. Incorporer les résidus de culture après la récolte et pratiquer une rotation suffisamment longue sont de bonnes pratiques préventives.

La septoriose cause parfois des problèmes, c'est pourquoi on préfère le système goutte à goutte.

Lors de la consommation, on observe l'apparition de taches brunes sur les raves tranchées de certains cultivars. Ce n'est pas un problème sanitaire. Passer la rave au jus de citron, la conserver au froid ou la tremper dans l'eau froide avant de la cuisiner aide à réduire le problème.

25.10 ENTRETIEN

Il est important de voir à ce que le céleri-rave ne souffre pas de carences en cours de croissance ; il pourrait être nécessaire de fertiliser au sol ou en pulvérisation foliaire. Des apports foliaires de purin d'orties sont un bon stimulant.

Après un apport de préparat 500 au travail du sol, les biodynamistes appliqueront trois silices en jour racine.

Traditionnellement, à partir de la fin de l'été, on taillait les drageons (pousses latérales qui apparaissent à la base des feuilles), de même que les vieilles feuilles malades. Ce procédé est laborieux, mais il augmente le calibre et réduit les risques sanitaires. Comme le coût de la main-d'œuvre rend souvent cette pratique prohibitive aujourd'hui, on peut limiter les interventions à la suppression des vieilles feuilles malades.

25.11 RÉCOLTE

On récolte les racines en août dans le cas des variétés hâtives ; à partir de 5 cm de diamètre, le céleri-rave peut être vendu avec ses feuilles. Mais la récolte principale est en septembre et en octobre. On soulève les plants à l'aide d'une lame souleveuse. La récolte se fait à la main avec une aide-récolteuse pour les grands chantiers. En Allemagne, on fauche le feuillage et on récolte avec une arracheuse à pommes de terre.

Pour les parcelles de moindre grandeur, on peut aussi soulever à la fourche ou même couper les racines dans le sol. On arrache le plant, on coupe les racines et le feuillage au ras du rave, on enlève le plus de terre possible et on transporte le légume avec des contenants. Il faut idéalement récolter avant les gels à –5 °C. Certains préfèrent laisser les raves sécher et cicatriser au champ une journée ou deux avant l'entreposage.

25.12 CONSERVATION ET MANUTENTION PRÉVENTE

La racine du céleri-rave se conserve comme la carotte. Après l'entreposage, les céleris-raves sont lavés dans une laveuse à rotation puis ils sont parés ; autrement dit, on enlève l'excès de racines et on rafraîchit la coupe du collet pour présenter à la vente une rave la plus sphérique possible. Une boîte contient communément 12,5 kg.

25.13 PRIMEURS

En Europe, on cultive le céleri-rave en serre, sous grand et petit tunnel, pour le marché de la primeur. Mais pour l'essentiel, la consommation porte sur des récoltes de pleine saison.

Chapitre 26

LE RADIS

Raphanus sativus var. *radicula* (Radish)

INTRODUCTION

Les radis appartiennent à la famille des crucifères, dont les caractéristiques communes ont été exposées au chapitre 12 sur le chou pommé. Ce sont des plantes annuelles ou bisannuelles cultivées comme des annuelles.

Comme les autres crucifères, les radis sont des plantes de climat frais sensibles à la sécheresse et aux excès de chaleur. Ils seront plus savoureux s'ils atteignent leur développement pendant les jours frais. La mouche du chou, les altises et le mildiou sont les principaux problèmes phytosanitaires de ces cultures. Les facteurs qui affectent la forme et la grosseur de la racine sont le choix du cultivar, la date d'ensemencement, l'espacement, la fertilité et l'humidité. Une trop grande fertilité combinée avec des grandes chaleurs et une longue photopériode fait monter le radis à graines. Les racines fortes et piquantes, fendillées, difformes et décolorées sont chose courante lorsque les conditions ne sont pas bonnes. Les radis sont disponibles sur le marché de la mi-mai jusqu'en novembre.

26.1 PLANTE

La racine pivotante charnue est la principale partie consommée. À pleine maturité, elle atteint 1 à 1,50 m. Les formes, les couleurs et les dimensions sont très variables selon les types. Comme le navet et la betterave, le radis forme un hypocotyle ; cette partie tubérisée supérieure de la racine pivotante est située en partie hors du sol. Seule la partie du bas, pourvue de racines secondaires, est considérée comme la racine. Un chevelu racinaire assez abondant explore les premiers 30 cm du sol. Il y a des racines de couleur rouge, rose, violette, blanche et noire.

La rosette de feuilles poilues est plus ou moins expansive selon le type de radis.

La reproduction est annuelle ou bisannuelle, et la floraison est déclenchée par les jours longs. Les fleurs blanches ou roses sont suivies des siliques, qui contiennent les graines. Certains maraîchers produisent leurs propres semences. La graine brun-rose est plus grosse que celle des autres crucifères. Elle est consommée comme graine germée.

26.1.1 TYPES DE RADIS

On trouve plusieurs types de radis dans nos marchés d'alimentation et ils se cultivent à peu près tous de la même façon :

— *Raphanus sativus* var. *radicula*, le petit radis commun,

— *R. sativus* var. *major*, le radis long européen,

— *R. sativus* var. *niger*, le radis noir,

— *R. sativus* var. *longepinnatus*, le radis blanc oriental, ou daïkon,

— *R. sativus* var. *canditos*, le radis long chinois, ou lobok,

— *R. sativus* var. *oleiformis*, le radis huileux.

Le petit radis commun est le principal type de radis cultivé en Occident. Son cycle de production très rapide dure normalement de 20 à 30 jours. Généralement de couleur rouge, on trouve des variantes blanches, violettes, roses, bicolores, et même vertes à chair rosée.

Le radis long européen est blanc et il atteint 12 à 18 cm de longueur ; il existe aussi des variantes mi-longues, bicolores. Cultivable en serre, ce radis est plus tolérant à la culture d'été, mais il est sensible à la mouche du chou.

Le radis noir est cultivé surtout pour l'entreposage, mais il existe des cultivars résistants à la montée. Doté d'une épaisse peau noire, il est beaucoup plus résistant à la mouche du chou. De saveur très prononcée, il est surtout recherché pour ses vertus de stimulant hépatique.

Le radis blanc oriental, ou daïkon, est surtout cultivé à l'automne, mais il existe des cultivars adaptés aux conditions printanières. Il atteint 5 à 10 cm de diamètre et de 25 à 50 cm de long, parfois beaucoup plus ; il peut être entreposé de quelques semaines à quelques mois. Il est mangé cru, en salades, râpé, cuit, confit, mariné ou fermenté. Plus corsés, les daïkons sont souvent peu appréciés sur les marchés chinois.

Le radis long chinois, ou lobok, dit radis à queue de rat, est de saveur beaucoup plus douce ; il est recherché dans les marchés orientaux, parfois aussi dans les épiceries occidentales. On en consomme aussi les siliques qui atteignent 30 cm chez certains cultivars.

Le radis huileux est cultivé comme engrais vert d'automne ; sa racine pivotante contribue à défoncer les semelles du sol.

26.1.2 CONDITIONS CLIMATIQUES

Le climat est le premier facteur de réussite dans la culture du radis. C'est une culture de climat frais, qui n'aime ni la chaleur, ni la sécheresse. Le plant est sensible à la photopériode longue de l'été, qui, en combinaison avec du temps chaud et sec, entraîne la malformation des racines qui deviennent ligneuses ou spongieuses, creuses, et très fortes. Pour contrer cet effet, le radis est cultivé en terre noire en été. Le petit radis est le plus difficile à réussir en été.

Les températures optimales de croissance sont de 15 à 18 °C. Le radis résiste au froid, même à la neige, mais sa croissance est plus rapide en conditions modérément fraîches. Au-delà de 24 °C, la qualité diminue. Pour obtenir un radis de qualité, la croissance doit être rapide, sans ralentissement ; donc l'humidité doit être constante.

Chez le radis long bisannuel, la culture de printemps en conditions fraîches déclenche la montée à graines, sauf chez certains cultivars.

26.2 CULTIVARS

Les variétés de radis les plus populaires sont celles à racine sphérique entièrement recouverte d'une peau rouge, à feuillage court ou de longueur moyenne. Les types à bouquets foliaires moyens sont préférables pour les primeurs et celles à bouquets courts pour les jours longs d'été. Les critères de sélection des cultivars sont les suivants :

— précocité,

— couleur externe et interne, forme,

— saveur douce ou forte,

— adaptation au forçage, en primeur ou en serre,

— vente en cello,

— vigueur du feuillage,

— adaptation à la chaleur et aux jours longs,

— durée de la période de récolte,

— résistance à la hernie et à d'autres maladies,

— capacité à se conserver en chambre froide,

— homogénéité.

Les radis orientaux doivent être bien choisis en fonction du marché, car les diverses communautés culturelles ont des préférences marquées pour certaines saveurs.

26.3 PROPAGATION

26.3.1 SEMENCES ET GERMINATION

En règle générale, plus la graine de radis est grosse, plus le radis est hâtif ; sa durée de conservation va de quatre à cinq ans. En moyenne, il y a 80 à 160 semences/g, et il en faut 10 à 17 kg par hectare ; en haute densité, il en faut le double, ou même plus. La graine prend de 2 à 10 jours pour germer. La température de germination peut se situer entre 5 et 35 °C, mais idéalement autour de 15 °C.

26.3.2 SEMIS EN PLEINE TERRE

Le semis en pleine terre est la seule façon de procéder pour le radis. Le semoir de précision est fortement recommandé, il permet des économies de semences et surtout d'éclaircissage. Le semis à la volée est aussi possible pour les variétés rapides d'été.

La durée de végétation va de 20 à 30 jours au printemps, un peu plus en culture de primeurs, et 35 à 65 jours en serre, en hiver. Pour les radis longs, on compte 30 à 40 jours et, en production d'automne, 45 à 80 jours selon les dates du semis. Il faut mettre au point à la ferme les dates optimales de semis des cultivars d'automne.

Dans le cas du petit radis, pour qu'il soit doux et croustillant, il faut une croissance rapide dans un sol humide et bien drainé. La culture du petit radis est plus facile au printemps qu'à l'été ou l'automne. Les semis se font au printemps dès qu'on peut travailler le sol. Ils peuvent supporter des gelées printanières et même de la neige après la levée des plants. La graine prend de 2 à 10 jours pour germer.

On recommande un espacement sur le rang de 35 à 70 plants/mètre linéaire selon l'espacement entre les rangs, le cultivar et la largeur du rang ; un semis trop dense ne donnera pas un bon rendement. L'espacement entre les rangs sera de 20 à 30 cm pour une récolte manuelle et de 10 à 15 cm pour une récolte mécanique. Un sabot espaceur permet des densités linéaires plus élevées. Il existe des semoirs spécialisés pour le radis, et certains maraîchers européens utilisent des espacements aussi rapprochés que 7 cm entre les rangs ; ils réduisent alors le nombre de plants entre 30 et 35/mètre linéaire. Le radis peut être semé à la volée, dans un sol assez propre ; il couvre ainsi rapidement le sol, ce qui élimine les travaux de sarclage. Le semis à la volée ou très rapproché dans un sol infesté de mauvaises herbes peut requérir un sarclage manuel, mais rares sont les mauvaises herbes qui ont le temps de monter avant la récolte. Choisir des semences calibrées permet d'obtenir une plus grande homogénéité à la récolte.

On peut semer une fois ou même deux fois par semaine pour maintenir un approvisionnement régulier de radis en bonne condition. Il est possible de réussir à produire des radis tout au long de la saison dans des sols qui resteront bien humides et frais. Pour les semis d'été, il est recommandé de choisir des semences de gros calibres et des cultivars dont le feuillage n'est pas trop vigoureux.

On enfouit les semences à 1 cm au printemps, et à 2 cm en été et pour les radis longs. Les biodynamistes choisissent un jour racine dans leur calendrier.

Dans le cas des radis longs et des radis noirs, les variétés européennes, plus fines et moins grosses que les variétés orientales, réussissent bien en culture de printemps. En culture d'automne, il faut utiliser des mesures de défense contre la mouche du chou et l'altise, ce qui est parfois difficile. La couverture flottante est une excellente solution. On recommande la culture en rangs sarclés pour tous les types de gros radis, donc les espacements entre les rangs sont d'autant plus larges que le cultivar est gros. On vise un espacement de 12 à 15 cm sur le rang et de 40, 50 ou même 75 cm entre les rangs, selon la grosseur des racines et la vigueur du feuillage.

Comme pour toutes les crucifères, l'espacement joue un rôle majeur sur le calibre du légume récolté. L'espacement idéal est fonction de la vigueur de la variété et requiert une mise au point, tout comme la date de semis. Il est important d'éclaircir assez tôt, pour maintenir une croissance vigoureuse. Le daïkon et le radis noir se sèment en juillet pour la conservation.

26.4 SOLS ET FERTILISATION

26.4.1 CHOIX ET PRÉPARATION DU SOL

Le radis nécessite toujours un sol humifère, bien drainé et de structure pas trop affinée pour ne pas devenir battant à l'irrigation. Il faut bien le rouler, sans le rendre trop ferme. Au printemps, on choisit des loams plutôt légers, riches en humus ; pour l'été, on préfère les terres noires avec un bon approvisionnement en eau. On doit éviter les terres chaudes et sèches, et les terres argileuses à mauvaise structure. L'enracinement du petit radis est superficiel, donc dépendant d'une humidité constante. Les gros radis apprécient les sols frais et humides, mais leurs racines sont plus actives en profondeur. Le radis noir préfère un sol plus lourd, riche en humus.

Le fumier donne une mauvaise saveur au radis et le rend ligneux. La hernie des crucifères étant un problème potentiel, on surveille l'état calcique de près. Le radis tolère des pH assez variables, mais il préfère un minimum de 6, un peu moins dans une terre noire.

26.4.2 FERTILISATION

Le petit radis est une plante frugale qui se contente de la valeur résiduelle des engrais donnés aux cultures précédentes. C'est une plante de deuxième file qui n'aime ni les apports récents d'engrais, ni l'incorporation d'engrais verts ou de résidus de culture abondants, ni les défriches de prairies, sinon la qualité baisse à cause des parasites. Cependant, un compost végétal mûr peut être incorporé à un sol pauvre, et le compost végétal est tout indiqué pour les radis longs, les plus vigoureux.

A. Exportation moyenne

Le rendement moyen exporté est assez modéré et pas très riche en azote (tableau 26.1). Le radis à botteler exporte plus d'azote dont la concentration est élevée dans le feuillage. Le radis noir est beaucoup plus riche en azote et en minéraux et donne des rendements plus élevés.

TABLEAU 26.1 Exportation moyenne

(t/ha)	N (kg/ha)	P_2O_5 (kg/ha)	K_2O (kg/ha)
Racines			
6	6 — 10	3 — 10	18 — 20
30 000 bottes			
—	50 — 55	25	50 — 55
Radis noir			
20	90	30	135

On présente aux tableaux 26.2 et 26.3 les fertilisations utilisées en culture conventionnelle pour le petit radis et les valeurs les plus fréquemment utilisées.

TABLEAU 26.2 Fertilisations pour le petit radis en culture conventionnelle

N (kg/ha)	P_2O_5 (kg/ha)	K_2O (kg/ha)
45 — 110	30 — 155	20 — 240

TABLEAU 26.3 Fertilisations les plus fréquentes

N (kg/ha)	P_2O_5 (kg/ha)	K_2O (kg/ha)
45 — 85	60	60 — 100

En terre noire, on n'apporte souvent aucun azote au sol à partir du mois de juin. La décomposition de la matière organique est suffisante. La consommation du petit radis n'est pas très élevée, mais les éléments nutritifs doivent être très rapidement assimilables. L'humidité et la fertilité du sol sont essentielles, même si le plant se contente généralement de l'effet résiduel des fumures précédentes. Le gros radis est plus exigeant, et sa période de croissance est deux ou trois fois plus longue.

On cherche donc à réunir des conditions favorables, telles que :

- une minéralisation rapide de N au printemps ; le binage est une technique privilégiée pour intensifier la minéralisation ;
- des teneurs assez élevées de potasse échangeable ; si une supplémentation s'avère nécessaire, on utilise le Sul-Po-Mag riche en soufre ;
- un sol moyen en phosphore ;
- un bon état calcique.

B. Oligo-éléments

Comme toutes les autres crucifères, le radis est exigeant en bore ; il faut le supplémenter au besoin. La terre noire exige souvent une fertilisation en cuivre. Le manganèse est également à surveiller.

26.5 ROTATION DES CULTURES

Habituellement, les crucifères sont placées en tête de rotation, ce qui n'est pas le cas pour les radis qui ont avantage à profiter d'une fertilité résiduelle. S'il y a une prairie dans la rotation, effectuer une bonne jachère en été par temps sec, suivie d'un engrais vert d'automne baissera les populations de taupins qui endommagent le radis, et d'autres insectes des sols. Une rotation de deux ans est normalement désirable pour le petit radis ; sa durée de culture courte et l'alternance la même année avec d'autres légumes permettent de raccourcir la rotation. Certains maraîchers reviennent parfois avec le radis dans un délai d'un an ; c'est possible tant qu'il n'y a pas de problème sanitaire. Il faut éviter les autres crucifères ou rallonger la rotation si on en cultive.

Le radis long requiert une rotation de trois ans ou quatre ans, comme les autres crucifères. Le poireau comme culture précédente ou comme compagnon diminuerait les risques de formation de la hernie.

Étant donné que les radis ont avantage à profiter d'une fertilité résiduelle et qu'ils s'implantent à tout moment en saison, ils pourront être précédés ou suivis d'une culture hâtive ou tardive, comme le pois, la laitue ou l'épinard. De cycle court, le radis se cultive facilement la même année que plusieurs autres légumes de croissance rapide, comme les mélanges de mesclun, la roquette et la mâche. L'épinard, abondamment fertilisé, est un très bon précédent pour les radis d'automne. Les radis peuvent aussi se placer dans la rotation l'année après une culture de pomme de terre, de concombre, de tomate et d'autres plantes exigeantes. On devrait éviter les terrains où il y a beaucoup de moutarde, de barbarée ou d'autres crucifères sauvages.

Comme précédent cultural, le radis constitue une culture nettoyante, car il est récolté avant que les mauvaises herbes ne montent à graines. Il laisse peu d'éléments nutritifs dans ses résidus.

26.6 CULTURES ASSOCIÉES

De croissance rapide, le radis est parfois semé dans les bordures des planches de concombre, entre des rangs de betteraves, d'autres crucifères et de pois. Ces techniques sont plus difficiles à appliquer en culture maraîchère, mais elles trouvent leur place en maraîchage intensif.

26.7 IRRIGATION

Même s'il ne consomme pas énormément d'eau, le radis est sensible au manque d'eau qui lui donne un goût fort, une mauvaise texture, des déformations, et qui déclenche la montée à graines. L'eau aide à maintenir le sol frais qu'apprécie le radis ; on doit donc irriguer le matin pour rafraîchir le sol durant la journée. On arrose fréquemment, mais pas trop abondamment, pour maintenir une humidité constante sur les premiers 15 cm du profil.

26.8 GESTION DES MAUVAISES HERBES

Il est important d'avoir un sol propre et bien préparé avant le semis. Un ou deux faux semis sont recommandés, sauf en début de printemps. La rapidité de germination rend le sarclage plus facile. La couverture rapide du rang par le feuillage rend le contrôle des mauvaises herbes plutôt facile. Seuls des sols infestés causeront des problèmes. En culture d'automne, une courte jachère avant la culture permet de nettoyer le sol ; on s'attend à effectuer du sarclage manuel lors de l'éclaircissage, puis un second nettoyage un peu plus tard. Quelques binages mécaniques sont de mise.

26.9 INSECTES ET MALADIES

Pour avoir une description complète des ravageurs des crucifères, on peut se référer au chapitre 12 sur le chou pommé. Deux cas importants pour les racines retiennent notre attention ici.

Diverses altises (*Phyllotreta* spp.), qui ont une ou deux générations par année, s'attaquent aux crucifères. Même si les dommages sont rarement sérieux sur les plants transplantés, les altises peuvent endommager sérieusement les crucifères semées, comme le chou chinois, les navets et les radis. On reconnaît leur présence par les petits trous sur les feuilles ; elles attaquent les feuilles, les cotylédons et les tiges des jeunes plants. Les larves affectent parfois les racines de plusieurs crucifères et entraînent occasionnellement le déclassement des radis et des navets. Si le bulbe est à l'extérieur du sol, les altises peuvent s'en nourrir ; parfois, le radis a le temps de se cicatriser et de reprendre sa teinte rouge. Les altises aiment la chaleur sèche et les sols sableux chauds. Elles hivernent dans les résidus des cultures ou de mauvaises herbes ; on peut donc les composter ou les incorporer par une jachère ou un déchaumage soigné l'été ou l'automne après la culture. Elles hivernent sur les bords des champs, puis se nourrissent de crucifères sauvages avant de migrer vers les cultures ; faucher ces refuges et éviter les mauvaises herbes de la famille des crucifères durant la culture précédente constituent de bonnes mesures préventives.

On peut choisir certains cultivars moins attirants pour les altises. On peut aussi assurer une germination et une croissance rapides du radis, arroser fréquemment, en petite quantité, le midi, poudrer de la cendre de bois ou de la silice broyée sur le feuillage à la rosée, ou encore utiliser les extraits d'ail (vendus aux États-Unis sous le nom de *Garlic Barrier*) ou d'absinthe comme répulsifs. La terre diatomée est aussi poudrée sur le feuillage et le sol avec une poudreuse électrostatique, mais le résultat est parfois décevant. On a expérimenté en Allemagne des panneaux collants déplacés au-dessus des plants pour attraper les altises qui sautent vers le haut lorsqu'elles sont dérangées. Un piège collant par 5 à 10 m de rang réduit la population des altises. La roténone, le neem et le pyrèthre sont d'autres moyens de contrôle. Enfin, l'installation d'une bâche flottante ou d'un filet anti-insectes au moment du semis est efficace si les altises ne sont pas déjà installées dans le champ.

L'établissement d'une parcelle hâtive de crucifères pour attirer les altises et les y traiter avec un insecticide est une solution intéressante pour protéger les cultures plus tardives, mais ce n'est pas très approprié pour le radis de printemps. On utilise la moutarde orientale (*Brassica juncea*), un engrais vert, dans des lisières tous les 50 m dans les cultures susceptibles ; le radis fourrager de type daïkon est potentiellement intéressant pour le même usage.

La mouche du chou est difficile à contrôler. L'adulte pond ses œufs sur le sol près des plants ; les larves pénètrent dans le sol le long des tiges et se mettent à manger pendant trois à quatre semaines. Elles attaquent les petites racines, puis creusent des galeries à la surface et à l'intérieur de la racine principale. Une infestation sévère cause le flétrissement des feuilles par temps sec. Après quelques semaines, elles se transforment en pupes, puis en mouches qui pondent une deuxième génération de larves qui atteindront le stade nymphal à l'automne, pour ressortir au printemps ou à l'été. Au sud-ouest du Québec, dans un sol chaud ou lors d'un printemps chaud, les mouches émergent en mai et peuvent pondre dans un semis de crucifères en pépinière. Un printemps frais ou une région plus fraîche retarde l'émergence et la ponte. Par contre, ces insectes prolifèrent en saison fraîche et humide, alors qu'un temps chaud et sec diminue les populations ; en effet, beaucoup d'œufs et de larves meurent par ce temps alors que les prédateurs et les parasites sont plus actifs. De nouvelles générations d'adultes apparaissent après trois semaines et la ponte se poursuit jusqu'à la fin de l'été.

Habituellement, les premiers semis du petit radis ne sont pas touchés. La présence de crucifères hâtives ou sauvages à proximité offre un site de reproduction qui augmentera la pression plus tard en saison. Il faut détruire rapidement et soigneusement les résidus de radis ou d'autres crucifères hâtives après la récolte. Le broyage des tiges des grosses crucifères avant le compostage ou l'incorporation est très utile. Il est toujours préférable de ne pas laisser traîner de débris après les cultures ; la décomposition est l'assainissement le plus simple et souvent le plus efficace. Comme on ne dispose pas d'insecticide rémanent efficace dans le sol pour la culture biologique, on utilise des substances repoussantes. Les couvertures flottantes en polypropylène ou autres matériaux non tissés sont efficaces pour protéger les radis des insectes, mais leur coût est élevé et elles ne peuvent être justifiées que pour une culture vendue à bon prix ou pour un semis à haute densité ; il faut aussi choisir des types de matériaux qui réchauffent peu le champ. Depuis peu, on trouve des filets non thermiques très coûteux.

Une application de cendre en bordure des plants, que l'on renouvelle après les grosses pluies, pourrait être efficace. On peut employer le phosphate naturel pour le même usage, de même que diverses substances aromatiques, comme un extrait d'ail. L'emploi de ces méthodes s'avère difficile en culture maraîchère, ce qui fait du contrôle de cet insecte l'un des plus difficiles à réussir. Il faudrait encourager les recherches sur des méthodes de contrôle biologique utilisant des prédateurs, des parasites et des maladies de la mouche. Le radis noir est beaucoup mieux équipé pour résister à la mouche avec son épaisse pelure.

On gagnerait aussi à s'assurer de la faible présence de vers fil de fer avant la culture du radis.

Chez le radis, la principale maladie fongique du feuillage est le mildiou. Le choix de variétés résistantes et la localisation du semis dans un endroit bien ventilé durant les périodes à risques permettent de limiter les dommages. On observe la présence de mildiou lors de périodes de fortes rosées, soit en mai et en août. Lors de fortes attaques, le mildiou peut sporuler sur le bulbe et causer des décolorations mauves.

26.10 ENTRETIEN

La principale erreur dans la culture du radis est le semis trop serré. Il faut donc effectuer un semis de précision ou éclaircir tôt, sinon la qualité de la récolte est faible. Pour maintenir une croissance rapide, il faut garder le sol humide. Dans ces conditions, le semis peut couvrir le sol, pourvu que les racines aient assez de place pour se développer. La meilleure défense contre les problèmes de qualité, le parasitisme et la montée à graines, c'est la croissance rapide de la culture.

En biodynamie, on fait une application du préparat de silice à mi-croissance.

26.11 RÉCOLTE

La récolte des radis se fait en continuité de la mi-mai jusqu'en novembre. La récolte est soit manuelle ou mécanique et elle doit se faire rapidement et régulièrement quand le radis est prêt. Les radis trop gros, soit de plus de 32 mm, sont souvent moins bons et moins croustillants. On met les radis en bottes de 8 à 10, on les lave et on les refroidit à l'eau glacée ou à l'air, puis on les conserve à 1 °C à 95 % d'humidité. Quand il est en bottes, le radis doit être vendu rapidement, car les feuilles se détériorent ; on choisit pour le bottelage un feuillage moyen qui résiste mieux sur les tablettes. La glace améliore la conservation lors du transport et sur les tablettes d'épicerie.

La récolte mécanique vise le marché des radis en sacs de plastique. Lavé, calibré entre 1,91 et 2,82 cm de diamètre et prérefroidi, le radis se conserve durant deux semaines en sacs de cellophanes à 0 °C. Certains cultivars perdent de la couleur au lavage.

En saison, la récolte du radis long est plus étalée que celle du petit radis, qui doit être très rapide. Il peut être vendu avec les fanes ou paré ; il n'est pas ensaché, mais il peut être emballé à l'épicerie.

26.12 CONSERVATION ET MANUTENTION PRÉVENTE

La durée de conservation du radis est fonction du cultivar choisi et des conditions d'entreposage. Le radis d'hiver, récolté soigneusement pour éviter les meurtrissures, se conserve de deux à quatre mois en entrepôt dans des bennes de bois ou des poches. On coupe les feuilles à 2 cm du collet et on raccourcit les racines à 2 à 5 cm. Le radis noir se conserve jusqu'à six mois dans de bonnes conditions, soit quand on maintient une température de 0 °C, une humidité relative de 90 à 95 %, ainsi qu'une bonne aération. On doit faire séjourner les bennes de bois dehors en plein soleil pour éliminer les champignons qui pourraient causer des dommages aux racines en entrepôt.

26.13 PRIMEURS

Le forçage du radis peut se faire en serre, en couche ou en tunnel. Le choix de variétés adaptées est important. De croissance rapide, il peut être semé dans l'interligne entre d'autres cultures. Hors saison, en serre, il tolère une température de 3 à 5 °C la nuit, et de 10 à 20 °C le jour. Il est possible de le cultiver en tunnel de primeur, avant une culture d'été ou après une culture, en octobre. Il peut être forcé avec une couverture flottante. Il faut prendre garde à l'excès de chaleur et bien arroser. La présence sur le marché de radis importés du sud réduit la place accordée au forçage du radis.

Chapitre 27

LE NAVET
ET LE RUTABAGA

Brassica rapa, Brassica napus var. *napobrassica* (Rutabaga)

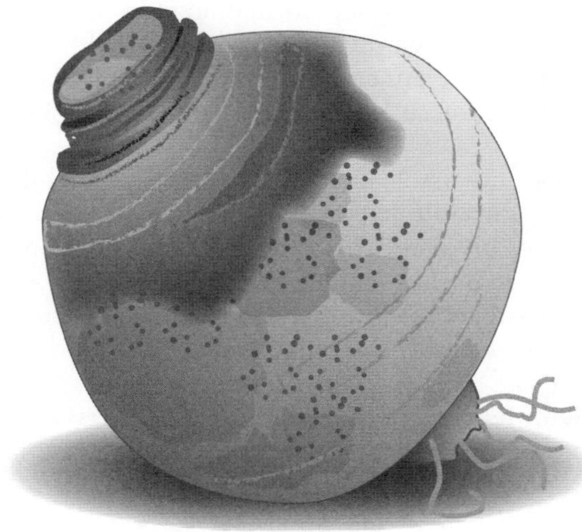

INTRODUCTION

Le navet et le rutabaga sont des plantes bisannuelles de la famille des crucifères cultivées comme des annuelles. Leur mode de culture présente plus de ressemblances que de différences ; c'est pourquoi nous les traiterons ensemble. Le rutabaga est traditionnellement nommé chou de Siam, navet d'hiver, du Québec ou de Suède, alors que le navet est parfois qualifié d'été ou de jardin. On rencontre fréquemment aussi le terme de rabiole pour un navet vendu tout petit ou comme synonyme de navet. Comme les autres crucifères, ce sont des plantes de climat frais, sensibles à la sécheresse. La rabiole sera plus douce si elle se développe pendant les jours frais. La mouche du chou et les altises sont les principaux ravageurs de ces cultures. Les rutabagas sont sur le marché à partir de septembre. L'essentiel de la récolte se fait en octobre, et le légume-racine se conserve bien. Le navet local est disponible sur une base saisonnière.

27.1 PLANTE

La partie comestible du rutabaga est constituée d'un renflement de la racine dans le bas, de l'hypocotyle au centre, et du bas de la tige dans le haut. Sur la partie inférieure de cette partie comestible, il y a une racine pivotante et de nombreuses racines latérales ; sur la partie supérieure, il y a un collet constitué de la base tubérisée de l'épicotyle, dont partent les feuilles qui sont lisses. Cette dernière formation et les feuilles différencient le rutabaga du navet proprement dit. La chair du tubercule est jaune ou orangée, rarement blanche, et la partie hors-sol se colore, généralement de violet.

Selon les cultivars, le navet produit une racine tubérisée de forme variable : aplatie, sphérique ou globuleuse. Les racines pivotantes atteignent couramment un mètre de profondeur. Les feuilles sont regroupées en rosettes sur le dessus et elles sont poilues, sauf exception. La partie hors-sol est colorée ou blanche.

Les deux légumes sont bisannuels. Il arrive parfois qu'un navet semé tôt soit vernalisé et fleurisse la première année.

27.1.1 TYPES DE NAVETS ET DE RUTABAGAS

Les navets se distinguent par leurs couleurs qui vont du rouge au blanc en passant par le pourpre pour le collet ; la chair est blanche, crème ou jaune. Chez le navet, la couleur est le premier critère pour la sélection de la variété à mettre en culture. La forme du navet constitue le deuxième critère, suivi de l'adaptation saisonnière, le calibre et, enfin, la possibilité de consommer les feuilles.

Les rutabagas, ou choux de Siam, cultivés au Québec sont presque tous dérivés du Laurentien, donc de chair moyennement colorée, avec un collet violet.

27.1.2 CONDITIONS CLIMATIQUES

Le navet et le rutabaga préfèrent tous deux un climat frais et humide ; certains navets sont donc cultivés tôt au printemps alors que le rutabaga et certains navets adaptés à cette saison sont cultivés à l'automne. La germination et la croissance sont possibles à partir de 4 °C, mais les conditions optimales se situent entre 15 et 18 °C. Bien que la résistance au gel du navet soit élevée, une longue séquence de froid peut entraîner la montée à graines.

27.1.3 CULTIVARS

On choisit les cultivars de navet et de rutabaga en fonction du rendement, de l'uniformité, de la résistance aux maladies, de la disponibilité de semences calibrées, de la précocité, de la saveur et du taux de sucre, de la couleur, de la forme et du type de marché visé.

27.3 PROPAGATION

27.3.1 SEMENCES ET GERMINATION

On compte 300 à 700 semences/g pour le rutabaga et le navet, soit en moyenne 350 à 500 ; leur durée de conservation est de cinq ans. Le taux de semis pour le rutabaga est de 200 g à 2 kg/ha et, pour le navet, de 500 g à 2 kg/ha. La germination est rapide : elle prend de trois à sept jours selon la température.

27.3.2 SEMIS EN PLEINE TERRE

Au Québec, les cultures du navet et du rutabaga sont semées en pleine terre. Le semoir de précision est fortement recommandé, car il permet des économies de semences et surtout d'éclaircissage après la levée. Des semences calibrées donneront un calibre uniforme si l'espacement est régulier.

La germination est optimale lorsque le sol atteint des températures de 16 °C à 27 °C, le minimum étant de 5 °C. Pour les récoltes hâtives de navets, on sème en sol léger, le plus tôt possible. Le semis du navet d'automne doit être mis au point pour chaque région en fonction du cultivar utilisé. Pour le rutabaga, on sème de la mi-juin au début de juillet, selon les régions. Le semis est superficiel, soit à 1 cm de profondeur, un peu moins en culture de primeur.

En Allemagne, on transplante le rutabaga en culture dérobée à la fin de juillet. Au Québec, certains le transplantent pour le commercialiser en primeur.

27.3.3 ESPACEMENTS

Le calibre et la forme des crucifères étant fortement influencés par l'espacement, en particulier sur le rang, la question de la densité du semis est toujours cruciale. On considère que le rutabaga Laurentien est optimal à un poids de 700 g et à un diamètre de 10 à 12 cm, et quand il est de forme globulaire avec un collet assez court.

Pour le rutabaga, les semis effectués avec un semoir de précision demanderont 250 g de semences/ha, alors qu'il en faudra de 650 à 850 g pour un semoir ordinaire. Pour le navet, on utilise un sabot espaceur et des taux de 500 g à 1 kg/ha en semis de précision.

Le rutabaga est couramment cultivé à 75 ou 90 cm entre les rangs et à 15 cm entre chaque plant sur le rang ; on peut augmenter la densité en rapprochant les rangs à 60 cm. Si un éclaircissage est nécessaire, on doit le faire lorsque les feuilles ont de 5 à 8 cm de hauteur. On peut rapprocher les rangs de navets à 30 ou 40 cm ; en Allemagne, pour les petits calibres de primeur, on met 20 cm entre les rangs. L'espacement sur le rang varie de 5 à 10 cm selon le calibre visé ; avec un rang large, on peut augmenter la densité. Il importe donc de mettre au point un espacement approprié selon le cultivar et la saison de culture ; en général, à l'automne, les densités sont moindres.

Pour la récolte du feuillage, on le cultive en rangs moyennement espacés avec une densité relativement élevée, ou en rangs beaucoup plus rapprochés. Des semences calibrées donnent une meilleure uniformité et une possibilité de récolte unique.

27.4 SOLS ET FERTILISATION

27.4.1 CHOIX ET PRÉPARATION DU SOL

Le rutabaga et le navet sont bien adaptés à tous les types de sols, mais le rutabaga est plus confortable que le navet dans un sol moyennement lourd. Les sols trop chauds et secs sont à déconseiller, de même que les argiles lourdes. Un loam riche en humus est excellent. Le sol doit être meuble et dépourvu de semelles pour favoriser un développement profond des racines. La culture tardive peut permettre une décompaction en été si les conditions d'humidité du sol le permettent ; cependant, l'impact sur le mouvement capillaire de l'eau pourra augmenter les besoins d'irrigation. Les faux semis sont faciles à réaliser avant le semis tardif.

27.4.2 FERTILISATION

Les plants du rutabaga et du navet sont peu exigeants en azote, mais ils affectionnent des taux moyens à élevés de phosphore et de potasse. Ce sont des plantes de deuxième file qui n'aiment ni les apports récents d'engrais organiques, ni l'incorporation d'engrais verts ou de résidus de culture abondants, ni les défriches de prairies. Sinon on s'expose à des problèmes de qualité des racines causés par des parasites, ou à des malformations. On les cultive l'année après des apports de fumier ou de compost sur la culture précédente. En sol très pauvre, on peut, à la rigueur, utiliser du compost bien mûr. Il faut prendre garde de ne pas surfertiliser. On peut aussi faire une application de cendre de 450 à 650 kg/ha quand le pH le permet, l'objectif étant un pH eau entre 6 et 7. Les plants peuvent tolérer une certaine acidité, mais le risque de hernie est alors plus élevé.

A. Exportation moyenne

Lorsque les navets sont vendus en feuilles, les exportations sont beaucoup plus élevées ; par contre, les racines sont moins riches en minéraux que celles du rutabaga, et les tonnages récoltés sont moins élevés (tableau 27.1).

TABLEAU 27.1 Exportation moyenne

(t/ha)	N (kg/ha)	P_2O_5 (kg/ha)	K_2O (kg/ha)
Racines de rutabaga			
27	52	36	110

TABLEAU 27.2 Fertilisations en culture conventionnelle

N (kg/ha)	P_2O_5 (kg/ha)	K_2O (kg/ha)
35 — 150	20 — 150	20 — 200

TABLEAU 27.3 Recommandations québécoises pour un sol moyen

N (kg/ha)	P_2O_5 (kg/ha)	K_2O (kg/ha)
35	110 — 125	90 — 120

En culture conventionnelle, on utilise les fertilisations données au tableau 27.2 ; en culture de primeur, les taux d'azote sont plus élevés. Pour un sol moyen, le CRAAQ recommande les fertilisations présentées dans le tableau 27.3.

Pour une culture biologique, on doit prévoir :

— une minéralisation de N d'environ 100 kg/ha pour le rutabaga, moins pour le navet ; le rutabaga et le navet d'automne sont peu fertilisés, car ils profitent amplement de l'azote minéralisé par le sol en cours de saison ;

— des teneurs élevées de potasse échangeable ;

— un sol moyennement riche en phosphore ;

— un taux de magnésium adéquat.

B. Oligo-éléments

Le rutabaga et le navet sont des plantes très sensibles à la carence en bore qui cause le cœur brun et dégrade la saveur. Les sols très sablonneux y sont particulièrement sensibles, et l'irrégularité hydrique est une des causes de cette carence. Une application de Borax à des taux de 15 à 20 kg/ha peut être utilisée ou, plus couramment, deux pulvérisations de Solubor au taux de 0,5 kg/ha dans 1 000 L d'eau à partir de la tubérisation, puis deux semaines plus tard.

Comme pour toute crucifère, le soufre est important de même que le magnésium ; on peut privilégier l'utilisation de Sul-Po-Mag si le taux de K le justifie.

27.5 ROTATION DES CULTURES

Habituellement, les crucifères sont placées en tête de rotation, mais ce n'est pas le cas pour le rutabaga et le navet, qui ont avantage à profiter d'une fertilité résiduelle. S'ils arrivent sur un retour de prairie, il est plus sage de faire une bonne jachère l'année précédant l'implantation, suivie d'un engrais vert d'une graminée autre que le ray-grass et le dactyle. Cela évite des problèmes avec les hannetons, les taupins et les vers gris. La rotation minimale de quatre ans est absolument à respecter ; idéalement, on doit prévoir 5 à 7 ans entre les crucifères, en prenant soin de détruire les moutardes, les barbarées et autres mauvaises herbes de cette famille.

Le poireau comme culture précédente ou comme compagnon diminuerait les risques de formation de hernie. Étant donné que le rutabaga et le navet ont avantage à profiter d'une fertilité résiduelle et qu'ils peuvent s'implanter assez tard en saison, ils pourront être précédés d'une culture hâtive comme le pois, la laitue ou l'épinard. Ils peuvent aussi suivre une culture de pomme de terre.

27.6 CULTURES ASSOCIÉES

L'association de cultures est difficile pour ces légumes-racines en culture maraîchère. En jardinage toutefois, le rutabaga et le navet sont interplantés avec les carottes, la laitue, les pois et le haricot.

27.7 IRRIGATION

Le rutabaga est sensible au manque d'eau en cours de saison de culture. Si le plant n'a pas suffisamment d'eau, il peut développer des cellules vides au cœur de la racine, ce qu'on appelle le bois cordé. Dans tous les cas, quand une sécheresse persiste, il est bon d'assurer un minimum d'approvisionnement en eau avec un système d'irrigation.

27.8 GESTION DES MAUVAISES HERBES

Étant donné que, pour le rutabaga et le navet, on pratique le semis en pleine terre, il est important d'avoir un sol bien préparé. Un, deux ou même trois faux semis sont recommandés ; il faut que les griffages soient superficiels et qu'ils évitent de remonter du sol des couches plus profondes. La rapidité de germination rend le sarclage plus facile. L'étendue du feuillage et la croissance rapide de la plante en font une culture où le contrôle des mauvaises herbes est plutôt facile.

27.9 INSECTES ET MALADIES

Pour des stratégies plus élaborées concernant les ravageurs des crucifères, on peut se référer aux chapitres 12 et 26 sur le chou pommé et le radis.

Les altises ont une ou deux générations par année. Elles hivernent dans les résidus ; il faut donc les composter ou les incorporer pour en favoriser la décomposition. On reconnaît la présence d'altises par les petits trous sur les feuilles. Elles attaquent les jeunes plants et sont vecteurs de maladies. Les altises aiment la chaleur sèche. On peut arroser les plants en petite quantité tous les midis pendant plusieurs jours ; des produits comme la cendre de bois, la poudre de silice, les extraits d'ail ou d'autres aromates sont utilisés comme répulsifs. On peut protéger les plants à l'aide de bâches flottantes contre la migration des altises, mais pas contre celles qui sont déjà sur place.

Les mouches du chou sont très difficiles à contrôler. L'adulte pond ses œufs sur le sol près des plants ; les larves pénètrent dans le sol le long des tiges et se mettent à manger pendant trois ou quatre semaines. Elles attaquent les petites racines, puis creusent des galeries à la surface et à l'intérieur de la racine principale. Une infestation sévère cause le flétrissement des feuilles par temps sec. Après quelques semaines, elles se transforment en pupes, puis en mouches, qui pondent alors une deuxième génération de larves. Ces larves atteindront le stade nymphal à l'automne pour ressortir au printemps ou à l'été. En sol chaud, l'éclosion a lieu en juin ou parfois en juillet, mais il y a quelques éclosions hâtives dès le mois de mai. Ces insectes prolifèrent en saison fraîche et humide : un temps chaud et sec diminue leurs populations, car beaucoup d'œufs et de larves meurent pendant que les prédateurs et les parasites sont plus actifs. Il est donc important de réfléchir sur la nécessité d'irriguer si l'on est en période intense de ponte de la mouche et en sécheresse. Il est parfois plus approprié de sacrifier quelque peu la croissance des racines pour éviter des dommages en n'aidant pas les œufs à éclore.

Il existe une méthode culturale de lutte. Il s'agit, en sol sablonneux, de retarder au début de juillet l'installation de la culture s'il n'y a pas de crucifères hâtives à moins de 100 m, de récolter le plus tôt possible les crucifères hâtives, de composter les tiges ou les incorporer sur le champ, puis de pratiquer une jachère d'automne. Le broyage des tiges avant le compostage ou l'incorporation est très utile. Pour lutter contre les pathogènes et les insectes, il vaut toujours mieux ne pas laisser traîner de débris après les cultures. La décomposition est l'assainissement le plus simple et souvent le plus efficace.

En culture biologique, puisque les insecticides sont très toxiques pour les prédateurs et les parasites, qu'ils détruisent normalement un grand nombre de larves, que leur emploi sélectionne des lignées résistantes et risque de causer l'augmentation des populations ou même des effets secondaires, on privilégie les méthodes culturales ainsi que l'utilisation de substances repoussantes. Les couvertures flottantes sont utiles pour protéger les crucifères des insectes, mais leur coût est prohibitif sauf pour les cultures les plus rentables. Il y aurait lieu de faire des recherches sur des méthodes de contrôle biologique utilisant des prédateurs, des parasites, des maladies de la mouche.

En général, pour prévenir les maladies, on doit composter les résidus d'entreposage et éviter de laisser des résidus sur le champ, éliminer les spécimens malades et pratiquer une bonne rotation. On devrait aussi éviter de biner lorsque le feuillage est humide pour ne pas répandre la jambe noire et la mosaïque. Pour prévenir une infestation par le virus de la mosaïque, on doit contrôler les pucerons et les altises. On en reconnaît les symptômes lorsque les jeunes feuilles deviennent bosselées et marbrées de vert pâle et de vert plus foncé.

La rotation des cultures aide à prévenir la hernie, déjà bien traitée dans le chapitre 12 sur le chou. Il existe des variétés de rutabaga tolérantes à la hernie. Si les plants sont atteints, il convient alors de brûler les plants infestés plutôt que de les composter. Il ne faudrait pas confondre la hernie et des nodules d'hybridation qui se développent à la surface des rutabagas et qui pourraient faire croire que les plants sont infestés ; ces nodules ont l'épaisseur d'un doigt et les tissus sont sains.

Les semences certifiées, inspectées par l'Agence canadienne d'inspection des aliments (ACIA), sont le premier outil de prévention contre la nervation noire et la jambe noire.

Quant au mildiou, en période à risques, on doit privilégier des variétés résistantes et un champ bien ventilé pour le semis, comme pour le radis. Un plant bien en santé résistera aussi de façon naturelle beaucoup mieux aux attaques parasitaires.

27.10 ENTRETIEN

La carence en bore est à surveiller, surtout dans les sols sableux et ceux qui ont reçu des apports massifs de chaux pour lutter contre la hernie. Il faut également surveiller l'irrigation et le sarclage. Des fertilisations foliaires peuvent être utiles. Les biodynamistes font deux ou trois traitements de silice dès que le feuillage est suffisamment développé.

27.11 RÉCOLTE

Pour le rutabaga, la récolte se fait à partir du début d'octobre. Si le plant est exposé à de bonnes gelées avant la récolte, la teneur en sucre en sera améliorée. La récolte est soit manuelle ou mécanique ; dans tous les cas, il faut éviter de blesser les racines. Une racine meurtrie se conserve mal et pourrit. On coupe les feuilles au ras du collet et les racines au ras du tubercule. Les racines s'entreposent dans des bennes de bois ou des poches. La récolte manuelle présente l'avantage de permettre un meilleur classement au champ. On peut faucher le feuillage, par exemple avec une fourragère, mais la variabilité de la hauteur des plants et leur croissance inclinée réduit l'efficacité d'une telle mesure.

Le navet est meilleur lorsqu'il est récolté encore jeune, la chair encore bien tendre. Contrairement au rutabaga, il résiste mal au gel. À la récolte, on coupe les feuilles au niveau du collet, ou on le commercialise avec une partie de la tige. On fait aussi des bottes, puisque le feuillage est aussi comestible ; il est consommé en Europe centrale, en Asie et dans le sud des États-Unis (*greens*). Le feuillage est soit fauché et vendu en vrac ou en paquets, ou récolté à la main et attaché à la main sur le champ. Au Québec, les épiceries orientales représentent un marché potentiel. On récolte aussi des navets très jeunes pour leur feuillage.

27.12 CONSERVATION ET MANUTENTION PRÉVENTE

On doit nettoyer soigneusement l'entrepôt au printemps. On peut aussi laver les bennes.

La durée de conservation du rutabaga et du navet est fonction du cultivar, du climat de l'année (l'excès d'humidité nuit) et des conditions d'entreposage. Le rutabaga peut se conserver jusqu'à 6 mois à 0 °C et à une humidité relative de 95 à 100 %. Il faut éviter les meurtrissures lors de la récolte et déclasser les racines endommagées. Il est important de les refroidir rapidement à leur arrivée à l'entrepôt, sinon, en présence de températures élevées, les repousses démarrent et la durée de vie sur les tablettes s'en trouve réduite.

Les rutabagas sont mis dans des bennes ou des poches ; ils peuvent aussi être entreposés en vrac, mais la reprise sera plus compliquée. L'aération est très importante. Il faut laisser les caisses de bois séjourner dehors en plein soleil pour éliminer les champignons qui pourraient causer des dommages aux racines en entrepôt.

Le paraffinage n'est plus recommandé durant l'entreposage, mais il est souvent utilisé avant la vente pour améliorer la conservation du rutabaga en magasin. La paraffine ralentit la perte d'humidité du légume. Si le légume est vendu rapidement, le traitement à la paraffine n'est pas nécessaire.

Le navet en feuille ne se conserve pas très longtemps : c'est un légume pour la vente en frais. On le lave avec un jet d'eau ou par trempage et on le place sur de la glace pour rallonger sa vie utile à 10 ou 15 jours. Le navet est souvent vendu ensaché pour limiter l'évaporation. Sa conservation en entrepôt se fait dans des bennes doublées de polythène, mais elle est moins longue que celle du rutabaga.

Il existe un potentiel de marché pour la macédoine congelée et le légume apprêté, en julienne par exemple. On vend aussi des sacs de légumes à ragoût.

27.13 PRIMEURS

On a déjà cultivé du navet hâtif sur couche chaude au Québec ; on peut le faire démarrer tôt sous une bâche, dans un sol et un site chauds. Il y a un certain marché aussi pour les feuilles de primeur. On force aussi du rutabaga de primeur, en particulier dans la région de Québec.

Chapitre 28

LE POIS

Pisum sativum (Pea)

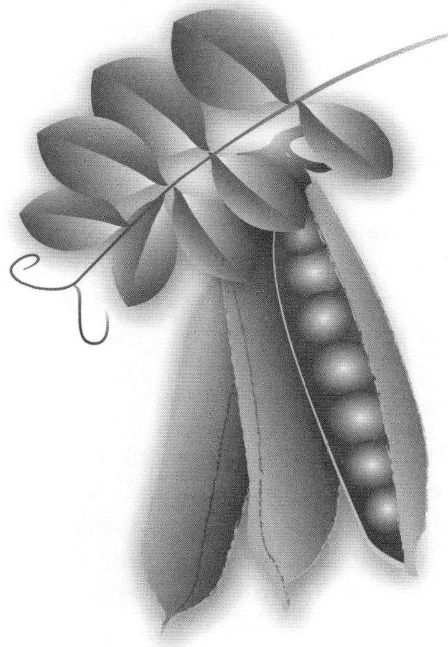

INTRODUCTION

Le pois est une annuelle de la famille des légumineuses, comme le haricot. Il a un cycle végétatif relativement court et bénéficie de la fixation d'azote atmosphérique par les bactéries qui forment des nodosités sur ses racines. Le pois aime des conditions de sol et de climat modérées. Les pois arrivent à maturité rapidement (entre 55 et 75 jours) en laissant des résidus riches en azote et en potasse à enfouir. Le pois ne réagit pas très bien à la fumure organique fraîche. Il profite bien en fin de rotation de la fertilité résiduelle.

Le petit pois est peu cultivé pour la vente en frais où il ne touche qu'une petite part du marché, le coût de la cueillette manuelle étant élevé. Les types Snap et mange-tout ne sont pas mécanisés actuellement. Le pois en conserve ou congelé produit en grande culture occupe la place de choix sur le marché, car il est peu coûteux et facile d'utilisation en cuisine. Il constitue une excellente culture de rotation pour les fermes de grande culture, généralement sur une base contractuelle pour une entreprise de transformation. Le pois sec est aussi abondamment consommé dans le monde. Il était abondamment cultivé au Québec et utilisé dans la soupe aux pois traditionnelle. On traite ici de la culture du pois en récolte manuelle seulement.

28.1 PLANTE

La graine du pois est ronde et grosse, lisse ou ridée, verte ou beige, parfois grise. Comme chez le maïs sucré, les types ridés sont plus sucrés et moins riches en amidon ; c'est l'inverse pour les types lisses, qui sont plus gros.

La tige est creuse et atteint de 50 cm à 1,50 m selon les cultivars et les conditions de culture. Des vrilles apparaissent sur le bout des feuilles et tournent jusqu'à ce qu'elles rencontrent un obstacle, tuteur, vrille ou tige, et s'y agrippent pour maintenir le plant dressé. Les feuilles sont en paires opposées et se terminent par des vrilles.

La racine est pivotante et, si la structure du sol le permet, elle descend plus profondément que la hauteur de la tige. Environ 10 % des racines dépassent 50 cm jusqu'à 1 m de profond, et le reste est presque entièrement concentré dans la couche cultivée. Plus le sol est pauvre, plus le système racinaire est développé ; en sol riche, il est plus faible. On trouve sur les racines des nodules de *Rhizobium leguminosarum*.

Les fleurs blanches sont des papilionacées, typiques des légumineuses. Elles sont autopollinisées. Les fleurs du pois mange-tout sont pourpres.

La gousse effectue une photosynthèse qui a une action sur la formation du pois. La gousse est comestible chez le pois mange-tout jeune et le type Sugar Snap.

28.1.1 TYPES DE POIS

On distingue trois grands types de pois : le pois à écosser, à graine lisse ou ridée, le pois mange-tout, de souche européenne ou chinoise, et le pois type Sugar Snap, d'introduction récente, dit aussi pois sucré, et très populaire aux États-Unis.

A. Pois à écosser

La gousse du pois à écosser n'est pas comestible et il est pourvu d'un fil ; il doit donc être écossé avant la consommation.

B. Pois mange-tout

Le pois mange-tout est largement utilisé en cuisine chinoise ; on le trouve aussi en Europe. Comme la cosse ne contient pas de parchemin, le pois peut être mangé au complet. Il doit être récolté jeune, avant le plein développement des graines, qui deviennent amères en grossissant chez certains cultivars.

C. Pois de type Sugar Snap

Introduit en 1978, le pois Sugar Snap occupe une place importante dans les jardins amateurs. C'est un mange-tout récolté à son plein développement, donc beaucoup plus lourd et de meilleur rendement. Sa saveur est excellente.

28.1.2 CONDITIONS CLIMATIQUES

Le pois est une plante de climat frais qui pousse bien au printemps et à l'automne entre 18 et 23 °C le jour et entre 7 et 10 °C la nuit. En deçà de 5 °C, la croissance est nulle. Le feuillage tolère de bonnes gelées, jusqu'à –5 à –10 °C, mais le fruit n'aime pas la gelée. La culture d'automne est donc plus difficile à cause des gelées, mais aussi de la faible luminosité et des séquences excessivement humides ; de plus, de grandes chaleurs en août nuisent au plant.

Des températures de 21 à 24 °C sont optimales en période de floraison et de maturation. La chaleur élevée en phase végétative et à la floraison peut affecter négativement le plant en réduisant la mise à fruit à cause de la coulure des fleurs. Le grain qui se forme en période chaude (25 à 30 °C et plus) sera de moindre qualité, plus dur et moins sucré.

En production pour les conserveries, une approche basée sur les degrés-jours est utilisée pour le suivi des cultures et des récoltes.

La culture de pleine saison est possible pour le pois, mais il faut choisir les cultivars et des sols frais pour mettre les chances de son côté. Il semblerait que les deux tiers des forces de croissance qui permettent le renflement de la graine dans la gousse du pois sont tributaires de la photosynthèse de la lumière captée par la gousse elle-même. La gousse a donc avantage à être bien exposée à la lumière.

Le pois n'aime pas les grands vents, en particulier durant la floraison. Un réseau de haies brise-vent lui est bénéfique.

Les séquences pluvieuses à la floraison entraînent des avortements et peuvent réduire le rendement. Des conditions relativement sèches sont favorables à la récolte. De longues périodes nuageuses et fraîches affectent aussi la floraison et la maturation. La floraison est influencée par la photopériode ; les jours longs y jouent un rôle. C'est pourquoi, à l'automne, la réussite du pois est plus imprévisible. Certains cultivars sont peu influencés par la photopériode.

28.2 CULTIVARS

Le maraîcher qui cherche les cultivars les plus appropriés pour sa ferme tiendra compte dans son choix des critères suivants :

— précocité,

— rendement,

— type de marché,

— transformation,

— tolérances ou résistances,

— récolte mécanique,

— concentration de la durée de la récolte,

— hauteur (nain, semi-nain, grimpant),

— type de graine : lisse ou ridée,

— couleur de la graine,

— tendreté de la gousse et, dans le cas du mange-tout et du Snap, absence de fil.

Pour le marché frais, on utilise les trois grands types de pois. Pour la commercialisation du pois en culture maraîchère, on a avantage à cultiver un pois lisse, à grosse semence, qui donnera un bon rendement à la récolte manuelle et un ratio graines/gousse satisfaisant pour le consommateur. Il sera récolté bien formé, mais encore jeune et tendre, ce qui implique une récolte régulière. Si le pois vieillit, l'avantage du pois lisse est perdu, car la saveur se dégrade. Généralement, le maraîcher n'utilise pas les cultivars développés pour la transformation, mais plutôt ceux qui sont développés pour le jardin domestique. Le pois vert foncé est préférable pour la congélation domestique.

Il existe des cultivars dont les feuilles du haut sont remplacées par des vrilles ; on peut les semer en rangs rapprochés où ils s'enchevêtrent et se supportent les uns les autres. Ils sont généralement plus résistants aux mauvaises conditions de croissance racinaire et au mildiou.

Parmi les types Snap, on évite parfois le Sugar Snap original qui mesure 1,50 à 2 m, donne de très bons rendements, mais exige d'être tuteuré. On lui préfère souvent des cultivars beaucoup plus courts. Pour une récolte d'automne, on devrait choisir des cultivars adaptés.

28.3 PROPAGATION

28.3.1 SEMENCES ET GERMINATION

Les semences de pois sont de grosseurs très variables selon les cultivars, mais généralement grosses : on ne compte habituellement que de 2 à 10 semences/g. Leur durée de conservation est de trois ans. Selon le dispositif utilisé pour l'ensemencement, le taux de semis sera en moyenne de 75 à 90 kg semences/ha. Des températures du sol de 10 à 15 °C sont optimales pour la germination.

28.3.2 SEMIS EN PLEINE TERRE

Le semis en pleine terre est la seule méthode utilisée pour implanter une culture de pois même si, en Hollande, dans des régions clémentes, on le démarre en serre pour la primeur. Si le semis est fait trop tôt, par temps froid et pluvieux (à moins de 4 °C), la semence pourrit dans le sol ; on traite donc la semence en culture conventionnelle. On sèmera tout de même le plus tôt possible parce que le pois profite bien du temps frais. Des températures du sol de 10 à 15 °C sont optimales pour la germination alors qu'à 24 °C, l'émergence est très rapide. En sol très chaud (35 °C), la levée est très restreinte.

On sème de la mi-avril au début de juin selon les régions et les cultivars, puis à la fin de juillet et au début d'août pour les récoltes d'automne. Les cultures d'été et d'automne sont plus difficiles à réussir.

Selon la température et la variété, le temps de maturation varie entre 55 et 75 jours. Si le printemps est froid, deux semis effectués à 15 jours d'intervalle peuvent pratiquement arriver à maturité en même temps. Les semis hâtifs en sols froids prennent plus de temps pour se rendre à la récolte que les valeurs indiquées dans les catalogues de semences.

Une première approche consiste à effectuer des semis successifs d'une même variété, puisque le plant produit quelques récoltes manuelles sur deux semaines environ.

Une autre approche consiste à semer en même temps des variétés de précocités différentes ; l'étalement de la production est davantage assuré, puisqu'on ne risque plus de retarder un semis à cause des mauvaises conditions du terrain. L'approvisionnement régulier d'un marché requiert une bonne planification et un peu de chance.

La germination prend 6 à 15 jours. L'ajustement du semoir doit être bien fait puisque la taille des semences varie considérablement d'un cultivar et d'un lot de semences à un autre.

Le pois est sujet à la fonte des semis, si bien que la plupart des semences sont traitées à cet effet. En culture biologique, on recommande une semence non traitée ; le semis très hâtif est donc plus à risque. Les biodynamistes utilisent un traitement de semence à la cendre de bois tamisée contre la fonte des semis.

Pour que la fixation de l'azote atmosphérique s'effectue par l'intermédiaire des nodosités des racines, le sol ou la semence doit contenir l'inoculum (*Rhizobium leguminosarum*). Habituellement, le pois doit être inoculé avec ce rhizobium, qui sert aussi pour les vesces. On peut s'en procurer chez les grainetiers de semences de grande culture. Pour inoculer, on peut mouiller l'inoculant dont on enduit les graines, ou humecter les graines avant de rajouter l'inoculant en poudre. Certains producteurs prennent une solution d'algues marines. Les biodynamistes utilisent un bain de semences à la préparation de camomille, puis inoculent et assèchent les graines avec de la cendre de bois ; on peut aussi utiliser de la pierre à chaux fine. Il ne faut jamais exposer les semences inoculées au soleil et au vent.

Pour obtenir une levée uniforme, la profondeur du semis doit être régulière, soit entre 2,5 et 4 cm au printemps, et 4 à 5 cm pour les semis en sols plus chauds ou plus secs. Il faut prendre garde de ne pas semer trop creux.

28.3.3 ESPACEMENTS

Le taux de semis doit être ajusté en fonction du pourcentage de germination. Pour planifier les semis, on calcule en poids par 1 000 graines, à cause des grandes variations dans le poids des semences. Pour une germination de 85 à 90 %, on vise des densités de 800 000 à 1 200 000 graines/ha dans le cas des cultivars plus courts, entre 60 et 75 cm de hauteur. Des rangs jumelés à 7 à 10 cm peuvent êtres semés avec un sabot espaceur sur le semoir.

En sols riches, on réduit les taux de semis, car la densité élevée du feuillage réduit la pénétration de lumière et affecte le rendement tout en augmentant les problèmes phytosanitaires. Dans le cas des cultivars grimpants, on doit réduire proportionnellement le taux de semis, et augmenter l'espacement pour atteindre des densités de 400 000 à 500 000 plants/ha. Les densités à la récolte sont couramment de 30 à 40 % moindres que le taux de semis à cause du pourcentage de germination et de pertes dans les jeunes plants assez délicats. On peut aussi utiliser un dispositif avec trois rangs espacés de 45 ou 50 cm, ou avec quatre rangs espacés de 25 ou 30 cm.

28.4 SOLS ET FERTILISATION

28.4.1 CHOIX ET PRÉPARATION DU SOL

Les pois préfèrent les sols frais et bien aérés. Ils ne supportent absolument pas l'asphyxie des racines par l'eau ; par contre, ils exigent un approvisionnement régulier en eau. Une mauvaise structure entraîne de sérieux problèmes de fonte des semis. Un loam moyen et profond est préférable. Un sol très léger mais riche en humus peut être utile pour la primeur. Un loam argileux bien structuré peut donner un meilleur rendement, légèrement plus tardif.

Si le sol est trop chaud, les fleurs risquent de tomber avant d'arriver à maturité. Il en va de même pour l'excès d'azote dans le sol, qui provoque la coulure des fleurs et favorise le feuillage excessif. Le pois est très sensible aux pH trop acides ou aux sols calcaires : il préfère des pH de 6 à 7,5, inférieurs dans les sols sableux, plus élevé dans les sols argileux. Il peut tolérer une acidité plus basse. Un bon équilibre des cations est désirable. Il est déconseillé de faire une application de compost avant une culture de pois, sauf en sol très pauvre.

La préparation du sol vise à obtenir une terre bien rassise pour avoir un lit de semence qui s'humidifie par remontée capillaire, tout en ayant une surface grumeleuse. Il faut éviter les surfaces battantes défavorables à la levée. Les appareils à dents sont généralement adéquats, car la structure ne doit pas être trop affinée. Comme la culture est implantée relativement tôt, on doit éviter de travailler un sol trop humide, ce qui est contre-productif.

Un travail profond l'année précédente permet aux racines de s'implanter en profondeur et de prévenir les sécheresses. On sous-sole les sols compacts en conditions suffisamment sèches. Un labour dressé à l'automne précédent est appréciable dans les sols contenant une bonne fraction d'argile. En sol limoneux ou sablonneux, l'ameublissement peut se faire au printemps, par labour ou chisel, par exemple. Le système racinaire du pois est beaucoup moins important que celui du haricot, ce qui le rend plus sensible au manque d'eau que son confrère.

Comme le pois est très sensible à un excès d'eau temporaire, même de très courte durée, et sujet aux problèmes phytosanitaires, la culture sur billons est appropriée quand les équipements disponibles sur la ferme le permettent. Le rhizobium est très perturbé par l'excès d'humidité.

En culture industrielle, les champs doivent être très uniformes pour favoriser l'uniformité de la maturation ; ce problème ne se pose pas en maraîchage.

28.4.2 FERTILISATION

Le pois est une plante frugale, qui fixe de l'azote et réussit bien en fin de rotation en culture maraîchère puisque la fertilité résiduelle lui convient bien. Généralement, il est peu fertilisé. On peut favoriser les rhizobiums par l'inoculation ; normalement, le *R. leguminosarum* est présent. Une culture de pois contient en général environ 150 kg/ha de N, dont 90 à 120 kg/ha sont obtenus par fixation.

Un bon taux de phosphore est essentiel pour les Rhizobium. La présence de mycorhizes favorise la nutrition phosphatée ; on peut envisager l'inoculation des cultures si on juge que la mycorhization est insuffisante dans les sols. L'utilisation cyclique de compost de végétaux terreux (avec les racines, jeunes mauvaises herbes, déchets de nettoyage de légumes, etc.) est une excellente façon d'inoculer des souches actives.

En sol très pauvre, on peut appliquer de 10 à 15 t/ha de compost bien mûr contenant de 10 à 20 kg/t de phosphate naturel ; on doit prévenir la compaction lors des épandages de printemps. Un ajout de cendre de bois peut être excellent, selon le pH. Le pois, tout comme le haricot, n'aime pas le contact direct avec les engrais minéraux. Si des apports doivent être faits, de Sul-Po-Mag par exemple, il est important de les incorporer à la volée plutôt qu'en bande. Le pois réagit bien à une fertilisation potassique qui améliore le rendement et la tendreté des graines.

A. Exportation moyenne

Dans le cas du pois, environ les deux tiers de la potasse restent dans les résidus de cultures, et une bonne part de l'azote et du phosphore. Le pois mange-tout étant plus léger et sa graine moins développée, il exporte moins que les autres types de pois (tableau 28.1). Lors d'une année difficile, le rendement sera moindre.

TABLEAU 28.1 Exportation moyenne

Gousses (t/ha)	N (kg/ha)	P_2O_5 (kg/ha)	K_2O (kg/ha)
7	35 — 70	10 — 20	25 — 35

Les valeurs fertilisantes utilisées en culture conventionnelle sont présentées aux tableaux 28.2 et 28.3.

TABLEAU 28.2 Fertilisations en culture conventionnelle

N (kg/ha)	P_2O_5 (kg/ha)	K_2O (kg/ha)
0 — 90	20 — 160	20 — 165

TABLEAU 28.3 Valeurs les plus courantes selon le CRAAQ

N (kg/ha)	P_2O_5 (kg/ha)	K_2O (kg/ha)
35	20 — 160	20 — 110

Pour une culture biologique, on doit :

— éviter les sols riches en N résiduel, donc placer le pois deux ans après un apport de compost et éviter les précédents d'engrais verts de légumineuses ;

— avoir des teneurs élevées de potasse échangeable, la consommation totale de la culture atteignant 90 à 120 kg ;

— prévoir un sol riche en phosphore, la consommation totale de la culture atteignant 40 à 45 kg ;

— assurer un bon équilibre des cations.

B. Oligo-éléments

La carence en molybdène, qu'on rencontre parfois en sol très sablonneux, peut bloquer la fixation de l'azote par les rhizobium. Le pois consomme peu de bore. La carence en cuivre donne des gousses qui ne se remplissent pas.

28.5 ROTATION DES CULTURES

Le pois frais suit bien presque tous les légumes utilisés comme précédents. Il est préférable de le placer après une plante d'exigence frugale ou moyenne, à condition que le champ soit exempt de mauvaises herbes. Il faut éviter les précédents qui laissent de nombreux résidus. En production industrielle, le pois suit bien les céréales ou le colza. Le pois ne doit pas succéder à une légumineuse ; ce ne serait pas une bonne façon de valoriser l'azote résiduel et ça risquerait de favoriser les mauvaises herbes exigeantes en azote, comme le chou gras. Si on cultive des pois deux ans de suite sur un même terrain, on peut observer une baisse de rendement importante dès la deuxième année ; c'est aussi un facteur de prolifération des maladies racinaires, qui entraîneront des problèmes par la suite.

Le pois est un excellent précédent pour les cultures exigeantes, en particulier puisqu'il permet souvent l'implantation d'un engrais vert après sa récolte hâtive. Le résidu de pois vert laisse de 30 à 50 kg de N, parfois plus.

On peut aussi semer de l'épinard ou du navet, de la mâche ou une crucifère chinoise, ou planter une laitue ou une crucifère d'automne après une récolte hâtive. Le pois est un bon précédent pour les céréales d'automne, les autres céréales, le colza, le maïs, les pommes de terre et plusieurs légumes. On devrait toujours laisser s'écouler de quatre à cinq ans, avant de revenir avec le pois dans la rotation ; certains auteurs recommandent même six ans.

Le pois peut être cultivé comme engrais vert ; il pousse assez bien en automne et on peut en combiner quelques kilogrammes par hectare dans un mélange d'engrais vert, avec une céréale de printemps et une vesce commune, par exemple. Des surplus de vieilles semences peuvent être recyclés de cette façon.

28.6 CULTURES ASSOCIÉES

Les cultures associées avec le pois ne sont pas pratiques en culture commerciale. Dans la culture du pois sec, on associait traditionnellement une céréale. L'implantation d'une céréale comme tuteur pourrait donc être envisagée ; parfois, en culture en rangs, le pois cherche à s'éloigner de la céréale plutôt qu'à y grimper.

28.7 IRRIGATION

Le pois exige une humidité régulière. Les stades de sa croissance où il est le plus affecté par la sécheresse sont la floraison et la formation des gousses. Le pois semé tôt manque rarement d'eau durant sa première croissance végétative, mais les semis plus tardifs peuvent en souffrir durant la croissance. Un sol profond et bien structuré favorise la pénétration des racines et l'approvisionnement en eau. L'excès d'eau causé par un mauvais drainage entraîne des problèmes de développement racinaire ; l'irrigation excessive augmente toujours les risques. On peut arroser en profondeur et moins souvent pour réduire les risques. Une bonne gestion de l'irrigation permet d'éviter beaucoup de problèmes.

En général, les cultivars nains résistent mieux à la sécheresse si leur système racinaire est bien établi.

28.8 GESTION DES MAUVAISES HERBES

Le pois peut être biné et sarclé avec une houe rotative ou un peigne, comme les céréales, d'abord en préémergence, puis une ou deux fois sur les jeunes plants, à partir du stade 4 feuilles. À petite échelle, une section de 1,50 m de la herse-étrille Rabe Werke constitue un excellent outil pour travailler en planches sur des légumes et il convient bien pour le jeune pois. Puis on effectue deux ou trois sarclages. Le sarclage à l'aide d'une brosse Bärtschi, qui permet de soulever les feuilles et de travailler à proximité des tiges, est très efficace. Avec différents sarcloirs en rangs, on peut effectuer un léger renchaussage, tout en évitant de toucher les tiges avec l'équipement de sarclage. Un sarclage manuel est parfois nécessaire.

Le pois peut être assez salissant, car il permet à plusieurs mauvaises herbes annuelles de mûrir. On doit le déchaumer soigneusement et le faire suivre d'un engrais vert ou d'une culture d'automne bien sarclée. On ne doit pas abandonner les parcelles à la fin de la récolte. La culture du pois en sol très riche en azote, tout en réduisant la fixation, favorise le développement des mauvaises herbes nitrophiles, comme le chénopode ou l'amarante.

28.9 INSECTES ET MALADIES

Il existe plusieurs mesures de prévention générale des maladies qui s'attaquent aux pois : choisir un sol bien structuré et bien drainé ; activer la décomposition des résidus de culture en hersant rapidement après la récolte et en implantant immédiatement un engrais vert ; éviter le fumier, les composts jeunes et les fertilisants azotés ; effectuer des pulvérisations de prêle et de purin d'orties.

Plusieurs maladies entraînent une pourriture des racines du pois : un pourridié causé par *Aphanomyces euteiches*, le pourridié fusarien (*Fusarium solani*), le flétrissement fusarien (*Fusarium oxysporum*), le pourridié pythien (divers *Pythium*) de même que le *Rhizoctonia solani*. Ces diverses maladies peuvent intervenir tôt et affecter la semence, la jeune pousse, les racines et la tige des plants : c'est la fonte des semis. Les *Pythium* et *Rhizoctonia* sont aussi présents sur d'autres cultures dans la rotation ; il faut donc aussi surveiller les précédents. Les cultures d'été seraient plus touchées.

Une bonne régie de culture, le choix de cultivars résistants et une bonne rotation sont les premiers moyens de prévention. Une rotation de cinq ans entre les pois et les haricots, la luzerne, les vesces et le mélilot est indiquée. La culture sur un billon de 15 à 20 cm peut améliorer la structure, le drainage et les conditions de croissance. Il faut être patient et effectuer la préparation du sol en bonnes conditions, car une mauvaise structure affecte fortement les jeunes plants. Il faut aussi utiliser le minimum d'irrigation, diminuer les densités de population pour favoriser l'aération et traiter les semences à la cendre de bois. L'utilisation en engrais vert de l'avoine, du sorgho, de l'herbe du Soudan ainsi que de la culture du maïs semble réduire l'incidence de ces maladies. Il faut s'assurer que les résidus des cultures précédentes sont bien décomposés et ne biner et sarcler qu'en conditions bien sèches. Le chaulage, la chaux hydratée et le phosphate naturel ont déjà permis de réduire l'incidence d'*Aphanomyces*.

L'oïdium du pois (*Erysiphe polygoni*) apparaît tard dans la croissance du pois et s'avère surtout un problème pour le pois tardif. Les cultivars hâtifs sont moins à risque. On traite l'oïdium en appliquant de la bouillie bordelaise dès les premiers symptômes ou en poudrant un mélange à parts égales de lithothamne et de fleur de soufre à la rosée, à l'aide d'un poudreur hydrostatique. Certains cultivars y sont résistants.

La rouille (*Uromyces fabae*) affecte la gourgane, la féverole et les vesces fourragères utilisées aussi en engrais verts. Une rotation de trois ans entre ces cultures en réduira l'incidence.

La graisse bactérienne (*Pseudomonas syringae*) forme des taches graisseuses de couleur jaune sur le feuillage, et olive sur les gousses et les tiges, et éventuellement sur les graines. Le problème se pose peu lors d'étés secs. Comme la maladie survit dans les graines et sur les résidus de culture, il faut obtenir des semences propres, puis enfouir rapidement les résidus après la récolte. La rotation des cultures et l'utilisation d'un cultivar résistant sont recommandées. L'eau d'irrigation provenant d'un champ avec des débris de pois peut contaminer la culture. Si on prévoit des problèmes, il faut diminuer la densité des pois, choisir un sol bien drainé et bien sarcler pour favoriser l'aération.

28.9.1 INSECTES

Le principal insecte ravageur des cultures de pois est le puceron du pois (*Acyrthosiphon pisum*) qui cause surtout des problèmes s'il est abondant à partir de la floraison. En effet, il s'installe sur le plant en suçant la sève et nuit fortement au rendement. Pour hiverner, le puceron pond ses œufs sur des légumineuses vivaces, comme la luzerne, et comme il est mobile, il peut migrer assez loin. On dépiste le puceron 7 à 10 jours avant la floraison. On commence par secouer 20 sites de quelques plants sur un plateau blanc, on compte les pucerons et, si la densité dépasse 30 pucerons par frappe, on traite les plants avec un savon insecticide par temps couvert. On peut aussi favoriser les prédateurs et parasites du puceron par le réseau de brise-vent et la diversité des cultures.

28.10 ENTRETIEN

Le binage fréquent est essentiel à l'entretien de la culture du pois, non seulement pour prévenir l'établissement des mauvaises herbes, mais aussi pour assurer une aération abondante du sol. Cette aération favorise le développement des rhizobium, qui prélèvent l'azote de l'air du sol et le rendent disponible aux légumineuses ; en sol compacté ou battu, la fixation est faible.

Le tuteurage n'est pas pratiqué à l'échelle commerciale. Le choix des cultivars se fait en conséquence. Si on tient à tuteurer les variétés à rames, on doit le faire avant que les plants n'aient atteint 10 cm de hauteur ; des filets sur poteaux peuvent être utilisés. Les pois très hauts sont plus tardifs et la récolte est plus longue. Traditionnellement, certains maraîchers taillaient la tête des pois lorsque suffisamment de fleurs s'étaient développées, afin de hâter la récolte.

On peut effectuer un apport d'algues liquides à une ou deux reprises en cours de culture. En biodynamie, on fait trois applications de silice (501).

28.11 RÉCOLTE

Les pois contiennent plus de 25 % de sucre, ce qui fait que le fruit se détériore rapidement une fois cueilli. On doit en vérifier quotidiennement la maturité, parce qu'ils dépassent vite leur stade idéal de maturité. La cueillette sur un même plant peut durer deux semaines et demander deux à quatre récoltes. Les pois mûrissent du bas vers le haut. À la dernière cueillette, on arrache le plant. Certains producteurs ne font qu'une seule récolte en arrachant le plant au moment propice, et en reclassant les pois, en particulier dans le cas des cultivars à graine ridée. On arrache la gousse avec son pédoncule.

La maturité peut arriver très rapidement ; il faut donc être vigilant dès l'apparition des premières gousses. L'identification du stade propice pour la récolte se fait sur la base de critères qui varient avec le type de pois.

28.11.1 POIS COMMUN

Dans le cas du pois commun, il faut évaluer le stade de maturité en fonction du type de semence. Un cultivar à grosse semence devient plus dur lorsque le pois grossit, et les graines plus petites sont tendres. Un cultivar à petite semence ne forme pas de grosses graines, mais il durcit alors qu'il est encore petit. Il faut donc contrôler le stade de développement, car le consommateur désire un pois tendre.

28.11.2 POIS MANGE-TOUT

Le pois mange-tout est récolté avant le renflement de la graine, au stade dit « grain fin ». Certains clients restaurateurs peuvent le préférer plus ou moins formé, il faut bien vérifier le degré de maturité attendu du marché. En général, les Chinois recherchent un pois sans grain apparent. Certains cultivars perdent même fortement en qualité quand le pois devient visible. La cueillette est longue, et le prix au kilogramme est élevé. On doit récolter aux deux à trois jours selon la température.

28.11.3 SUGAR SNAP

On récolte le pois de type Sugar Snap quand il est bien formé, mais avant qu'il ne change de couleur ; c'est une erreur de le récolter trop jeune, car il est alors moins sucré et beaucoup moins lourd.

Dans certains milieux, le pois peut se prêter à l'autocueillette. Dans ce cas, on doit s'assurer que les clients sachent choisir le stade de développement approprié et qu'ils aient suffisamment d'espace pour se mouvoir.

28.12 CONSERVATION ET MANUTENTION PRÉVENTE

La récolte manuelle ne demande habituellement aucun tri supplémentaire. Les pois sont refroidis rapidement à l'air forcé, à vide ou à l'eau glacée. Il est préférable de récolter des plants secs. Ils se conservent jusqu'à une semaine entre –1 et 0 °C à 95 % d'humidité relative.

28.13 PRIMEURS

On peut obtenir des primeurs en choisissant un sol plus chaud et une situation protégée des vents, exposée au sud. L'utilisation d'une bâche flottante accélère le développement du pois, mais aussi de la mauvaise herbe. On la retire assez tôt, au plus tard au début de la floraison, pour éviter de coucher le plant, ce qui entraînerait des problèmes sanitaires.

Chapitre 29

LE HARICOT

Phaseolus vulgaris var. *nanus* (Bean)

INTRODUCTION

Dans la famille des légumineuses ou fabacées, les haricots et les pois sont les deux légumes frais les plus importants. Originaire d'Amérique centrale et d'Amérique du Sud, les haricots sont beaucoup plus consommés en sec qu'en frais, sauf dans les pays nordiques. Le haricot nain (var. *nanus)* et le haricot grimpant (var. *vulgaris)* sont les plus fréquemment cultivés au Québec. Le haricot transformé de production industrielle occupe une place plus importante dans le panier d'épicerie que le haricot frais. Le haricot frais se prête à plusieurs types de transformation : congélation, conserve en boîtes, séchage, lacto-fermentation, salaison. Le Québec francophone est probablement le seul endroit au monde où le haricot jaune est plus consommé que le vert. On ne traitera pas ici de la production pour l'industrie de la transformation dont les techniques sont différentes.

Les haricots ont un rôle important à jouer dans la rotation des cultures légumières. Ils sont considérés comme des plantes améliorantes de par leur capacité à fixer l'azote atmosphérique avec les rhizobiums des racines. Leurs résidus de culture très abondants enrichissent le sol pour les cultures subséquentes, car les récoltes n'exportent qu'une fraction des éléments absorbés par les plants. Les haricots germent rapidement, arrivent à maturité rapidement, et permettent parfois de faire d'autres cultures de croissance rapide avant ou après dans les régions au sud du Québec.

29.1 PLANTE

Le haricot a un cycle de vie annuel. Sa germination est de type épigé, c'est-à-dire que les cotylédons s'élèvent au-dessus du sol lors de la germination, à la différence du pois et de la gourgane. Les cotylédons tombent lorsque la croissance s'active. La croissance végétative déterminée du haricot nain cesse lorsqu'il atteint environ 35 à 50 cm et que débute la floraison. C'est à partir de 4 à 7 nœuds que le haricot grimpant commence à grimper ; à la différence du pois, qui s'aide de vrilles, le haricot se sert de sa tige pour s'enrouler autour des tuteurs et des autres tiges.

Le système racinaire pénètre de 90 à 120 cm de profond selon l'état de la structure et du drainage, avec un développement latéral abondant dans le sol de surface où se trouve la majorité des racines étalée jusqu'à 75 cm de largeur. Les racines poussent très mal en sol compact, et le rendement s'en trouve fortement réduit.

Le plant fixe l'azote de l'air, à condition que le rhizobium approprié soit présent dans le sol au contact des racines. On vise une nodulation abondante et des nodules, ou nodosités, de grande taille. Il faut aussi assurer une bonne pénétration d'air dans le sol.

La graine est noire, blanche, brune, rouge ou rose et, selon le cultivar, sa forme est ovale, ronde ou réniforme.

Les fleurs s'autopollinisent, bien que l'activité des bourdons et des abeilles entraîne une certaine proportion de pollinisation croisée.

La gousse qui constitue la partie récoltée est verte, jaune ou pourpre, droite ou courbe, ronde ou plate, convexe ou elliptique. Pour la consommation en frais, on utilise des gousses sans fil.

29.1.1 TYPES DE HARICOTS

Les haricots grimpants demandent des tuteurs et leur production n'est pas aussi concentrée dans le temps que les haricots nains. Ils produisent de façon continue sur une plus grande période. Ils ont pratiquement disparu de la production commerciale, sauf en serre où on en retrouve un peu.

Le haricot nain est une plante buissonnante, déterminée, bien que l'on observe, dans certains cas, une tige allongée qui prolonge le plant.

29.1.2 CONDITIONS CLIMATIQUES

Le haricot redoute l'humidité et il est très sensible à la gelée. Comme son cycle végétatif est très court, le moindre accident en cours de végétation aura des conséquences marquantes sur les rendements. La germination est mauvaise à une température du sol de 10 °C, lente à 15 °C et rapide à 25 °C. La température optimale de croissance se situe entre 18 et 25 °C, avec un maximum de 27 °C le jour et un minimum de 10 °C la nuit. Le haricot a besoin de chaleur et ne tolère aucune gelée. Pour certains cultivars, des températures élevées avoisinant les 27 à 30 °C stimulent la floraison, alors que les fleurs d'autres cultivars couleront. Le froid nuit à la floraison. À l'inverse, au-delà de 30 °C, on observe des gousses difformes.

Le plant est sensible à la grêle et aux pluies battantes ; une bâche flottante permet d'assurer une protection tout en favorisant la précocité.

29.2 CULTIVARS

Le choix des cultivars doit être fait méticuleusement pour obtenir des récoltes successives le plus longtemps et le plus régulièrement possible. Le marché visé est le premier facteur dans le choix des cultivars de haricot.

On cultive le haricot soit pour la transformation, soit pour la vente au détail, soit pour la vente en gros sur des marchés éloignés. Plus la distance est grande, plus on utilise des variétés fibreuses ; pour la transformation et la vente à proximité, on choisit des cultivars plus tendres et moins fibreux.

Le coût des semences représente un pourcentage élevé des coûts de production du haricot. Aussi doit-on bien lire les catalogues de semences qui sont assez explicites sur les caractéristiques variétales. Des tolérances et résistances diverses ont été développées pour plusieurs variétés, mais le succès n'est pas toujours assuré. Plusieurs maladies du haricot causées par les bactéries et les virus se transmettent par les semences. Il faut donc n'acheter que des graines exemptes des pathogènes de la brûlure bactérienne, de l'anthracnose, de la mosaïque commune et de la mosaïque jaune.

Les qualités recherchées dans un cultivar de récolte mécanique sont une floraison abondante de durée réduite et une évolution des gousses relativement lente et groupée dans le temps, ce qui les rend adaptées à une récolte unique. On recherche également un plant qui a un bon ancrage au sol et une tige solide pour éviter les pertes dues aux plants arrachés et aux gousses non cueillies, tombées au sol, endommagées ou cassées. Il est préférable que les gousses soient attachées à au moins 15 cm au-dessus du sol et dispersées le plus uniformément possible sur le plant, que le plant soit haut sans verser, que le nombre de grappes soit réduit et que les gousses ne soient pas trop fragiles.

En Europe, la gousse idéale a environ de 6 à 8 mm de diamètre pour les petits calibres, de 8 à 9,5 mm pour les calibres moyens et de 12 à 17 mm de longueur selon les cultivars ; la gousse doit être ronde et droite avec une extrémité assez obtuse, une couleur homogène, sans structures fibreuses. Au Canada, le haricot n'est pas normalisé. Le haricot se récolte entre 45 et 65 jours après le semis selon les variétés et les conditions climatiques.

Le haricot vert peut donner des rendements plus élevés que le jaune, selon le cultivar. La demande des consommateurs se déplace peu à peu vers des haricots plus fins. Pour la fine cuisine, on peut produire du haricot filet, très long à cueillir.

29.3 PROPAGATION

29.3.1 SEMENCES ET GERMINATION

On compte de 20 à 60 semences/100 g dans le cas du haricot, ce qui nécessite entre 60 et 115 kg de semences par hectare. Leur durée de conservation est de trois ans.

29.3.2 SEMIS EN PLEINE TERRE

On utilise le semis en pleine terre pour implanter le haricot. Si le semis est fait trop tôt par temps froid et pluvieux (à 10 °C et moins), la semence pourrit dans le sol. On doit donc attendre que la température atteigne 15 °C, et même 20 °C, si la primeur n'est pas un objectif. Le sol et le lit de semences doivent être en excellente condition. De plus, pour que la fixation de l'azote atmosphérique s'effectue par l'intermédiaire des nodosités des racines, le sol doit être suffisamment réchauffé, soit à 15 °C et plus, et on doit inoculer la semence avec le rhizobium correspondant.

Pour l'inoculation, soit on mouille l'inoculant dont on enduit les graines, soit on humecte les graines avant de rajouter l'inoculant en poudre. Certains producteurs humectent avec une solution d'algues marines. Il ne faut jamais exposer les graines inoculées au soleil et au vent.

En biodynamie, on utilise un bain de semences à la préparation de camomille ou d'écorce de chêne, puis on inocule et on assèche les graines avec de la cendre de bois filtrée qui a un effet de phytoprotection ; on peut aussi utiliser de la dolomite fine.

On sème de la mi-mai jusqu'au début de juillet, à la fin de juillet en Montérégie, après que les dangers de gelée tardive sont écartés. Le haricot a besoin d'humidité, d'oxygène et de chaleur pour germer ; les plantules sont très fragiles. Selon la température et la variété, le temps de maturation varie entre 45 et 70 jours. Les semis successifs du même cultivar peuvent être pratiqués puisque le plant produit pendant deux à trois semaines. Une autre approche consiste à semer en même temps des variétés de précocité différente. La germination prend de 6 à 10 jours.

On ajuste soigneusement le semoir puisque la taille des semences varie considérablement d'un cultivar à un autre. Le haricot est très sujet à la fonte des semis ; c'est pourquoi la plupart des semences sont traitées en culture conventionnelle.

En culture biologique, on utilise une semence non traitée qui doit absolument être semée dans un sol chaud. Au besoin, on lave soigneusement les semences traitées, mais cette pratique est maintenant interdite par la certification. Le taux de semis doit être ajusté en fonction du pourcentage de germination et de la température du sol ; on augmente la dose en sol froid.

Au Lac-Saint-Jean, un maraîcher fait germer les haricots en multicellules, 10, 15 ou au maximum 20 jours plus tôt en serre ; il les transplante sur un paillis de plastique en place depuis l'année précédente, puis il les recouvre d'une bâche.

29.3.3 ESPACEMENTS ET DENSITÉS

Les densités de semis utilisées visent de 20 à 33 plants/m avec des rangs espacés de 75 à 90 cm, soit de 222 000 à 439 000 plants/ha. Il faut tenir compte du taux de germination et des pertes éventuelles à cause d'une mauvaise levée. S'il y a un historique de problèmes phytosanitaires, on choisit des densités plus faibles.

Pour la récolte mécanique, on utilise des rangs écartés de 60 cm à raison de 16 à 25 plants/m pour des densités de 266 000 à 416 000 plants/ha.

Pour obtenir une levée uniforme, la profondeur du semis doit être régulière, soit entre 3 et 5 cm ; il faut aussi viser un espacement régulier sur le rang.

Dans le cas du haricot grimpant, après avoir préparé le sol, on installe des tuteurs en bois de 2,5 m vis-à-vis un semis en poquet ou une structure avec des cordes reliées aux tiges de manière que le haricot puisse s'enrouler.

29.4 SOLS ET FERTILISATION

29.4.1 CHOIX ET PRÉPARATION DU SOL

Les haricots préfèrent les sols légers à moyens (loams sableux, limoneux, ou même argileux), riches en matière organique bien décomposée à un pH variant entre 6,0 et 7,4, idéalement à 6,5. Ils n'aiment pas les sols acides, froids et humides, ils ne tolèrent pas l'excès de salinité et ils sont sensibles aux carences en cuivre, en molybdène, en manganèse et en zinc. Un sol argileux doit être très bien structuré pour qu'il y ait un bon développement racinaire.

On prépare le sol de manière à obtenir une terre bien rassise pour avoir un lit de semence humide par remontée capillaire, tout en ayant une surface grumeleuse. En sol contenant une proportion d'argile, on laboure en fin d'automne pour l'exposer au gel. En sol léger et en sol limoneux, on laboure souvent au printemps. Dans tous les cas, un faux semis aide à réchauffer et à nettoyer le sol. On roule avec un rouleau qui laisse une surface grossière et on bine en préémergence, car il faut éviter les surfaces battantes défavorables à la levée. Il faut donc faire attention au travail excessif et aux conditions humides. Un travail assez profond permettra aux racines de s'implanter en profondeur et de prévenir les sécheresses. Le système racinaire du haricot est vigoureux, mais comme la grande concentration des racines se situe dans les 20 à 30 cm de la surface, le plant est sensible au manque d'eau ; on peut pratiquer le sous-solage au besoin dans la rotation, à des périodes sèches, et utiliser d'autres pratiques qui améliorent la structure en profondeur.

29.4.2 FERTILISATION

Le haricot possède un enracinement puissant qui utilise au maximum la richesse du sol. Il réagit bien à la fumure organique, à condition que celle-ci soit stabilisée au moment de la croissance du plant. Les racines sont extrêmement sensibles à la flore de décomposition des matières organiques qu'elles ne tolèrent pas. Tout enfouissement d'engrais vert ou de matière organique fraîche doit être fait suffisamment longtemps avant le semis. Dans un terrain très pauvre, on met de 15 à 20 t/ha de compost très bien décomposé, sinon on sème le haricot un ou deux ans après des cultures ayant reçu du fumier ou du compost en abondance. En conditions très riches en azote, le plant est excessivement feuillu au détriment de la mise à fruit, ce qui retarde la maturité ; l'abondance de N diminue la fixation par le rhizobium et augmente les risques de maladies ainsi que la coulure des fleurs. Certains producteurs ajoutent un peu de N organique en début de saison pour accélérer la croissance en attendant que les rhizobiums atteignent leur vitesse de croisière ; mais il faut prendre garde de ne pas causer de problèmes sanitaires.

Le haricot aime un sol riche en phosphore et en potasse. Si c'est nécessaire, on utilise plus tôt dans la rotation des composts enrichis de phosphate naturel ou de fumier de volailles riche en phosphore. Un apport de sulfate de potassium et magnésium peut être fait avant la culture. Le haricot réagit positivement à un apport modéré de cendres de bois. Il aime un sol bien pourvu en magnésium. Les données concernant l'exportation moyenne démontrent une différence majeure entre la teneur des plants et l'exportation par la récolte. Le haricot constitue un précédent enrichissant pour une culture exigeante. Les teneurs indiquées au tableau 29.1 sont variables selon les cultivars et la population. La culture de haricots frais laisse de 8 à 10 t/ha de résidus de cultures (matière fraîche). Les fertilisations courantes sont aux tableaux 29.2 et 29.3.

Rappelons que le haricot est sensible aux carences en éléments mineurs, sauf à celle du bore. Le manganèse et le zinc peuvent devenir un problème lorsque le pH est élevé. Il est prudent d'observer les symptômes potentiels de carence sur le feuillage et d'intervenir avec des pulvérisations d'oligo-éléments. Le plant craint les excès de bore, ce qui n'est habituellement pas un problème au Québec ; il suffit de ne pas placer le haricot sur un sol ayant récemment reçu une application de bore. La culture apprécie le soufre, mais la carence en soufre n'est pas un problème courant non plus. Aucune autre fertilisation d'appoint ne devrait être nécessaire en cours de culture. Les rendements vont généralement de 4 à 8 t/ha.

TABLEAU 29.1 Exportation moyenne

Haricots	N (kg/ha)	P_2O_5 (kg/ha)	K_2O (kg/ha)
5 à 8 tonnes vendues	14 — 23	4 — 7	18 — 29
Teneur des plants	170	45	100

TABLEAU 29.2 Fertilisations dans le monde en culture conventionnelle

N (kg/ha)	P_2O_5 (kg/ha)	K_2O (kg/ha)
25 — 90	20 — 120	20 — 132

TABLEAU 29.3 Valeurs courantes pour un sol moyen

N (kg/ha)	P_2O_5 (kg/ha)	K_2O (kg/ha)
50	60	80

29.5 ROTATION

Le haricot tolère un grand nombre de précédents, mais il semble que le meilleur précédent cultural soit une céréale. La culture de haricot ne doit pas suivre une culture ayant des résidus abondants qui n'ont pas eu le temps de bien se décomposer, tels une prairie ou un engrais vert abondant. Comme précédent, les pommes de terre ainsi que les betteraves, les endives, les laitues et les épinards, qui peuvent être porteurs de rhizoctonie (*Rhizoctonia solani*), sont à éviter si on a observé la présence de cette maladie commune.

Il y a un risque à faire une culture de haricot après une crucifère ou une betterave qui a reçu du borax. La toxicité se manifeste avec des apports supérieurs à 15 kg de borax/ha. Le problème proviendrait de la capacité du haricot à assimiler très facilement le bore.

On doit pratiquer une rotation minimale de deux ou trois ans afin de prévenir le pourridié fusarien, la brûlure bactérienne, l'anthracnose et la pourriture sclérotique. On laisse au moins trois ans après les autres légumineuses, sauf les engrais verts. S'il y a des problèmes, on peut attendre jusqu'à six ans avant le retour du haricot sur une sole.

Il est toujours préférable de faire une rotation pour reposer toutes les soles de l'assolement et les enrichir en azote par l'incorporation des résidus. Bien mené, le haricot constitue une culture nettoyante et un bon précédent pour un grand nombre de cultures. Comme il est récolté assez tôt, il laisse suffisamment de temps pour un engrais vert d'automne, par exemple une combinaison de céréale et de vesce commune ou de trèfle incarnat. L'engrais vert utilise l'azote minéralisé par la décomposition des plants.

29.6 COMPAGNONNAGE

Encore aujourd'hui, le maïs, la courge et le haricot grimpant forment une association classique chez plusieurs nations amérindiennes. À plusieurs endroits dans le monde, on cultive des haricots dans l'interligne des fruits vivaces lors de l'établissement ; donc, si le système de travail le permet, on peut associer le haricot à des framboisiers ou à un jeune verger. Il semble que le haricot n'apprécie pas le voisinage de l'oignon. Comme toujours, les associations sont plus difficiles en culture mécanisée.

29.7 IRRIGATION

Les besoins en eau pour la germination des semences sont élevés, ce qui n'est habituellement pas un problème au Québec, sauf pour les semis plus tardifs. Si le sol est assez sec pour nuire à la germination, il serait préférable d'irriguer le terrain avant la préparation du sol et le semis. Cette façon de procéder restreint l'effet de battance et de tassement du sol que provoque l'aspersion, limite les problèmes de fonte des semis et affecte moins la température du sol pour la germination.

Une fois que la culture est implantée, il est bon de savoir que les dégâts provoqués par le manque d'eau augmentent avec l'âge de la plante, qu'un plant qui a été rationné en eau dès le début de sa croissance peut récupérer s'il est alimenté correctement à partir de la floraison. En revanche, le contraire serait dangereux : une diminution du régime hydrique à partir de la floraison serait préjudiciable aux rendements. Les besoins en eau sont donc importants du début de la floraison jusqu'au stade du grossissement des gousses ; il est déconseillé d'irriguer en pleine chaleur, ce qui pourrait faire couler les fleurs et brûler les feuilles. L'irrigation excessive provoque le développement des taches bactériennes et de la pourriture blanche.

29.8 GESTION DES MAUVAISES HERBES

Le précédent de culture et l'état du terrain jouent un rôle important dans le contrôle des mauvaises herbes. Comme pour les autres cultures, une bonne préparation du sol permettra de conserver une avance sur les mauvaises herbes. Le haricot est une plante qui germe rapidement et couvre bien le sol, ce qui laisse peu de chances aux mauvaises herbes. Semé tard, il permet facilement un ou deux faux semis qui réchauffent le sol tout en détruisant une bonne proportion des mauvaises herbes dont les graines sont à proximité de la surface.

De plus, il est facile à sarcler mécaniquement, en particulier si on pratique un ou deux renchaussages légers des plants, avant la floraison. Au premier passage avec un appareil à dents, on peut relever légèrement les tôles protectrices du rang pour contrôler un léger mouvement latéral du sol vers la base des plants qui, si l'intervention est faite à point, recouvrira les jeunes mauvaises herbes sur le rang. Un deuxième buttage au bon moment, environ sept jours avant la fermeture des rangs, peut assurer la propreté du champ sans sarclage manuel. Si le sarclage mécanique n'est pas efficace, un sarclage manuel sera nécessaire.

On ne doit jamais travailler dans les haricots par temps humide, car cela entraîne des maladies comme la rouille ; le dommage à la structure provoque le développement de maladies racinaires.

29.9 INSECTES ET MALADIES

Plusieurs insectes colonisent le haricot sans causer de problèmes majeurs.

Notons que la noctuelle ou ver-gris, qui comprend diverses espèces de *Noctuidae*, s'attaque aux jeunes pousses. Comme mesure préventive, il est préférable d'incorporer le couvert végétal dans les premiers 6 à 10 cm, tôt la saison précédente. Cet insecte prolifère sur les prairies et les champs infestés de mauvaises herbes.

On peut pratiquer une jachère avant le début de la séquence de légumes et on favorise la présence d'oiseaux, en particulier des merles, et le parasitisme des auxiliaires naturels. On pourrait également déchaumer soigneusement les cultures précédentes, en accordant un soin particulier aux bords et aux bouts des champs où les noctuelles s'installent. Une pulvérisation de *Bacillus thuringiensis* peut aider à réduire le problème. Le *B.t.* sera plus efficace aux premiers stades larvaires des chenilles.

La mouche des légumineuses (*Delia platura*) est présente dans les sols et endommage le haricot lors de la germination ; les plants émergent avec des dommages aux cotylédons et au point de croissance, ce qui ralentit le démarrage et réduit le rendement. En culture conventionnelle, on traite les semences. En culture biologique, on doit attendre le réchauffement du sol pour semer. Il faut enfouir et bien faire décomposer les résidus des précédents, éviter les apports récents de fumier et pratiquer deux faux semis. Enduire la semence avec de la terre diatomée lors de l'inoculation s'avère efficace. Si le problème est récurrent, on compense en semant plus fort.

29.9.1 MALADIES

Les maladies bactériennes prennent l'apparence de taches de graisse translucides sur les gousses et de taches brunes sur les feuilles. Les maladies se transmettent principalement par les semences, mais aussi par les déchets de culture, les sols, les travailleurs et la machinerie. La prévention se fait par une rotation des cultures d'au moins trois ans, par l'utilisation de semences saines, l'absence de travail aux champs en conditions humides et par la destruction des déchets de culture. Enfin, un traitement à base de cuivre peut aussi aider à contenir les maladies bactériennes.

L'anthracnose (*Colletotricum lindemuthianum*) est un champignon qui produit des lésions arrondies déprimées, noires, bordées d'une marge brun rouge sur les gousses, et des stries brunâtres sur les pétioles et les nervures des feuilles. Les feuilles jaunissent, puis les fleurs flétrissent et tombent. La transmission de la maladie se fait par les semences infectées, puis la dissémination des spores se fait par les gouttes d'eau et par les travaux exécutés lorsque le feuillage est mouillé. Il faut d'abord acheter des semences saines. La maladie prolifère en conditions très humides et affecte les gousses matures. Il est important d'enfouir et de faire décomposer les résidus de culture immédiatement après la récolte puisque la maladie peut y survivre. Plusieurs cultivars sont résistants. L'aubergine, la chicorée, le concombre, la laitue, l'oignon, le pois, le piment et la tomate peuvent être affectés ; aussi doit-on planifier la rotation en conséquence.

Les différentes pourritures causées par des champignons (*Pythium, Rhizoctonia, Fusarium, Sclerotinia, Botrytis*) endommagent le système racinaire et les gousses. Les différents symptômes leur sont propres, mais les moyens de contrôle sont communs. Il ne faut pas semer trop tôt ni trop profondément et toujours assurer une bonne aération de la culture en plaçant les rangs dans le sens des vents dominants. On doit aussi choisir une semence saine, bien préparer le sol, éviter la surfertilisation azotée, semer sur un terrain bien drainé avec une bonne structure de sol et pratiquer de longues rotations. Les cultivars dressés dont les gousses ne touchent pas le sol sont à privilégier. Lorsque la saison est humide, on pulvérise une infusion de prêle jusqu'à une fois par semaine sur les plants et le sol environnant et on bine fréquemment lorsque les conditions atmosphériques le permettent. Il faut éviter de travailler lorsque le feuillage est mouillé. Un traitement cuprique peut aider à prévenir le problème.

La mosaïque commune, une maladie virale, se reconnaît sur le feuillage par des marbrures vert foncé et vert pâle ; elle se propage par la semence. La mosaïque jaune provoque des chloroses internervales sur le feuillage ; elle est transmise par les pucerons et par contact. La prévention consiste à acheter des semences saines, à cultiver loin des champs de légumineuses, à bien contrôler les mauvaises herbes, les pucerons et les autres insectes. Si les risques d'infestation par la mosaïque sont élevés, on choisit des cultivars tolérants.

29.10 ENTRETIEN

Les biodynamistes appliqueront la silice (501) dès que le feuillage le permet, puis deux fois encore jusqu'à la floraison.

29.11 RÉCOLTE

Le coût de la cueillette manuelle est, avec les semences, le deuxième grand facteur influençant les coûts de production du haricot. La récolte requiert la disponibilité d'équipes de cueilleurs et de bonnes conditions climatiques.

Le stade optimal de récolte n'est pas facile à définir puisque la meilleure qualité se manifeste à un stade immature et que le rendement en poids augmente avec la maturité. Le choix du cultivar et le marché visé détermineront le stade de récolte. Généralement, on récolte les fruits où la graine est à peine suffisamment formée pour être apparente à l'extérieur de la gousse ; on vise le maximum de chair sans que la graine ne soit trop grosse.

La récolte mécanique se fait en une seule fois, avec une récolteuse spécialisée ; elle est le seul mode de récolte lorsque le haricot est produit pour la grande industrie de transformation. Il faut choisir un cultivar approprié dont la maturité est assez uniforme pour se prêter à ce type de récolte. Pour rentabiliser les équipements de récolte mécanique, on prévoit de grandes surfaces.

Avec la récolte manuelle, on peut se permettre jusqu'à trois passages. Dans ce cas, on doit récolter régulièrement, tous les deux à quatre jours. Un ouvrier peut cueillir jusqu'à 10 kg/h ; il est souvent payé au rendement. Il ne faut jamais cueillir les haricots lorsqu'ils sont humides.

29.12 CONSERVATION ET MANUTENTION PRÉVENTE

La récolte manuelle n'exige habituellement aucun tri supplémentaire. On doit refroidir les haricots rapidement à l'air forcé ou sous vide. On peut laver les haricots très souillés, les sécher puis les refroidir. La température ne doit pas descendre sous 4 °C, pour ne pas provoquer la formation de taches sur les gousses. Les haricots se conservent de 8 à 10 jours entre 5 et 10 °C (idéalement 7 °C) à 95 % d'humidité relative ; on recommande une bonne circulation d'air, sans toutefois assécher les gousses.

29.13 PRIMEURS ET FORÇAGE

On peut cultiver un haricot de primeur dans un sol chaud qui permet un semis hâtif et dans un endroit protégé du vent et du gel. Le semis sur une planche recouverte de polythène réchauffe le sol et accélère la croissance, de même que l'utilisation d'une bâche flottante. La culture de primeurs représente un coût supplémentaire, donc un facteur de risque, et nécessite une régie très serrée. Habituellement, les producteurs s'en servent surtout pour établir leur marché en début de saison.

Une bonne technique pour accélérer le réchauffement du sol consiste à effectuer un faux semis 10 à 15 jours avant le semis et de le recouvrir d'une bâche flottante. On enlève la couverture, on retravaille le sol, on sème, et on la replace. Si on veut conserver la bâche assez longtemps sur la culture, il est préférable d'utiliser des arceaux. Il ne faut pas perdre de vue que le réchauffement accélère aussi la croissance des mauvaises herbes. On peut aussi prolonger la récolte à l'automne à l'aide d'une bâche ; par contre, les résultats sont assez imprévisibles.

Dans une région au climat frais, un maraîcher plante des haricots germés en serre sur des paillis de plastique ayant servi à la production de maïs de primeur l'année précédente, et les recouvre d'une couverture flottante. Dans ce cas, il faut bien surveiller les mauvaises herbes entre les paillis. La culture du haricot se fait de plus en plus sous grand tunnel.

Chapitre 30

LA TOMATE

Lycopersicon esculentum (Tomato)

INTRODUCTION

De la famille des solanacées, comme l'aubergine, le piment et la pomme de terre, la tomate est le légume le plus consommé au monde, et le Québec ne fait pas exception. C'est une plante annuelle exigeante, originaire d'Amérique du Sud, qui demande de la chaleur pour venir à maturité au champ, mais moins que le piment ou l'aubergine. La transplantation est nécessaire au Québec. La plante est très sensible au vent et à la sécheresse. Plusieurs types sont disponibles, dans des formes, des grosseurs et des couleurs différentes.

Dans la production au champ, les principaux problèmes sont les maladies et le retard de maturité avec la fertilisation organique. La qualité du système racinaire y est un facteur clé pour l'obtention d'un bon rendement. Les récoltes de tomates de champ au Québec se font du début de juillet jusqu'aux gelées mortelles. La production en serre a un impact important sur le volume de production de la tomate ; nous n'en traitons pas ici.

30.1 PLANTE

Les racines de la tomate sont abondantes et très ramifiées. Elles pénètrent en profondeur dans le sol, à plus de 2 m si le drainage le permet. Diverses études ont démontré la présence de 60 à 85 % des racines dans les premiers 30 cm ; dans un cas, 20 à 25 % atteignaient 50 cm, et 15 % allaient encore plus en profondeur. On comprendra toute l'importance de leur assurer un excellent drainage. L'étalement atteint couramment 80 cm, et parfois jusqu'à 1,50 m. La ramification très importante des racines est de 5 à 15 cm/cm^3 de sol.

La tige, poilue comme les feuilles, mesure 2 à 4 cm de diamètre, et de 60 cm à 1,50 m de long selon le cultivar ; en serre, elle peut atteindre une longueur de plusieurs mètres. Les feuilles composées de plusieurs folioles peuvent atteindre 50 cm.

Le développement du feuillage et des pousses latérales, puis la mise à fruit seront variables selon que le cultivar est déterminé ou indéterminé. Le cultivar déterminé produit des plants ramifiés dont la croissance végétative cesse éventuellement avec une mise à fruit abondante et une maturation assez concentrée dans le temps. Le plant prend une forme buissonnante et des fruits apparaissent sur le bout de certaines pousses ; le port est plus concentré. Un plant déterminé court n'est pas intéressant à tuteurer et à tailler. La grande majorité des tomates sur tuteur en champ sont des grandes déterminées, appelées aussi semi-déterminées. On voit aussi quelques indéterminées.

Le plant indéterminé a une croissance foliaire prolongée, habituellement avec une grappe à toutes les trois feuilles. Des pousses latérales apparaissent entre la tige et la feuille, dont certaines deviennent dominantes si elles ne sont pas taillées. Laissé à lui-même, le plant sera plus feuillu, plus étalé et la maturation plus tardive que dans le cas d'un cultivar déterminé.

Les fruits sont de formes et de couleurs variées. Ils varient de la forme cerise à une ellipse aplatie en passant par une forme globuleuse jusqu'à un ovale en forme de poire. Le fruit est constitué du péricarpe divisé en loges plus ou moins nombreuses, contenant un fluide gélatineux où on trouve les graines ; celles-ci, légèrement poilues, sont entourées d'un mucilage. Les fruits mûrs sont rouge, orange, jaune ou rose, avec des variations dans la couleur intérieure. Certains cultivars ont un collet vert. Sucre et acidité à des taux élevés dans le fruit donnent une tomate très savoureuse, à des taux faibles une tomate fade.

30.1.1 TYPES DE TOMATES

Il y a deux façons principales de classer les types de tomates de champ : selon le mode de croissance et selon l'utilisation des fruits.

La première permet de distinguer les plants déterminés, semi-déterminés et indéterminés. Les plants déterminés croissent de manière trapue en produisant des grappes de fruits rapprochées ; ils sont cultivés sans tuteur. Les plants semi-déterminés ont une croissance plus allongée, certains cultivars étant utilisés pour la production commerciale de champ. Les types indéterminés exigent une taille suivie ; de forme allongée, ils sont utilisés en serre et ils sont adaptés à une production continue tuteurée. La tomate sur tuteurs au champ effectue un important retour en vogue, car elle permet un bien meilleur contrôle de la qualité.

Le classement selon l'utilisation distingue les tomates, rouges ou roses, produites pour le marché frais ou pour la transformation. Pour le marché frais, on sélectionne des fruits capables de voyager pour la vente en gros et on s'intéresse surtout à la saveur pour la vente locale. Pour la transformation, on recherche des tomates fermes pour la cuisson et des fruits à taux de matière sèche élevé pour les sauces, les pâtes et les ketchups.

30.1.2 CONDITIONS CLIMATIQUES

Le lieu d'origine de la tomate est la zone andine de l'Amérique du Sud où les températures moyennes sont de 12 à 15 °C la nuit et de 19 à 24 °C le jour ; la tomate ne tolère donc pas les extrêmes. Une plage de 10 à 30 °C convient bien pour la culture de champ. Comme la tomate est très abondamment cultivée, on a développé des cultivars adaptés à diverses régions du monde, de la

Vallée Centrale de la Californie à la zone subarctique ; il est donc difficile de généraliser quant au climat le plus favorable. Au Canada, on préfère le sud de l'Ontario au Québec pour la tomate de transformation.

Des températures de l'air de 14 à 17 °C la nuit et de 19 à 24 °C le jour semblent optimales pour déclencher la mise à fruit. La tomate ne doit pas être cultivée commercialement dans les zones où les températures nocturnes descendent régulièrement sous les 10 °C. Les conditions très chaudes ou très froides entraînent une malformation des fruits appelée face de chat ou un avortement des fleurs.

Les températures du sol sont idéales au-dessus de 20 °C, et jusqu'à 30 °C. Certains cultivars tolèrent mieux les sols frais entre 15 et 20 °C.

La tomate aime une lumière intense qui donne un plant trapu, une floraison et une pollinisation efficaces. La floraison est peu sensible à la photopériode, mais les jours longs favorisent une croissance rapide du plant. En phase de maturation, l'excès de lumière peut donner un collet jaune sur les cultivars à collet vert.

Une humidité de l'air relativement basse favorise la pollinisation ; par contre, durant le développement et la maturation des fruits, une humidité plus élevée diminue les problèmes de pourriture apicale, de fendillement et de collet jaune. Des pluies abondantes ou prolongées favorisent les maladies fongiques et réduisent parfois fortement le rendement et la qualité.

30.2 CULTIVARS

Un très grand nombre de critères de choix peuvent présider à la sélection des cultivars à cultiver. En tout premier lieu, on doit s'assurer des conditions qui permettront un meilleur rapport coût/rendement :

— résistance ou tolérance aux maladies ou aux désordres physiologiques,

— port déterminé ou indéterminé,

— adaptation au climat local,

— précocité,

— rendement,

— adaptation à la récolte mécanique.

On verra ensuite à s'assurer de la qualité du fruit par rapport au marché auquel il se destine :

— demande des consommateurs,

— couleur et forme,

— saveur, sucre et acidité,

— valeur nutritive (vitamines C et A),

— taux de matière sèche,

— adaptation à la transformation,

— fermeté et résistance au transport,

— absence de collet vert,

— résistance au fendillement,

— cultivars anciens, traditionnels,

— récolte de grappes complètes.

Dans les catalogues de semences, les jours de maturité inscrits pour chaque cultivar sont calculés à partir du jour de transplantation à l'extérieur ; ils varient de 55 à 80 jours.

30.3 PROPAGATION

30.3.1 SEMENCES ET GERMINATION

On compte de 300 à 400 semences par gramme. Leur durée de conservation moyenne est de cinq ans, et même plus longtemps lorsqu'elles sont conservées dans de bonnes conditions.

30.3.2 PRODUCTION DE TRANSPLANTS

Chez la tomate, le contrôle de la température et de l'irrigation est la clef de la production des transplants.

Les producteurs ont développé plusieurs façons de produire le plant : en multicellules, en pleine terre avec mottes ou à racines nues, en pots de plastique ou de mousse de tourbe. On a avantage à repiquer la tomate pour obtenir un beau plant, mais certains producteurs la sèment directement en multicellules. On peut faire le semis à la volée, en caissettes, et repiquer en multicellules ou en pots à l'apparition des premières feuilles. On doit surveiller la salinité du terreau. La prégermination augmente l'uniformité des plants à la levée. On tient le terreau humide avec une feuille de polythène pour que les cotylédons se séparent bien du tégument de la graine.

La température optimale de germination est de 25 °C, mais une plage de 20 à 30 °C reste convenable. On doit compter de 5 à 8 jours pour la levée. La graine germe à la noirceur. Il faut bien enfoncer la plantule lors du repiquage, qui se fait 15 à 20 jours après le semis.

Plus on utilise des multicellules de faible dimension, plus on doit produire le plant sur une courte période, en surveillant les nuits chaudes pour éviter l'étiolement et en fertilisant sous forme liquide pour compenser le manque de terreau. Pour la culture de champ, il faut préférer des cellules plus grosses, de calibre 38 (99 cm^3 de terreau) ou 24 (223 cm^3) qui permettent de rallonger la période de production du plant, si cela s'avère nécessaire, et qui donnent un beau plant. Certains maraîchers utilisent des plateaux multicellulaires de moyenne dimension, par exemple des calibres 72, ronds ou carrés, qui ont une capacité de 41 et 53 cm^3 de terreau, respectivement ; on voit même des plateaux 128, mais le plant peut se dégrader s'il attend trop longtemps. Il faut donc prendre garde au mauvais temps qui retarde la plantation ; de tels calibres sont beaucoup plus risqués.

L'obtention de plants importés à racines nues se pratiquait par le passé en culture conventionnelle, mais à cause des problèmes de maladies, cette pratique est moins commune. Le producteur biologique doit en outre se procurer des plants certifiés. On peut produire le plant en pleine terre dans une serre, puis le séparer en mottes. On dépose 7 à 8 cm d'épaisseur de terreau riche sur une couche de 3 cm de mousse de tourbe, puis on repique les plants à des espacements de 9 à 10 cm en carré. Une semaine avant l'arrachage, on tranche le terreau en mottes carrées selon l'espace entre les plants et on les laisse se refaire des racines dans les mottes. Une telle technique conviendra à des petites parcelles en plantation manuelle.

La tomate se cultive aussi en pots de plastique ou de mousse de tourbe ; ces derniers donnent un beau plant, mais il est plus coûteux. On repique dans les pots remplis de terreau riche. On utilise couramment des pots de 10 cm. L'objectif est que le plant, au moment de la plantation, ait de 18 à 25 cm de haut, une tige souple de la grosseur d'un crayon, un bon système racinaire, un feuillage bien vert sans taches pourpres sous les feuilles, ce qui indiquerait une carence de phosphore. La production de plants dure environ cinq semaines. À six semaines, le plant est long, étiolé et difficile à manipuler ; idéalement, on le plante couché dans une tranchée après avoir enlevé les feuilles du bas et en lui redressant la tête, ce qui est très laborieux et difficile sur paillis de plastique. La tradition de semer à la Saint-Joseph, le 19 mars, est à éviter ; c'est trop tôt.

La régie classique de température de croissance des plants va de 21 à 24 °C les jours ensoleillés, et de 16 à 18 °C la nuit ; et de 16 à 19 °C les jours nuageux, puis entre 14 et 15 °C la nuit. Il est important d'assurer des températures plus fraîches les jours nuageux, et un peu plus chaudes les jours ensoleillés. Un différentiel de température négatif, soit une température plus élevée la nuit que le jour, favorise des entrenœuds courts alors qu'un différentiel positif favorise l'étiolement. Cependant, un différentiel négatif peut donner des plants pâles. On peut aussi abaisser la température au lever du jour pendant quelques heures pour ensuite la remonter à la température normale afin de simuler un effet semblable au différentiel négatif sans ses inconvénients.

Pour l'arrosage des plants de tomate, on devrait toujours utiliser une eau réchauffée à environ 22 °C. En serre, on utilise parfois des lampes au sodium ou des fluorescents pour pallier une luminosité insuffisante et rallonger la photopériode.

Le terreau devra être riche et risque de demander une fertilisation d'appoint avec des émulsions de poissons ou un autre engrais liquide. La tomate est sensible à la fonte des semis ; une bonne qualité de substrat et de bonnes conditions de température, d'humidité et, surtout, de ventilation sont les meilleurs moyens de contrôle. On doit bien surveiller l'émergence des semis, qui est un moment délicat.

TABLEAU 30.1 Espacements pour la tomate

Aménagement (cm)	Largeur de planche centre à centre	Espace entre les rangs	Espace sur le rang le rang	Densité (plants/ha)
Rang simple à plat ou tuteuré	1,50 — 2 m	1,50 — 2 m	0,40 — 0,90 m	5 550 — 16 700
Rang double tuteuré	1,50 — 2 m	0,75 — 0,90 m	0,40 — 0,90 m	11 100 — 33 000

k = millier

Il ne faut pas mettre les caissettes directement sur le sol afin d'éviter la croissance des racines à l'extérieur des caissettes. Il est prudent d'avoir une certaine réserve de plants pour déclasser les plus faibles à la plantation.

On endurcit les plants en réduisant légèrement les arrosages et en les exposant graduellement à la lumière directe environ une semaine avant la transplantation. Comme pour les autres légumes tendres, il ne faut pas endurcir trop agressivement les tomates.

30.3.3 PLANTATION AU CHAMP

La transplantation au champ se fait après que tout danger de gel soit passé, ou plus tôt si on utilise des tunnels en plastique ou une couverture flottante. Dans les zones le plus au sud, les tunnels ne sont pas recommandés, car ils stimulent trop le feuillage au détriment des racines et entraînent un retard dans la mise à fruit. Lors de la transplantation, si le système de plantation le permet, on enterre la tige sur une certaine longueur pour favoriser la pousse de nouvelles racines sur la tige. Les tiges contiennent des auxines qui stimulent l'enracinement, mais elles sont détruites par la lumière.

Juste avant la plantation, on peut humecter les mottes avec un pralin à base d'argile et d'extrait d'algues, ou utiliser un engrais liquide dans le planteur, soit un purin de compost, soit un produit commercial de démarrage comme un extrait d'algues marines. Si on utilise des paillis de plastique, il est très important de contrôler l'étiolement, car il est difficile de planter plus creux.

A. Espacements

Dans les zones climatiques favorables à la production industrielle, on utilise des densités élevées, jusqu'à 60 000 plants en zone méditerranéenne, mais au Québec, étant donné le climat plutôt humide, les producteurs utilisent des densités relativement faibles en plein champ, généralement entre 10 et 20 000 plants/ha (tableau 30.1).

Il faut mettre au point les densités les plus appropriées selon la vigueur des cultivars utilisés et le mode de conduite (type de tuteurage, etc.).

Des tomates peu ou pas taillées requièrent une densité moindre ; une taille plus importante permet des espacements plus rapprochés, de même que le tuteurage. Si les tomates tardives se vendent moins bien et que le meilleur revenu provient de la première partie de la récolte, il faut explorer des densités plus élevées qui donnent généralement un meilleur rendement sur les premières grappes, mais pas nécessairement sur l'ensemble de la récolte.

B. Tuteurage et culture à plat

La tomate peut se cultiver à plat sur le sol ; il est recommandé d'utiliser un paillis de plastique pour améliorer la qualité des fruits. Le paillis végétal (foin, paille, bois raméal) est moins intéressant au Québec, car il ralentit la croissance. On prend des cultivars de type déterminé. La culture à plat diminue le rendement vendable et la qualité, car elle est propice aux maladies ; par contre, le besoin de main-d'œuvre est moindre.

Il y a trois formes de tuteurage courantes : des tuteurs ou des cages individuels, un système avec fil de fer et cordes suspendues, et la méthode américaine décrite ci-dessous.

Quand on utilise des tuteurs, on attache les plants aux tuteurs, ou on les attache à des cordes suspendues à des fils de fer montés sur des tuteurs espacés à tous les quelques plants. Ces méthodes sont coûteuses et impliquent une régie avec plants indéterminés ; elles permettent la plantation de deux rangs par planche. La taille des drageons se fait environ une fois par semaine, selon la vitesse de croissance. Cette technique, incontournable en serre ou en tunnel, est plus difficile à justifier en plein champ, mais elle permet généralement une récolte de fruits de meilleure qualité ; par contre, le fendillement peut être augmenté. Une taille sur deux tiges peut être développée à partir d'un drageon vigoureux situé sous la première grappe. L'effeuillage pratiqué en serre est assez rare au champ, mais il peut être utilisé pour réduire la propagation de maladies ; on enlève alors les feuilles affectées. Il faut prendre garde de ne pas tailler des feuilles encore saines et de réduire ainsi le rendement. Les têtes peuvent être pincées en août, trois feuilles au dessus de la dernière grappe, pour arrêter le développement des fruits et accélérer la maturation.

Un système de tuteurage développé aux États-Unis consiste à planter des piquets solides sur le rang, à tous les deux plants, et à soutenir le feuillage des plants déterminés ou semi-déterminés avec de la ficelle, en passant des deux côtés à mesure que le plant se développe. On commence lorsque le plant a 30 à 40 cm de hauteur ; on repasse trois ou quatre fois, chaque fois qu'il y a un nouveau gain de 15 à 20 cm. Au Québec, on utilise surtout des tiges de fer de 13 ou 16 mm de diamètre. La corde est posée à l'aide d'un tuyau de plastique percé. Avant la pose de la première corde, on taille en une fois les drageons des plants déterminés et semi-déterminés jusqu'à la première grappe de fleurs ; il faut laisser le drageon vigoureux sous la première grappe, sinon le rendement sera compromis ; c'est lui qui fera le plant. On enlève en un ou deux passages tous les drageons sous la première grappe de fleurs, excepté le gros juste en dessous, avant qu'ils n'atteignent 10 cm de long. Le tuteurage et la taille augmentent le rendement et la qualité, mais ils requièrent une main-d'œuvre importante qui peut dépasser 100 heures/ha. On plante un rang par planche et on limite les rangs à 30 m de longueur pour éviter l'affaissement causé par le poids des fruits et pour permettre la circulation des cueilleurs et des ouvriers.

30.4 SOLS ET FERTILISATION

30.4.1 CHOIX ET PRÉPARATION DU SOL

La tomate s'accommode de tous les sols, mais elle préfère un sol profond, meuble et très bien drainé qui se réchauffe vite au printemps, surtout pour les récoltes hâtives et les régions plus froides. En sol léger et en conditions sèches, l'irrigation est essentielle. Les récoltes tardives peuvent donner un excellent rendement dans les sols plus lourds. En bref, la tomate est adaptée à plusieurs types de sols. Par contre, les racines de la tomate ne supportent pas l'asphyxie ; on évite donc de la planter dans les sols battants et compacts.

Le pH eau souhaitable se situe entre 6 et 6,5, mais le plant tolère des écarts plus grands. Le système racinaire du plant est efficace dans les premiers 40 cm, même si les racines peuvent descendre beaucoup plus creux. Lorsque c'est possible, on choisit un champ qui n'est pas trop exposé aux vents, sinon il serait bon d'aménager des brise-vent.

Comme pour l'aubergine et le piment, le calcium joue un rôle important pour la qualité des fruits ; une carence risque de provoquer la pourriture apicale des fruits. Un régime hydrique régulier et un bon taux de calcium sont intimement liés dans la prévention de ce type de problème (section 30.10).

Comme la tomate est généralement plantée sur une planche relevée, un bon ameublissement du sol est nécessaire ; on devrait disposer de 15 à 20 cm de sol meuble. Le rotoculteur est fréquemment utilisé. Un ameublissement en profondeur l'été ou l'automne précédent est toujours préférable ; en présence de semelles, la sous-soleuse ou le chisel sont indiqués. La charrue est également appropriée, tout particulièrement dans les sols plus argileux. Au printemps, le sol devrait avoir une structure modérément fine, avec des mottes moyennes en surface si on ne couvre pas le sol de plastique. Certains producteurs forment les planches à l'automne et les laissent exposées au gel ; ils les hersent ensuite à une ou deux reprises au printemps, avant de les reformer pour la plantation.

Les biodynamistes appliquent la bouse de corne deux ou trois fois, à la préparation du sol et au sarclage ; ils peuvent aussi rajouter du compost de bouse entre les rangs lors des sarclages.

30.4.2 FERTILISATION

En plasticulture irriguée, on considère qu'un rendement de 12 à 15 t/ha constitue un rendement modéré et que 30 t/ha est un excellent rendement. Avec une haute densité, un suivi intensif et une bonne saison, les résultats peuvent être meilleurs. Par contre, il est courant de laisser une partie des fruits sur le champ, notamment quand les prix sont trop bas à la fin de l'été. Comme la culture intensive à haute densité coûte plus cher en main-d'œuvre et que le prix de la tomate est imprévisible, il faut bien évaluer le risque ; toutefois, cette approche est de plus en plus populaire. Les producteurs qui se contentent de la culture à plat à densité plus faible, réduisent leurs coûts et obtiennent des rendements moindres.

A. Exportation moyenne

Lorsque les rendements sont modérés, l'exportation par les fruits n'est pas très élevée (tableau 30.2). En revanche, le plant est très exigeant et les fruits non vendus représentent aussi une consommation d'éléments nutritifs. Les auteurs s'entendent pour dire qu'en culture de champ environ 50 à 60 % de l'azote absorbé par le plant se retrouve dans le fruit, entre 50 et 60 % du P_2O_5 et entre 60 et 80 % de la potasse. Ces proportions sont utilisables pour calculer l'exportation quand tous les fruits sont vendus.

TABLEAU 30.2 Exportation moyenne

Fruits (t/ha)	N (kg/ha)	P_2O_5 (kg/ha)	K_2O (kg/ha)
15 — 30	22 — 50	10 — 17	45 — 85

On présente au tableau 30.3 les fertilisations que l'on rencontre un peu partout dans le monde pour la tomate de champ en culture conventionnelle.

TABLEAU 30.3 Fertilisations en culture conventionnelle

N (kg/ha)	P_2O_5 (kg/ha)	K_2O (kg/ha)
55 — 240	55 — 265	40 — 300

Pour démontrer jusqu'où va le forçage, en France, en conduite sur tuteur, avec des rendements très élevés (100 à 120 t/ha), on observe des fertilisations atteignant les 400-300-800 kg de N-P-K, qui s'apparentent aux fertilisations pour la production longue en serre.

TABLEAU 30.4 Recommandations québécoises

N (kg/ha)	P_2O_5 (kg/ha)	K_2O (kg/ha)
135	20 — 240	20 — 240

Les recommandations québécoises sont largement inférieures ; elles varient selon la richesse des sols (tableau 30.4).

En pratique, en production de champ, l'été, on note une absorption de 110 kg de N ; on tente surtout d'éviter une libération tardive et importante d'azote après la mi-juillet qui donne beaucoup de feuilles et un retard de maturité.

Pour une culture biologique, on doit prévoir :

— une disponibilité de N d'environ 110 à 130 kg/ha comprenant la minéralisation des engrais et du sol ; le binage est une technique à privilégier pour intensifier la minéralisation ; en plasticulture, l'utilisation en fertigation de purins de compost ou de végétaux durant la formation des fruits peut être une technique appréciable ; en culture plus intensive, il faut augmenter les quantités de N disponible, tout en évitant un excès qui favoriserait la croissance foliaire au détriment de la mise à fruit ;

— une teneur élevée de potasse échangeable désirable pour un bon développement du feuillage et une maturation correcte des fruits ; son absorption augmente durant la formation du fruit ;

— un sol riche en P, car un manque de phosphore affecterait le rendement de fruits ;

— un sol riche en magnésium ; la carence en Mg, identifiable au jaunissement internerval de la feuille, peut être causée par un excès d'arrosage ou de pluie, de potassium ou d'azote ;

— une bonne nutrition en calcium.

La cendre de bois, riche en calcium et en potassium, est utilisée en fertilisation de même que le sulfate de potassium naturel ; le Sul-Po-Mag aide aussi à ajuster la teneur en magnésium.

Un des problèmes dans la culture de la tomate de champ est la carence en calcium induite, qui cause la pourriture apicale. Même les sols bien pourvus en calcium font problème, soit parce que le système racinaire est affaibli par les maladies, le sarclage ou le mauvais drainage, soit parce que la régie de l'eau est irrégulière avec des périodes de sécheresse suivies de pluies ou d'irrigation abondantes. Un ou des apports foliaires de calcium chélaté ou de chlorure de calcium peuvent corriger ce problème, mais il faut, dès le départ, assurer une meilleure régie de l'eau.

Dans les premières années de culture, 25 à 50 t/ha de compost moyen, enrichi en phosphate et protégé contre le lessivage assure généralement une fertilisation adéquate pour la tomate de champ. Un compost riche, comprenant par exemple une fraction de fumier de volailles, sera utilisé à dose réduite. Dans un sol ayant une longue histoire d'amélioration de la fertilité, 15 à 20 t/ha peuvent suffire, mais ils devront possiblement être complétés par d'autres apports fertilisants, de la potasse entre autres. Un précédent de légumineuse ou d'engrais vert permet aussi de réduire l'apport.

Dans des sols ayant reçu amplement de compost les années précédentes, certains utilisent des engrais composés commerciaux à base de fumiers, de farines animales, de phosphate naturel, d'algues et de poudre de roche.

En général, un plant édrageonné consomme moins d'éléments nutritifs. Le magnésium doit être disponible en abondance, car le fruit en est friand. Les carences sont assez fréquentes, souvent à cause de la faiblesse du système racinaire causé par un drainage inadéquat ou des pluies excessives, par un manque d'eau, ou par un excès de potassium.

B. Oligo-éléments

Le bore est à surveiller, car les sols québécois en sont généralement mal pourvus, et le plant peut réagir positivement à un apport. On doit porter attention au molybdène et au zinc. À part la carence en bore, les carences en oligo-éléments sont rares sur un sol recevant régulièrement des composts, mais parfois la supplémentation en molybdène peut donner de bons résultats. Une faiblesse du système racinaire ou une sécheresse peut causer une carence induite, comme dans le cas du calcium, et un supplément foliaire peut être indiqué. Une à trois pulvérisations foliaires d'algues liquides apportent une gamme d'oligo-éléments, de même que certains mélanges d'oligo-éléments chélatés.

30.5 ROTATION DES CULTURES

La tomate tolère le retour sur elle-même quand les conditions sanitaires sont bonnes, ce qui est rarement vrai d'autres cultures sous nos climats. En serre, la tomate est fréquemment cultivée en monoculture, ce qui entraîne généralement de sérieux problèmes du système racinaire. On laisse passer trois ans après l'aubergine, le piment et la pomme de terre avant de cultiver la tomate. On a parfois aussi avantage à ne pas implanter ces cultures sur des parcelles voisines, car certaines maladies peuvent migrer.

Les crucifères, le céleri, les cucurbitacées ayant reçu des apports organiques importants sont de bons précédents pour la tomate, de même que les légumineuses et les engrais verts ; le trèfle, le trèfle incarnat et le mélilot sont des bons précédents. La tomate se place bien aussi à la suite du maïs, du poireau, d'un oignon hâtif suivi d'un engrais vert. Lorsque la récolte se termine assez tôt en septembre, on peut avoir le temps d'implanter un seigle d'automne ou une céréale de printemps à taux de semis assez fort, telle l'avoine. En octobre, il est trop tard.

30.6 CULTURES ASSOCIÉES

En jardinage, plusieurs plantes compagnes sont utilisées avec la tomate : le basilic, les capucines, les œillets d'Inde et le souci. Certains maraîchers cultivent ce genre d'association dans des parcelles de dimensions réduites, mais c'est difficilement praticable à une échelle plus grande.

30.7 IRRIGATION

La tomate exige un approvisionnement en eau très régulier, sinon on observe un ralentissement de la croissance, diverses carences, en particulier du calcium, responsable de la pourriture apicale, et des problèmes de fendillement des fruits. L'approvisionnement en eau dépend du bon développement du système racinaire, et inversement ; l'excès d'eau entraîne une dégradation de celui-ci, et des carences. Le manque d'eau réduit considérablement l'extension des racines.

Certains producteurs préfèrent ne pas irriguer pendant les deux ou trois premières semaines et laisser les racines s'étaler et s'enfoncer à la recherche de l'eau accumulée dans le sol. Si les conditions sont très venteuses, un problème de manque d'eau peut survenir.

L'idéal est d'installer un tube de goutte à goutte pour chaque rang de tomates, et de planter sur une planche relevée, recouverte de plastique foncé, ce qui améliore les conditions de drainage. En Californie, les producteurs enfouissent un goutte à goutte au centre de la planche, 15 à 20 cm sous le plant de tomates, en plasticulture à plat.

On irrigue fréquemment en fonction de l'évapotranspiration, qui est influencée par la radiation solaire et le couvert de nuages, la température, l'humidité relative et la force des vents. Un paillis de plastique réduit l'évaporation du sol, mais pas la transpiration de la plante. L'utilisation d'un tensiomètre ou d'un bac d'évaporation pour établir un bilan hydrique servira à bien planifier les irrigations.

L'irrigation par aspersion peut être utilisée, mais on observe une augmentation des maladies fongiques et bactériennes, et une baisse de la qualité des fruits.

Il faut retenir que les stades critiques sont la floraison, la nouaison et le grossissement des fruits. En période de croissance végétative, les besoins du plant sont de 25 mm/10 jours en conditions d'évapotranspiration normale ; à partir de la floraison, 40 à 50 mm/10 jours sont habituellement nécessaires et, en conditions chaudes et venteuses, il en faut encore plus. On doit s'assurer que l'eau de pluie ou d'irrigation atteint 30 cm de profondeur.

30.8 GESTION DES MAUVAISES HERBES

La préparation du sol et les précédents culturaux jouent un rôle déterminant dans le contrôle des mauvaises herbes. La pratique d'une bonne rotation des cultures, jumelée avec un engrais vert avant la culture de tomate ne sont que deux exemples de pratiques qui influencent considérablement le contrôle des mauvaises herbes. Les mauvaises herbes vivaces doivent être sous contrôle avant la plantation ; on pratique une jachère de trois à cinq semaines en juillet et on utilise un engrais vert d'automne qui couvre bien le sol, idéalement un mélange incluant une légumineuse adaptée à l'automne, comme la vesce commune ou le trèfle incarnat, accompagné au besoin d'une avoine.

Comme la tomate est plantée à la fin du printemps, on peut faire jusqu'à trois faux semis à 10 jours d'intervalle, avant la préparation finale du sol. Des périodes de pluie entre les faux semis favorisent l'émergence des mauvaises herbes, mais on doit limiter les passages en conditions humides. En pratique, on forme la planche dès le départ, on effectue un faux semis 10 jours plus tard et on reforme la planche avant la plantation. Ensuite, on sarcle régulièrement les mauvaises herbes jeunes, avant qu'elles ne s'enracinent. On ajuste les couteaux pour diriger du sol vers le rang et renchausser légèrement. Les sarcloirs à piochons et les sarcloirs Reigi, guidés par un opérateur à l'arrière, sont souvent utilisés ; la tomate peut être butée passablement, car sa tige développe des racines adventices. Étant donné le port plutôt étendu de la tomate, il est difficile de faire des sarclages mécanisés après un certain stade de croissance ; on peut tout de même tenter de terminer les sarclages à la floraison.

La tomate est généralement compétitive avec la mauvaise herbe lorsqu'elle couvre le sol, surtout si on évite les excès d'azote. Les principaux dommages à la culture sont causés par la compétition des mauvaises herbes dans les quatre premières semaines après la transplantation. Des recherches ont démontré qu'une ou deux grandes mauvaises herbes nitrophiles (*Amaranthus retroflexus*) par m^2 réduisent fortement le rendement.

Le paillis de plastique foncé peut être utilisé avec des résultats efficaces, mais il ne règle pas le cas de l'entre-rang où un bon nettoyage s'impose. Un cultivateur rotatif de type Lilliston ou Bezzerides est très efficace pour nettoyer les bords des paillis sans les déchirer ; on déplace de la terre pour butter légèrement les bords du plastique.

En plasticulture, on a moins besoin des faux semis, même s'ils améliorent la propreté des entre-rangs. Il faut habituellement faire un sarclage manuel à proximité des tiges, dans le trou de plantation lorsque le plant est bien établi, avant qu'il ne s'étale. On doit aussi procéder à un sarclage manuel entre les paillis.

La tomate s'accommode bien d'un couvre-sol bas entre les plastiques, ce qui réduit la pousse de mauvaises herbes durant la deuxième partie de la saison alors que les passages ne sont plus possibles ; le trèfle blanc nain est indiqué, et d'autres espèces pourraient être expérimentées, telle la vesce velue. En culture tuteurée, certains maraîchers entretiennent cet espace avec un rotoculteur, ou sèment un trèfle blanc nain et passent une tondeuse à gazon ou un tracteur à jardin. Évidemment, cette technique est plus appropriée sur de petites surfaces.

Des chercheurs américains ont expérimenté avec succès la plantation de tomates sans travail de sol dans un engrais vert de vesce velue implantée l'année précédente et simplement broyée avant la plantation ; les résidus couvrent le sol et se décomposent, libérant de l'azote. La survie à l'hiver est imprévisible au Québec.

30.9 INSECTES ET MALADIES

La phytoprotection est une question importante pour la réussite de la culture de la tomate. Plusieurs maladies bactériennes ou fongiques et quelques insectes peuvent infecter ou infester cette culture et en affecter le rendement.

30.9.1 MALADIES BACTÉRIENNES

Les maladies bactériennes sont souvent transmises par la semence et un traitement à l'eau chaude à 50 °C pendant 25 minutes est une prévention souvent adéquate ; cette méthode est expliquée au chapitre 12. On doit éviter tout travail dans les plants mouillés. La gale ou tache bactérienne affecte la tomate et le piment (chapitre 31).

Le chancre bactérien (*Clavibacter michiganensis*), propagé par la semence et par les plants importés du sud des États-Unis, s'avère très virulent, en particulier en serre où, lorsqu'il est installé, il peut contaminer les plants de tomates de champ. Il survit sur les résidus de culture, mais aussi sur le bois et le matériel de culture ; on recourt à une solution d'acide acétique (vinaigre) entre 0,6 et 0,8 % pendant 24 heures ou à un traitement à une eau plus chaude que pour les autres bactéries, soit 56 °C pour 30 minutes. Il faut nettoyer le matériel de culture à l'eau de Javel chaque année, détruire les plants affectés et les plants voisins en évitant le contact. Les produits cupriques sont sans effet. Évidemment, la rotation des cultures s'impose.

La moucheture bactérienne (*Pseudomonas syringae*) est propagée par la semence et les débris de plantes et se transmet par contact et éclaboussures. Les traitements à l'eau chaude ou au vinaigre sont utiles. La rotation des cultures et les cultivars résistants sont les autres moyens de prévention. Les produits cupriques peuvent aussi aider à la combattre.

30.9.2 MALADIES FONGIQUES

Les maladies fongiques sont très fréquentes dans les cultures de tomate. L'alternariose ou brûlure hâtive (*Alternaria solani, A. alternata*) apparaît sur les feuilles sous forme de taches brunes zonées qui s'agrandissent graduellement jusqu'à la nécrose des feuilles. La maladie se développe graduellement du bas vers le haut en détruisant d'abord les vieilles feuilles. Très fréquente au Québec, elle est souvent confondue avec la septoriose, car les deux maladies sont souvent combinées sur un même plant. Elle devient très dommageable en conditions chaudes et humides, car elle détruit complètement le feuillage, réduisant fortement le rendement et la qualité, et exposant les fruits aux coups de soleil.

L'arrosage le matin, en serre et au champ, réduit le risque, de même qu'une bonne régie de l'aération en serre et le choix de champs bien ventilés. On recommande l'utilisation d'un goutte à goutte et une bonne fertilisation pour obtenir des plants vigoureux. Tailler les feuilles affectées ralentit la contagion, mais c'est difficilement praticable au champ. Il existe des cultivars résistants. Enfin, une rotation de quatre ans réduira le problème.

On doit prêter attention aux mauvaises herbes de la famille des solanacées et aux pommes de terre, qui sont porteuses, et enfouir soigneusement les résidus de cultures pour qu'ils se décomposent rapidement. Le traitement des semences recommandé ci-dessus réduit le risque d'infection par la graine. Les pulvérisations de prêle aux 10 jours à partir de la nouaison peuvent aider à prévenir le problème. Le tuteurage, favorisant l'assèchement du feuillage améliore le rendement, de même que l'emploi de cultivars indéterminés produisant du nouveau feuillage. Le bicarbonate de soude à 1 cuillerée à thé par litre d'eau améliore la situation, mais il doit être appliqué aux 10 jours. La bouillie bordelaise est une autre mesure de contrôle partiel. Les produits cupriques sont utiles.

La tache septorienne (*Septoria lycopersici*) forme sur les feuilles des taches brunes, foncées à l'extérieur et pâles au centre avec de petits points noirs. La maladie ressemble beaucoup à l'alternariose à laquelle elle se combine sur les mêmes plants, se développant du bas vers le haut, et entraînant les mêmes problèmes, sauf qu'elle ne tache pas les fruits. Le mode de propagation ressemble à celui de l'alternariose, des périodes chaudes et humides lui étant favorables ; les moyens de prévention et de contrôle sont les mêmes. On la prévient en sarclant bien les champs de tomates.

L'anthracnose (*Colletotrichum coccodes*), qui affecte aussi les autres solanacées, se développe sur les fruits mûrs sous forme de dépressions rondes, suivies de l'apparition d'une tache brune et d'une pourriture à l'intérieur du fruit. Quand les dommages apparaissent, le pathogène est déjà installé sur le plant depuis longtemps. La saveur du fruit est altérée. Les longues périodes humides lui sont propices et elle s'installe souvent à la suite des deux maladies précédentes. Plusieurs mauvaises herbes sont des hôtes de l'inoculum. À peu près toutes les mesures de prévention présentées ci-dessus s'appliquent. La récolte des fruits avant leur pleine maturité réduit le potentiel d'infection. Le problème se pose quand on laisse mûrir les fruits complètement sur le plant, comme dans le cas de la tomate italienne.

La sclérotiniose (*Sclerotinia sclerotiorum, S. minor*), qui cause une fonte des semis et endommage la tige et les fruits du plant plus avancé, a plusieurs hôtes. Quand le problème est présent, la rotation est difficile à organiser, car le champignon parasite plusieurs mauvaises herbes, et plusieurs légumes : pois, haricot, chou et chou-fleur, rutabaga, céleri et cucurbitacées. Pour le combattre, on doit bien gérer les composts de résidus de cultures et du nettoyage des légumes, et assurer une bonne ventilation au champ.

La fonte des semis est une moisissure qui endommage le plant de plusieurs cultures au niveau du sol. Elle est favorisée par un terreau humide et froid et est causée, entre autres, par diverses espèces de *Pythium* et de *Phytophtora*, et par *Rhizoctonia solani*. Arroser tôt le matin et assécher la surface du terreau avant la nuit demeure la première méthode préventive ; il faut donc éviter les densités trop élevées et bien ventiler la serre. Le semis en multicellules ralentit la propagation d'un plant à un autre. On nettoie bien la serre et le matériel de culture et, si le problème est récurrent, on envisage la pasteurisation du terreau. Divers moyens de contrôle ont été utilisés en culture biologique avec des succès variables : l'inclusion de compost de feuilles de chêne dans le mélange de terreau, l'arrosage avec une tisane de camomille ou une solution de vinaigre à 2 % d'acide acétique, ou du permanganate de potassium à 3 %, ou encore l'application de sulfate de magnésium en granules à la surface du terreau. Une application préventive de sable horticole à la surface du semis peut améliorer la situation. Il faudrait toujours vérifier auprès de l'organisme de certification avant de choisir un traitement.

Certaines années, le mildiou de la pomme de terre ou brûlure tardive (*Phytophtora infestans*) ravage complètement les cultures de tomates. On ne peut le prévenir par la rotation, car les spores voyagent très loin dans les airs. Bien qu'il y ait une ou des souches plus spécifiques de *Phytophtora* pour la tomate, il faut surveiller de près les plantations de pommes de terre à proximité. Le cas échéant, on détruira rapidement le feuillage de ces dernières.

Plusieurs autres maladies fongiques affectent la tomate ; on peut généraliser en disant que les moyens de contrôle sont limités et qu'on doit toujours favoriser la prévention et l'utilisation de cultivars résistants.

30.9.3 MALADIES VIRALES

Diverses viroses affectent la tomate et le piment, notamment les mosaïques de la tomate, du concombre et parfois du tabac. La démarche préventive de base comprend un traitement de la semence à une température de l'air de 70 °C pendant quatre jours ; la désinfection à l'eau de Javel du matériel de culture en serre et au champ s'il y a déjà eu problème, notamment les sarcloirs utilisés dans une parcelle affectée ; la lutte contre les pucerons et thrips qui sont les vecteurs des virus responsables ; la surveillance de l'infection chez d'autres solanacées et les cucurbitacées. Les fumeurs doivent se laver les mains à l'eau chaude et au savon avant de manipuler les plants. On arrache les plants malades et on les laisse sur place, ou on les composte sans toucher d'autres plants. Il faut bien sarcler les plantations et éviter les mauvaises herbes de la famille des solanacées dans les endroits incultes. Utiliser des cultivars résistants ou tolérants à certaines viroses règle le problème ; les variétés anciennes sont plus affectées.

La pourriture apicale est une maladie physiogénique non parasitaire due à la migration trop lente du calcium dans la plante. Il semblerait que le calcium ne circule pas dans la plante par les vaisseaux, mais par le parenchyme. Il agit comme un ciment qui lie les cellules entre elles. Les nécroses sur le bout des fruits peuvent donc apparaître sans aucun lien avec la teneur du sol en calcium. Cela peut-être favorisé par une croissance trop luxuriante, des doses excessives d'azote ou une carence en bore, par la mortalité racinaire due à un excès d'eau temporaire, par le bris des racines lors du sarclage, bref tout ce qui peut créer un déséquilibre feuillage/racines. L'entretien calcique régulier des sols est à la base de la prévention, mais la carence est surtout causée par la sécheresse et l'irrigation irrégulière ; il est préférable de pratiquer des arrosages fréquents et modérés. Le développement d'un système racinaire vigoureux et profond est à rechercher, donc un sol sain, bien structuré et bien drainé ; le paillis de plastique qui régularise l'humidité est à favoriser. Si la période suivant la plantation est très humide, le sol mal drainé et le système racinaire restreint, le problème sera accentué ; une sécheresse suivant la plantation limite aussi les racines. On sarcle superficiellement pour ne pas trop détruire de racines. Des pulvérisations foliaires de calcium chélaté ou de chlorure de calcium sont susceptibles d'améliorer la situation s'il y a véritablement carence en calcium, mais il n'est pas certain que l'élément déficient se rende jusqu'au fruit. Il a été démontré au cours des dernières années qu'il est plus efficace d'apporter le calcium chélaté aux racines.

30.9.4 INSECTES

Les insectes sont beaucoup moins problématiques que les maladies dans la tomate de champ. Dans les zones de culture de pommes de terre, le doryphore cause parfois des problèmes. On peut pratiquer une rotation des cultures loin des champs de pommes de terre.

Le puceron vert du pêcher (*Myzus persicae*) et plusieurs autres pucerons peuvent être dommageables s'ils transmettent des virus. En serre, il est préférable de les contrôler avec du savon en couvrant bien le dessous des feuilles. On peut aussi favoriser les coccinelles et les autres auxiliaires naturels par l'aménagement de brise-vent diversifiés.

Le ver fil de fer est favorisé par les graminées de prairies ou les mauvaises herbes. La prolifération des divers vers gris (noctuelle) est aussi stimulée par une séquence de prairie. Il faut bien recouvrir le compost pour y limiter la ponte des noctuelles. On peut aussi pratiquer une jachère d'été en juillet et août pour exposer les insectes aux éléments et aux oiseaux, terminer avec un engrais vert d'automne, faire deux faux semis avant l'implantation de la culture et encourager la présence d'auxiliaires naturels. Le *Bacillus thuringiensis* (*B.t.*), qu'on applique le soir, peut s'avérer un moyen de contrôle utile pour les noctuelles.

Les limaces peuvent endommager les fruits mûrs. S'il y a infestation, il faut les récolter fréquemment et assez tôt. On choisit d'abord des parcelles bien drainées et ventilées, on fauche les bords des brise-vent, on travaille le sol en fin d'automne pour exposer les œufs, on pratique les faux semis au printemps et on effectue une rotation. Parmi les plants très appréciés des limaces, on note le chou chinois et les autres crucifères ainsi que la laitue.

Il est efficace de biner fréquemment et de laisser des trappes, par exemple du carton mouillé ou des planches de bois à plat qui les attirent pour la journée, de cueillir les limaces, de les faire décomposer dans de l'eau et de les pulvériser sur la parcelle.

30.10 ENTRETIEN

Pour entretenir des cultures de tomate, il est bon, aussitôt après la plantation, de procéder à un apport par fertigation de purin d'orties ou de compost afin de favoriser une reprise rapide et d'éviter un arrêt de croissance indésirable.

Bien filtrés, ces produits peuvent être injectés dans le goutte à goutte. Des pulvérisations foliaires d'algues, d'extraits de composts, de purins végétaux, de préparat 501 et de vinaigre de cidre sont appliquées par divers maraîchers. Généralement, elles sont concentrées dans la première moitié de la saison.

Normalement, aucune taille n'est faite sur les variétés déterminées et semi-déterminées au champ cultivées à plat. L'entretien se centre sur le contrôle des mauvaises herbes, l'irrigation, le contrôle des insectes et des maladies, et la fertilisation d'appoint.

Des applications foliaires pourront être faites en cours de saison avec du calcium chélaté ou un autre type de calcium foliaire pour prévenir la pourriture apicale. Il ne sert à rien de faire des applications de calcium si la plante manque d'eau ou a un régime hydrique irrégulier. En biodynamie, on fait trois pulvérisations de silice (501) à 10 ou 20 jours d'intervalle, après la reprise des plants au champ.

30.11 RÉCOLTE

La séquence de maturation de la tomate implique une transformation de la couleur : on dit des tomates qu'elles sont vert foncé, vert pâlissant (ou blanchâtres), avec une étoile jaune ou blanche sous le fruit, tournantes, partiellement colorées et mûres. Pour la vente en gros et le transport à distance, en régie conventionnelle, on récolte les tomates vert pâlissant et on les traite à l'éthylène comme les bananes. Pour la vente locale, la récolte se fait à partir du moment où la tomate commence à se colorer ; certains marchés préfèrent une tomate pas trop avancée, dite tournante, d'autres une tomate bien mûre.

Il est préférable de rafraîchir légèrement le fruit avant le triage et le classement pour ne pas l'endommager ; en effet, les fruits chauds sont plus sensibles. On refroidit généralement à l'air. Certains préfèrent passer les fruits dans un bain d'eau chambrée pour les nettoyer ; attention aux maladies : le brossage doux est préférable. Un maraîcher américain utilise des petits gants extensibles en tissu pour le nettoyage. Le classement est important, la tomate de champ n'étant pas toujours d'excellente qualité. Un calibrage basé sur le diamètre des fruits s'avère intéressant pour améliorer la présentation et la valeur du produit. Les fruits doivent être fermes, sains, sans taches ou dommages, et de couleur uniforme. L'enlèvement du pédoncule peut diminuer les dommages, mais il endommage le fruit de certains cultivars.

Certaines nouvelles options se développent actuellement comme la récolte de grappes entières et la mise en marché de cultivars traditionnels. Il est pratique d'aménager des chemins de tracteur dans la plantation pour faciliter l'accès lors de la récolte. La récolte requiert beaucoup de main-d'œuvre. Souvent on utilise un seau en plastique.

30.12 CONSERVATION ET MANUTENTION PRÉVENTE

La conservation de la tomate a fait l'objet de recommandations d'Agriculture Canada. Une tomate mûre mais ferme se conserve pendant cinq jours dans de bonnes conditions, idéalement entre 10 et 12 °C ; à la température ambiante, dans une épicerie, un kiosque ou un stand, elle se dégrade plus rapidement. Certains cultivars se conservent jusqu'à deux semaines. Une tomate verte ou tournante peut se garder de deux à six semaines, entre 13 et 16 °C ; à une température de 18 °C, la maturation peut être accélérée, et à 13 °C, la conservation sera plus longue ; à 10 °C, la maturation peut se faire inégalement. L'humidité relative sera maintenue entre 85 et 90 %.

Ailleurs dans le monde, on observe d'autres règles ; en France, on rallonge l'entreposage des tomates partiellement colorées à 5 °C. En Californie, on recommande pour la tomate mûre une température de conservation entre 7 et 10 °C.

Les emballages des tomates varient en fonction des différents marchés et des distances de transport. Ils doivent assurer une circulation de l'air et une stabilité des fruits. Le tripotage des consommateurs à l'achat endommage fréquemment les fruits.

Certains producteurs effectuent une transformation artisanale d'une partie de la récolte. En général, le climat québécois n'est pas propice à la transformation à grande échelle.

30.13 PLASTICULTURE ET PRIMEURS

Dans la grande région de Montréal, le forçage de la tomate avec plasticulture et mini-tunnel de plastique est difficile, car on arrive difficilement à retenir suffisamment la croissance végétative, ce qui retarde la maturité. En région éloignée avec gel printanier, on peut envisager cette possibilité. On cultive aussi maintenant beaucoup la tomate sous grand tunnel.

La tomate de primeur exige un sol chaud, une exposition au sud, des brise-vent naturels ou artificiels, et des paillis de plastique thermiques pour accélérer la croissance. On doit choisir des cultivars hâtifs. L'irrigation est essentielle lors d'années sèches, et des fertilisations liquides et foliaires peuvent accélérer la croissance. Il est préférable de choisir un site où le drainage de l'air vers des zones plus basses se fait bien, et où les brise-vent empêchent l'air froid de descendre dans le champ. La qualité du transplant (transplant en plus grosse motte et reprise rapide de la croissance) et un contrôle serré de la fertilisation, donc du développement foliaire, sont la base de la hâtivité.

Le paillis améliore faiblement la précocité, et c'est surtout dû au fait qu'il régularise l'humidité du sol et en empêche la compaction. La précocité peut facilement être annulée, dans le cas de la tomate, par une croissance trop vigoureuse du feuillage. Le petit supplément de chaleur aux racines apporte un autre petit coup de pouce.

Le paillis de plastique améliore le rendement et la qualité ; il y a moins de taches de maladies sur le fruit, qui est aussi plus facile à nettoyer. Un plastique de 1,20 m ou 1,50 m de large est utilisé. Le premier couvre 90 cm et le second, qui couvre 1,20 m, réduit mieux les éclaboussures de terre. Le sarcloir utilisé influence le choix du plastique et l'espace entre les planches, de même que la largeur des roues et entre les roues du tracteur. On peut monter un dérouleur de goutte à goutte sur la dérouleuse de plastique. Il faut passablement de doigté pour réussir un beau transplant qui n'est pas étiolé et une production de primeur.

Chapitre 31

LE PIMENT

Capsicum annuum (Pepper)

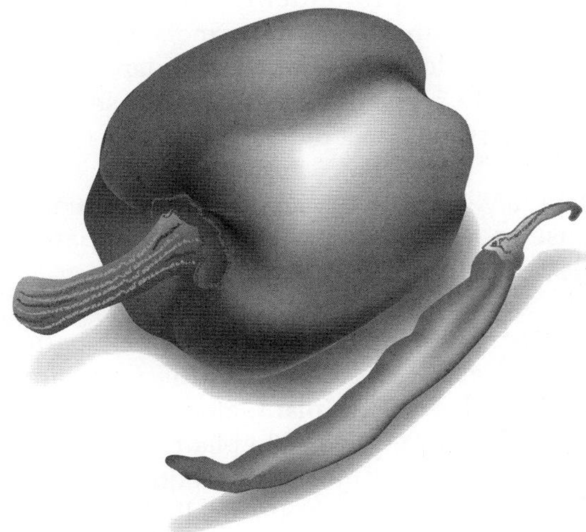

INTRODUCTION

Le terme « poivron » désigne en France le piment doux, alors que « piment » fait référence au piment fort. Nous utiliserons les termes piment doux et piment fort.

Les piments sont des plantes annuelles de la famille des solanacées ; vivaces en milieu tropical, ils requièrent beaucoup de chaleur. Les plants doivent être démarrés en serre au Québec. La culture se fait essentiellement sur paillis de plastique avec irrigation goutte à goutte. Le piment a un système racinaire sensible à l'asphyxie ; tout en craignant la sécheresse, il préfère les sols sableux bien irrigués. Il peut aussi être cultivé en serre. La fertilisation doit être très équilibrée : une surfertilisation azotée provoque une trop grande abondance de feuilles et retarde la mise à fruit. Le piment est la cible de plusieurs maladies et insectes, et il attire fortement les pucerons. Au Québec, le piment doux de primeur en champ arrive sur le marché à partir de la mi-juillet, et sa cueillette dure jusqu'aux gelées. Le piment est le légume le plus riche en vitamine C.

31.1 PLANTE

Les racines du piment sont abondamment ramifiées ; elles s'étalent sur un diamètre d'environ 50 cm et pénètrent à 70 cm de profondeur, et même jusqu'à 1 m quand la structure du sol le permet. La majorité des racines se développe à l'horizontale dans les premiers 25 cm. Des racines adventices peuvent se développer sur la tige lorsqu'elle est buttée.

Le plant développe deux tiges ou plus. La tige devient ligneuse en vieillissant. Le port et l'apparence des feuilles varient selon la variété.

La fleur, seule ou en paire, se développe à partir du 8e ou du 9e nœud. On a ensuite une fleur aux deux feuilles dans le haut du plant, alors qu'on a une fleur aux cinq feuilles dans le bas du plant. Comme le climat québécois est frais la nuit, il provoque la ramification des tiges situées au bas du plant. Il s'ensuit un retard de l'apparition des fleurs et des rendements de primeur. La fleur s'ouvre durant 24 à 30 heures. C'est une fleur mellifère si bien qu'elle peut être pollinisée par des insectes, mais sa pollinisation est essentiellement autogame. La pollinisation diminue au fur et à mesure que le plant se charge de fruits. Une cueillette importante améliore la pollinisation dans la deuxième partie de la saison. La chute des fleurs est un phénomène courant et normal. Un plant produit des centaines de fleurs en saison, pourtant six fruits vendus par plant suffisent à assurer un bon rendement. Une chute anormale des fleurs peut cependant entraîner un faible rendement hâtif. Quatre facteurs peuvent être en cause : des températures excédant 32 °C, le stress hydrique, l'excès d'azote dans la fertilisation et l'attaque d'insectes, en particulier de la punaise terne.

Les fruits sont soit dressés, soit penduleux. La facilité à détacher le fruit lors de la cueillette est importante pour limiter le bris des tiges. Ce facteur tient du cultivar. Les formes et les dimensions des piments sont très diverses. Le type cloche à trois ou quatre lobes, de forme carrée est de loin le plus répandu et le standard le plus cultivé, mais parmi les centaines de variétés de piments, on trouve des formes rondes, pointues, plus ou moins longues (banane, chili, cayenne), des cloches bosselées (habanero et scotch bonnet) et des formes oblongues (jalapeno).

31.1.1 TYPES DE PIMENTS

On classe les piments doux ou poivrons en quatre grandes catégories selon leurs caractéristiques morphologiques et leurs couleurs.

Il y a d'abord le piment en forme de cloche qu'on récolte au stade immature vert, ou mature rouge, jaune, orangé et même d'autres couleurs. Tous les piments changent de couleurs à maturité. Les piments vendus comme « de couleur » sont en fait des cultivars hâtifs qui réussissent à mûrir sous notre climat. Il existe une deuxième catégorie de piment en forme de cloche, blanc ou pourpre, qui prend sa couleur dès la nouaison et qui est cueilli immature ; à maturité, ses cultivars prennent une couleur rouge peu attrayante. Les deux dernières catégories sont les piments de forme allongée, qui ont différentes couleurs, et les piments de forme ronde, également de différentes couleurs.

Plusieurs dizaines de types de piments forts sont cultivés, principalement dans les tropiques. Ils sont longs et étroits, de type Chili ou Cayenne, surtout rouges et verts, mais ils sont aussi disponibles dans d'autres formes (de grande taille ou cerise) et d'autres couleurs, frais ou séchés. La consommation de piments forts a beaucoup augmenté ces dernières années partout en Amérique. Ce phénomène est lié à la popularité de la cuisine Tex-Mex et des cuisines asiatiques.

La Hongrie se fait une spécialité du paprika plus ou moins fort.

31.1.2 CONDITIONS CLIMATIQUES

De la chaleur, du soleil et de l'eau en abondance sont les trois conditions climatiques essentielles à un bon rendement dans la culture du piment.

Le piment préfère les jours longs de l'été pour sa mise à fruit. Une lumière intense lui est très favorable ; plus la lumière est intense, plus les fruits se développent rapidement. Des températures de 25 °C le jour et de 20 °C la nuit sont optimales les jours ensoleillés, et 20 °C convient les jours nuageux. Le piment tolère bien des chaleurs dépassant les 30 °C et les nuits à 25 °C. En deçà de 18 °C, moins de graines sont formées et plus de fruits sont déformés.

Une température du sol de 25 °C est optimale pour le piment ; l'utilisation de paillis réchauffants lui convient bien. Le plant n'aime pas les grands vents en début de saison ; de plus, son taux d'évapotranspiration est élevé ; il apprécie la protection d'un brise-vent naturel ou artificiel.

31.2 CULTIVARS

Beaucoup de cultivars sont mal adaptés à notre climat ; les distributeurs de semences les ont testés et donnent des informations précieuses sur les cultivars retenus. Il faut de 55 à 80 jours après la transplantation pour parvenir à la récolte du piment vert.

Dans le choix des semences et des cultivars, on tient compte du piment recherché :

— la forme,
— la grosseur,
— le nombre de lobes,
— la couleur (certains n'ont pas de phase verte),
— la maturité,
— la tolérance ou résistance aux maladies, surtout la mosaïque du tabac et la tache bactérienne,
— l'adaptation à la culture en serre,
— l'uniformité des fruits,
— la saveur et le mode de transformation (piments forts, à sécher, etc.),
— le port du plant et du fruit (dressé, retombant),
— fermeté et épaisseur du péricarpe,
— résistance à la chaleur ou au frais,
— le potentiel de rendement.

31.3 PROPAGATION

31.3.1 SEMENCES ET GERMINATION

Les semences du piment peuvent se conserver durant quatre ans. On en compte 200 à 600/g et, pour la production de transplants, il en faut 200 à 500 g/ha. La température idéale de germination est de 25 à 29 °C. Dans de bonnes conditions de chaleur et d'humidité, la semence prend environ sept jours à germer.

31.3.2 PRODUCTION DE TRANSPLANTS

Les semis sont faits en serre 45 à 60 jours avant la transplantation au champ selon la taille du contenant. Si on veut repiquer les semis, il faut prévoir une période un peu plus longue qu'avec un semis en place en caissettes ou en multicellules, soit de 5 à 10 jours de plus. Certains producteurs préfèrent une période de production du plant un peu plus courte pour diminuer le risque d'avoir un plant trop mature à la plantation : un plant qui fleurit risque d'avoir une reprise et une production de fruits moins bonnes.

La température idéale de germination est de 25 à 29 °C. La semence prend au mieux sept jours à germer dans de bonnes conditions de chaleur et d'humidité. Certains producteurs placent la graine durant quatre à cinq jours à des températures de 0 à 2 °C avant le semis. Certains utilisent un bain de semence à base d'algues liquides pendant une heure, suivi d'un ressuyage des graines et d'un assèchement à la cendre de bois. Les Hongrois utilisent un traitement de semence à base de peroxyde d'hydrogène (solution 0,5 à 2 %) pendant 18 à 24 heures, suivi d'une journée de séchage avant le semis. Ils font aussi un traitement de six jours à une chaleur de 35 °C qui augmente les rendements. Il y aurait de la mise au point à faire pour la production québécoise.

La température de croissance est de 18 à 25 °C le jour et de 16 à 20 °C la nuit, plus frais les jours nuageux, plus chaud au soleil. Au stade cotylédon, on peut temporairement adopter des températures plus fraîches. Les semis se font directement en multicellules ou en caissettes. Plus le contenant de croissance offre d'espace, plus les rendements hâtifs sont augmentés ; il faut donc choisir des contenants profonds. On utilise des plateaux de 36 à 72 cellules qui offrent assez de volume pour éviter l'étiolement. Des alvéoles plus petites, comme celles des plateaux 128, conviennent lorsqu'on ne recherche pas des récoltes hâtives et si on raccourcit la période de culture, mais elles offrent moins de flexibilité lors d'un retard de plantation. On peut aussi repiquer le plant en pots individuels de 10 cm pour la primeur. Un semis suivi d'un repiquage renforce généralement la récolte hâtive.

Le terreau sera constitué, pour une bonne partie, de compost de bonne qualité et ensemencé en mycorhizes. Le piment est plus sensible que la tomate à la salinité, et il souffrira facilement d'une carence en magnésium. Le pH du médium devra être de 6,5 à 7,0. On prendra soin d'endurcir les plants pendant 7 à 10 jours avant la plantation au champ, en réduisant l'arrosage et en les exposant graduellement aux conditions extérieures. Le piment est facilement brûlé par le soleil s'il est mal endurci.

31.3.3 PLANTATION AU CHAMP

La plantation se fait au champ lorsque le sol a atteint au moins 15 °C et avant que les transplants en serre n'aient commencé à former des fleurs, sinon on obtient une production de fruits de piètre qualité qui nuit au développement du plant. Si la transplantation est suivie d'une période fraîche, la reprise est beaucoup plus lente.

Lors de la plantation, on place les plants de manière que le niveau des cotylédons reste hors de terre. La culture sur billons ou sur planche relevée est avantageuse : c'est la première mesure à prendre pour accélérer le réchauffement du sol. L'emploi d'un paillis de plastique vient compléter l'opération.

31.3.4 ESPACEMENTS

La plantation se fait en rangs doubles, plus ou moins espacés ou en quinconce, ou en rangs simples.

On peut planter au champ en rangs doubles disposés en quinconce, avec 50 cm entre les rangs et entre les plants, 1,5 ou rarement 1,7 m entre les planches surélevées ou les rangs jumelés, pour des populations de 23 000 à 27 000 plants/ha selon le dispositif de plantation.

On peut aussi espacer en rangs doubles avec 60 à 75 cm entre les rangs et 30 cm entre les plants, ce qui donne une population de 44 000 plants/ha avec 1,5 m entre les planches.

Enfin, on peut planter en rangs simples espacés de 1 à 1,2 m avec 30 à 45 cm entre les plants sur les rangs, pour des densités de 17 000 à 33 000 plants/ha.

La distance de plantation idéale dépend toujours de la vigueur et du port végétatif du cultivar choisi, ainsi que de la machinerie utilisée. Il faut s'assurer que le feuillage couvre bien le rang, car le fruit mal ombragé peut être brûlé par le soleil ; par contre, un espacement plus dense requiert une fertilité plus élevée et un meilleur contrôle de l'irrigation.

Juste avant une plantation manuelle, on peut humecter les mottes avec un pralin à base d'argile et d'extraits d'algues. L'emploi du paillis, parce qu'il retient l'humidité, assure un bon démarrage du plant jusqu'à la fructification. Si le terrain est venteux, il est important d'avoir un brise-vent pour réduire l'impact asséchant du vent sur les plants. Une clôture à neige, une lisière de seigle d'automne ou un brise-vent de plastique font l'affaire si on ne dispose pas de brise-vent naturels.

31.4 SOLS ET FERTILISATION

31.4.1 CHOIX ET PRÉPARATION DU SOL

Le piment demande un sol profond, meuble, très bien drainé et chaud. Ses racines ne supportent pas l'asphyxie. Un sol sableux convient très bien, surtout si on a un système d'irrigation pour compenser une faible rétention d'eau du sol. Un loam moyen convient ; il faut éviter les sols lourds et les sols compacts et sous-soler l'automne précédent si les conditions l'exigent et que le sol est assez sec. Un travail profond à l'aide d'un chisel ou un labour donneront un profil meuble. En sol limoneux ou sableux, le labour de printemps pourrait convenir ; dans un loam argileux, un travail profond en automne est préférable. Attention aux conditions d'humidité lors de la préparation du sol et de la plantation : la structure se doit d'être excellente. Divers outils peuvent servir à la préparation au printemps : cultivateurs à dents, herse à disques ou cultivateur rotatif (rotoculteur).

Le pH optimal du sol se situe entre 6,5 et 7,0, mais le plant tolère de 5,6 à 8,5 sans grand problème.

31.4.2 FERTILISATION

A. Exportation moyenne

Les données d'exportation présentées au tableau 31.1 sont des moyennes pour des piments doux. Les piments forts, secs, exigent de doubler ou même de tripler les teneurs, mais les tonnages sont moindres. Des rendements élevés, par exemple en serre, demanderont de multiplier proportionnellement les données d'exportation. Comme pour la plupart des fruits, l'exportation est relativement faible comparé à la consommation totale des plants ; les résidus retournent la majorité des éléments nutritifs au sol.

TABLEAU 31.1 Exportation moyenne chez les piments doux

(t/ha)	N (kg/ha)	P_2O_5 (kg/ha)	K_2O (kg/ha)
Fruits			
13	20 — 25	7 — 8	30 — 40
20	30 — 40	10 — 15	45 — 53

Au tableau 31.2, on présente diverses fertilisations dans le monde en culture conventionnelle. En Europe, des fertilisations azotées élevées sont utilisées sous des climats plus favorables, ce qui conduit à des rendements très élevés. Au Québec, les recommandations de fertilisation pour le piment sont au tableau 31.3.

TABLEAU 31.2 Fertilisations en culture conventionnelle

N (kg/ha)	P_2O_5 (kg/ha)	K_2O (kg/ha)
90 — 300	40 — 240	30 — 400

TABLEAU 31.3 Recommandations québécoises

N (kg/ha)	P_2O_5 (kg/ha)	K_2O (kg/ha)
140	40 — 240	30 — 240

L'azote est fractionné alors que le P et K sont variables selon la richesse du sol ; on peut consulter les grilles de recommandations du CRAAQ pour plus de détails.

En culture biologique, le piment aime bien croître dans un milieu à forte fertilité résiduelle ; si un apport de compost s'avère nécessaire, on utilisera jusqu'à 60 t/ha de compost mûr ou 30 à 40 t/ha de compost moyennement mûr, selon l'analyse. On doit calibrer à la baisse le compost de fumier de volailles, qui est plus riche. Si le piment suit une culture fertilisée abondamment, il pourrait réussir sans apport de compost ou avec un apport beaucoup plus faible.

On doit s'assurer de ne pas aboutir à une surfertilisation azotée pour éviter de provoquer une croissance qui serait trop végétative au détriment de la floraison. Il faut prévoir une minéralisation de N de l'ordre de 140 kg/ha, graduelle et soutenue. On doit aussi éviter les apports importants de suppléments organiques d'action rapide, car le plant est sensible à l'excès d'azote : les fleurs coulent et le feuillage est trop stimulé ; par contre, la carence en azote nuira autant. En culture conventionnelle, on fractionne le N en trois ou quatre apports. On pourra apporter de l'azote supplémentaire en culture non paillée avant le binage, au moment de la mise à fruit et après la première récolte. En culture paillée, il faut prévoir la minéralisation graduelle de l'apport en début de culture et celle des matières organiques du sol.

Pour les autres éléments nutritifs, on cherche à avoir des teneurs élevées en potasse (K), particulièrement pour les piments de couleur, et en phosphore (P), ainsi que du magnésium en abondance (Mg) ; si ce dernier est déficient, on utilise de la dolomite lors des chaulages, ou le Sul-Po-Mag.

Comme dans le cas de l'aubergine et de la tomate, le calcium joue un rôle important dans la qualité des fruits. Une carence en calcium risque de provoquer la pourriture apicale des fruits. Un régime hydrique régulier et un bon taux de calcium sont intimement liés dans la prévention de ce type de problème (voir maladies).

Un apport modéré de cendre de bois avant un binage après le début de la mise à fruit peut augmenter le calcium échangeable, tout en fournissant une fertilisation potassique. Une fertilisation excessive en K peut bloquer le Ca et renforcer le problème de pourriture apicale.

En ce qui a trait aux oligo-éléments, on doit assurer des teneurs correctes en bore, en cuivre, en zinc et en manganèse.

31.5 ROTATION DES CULTURES

Pour que la rotation soit optimale pour le piment, on doit éviter le retour trop rapide des solanacées (tomate, piment, pomme de terre, aubergine) et on laisse s'écouler quatre à cinq ans avant le retour du piment sur une même parcelle. De plus, s'il y a des traces de mosaïque, on doit éviter les cucurbitacées comme précédent (concombre, courge, melon, citrouille).

Le piment suit bien les cultures exigeantes qui reçoivent une fertilisation organique abondante. Les crucifères hâtives sont de bons précédents. Les pois et les haricots hâtifs laissent amplement de temps pour bien préparer le sol et implanter un engrais vert d'automne. Le piment peut suivre un engrais vert de crucifères ou d'un mélange légumineuses-graminées, ou un seigle d'automne enfoui au printemps. Enfin, s'il y a de la pyrale, on évite la succession ou la proximité du maïs.

Le piment précède bien les légumes-racines ou les légumineuses. Sa culture avec paillis de plastique peut laisser un sol propre si on entretient bien l'espace entre les plastiques. On peut aussi butter le piment lors du sarclage, ce qui en fait un précédent nettoyant, en particulier si les plants sont assez rapprochés sur le rang, ce qui lui convient bien. La culture du piment laisse environ 8 à 15 t/ha de résidus de cultures (matière fraîche).

31.6 CULTURES ASSOCIÉES

Associer une ou des cultures à celle du piment est difficilement praticable en culture de champ.

31.7 IRRIGATION

Si le temps est sec, on irrigue immédiatement après la transplantation pour favoriser la reprise. Le système racinaire étant moyennement développé et les processus métaboliques très intenses lorsque le climat est favorable, le piment épuise rapidement l'eau à sa disposition. Les besoins en eau varient aussi d'un cultivar à un autre. On peut généraliser en disant que les piments forts exigent moins d'eau que les piments doux.

Le mois d'août, principal mois de production des fruits, requiert du maraîcher une attention accrue. Durant ce mois crucial, l'évapotranspiration peut varier de 120 g/plant/jour à 600 g/plant/jour lorsque les conditions sont chaudes et venteuses. Selon la densité de la plantation et la capacité des réserves du sol à satisfaire les besoins du plant (remontée capillaire de la nappe phréatique), on peut être amené à irriguer de 2,5 cm aux six jours jusqu'à 2,5 cm/jour en densité élevée et en conditions asséchantes. L'emploi d'un système d'irrigation goutte à goutte est l'idéal, sinon les systèmes par aspersion feront l'affaire, sauf en présence de maladies bactériennes qu'ils contribuent à répandre.

L'utilisation d'un tensiomètre ou le suivi du bilan hydrique est à recommander pour planifier le plus précisément possible la fréquence et la durée des arrosages. Le niveau d'humidité optimal du sol est de 60 à 70 % de la capacité, il faut donc prévoir des arrosages fréquents et éviter l'assèchement qui réduit fortement le rendement. L'excès d'eau est fortement dommageable ; on doit donc choisir des sols bien drainés. Rappelons que la pourriture apicale est favorisée par une mauvaise gestion de l'eau.

31.8 GESTION DES MAUVAISES HERBES

Si on opte pour le paillis de plastique, des passages de sarcloir dans les rangs suffisent à contrôler les mauvaises herbes. On peut essayer de déplacer un peu de sol vers les bords du plastique, où les mauvaises herbes s'installent. Un sarcloir à dents convient peu, car il a tendance à déchirer le paillis ; un sarcloir rotatif, par exemple un Lilliston qui déplace du sol vers le rebord du plastique, est idéal. Il sera probablement nécessaire de faire un passage de sarclage manuel pour nettoyer les herbes aux pieds des plants. Le paillis de plastique est la méthode la plus économique de contrôle des mauvaises herbes, si l'équipement approprié est disponible, en plus de régulariser l'approvisionnement en eau du plant et de prévenir la compaction du sol.

On peut effectuer un ou deux faux semis à dix jours d'intervalle en mai pour faire lever des mauvaises herbes avant la pose des plastiques ou la transplantation. Cette technique a le désavantage d'assécher le sol. Des binages réguliers stimuleront la croissance des plants, mais le sarclage peut endommager les racines et favoriser la pénétration de *Phytophtora infestans*. Si on opte pour le goutte à goutte sans paillis, le sarclage sera compliqué par la présence de la ligne.

On peut s'attendre à des problèmes avec les plantes nitrophiles qui aiment bien les champs de légumes.

31.9 INSECTES ET MALADIES

En Hongrie, on recommande un traitement de la semence de 10 minutes dans une solution de 2 % de soude caustique suivi d'un bon rinçage. On effectue aussi un trempage d'un jour à 0,4 % suivi d'une journée de séchage. Ce traitement sert à prévenir la transmission de maladies causées par des organismes qui survivent sur les semences, mais il ne contrôle pas les maladies bactériennes qui infectent l'intérieur de la semence. Il importe de vérifier l'acceptabilité de ce traitement auprès de son organisme de certification.

Le piment est sensible à la fonte des semis ; une bonne qualité de terreau et de bonnes conditions de température, d'humidité et surtout de ventilation sont les meilleurs moyens de contrôle. L'une des bases préventives incontournables est l'utilisation d'un terreau de qualité, exempt de sol ayant été en contact avec des piments et des concombres, et d'un compost très bien suivi.

Parmi les insectes qui causent des problèmes aux piments, il y a le puceron, la punaise terne et la pyrale du maïs.

Le puceron est souvent problématique. Il propage occasionnellement le virus de la mosaïque du concombre à partir du concombre sauvage. Les dommages directs du puceron sur le plant et la présence de miellat sur les fruits sont les principales menaces. Le puceron se contrôle principalement par l'utilisation de savon insecticide. Il faut bien surveiller les plants en serre. L'emploi de paillis de couleur argentée ou aluminée réduit l'incidence des pucerons sans les contrôler totalement ; ces paillis agiraient en brouillant le mécanisme de reconnaissance des plantes par le puceron. Parce que ces paillis sont réfléchissants, ils nuisent à la précocité, mais ils favorisent des rendements tardifs élevés.

La punaise terne est un ravageur occasionnel. Elle est polyphage, c'est-à-dire qu'elle s'attaque à beaucoup d'espèces végétales, dont elle pique les points de croissance, les boutons floraux de 1 mm, ce qui est peu observable sur le coup. Par la suite, on constate qu'il y a des trous dans la production. La coupe des fleurs joue en faveur des producteurs à partir du mois de septembre, puisqu'il s'agit de laisser les derniers piments mûrir et non de produire de nouveaux fruits, ce qui n'est pas le cas en juillet. La migration des punaises après la fauche de prairies de légumineuses d'un champ voisin peut causer des dommages très sérieux. On recommande actuellement *Beauveria bassiana*, vendu sous le nom de Mycotrol, pour le contrôle biologique de la punaise terne.

La pyrale du maïs affecte aussi les piments. La production de piment au Québec est concentrée dans la région de Saint-Hyacinthe et le sud de Montréal, qui fournit 90 % de la production. Ce sont des zones de production du maïs et la pyrale aime bien les plants sucrés où elle peut se camoufler, comme le piment. On distingue deux races de pyrales au Québec : la bivoltine et l'univoltine. La bivoltine arrive tôt en saison, en juin, au moment où le piment n'a pas de fruit, ce qui n'est pas attirant pour la pyrale qui aspire à goûter à des fruits d'au moins 3 cm. Elle revient au mois d'août, et c'est la deuxième génération qui pond sur la face inférieure des feuilles de piment et rentre dans le fruit près du calice.

On voit à cet endroit des déjections d'insectes et des trous dans le fruit. L'eau ne tarde pas à entrer, et le fruit devient lourd et il pourrit. L'autre race de pyrale, l'univoltine, arrive en juillet et n'a qu'une génération par an. Elle peut causer les mêmes dégâts que la bivoltine, mais comme il y a peu de fruits sur le plant à ce moment, son importance est marginale. Les producteurs conventionnels traitent de quatre à six fois par saison contre la pyrale dans le piment. Comme moyen de contrôle biologique, il y a les trichogrammes, dont l'utilisation est de plus en plus répandue dans le maïs et qui est efficace dans le piment. Si le problème est très présent, la roténone peut être utilisée ou le *Bacillus thuringiensis*.

On prévient la gale bactérienne (*Xanthomonas campestris*) par un traitement des semences dans une solution d'acide acétique de 0,6 à 0,8 % pendant 24 heures à 21 °C ou un trempage dans l'eau chaude à 56 °C pendant 30 minutes. Il faut éviter la rotation avec des tomates qui sont également sensibles à cette maladie. Soigner l'hygiène des serres et la ventilation, la désinfection des plateaux et des structures est primordial. On doit aussi éviter l'irrigation par aspersion et travailler au champ en conditions sèches. Le cuivre peut aider à ralentir la contamination, mais on peut commencer par choisir des cultivars tolérants (X3R).

Le *Botrytis cinerea* se développe sur les fruits lorsque des feuilles ou des sépales restent collés sur le fruit, ce qui donne un environnement idéal au développement de la maladie. En période de production des plants, on doit assécher les serres pour réduire la propagation.

La pourriture apicale ou nécrose apicale sur les piments se développe avec les stress hydriques et la disponibilité réduite en calcium. Parfois, on peut confondre la pourriture apicale et les insolations. Il faut bien observer le fruit et voir d'où la tache est partie : la pourriture apicale commence toujours sur l'extrémité du fruit. Les piments sont aussi très fragiles au coup de soleil.

La mosaïque du concombre, d'origine virale, présente des symptômes très variables. On peut la prévenir en évitant la proximité des cucurbitacées et par la rotation des cultures. Le virus de la mosaïque du tabac (TMV) cause aussi des problèmes ; on doit choisir des cultivars résistants.

31.10 ENTRETIEN

Pour l'entretien du piment, aussitôt après la plantation, une fertilisation azotée à base de purin de compost ou d'orties favorisera une reprise rapide et évitera un arrêt de croissance indésirable. Normalement, aucune taille n'est faite dans le piment au champ ; cependant, l'expérience démontre qu'un éclaircissage conduit à une récolte de fruits de calibre plus élevé. Si on choisit de tailler, on fait attention à la propagation de maladies.

L'entretien sera centré sur le contrôle des mauvaises herbes, l'irrigation, le contrôle des insectes et des maladies et la fertilisation d'appoint, qui peut être importante dans certains cas. En effet, le piment est un plant délicat, il réagit par un arrêt de croissance ou la chute des fleurs au moindre déficit en eau et en éléments nutritifs. Le phosphore favoriserait la floraison, et le potassium la nouaison. À partir de la nouaison de la première fleur, la demande sera grande à chaque instant jusqu'à la fin de la récolte. Les fruits récoltés rouges réclament encore davantage des plants.

La mycorhization des transplants est un facteur favorable. Il pourrait être intéressant de faire un compost enrichi et très concentré (qui aura chauffé au moins une semaine) avec de la farine de plumes, de la poudre d'os et du Sul-Po-Mag. Ce mélange pourrait être appliqué en bande lors de l'apparition des premiers fruits. Si la culture est pratiquée sur plastique avec goutte à goutte, des purins peuvent être donnés dans l'eau d'arrosage, comme dans la culture de tomates de serre biologique.

En pleine terre, sans paillis, des binages fréquents et superficiels aident à conserver l'eau, à décroûter après l'irrigation ou la pluie et à stimuler l'activité biologique du sol tout en éliminant la majorité des mauvaises herbes. On ne doit pas endommager les racines avec les dents du sarcloir pour ne pas provoquer la pourriture apicale.

31.11 RÉCOLTE

La récolte des piments verts se fait lorsque les piments ont atteint une certaine fermeté au toucher, la fermeté indiquant l'épaississement du péricarpe. Il faut environ 40 jours de la nouaison au fruit vert et une période supplémentaire de 14 à 21 jours pour obtenir le fruit mûr. On doit récolter le fruit avec le pédoncule, et ce avec précaution, car certains cultivars sont cassants et la récolte peut diminuer le rendement.

La récolte régulière favorise un meilleur rendement. C'est généralement une bonne pratique d'effectuer une première récolte importante pour alléger les plants et leur permettre de concentrer leurs forces vers la production subséquente de fruits. En pratique, l'idéal est de récolter une fois par semaine.

Les fruits de certains cultivars sont difficiles à détacher des plants, ce qui entraîne des bris de pousses et de feuilles importants. Dans ce cas, on peut utiliser un couteau ou un sécateur : il faut les désinfecter pour ne pas transmettre de maladies. On recourt généralement à des cultivars faciles à cueillir et, parfois, au tuteurage des plants.

Pour une production importante, l'utilisation d'une chaîne de récolte aide à réduire la main-d'œuvre de façon appréciable. Pour la récolte manuelle, on utilise des seaux de plastique de 21 L.

Les piments forts doivent mûrir sur le plant, sauf pour les cultivars consommés verts.

31.12 CONSERVATION ET MANUTENTION PRÉVENTE

Les piments se conservent de deux à quatre semaines entre 7 et 10 °C à 95 % d'humidité relative. Une préréfrigération rapide jusqu'à 12 °C favorise une plus longue conservation. Si on utilise le refroidissement à l'eau froide, on doit les assécher soigneusement pour éviter les maladies fongiques à l'entreposage. À plus de 12 °C, le piment vert continue de mûrir ; les piments mûrs se conservent moins longtemps. Les piments sont sensibles à l'éthylène en entrepôt. En culture conventionnelle, on utilise des cires accompagnées de fongicides pour allonger la conservation. À l'épicerie, l'emballage de cellophane rallonge la conservation lorsque les ventes tournent au ralenti.

On connaît un cas où le maraîcher récolte les piments au stade vert mature avant les gelées mortelles et les entrepose en amas, enveloppés dans du plastique à l'ombre avec un minot au-dessus pour allouer une certaine respiration ; il réussit ainsi à faire rougir une partie des piments.

Il y aurait lieu d'envisager la transformation des piments sous un grand nombre de formes : dans l'huile ou le vinaigre, lacto-fermentés, en pâte ou en salsa, séchés entiers ou en poudre, congelés, ainsi que dans des mets préparés.

31.13 PRIMEURS

Le repiquage des semis en serre augmente la production hâtive des plants. Une pente sud, un sol chaud, un site bien protégé des vents dominants sont les prérequis habituels pour la culture de primeur.

Pour le piment de primeur, la plantation peut se faire vers la mi-mai sous un mini-tunnel de plastique, qu'on retire en juin lorsque le feuillage atteint le tunnel. Des bâches flottantes peuvent aussi être utilisées, mais elles risquent d'endommager les plants, sauf si on utilise des arceaux. Dans les meilleurs climats et les bonnes années, on pourrait commencer la plantation dès le début de mai. Il faut préparer les planches à l'avance et poser les paillis pour réchauffer les sols, idéalement avec un tube goutte à goutte. On planifie des dates de semis appropriées. On peut faire des semis successifs avec des cultivars de piments hâtifs, pour les primeurs, et tardifs, pour la récolte principale.

On cultive aussi de plus en plus le piment sous grand tunnel.

Chapitre 32

L'AUBERGINE

Solanum melongena (Eggplant)

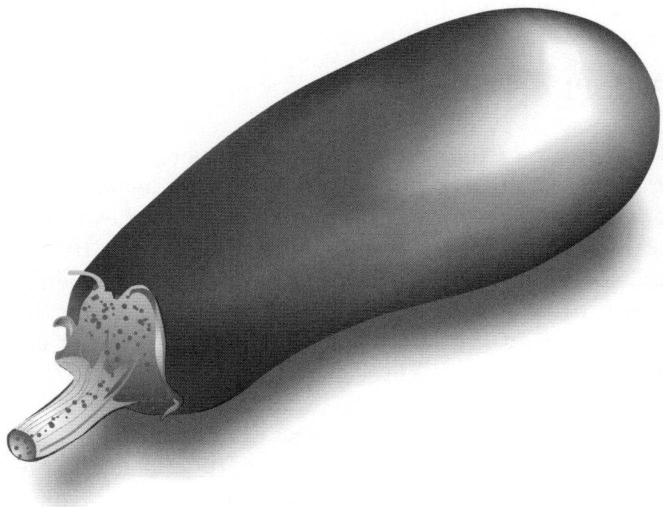

INTRODUCTION

De la famille des solanacées, l'aubergine est d'origine indienne (Asie) et est adaptée à des températures de l'ordre de 30 °C. Sa culture ressemble à celle de la tomate et du piment. L'aubergine est une plante annuelle de culture relativement difficile, qui exige une température élevée pour venir à maturité. Sa saveur particulière en fait un légume peu consommé au Québec, sauf chez certaines communautés culturelles.

L'aubergine demande plus de chaleur que le piment mais, contrairement à celui-ci, elle possède un fort système racinaire qui la rend moins sensible à la sécheresse. La plante est néanmoins très sensible au vent et à la sécheresse.

Les principaux problèmes que l'on rencontre dans la culture de l'aubergine sont le doryphore de la pomme de terre et la punaise terne, la verticilliose et le vent. Au Québec, l'aubergine de champ se récolte de la fin de juillet jusqu'aux grandes gelées. On la cultive aussi en tunnel et en serre. On cueille le fruit immature entre 5 et 30 cm de long pour répondre à la demande d'un marché qui est fortement segmenté selon l'utilisation et l'origine ethnique des consommateurs.

32.1 PLANTE

Le système racinaire fasciculé de l'aubergine n'est ni très ramifié ni très puissant dans le cas des souches orientales. Il l'est beaucoup plus chez les souches méditerranéennes, qui forment l'essentiel des cultivars utilisés en production commerciale ; leurs racines pénètrent plus profondément, atteignant 1,20 m de profondeur, ce qui assure une bonne alimentation en eau et une résistance à la sécheresse.

Après quelques feuilles, la tige se ramifie et donne une forme en gobelet plus ou moins ouverte et étalée selon le cultivar et le climat. Les tiges peuvent être cassantes et elles atteignent une hauteur de 60 cm à 1,20 m. En climat tropical, le plant peut vivre longtemps, se lignifier et atteindre 3 m de hauteur.

Les feuilles sont lobées, un peu comme les feuilles de chêne, ou de forme ovale avec des bords réguliers ; assez grandes, elles sont souvent épineuses et poilues. Les fleurs autofertiles forment une étoile mauve, violette ou blanche à l'aisselle des branches. Assez grand, le calice est fibreux et épineux. Peu juteux et de texture spongieuse, les fruits, de formes et couleurs variables, sont brillants à maturité. Sous l'épiderme, on trouve une couche verte plus ou moins amère.

32.1.1 TYPES D'AUBERGINES

Les types d'aubergine varient selon deux caractéristiques principales que sont la forme et la couleur des fruits. La forme peut être cylindrique, en cloche, ovale, ronde, et parfois courbée. La couleur peut être pourpre foncé ou noir, blanc, mauve, rose, vert ou avec des variantes striées. On trouve aussi des fruits gros ou petits, entre 10 ou 25 cm de longueur. On récolte parfois aussi du mini calibre de 5 cm.

32.1.2 CONDITIONS CLIMATIQUES

Les sélections méditerranéennes ont été développées pour des saisons de production lumineuses, sèches et venteuses. En Extrême-Orient, les climats sont plus humides, et les journées souvent plus nuageuses. Certains cultivars sont peu adaptés aux conditions climatiques et photopériodiques nordiques.

L'aubergine ne tolère pas le froid et requiert idéalement des températures nocturnes de 18 à 22 °C, des températures diurnes de 23 à 29 °C et des sols s'approchant de 20 °C. En deçà de 16 °C, la pollinisation et le rendement sont affectés négativement. De forts contrastes diurnes-nocturnes et une forte lumière augmentent les rendements.

Des conditions lumineuses et chaudes favorisant une bonne transpiration et un bon approvisionnement en eau sont importants pour la mise à fruit. Le jeune plant n'aime pas les grands vents, et les plants à maturité non plus, car les fruits frottent sur les épines, sont égratignés et déclassés.

32.2 CULTIVARS

L'aubergine classique est pourpre noir, cylindrique, ovale et grosse, avec un calice vert, dite de type italien. Forme, couleur et grosseur sont importantes selon le marché visé ; les marchés asiatiques font une place importante aux formes allongées. Les cultivars disponibles ont été développés principalement en zone méditerranéenne, en Extrême-Orient et aux États-Unis. Les cultivars dont le calice contient de l'anthocyanine (pigments mauves) sont dans l'ensemble plus hâtifs et donnent des fruits moins gros. Les cultivars dont le calice est bien vert fleurissent plus tard et donnent généralement de plus gros rendements. Ces différences traditionnelles commencent à s'estomper avec les croisements.

L'adaptation aux conditions nordiques est importante, en particulier la résistance à la coulure des fleurs en conditions climatiques adverses. La précocité, calculée en nombre de jours à partir de la date de transplantation, varie de 50 jours à 80 jours. La fermeté à la récolte et à l'entreposage, la productivité, la régularité des fruits, la présence d'épines sont à considérer. La résistance au ternissement, en particulier à l'entreposage, l'épaisseur modérée de la peau et l'absence d'amertume sont d'autres facteurs de choix. Quelques cultivars sont résistants à la mosaïque du tabac (TMV) ou à la verticilliose.

32.3 PROPAGATION

L'aubergine requiert des conditions particulières de germination, de production de transplants et de plantation au champ.

32.3.1 SEMENCES ET GERMINATION

On a 200 à 275 semences d'aubergine par gramme ; il en faut 175 à 250 g/ha, selon la levée. Il faut de 27 à 30 °C pendant trois à huit jours pour assurer la germination.

32.3.2 PRODUCTION DE TRANSPLANTS

L'aubergine a avantage à être repiquée pour fournir un beau plant. On fait donc le semis à la volée en caissettes ou en minicellules et on aménage une chaleur de fond autant que possible (câbles chauffants). Un traitement à l'eau chaude de la semence réduit la contamination potentielle. Un démarrage en chambre de semis avec de la lumière 16 heures par jour donne un plant plus fort au repiquage et une meilleure mise à fruit.

L'aubergine est une plante délicate à transplanter. Lorsque les cotylédons sont bien développés ou à l'apparition des premières feuilles, on les repique dans des multicellules contenant 72 ou 50 alvéoles ou dans des pots individuels : plus le pot est gros, plus il y a gain de précocité. L'aubergine est très sensible à la fonte des semis ; tous les moyens préventifs devront être mis en œuvre pour éviter le problème. Le terreau doit être riche et une fertilisation liquide sera peut-être nécessaire.

La production du plant dure de six à huit semaines selon les conditions de la serre. Les premières semaines, on établit une alternance de 16 à 18 °C la nuit et de 22 à 25 °C le jour ; le régime plus frais convient par temps nuageux, le plus chaud par temps clair. Il faut prendre garde à l'étiolement. On peut aussi éviter le refroidissement du terreau en l'arrosant avec de l'eau chambrée. Dans les semaines avant la transplantation, on maintient la température entre 15 et 18 °C la nuit et 20 °C le jour. On endurcit pendant une semaine en espaçant les arrosages et en réduisant la température diurne ; elle ne doit pas descendre sous les 15 °C. L'utilisation de lumière artificielle en serre augmente la production de fruits lors de printemps peu lumineux. La production de plants se fait bien dans la serre utilisée pour des piments, mais se combine mal avec des tomates.

32.3.3 PLANTATION AU CHAMP

La transplantation au champ se fait après que tout danger de gel soit passé, ou un peu plus tôt si on utilise des tunnels de plastique ou une bâche flottante. Un plant avec environ 10 feuilles est considéré comme idéal. Lors de la transplantation, on enterre le collet de 4 cm pour favoriser la pousse de nouvelles racines sur la tige.

La technique de culture sur billon ou sur plate-bande élevée est intéressante pour l'aubergine, car le sol est alors plus chaud. On recommande un paillis de plastique thermique avec une irrigation goutte à goutte, ce qui contrôlera les mauvaises herbes, une partie des maladies en provenance du sol, tout en donnant aux plants un sol chaud et un approvisionnement régulier en eau. On peut poser les paillis à l'avance et planter quand le sol atteint 14 °C, mais la croissance sera meilleure dans un sol à 20 °C. En sol froid, les fleurs coulent.

32.3.4 ESPACEMENTS

L'espacement des plants dépend du système cultural. En rangs doubles, on espace de 45 à 60 cm entre les plants sur des planches de 1,5 à 1,8 m centre à centre. Planter en quinconce permet une meilleure occupation de l'espace. On peut laisser 70 cm entre les plants pour des sols très riches ou des cultivars vigoureux. En rangs simples, on laisse 45 à 60 cm entre les plants sur des rangs, ou préférablement des billons espacés de 1 à 1,2 m.

32.4 SOLS ET FERTILISATION

32.4.1 CHOIX ET PRÉPARATION DU SOL

Comme les autres solanacées, l'aubergine est une plante exigeante. Elle se plaît dans les sols chauds, profonds, bien pourvus en matière organique. Un sol léger exposé au sud et protégé d'un brise-vent est préférable. Un loam limoneux convient aussi, mais les sols lourds ou les sables compacts et mal drainés sont à proscrire.

Une terre noire favorise potentiellement trop la croissance végétative. Idéalement, on vise un pH neutre, soit entre 6,5 et 7,2, mais le plant d'aubergine tolère aussi des niveaux de 5,5 à 8.

32.4.2 FERTILISATION

Voici les données d'exportation moyenne de l'aubergine, les plages de fertilisation que l'on rencontre en culture conventionnelle et les valeurs recommandées au Québec pour des sols moyens (tableaux 32.1 à 32.3).

TABLEAU 32.1 Exportation moyenne

Fruits (t/ha)	N (kg/ha)	P_2O_5 (kg/ha)	K_2O (kg/ha)
15	23 — 27	7 — 10	50

TABLEAU 32.2 Fertilisation en culture conventionnelle

N (kg/ha)	P_2O_5 (kg/ha)	K_2O (kg/ha)
65 — 300	40 — 275	30 — 375

TABLEAU 32.3 Recommandations québécoises

N (kg/ha)	P_2O_5 (kg/ha)	K_2O (kg/ha)
140	165 — 190	120 — 160

Les besoins nutritifs de l'aubergine sont modérés au début et s'accélèrent à la mise à fruit. Il faut tenter d'apporter un compost dont l'azote sera assimilable graduellement. Trop de N en début de croissance donne un plant trop végétatif et retarde la mise à fruit. On vise en culture de champ une disponibilité d'environ 150 kg de N. En culture conventionnelle, on fractionne l'azote pour réduire le risque d'excès de végétation. On fractionne aussi le K, surtout en fertigation.

En culture biologique, on peut stimuler la minéralisation par des purins végétaux en plasticulture ou ajouter des émulsions de poissons. On peut effectuer des apports d'engrais organiques dans les allées entre les plastiques, car le système racinaire est bien développé. Avec un espacement entre les rangs de 1,2 m, les racines se rejoignent dans l'entre-rang en juillet.

De bons niveaux de P et de K assurent un développement adéquat des fleurs et des fruits. On choisit des sols riches ou on les corrige au besoin.

Un fumier de volailles composté minéralise peut-être trop vite pour une solanacée, ce qui favorise le feuillage au détriment du fruit, et retarde la récolte. Il est préférable d'utiliser un fumier de ruminants ou une combinaison de fumiers qui agit plus lentement.

On ne connaît pas chez l'aubergine de problèmes causés par les carences en oligo-éléments.

32.5 ROTATION DES CULTURES

Il faut pratiquer une rotation de quatre et même cinq ans avec les solanacées et les planter loin des champs de pomme de terre des années précédentes. Un précédent d'engrais vert comportant des légumineuses est excellent. En France, on trouve des précédents de maïs, mais on évite les précédents de cucurbitacées.

32.6 CULTURES ASSOCIÉES

Il n'y a pas d'association possible avec l'aubergine en culture commerciale, sauf peut-être un trèfle blanc nain intercalaire entre les paillis, dans les allées.

32.7 IRRIGATION

L'aubergine exigeant un approvisionnement en eau très régulier, on installera un système goutte à goutte et on fera de fréquents arrosages en fonction des conditions climatiques qui prévalent. Lorsque les fruits commencent à grossir, on augmente l'approvisionnement en eau jusqu'à la fin de la saison où les besoins d'eau diminuent avec les conditions plus fraîches. Il est nécessaire d'effectuer un suivi de la pluviométrie pour appuyer la régie de l'irrigation. En conditions de sécheresse, le fruit rougit et perd sa valeur commerciale. Un enfouissement d'engrais vert détruit par l'hiver augmente la rétention d'eau du sol. Enfin, comme le plant est sensible au chlore, il faut porter attention à la qualité de l'eau d'arrosage en serre et en champ.

32.8 GESTION DES MAUVAISES HERBES

Si on opte pour le paillis de plastique, des passages de sarcloir dans les allées suffisent pour le contrôle de la mauvaise herbe. Il peut s'avérer nécessaire de faire un passage de sarclage manuel pour nettoyer les herbes au pied des plants. La culture sur butte est avantageuse, car elle permet de renchausser les plants, ce qui favorise le développement des racines tout en aidant à contrôler les mauvaises herbes. En plasticulture, on accorde une attention toute particulière à la lisière des paillis.

32.9 INSECTES ET MALADIES

La fonte des semis cause des problèmes dans la production de l'aubergine en serre. Il faut miser sur la prévention pour obtenir de bons résultats. Par ailleurs, le virus de la mosaïque du tabac n'est pas un problème important au Québec.

La flétrissure verticillienne (*Verticilium alboatrum*) est une maladie vasculaire qui se transmet à partir de spores, qui se conservent très longtemps dans le sol. La maladie pénètre par les racines et infecte la plante. L'aubergine se montre sensible à des souches d'origines très diverses. Les symptômes se manifestent sur les feuilles par l'apparition de cernes mats et mous qui deviennent jaunes et se nécrosent, souvent d'un côté de la nervure centrale. Les feuilles peuvent se dessécher complètement, et le plant mourir ou donner très peu de rendement. Aucun moyen d'intervention biologique n'est connu autre que le greffage sur des pieds de tomate résistante au *Verticillium*, comme *Kyndia*. Il faut s'assurer de la qualité des terreaux et pratiquer une rotation de cinq ans avec les solanacées et les fraises.

La fusariose peut être problématique en serre, mais rarement en champ.

La pourriture blanche (*Sclerotinia*) est parfois présente durant les années humides. On doit surveiller la rotation avec des espèces sensibles et assurer une bonne ventilation, en particulier par un bon sarclage qui élimine les mauvaises herbes. Le Cantons, un biofongicide contenant *Coniothyrium minitans* est un nouveau traitement qui s'avère efficace pour détruire les sclérotes. De même, le *Botrytis* peut demander un suivi.

Des dépressions sur le fruit peuvent être causées par l'anthracnose (*Colletotrichum* ssp.), elle-même favorisée par des conditions humides.

Si on observe des symptômes de pourriture apicale comme chez la tomate, on doit surveiller le régime hydrique.

L'aubergine est très peu tolérante aux attaques des doryphores, beaucoup moins que la pomme de terre. Ils sont présents et actifs souvent dès la transplantation de l'aubergine au champ. Les plants peuvent être mangés complètement si on n'intervient pas. Le doryphore est très friand de l'aubergine ; il en mange même les fleurs et les fruits. En prévention, on plante à bonne distance des champs de pomme de terre de l'année précédente. Une ferme avec deux sites de production éloignés permet une rotation alternée d'une année à l'autre. Les doryphores ont alors de la difficulté à trouver les nouveaux champs, ce qui réduit la pression. La récolte manuelle des premiers doryphores reste une technique justifiable économiquement. Puis on utilise un *B.t.* var. *tenebrionis* ou var. *san diego*, la roténone ou le Entrust.

L'utilisation de *Beauvaria bassiana* semble aussi offrir un potentiel intéressant. L'utilisation de tunnels de plastique 500 trous diminue fortement l'accès des adultes aux jeunes plants. Il en est de même pour la punaise terne, qui est occasionnellement présente.

La punaise terne peut compromettre la fructification au complet ; après le doryphore, c'est le plus gros problème rencontré dans la culture de l'aubergine. Elle pique les boutons floraux. Si le plant perd ses premières fleurs, il reprend une croissance végétative très vigoureuse et forme un plant géant sans fleurs ni fruits, ou très peu. Il faut absolument empêcher les premières fleurs de tomber. Pour contrôler la punaise terne, il faut faucher régulièrement les bordures des champs pour empêcher les mauvaises herbes de fleurir. Si elle est déjà présente sur les mauvaises herbes en fleurs dans les bordures des champs, il ne faut plus faucher, sinon elle envahira la culture de l'aubergine.

Tétranyques et pucerons sont présents sur l'aubergine, mais le savon insecticide est efficace. On vérifie d'abord la réaction des plants, car ils peuvent être endommagés par l'application de savon. Le tétranyque peut compromettre la récolte. Elle se développe beaucoup les années sèches et chaudes, quand les conditions sont aussi très favorables à l'aubergine. Il faut prendre garde de ne pas avoir de tétranyques en serre : s'il y en a sur les transplants qu'on place sous tunnel, le problème peut devenir catastrophique. Insérer manuellement quelques coccinelles dans un mini-tunnel peut contrôler les pucerons.

32.10 ENTRETIEN

Diverses méthodes de taille sont utilisées en culture de serre. En pleine terre, on peut enlever les drageons jusqu'à la première fleur. Le tuteurage peut être pratiqué, en particulier pour les variétés longues et cylindriques, qui seront plus droites sur un plant bien dressé. Traditionnellement, on étêtait les plants pour accélérer le développement des fruits. Dans les régions de climats chauds, on taille l'aubergine à 20 ou 40 cm du sol en été, lorsque les prix chutent, pour laisser repousser le plant et obtenir une meilleure récolte d'automne. Cette taille ne présente pas d'intérêt pour le Québec. On pourrait éclaircir les fruits lorsque les plants sont excessivement chargés, de façon à obtenir un plus gros calibre, tout en se rappelant qu'il y a un marché pour les petits fruits.

Deux ou trois pulvérisations foliaires d'extraits d'algues sont utiles pour aider le plant dans des périodes climatiques moins favorables ; les extraits d'orties peuvent aussi être utilisés.

On utilise le préparat de silice (501) après la reprise, une deuxième fois 10 ou 20 jours plus tard, puis en période de développement des fruits. Quand on utilise le calendrier biodynamique, on prépare les sols, on sème, plante, sarcle et traite l'aubergine en jours fruits.

32.11 RÉCOLTE

On récolte l'aubergine à l'aide d'un couteau ou d'un sécateur, en conservant le calice et 2 cm de tige, avant que le fruit n'atteigne sa pleine maturité. Les fruits sont placés dans des seaux ou des contenants lisses pour éviter de les marquer. On doit prévoir l'accès des voitures pour le transport. Les fruits sont fragiles aux meurtrissures et aux coups de soleil ; les tiges et les calices épineux peuvent blesser les fruits dans les contenants. On peut mettre des gants pour éviter les blessures causées par les épines.

À pleine maturité, le fruit est plus lourd, mais aussi plus amer et moins apprécié des consommateurs. On récolte donc avant la maturité physiologique alors que l'épiderme est plus luisant, les graines peu développées et pas encore colorées, et la saveur plus douce. Une récolte régulière de jeunes fruits accélère la production du plant. Le fruit qui perd sa surface luisante ou le fruit pourpre qui prend une teinte lilas sont trop mûrs ; à l'intérieur, les graines sont déjà durcies.

Les fruits sont refroidis à l'eau froide pour être mis en chambre froide, mais il ne faut jamais utiliser de glace. Une récolte du matin diminue la nécessité de refroidir le fruit. En fin de saison, les conditions froides diminuent la qualité des fruits.

32.12 CONSERVATION ET MANUTENTION PRÉVENTE

Une fois nettoyée et refroidie, l'aubergine restera le moins longtemps possible en chambre froide avant d'être vendue. Les conditions d'entreposage en chambre froide devront être de 10 à 14 °C, avec une humidité relative entre 90 % et 95 %. En deçà de 10 °C, le fruit se dégrade. Attention à l'éthylène : il accélère la dégradation.

L'aubergine peut être emballée dans un polythène perforé. On la classe habituellement par grosseurs.

32.13 PRIMEURS

Pour les primeurs, il faut choisir des variétés hâtives, donner plus d'espace en pépinière, faire une taille sévère au champ et mettre la culture sur un terrain chaud et bien drainé à l'abri des vents.

On peut utiliser un paillis de plastique thermique et, idéalement, des tunnels 500 trous. Une planche surélevée et un paillis bien tendu assurent une meilleure chaleur du sol. Même si les fleurs sont autofertiles, l'accès des abeilles et des insectes améliore la pollinisation ; il importe d'en tenir compte pour l'ouverture des tunnels. L'aubergine profite beaucoup du mini-tunnel ; on peut obtenir jusqu'à deux à trois semaines de primeur. Le problème, c'est qu'elle touche assez rapidement au plastique, car elle est dressée. On ouvre alors les tunnels par le dessus et on laisse sortir les têtes. Le plant continue à bénéficier de l'effet de serre au pied alors que la tête et les fleurs peuvent s'épanouir et produire.

Cette technique permet de bénéficier des avantages du tunnel jusqu'en juillet. En Montérégie, on arrive ainsi à commencer la récolte dès la mi-juillet plutôt que vers le 10 août.

L'aubergine se cultive de plus en plus sous grand tunnel avec paillis de plastique.

En automne, il est recommandé de dérouler une bâche flottante sur les plants pour les protéger des premières gelées, puisque les plants peuvent parfois donner d'excellents rendements en fin de saison.

Chapitre 33

LE MAÏS SUCRÉ

Zea mays var. *rugosa* (Sweet corn)

INTRODUCTION

Le maïs sucré fait partie de la famille des graminées. C'est une plante annuelle vorace qui demande beaucoup de chaleur et de lumière pour donner de bons résultats. Le maïs est une des plantes que l'on place en tête de rotation, idéalement après une prairie ou un précédent de légumineuses. Il supporte très bien une application généreuse de jeune compost, ce qui donne un bon rendement et prépare le terrain pour une autre culture qui profitera d'une bonne fertilité résiduelle. Il s'adapte à la plupart des types de sols, mais il exige une bonne préparation de sol, un bon drainage et un terrain exempt de mauvaises herbes vivaces.

Les techniques de sarclage sont très bien développées pour le maïs puisqu'il est cultivé à grande échelle pour l'alimentation animale (maïs grain et maïs ensilage). Le maïs est la proie de plusieurs insectes qui sont difficiles à contrôler en agriculture biologique, mais la recherche d'auxiliaires naturels progresse rapidement. Au Québec, les premières récoltes de maïs arrivent habituellement durant la première moitié de juillet, avec des techniques parfois coûteuses de forçage, et elles se poursuivent tout au long de la saison jusqu'aux gelées.

33.1 PLANTE

Originaire d'Amérique Centrale et d'Amérique du Sud, le maïs est utilisé et cultivé depuis des millénaires. Les Amérindiens ne consommaient pas de maïs sucré. Ce sont les habitants des colonies américaines qui ont commencé cette culture dans la seconde moitié du XVIIIe siècle. Popularisée au XIXe siècle, la consommation était dominée par les cultivars blancs jusqu'à l'apparition du Golden Bantam en 1902. De nouveaux cultivars très sucrés (type se) et le marketing des compagnies de semences ont ramené l'intérêt des consommateurs vers les cultivars blancs et bicolores depuis une trentaine d'années.

À la différence des divers types de maïs grain cultivés dans le monde, le maïs sucré est récolté immature ; il contient un gène qui lui confère son caractère sucré. L'endosperme est translucide, et le grain est fortement ratatiné après le séchage. Le maïs est une plante annuelle de climat chaud qui tolère cependant plus de froid que les autres cultures d'été. Le plant est monoïque, c'est-à-dire que les deux fleurs sont sur le même plant. La fleur mâle forme dans le haut de la tige ce qu'on nomme familièrement la « croix », et la fleur femelle, qu'on appelle « soie », est située à mi-hauteur du plant. Les soies de l'épi sont les pistils individuels de chaque grain qui sera formé par suite de la pollinisation croisée ; la dissémination du pollen est assurée par le vent. Comme du pollen de types différents peut affecter les grains du maïs sucré, il faut aménager une distance suffisante entre deux maïs qui fleurissent en même temps.

Les racines fasciculées s'étendent large et profond jusqu'à 2 m. Le plant développe une quantité importante de racines adventices à partir du premier nœud. Le plant développe parfois un ou des drageons. Sa hauteur peut varier de 1 m à plus de 3 m. Les feuilles sont enroulées autour de la tige, et l'abondance du feuillage produit une évapotranspiration importante.

33.1.1 TYPES DE MAÏS

Il existe quelques façons de classifier les maïs : selon les gènes qui déterminent la quantité de sucre, selon la couleur de l'épi ou selon les facteurs culturaux. C'est ainsi que l'on distingue :

— le maïs su, se ou sh2,

— le maïs jaune, blanc ou bicolore,

— la précocité, l'apparence, la saveur, la tendreté.

A. Selon le gène

La plus importante classification est celle du niveau de sucre, un facteur avant tout génétique. Plus le maïs est sucré, plus il est en demande. Le maïs a la particularité de transformer rapidement son sucre en amidon après la récolte, et il se dégrade d'autant plus rapidement qu'il est peu sucré.

— Maïs su

On doit le maïs sucré normal des cultivars traditionnels, dont le sucre se transforme rapidement en amidon après la récolte, au gène su (*sugary*). Les niveaux de sucre sont variables d'un cultivar à un autre.

— Maïs se

Le gène se (*sugary enhanced*) donne une saveur sucrée rehaussée et une texture plus tendre. Le sucre du maïs se se transforme aussi rapidement en amidon après la récolte, mais comme la teneur en sucre est deux à trois fois plus importante que le maïs su, le goût sucré persiste plus longtemps. Les cultivars du type se sont des hybrides hétérozygotes entre un parent se et un parent su ; les se^{+} sont des croisements homozygotes de deux parents se, et sont encore plus sucrés et plus tendres.

— Maïs sh2

Le gène sh2 (*shrunken*) produit un maïs au grain sec davantage ratatiné, d'où son nom ; son taux de sucre est plus élevé que dans le maïs se et sa transformation en amidon est très lente. Les cultivars portant le gène sh2 sont les plus difficiles à cultiver ; ils exigent beaucoup plus de chaleur pour la germination et la croissance, et la semence a beaucoup moins de réserves d'amidon, ce qui la rend fragile. Ils doivent être isolés des autres types d'au moins 115 m, sinon la pollinisation croisée entraîne la présence de grains d'autres types sur l'un et l'autre maïs. On peut aussi les semer de façon qu'ils ne fleurissent pas en même temps. Les maïs sh2 sont utilisés pour la transformation et le marché frais. Ils sont très appréciés dans les épiceries où la vente est étalée dans le temps.

Le vocabulaire n'est pas encore fixé, mais on a tendance à nommer les su maïs sucré, les se très sucrés et les sh2 supersucrés ou hypersucrés.

B. Selon la couleur

En ce qui concerne les couleurs, le maïs jaune occupait tout le marché jusqu'à l'apparition des nouveaux types d'hybrides durant les années 1970. Depuis ce temps, les maïs bicolores, surtout des hybrides se, ont pris la place dominante dans de nombreux marchés locaux. Par contre, plusieurs producteurs en vente directe notent un retour à la demande pour le maïs jaune. Certains consommateurs aiment un maïs moins sucré, et n'apprécient pas le sh2 par exemple. Avant de choisir les cultivars, il est bon de vérifier les attentes de son marché.

33.1.2 CONDITIONS CLIMATIQUES

Le maïs sucré a besoin d'une chaleur et d'une humidité régulière. Le sol doit être réchauffé pour garantir la germination de graines non traitées. Une période fraîche et humide nuit à la pollinisation de même qu'une période chaude et sèche. Une sécheresse précédant et suivant la pollinisation peut sérieusement nuire au rendement.

Précisons que les trois types de maïs ne requièrent pas tout à fait les mêmes températures pour leur croissance, comme on le voit au tableau 33.1.

TABLEAU 33.1 Température minimale selon le type de maïs

Type de maïs	Température minimale de l'air (°C)
su	13
se	16
sh2	18

Les producteurs de maïs grain utilisent un système d'unités thermiques UTM basé sur le nombre de degrés-jours au-dessus d'une base 10 °C. Le maïs grain peut se semer tôt, car la réserve d'amidon de la semence est plus élevée.

Les vents violents étant une cause de verse des plants avancés, il est souhaitable d'installer sur la ferme un bon réseau de brise-vent pour prévenir le problème.

33.2 CULTIVARS

Pour choisir des cultivars, on tiendra compte d'abord des types et des marchés auxquels ils se destinent, mais aussi de quelques autres critères :

- — la saveur,
- — la précocité,
- — la tolérance au sol froid et au stress climatique,
- — la grosseur de l'épi, le nombre de rangs et le recouvrement,
- — le rendement et le nombre d'épis par plant,
- — la résistance à la verse,
- — l'exigence nutritive et l'adaptation aux méthodes biologiques de fertilisation,
- — la facilité de cueillette,
- — la résistance ou la tolérance aux maladies,
- — leurs qualités pour la récolte mécanique et la transformation.

33.2.1 PRÉCOCITÉ

Les données quant au nombre de jours avant maturité indiquées dans les catalogues de semences sont très aléatoires, en particulier celles des catalogues provenant de régions plus au sud. Par exemple, le cultivar Earlivee de première primeur, classé de 55 à 65 jours, demande 75 à 90 jours au Saguenay-Lac-Saint-Jean, selon la saison. La maturité réelle dépend de la température du sol au moment du semis et du nombre de degrés-jours effectifs. Les estimés de maturité, entre 55 et 95 jours, sont d'autant plus variables que certains grainetiers calculent la maturité à partir du semis, d'autres à partir de l'émergence. La plus grande utilité de ces indications est de permettre de comparer la maturité relative des différents cultivars vendus par un même grainetier.

33.3 PROPAGATION

33.3.1 SEMENCES ET GERMINATION

Les semences de maïs ont des grosseurs variables selon le gène, si bien qu'il y a 4 500 à 6 500 graines/kg dans le cas du type su, 4 500 à 7 500 graines/kg pour le type se et 5500 à 10 000 graines/kg pour le type sh2. Il en faut donc entre 8 à 17 kg/ha. La durée de conservation des semences est de deux ans. La germination prend entre 6 et 15 jours ; il faut viser des températures minimales du sol de 18 °C, idéalement de 20 °C.

Un grainetier progressiste vérifie la capacité à germer en sol froid des divers cultivars.

33.3.2 ÉCHELONNEMENT DE LA PRODUCTION

Les producteurs ont souvent avantage à avoir une variété extrahâtive pour être parmi les premiers sur leur marché, et poursuivre ensuite en récolte continue avec des cultivars de mi-saison et tardifs. Certains producteurs préfèrent des cultivars mi-saison pour la récolte d'automne.

Sauf pour le maïs de transformation, l'agriculteur privilégie le maïs de primeur pour commencer sa saison de vente lorsque les prix sont les meilleurs ; sur un grand nombre de fermes, on observe des semis sous des paillis de polythène transparent qui accélèrent le premier semis et aident à se tailler une place sur le marché ; on rajoute aussi des bâches flottantes à l'occasion.

De façon à ne jamais manquer de maïs, le producteur doit développer une stratégie qui l'aide à étaler sa production. Voici des manières de le faire :

- — dès qu'on peut travailler les sols, on commence par des cultivars de primeur et de mi-saison ; on peut faire un semis sous polythène, sur un site bien protégé et chaud pour les primeurs ;
- — semer tous les 7 jours en moyenne, en fait tous les 4 à 10 jours selon la germination du semis précédent ;
- — à partir du moment où le sol commence à être plus chaud, on peut semer des cultivars de pleine saison tout en poursuivant le semis des cultivars mi-saison ;
- — selon les prévisions de la demande, on sème du maïs mi-saison pour la récolte d'automne ;
- — on répartit les semis sur plus d'une parcelle afin de profiter des variations de sols et de microclimats.

Souvent, la meilleure planification est dérangée soit par une séquence de froid qui ralentit la croissance, soit par une période très chaude qui entraîne la maturation quasi simultanée de cultivars prévus pour une récolte échelonnée ; c'est pourquoi certains producteurs répartissent les blocs d'un même semis sur plus d'une parcelle.

33.3.3 SEMIS

Dans les régions le plus au Sud, le maïs est toujours semé en pleine terre. Le sol doit absolument être chaud au moment du semis. En sol frais, la levée est plus longue, et le pourcentage de germination peut être réduit. Les températures du sol qui s'approchent de 18 à 20 °C sont idéales pour une levée uniforme et rapide. Les producteurs qui utilisent des semences traitées peuvent semer plus tôt à moindre risque, mais avec une semence non traitée, les pertes sont élevées en sol froid. On recommande une température minimale de 15 à 16 °C pour les semences non traitées, tout en reconnaissant qu'il y a un risque de mauvaise levée. Les hybrides sh2 ne devraient pas être semés avant que le sol n'atteigne 20 °C, et les pousses ne tolèrent aucune gelée.

La graine du maïs sucré produit beaucoup de sucrose qui, en mûrissant, se transforme surtout en dextrine ; le grain contient peu d'amidon comparé au maïs grain. Dans des conditions difficiles, une graine pauvre en amidon germe avec plus de difficulté qu'une graine bien pourvue, et elle produit un plant moins vigoureux au départ.

Les semis se font entre la mi-avril (sous paillis avec climat plus chaud) et la fin de juin, selon les régions. Le poids de semences à l'hectare varie considérablement en fonction du calibre de la semence. On voit souvent, sur les sacs de semences, des informations concernant les plaques de semoir à utiliser. D'une façon générale, les cultivars précoces doivent être espacés de 20 à 25 cm entre les plants sur le rang et de 75 cm entre les rangs, parfois 60 cm pour les moins vigoureux. Les cultivars plus tardifs et hauts demanderont de 25 à 30 cm entre les plants sur le rang et 75 cm entre les rangs ; on rencontre aussi des espacements de 90 cm jusqu'à 1 m entre les rangs.

En Montérégie, en plasticulture, on rencontre des espacements de 90 cm. On connaît un cas où le producteur, qui utilise un sarcloir Buddingh C, aménage un dispositif de 120 cm ¥ 25 cm. Dans les régions plus nordiques, on augmente l'espacement pour compenser le manque de chaleur ; même le petit maïs de primeur est semé à 30 cm. Pour le maïs de transformation, dans les meilleures régions climatiques, on utilise souvent des densités plus élevées avec des espacements de 90 cm entre les rangs et des plants plus rapprochés sur le rang.

Pour le maraîcher qui cultive du maïs sur plusieurs hectares, l'utilisation d'un semoir de précision, par exemple un Monosem, est un important facteur d'augmentation du rendement ; en effet, la régularité des espacements permet des rendements de 20 à 25 % supérieurs.

La profondeur du semis est fonction du type de sol, de l'humidité et de la température du sol ainsi que de la grosseur du grain ; elle peut varier entre 1,5 et 6 cm de profondeur. Le lit de semence doit être soigneusement préparé, car la profondeur du semis doit être uniforme. Les cultivars sh2 doivent être semés très peu profond, soit entre 1,5 et 2 cm. Pour les types su et se, on sème entre 2 et 3 cm de profondeur en bonnes conditions.

La profondeur du semis est un facteur très important pour la réussite de la culture. Plus on sème tôt, plus il faut un semis superficiel dans la zone réchauffée par le soleil. Plus on sème tard, plus on s'expose à la sécheresse : une plus grande profondeur réduit alors le risque. Les semences d'hybrides sh2 sont peu enfouies, car les graines sont petites et pauvres en amidon.

TABLEAU 33.2 Divers taux de semis

Espacement (cm)	Plants par ha	Taux de semis (graines)
20 × 75	66 500	72—75—80 k
25 × 75	53 000	58—60—65 k
30 × 75	44 000	49—52—55 k
30 × 90	37 000	41—44—47 k

k = millier

Le taux de semis varie de 7 à 15 kg/ha selon le nombre de graines (tableau 33.2). Ces informations sont indiquées sur les sacs de semences.

Les taux de semis élevés s'appliquent dans un sol plus frais et représentent environ 80 % de germination. Lorsque le risque est élevé, comme en première primeur ou avec un type sh2, on peut augmenter le taux de semis.

33.3.4 PRODUCTION DE TRANSPLANTS

La production de transplants de maïs n'est pas chose courante, mais elle est possible et coûteuse. Certains maraîchers l'utilisent pour avoir encore plus de précocité. Dans certaines régions nordiques où les sols sont froids, c'est la façon la plus efficace d'assurer une récolte, et c'est moins coûteux que l'utilisation d'une bâche flottante ou d'un tunnel de plastique. On effectue le semis dans un plateau de 72 multicellules, à deux graines par celllule, et on transplante le plant quand il est très jeune, à 6 ou 7 cm de haut, en faisant très attention de ne pas provoquer un stress racinaire. Les plants sont souvent transplantés sur une planche surélevée, recouverte d'un paillis vert ou noir pour réchauffer le sol.

33.3.5 POLLINISATION

Dans le dispositif du semis, il faut aménager des blocs suffisamment grands pour assurer la pollinisation. On sème au moins quatre rangs d'un même cultivar, ou plus. Par contre, on doit isoler les sh2 des autres types pour éviter le problème des grains farineux.

Lors d'une saison fraîche et humide, la pollinisation est parfois réduite, ce qui entraîne l'apparition d'épis malformés. La nécessité d'irriguer en conditions sèches peut aussi conduire à un refroidissement au champ qui cause le même problème ; il convient de faire preuve de prudence.

33.4 SOLS ET FERTILISATION

33.4.1 CHOIX ET PRÉPARATION DU SOL

Le maïs a besoin d'un sol très riche, car sa croissance est rapide, et aussi d'un sol chaud. En culture biologique, les deux vont obligatoirement de pair, à cause de l'importance de l'activité biologique. Tout ce qui contribue à réchauffer le sol : exposition sud, sol de couleur plus foncée, drainage et aération, texture plus légère, binage et sarclage, paillis de plastique, contribue à augmenter son rendement, à condition que le sol possède une bonne fertilité au départ.

La chaleur du sol au moment du semis est un des éléments clés de la réussite de la culture du maïs. Le type de sol et sa préparation doivent favoriser un réchauffement rapide au printemps pour permettre des semis hâtifs et une levée uniforme et rapide. On préfère donc des sols plus légers pour la culture de primeur. Par contre, un loam un peu plus riche en limon ou en argile est préférable pour la culture principale, car la rétention d'eau y est meilleure.

Le maïs réussit bien après un précédent enrichissant, comme une prairie riche en légumineuses ou un engrais vert comprenant au moins une bonne fraction de légumineuses. La libération de l'azote organique contribue au rendement.

La préparation du sol avant semis consiste à obtenir une surface bien nivelée, pas trop émiettée, bien réchauffée, aérée et humide sans saturation.

Le maïs nécessite un sol dont l'état calcique est correct, l'idéal étant un pH de 6,5.

33.4.2 FERTILISATION

A. Exportation moyenne

En examinant les données des tableaux 33.3 et 33.4, on peut conclure que, malgré son exigence en éléments nutritifs, le maïs en exporte beaucoup moins que nombre d'autres cultures. En effet, la majorité des éléments nutritifs demeurent au champ, où ils enrichissent le sol pour les cultures ultérieures. Il est important d'intégrer ces informations dans le plan de fertilisation.

TABLEAU 33.3 Exportation moyenne

Épis (t/ha)	N (kg/ha)	P_2O_5 (kg/ha)	K_2O (kg/ha)
9	40	7 — 9	20 — 25

TABLEAU 33.4 Teneur moyenne des résidus (tiges, feuilles et racines)

N (kg/ha)	P_2O_5 (kg/ha)	K_2O (kg/ha)
110	13	80

Aux tableaux 33.5 et 33.6, on présente les données de fertilisation qu'on rencontre dans le monde et les recommandations québécoises les plus récentes pour cette culture. Ces dernières représentent une diminution appréciable des quantités d'engrais utilisées, surtout dans les sols riches et très riches. Les doses les plus basses de N sont recommandées pour les maïs de primeur moins feuillus et moins exigeants, les plus élevées pour les hybrides plus tardifs et beaucoup plus vigoureux.

TABLEAU 33.5 Fertilisations en culture conventionnelle

N (kg/ha)	P_2O_5 (kg/ha)	K_2O (kg/ha)
80 — 200	30 — 240	20 — 240

TABLEAU 33.6 Recommandations québécoises pour un sol moyen en P et K

N (kg/ha)	P_2O_5 (kg/ha)	K_2O (kg/ha)
80 — 150	50 — 60	75 — 100

En culture biologique, on doit prévoir une disponibilité de N d'environ 150 à 180 kg/ha selon l'abondance du feuillage du cultivar utilisé. La richesse en P et K et l'équilibre des cations sont essentiels. La minéralisation étant ralentie par la basse température du sol, il faut réchauffer le sol le plus possible. Des problèmes sont à craindre dans les primeurs lorsque le mois de juin est frais ; on peut alors compenser par un apport de fertilisant organique lors du sarclage. Le binage et le sarclage aident à intensifier la minéralisation.

La fertilisation du maïs en complément de l'engrais vert consiste en un apport de compost ou de fumier en fonction du potentiel de minéralisation de l'humus du sol, des résidus des cultures et des engrais verts précédents. Par exemple, un engrais vert semé au début d'août l'année précédente et constitué d'un mélange d'espèces comprenant une importante fraction de vesce commune peut fournir 100 kg de N à la culture du maïs. La consommation de N est modérée dans le premier mois de la culture. La consommation abondante débute au stade 8 feuilles et se poursuit dans les stades montaison, floraison et développement de l'épi, alors que le maïs absorbe environ 90 % de son azote.

Lorsque le sol est très fertile, l'apport de compost peut être relativement modéré. En conditions moyennes, on trouve des doses qui vont de 15 à 30 t/ha de compost. Un compost comprenant une part de fumier de volailles, avec une analyse de 10 à 12 kg/t de N et de 13 à 20 kg/t de P_2O_5, s'applique aux doses les plus faibles ; un compost dont l'analyse montre des valeurs inférieures est appliqué à la dose la plus élevée.

On doit porter attention aux surfertilisations avant la culture, car elles peuvent augmenter fortement la pression des mauvaises herbes nitrophiles. Pour un producteur disposant d'équipements permettant l'épandage dans une culture établie, c'est-à-dire un épandeur à fumier dont les roues passent bien entre les rangs et dont le système de broyage est performant, il peut être intéressant de rajouter du fumier ou du compost durant la culture, avant le dernier sarclage. Malheureusement, certaines certifications biologiques interdisent les matériaux non compostés, qui conviennent pourtant bien au maïs. Dans un sol très fertile bénéficiant d'un précédent de légumineuses, ce pourrait être le seul épandage. En pratique, il est généralement plus simple d'épandre le compost avant l'engrais vert d'automne, ou au printemps si les conditions sont suffisamment sèches pour le transport. Il est moins recommandable de faire un épandage de compost à la fin de l'automne, car cela entraîne généralement plus de pertes.

La fertilisation lors du dernier sarclage avec un engrais organique, telle la farine de plumes, est une pratique courante. La décision peut se prendre sur la base d'un bilan prévisionnel de minéralisation de l'azote. Certains producteurs utilisent un test des nitrates, dont l'utilisation est plus répandue dans les grandes cultures ; d'autres se réfèrent à une analyse foliaire ou utilisent un lecteur de chlorophylle.

Le maïs ayant besoin de beaucoup de phosphore, on peut enrichir le compost avec du phosphate de roche. L'utilisation de fumier de volailles très riche en phosphore facilement assimilable est toutefois plus efficace et plus économique.

Selon ce que tolèrent les diverses certifications, le maïs peut parfaitement être fertilisé au fumier non composté. Comme la minéralisation est plus importante et rapide avec le fumier qu'avec un compost, il faut ajuster les quantités en conséquence. Par ailleurs, la vitesse de minéralisation de N et la présence de NH_4 peuvent être des facteurs de stimulation du chénopode et d'autres mauvaises herbes.

Généralement, on fonde les décisions de fertilisation sur des analyses des sols et sur un bilan prévisionnel de la minéralisation des apports organiques et des réserves du sol.

B. Oligo-éléments

Le maïs est très sensible à la carence en zinc, ce qui n'est habituellement pas un problème pour ceux qui utilisent du compost. Il convient toutefois de vérifier la teneur en zinc par une analyse et de corriger les carences, soit par un apport foliaire, soit par un apport au sol, ce qui est plus difficile à calibrer. Dans certains cas, le maïs peut nécessiter un apport de cuivre ou de manganèse.

C. Pulvérisations foliaires

Le maïs réagit généralement bien à une ou des pulvérisations foliaires, comme de l'extrait d'algues marines, qui apportent une stimulation à la croissance des tissus et renforcent la productivité du plant et sa résistance en conditions de stress. Plusieurs producteurs utilisent aussi des pulvérisations de purins végétaux, comme l'ortie dioïque. On peut cibler la quatrième et la huitième semaine après l'émergence pour ces traitements ; ce sont des stades clés dans la formation de l'épi.

33.5 ROTATION DES CULTURES

Culture très exigeante à placer en tête de rotation, le maïs réussit bien après une prairie riche en légumineuses, surtout si on enfouit la dernière coupe. Il aime les précédents d'engrais verts en général, mais il préfère les légumineuses, qui se décomposent plus rapidement et lui fournissent de l'azote. Un engrais vert de légumineuses associé à une céréale est un bon précédent. Une culture de légumineuses récoltées lui laisse aussi une certaine quantité d'azote. Le maïs réagit très bien à une jachère d'été la dernière année de la prairie, suivie d'un engrais vert d'automne.

Si on gère bien les mauvaises herbes, le maïs est un excellent précédent pour un grand nombre de cultures ; il laisse des conditions propres quand le sarclage est bien mené.

On peut cultiver le maïs plus d'un an au même endroit ; il faut ajuster la fertilisation en conséquence. En agriculture biologique, on ne fait habituellement pas plus de deux cultures de maïs d'affilée dans le même champ, sinon on risque un problème de chrysomèle du maïs. Un engrais vert intercalaire bien réussi dans le maïs précédent peut être très favorable au second, surtout une légumineuse comme la vesce velue. Un engrais vert dérobé après un maïs de primeur est une autre solution.

Le maïs sucré laisse énormément de résidus qui doivent être broyés, sinon ils nuisent au sarclage de la culture suivante. Ils peuvent éventuellement interférer avec le sarclage de précision d'un légume fin, comme la carotte ou l'oignon. Ces résidus renouvellent l'humus du sol. L'incorporation superficielle des résidus favorise leur décomposition et leur humification éventuelles, mais elle rend plus complexes la préparation du sol et le semis pour les cultures subséquentes. L'enfouissement des résidus doit être fait avec soin si on a à implanter une culture légumière par la suite. Le labour peut être effectué en conditions humides, mais pas mouillées. Il est important de détruire complètement les chaumes afin de mieux contrôler la pyrale.

Pour les semis plus tardifs, certains agriculteurs iront jusqu'à le précéder d'un engrais vert de printemps. On peut aussi enfouir un engrais vert de seigle, mais on doit le faire au moins deux ou trois semaines avant le semis de maïs. La décomposition du seigle en contact avec la semence de maïs peut avoir des effets phytotoxiques. La décomposition du seigle étant plus lente que celle d'une légumineuse, la croissance du maïs s'en trouve moins stimulée. Un engrais vert de mélilot semé l'année précédente et enfoui avant le semis de maïs tardif peut fournir une grande partie de l'azote nécessaire à la culture, tout en favorisant l'enracinement du maïs. En rotation légumière, tous les engrais verts de légumineuses sont à privilégier avant le maïs. Le maïs peut suivre le chou et les autres crucifères, en particulier s'ils sont suivis d'un engrais vert d'automne ou d'une légumineuse intercalaire, comme le trèfle blanc ou le mélilot.

33.6 CULTURES ASSOCIÉES

Traditionnellement, les Amérindiens combinent maïs, citrouilles et courges, et haricots grimpants. La culture de courges ou de citrouilles en bordure de parcelles de maïs est parfois pratiquée, mais un enchevêtrement trop dense de tiges de cucurbitacées nuit à la circulation lors de la récolte. Selon un maraîcher, cette présence de cucurbitacées autour du maïs est très efficace pour repousser les ratons laveurs si la culture est continue.

L'engrais vert intercalaire est fréquemment utilisé dans le maïs. Les espèces les plus courantes sont le trèfle rouge, la vesce velue, le ray-grass annuel, et la combinaison de ces deux derniers. On sème lors du dernier sarclage. Un maïs très vigoureux, très feuillu, n'offre pas de très bonnes conditions pour la réussite d'un engrais vert intercalaire.

Le maïs, après sa croissance en hauteur, peut aussi être utilisé comme brise-vent en été pour protéger les parcelles voisines. On voit à l'occasion des maraîchers qui laissent des blocs de maïs non enfouis après la récolte pour protéger des parcelles en accumulant de la neige en hiver. Par exemple, des blocs de maïs servent de brise-vent pour des cucurbitacées qui sont suivies d'une plantation d'ail d'automne.

33.7 IRRIGATION ET DRAINAGE

Le maïs sucré est une plante assez autonome dans son approvisionnement en eau lorsque la structure du sol favorise un enracinement profond. Il est tout de même souhaitable d'irriguer au moins une fois par semaine en période de sécheresse. Rappelons que la floraison est la période critique : le plant ne doit pas manquer d'eau durant les deux semaines qui précèdent et celles qui suivent l'apparition des soies.

Le maïs est fortement affecté par un mauvais drainage. Dans la majorité des cas, le drainage souterrain et l'entretien du réseau de fossés améliorent sa performance et permettent des gains de précocité.

33.8 GESTION DES MAUVAISES HERBES

Comme le maïs est cultivé idéalement après une prairie de légumineuses, le labour d'automne est souvent utilisé de concert avec l'enfouissement d'une dernière coupe. Une jachère en juillet suivie d'un engrais vert étouffant stimule énormément l'activité biologique des sols et laisse un sol exempt de vivaces, tout en réduisant la banque de graines du sol.

Au printemps, on fait un faux semis autant que possible, c'est-à-dire qu'on prépare le sol, mais on le laisse reposer durant 7 à 10 jours, ou même 15, pour favoriser la levée des mauvaises herbes avant de le travailler à nouveau juste avant le semis. Pour le maïs de primeur, on ne peut pas attendre, on doit semer tôt. Une fois le maïs semé, il est recommandé de faire un binage en préémergence avec une herse-étrille, comme les Lely, Rabe ou Hatzenbichler, ou, à la rigueur, une houe rotative. On doit intervenir lorsque le germe est formé, mais avant son émergence ; les racines sont alors suffisamment développées pour tenir le plant en place. Si le plant commence à lever, le binage est à proscrire à ce stade. Par la suite, il est possible de faire d'autres binages avant de commencer les sarclages. Les utilisateurs de houe rotative ont l'avantage de pouvoir commencer plus tôt. Avec un peigne, il faut attendre que le plant atteigne le stade 3-4 feuilles et ajuster la pression et la vitesse pour ne pas enterrer les plants ; les plants se relèvent généralement bien. On passe de préférence lors d'une journée chaude et sèche, car les feuilles de maïs y sont moins cassantes et les mauvaises herbes plus vulnérables. Lorsque les mauvaises herbes sont en train de germer ou au stade cotylédon, elles sont plus vulnérables ; après l'apparition des vraies feuilles, l'efficacité devient de plus en plus réduite, puisque leurs racines deviennent plus profondes. On peut effectuer deux ou trois binages et conserver un champ propre jusqu'au début du sarclage.

Après une telle séquence de binage de la pleine surface, le sarclage entre les rangs débute lorsque les plants atteignent 13 à 18 cm. On vise à ameublir le sol et enterrer, déraciner et assécher les pousses de mauvaises herbes. La zone qui requiert le plus d'attention est située sur le rang. Il faut trouver le moyen de contrôler les mauvaises herbes qui s'y développent, entre autres les graminées. En pratique, un léger déplacement de terre vers la base des plants de maïs, alors que les mauvaises herbes sont encore courtes, assure un bon contrôle. On peut être obligé de faire deux ou trois sarclages selon l'évolution de la situation. Renchausser graduellement le plant avec un sol ameubli dans l'entrerang est le meilleur moyen d'assurer la propreté de la culture. On trouve sur le marché d'excellents sarcloirs-billonneurs, par exemple les Hinniker ou Sukup développés pour les grandes cultures, qui donnent d'excellentes possibilités d'ajustement ; on peut notamment se servir des tôles pour contrôler la quantité de terre dirigée sur le rang. Les sarcloirs rotatifs peuvent aussi être ajustés pour diriger le sol vers la base des plants.

Certains agriculteurs utilisent des brûleurs pour détruire les pousses sur le rang. On peut également recourir au brûlage en présemis et en préémergence.

Le semis d'un engrais vert intercalaire dans le centre de l'entre-rang contribue à contrôler les mauvaises herbes en fin de saison. L'utilisation individuelle du ray-grass annuel ou sa combinaison avec des vesces, velue ou commune, ou du trèfle incarnat, est une bonne pratique. Dans le maïs de primeur, on préfère déchaumer et semer un engrais vert dérobé.

33.9 INSECTES ET MALADIES

Le maïs est surtout la proie d'un insecte difficile à contrôler avec les insecticides utilisés en culture biologique, la pyrale du maïs. La pyrale aime bien les plants sucrés où elle peut se camoufler, comme le piment et le maïs. On distingue deux races de pyrales au Québec : la bivoltine et l'univoltine. La bivoltine atteint le stade adulte tôt en saison, soit en mai et en juin, et réapparaît en août. L'univoltine devient adulte en juillet. Ces dates peuvent varier selon le climat de l'année et de la région. Pour le moment, la bivoltine est absente des régions fraîches au nord du Québec, mais elle est très importante en Montérégie. Les larves des deux races hivernent dans les résidus de maïs. Les adultes pondent sur le plant de maïs et les larves peuvent attaquer toutes les parties du plant, mais c'est leur présence dans l'épi qui est le plus dommageable. Il faut les dépister et intervenir avant qu'elles ne pénètrent à l'intérieur du plant.

Comme moyen de contrôle biologique, il y a les trichogrammes, des guêpes parasites qu'on utilise maintenant avec efficacité. Le réseau d'avertissements phytosanitaires émet des recommandations d'intervention ; ces données peuvent être utiles dans la planification du contrôle de l'insecte. Les champs sont inspectés régulièrement à la recherche d'œufs blancs groupés en masses de 5 à 25 sur le revers des feuilles du haut, près de la nervure centrale, ou de minuscules perforations sur le feuillage, concentrées dans un même endroit. Les entreprises de lutte biologique offrent les trichogrammes (*Trichogramma brassicae*) sur des cartes qu'on introduit sur les plants de maïs à des distances préétablies, et ce, à un taux de 49/ha (2002). Les trichogrammes parasitent les œufs et réduisent l'infestation ; le niveau de contrôle varie de moyen à quasi complet, selon les semis. La description détaillée des méthodes d'utilisation, qui changent avec le temps et la mise au point, dépasse le cadre de ce chapitre.

La lutte biologique remplace maintenant des méthodes de moindre efficacité, comme l'application d'huile minérale sur les soies de l'épi, une opération beaucoup trop longue pour être applicable ailleurs qu'au jardin. La roténone et le *B.t.* var. *kurstaki* ont aussi une certaine utilité. Il faut intervenir lorsque les larves sont jeunes et avant qu'elles ne pénètrent la tige ou l'épi. Il existe maintenant des préparations de *B.t.* qui restent actives plus longtemps. Le *Beauvaria bassiana* a aussi démontré une certaine virulence envers la pyrale.

La destruction des résidus de culture par broyage, déchaumage et décomposition après la récolte est une mesure essentielle. L'utilisation du semis direct et du travail minimum en grande culture, combinée à celle du maïs Bt semble inciter les pyrales à se tourner vers les fermes biologiques qui leur servent de refuge.

D'autres insectes qui attaquent le maïs sucré sont la chrysomèle des racines du maïs, la légionnaire uniponctuée, la légionnaire d'automne, le ver de l'épi ainsi que le puceron du maïs. À la différence de la pyrale, qui hiverne ici, plusieurs de ces insectes migrent du sud à la faveur de vents favorables et leur présence est imprévisible. Une bonne préparation de sol comportant une jachère d'été, pour détruire les insectes du sol installés dans la prairie, est une bonne pratique préventive pour réduire les dommages du ver fil de fer et des larves de noctuelles.

Les principales maladies qui affectent le maïs sucré sont le charbon et la rouille.

La prévention du charbon consiste à faire une longue rotation, à utiliser des semences saines et à appliquer un mode de fertilisation équilibré. Le soufre et le cuivre peuvent aider à réduire l'infestation. Si des plants sont atteints, il est bon de retirer les masses de champignons pour éviter la propagation.

Pour combattre la rouille, on choisit des cultivars tolérants ou résistants. Le niveau de tolérance varie grandement selon les cultivars.

33.10 ENTRETIEN

L'entretien des cultures de maïs se limite aux binages et sarclages, à l'irrigation et au contrôle des parasites. Si la fertilisation est faite adéquatement en début de saison, il ne devrait pas être nécessaire d'y revenir en cours de culture. Lors de printemps froids et d'étés trop pluvieux, il est possible que l'azote soit déficient ; des applications de farines azotées pourront alors y remédier. Enfin, il existe une pratique de jardinage qui consiste à étêter les tiges dès que les épis ont été fécondés. C'est inutile, de même que l'enlèvement des drageons.

33.11 RÉCOLTE

On cueille le maïs au stade de grains laiteux en cassant les épis le plus près possible de la tige ; ils doivent être encore de couleur vert foncé. La récolte débute à la mi-juillet et se termine aux premières gelées. On doit cueillir quotidiennement la quantité nécessaire au marché puisque les sucres se transforment rapidement en amidon dès la récolte. Pour retarder ce processus, on favorise un refroidissement rapide de l'épi à l'eau glacée. Un épi cueilli tôt le matin, en conditions fraîches, garde mieux sa saveur. Un maïs qui reste à 20 °C perdra 26 % de son sucre chaque jour ; à 30 °C, c'est 60 % par jour, alors qu'à 0 °C il n'en perdra que 8 %. L'utilisation de glace en cours de transport améliore la qualité.

Il existe des récolteuses qui cueillent tous les épis, à maturité ou non. L'épi se trouve coupé plutôt que cassé et son acceptation par les consommateurs du marché frais est parfois moins bonne. Certains utilisent comme aide à la récolte un sac suspendu monté sur une sorte de brouette. Il existe aussi des rampes pour assister la cueillette manuelle. La pratique la plus courante est probablement une boîte montée sur l'hydraulique, une voiture, ou même la pelle du tracteur. Un véhicule tout terrain avec une remorque est aussi d'usage courant.

33.12 CONSERVATION ET MANUTENTION PRÉVENTE

Le maïs se conserve en poches à 0 °C à une humidité relative de 95 %.

33.13 PRIMEURS

On utilise des paillis de plastique ou une couverture de plastique pour favoriser la germination rapide et la croissance, de même que des bâches flottantes. Pour pouvoir tirer profit de telles installations, on doit réunir les bons choix de sol et de cultivars ainsi que les bonnes conditions de fertilité et d'humidité. On choisira des parties de champs bien à l'abri des vents et à réchauffement rapide, comme les bordures de boisés bien orientés.

Chapitre 34

LE CONCOMBRE ET LE CORNICHON

Cucumis sativus L. (Cucumber)

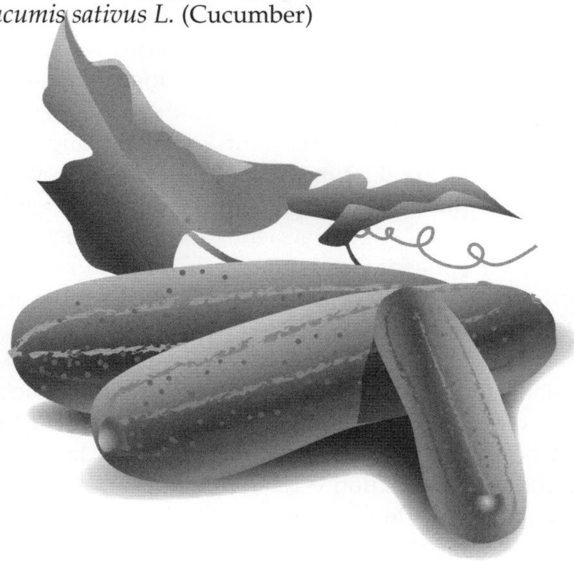

INTRODUCTION

La famille des cucurbitacées est cultivée depuis des siècles. Les concombres et les melons sont originaires d'Asie et d'Afrique alors que les courges sont d'origine américaine. Les espèces commerciales cultivées aujourd'hui sont le concombre, le cornichon, la citrouille, les différentes sortes de courges d'hiver et d'été, le cantaloup et les melons. La plante est plutôt compétitive avec la mauvaise herbe annuelle.

Les concombres et les cornichons sont cultivés en serre et au champ et ils sont cueillis immatures. Ils sont donc récoltés plus tôt que les fruits qui doivent mûrir, telles les courges d'hiver. Au Québec, les concombres de champs arrivent sur le marché à partir de juin pour les primeurs, jusqu'en septembre ou octobre selon les gelées.

Les fruits d'hiver (citrouille, courges d'hiver) se conservent plusieurs mois au sec, alors que les fruits d'été (concombre, zucchini) ont une durée de vie de quelques jours.

34.1 PLANTE

De port herbacé, grimpant ou rampant, le plant de cucurbitacée a un cycle annuel assez long qui ne supporte pas le gel. Le système racinaire est large, très ramifié et superficiel, s'étendant à partir d'une racine pivotante de plus de 1 m de profond. Peu de racines pénètrent à plus de 50 cm. Le poids des racines est très faible comparé à la partie aérienne du plant, en particulier l'énorme masse des fruits. Les tiges se ramifient pour former de nombreuses latérales. Les feuilles horizontales couvrent bien le sol.

En début de saison, la croissance végétative des racines et du feuillage est dominante ; à partir de la mise à fruit, la végétation et le développement racinaire diminuent. Une bonne pollinisation est essentielle pour obtenir un bon rendement. On observe en serre des alternances de production de fruits et de végétation ; la taille permet de maintenir un équilibre.

34.1.1 TYPES DE CONCOMBRES

On peut classer les concombres en trois différents types caractérisés par la floraison : les monoïques, les gynoïques et les parthénocarpiques.

A. Monoïque

Les concombres monoïques ont des fleurs mâles et femelles sur le même plant ; ils profitent donc dont d'une pollinisation facile. De productivité moindre que les gynoïques, ils sont pourtant meilleurs même les années à climat difficile.

B. Gynoïque

Les concombres gynoïques n'ont que des fleurs femelles (ou presque) et ils doivent par conséquent être cultivées avec des plants monoïques (10 à 15 % dans le mélange) pour assurer la pollinisation par des fleurs mâles. La plupart du temps, le mélange est déjà fait par le fournisseur de semences. Ce type de concombres donne un meilleur rendement, sauf les étés froids.

C. Parthénocarpique

Les concombres de type parthénocarpique fructifient sans pollinisation. Ils sont utilisés surtout pour la culture en serre.

34.1.2 CONDITIONS CLIMATIQUES

Comme les concombres sont très sensibles au froid, on doit absolument attendre que les risques de gelées tardives soient passés avant de les semer. Une température inférieure à 10 °C arrête la croissance végétative ; le plant se développe mieux à des températures de nuit au-dessus de 15 °C et de jour en deçà de 32 °C. La gamme optimale est de 18 à 24 °C. La pollinisation est optimale entre 26 et 29 °C, et très limitée sous 20 °C.

Lorsque le contraste est élevé entre les températures de jour et de nuit, le rendement peut être affecté. À l'automne, les plants se dégradent dès que les températures baissent en deçà de 3 ou 4 °C.

La production est donc concentrée dans le sud du Québec. Leurs besoins en eau sont importants, mais ils ne supportent pas les excès d'humidité. Ils préfèrent donc un climat chaud et sec, une pluviosité régulière et un sol bien drainé. Les pluies très abondantes, combinées aux conditions chaudes et humides, favorisent les maladies.

Le concombre est très sensible au vent, en particulier en juin quand le couvert végétal est minimal, et demande une protection de brise-vent naturels ou artificiels.

34.2 CULTIVARS

Depuis quelques décennies, les cultivars ont été sélectionnés pour des résistances multiples aux maladies et pour la qualité du fruit et l'absence d'amertume. La forme et la longueur du fruit, la pollinisation, la productivité, la précocité, l'adaptation au temps frais, la période de récolte concentrée sont quelques critères de choix du cultivar.

La récolte débute entre 50 et 65 jours après le semis et dure environ un mois, ensuite la qualité des fruits diminue. Comme le rendement des cultivars gynoïques est plus faible les années fraîches, il peut être bon de cultiver à proximité une proportion de monoïques, plus réguliers et capables d'améliorer la pollinisation. Le petit maraîcher qui ne plante que quelques plants ne devrait pas utiliser les cultivars gynoïques ou s'assurer d'avoir parmi ceux-ci des plants monoïques. Souvent, les semences prémélangées par le grainetier sont marquées de manière à identifier les plants monoïques.

34.3 PROPAGATION

34.3.1 SEMENCES ET GERMINATION

Les semences sont grosses et gardent longtemps leur vigueur. Elles se conservent entre 5 et 10 ans selon les conditions. Il y a 30 à 55 semences par gramme, et il en faut de 1,5 à 5,5 kg de semences par hectare. La germination est rapide ; elle prend entre 3 et 13 jours à des températures variant de 15 à 35 °C.

34.3.2 SEMIS

Le semis au champ est fréquent pour le concombre et le cornichon. La date de semis au champ est importante, les graines germent mal en deçà de 15 °C ; la température du sol optimale est de 25 à 30 °C. De plus, après la levée, des températures inférieures à 10 °C la nuit peuvent endommager les jeunes plants. Selon les régions, on sème en pleine terre de la mi-mai à la mi-juin, et parfois jusqu'au début de juillet pour une récolte d'automne. Les meilleurs rendements sont obtenus avec des semis qui lèvent rapidement et croissent vigoureusement et de façon continue.

Il est important d'avoir une profondeur de semis uniforme, au maximum 20 à 25 mm, pour obtenir une levée rapide et homogène. On doit toujours semer dans un sol humide ; au besoin, on ajuste la profondeur du semis.

En plasticulture, on prépare le sol à l'avance et on pose le plastique pour le réchauffer. Il existe des semoirs spécialisés qui sèment à travers le plastique, mais dans le cas des productions moins importantes, le semis est effectué à la main. Avant le semis à la main, on fait tremper les graines dans de l'eau à 25 °C pendant 24 heures. Les biodynamistes emploient un bain de semences au préparat 507 de valériane.

34.3.3 PRODUCTION DE PLANTS

Il est possible de produire des concombres plus hâtifs avec des transplants, à condition que la culture au champ soit bien protégée du vent. On transplante plus rarement le cornichon bien qu'il soit plus hâtif et qu'il résiste mieux au stress.

Les plants sont démarrés en pots de 10 cm ou en plateaux multicellulaires de 24 ou 38 cellules. Le pot de mousse de tourbe est idéal pour la culture des cucurbitacées, car les racines n'aiment vraiment pas être dérangées. Les graines peuvent être trempées durant 24 heures dans de l'eau à 25 °C avant de semer. On peut semer trois à quatre graines dans chaque contenant pour ensuite éclaircir en gardant les deux plus beaux plants. Pour des cultivars plus coûteux, on peut semer une ou deux graines par cavité, selon que l'on plante en poquets ou non. Certains sèment en caissettes et repiquent en plateaux par la suite ; on obtient ainsi un plant plus trapu. On doit procéder avec beaucoup de délicatesse, car les racines des concombres n'aiment pas être dérangées.

La température idéale de germination est de 25 à 30 °C et la levée se fait en trois ou quatre jours. Par la suite, on garde la température à 22 °C le jour et à 18 °C la nuit. Elle ne doit jamais descendre en bas de 10 °C. Le terreau doit être continuellement humide, mais sans excès d'eau.

Il faut prévoir entre 15 et 25 jours pour la production des plants. Plus les plants sont gros, plus il y a de risques de dommages à la plantation. On les endurcit quelques jours avant la plantation en abaissant la température de quatre ou cinq degrés et en exposant les plants au vent, mais sans excès, car le plant est délicat.

Dans les plateaux à alvéoles plus petites, on a peu de flexibilité puisque le système racinaire est limité. Pour une plantation d'une densité de 6 200 poquets, on doit prévoir 25 000 à 30 000 graines, soit environ 1 kg selon le calibre.

Certains producteurs combinent une plantation hâtive et un ou deux semis de concombres. Ils obtiennent ainsi des primeurs et des cultures étalées dans le temps, dont la dernière arrivera à l'automne en meilleures conditions. Pour les récoltes d'automne, on utilise les taux de semis maximum, car la croissance est fortement réduite en fin de saison.

34.3.4 PLANTATION AU CHAMP

Il est important que les plants ne soient pas trop grands pour la transplantation. Si le site est exposé au vent, les feuilles sécheront et les tiges seront endommagées, ce qui retardera la culture, détruira des plants et annulera le gain de temps et le coût de production des plants. Une tige longue est souvent endommagée par le soleil et on observe un dessèchement des tissus. Le stade visé est de deux à trois semaines, soit de deux à trois vraies feuilles par plant. Un pralin à base d'argile, d'extrait d'algues et de poissons, ou de purin d'orties ou de compost est utile au moment de la plantation au champ. Un apport d'eau est essentiel à ce stade ; l'opération devrait être faite par temps couvert ou en fin de journée, le plant étant particulièrement sensible à l'évapotranspiration et au flétrissement.

34.3.5 ESPACEMENTS ET AMÉNAGEMENT DE LA PLANTATION

Il y a de nombreuses façons d'agencer les plants de concombres. Habituellement, ils sont cultivés sur planche, relevée ou non, avec des espacements de 1,2 à 1,8 m entre les rangs, selon le système de mécanisation utilisé. Pour un espacement relativement standard de 1,5 m, qui permet le passage de machinerie en début de culture, on peut utiliser divers aménagements. La méthode classique consistait à laisser 45 à 60 cm entre les plants, ou à semer ou planter en poquets aux 60 à 120 cm sur le rang. On laissait deux ou trois plants par poquet, ce qui fournissait une assurance contre la mortalité. Cette méthode est encore valable aujourd'hui.

Il y a un bon producteur de concombres qui utilise les espacements suivants : 1,80 m entre les plates-bandes recouvertes de plastique, et 90 cm entre des poquets de deux plants. Un tel aménagement requiert 12 400 plants et donne 6 200 poquets/ha. Avec une bonne fertilisation, les plants sont vigoureux ; l'espacement de 1,8 m laisse aux cueilleurs suffisamment de place pour travailler sans piétiner les plants. On trouve aussi assez souvent des poquets de deux plants espacés de 60 cm, ce qui donne 9 260 poquets/ha.

A. Haute densité

Pour des cultures à haute densité, on recommande des espacements de 6 à 10 plants par mètre linéaire pour des densités de 35 000 à 66 000 plants/ha à 1,5 m entre les planches ou des dispositifs d'espacement de 1,2 m entre les planches pour des densités atteignant 50 000 à 83 000 plants/ha.

Pour la culture commerciale du cornichon à récolte mécanisée unique, avec destruction des plants, on utilise en Amérique du Nord des aménagements à très haute densité atteignant 400 000 plants/ha. En Allemagne, on utilise des densités de 150 à 200 000 plants/ha. Les systèmes à haute densité requièrent habituellement de la fertigation. En France, on recommande des densités beaucoup plus classiques de 10 000 poquets de deux plants à l'hectare.

Les hautes densités ne semblent pas appropriées en culture biologique, même en utilisant des purins de compost et végétaux en fertigation. Comme les cueillettes sont manuelles, des aménagements espacés seront appropriés tant pour le concombre que pour le cornichon.

34.3.6 PROTECTION ET PLASTICULTURE

Comme le plant de concombre est très sensible au vent, on ménage une protection de brise-vent naturels ou artificiels. Sur une ferme maraîchère, il faut planter des haies brise-vent bien conçues pour équilibrer protection, circulation d'air et contrôle biologique naturel. Des écrans de divers matériaux synthétiques peuvent être installés, des clôtures à neige ou des bandes de seigle d'automne semées à cet effet l'année précédente.

Les tunnels de plastique sont une alternative, surtout si l'on veut faire du concombre de primeur. Ils s'installent par-dessus chaque rang avec des arceaux métalliques. La couverture flottante peut endommager le feuillage par frottement ou gel des points de contact, surtout lorsque la planche est surélevée. Par contre, elle protège le plant contre le vent et le gel. Certains préfèrent la supporter avec des arceaux, ou parfois placer des arceaux sur le pourtour de la bâche près des points où elle est fixée au sol.

La culture sur paillis de plastique a démontré son efficacité et sa rentabilité. Le paillis réchauffe le sol, conserve l'eau, contrôle les mauvaises herbes, donne un produit plus propre et de meilleure qualité tout en augmentant le rendement. Certains producteurs utilisent un paillis transparent, plus chaud, mais les mauvaises herbes poussent en dessous et au travers des trous ; un plastique vert est préférable, à la rigueur un plastique noir. Les tunnels en film plastique transparent, ou semi-transparent blanc ou verdâtre sont perforés pour assurer l'aération. On doit être prudent avec les risques de stress par excès de chaleur, surtout dans les heures qui suivent la transplantation.

Il existe plusieurs types de dérouleuses à plastique des plus simples et économiques aux plus sophistiquées et dispendieuses. On peut louer un appareil durant un ou deux jours pour installer les plastiques, puis échelonner la plantation des diverses cultures par la suite.

34.4 SOLS ET FERTILISATION

34.4.1 CHOIX ET PRÉPARATION DU SOL

Les concombres et cornichons ont besoin d'un sol riche et chaud, bien drainé, avec une bonne structure et une grande capacité de rétention d'eau. Ce sont des cultures qui se prêtent bien à la technologie de la plasticulture (paillis et tunnel). Pour le concombre, on vise à arriver en primeur, tant pour le meilleur prix que pour établir sa place sur le marché. Ce n'est pas le cas pour le cornichon à moins qu'il ne soit vendu comme un concombre, ce qui est fréquent en vente directe, en début de saison. Plusieurs consommateurs préfèrent même le cornichon au concombre, le goût est meilleur et moins amer. En général, on privilégie un loam sableux ; on peut utiliser des loams argileux ou limoneux en bonnes conditions, riches en humus et en azote, et libres de mauvaises herbes.

Habituellement, on travaille le sol après un épandage de compost et on forme des planches recouvertes de plastique. La rotobutteuse est appréciée pour cet usage. L'utilisation du sol des allées pour former une planche buttée place plus de sol à proximité des premières racines, améliore le drainage et augmente la chaleur. Les biodynamistes appliquent le préparat 500 avant de préparer le sol.

Certains producteurs ouvrent un sillon profond de 30 à 40 cm de large sur le rang du concombre et le remplissent de fumier de cheval, ou d'un mélange combinant fumier de cheval et feuilles ; ils forment ensuite une planche sur laquelle ils sèment ou plantent le concombre. Le gain de chaleur sous les racines ainsi que la capacité de rétention d'eau conviennent au concombre. La tradition veut que le concombre produise selon ce qu'on lui met sous les racines.

34.4.2 FERTILISATION

Dans un bon sol maraîcher, on fertilise les concombres en mettant de 40 à 60 t/ha de compost jeune au printemps à la préparation du sol. On enrichit le compost au phosphate de roche ou au fumier de volailles, si le sol est mal pourvu en phosphore. Pour un compost de fumier de volailles, plus riche et se minéralisant plus vite, on utilisera des doses plus faibles. Les quantités peuvent être moindres sur un retour d'engrais vert de légumineuses ; on peut analyser l'engrais vert à l'automne pour prévoir la minéralisation. Il faut prendre garde de circuler sur un sol assez sec lors de l'épandage.

Historiquement, le concombre sur couche chaude constituait la base de la fertilisation des cultures maraîchères intensives en banlieue des villes. On y trouvait une rotation de trois ans sur couche chaude jusqu'à la fin des années 1950 dans la banlieue est d'Ottawa. Les sols étaient très riches et produisaient d'excellents rendements sans engrais chimiques les années subséquentes. Aujourd'hui, les lois environnementales interdiraient de telles pratiques.

Un compost moyen d'analyse 0,6-0,5-0,6 apporte, pour 40 t, 240-200-240 de N-P_2O_5-K_2O et, pour 60 t, 360-300-360. La minéralisation théorique est d'environ 20 à 30 % du N si le C/N est assez bas, de 25 à 35 % du P, parfois plus, et de 80 à 100 % du K. Ces minéralisations s'ajoutent à la minéralisation de l'humus, aux réserves minérales du sol, ainsi qu'à la décomposition des résidus de cultures et d'engrais verts précédents. En pratique, une application de 60 à 75 t/ha est fréquente, car on vise à soutenir une croissance très rapide. On doit aussi tenir compte de l'usage de fumier et de compost les années précédentes, et prendre en considération la structure et l'activité biologique du sol.

La culture du concombre est peu sensible aux carences en oligo-éléments. Une culture intercalaire de trèfle blanc nain peut être implantée entre les plastiques dans les allées, au dernier binage, avant que le concombre ne dépasse la zone plastifiée.

Les concombres et les cornichons tolèrent un pH légèrement acide, mais préfèrent un pH neutre ou légèrement alcalin. Une petite quantité de chaux ou de cendre épandue lors de la préparation du sol est toujours utile pour la plante même lorsque le pH est correct. Les besoins de CaO et MgO du plant sont relativement élevés, mais un bon entretien calcique et magnésien des sols devrait répondre à ses besoins. On doit aussi porter une attention toute particulière à la régularité du régime hydrique qui peut causer des problèmes de nutrition en calcium.

L'exportation moyenne d'éléments nutritifs par les fruits est indiquée au tableau 34.1. Les fertilisations rencontrées en culture conventionnelle sont au tableau 34.2.

TABLEAU 34.1 Exportation moyenne

Concombres (t/ha)	N (kg/ha)	P_2O_5 (kg/ha)	K_2O (kg/ha)
25	28	10	47

TABLEAU 34.2 Fertilisations en culture conventionnelle

N (kg/ha)	P_2O_5 (kg/ha)	K_2O (kg/ha)
90 — 220	55 — 180	55 — 300

Un rendement vendu de 6 000 douzaines ou 1 000 boîtes de 25 kg (6 douzaines) représente une exportation de 25 t/ha. Une culture de cornichon exporte en moyenne entre 20 et 38 t/ha de fruits avec une population de 40 000 à 60 000 plants/ha et selon la taille des fruits récoltés.

Il faut être conscient que le plant de concombre est exigeant, mais que la culture est une faible exportatrice, donc la majorité des éléments nutritifs retourne au sol lors de la dégradation des plants. Les fertilisations les plus élevées sont soit pour des sols pauvres, soit pour des objectifs de récolte beaucoup plus élevés que les moyennes nord-américaines. En France, on vise 50 à 60 t/ha de concombre récolté. La fertilisation type N-P_2O_5-K_2O est de 200-60-250 kg.

Jusqu'à récemment, on recommandait 115-55-55 au Québec pour les sols riches en P et K, et 115-160-160 pour les sols pauvres en P et K. Ces fertilisations complétaient un apport recommandé de fumier de 33 à 45 t/ha, contenant environ 220-155-214 pour 40 t, qui comblerait très bien les besoins des cultures si le sol est riche et le fumier enfoui immédiatement. Aux recommandations actuelles au Québec (tableau 34.3), certains producteurs conventionnels ajoutent environ 60 kg/ha de N en cours de récolte, en deux applications, par l'intermédiaire du système d'irrigation. Avec apport de fumier, on diminue la recommandation de N soluble de 40 à 60 kg/ha.

Des pulvérisations foliaires de purins végétaux ou d'algues liquides peuvent être utilisées mais, comme l'irrigation goutte à goutte se généralise, on emploie

TABLEAU 34.3 Recommandations québécoises

N (kg/ha)	P_2O_5 (kg/ha)	K_2O (kg/ha)
115	40 — 180	20 — 180

plus fréquemment les purins végétaux et les purins de compost dans une approche de fertigation. Cependant, les quantités d'éléments nutritifs contenues dans ces extraits ne sont pas très élevées ; ils agissent plutôt comme un stimulant.

Il faut assurer une richesse suffisante en Mg, car le concombre est sensible aux carences.

34.5 ROTATION

Le concombre ne doit pas revenir trop rapidement sur lui-même. On laisse donc trois ou quatre ans entre les cultures de cucurbitacées. Le concombre doit recevoir une fertilisation organique abondante et s'avère un excellent précédent pour un grand nombre de cultures s'il est bien sarclé ; il consomme beaucoup, mais il exporte peu. Il est donc placé en tête de rotation. Il est un excellent précédent pour l'ail d'automne.

Le concombre profite très bien de l'azote d'un précédent de légumineuse, car celle-ci se dégrade progressivement et les besoins en N du concombre sont constants jusqu'à la fin de la récolte. Après une prairie de longue durée, il serait préférable d'effectuer une courte jachère. Une courte séquence de trèfle et graminées serait un excellent précédent, tout comme un précédent de mélilot-dactyle.

Un engrais vert d'automne ou un seigle, enfoui au printemps deux ou trois semaines avant le semis, sont de bons précédents. Un concombre de fin de saison peut s'implanter après une récolte hâtive de pois. Le concombre peut suivre l'oignon et une céréale.

Dans un maraîchage diversifié où il y a beaucoup de travail manuel, on peut laisser en place les plastiques des cucurbitacées et planter une culture l'année suivante en perçant de nouveaux trous ; la laitue se prête bien à cette pratique si la structure du sol est suffisamment stable et qu'il ne se compacte pas durant l'hiver. Cependant, le contrôle des mauvaises herbes dans les allées s'en trouve compliqué.

34.6 CULTURES ASSOCIÉES

Avec le développement de la plasticulture, le concombre se prête mal aux cultures associées. Anciennement, en couches chaudes, on effectuait une récolte de laitues de primeur au travers desquelles on plantait les concombres en succession. Certains maraîchers européens sèment des radis ou plantent des laitues sur les bords des planches de concombres et récoltent avant que la culture principale ne devienne trop envahissante.

En région nordique, il y a un maraîcher qui transplante du maïs de primeur en plasticulture et installe les planches de concombres entre ses parcelles de maïs pour profiter de l'effet brise-vent.

34.7 IRRIGATION

La culture sur paillis de plastique permet de garder le sol humide beaucoup plus longtemps. Les racines de cucurbitacées sont très superficielles, mais elles courent bien au-delà des plates-bandes qu'on leur assigne, tout comme les tiges d'ailleurs. Si la structure du sol est bonne, l'eau se déplace sous le plastique par remontée capillaire. L'irrigation par aspersion est possible, le goutte à goutte sous le paillis étant l'idéal. Dans un sol léger, la remontée capillaire de l'eau sous le paillis peut être déficiente et le goutte à goutte s'avère indispensable. On utilise même parfois deux tuyaux par planche pour assurer une meilleure répartition de l'eau.

Si on utilise l'aspersion, on irrigue le matin pour laisser au feuillage le temps de sécher avant la nuit, ce qui réduit les risques de prolifération de maladies fongiques. Si la conformation du terrain s'y prête, on peut aussi inonder les allées entre les plates-bandes ; l'eau pénétrera le sol et remontera par capillarité.

La période où le stress hydrique cause le plus de dommage est la floraison et la formation du fruit. Il faudra irriguer fréquemment si l'indice d'assèchement est élevé ; vérifier la météo agricole ou utiliser un tensiomètre permettra de compléter l'observation visuelle et tactile.

Pour l'irrigation du concombre, on doit utiliser de l'eau dégourdie si elle est disponible, car l'eau froide convient mal au concombre.

34.8 GESTION DES MAUVAISES HERBES

La croissance végétative des cucurbitacées est assez vigoureuse, mais le contrôle mécanique des mauvaises herbes est difficile une fois que les tiges des plants ont commencé à courir sur le rang et entre les allées. Il faut donc assurer la propreté du sol jusqu'à ce que les plants le couvrent. De plus, les racines sont très superficielles, donc très facilement abîmées par les sarclages un peu trop profonds. Il est important d'avoir un bon contrôle sur les vivaces comme le chiendent avant d'implanter une cucurbitacée, avec ou sans paillis de plastique. L'utilisation de faux semis avant l'implantation d'une culture non paillée aide à diminuer les populations.

La culture sur paillis de plastique noir, brun ou vert est fortement recommandée pour avoir un bon contrôle sur les mauvaises herbes. Il faudra sarcler les allées quelques fois pour éviter l'établissement de mauvaises herbes qui risquent de réduire la circulation d'air, en plus de faire compétition à la culture. Il ne faut pas déchirer le bord du paillis ; un sarcloir rotatif de type Lilliston est excellent, car il déplace du sol vers le bord du paillis, et c'est précisément à cet endroit qu'il y a le plus de risque. Un léger buttage à l'aide d'un disque peut aussi faire l'affaire. Un sarclage manuel du trou dans le paillis est nécessaire lorsque le concombre est bien établi, soit au stade 6-8 feuilles.

La culture d'un engrais vert intercalaire dans les allées, comme le trèfle blanc nain, est profitable pour le contrôle des mauvaises herbes et le retour au sol pour la prochaine culture ; on sème au dernier sarclage.

34.9 INSECTES ET MALADIES

Tous les types d'excès, telles les pluies, les sécheresses, les fraîcheurs et les chaleurs humides, affaiblissent et stressent le plant et permettent le développement de maladies. La présence de maladies est la principale cause de mauvais rendement quand la régie est correcte. Certains cultivars offrent des résistances ou des tolérances multiples ; lorsqu'on connaît le potentiel de problèmes, c'est la forme la plus simple de prévention qui s'ajoute aux bonnes mesures préventives générales.

Les deux principales maladies du concombre sont la tache angulaire et la tache alternarienne.

La tache angulaire causée par une bactérie (*Pseudomonas lachrymans*) se rencontre sur presque toutes les cucurbitacées. Des taches de formes angulaires apparaissent entre les veines des feuilles et mènent éventuellement à une nécrose. Après son apparition, la maladie est propagée par les pluies fortes, l'irrigation et le passage des travailleurs, et elle peut dégrader les fruits à l'entreposage. Des conditions atmosphériques humides et chaudes la favorisent. La rotation des cultures, l'usage de semences exemptes de maladies grâce au traitement à l'eau chaude et l'utilisation de cultivars résistants sont les moyens préventifs. Attention à l'irrigation avec l'eau de drainage des champs de cucurbitacées. Dans de petites plantations, on doit tailler les feuilles malades en désinfectant le couteau. Des traitements au cuivre aux 8 à 14 jours ralentissent l'infection, mais il faut faire attention au dosage, qui peut être toxique pour les plants ; il est bon de faire un test limité au préalable et bien suivre les instructions sur l'étiquette. Lorsque la maladie est présente, on doit toujours attendre que le feuillage soit sec pour effectuer des travaux dans le champ.

La tache alternarienne (*Alternaria cucumerina*) est une maladie fongique qui apparaît sous forme de taches pâles circulaires suivies de nécroses. Comme elle est favorisée par les conditions chaudes et humides, on utilise l'irrigation goutte à goutte ; les brise-vent diminuent la diffusion des spores en conditions venteuses. On fait une rotation des cultures minimale de trois ans avec une incorporation rapide ou un compostage des débris de cucurbitacées à l'automne pour les assainir par la décomposition. On fait la pulvérisation de décoction de prêle des champs le soir, suivie de purin d'orties le matin.

La gale (*Cladosporium cucumerinum*), propagée par la semence et les résidus de culture, est réduite par la rotation de cultures et le choix de cultivars tolérants. On emploie en cas d'infestation la bouillie bordelaise.

Le blanc ou oïdium (*Erysiphe cichoracearum*) apparaît sous forme de taches blanches poudreuses sur le feuillage qui s'agrandissent pour couvrir toute la feuille. Il préfère les conditions chaudes accompagnées de fortes rosées. Comme les spores arrivent avec le vent, la rotation a peu d'effets. On peut améliorer la protection des concombres par des mesures préventives comme le drainage, l'aération, des cultivars résistants et des brise-vent. Il faut aussi éviter l'excès d'azote. En présence d'une infestation de blanc, on utilise la prêle combinée au silicate de sodium (0,5 à 1 %) ou le soufre dans les cas graves, mais un autre traitement est possible : le bicarbonate de K ou de Na à raison de 2 g/L, une fois par semaine en prévention, ou de 3 g/L deux fois par semaine et on ajoute un surfactant de savon doux. Avec des cultivars résistants, le blanc ne cause pas de problème et on ne traite jamais.

Plusieurs virus peuvent infecter le concombre, le principal étant le virus de la mosaïque du concombre. On trouve la mosaïque du concombre sur des dizaines d'espèces sauvages et cultivées. Les feuilles et les fruits sont marbrés de vert pâle et vert plus foncé. Les plants dépérissent graduellement et le rendement est très affecté. Un laboratoire d'identification phytosanitaire peut identifier clairement le virus. Il faut impérativement avoir recours aux cultivars résistants. Le virus est transmis principalement par les pucerons. Des bandes de blé cultivées autour des cultures de concombres ont réussi à diminuer fortement le problème aux États-Unis, en attirant les pucerons.

34.9.1 INSECTES

La mouche des semis (*Hylemia platura*) se développe dans la matière organique en décomposition et attaque les semences de concombres lorsque le sol est frais et la germination retardée. On rencontre le même problème principalement dans le haricot, mais aussi la betterave, l'épinard, le radis et le navet. Il faut faire des faux semis pour hâter la décomposition des résidus de cultures et d'engrais verts tout en réchauffant le sol, puis enfouir les résidus dès l'automne. On pose les plastiques assez tôt pour réchauffer le sol, puis on plante plutôt que de semer les cucurbitacées, ou on attend que le sol soit bien réchauffé. On peut faire prégermer les semences ou les tremper. On les traite à la terre diatomée ou à la cendre de bois. La première est particulièrement efficace contre cette mouche.

Le taupin et la noctuelle affectent aussi les cultures de concombres. Pour les mesures de prévention et de lutte, on peut consulter le chapitre sur le chou pommé.

La chrysomèle rayée du concombre (*Acalymma vittata*) est un coléoptère jaune verdâtre à jaune orange, rayé de trois bandes noires. Il est très mobile et prolifère dans le concombre sauvage. L'adulte hiverne dans les résidus de culture et la végétation en bordure des champs; sa survie est meilleure les hivers neigeux et les printemps chauds. L'insecte produit une génération par année, bien synchronisée avec le cycle des cucurbitacées. Il émerge du sol à partir de la troisième semaine de mai sur une période d'environ un mois dans la région de Montréal. Il mâche les tiges, les cotylédons, les feuilles et les fleurs. L'accouplement a lieu sur les plants de cucurbitacées, et les œufs sont déposés au sol à la base des plants. Les larves se nourrissent des tiges et des racines des cucurbitacées. La nouvelle génération émerge à partir du début d'août, il peut alors s'attaquer aux fruits et, si la population est nombreuse, causer des dommages importants. L'insecte est très mobile. Là où il est présent, la bâche flottante est le meilleur écran préventif.

En priorité, on cherche à protéger le jeune plant, car il affecte moins les cultures établies ; mais il est un vecteur de flétrissure bactérienne et de mosaïque. En cas de présence importante, on utilise la roténone ou la terre diatomée. Le neem est aussi en voie d'expérimentation. Parfois, ils sont localisés sur les bordures de la parcelle, et un traitement localisé suffit. On peut utiliser la bâche, et laisser une culture piège exposée de *Cucurbita maxima* où l'on effectue des traitements, pour tenter de réduire la pression après l'enlèvement de la bâche.

On considère qu'à partir de 0,5 à 1 chrysomèle par plant, un traitement est justifié. Des pièges collants jaunes peuvent aussi être utiles pour le suivi des populations. Les semis tardifs de concombres sont habituellement moins affectés. Le déchaumage des résidus de culture, suivi d'un engrais vert, réduit le développement des insectes en fin de saison.

Les tétranyques à deux points (*Tetranychus urticae*) sucent la sève, ce qui entraîne un jaunissement du feuillage ; on voit apparaître une fine toile sur les feuilles. Ce sont des acariens miniatures (< 5 mm) qui se reproduisent rapidement en conditions chaudes et sèches. Ils ont un grand nombre de prédateurs naturels : on a introduit avec succès le *Phytoseiulus persimilis* en serre pour le contrôle biologique, et certains *Amblyseius* auraient un potentiel d'utilisation au champ. Un poudrage de soufre peut être efficace par temps chaud. Une pulvérisation de farine, de lait de beurre et d'eau, tôt le matin, qui sèche et se détache des feuilles plus tard dans la journée, est parfois utilisée aux États-Unis. À cause de la courte période de culture, les tétranyques causent rarement des problèmes, sauf si on utilise des transplants qui sont déjà infectés en serre.

Divers pucerons affectent le concombre, en particulier *Myzus persicae*, le puceron vert du pêcher, qui est polyphage. Plusieurs espèces de pucerons sont favorisées par un excès d'azote dans la sève du plant. Les pucerons causent des dommages directement au plant par leur utilisation de la sève, mais aussi par la présence du miellat sucré rejeté à l'anus qui peut avoir un impact négatif sur le plant directement en réduisant la photosynthèse et en augmentant l'évaporation, ou indirectement en augmentant les problèmes fongiques ; les pucerons sont également des propagateurs de virus.

On s'entend pour dire qu'un plant fort sera beaucoup plus résistant aux pucerons ; en période de stress climatique, la pulvérisation foliaire de purin d'orties en dilution 1/10 ou d'extrait d'algues s'est avérée utile. Habituellement, les pucerons ne causent pas de problèmes trop sérieux et on peut les tolérer.

Pour contrôler les pucerons, on favorise les auxiliaires naturels par la diversification de l'écosystème agricole : chrysopes, coccinelles, syrphes, etc. On peut aussi introduire des prédateurs comme les coccinelles ; en serre, on utilise *Aphidoletes aphidimiza*. Le savon Safer's donne un certain contrôle, de même qu'un poudrage de lithothamne, de cendre de bois, de poudre de roches. En dernier recours, on utilise le pyrèthre, la roténone, ou la terre diatomée appliquée avec une poudreuse hydrostatique.

Un problème physiologique relié au stress affecte à l'occasion la saveur et il y a beaucoup de fruits amers. Il y a discussion entre les spécialistes sur les causes, stress hydrique ou contraste de température, mais tout le monde s'entend pour attribuer cette amertume au stress.

34.10 ENTRETIEN

34.10.1 POLLINISATION

Le concombre de champs doit être pollinisé rapidement pour être productif, et les meilleurs résultats suivent plusieurs visites d'abeilles. Idéalement, une ruche à l'hectare assurera une pollinisation adéquate, ce qui est essentiel pour les cultivars gynoïques. La mauvaise pollinisation donnera des fruits déformés. Il faut enlever les bâches protectrices dès l'apparition des premières fleurs femelles.

Les ruches sont introduites idéalement après le début de la floraison. La fleur mâle apparaît en premier, suivie environ cinq jours plus tard de la fleur femelle ; cette dernière se reconnaît à la présence de l'ovaire qui a déjà la forme du fruit sous la fleur.

34.10.2 TAILLE ET ENTRETIEN

La taille des plants est possible, mais difficile à faire à grande échelle. Les producteurs étêtent les tiges qui atteignent l'allée en passant pour la récolte. Les cultivars monoïques produisent les fruits sur les premières et les deuxièmes générations de pousses latérales. Pour gagner en production de primeurs, on recommandait traditionnellement de tailler la tige principale après la quatrième ou la sixième feuille avec un couteau bien affilé. Puis on taillait les premières latérales deux feuilles après les premiers fruits. On taillait aussi les deuxièmes latérales. La culture en couches chaudes permettait de rentabiliser un tel effort.

Les biodynamistes pulvérisent la silice (501) tôt le matin dès la reprise des plants, puis encore deux fois aux 9 à 10 jours avant la mise à fruit.

34.11 RÉCOLTE

Il est important de récolter les concombres régulièrement, soit deux à trois fois par semaine, pour maintenir la production et éviter la détérioration des plants. Les premiers fruits doivent être récoltés soigneusement et jeunes, car leur présence prolongée inhibe le rendement des fruits subséquents. On récolte un concombre lorsqu'il a atteint entre 16 et 22 cm de longueur selon le cultivar, avant que le diamètre n'ait atteint 5,5 cm. La classification Canada n° 1 requiert un diamètre maximal de 70 mm et une longueur minimale de 152 mm. Il ne doit pas y avoir de variations de plus de 51 mm de longueur dans un même lot. Certains cultivars donnent des fruits de 30 à 40 cm. Le fruit doit être bien vert, sans tache jaune. Lors de la récolte, on fait attention à la peau, qui est fragile et peut facilement s'égratigner en effleurant les tiges épineuses. On ne tire pas non plus sur les vignes. On replace les tiges en les étalant lors de la récolte.

Lors de la récolte, on enlève tous les fruits difformes, mal pollinisés ou trop gros, qui grèveront les ressources du plant si on les laisse là.

Le petit cornichon sera récolté tous les jours ; si on recherche une diversité de calibres, on pourra récolter moins souvent. En général, les petits calibres sont utilisés pour les marinades sucrées et sont payés plus cher, les gros calibres pour les marinades sûres ou tranchées. Comme le coût de main-d'œuvre est élevé, il faut un bon rendement pour rentabiliser la culture du cornichon. Des plates-formes sont utilisées pour la récolte.

34.12 CONSERVATION ET MANUTENTION PRÉVENTE

On doit refroidir le plus vite possible à l'air ou à l'eau glacée après la récolte sans descendre sous 8 °C. Le grand froid et la chaleur détériorent le concombre qui se conserve de 10 à 14 jours entre 8 et 12°C, idéalement à 10 °C, à une humidité relative de 95 %. On doit prendre garde aux trop grandes concentrations de gaz d'éthylène en chambre froide ou lors du transport, car elles peuvent faire jaunir les fruits.

Le cornichon doit être transformé rapidement. Le gros calibre peut être conservé plus longtemps, mais le petit calibre ne se conserve que 6 jours, à 4 °C, donc à une température beaucoup plus froide que le concombre. La conservation diminue si on refroidit le cornichon à l'eau.

34.13 PRIMEURS ET FORÇAGE

Traditionnellement, on pratiquait la culture sur couche chaude, en succession d'une primeur de laitue ou de radis ou de production de plants. Le sol très riche, la chaleur et la protection contre le vent donnaient d'excellents résultats. Le coût des couches et de la main-d'œuvre a entraîné la disparition de ce mode de production. On utilisait aussi la cloche de papier ciré pour le départ du concombre de champ. Aujourd'hui, on cultive le concombre anglais en serre, et on utilise des techniques de plasticulture au champ. Il est aussi cultivé sous grand tunnel avec paillis de plastique.

On peut très bien combiner la cloche de papier ciré avec un paillis de plastique pour un semis en poquets ; le gain de chaleur et de protection des jeunes plants sera appréciable. Pour une transplantation, un tunnel ou une bâche seront utilisés plus longtemps que la cloche. On peut utiliser des arceaux pour protéger les concombres de l'effet abrasif de la bâche.

On peut aussi utiliser une bâche flottante pour prolonger la culture en fin de saison tout en assurant la pollinisation.

Chapitre 35

LA CITROUILLE ET LA COURGE

Cucurbita spp. (Pumpkin, Squash)

INTRODUCTION

La citrouille et la courge forment un genre de légumes-fruits constitué de plusieurs espèces et d'une multitude de types et de variétés. Pour en décrire le mode de culture, on les divise en deux groupes : les fruits d'été (courges d'été, zucchini) et les fruits d'hiver (citrouilles et courges d'hiver). Quoiqu'elles soient un peu plus résistantes que les concombres et cornichons, les courges sont très sensibles au froid ; on doit donc absolument attendre que les risques de gelées soient passés avant de les semer ou de les transplanter. Pour les caractéristiques communes à la famille des cucurbitacées, on peut se référer au chapitre du concombre et du cornichon.

Les citrouilles et les courges sont cultivées comme les concombres, sauf qu'elles exigent souvent beaucoup plus d'espace. Par exemple, les zucchinis se cultivent sur paillis de plastique avec des techniques semblables à celles utilisées pour le concombre. On peut aussi utiliser des méthodes semblables pour les citrouilles et les courges d'hiver, sauf qu'elles sont moins capricieuses que les concombres, et le paillis plus difficile à justifier.

Au Québec, les premières courges d'été de champ arrivent sur le marché vers la mi-juin et y restent jusqu'en octobre selon les gelées. Les courges d'hiver sont prêtes de la mi-août jusqu'au début d'octobre, et les citrouilles d'août sont les plus hâtives ; celles de septembre-octobre sont produites pour l'Halloween. Les citrouilles sont aujourd'hui moins consommées que les courges. Les gourdes ornementales sont cultivées comme des courges d'hiver. Certaines sont des *Cucurbita*, d'autres des *Lagenaria siceraria* (fleur blanche).

35.1 PLANTE

Les courges et les citrouilles sont des annuelles qui ne tolèrent aucune gelée. Les courges d'été sont surtout le fait de cultivars buissonnants, qui sont récoltés immatures ; chez les courges d'hiver et les citrouilles récoltées à maturité, les tiges forment des lianes parfois étalées sur plusieurs mètres de long. Notons que le pâtisson (*Cucurbita pepo* var. *melopepo* f. *clypeiformis*) peut aussi être récolté à maturité ; on le nomme alors bonnet d'électeur.

Toutes les courges sont monoïques, puisqu'elles ont des fleurs mâles et femelles ; les fleurs mâles sont dressées. Les fleurs, de couleur jaune-orange, sont comestibles. Généralement, il n'y a pas synchronisation entre l'apparition des fleurs mâles et femelles en début de culture ; parfois les premières fleurs sont femelles et coulent, faute de pollinisation ; puis apparaissent quelques fleurs mâles seules, puis les deux simultanément. Parfois les fleurs mâles arrivent en premier.

La majeure partie des racines des cucurbitacées sont superficielles et courent bien au-delà des plates-bandes qu'on leur assigne, comme les tiges d'ailleurs. Un seul plant de courge d'hiver occupe jusqu'à 28 m^3 de sol. L'enracinement des courges d'été atteint jusqu'à 1 m de profondeur, alors que celui des courges d'hiver se rend à plus de 2 m, selon les conditions du sol.

Les fruits des courges d'été sont consommés frais et ne se conservent que 10 à 14 jours en entrepôt réfrigéré. Les courges d'hiver peuvent être entreposées durant plusieurs mois. Les graines sont comestibles et leur consommation est à l'origine de la mise en culture des courges, qu'on a beaucoup cultivées par le passé pour leurs graines oléagineuses.

35.1.1 TYPES DE COURGES

Le classement des courges est complexe ; bornons-nous à examiner quelques cultivars communs dans nos marchés d'alimentation. On trouve plusieurs sites Internet qui permettent de les visualiser et de décrire en détail leurs propriétés :

- l'espèce *Cucurbita pepo* comprend des citrouilles et des courges d'hiver, par exemple l'Acorn dite aussi poivrée (Reine de table), la Delicata, le Bonnet d'électeur, la Jaune courbe d'été et la Spaghetti ;
- l'espèce *Cucurbita pepo* var. *melopepo* groupe des courges d'été à plants buissonnants ;
- l'espèce *Cucurbita pepo* var. *medullosa* comprend le zucchini et la moëlle végétale ;
- l'espèce *Cucurbita moschata* regroupe diverses courges d'hiver connues, par exemple la Butternut et la Golden Crookneck d'hiver ;
- l'espèce *Cucurbita maxima* réunit des courges d'hiver et des citrouilles géantes, telles la Buttercup, la Délicieuse, la Mammoth et la Hubbard.

35.1.2 CONDITIONS CLIMATIQUES

Bien que les citrouilles et les courges soient un peu moins sensibles au froid que les concombres, leurs besoins sont relativement semblables. Elles nécessitent des températures de 25 à 30 °C le jour et de 18 °C la nuit. Cependant, les courges d'hiver et les citrouilles sont souvent récoltées après que le feuillage a gelé.

35.2 CULTIVARS

Il y a un très grand choix de cultivars aussi bien dans la courge d'été que dans la courge d'hiver. Le choix du cultivar se fait surtout en fonction du marché visé. Des tolérances et des résistances ont été développées pour quelques variétés. Les catalogues de semences sont assez explicites sur les caractéristiques variétales. La maturation se fait généralement entre 45 et 70 jours à partir du semis pour les courges d'été, de 80 à 110 jours pour les courges d'hiver, et de 100 à 120 jours pour les citrouilles. En climat frais, la maturation est plus tardive.

35.2.1 CRITÈRES DE CHOIX POUR LE ZUCCHINI

Dans le cas du zucchini, l'une des courges les plus répandues en Amérique du Nord, certains critères de sélection du cultivar sont à privilégier, notamment sa forme, sa couleur et sa grosseur. Le maraîcher fait aussi entrer en ligne de compte sa précocité, sa régularité, l'absence d'épines, son rendement, sa tolérance aux maladies et sa durée de conservation. Il cherche aussi un cultivar facile à récolter, c'est-à-dire un cultivar dont le plant est compact et suffisamment ouvert et dont le fruit est dressé.

35.2.2 CRITÈRES DE CHOIX POUR LES COURGES D'HIVER

Dans le cas des courges d'hiver, comme le marché est fortement segmenté, on cherche d'abord le type de fruit qui convient aux marchés visés. Les divers cultivars se distinguent par l'étalement de leurs tiges (coureuses, semi-buissonnantes ou buissonnantes), leur précocité, leur couleur interne, leur chair (plus tendre ou plus fibreuse) et leur durée d'entreposage.

35.3 PROPAGATION

35.3.1 SEMENCES ET GERMINATION

La durée de conservation des semences des citrouilles et des courges est très longue, soit entre 5 et 10 ans. Un gramme contient de 3 à 10 semences/g pour les gros calibres et jusqu'à 40 semences/g pour les petits. On utilise entre 1 et 5,5 kg de semences par hectare. Leur germination prend entre 3 et 10 jours à des températures variant entre 15 et 35 °C. La température ne doit pas descendre sous 10 °C.

35.3.2 SEMIS EN PLEINE TERRE

Le semis direct est possible pour les citrouilles et les courges, mais certains maraîchers le font avec un paillis de plastique. On peut aussi faire des courges d'hiver et des citrouilles à partir de transplants, pour arriver tôt sur le marché. Dans les régions éloignées où la saison est courte, la production de transplants est incontournable.

La date de semis au champ est importante : les graines ne germent pas dans un sol en dessous de 10 °C, la température optimale étant de 25 °C. On devrait attendre pour semer que le sol soit au moins à 15 °C. De plus, après la levée, des températures de l'air inférieures à 10 °C la nuit peuvent endommager les jeunes plants. Selon les régions, on sème en pleine terre de la fin de mai à la mi-juin. Il est important d'avoir une profondeur de semis uniforme (20 à 25 mm maximum) pour obtenir une levée rapide et homogène ; la semence doit être placée dans le sol chaud, près de la surface ; en sol sec, on sème à une plus grande profondeur. On doit prévoir 90 à 120 jours sans gelée, du semis à la récolte, selon les cultivars.

Les jeunes plants sont très sensibles au vent, aussi est-il prudent de voir à établir une protection, que ce soit par un brise-vent naturel ou artificiel, ou des bandes de seigle d'automne semées à cet effet l'année précédente. La culture sur paillis de plastique thermique a fait ses preuves, surtout pour le zucchini ; la rentabilité est plus douteuse pour des cultures comme la citrouille. Le paillis de plastique réchauffe le sol, conserve l'eau, contrôle les mauvaises herbes, donne un produit plus propre et de meilleure qualité tout en augmentant le rendement. Il existe plusieurs types de dérouleuses à plastique des plus simples et économiques aux plus sophistiquées et dispendieuses.

35.3.3 PRODUCTION DE TRANSPLANTS

On sait déjà qu'il est possible de produire des courges d'été plus hâtives et de meilleure qualité avec des transplants. Or, la rentabilité de cette opération n'est pas évidente pour les courges tardives et les citrouilles, sauf pour les régions à climat plus difficile. Les plants sont démarrés en pots de 10 cm de diamètre, en pots de mousse de tourbe de 8 cm, ou en plateaux multicellulaires. Les plateaux de 24 ou 36 cellules sont souvent utilisés, de même que les 50 ou les 72. Plus le contenant est gros, plus le gain de primeurs risque d'être important. On peut implanter deux graines par pot ou par cellule dans les calibres plus gros. La courge s'accommode bien d'une culture en poquets au champ.

Les racines de toutes les cucurbitacées sont difficiles à transplanter ; le pot de mousse de tourbe qui est transpercé par les racines en croissance est le contenant idéal. Il faut prendre garde de ne pas semer trop tôt, sinon les racines sont trop développées.

La température idéale de germination est de 25 °C, mais une plage de 20 à 35 °C convient bien ; la levée se fait en 3 à 10 jours. Pour la croissance des transplants, on doit viser une température entre 16 et 18 °C la nuit et de 25 °C le jour, mais ne jamais descendre sous 10 °C ni dépasser 30 °C. Les températures élevées renforcent la production de fleurs mâles. Le substrat doit être continuellement humide, mais sans excès d'eau. On vise une période de production assez courte, généralement de trois semaines, mais si le calibre du pot le permet, on peut garder les plants en serre jusqu'à quatre semaines avant la transplantation ; on obtient les meilleurs résultats en transplantant au stade 2-3 feuilles. La manipulation de plants âgés de quatre semaines est plus ardue et déconseillée.

35.3.4 PLANTATION AU CHAMP

Il est important que les plants de zucchinis ne soient pas trop grands pour la transplantation. Un pralin à base d'argile, d'émulsion d'algues et de poissons ou de purin d'orties ou de compost est utile au moment de la plantation au champ. Sinon on arrose avec un démarreur à base d'un des précédents. On sait que les plants sont fragiles au vent ; un apport d'eau est important à ce stade. L'opération devrait être faite par temps couvert ou en fin de journée, le plant étant particulièrement sensible à l'évapotranspiration et au flétrissement. Un plant trop avancé peut souffrir d'un coup de soleil qui blanchit la tige.

35.3.5 ESPACEMENTS

La densité de plantation optimale varie selon les besoins d'espace du cultivar, le mode de culture et la mécanisation utilisée, ainsi que les conditions du sol et du climat.

Pour le zucchini, par exemple, comme le plant présente plus de problèmes sanitaires en vieillissant, on peut planter, puis semer une ou même deux cultures pour toujours récolter des plants jeunes. On utilisera alors une densité plus élevée, tout en ménageant un accès convenable aux parcelles pour la récolte. On peut aussi utiliser une densité moindre qui fournira plus d'espace aux plants à maturité.

On récolte en général durant quatre semaines ; par la suite, la qualité et le rendement des cueillettes diminuent. On doit donc prévoir un calendrier de semis en conséquence.

Pour les espacements des transplants au champ, on a plusieurs possibilités selon les espèces de citrouilles ou de courges cultivées (tableau 35.1).

On doit habituellement prendre certaines décisions avant de choisir le dispositif et les espacements. Y a-t-il des courges de types différents en culture ? Est-ce que le même espacement entre les rangs est préférable pour effectuer le sarclage ? Par exemple, si on utilise des paillis de plastique avec des courges coureuses, il est moins coûteux d'implanter les courges plus rapprochées sur le rang et d'espacer plus large entre les rangs.

TABLEAU 35.1 Distribution des plants au champ

Plantation	Espacement (cm)	
	entre les rangs	sur les rangs
Zucchini	90 — 150	60 — 100
Courge buissonnante	90 — 180	60 — 120
Courge semi-coureuse	150 — 200	60 — 130
Courge coureuse	150 — 240	60 — 120
Citrouille	150 — 400*	60 — 150

* cultivar géant

Sans paillis, on peut choisir un dispositif où les rangs sont plus rapprochés et les plants plus espacés sur le rang, et choisir la même largeur entre les rangs pour des semi-coureuses avec des distances plus rapprochées sur le rang. Ainsi, en passant d'un cultivar à un autre, on n'a pas ou peu à modifier le sarcloir.

Il est possible de généraliser : les densités à viser sont d'environ 1 m^2 par plant pour les courges buissonnantes, de 1 à 1,5 m^2 par plants pour les courges semi-coureuses et de 2 m^2 par plant pour les coureuses.

L'utilisation de poquets offre une sécurité quant à la reprise des plants. On sème parfois deux, trois ou quatre graines, puis on éclaircit en conservant les plus beaux plants. La plantation en carré est utilisée pour permettre le sarclage dans les deux sens, si on ne fait pas de plate-bande relevée, ce qui simplifie le contrôle des mauvaises herbes.

Le zucchini peut être cultivé à deux plants par poquet avec un espacement plus large entre les plants. On peut planter des poquets de deux plants démarrés en serre. S'il y a des pertes à la transplantation, on risque moins de se retrouver avec des trous. Plantées en poquets, les courges se répartissent le territoire disponible pour le feuillage et les racines. Il est un peu plus rapide de planter des poquets plus espacés que des plants individuels plus rapprochés. On double alors les espacements sur le rang afin de compenser la densité plus grande.

35.4 SOLS ET FERTILISATION

35.4.1 CHOIX ET PRÉPARATION DU SOL

Les citrouilles et les courges ont besoin d'un sol riche et chaud, bien pourvu en matières organiques, bien drainé avec une bonne capacité de rétention d'eau. Les sols lourds conviennent moins ; des sols légers à moyens sont préférables. Pour les primeurs, on préfère des sols légers. Le sol doit être ameubli en profondeur ; si c'est nécessaire, on peut sous-soler l'année précédente avant un engrais vert d'automne.

Les courges tolèrent un pH acide ou légèrement alcalin, mais elles préfèrent des sols neutres entre 6,5 et 7,5. Une petite quantité de chaux (500 à 1000 kg/ha) ou de cendre épandue lors de la préparation du sol est toujours utile pour la plante, qui ne déteste pas un sol légèrement carbonaté.

35.4.2 FERTILISATION

Les plants de courges prélèvent des quantités appréciables d'éléments nutritifs en cours de culture. Les valeurs présentées au tableau 35.2 donnent l'exportation moyenne pour le zucchini et la courge d'hiver et celles du tableau 35.3, le prélèvement par le plant de zucchini en cours de culture.

TABLEAU 35.2 Exportation moyenne pour la courge

Courge (t/ha)	N (kg/ha)	P_2O_5 (kg/ha)	K_2O (kg/ha)
15*	30 — 45	12 — 13	44 — 48
25*	50 — 75	18 — 20	72 — 78
40**	64 — 130	30	135 — 170

* zucchini
** courge d'hiver

TABLEAU 35.3 Prélèvement par le plant en cours de culture

Zucchini (t/ha)	N (kg/ha)	P_2O_5 (kg/ha)	K_2O (kg/ha)
25	160	78	200

Aux tableaux 35.4 et 35.5, on présente les plages de fertilisation utilisées en culture conventionnelle et les quantités pour un sol moyen recommandées au Québec.

TABLEAU 35.4 Fertilisations en culture conventionnelle

N (kg/ha)	P_2O_5 (kg/ha)	K_2O (kg/ha)
55 — 165	40 — 200	20 — 270

TABLEAU 35.5 Recommandations québécoises

N (kg/ha)	P_2O_5 (kg/ha)	K_2O (kg/ha)
135	120 — 140	90 — 120

Les chercheurs ne s'entendent pas sur le niveau d'azote à recommander. Il existe des recommandations plus élevées, par exemple de 165 kg/ha pour le zucchini dont la récolte est très accélérée, et moindres pour les courges d'hiver et les citrouilles, dont la croissance plus lente permet de mieux valoriser la fertilité inhérente du sol. On limite alors l'apport de N soluble à 110 kg et, surtout, on vise à ce que la minéralisation soit avancée au début de la mise à fruit vers le début d'août.

Pour une culture biologique, il faut prévoir les éléments nutritifs suivants :

— pour une courgette, une disponibilité de N d'environ 160 à 180 kg/ha ;

— la consommation de N est à son niveau le plus élevé 15 jours avant la première récolte de courgettes ; en général, le prélèvement de la courge d'hiver est plus graduel que celui de la courgette dont la production est plus accélérée ; comme on n'utilise pas d'azote soluble, on peut apporter des doses de fumier composté comparables à celles pour la courgette ;

— des teneurs élevées de potasse échangeable ;

— un sol riche en phosphore ;

— un prélèvement important de Mg de 2 kg/t de fruit ;

— un prélèvement de Ca de 15 kg/t de fruit.

Selon de la fertilité du terrain, on doit mettre de 35 à 75 t/ha de compost jeune, bien protégé du lessivage, et ce, au printemps avant la préparation du sol. Le compost peut être concentré sur les lignes de culture formées en butte et recouvertes d'un paillis de plastique, ou uniformément sur l'ensemble du champ. Les racines courent autant que les tiges. Un épandage l'été précédent avant un engrais vert est aussi possible.

La culture est peu sensible aux carences en éléments mineurs. Le molybdène est l'oligo-élément le plus à surveiller, de même que le manganèse.

Après la fin des récoltes de zucchini, on implante un engrais vert pour recycler correctement les éléments nutritifs qui continueront de se minéraliser.

35.5 ROTATION DES CULTURES

La citrouille et la courge profitent très bien de l'azote d'un précédent de légumineuses. Pour une prairie de longue durée, il serait préférable d'effectuer une jachère afin d'éliminer les vivaces et les insectes du sol. Une courte séquence de trèfle et graminées serait un excellent précédent. Un engrais vert d'automne ou un seigle enfoui au printemps sont de bons précédents.

Il est facile de réussir les courges d'hiver sur un simple retour de prairies à condition qu'on ait un bon système de sarclage. Des appareils à dents ajustables et un dispositif de plantation en carré pourrait même permettre d'éliminer le chiendent si le tour immédiat du plant est entretenu à la main ou avec un motoculteur. Cette procédure n'est pas recommandée pour un maraîcher ayant peu d'expérience.

Les courges et les citrouilles doivent recevoir une fertilisation organique abondante et s'avèrent un excellent précédent pour un grand nombre de cultures si elles sont bien sarclées.

Les cucurbitacées peuvent suivre l'oignon et une céréale, en particulier si cette dernière est accompagnée d'un engrais vert associé de légumineuse. Les cucurbitacées donnent des fruits en proportion du fumier ou du compost qu'elles ont sous les pieds.

Une fois la culture bien établie et l'entre-rang bien nettoyé, on peut implanter un engrais vert intercalaire qui protège le sol et aide à contrôler les mauvaises herbes. Avec un paillis de plastique, il faut quand même entretenir la bordure des paillis et, dans certains cas, faucher l'engrais vert.

Les courges s'avèrent d'excellents précédents nettoyants pour des cultures salissantes comme la carotte ou l'oignon, dans la mesure où elles sont soigneusement sarclées. La plantation d'ail après les courges est aussi une excellente pratique. Les résidus de culture contiennent la majorité des éléments nutritifs absorbés par le plant ; si c'est possible, on implante un engrais vert après la récolte ou on laisse aller la culture intercalaire.

35.6 CULTURES ASSOCIÉES

Il y aurait possibilité de pratiquer des cultures associées récoltées tôt dans l'espace entre les plants de courges coureuses et de citrouilles, par exemple des radis, des épinards ou des laitues. Une culture intercalaire de trèfle blanc nain ou une céréale tondue peut être implantée entre les plastiques dans les allées.

On pratique au Japon un compagnonnage qui consiste à planter un oignon près de la base des cucurbitacées pour les protéger de la fusariose (*F. oxysporum*). L'association classique utilisée par les Amérindiens combinait les courges d'hiver, le maïs et les haricots grimpants.

On connaît le cas d'un maraîcher québécois qui sème du seigle d'automne après la reprise des courges d'hiver en plasticulture ; si le seigle est très vigoureux, il le tond, sinon il le laisse aller, et le sol reste propre jusqu'à la couverture par les plants de courges.

35.7 IRRIGATION

Chez le zucchini et les autres courges d'été, la croissance étant très rapide, l'approvisionnement en eau devra être stable. La courge d'hiver et la citrouille sont plus tolérantes, en particulier à cause de la grande expansion du système racinaire. Par ailleurs, une pluviométrie irrégulière entraîne la coulure des fleurs.

Le coût d'un paillis de plastique est plus difficile à justifier dans les courges d'hiver et les citrouilles que pour un zucchini. Cependant, il offre des avantages pour la gestion de l'eau et des mauvaises herbes. La culture sur paillis de plastique permet de garder le sol humide beaucoup plus longtemps. Si la structure du sol est bonne, il n'y a pas vraiment de souci à se faire pour réhumidifier le sol sous le plastique lors des pluies, la remontée capillaire suffira.

L'irrigation par aspersion est possible, le goutte à goutte sous le paillis étant l'idéal pour le zucchini et les courges d'été.

Pour la courge d'hiver, les besoins en eau sont élevés durant les deux premiers tiers de la période de culture. Après, le plant doit mûrir et il devient moins exigeant en eau. Le zucchini a besoin d'eau jusqu'à la dernière récolte ; les besoins sont moyens en début de culture, élevés à partir de la floraison et très élevés durant la récolte.

35.8 GESTION DES MAUVAISES HERBES

La culture sur paillis de plastique noir ou vert est fortement recommandée dans le zucchini pour avoir un bon contrôle des mauvaises herbes sur le rang. On doit entretenir les espaces entre les paillis, en particulier le joint entre le paillis et le sol qui est salissant, tout en prévoyant un sarclage manuel du trou du plant au moment où il couvre le sol.

La croissance végétative des cucurbitacées est vigoureuse, mais le contrôle mécanique des mauvaises herbes est difficile une fois que les tiges des plants ont commencé à courir. De plus, les racines sont très superficielles, donc faciles à briser lors de sarclages un peu trop profonds. Il est important d'avoir un bon contrôle sur les vivaces, comme le chiendent, avant d'implanter une cucurbitacée. La culture d'engrais vert intercalaire comme le trèfle blanc est utilisable pour aider à la gestion des mauvaises herbes.

Pour les citrouilles et les courges sans paillis, l'espacement étant large, il faut prévoir des sarclages superficiels répétés jusqu'à ce que les plants couvrent le sol. Plusieurs maraîchers utilisent un vibroculteur à haut dégagement et enlèvent des dents au fur et à mesure que les plants s'étalent. Certains producteurs cultivent en poquets bien alignés et sarclent dans les deux sens.

Sur de petites superficies, on utilise parfois un motoculteur pour sarcler l'espace entre les plants sur le rang, en début de saison. Il faut prévoir un ou deux sarclages manuels. Si on arrive à justifier l'utilisation d'un paillis de plastique, on doit sarcler le trou dès que les plants sont bien établis.

35.9 INSECTES ET MALADIES

Tous les types d'excès, telles les pluies, les sécheresses, les fraîcheurs et les chaleurs humides, affaiblissent et stressent le plant et permettent le développement de maladies. Les maladies les plus fréquemment rencontrées sur les citrouilles et les courges sont la gale, l'anthracnose, le blanc et la tache angulaire (chapitre 34). Pour prévenir certaines maladies, on peut faire des pulvérisations de purin de prêle des champs le soir, et de purin d'orties le matin.

Quelques cultivars ont été sélectionnés pour leur tolérance ou leur résistance à des maladies comme la mosaïque et le blanc.

L'utilisation de bâches flottantes offre une barrière efficace contre les pucerons, la chrysomèle rayée du concombre, contre la grêle et le vent. Pour des courges buissonnantes, cette technique est justifiée ; dans le cas des courges coureuses, elle l'est beaucoup moins vu les espacements larges utilisés. À l'apparition des fleurs, les plants sont établis, et il faut donner l'accès de la parcelle aux abeilles et aux insectes pollinisateurs.

La chrysomèle rayée est repoussée par les extraits de tanaisie et de rhubarbe. Elle est attirée par la verge d'or qui peut servir à détourner son attention ; la courge Blue Hubbard pourrait servir de culture piège. La diversité biologique entretenue dans des brise-vent diversifiés encourage les ennemis naturels. Le neem est parfois utilisé et la roténone est efficace, mais l'insecte est extrêmement mobile et il réapparaît rapidement après les traitements. On traite tôt le matin alors qu'il est peu mobile. L'insecte hiverne sous forme adulte ; il se déplace du champ vers les bordures où il passe l'hiver.

Le blanc ou oïdium (*Erysiphe cichoracearum*) infeste surtout la culture de zucchini. Un plant vigoureux, une densité moindre, une fertilisation azotée bien calibrée, une irrigation sans excès sont des pratiques préventives, de même que le choix d'un site avec une bonne ventilation. On doit aussi détruire les concombres sauvages à proximité. Un traitement de silicate de sodium ou de potassium à 1 000 ppm sur les feuilles peut ralentir le développement du blanc, de même qu'un traitement à base de soufre. Le soufre est dangereux à 35 °C, et certains cultivars sont sensibles, aussi faut-il faire un test sur une petite superficie. Les produits cupriques, les huiles de neem et de jojoba sont utilisés aussi, tout comme le bicarbonate de soude ou le bicarbonate de potassium (0,5 %) avec un surfactant d'huile miscible (0,5 %) ou de savon doux (1 %).

On utilise au Brésil une solution contenant 10 % de lait de vache frais ; des chercheurs évaluent en ce moment l'utilisation du lactoserum, qui serait très prometteur. L'utilisation de la silice en biodynamie, le préparat 501, aide à diminuer les problèmes. Serenade, un produit contenant du *Bacillus subtilis*, est utilisé en lutte biologique.

Comme ce problème se développe surtout en fin de saison sur des plants matures, une solution consiste à implanter une seconde et même une troisième culture de courges d'été qui seront plus belles pour la suite de la récolte ; cependant, comme les prix sont souvent plus bas à la fin de la saison, il faut bien évaluer si cette approche est justifiée. Pour diminuer l'incidence du blanc, qui se propage par l'air, on commence les plantations sous le vent dominant et on fait des semis successifs en revenant. Le vent a, de cette façon, moins d'incidence sur la propagation de la maladie des vieux plants vers les jeunes. Pour la même raison, on veillera à détruire aussi les vieux plants dès la récolte terminée.

La sclerotiniose (*Sclerotinia* spp.) se développe en conditions humides et en sol mal drainé ; on doit biner fréquemment. Cette maladie affecte aussi la chicorée, la laitue chez qui elle cause la pourriture du collet, les solanacées, les légumineuses maraîchères et plusieurs autres cultures. Elle endommage les fruits, surtout des courges d'hiver, et en particulier la courge spaghetti. Si elle est présente, il faut effectuer une rotation de quatre ou cinq ans entre ces cultures. Les sclérotes survivent longtemps dans le sol. Le choix d'un sol plus léger ou l'utilisation d'une plate-bande très haute pourrait aider à résoudre le problème, de même que les poudrages de silice et le silicate de sodium.

35.10 ENTRETIEN

Les courges et les citrouilles sont des cultures voraces, mais si elles ont reçu une bonne dose de compost avant la plantation, il ne sera probablement pas nécessaire de procéder à des fertilisations d'appoint. Le suivi de l'eau, le contrôle des mauvaises herbes et des parasites est très important pour obtenir un bon rendement. Un binage régulier est toujours le bienvenu pourvu qu'il ne soit pas profond au point d'endommager les racines superficielles. La taille des plants est possible, mais difficile à faire à grande échelle, sauf pour la courge d'été qui est récoltée régulièrement. Généralement, on se limite à pincer le bout des tiges pour limiter leur extension.

La pollinisation est très importante pour les cucurbitacées. Si la plantation est limitée en superficie, il ne sera peut-être pas nécessaire d'implanter des ruches d'abeilles. Cependant, si on les cultive sur une surface relativement grande, il est bon de prévoir l'implantation de trois ruches par hectare en culture de cucurbitacées. Il faut aussi vérifier s'il y a des insectes pollinisateurs : on doit les voir et surtout les entendre facilement par beau temps.

Les biodynamistes appliquent trois traitements de silice (501) à partir de l'établissement des plants, et ils travaillent en jours fruits.

35.11 RÉCOLTE

On récolte différemment les courges d'été et les courges d'hiver.

Il est important de récolter les zucchinis régulièrement pour maintenir la production et éviter la détérioration des plants. On récolte les zucchinis tous les jours ou aux deux jours lorsqu'ils atteignent entre 12 et 18 cm de longueur et un diamètre de 2,5 à 3 cm. On doit les refroidir à l'air le plus vite possible après la récolte. Le grand froid et la chaleur les détériorent. Il faut faire attention à leur peau, qui est très fragile.

La récolte du mini-zucchini ou du mini-pâtisson se fait une fois par jour et même deux fois par temps chaud. Il existe un marché pour ces variétés mini, pour le fruit avec fleur attachée et pour la fleur mâle, ainsi que pour des cultivars adaptés à cette régie qui vise surtout les restaurants fins et certains marchés ethniques.

Lors de la récolte du zucchini, on doit consacrer un peu de temps à tailler les feuilles malades ou endommagées, ainsi que les fruits avortés, malformés ou trop gros. Cela allège la pression exercée sur le plant et améliore le rendement. On doit enlever ces matériaux de la parcelle pour des raisons sanitaires.

Certains maraîchers préfèrent récolter les courges d'hiver et la citrouille avant les gelées mortelles. Même si elles tolèrent les gelées blanches à –1 ou –2 °C une fois qu'elles sont mûres, il ne faut pas les toucher avant deux à trois jours si on observe des cernes causés par des gelées : il faut attendre que les fruits soient bien cicatrisés.

D'autres maraîchers attendent une gelée assez forte pour détruire le feuillage et exposer les fruits. Toutefois, une gelée trop forte peut endommager les fruits, qui ne se conserveront pas par la suite. On les récolte à l'aide d'un sécateur ou d'un couteau bien tranchant en faisant une coupure franche qui cicatrisera bien et en conservant le pédoncule sur le fruit. Il faut manipuler les fruits délicatement, car les blessures nuiront à la conservation. Pour la citrouille, on peut récolter en conservant un bout de tige.

35.12 CONSERVATION ET MANUTENTION PRÉVENTE

Le zucchini se conserve rarement plus de deux semaines. Les Français utilisent une régie de 0 à 4 °C à une humidité relative de 85 à 95 %, mais certains cultivars sont endommagés par le froid. Si des taches nécrotiques apparaissent et que les fruits ramollissent, on relève la température. En Amérique du Nord, on utilise des régies entre 5 et 10 °C, plutôt 5 °C, et 95 %

d'humidité relative. L'utilisation de plastique en entrepôt peut rallonger la conservation. On doit prendre garde aux trop grandes concentrations de gaz d'éthylène en chambre froide, qui peuvent faire jaunir les fruits.

Les courges d'hiver se conservent de deux à huit mois si elles ont une écorce dure et si elles sont bien mûres, sans blessure et sans maladie. Certains utilisent une première séquence de maturation de trois à sept jours à température chaude (27 à 32 °C), ce qui permet de sécher les fruits, en particulier les pédoncules, d'épaissir la peau et de cicatriser les blessures. Cela est valable pour les courges Butternut, Hubbard et Delicious, mais ce n'est pas souhaitable pour les courges du type poivrée. Ce traitement améliore la durée de conservation des fruits.

On n'a jamais réussi à conserver des citrouilles à l'intérieur en grande quantité. L'idéal est de les laisser au vent à l'extérieur et de les protéger du gel avec des bâches. Évidemment, on cherche à les vendre rapidement avant la fin d'octobre pour l'Halloween. Pour maximiser leur durée de conservation, on s'abstient de les empiler les unes sur les autres en hauteur ; cela demande un bon système de tablettes avec beaucoup d'espace. La température de conservation est de 7 à 10 °C, et même de 13 à 16 °C à une humidité relative de 50 à 70 %. Cette dernière régie pourrait être compatible avec celle de l'ail. S'il fait trop froid dans l'entrepôt, la maturation s'accélère et les fruits pourriront.

35.13 PRIMEURS

Pour réussir le zucchini de primeur, on doit semer un premier groupe de plants 10 jours plus tôt qu'un deuxième semis, puis interplanter le tout. De cette façon, il y a des fleurs mâles présentes en même temps que les fleurs femelles. On assure la présence d'abeilles à l'arrivée des fleurs. Le prix du produit importé influence les méthodes de culture des primeurs. Dans un site protégé du vent et des gelées, on utilise une combinaison de petits tunnels, avec du plastique percé ou opaque, et de paillis pour la primeur ; on plante des plants élevés en serre. Les bâches flottantes risquent d'endommager les feuilles, assez sensibles, et de permettre des dommages aux feuilles en contact avec la bâche, s'il y a une gelée. La bâche peut aussi être déposée sur un champ semé pour offrir un réchauffement pour la germination et une protection au départ des plants. On peut supporter la bâche avec des cerceaux pour diminuer l'abrasion.

Certains maraîchers européens utilisent un tunnel moyen d'environ 1,30 m à 1,40 m de hauteur qui reste en place tout l'été. Il est la plupart du temps ouvert, mais il peut être fermé en cas de froid ou de grêle. On y pratique aussi la culture en grand tunnel.

Chapitre 36

LE MELON

Cucumis melo (Melon), *Citrullus lanatus* (Watermelon)

INTRODUCTION

Les melons, qui regroupent une grande diversité d'espèces, constituent le légume le plus capricieux de toutes les cucurbitacées. Toutefois, les cultivars disponibles sur le marché sont de plus en plus adaptés aux conditions nordiques. Sa culture s'apparente à celle des concombres. Très sensibles au froid, on doit attendre que les risques de gelées soient écartés avant de les implanter, ou les protéger. La transplantation est pratique courante pour obtenir une récolte plus hâtive. On recommande la culture sous petit tunnel avec paillis de plastique, car elle donne de bien meilleurs résultats.

Au Québec, les melons sont disponibles sur le marché, principalement en août et en septembre.

36.1 PLANTE

Comme chez toutes les cucurbitacées, la semence des melons est relativement grosse ; elle dispose de réserves importantes et donne rapidement un plant de bonne dimension. La graine est longue et aplatie, ce qui la rend difficile à semer avec certains semoirs.

Très ramifiées, les racines peuvent dépasser 1 m de profondeur et s'étaler aussi large que les tiges, soit à plus de 2 m de largeur. Les premiers 30 à 40 cm du sol sont abondamment envahis par les racines, elles-mêmes très efficaces à extraire l'eau du sol. Les racines du melon d'eau atteignent 2 m de profond, d'où sa grande résistance à la sécheresse. Au départ, les feuilles se développent plus vite que les racines.

Les tiges ramifiées rampent sur le sol, mais elles peuvent aussi grimper à l'aide de vrilles. Le feuillage atteint facilement 2 m de large et, dans certains cas, jusqu'à 4 ou 5 m. Les deux premières tiges latérales ont un grand potentiel de développement ; les latérales ultérieures, beaucoup moins.

À chaque nœud, on trouve typiquement une feuille, un bourgeon, une fleur et une vrille. Les feuilles sont fortement lobées chez le melon d'eau, moins chez les autres melons.

Différents types de melons ont des fleurs mâles, des fleurs femelles et des fleurs hermaphrodites. Les plants monoïques ont les deux premières, alors que les andromonoïques, plus communs sauf pour les melons d'eau, ont des fleurs mâles et hermaphrodites. Les fleurs mâles dominent en première partie de saison, le long de la tige principale et à la base des tiges latérales. Les fruits se forment principalement sur les deuxièmes tiges latérales. La présence abondante de bourdons ou d'abeilles est nécessaire pour une bonne pollinisation ; la fleur est ouverte une journée ou deux. Une haute densité, des taux de N élevés et une lumière faible favorisent la formation de fleurs mâles.

On obtient les melons d'eau sans graines en croisant un parent avec quatre paires de chromosomes et un autre avec deux paires ; on obtient un plant triploïde, avec trois paires de chromosomes, que l'on dit sans graines, mais qui produit en fait des graines sous-développées. Comme ces cultivars ont très peu de pollen, ils doivent être pollinisés par des cultivars diploïdes.

Les fruits sont de forme presque ronde à ovoïde plus ou moins allongée ; ils sont souvent brodés, mais parfois lisses ; ils contiennent plusieurs centaines de graines. C'est la ressemblance de son écorce à une broderie qui a conféré au melon brodé son nom ; généralement, la texture brodée augmente la résistance de l'épiderme. Le melon d'eau est lisse et parfois ligné de couleurs variables. Certains cultivars donnent des fruits côtelés avec des sillons plus ou moins profonds, dits aussi sutures ; le charentais est parfois couvert de verrues. La chair, qui est plus ou moins savoureuse, sucrée et aromatique selon le cultivar et les conditions de culture, est constituée du mésocarpe du fruit ; elle est jaune, dorée, orange, verte, rose, rouge, ou blanche. Chez certains types, comme le cantaloup américain, le pédoncule se détache du fruit, mais chez d'autres types, c'est le signe d'une surmaturité propice à la pourriture. Généralement, comme pour la vigne, un rendement très élevé donne des fruits moins sucrés et savoureux. Lorsqu'un certain nombre de fruits sont en développement, la nouaison cesse, pour reprendre dans une deuxième vague après la première récolte si le feuillage est encore beau.

36.1.1 TYPES DE MELONS

Comme pour les courges, la classification des melons est relativement complexe :

— *Cucumis melo* var. *reticulatus* comprend le melon brodé, le cantaloup américain, le melon persan, le Galia ; il est principalement de type andromonoïque ;

— *C. melo* var. *cantalupensis* comprend le cantaloup originel, dont le charentais, peu connu en Amérique ;

— *Cucumis melo* var. *inodorus*, principalement de type andromonoïque, comprend les melons miel, casaba, Crenshaw, Canari ou espagnol.

— *Citrullus lanatus*, le melon d'eau, est principalement de type monoïque ; il existe une forme apyrène, c'est-à-dire sans graines.

Divers melons orientaux, peu connus ici, sont des types amers utilisés en marinades.

36.1.2 CONDITIONS CLIMATIQUES

Alors que les courges et les concombres croissent bien à des températures de l'air entre 20 et 25 °C, les melons préfèrent entre 25 et 27 °C, et jusqu'à 30 °C si la lumière est bonne ; ils sont plus exigeants en lumière que les autres cucurbitacées. Une alternance de 20 °C le jour et 15 °C la nuit est considérée comme minimale.

Des températures du sol de 20 °C sont nécessaires pour la croissance végétative ; en deçà de 16 °C, le plant dépérit. Le plant exige des sols à au moins 18 à 20 °C pour la floraison, la nouaison, le développement et la maturation des fruits ; 25 °C est considéré comme optimal. Des températures de l'air entre 20 et 30 °C favorisent la pollinisation. Au Québec, le paillis thermique est pratiquement incontournable.

Le melon d'eau apprécie des conditions sèches en deuxième partie de culture, mais il tolère mieux les périodes humides que les autres melons. Les autres melons ont des besoins en eau de plus en plus élevés à mesure que la végétation se développe et que les fruits se forment. En période de maturation et de récolte, les besoins diminuent et reprennent après la récolte s'il y a une deuxième vague de production. Des pluies abondantes juste avant la récolte entraînent une tendance à l'éclatement, la dilution des saveurs et une moins bonne conservation. Les fortes variations climatiques à la récolte nuisent à la qualité.

36.2 CULTIVARS

Le choix du cultivar se fait en fonction des marchés ; or, ces derniers s'ouvrent de plus en plus à divers types de melons : cantaloup américain, melons miel et melon d'eau avec ou sans graines sont bien connus. Les melons Galia, asiatiques, espagnols, ananas et charentais sont moins connus, mais ils sont bien acceptés lorsque les consommateurs les goûtent.

Tous ces melons se différencient par la couleur extérieure ou intérieure, leur saveur plus ou moins sucrée, plus ou moins parfumée, la précocité, la forme, l'apparence et l'épaisseur de l'écorce, brodée ou non, côtelée ou non, et la grosseur. Le poids est influencé par la densité et la dimension de la cavité de semences. La résistance à l'éclatement est un critère appréciable lors de pluies importantes. L'étalement du plant varie chez le melon d'eau.

Fermeté, aptitude au transport et à la conservation sur les tablettes sont importants pour la vente en gros. Tolérances et résistances aux maladies sont des facteurs de décision importants à partir du moment où l'on connaît les problèmes potentiels rencontrés sur la ferme.

La maturation s'obtient en 60 à 85 jours à partir de la transplantation, pour le melon d'eau, et en 70 à 85 jours pour les autres. Les melons d'eau sans graines sont plus tardifs. Les indications de précocité des catalogues sont calculées à partir de la date de transplantation.

36.3 PROPAGATION

36.3.1 SEMENCES ET GERMINATION

Les semences des melons étant généralement de grande taille mais de grosseur très variable, on en compte de 3 à 50 par gramme ; il en faut 1,5 à 3 kg/ha en semis direct. La germination prend trois à quatre jours en sols chauds (25 à 30 °C), deux fois plus en sols frais (16 °C).

36.3.2 SEMIS EN PLEINE TERRE

Le semis direct est possible pour le melon dans les régions chaudes du Québec. Pour avoir une production plus hâtive et de meilleure qualité, donc la vendre à meilleur prix, il est souhaitable de démarrer la culture à l'aide de transplants. Les semences sont aussi très coûteuses. Les dommages potentiels de la chrysomèle rayée sont élevés. Le melon d'eau ne devrait pas être semé au champ, car il est plus tardif et plus exigeant en chaleur.

La date du semis au champ est importante, puisque les graines ne germent pas en sol frais. On devrait attendre pour semer que le sol soit au moins à 16 °C, à 21 °C pour le melon d'eau. Après la levée, des températures inférieures à 10 °C la nuit peuvent endommager les jeunes plants. Selon les conditions climatiques, on sème en pleine terre de la mi-mai à la mi-juin. Il est important d'avoir une profondeur de semis uniforme, de 20 à 25 mm au maximum, pour obtenir une levée rapide et homogène. Imbiber les graines par trempage dans de l'eau à 32 °C améliore la germination en sol frais. Pour améliorer la chaleur du sol, il est préférable de combiner semis en pleine terre et plasticulture.

36.3.3 PRODUCTION DE TRANSPLANTS

On obtient des melons plus hâtifs et de meilleure qualité avec des transplants. La rentabilité de cette opération est justifiée. Les plants de melons sont démarrés en plateaux multicellulaires de 24, 36, 38 ou 50 alvéoles, ou en pots de 7 ou 10 cm. On peut garder une réserve de plants dans des plateaux 72. La température idéale de germination est de 25 à 35 °C, et la levée se fera en trois ou quatre jours. Le melon d'eau germe mieux dans un sol entre 30 et 35 °C ; certains maraîchers le placent dans une chambre de semis à 33 °C les trois premiers jours, qu'ils baissent à 30 °C pour la levée.

Après la levée, il faut garder la température de l'air entre 15 et 20 °C la nuit et entre 18 et 25 °C le jour ; l'air doit être plus frais en cas de faible luminosité et un peu plus chaud la nuit pour le melon d'eau. Le substrat doit être continuellement humide, mais sans excès d'eau. On garde les plants en serre durant trois semaines avant de les transplanter. Comme le ratio feuille/racine est déséquilibré et que les plantons ont peu de racines, il faut éviter de les déranger à la plantation. Pour des raisons pratiques, des pots individuels facilitent la plantation délicate.

36.3.4 PLANTATION AU CHAMP

La culture sur planche élevée est recommandée pour le melon. La densité de plantation optimale varie selon le cultivar, la méthode de récolte, les conditions de sol et de climat. Les jeunes plants étant très sensibles au vent et aux dommages causés par l'érosion éolienne, il est préférable de leur offrir la protection d'un brise-vent naturel ou artificiel, par exemple des lisières d'une céréale de printemps semée tôt ou de seigle d'automne semé l'année précédente. Ces lisières peuvent ensuite servir de chemins lors de la récolte.

La culture sur paillis de plastique a fait ses preuves quant à son efficacité et à sa rentabilité pour les melons. Le paillis de plastique réchauffe le sol, conserve l'eau, contrôle les mauvaises herbes, donne un produit plus propre et de meilleure qualité, tout en augmentant les rendements. Les paillis thermiques sont préférables, car ils réchauffent mieux le sol.

Il est important que les plants de melon ne soient pas trop grands à la transplantation ; à trois semaines, ils ont un maximum de trois à cinq feuilles par plant. Le sol aura atteint 12 °C, ou mieux 15 °C. On peut préparer les planches et dérouler les paillis de plastique à l'avance pour réchauffer le sol.

Un pralin à base d'argile, d'algues, de bouse de corne, ou de purin d'orties et de compost peut être utilisé au moment de la plantation au champ. Les plants sont fragiles au vent. Un apport d'eau est important à ce stade ; l'opération doit être menée par temps couvert ou en fin de journée, le plant étant particulièrement sensible à l'évapotranspiration et au flétrissement. Il ne faut pas enterrer la tige lors de la transplantation ni déranger les racines, qui sont très délicates.

Les melons d'eau sans graines (triploïdes) ne produiront des fruits que s'ils sont pollinisés par un cultivar normal diploïde. Lors de la plantation au champ, on alterne donc deux rangs de melons sans graines avec un rang de melon diploïde, préférablement une variété qui produira un type de fruit différent afin d'éviter des mélanges lors de la récolte. Les abeilles et les insectes sont importants pour la pollinisation.

À titre indicatif, les espacements standards pour les melons brodés et les melons miel sont de 60 à 120 cm entre les plants et de 1,5 à 2,5 m entre les rangs. Certains maraîchers laissent jusqu'à 2 m entre des poquets de deux plants. En général, les hautes densités diminuent la qualité des fruits. Les espacements pour les melons d'eau sont de 90 à 120 cm entre des poquets de deux plants et de 1,8 à 2,5 m entre les rangs ; avec une irrigation goutte à goutte, on aménage les densités les plus élevées. Les petits melons d'eau peuvent être espacés de 60 cm sur le rang avec 1,5 m entre les rangs.

36.4 SOLS ET FERTILISATION

36.4.1 CHOIX ET PRÉPARATION DU SOL

Comme toutes les autres cucurbitacées, les melons ont besoin d'un sol riche et chaud, bien drainé, très bien aéré, avec une bonne capacité de rétention d'eau. Comme ils sont relativement tolérants quant à la texture, on évite tout simplement les sols lourds ou battants ainsi que les sols avec semelles, car le melon envahit abondamment les premiers 30 à 40 cm. Les sols très chauds, sablo-graveleux, exposés au sud, donnent souvent des fruits de grande qualité.

Il importe de décompacter et d'ameublir en profondeur l'été précédent et même d'effectuer un labour à la profondeur de la couche arable. On herse au printemps et on butte pour obtenir une planche élevée. On peut accélérer le réchauffement printanier en formant les planches à l'automne après un ameublissement en profondeur et en les reprenant au printemps.

Les melons tolèrent un pH de 6 à 7,5 sans problème ; pour le melon d'eau, un pH de 6 à 6,5 est considéré comme optimal. Une petite quantité de chaux ou de cendre, à raison de quelques centaines de kilogrammes par hectare, épandue lors de la préparation du sol est toujours utile. On doit toutefois éviter les chaulages importants juste avant la culture du melon.

36.4.2 FERTILISATION

A. Exportation moyenne

Dans le cas des melons, en moyenne 40 à 60 % des éléments majeurs absorbés par les plants sont exportés dans les fruits (tableau 36.1).

TABLEAU 36.1 Exportation moyenne

(t/ha)	N (kg/ha)	P_2O_5 (kg/ha)	K_2O (kg/ha)
Melon d'eau			
20	20 — 35	2	5 — 25
Melon			
15	25 — 35	12 — 15	45 — 70

En culture conventionnelle, on rencontre des plages de fertilisation passablement larges (tableau 36.2) ; les recommandations du CRAAQ pour un sol moyen sont présentées au tableau 36.3.

TABLEAU 36.2 Fertilisations en culture conventionnelle

N (kg/ha)	P_2O_5 (kg/ha)	K_2O (kg/ha)
120 — 200	40 — 200	20 — 250

TABLEAU 36.3 Recommandations québécoises pour un sol moyen

N (kg/ha)	P_2O_5 (kg/ha)	K_2O (kg/ha)
135	120 — 140	90 — 120

On cultivait traditionnellement le melon sur couche chaude en enlevant le sol pour empiler une couche de fumier. Ces techniques sont aujourd'hui remplacées par la plasticulture. Le melon aime un apport important de matières organiques. Un précédent d'engrais vert comportant des légumineuses et un apport de 60 t/ha de fumier composté est habituellement recommandé ; il ne faut que 30 t pour du compost de fumier de volailles.

On peut aussi faire un apport de fumier frais à la fin de l'été précédent avant engrais vert, ou un compost jeune ou moyen au printemps un peu avant la plantation. Certains maraîchers utilisent des doses plus élevées. On peut aussi réduire les doses et compenser par des engrais organiques et minéraux, mais il n'est pas recommandé de cultiver le melon sans fumier.

En culture conventionnelle, on recommande un fractionnement de l'azote, mais normalement, en culture biologique, la décomposition du fumier composté se synchronise bien avec la croissance du melon. Il en va de même pour les engrais organiques animaux. En réchauffant le sol et en assurant la conservation de l'humidité, la plasticulture appuie bien ces processus. On peut cependant faire certains apports par fertigation, un engrais liquide de poissons par exemple. Les besoins nutritifs du melon sont modérés les premières semaines, puis accélèrent à la nouaison jusqu'à la récolte. L'excès de N favorise le développement de maladies.

Le melon est exigeant en phosphore. On doit éviter les sols pauvres ou utiliser un fumier de volailles composté.

Le manganèse demande une surveillance particulière, car la carence entraîne une dégradation hâtive des plants et un rendement très faible.

Dans les sols québécois, pauvres en bore, une première pulvérisation de Solubor à l'enlèvement du tunnel et une deuxième lorsque les fruits commencent à grossir améliore la qualité des fruits.

36.5 ROTATION DES CULTURES

Le melon profite très bien de l'azote d'un précédent de légumineuse. Pour une prairie de longue durée, il serait préférable d'effectuer une jachère suivie d'un engrais vert. Une courte séquence de trèfle et de graminées constitue un excellent précédent. Un engrais vert d'automne ou un seigle enfoui assez tôt au printemps sont également de bons précédents.

Les melons doivent recevoir une fertilisation organique abondante et s'avèrent, s'ils sont bien sarclés, d'excellents précédents nettoyants pour un grand nombre de cultures. Les cucurbitacées peuvent suivre une céréale ou un oignon suivi d'un engrais vert. Historiquement, le concombre sur couche chaude constituait la base de la fertilisation dans les cultures maraîchères intensives en banlieue des villes. On rencontrait une rotation de trois ans avec couche chaude jusqu'à la fin des années 1950 dans la banlieue Est d'Ottawa. Les sols y étaient très riches et produisaient d'excellents rendements sans engrais chimiques. Un ancien dicton dit que les cucurbitacées donnent des fruits en proportion du fumier ou du compost qu'ils ont « sous les pieds ».

Les melons s'avèrent d'excellents précédents nettoyants pour des cultures salissantes comme la carotte ou l'oignon. Après une récolte terminée en septembre, on enlève les paillis et on plante de l'ail d'automne. On pourrait même expérimenter de laisser les paillis si le sol est assez meuble.

36.6 CULTURES ASSOCIÉES

Des bandes alternées de seigle d'automne réchauffent le milieu de culture et peuvent servir à supporter des bâches non tissées. On peut implanter des engrais verts intercalaires de seigle tondu ou de trèfle blanc nain dans les allées en plasticulture.

Des blocs de maïs de primeur placés à proximité des melons peuvent offrir une certaine protection contre le vent lorsque le maïs atteint son plein développement.

Au Japon, on préconise la plantation d'un bulbe d'oignonet à proximité de chaque plant de melon pour repousser les champignons causant la fusariose.

36.7 IRRIGATION

La culture sur paillis de plastique permet de garder le sol humide beaucoup plus longtemps. Les racines de cucurbitacées sont à la fois abondantes en surface et enracinées en profondeur ; comme les tiges, elles courent très loin et apprécient une eau bien répartie. La pluie est idéale, l'irrigation par aspersion est possible, mais le goutte à goutte sous le paillis est préférable. L'utilisation de deux tuyaux goutte à goutte est plus coûteuse, mais elle donne une meilleure répartition de l'eau dans un sable grossier. Il est bon de décentrer le goutte à goutte pour éviter de l'endommager à la transplantation ; le collet du plant est très sensible à l'excès d'humidité.

Le melon n'aime pas l'eau froide et, en sol froid, l'approvisionnement en eau est ralenti. Les besoins en eau sont peu élevés en début de culture, puis ils augmentent avec l'expansion du plant et deviennent très élevés à partir de la floraison. En période de maturation, il faut diminuer les arrosages. Le melon d'eau nécessite moins d'eau quand le fruit atteint la grosseur d'une balle. Certains melons peuvent avoir tendance à fendre s'ils ont trop d'eau d'un coup après une période de sécheresse.

36.8 GESTION DES MAUVAISES HERBES

La culture sur paillis de plastique opaque est fortement recommandée pour un bon contrôle des mauvaises herbes. La croissance végétative des cucurbitacées est assez vigoureuse, mais le contrôle mécanique des mauvaises herbes est difficile une fois que les tiges des plants ont commencé à courir sur le rang et entre les allées. De plus, les racines superficielles sont facilement abîmées par les sarclages un peu trop profonds. Il est important d'avoir un bon contrôle sur les vivaces, comme le chiendent, avant d'implanter une cucurbitacée.

Avec un petit tunnel, il est difficile de faire un sarclage mécanique ; il faut sarcler dès l'enlèvement du tunnel et refaire un sarclage à la main pour éviter l'enherbement du point de contact entre le paillis et le sol.

Les faux semis avant l'implantation nettoient le champ. Un précédent d'engrais vert diminue la pression de mauvaises herbes. Bien sûr, on évite les parcelles avec du chiendent et des vivaces ou on les nettoie par une courte jachère l'année précédente.

36.9 INSECTES ET MALADIES

La première ligne de défense consiste à minimiser les stress auxquels le plant sera exposé. La protection contre le vent et le froid, un bon drainage, l'irrigation goutte à goutte qui laisse le feuillage sec, une bonne régie en serre sont des incontournables. Les cucurbitacées ont plusieurs problèmes en commun (chapitres 34 et 35). Des cultivars résistants ou tolérants à diverses maladies sont disponibles ; on doit faire son choix en fonction des problèmes connus sur sa ferme. Il existe diverses lignées de maladies ; l'aide d'un laboratoire phytosanitaire peut être nécessaire pour les identifier.

Le flétrissement bactérien (*Erwinia tracheiphila*) est un problème causé par la présence de la chrysomèle rayée. Le plant affecté flétrit par temps ensoleillé, puis jaunit et meurt. La bactérie survit dans le système digestif des chrysomèles, qu'on doit s'employer à combattre.

La tache angulaire est une autre maladie bactérienne problématique qui affecte aussi les concombres et les cornichons (chapitre 34). Le traitement au cuivre est efficace, mais la prudence est de mise, car il entraîne parfois des réactions phytotoxiques chez le melon ; par temps humide, on peut aller jusqu'à un traitement par semaine.

L'anthracnose (*Colletrotrichum orbiculare*) apparaît comme des taches humides sur les feuilles qui prennent une teinte brun-rougeâtre avec éventuellement un centre plus pâle. On observe des pourritures noires sur les fruits ; une gomme rougeâtre peut apparaître dans les plages affectées des melons, suivie de spores roses. Favorisée par des conditions chaudes et humides, l'anthracnose détruit les feuilles du centre du plant avant le pourtour. Les orages violents, le ruissellement de l'eau et l'irrigation par aspersion propagent cette maladie. Il faut choisir des cultivars tolérants et pratiquer la rotation, car la contamination provient principalement des champs infestés. Il faut déchaumer rapidement les champs contaminés et laver les équipements avant de travailler dans de futurs champs de cucurbitacées. Les semences peuvent être contaminées. On s'abstient de travailler dans des champs mouillés. Si c'est nécessaire, on utilise les produits cupriques, qui ne sont pas très efficaces, mais on doit faire attention à la phytotoxicité.

On doit à tout prix protéger les plants contre les chrysomèles rayées qui sont devenues depuis quelques années un des pires problèmes en culture biologique. Les couvertures flottantes, les bâches et les petits tunnels 500 trous offrent une protection efficace en début de saison ; sinon il faut procéder à des traitements. On expérimente actuellement un traitement avec l'huile de neem à des doses de 1 à 1,5 L/ha. On peut aussi semer une culture piège de concombres autour des melons. Les jeunes plants attirent les chrysomèles, qui s'y concentrent ; on peut alors appliquer des traitements localisés (voir chapitres 34 et 35).

Les nitidules, de petits insectes noirs et bleus, attaquent agressivement les melons qui arrivent à maturité, dès que le pédoncule commence à cerner. Ils pénètrent aussi les blessures, les fentes et les pourritures. On peut limiter les dégâts en récoltant un melon moins mature, mais ce sera au détriment de la qualité. On peut aussi enlever les fruits affectés de la parcelle et les composter rapidement.

36.10 ENTRETIEN

Les melons sont des cultures voraces, mais s'ils ont reçu une bonne dose de compost avant la plantation, il ne sera probablement pas nécessaire d'effectuer une fertilisation d'appoint. Le suivi de l'eau, le contrôle des mauvaises herbes et des parasites sont très importants pour obtenir un bon rendement.

La taille des plants est possible, mais difficile à grande échelle. Elle occupait une place importante dans la régie traditionnelle du melon. Vu les coûts de main-d'œuvre actuels et le développement de nouveaux cultivars, la taille est peu pratiquée aujourd'hui. La taille la plus simple consiste à pincer la tête après la deuxième feuille dans la serre, peu de temps avant la transplantation, ce qui favorise le développement des deux premières ramifications latérales, particulièrement vigoureuses. Cette taille suffit à accélérer la mise à fruit de façon appréciable. Si on taille au champ, il est difficile d'intervenir lorsque le plant est sous petit tunnel et, à l'enlèvement des tunnels, c'est trop tard. Pour la taille, on utilise un couteau tranchant qu'on désinfecte régulièrement. Si on désire poursuivre la taille, la pratique la plus simple consiste à tailler les deux ramifications primaires lorsqu'elles ont entre six et huit feuilles. En pratique, on taille les bouts des tiges qui arrivent dans l'allée. On ne taille pas le melon d'eau.

En biodynamie, on applique le préparat de silice après la reprise des plants, deux ou trois fois, tôt le matin, en jour fruit.

La pollinisation est très importante pour les melons. Le pollen est lourd et même pour les melons autofertiles, la présence d'abeilles améliore le rendement. Dans une petite plantation, il ne sera peut-être pas nécessaire d'implanter des ruches d'abeilles, mais si on cultive de grandes superficies, il est bon de prévoir jusqu'à 6 ou 7 ruches/ha avec des ruchers à 250 m au plus des melons les plus éloignés. Le rendement et la précocité sont améliorés de façon appréciable.

36.11 RÉCOLTE

Le choix du moment de récolte opportun est un aspect important et demande une bonne maîtrise. Il implique la nécessité de bien former les employés. Après la récolte, le taux de sucre ne s'améliore plus dans les melons ; on ne doit donc pas récolter trop tôt. Si le fruit est récolté trop jeune, il ne deviendra pas véritablement sucré, et s'il est cueilli trop tard, il aura un goût de fermenté et le melon sera mou et difficile à transporter.

On développera de l'expertise pour chaque cultivar à force d'expérimenter : on tranche des melons et on examine la chair, on note la saveur et les arômes en établissant une corrélation avec la couleur de la peau, qui est habituellement un bon indice, la fermeté, le son lorsqu'on le tape avec les doigts, et le détachement du cerne du pédoncule. Lorsque le cantaloup américain se détache facilement, il est mûr ; il en va de même pour le Galia et le melon oriental. Pour assurer le transport du cantaloup américain sur de longues distances, on le récolte lorsque le pédoncule adhère encore d'un côté, soit environ 25 % d'adhérence. Les melons miel et certains charentais ne se détachent pas et doivent être coupés. La feuille la plus rapprochée du pédoncule jaunit ou brunit dans certains cas. Un charentais qui jaunit est trop mûr alors qu'un Galia est à point. Le melon miel perd sa surface pubescente à maturité, puis devient cireux et de couleur crème. Les deux bouts du melon deviennent légèrement élastiques à maturité. En général, on peut dire que la tache du point de contact avec le sol change de couleur.

Le taux de sucre est important pour la qualité gustative. En France, dans le melon charentais, on vise un taux de 12 %. Pour le transport longue distance, les cantaloups américains sont récoltés à un taux de sucre de 8 à 10 % ; pour la vente locale, ils sont récoltés à un taux de 12 à 14 %, et les melons miel à un taux de 13 à 17 %.

Dans le cas du melon d'eau, la tache vire au jaune ; la vrille la plus proche du fruit fane. Lorsqu'elle est complètement fanée, il est trop tard pour le récolter, et lorsqu'elle est encore turgescente, il est trop tôt. Tapoté, le fruit mûr rend un son plus sourd. On vise un taux de sucre minimal de 12 à 13 % au centre du fruit, idéalement de 17 %. Si le melon d'eau est récolté très mature, il sera très savoureux, mais il se transportera mal. À surmaturité, la chair devient un peu farineuse. Un plant fané indique une surmaturité. Tôt le matin, le melon d'eau est cassant ; on ne doit pas récolter de fruits mouillés, tout comme on ne doit jamais le lancer ou le frapper, ni l'empiler debout. On utilise des voitures et des contenants lisses, exempts de sable, car les éraflures entraînent la dégradation des fruits. Pour le transport longue distance, les producteurs américains utilisent des caisses-pallettes en carton.

On récolte normalement tous les deux ou trois jours, et plus souvent par temps très chaud. Tôt le matin, le melon est frais et sera plus facile à conserver. Il est conseillé de l'ombrager immédiatement et de le préréfrigérer à 10 à 15 °C avant de le mettre en chambre froide. L'eau glacée convient bien au charentais. La récolte de fin de saison donne souvent des fruits moins sucrés à cause de la dégradation du feuillage. Pour les cultures importantes, une aide-récolteuse de type convoyeur peut être utilisée.

À maturité, les fruits sont fragiles aux meurtrissures ; on doit les manipuler avec soin et les protéger rapidement du soleil après la récolte. Une chute de 20 cm sur une surface dure les endommage. De plus, le taux de sucre élevé le conduit à produire rapidement de la chaleur.

36.12 CONSERVATION ET MANUTENTION PRÉVENTE

Les melons se conservent entre 4 °C et 6 °C à une humidité relative de 85 à 90 %, entre 7 et 10 °C pour le melon miel. Une température moyenne de 4 °C conservera les fruits pour 10 à 15 jours à 90 % d'humidité relative. Chaque cultivar a ses particularités et le stade de récolte influencera la technique et la durée de refroidissement et la conservation. Lorsque les cantaloups sont cueillis à leur optimum de maturité, ils nécessitent un blocage de leur maturation par un refroidissement énergique à l'air ou à l'eau glacée ; le fruit doit être ramené à 10 à 15 °C, pour ensuite être refroidi jusqu'à 3 à 5 °C. Certaines variétés réagissent mal à ce traitement et préfèrent tout simplement un entreposage à température ambiante ou un entreposage à 10 °C sans prérefroidissement, en particulier le melon miel. Les melons sont particulièrement sensibles aux excès de gaz d'éthylène qu'ils dégagent, surtout les cantaloups.

Le melon d'eau se conserve entre 10 et 16 °C durant quelques semaines. Avec le temps, ces températures entraînent une perte de couleur à l'intérieur et même si le melon se conserve plusieurs semaines, la qualité diminue. Le froid accélère la dégradation. À température ambiante, la saveur et la couleur s'améliorent, mais on le consomme idéalement à l'intérieur de deux semaines. À cause de l'épaisseur de son épiderme, l'humidité relative ne l'affecte pas.

36.13 PRIMEURS

Au Québec, la plasticulture est idéale pour le melon. Non seulement on gagne en précocité et en rendement total, on limite les dommages dus aux insectes et aux maladies qu'ils diffusent, mais on garantit une récolte une année fraîche. On plante dans un paillis de plastique thermique sur plate-bande surélevée pour obtenir un bon réchauffement du sol. Le paillis transparent réchauffe encore plus le sol, mais la croissance de mauvaises herbes le rend peu recommandable en culture biologique. On installe un goutte à goutte et on recouvre d'un tunnel 500 trous pour assurer une bonne protection en diminuant la nécessité de ventiler. Lorsqu'il fait très chaud, on déchire le tunnel du côté opposé au vent aux deux tiers de sa hauteur. On agrandit graduellement les trous selon le climat et pour faciliter l'accès des pollinisateurs à l'apparition des fleurs femelles ou hermaphrodites. On doit laisser le melon s'adapter aux conditions extérieures, ne pas le brusquer et provoquer le flétrissement du feuillage, surtout par temps chaud et venteux. On enlève le tunnel lorsque les plants cherchent à courir et, après les avoir bien sarclés, on laisse le melon couvrir le sol.

On a expérimenté au Québec une combinaison de tunnels non perforés et de tubes d'eau thermiques, avec des résultats intéressants.

On peut aussi utiliser une bâche à plat après transplantation, ou l'étendre après avoir mis en place des arceaux pour éviter le contact avec les plants. On gagne aussi en précocité par rapport au semis en pleine terre en semant en poquets dans des planches surélevées couvertes de paillis thermique posé à l'avance pour obtenir un réchauffement du sol ; on peut aussi recouvrir en plus d'une couverture flottante. Cependant, vu les dépenses liées à la plasticulture et le coût élevé des semences de melon, le gain de productivité et de précocité est supérieur et plus rentable si on démarre les plants en serre.

En Europe du Nord, le melon est cultivé en serres, mais les rendements ne justifient pas cette culture au Québec. Depuis quelques années, on le cultive en grand tunnel avec paillis de plastique.

Bibliographie

RÉFÉRENCES GÉNÉRALES

Normes biologiques de référence du Québec, Conseil des appellations réservées et des termes valorisants du Québec (CARTV), www.cartvquebec.com

www.ams.usda.gov/nop

www.attra.org/

www.agr.gouv.qc.ca

www.agrireseau.qc.ca/agriculturebiologique/

www.codexalimentarius.net

www.eap.mcgill.ca/

www.envirolink.org

www.fabqbio.ca/

www.fao.org/organicag/

www.ifoam.org

www.intracen.org/mds/sectors/organic/

www.omri.org

www.organics.com

www.ota.com

www.sbf.ulaval.ca/brf/

www.soel.de/oekolandbau

AGRICULTURE BIOLOGIQUE

ALTIERI, M.A. *Agroécologie, bases scientifiques d'une agriculture alternative*, Debard, 1986.

DOUVILLE, Y. *Essais et observations à la ferme*, rapport technique, Centre de développement d'agrobiologie, Ste-Élizabeth-de-Warwick, 1993.

GUET, G. *Mémento d'agriculture biologique*, Agridécisions, Paris, 1999.

KEILLING, J. *Agriculture biologique : Objectifs, techniques et résultats*, ADDA, Paris, 1997.

LAMPKIN, N. *Organic Farming*, Farming Press, Ipswich, 1990.

LAMPKIN, N. et S. PADEL. *Economics Of Organic Farming : An International Perspective*, CAB, 1994.

MACEY, A. *Organic Field Crops*, Canadian Organic Growers, Ottawa, 2001.

MACEY, A. *Production biologique certifiée au Canada en 2005*, COG, Ottawa, 2006.

WILLER, H. *European Market for Organic Foods : Statistical Overview*, Bio Fach, Nüremberg, 2007.

WILLER, H. et M. YUSSEFI. *The World of Organic Agriculture*, IFOAM, Bonn, FIBL, Fric, 2007.

SOLS ET FERTILISATION

ANIÉTOT, N. *Fertilisants organiques*, Courrier du Livre, Paris, 1983.

CORDIER *et al. Azote organique et croissance végétale*, Études de composts, résidus de culture, 1988.

Centre de référence en agriculture et agroalimentaire du Québec. *Guide de référence en fertilisation*, CRAAQ, Québec, 2003.

CPVQ. *Grilles de référence en fertilisation*, CPVQ, Québec, 1996.

CPVQ. *Colloque sur la fertilisation intégrée des sols*, CPVQ, Québec, 1996.

CPVQ. *Colloque sur les amendements organiques et la productivité du sol*, CPVQ, Québec, 1991.

DOUCET, R. *La science agricole : climat, sols et productions végétales du Québec*, Berger, Eastman, 1994, 700 pages.

DOUCET, Roger. *Fertilisation et environnement*, Berger, Eastman, 2002, 166 pages.

DOUCET, R. *Le climat et les sols agricoles*, Berger, Eastman, 2006, 444 pages.

DUCHAUFOUR, P. *Précis de pédologie*, Masson, Paris, 1970.

DUVAL, J. et A. WEILL. *Manuel des intrants bio*, Club Bio-Action, Montréal, 2007.

Institute for Biodynamic Research. Experiments, IBDF, Darmstadt.

Institut de recherche de l'agriculture biologique. *Organic Farming Enhances Soil Fertility and Biodiversity*, FIBL, Frick, 2000.

GAUCHER, G. *Traité de pédologie agricole, le sol et ses caractéristiques agronomiques*, Dunod, Paris, 1968.

GIROUX M., N'DAYEGAMYIÉ, A. et S. TRAN. « Évaluation de la fertilité azotée du sol », dans *Agrosol*, vol. 5, n° 2, 1992.

GÖRBING, J. et F. Sekera. *Die Spatendiagnose*, Ziel und Grundlage des zweckmässigen Bodenbearbeitung, Hannover, 1947.

HASINGER, G. *Le sol, cet inconnu !*, Office fédéral de l'environnement, des forêts et du paysage, Berne, 1993.

HÉRODY, Y. *Connaissance du sol : le modèle de base*, BRDA, Charency, 1997.

HUANG, P. M. et M. SCHNITZER. *Interactions Of Soil Minerals With Natural Organics And Microbes*, SSSA, Madison, 1986.

JACKSON, W. *New Roots for Agriculture*, Friends of the Earth, San Francisco, 1980.

JOBIN, P., LA FRANCE, D. et J. PETIT. *Gestion des matières organiques*, CÉGEP de Victoriaville, CDA, Ste-Élisabeth de Warwick, 1990.

KAFFKA, S. et H.H. KOEPF. « A Case Study of the Nutrient Status », dans *Sustainable Farming, Biological Agriculture and Horticulture*, n° 6, p. 89-106, 1989.

LA FRANCE, D. *La rotation des cultures*, CDA-Cégep de Victoriaville, 1995.

LAURENT, F. *Azote et interculture : perspectives agricoles*, ITCF, Paris, 1995.

LECLERC, B. *Guide des matières organiques,* Institut technique de l'agriculture biologique, Paris, 1995.

LECLERC, B. *et al. Effets comparés de fertilisants organiques et minéraux sur le lessivage des nitrates et la dynamique de l'azote au cours d'une rotation*, GRAB, Les Taillades, 1988.

MORTVEDT, J.J. *et al. Micronutrients In Agriculture*, SSSA, Madison, 1991.

NORDELL, A. et E. NORDELL, *A. Whole-farm Approach to Weed Control : a Strategy for Weed-free Onions.* Sharing the Lessons of Organic Farming, University of Guelph, Guelph, 1998.

ODET, J. *Mémento de fertilisation des cultures légumières*, CTIFL, Paris, 1989.

PATRIQUIN, D. « Nitrogen and Biological Husbandry », dans *The Role of Microorganisms in Sustainable Agriculture*, AB Academic Publishers, Bichester, 1987.

PATRIQUIN, D. Communication personnelle, 2005.

PARNES, Robert. *Fertile Soil*, A Grower's Guide To Organic And Inorganic Fertilizers, AgAccess, Davis, 1986.

PETIT J. et P. JOBIN. *La fertilisation organique des cultures : les bases*, FABQ, Longueuil, 2005.

PIETERS, A. *Green Manuring*, Principles and Practices, John Wiley and Sons, New York, 1927.

PILLET, G. et R. LONGET. *Les sols, faciles à perdre, difficiles à regagner*, Georg, Genève, 1989.

RAHN, C.R., VAIDYANATHAN, L.V.V. et C.D. PATERSON. « Nitrogen Residues from Brassica Crops », dans *AAB Nitrates and Farming Conference*, June 1992, *Aspects of Applied Biology*, n° 30, p. 263-270, 1992.

RAUPP, J. *Fertilization Systems in Organic Farming based on Long Term*, 1999.

RUELLAN, A. et M. DOSSO. *Regards sur le sol*, Aupelf, Paris, 1993.

RUSCH, H.P. *Fécondité du sol*, Courrier du Livre, Paris, 1972.

Santé Canada. *Valeur nutritive de quelques aliments usuels*, Travaux publics Canada, Ottawa, 1999.

SCHELLER, E. *Die Stickstoff-Versorgung der Pflanzen aus dem Sickstoff-Stoffwechsel des Bodens*, Josef Margraf, Weikersheim, 1993.

SENN, T.L. *Seaweed And Plant Growth*, Acres USA, Austin, 1991.

SIMARD, R.R. *Le devenir des éléments fertilisants en production de maïs*, Colloque CPVQ sur le maïs, CPVQ, Québec, 1995.

SOLTNER, D. *Bases de la production végétale.* Tome 1 : Le sol, Sciences et Techniques agricoles, Angers, 2003.

TABI, M., TARDIF, L., CARRIER, D., LAFLAMME, G. et M. ROMPRÉ. *Inventaire des problèmes de dégradation des sols agricoles du Québec*. Entente auxiliaire Canada-Québec sur le développement agroalimentaire, Québec, 1990.

TREMBLAY, N, SCHARPF, H.-C. *et al. Régie de l'azote chez les cultures maraîchères*, 2001.

VANASSE, A. et A. BRUNELLE. *Le chaulage des sols*, CRAAQ, Québec, 2003.

WOLF, B. et G.H. SNYDER. *Sustainable Soils*, Haworth, Binghampton, 2003.

ENGRAIS VERTS

ALTIERI, M.A. *Biodiversity and Pest Management in Agroecosystems*, Food Products Press, Binghampton, 1994.

AMMON, H.U. *Von der Unkrautbekämpfung zur Regulation der Grünbedeckung im Mais*, FAP, Zurich-Reckenholz, 1993.

COLEMAN, E. *The New Organic Grower*, Nimbus, Halifax, 1995.

JOBIN, P. et Y. DOUVILLE. *Engrais verts et cultures intercalaires*, CDA, Ste-Élisabeth-de-Warwick.

LA FRANCE, D. *La rotation des cultures*, CÉGEP de Victoriaville, CDA, Ste-Élizabeth, 1995.

LA FRANCE, D. et E. MAYNARD. *Intensification des cultures d'engrais verts en culture maraîchère*, Rapport final, CDAQ, Longueuil, 2006.

LA FRANCE, D. et E. MAYNARD. *Les engrais verts en culture maraîchère*, Cégep de Victoriaville, Victoriaville, 2006.

LAURENT, F. *Azote et interculture*, Perspectives agricoles, n° 206, ITCF, Paris, 1995.

PIETERS, A. *Green Manuring*, Principles and Practices, John Wiley and Sons, New York, 1927.

PIPER, C.V., MCKEE, R. et F.H. HILLMAN. *Vetches*, USDA, Washington, 1923.

POUSSET, J. *Engrais verts et fertilité des sols*, Agridécisions, Paris, 2000.

SAMSON, R. « Les effets répressifs des cultures de couverture sur les mauvaises herbes », dans *Journée d'information sur la malherbologie*, CPVQ, Québec, p. 63-80, 1991.

SARRANTONIO, M. *Northeast Cover Crop Handbook*, Rodale, Emmaus, 1994.

SCHMID, O., KLÄY, R. et W. F., BRINTON. *Green Manuring, Principles and practice of natural soil improvement*, Woods End, Mt. Vernon, 1989.

WALLACE, J., SCOTT, J. et J. COOPER. *Cover Crops and Living Mulches for Weed Suppression in Vegetable Production*, PMAO, Ottawa, 1995.

WALLACE, J. et J. SCOTT. *Under Cover*, NSOGA, Margaretsville, 1996.

www.roxburyfarm.com

COMPOSTAGE

BLASER, P. et E.E. PFEIFFER. *Bio-Dynamic Composting On The Farm : How Much Compost Shoud We Use ?*, Bio-Dynamic Literature, Wyoming, 1984.

BRINTON, W. *Earth Plant and Compost*, BDFGA, San Francisco, 2002.

DOUGHERTY, M., éd. *Field Guide to On-Farm Composting Handbook*, NRAES, Ithaca, 1999.

GAGNON, B. « Détermination en incubation contrôlée de la disponibilité en éléments nutritifs des composts produits à la ferme », dans *Agrosol*, vol. 15, n° 1, p. 10-17, 2004.

HOWARD, A. *Testament agricole*, Vie et Action, Marcq-Lille, 1971.

LA FRANCE, D., éd. *Production et utilisation des composts, problèmes et solutions*, CDA, Ste-Élisabeth, 1994.

MUSTIN, M. *Le compost, Gestion de la matière organique*, Dubusc, Paris, 1987.

PETIT, J. *Compost, théorie et pratiques*, L'oiseau moqueur, Mandeville, 1988.

PFEIFFER, E.E. et H.H. KOEPF. *Biodynamie et compostage*, Courrier du Livre, Paris, 1980.

ROBITAILLE, R. *Pourquoi et comment composter les fumiers*, BRA, La Sarre, 1997.

ROBITAILLE, R. et B. GAGNON. *Enquête sur les méthodes de fabrication et d'utilisation du compost à la ferme au Québec*, CAB, La Pocatière, 1994.

RYNK, R. *On-Farm Composting Handbook*, NRAES, Ithaca, 1902.

www.woodsend.org/compost.pdf

www.cfe.cornell.edu/compost/Composting_homepage.htmlk

MAUVAISES HERBES

ALTIERI, M.A. et M. LIEBMAN. *Weed Management in Agroecosystems*, CRC Press, Boca Raton, 1988.

BOUCHARD, C. et R. NÉRON. *Guide d'identification des mauvaises herbes du Québec*, CPVQ, Québec, 1998.

BOWMAN, G. *Steel in the Field, Sustainable Agriculture Network*, Beltsville, 1997.

CAVALLORO, R. et A. EL TITI. *Weed Control In Vegetable Production*, Balkema, Rotterdam, 1988.

CAYOUETTE, A. et G. MULLIGAN. *Noms populaires et scientifiques des plantes nuisibles du Canada*, Agriculture Canada, Ottawa, 1980.

DOUCET, Roger. *Les ennemis des plantes agricoles*, Berger, Austin, 2008.

DOUVILLE, Y. *Prévention des mauvaises herbes*, Grandes cultures, Technaflora, Bécancour, 2002.

DOUVILLE, Y. et A.M. COULOMBE. *L'expert mauvaises herbes, Maïs*, Technaflora, Victoriaville, 1999.

DOUVILLE, Y. et A.M. COULOMBE. *Désherbage mécanique du maïs*, Centre de développement d'agrobiologie, Ste-Élizabeth, 1999.

DOUVILLE, Y. et A.M. COULOMBE. *Appareils de désherbage mécanique en grandes cultures*, Technaflora, Bécancour, 2000.

DUVAL, J. et D. CLOUTIER. *Moyens de lutte au chiendent en production biologique*, MAPAQ, Québec, 2004.

FERRON, M. et R. CAYOUETTE. *Noms des mauvaises herbes du Québec*, Agriculture Québec, Québec, 1975.

HOLT, J.S. *Weed Ecology : Implications For Vegetation Management*, Wiley, New York, 1984.

LA FRANCE, D. *La gestion des mauvaises herbes*, CÉGEP de Victoriaville, CDA, Ste-Élizabeth-de-Warwick, 1991.

LEBLANC, M.F. et D. CLOUTIER. *Sarclage et sarcleurs*, Agri-Réseau, Québec, 2005.

MUENSCHER, W.C. *Weeds*, Comstock, Cornell, Ithaca, 1980.

MULLIGAN, G. *Plantes nuisibles communes du Canada*, Broquet, Saint-Constant, 1989.

PFEIFFER, E.E. *Weeds And What They Tell*, BD Farming, Springfield, Radosevich, 1981.

THUN, M. *Mauvaises herbes*, Aussattage, Biedenkop, 1989.

VAUTIER, G. *Étude de techniques de désherbage alternatives aux herbicides chimiques*, 1990.

WEILL, A. *Moyens de lutte au souchet comestible en production biologique*, Bio-Action, Montréal, 2007.

WEILL, A. *Moyens de lutte à l'herbe à poux en production biologique*, Bio-Action, Montréal, 2007.

WEILL, A. *Moyens de lutte à la sétaire en production biologique*, Bio-Action, Montréal, 2007.

PHYTOPROTECTION

ABER, M. *et al. Ravageurs et maladies des crucifères*, RAP, Québec, 2002.

BENNETT, W.F. *Nutrient Deficiencies And Toxicities In Crop Plants*. APS, St-Paul, 1993.

BERTRAND, B., COLLAERT, J.-P. et E. PETIOT. *Purin d'ortie et compagnie*, de Terran, Sengouagnet, 2003.

BLANCARD, D. *Maladies de la tomate*, INRA, Paris, 1988.

BLANCARD, D., LECOQ, H. ET M. PITRAT. *Maladies des cucurbitacées*, INRA, Paris, 1991.

BOULD, C. et E.J. HEWITT. *Diagnosis Of Mineral Disorders In Plants*. Tome 1 : Principles, Chemical Publishing, New York, 1984.

BRISSON, J.-D., FRÉCHETTE, M. *et al. Les insectes prédateurs : des alliés dans nos jardins*, Versicolores, Québec, 1992.

BYE, P. *et al. Phytosanitaires, Protection des plantes, Biopesticides*, INRA, Paris, 1991.

CARSON, R. *Silent Spring*, Houghton Mifflin, Boston, 1961.

CHABOUSSOU, F. *Santé des cultures*, Maison Rustique, Paris, 1985.

CHAGNON, M. et A. PAYETTE. *Modes alternatifs de répression des insectes dans les agro-écosystèmes québécois*, MENVIQ, Centre de développement d'agrobiologie, Ste-Élizabeth-de-Warwick, 1990.

Collectif. *Les brise-vent*, CPVQ, Québec, 1989.

COURTIER, J. *Controlling Pests And Diseases The Organic Way*, Acres USA, 1991.

CPVQ. *Les haies brise-vent. Implantation de végétaux ligneux en bordure des cours d'eau en milieu agricole*, CPVQ, Québec, 1994.

DAVIDSON, N.A., DIBBLE, J.E. *et al. Managing Insects And Mites With Spray Oils*, U. of California, 1991.

DEBACH, P. et D. ROSEN. *Biological Control By Natural Enemies*, Cambridge, Cambridge, 1991.

DEJOUX, J.F. *et al. Effets secondaires des produits phytosanitaires en agriculture biologique*, ITAB, Paris, 1995.

DOUCET, Roger. *Les plantes agricoles et leurs maladies*, Berger, Austin, 2007.

DOUCET, Roger. *Les ennemis des plantes agricoles*, Berger, Austin, 2008.

DUFOUR, R. *Farmscaping to Enhance Biological Control*, ATTRA, Fayetteville, 2000.

DUVAL, J. *Les huiles insecticides*, Ecological Agriculture Projects, Ste-Anne-de-Bellevue, 1994.

Environnement Québec. *Code de gestion des pesticides*, MENV, Québec, 2003.

GEGNER, L. *Deer Control Options*, ATTRA, Fayetteville, 2003.

GRABER, C. et H. SUTER. *Limaces sous contrôle*, Terre Vivante, Mens, 1991.

GRAINGE, M. et S. AHMED. *Handbook Of Plants With Pest-Control Properties*, John Wiley, New York, 1988.

GRENIER, R. et A. PEDNEAULT. *Potions magiques pour un jardin en santé*, Terre à Terre, Québec, 2001.

INGHAM, E.R. et M. ALMS. *Compost Tea Manual*, Soil Foodweb, Eugene, 2000.

JACOBSON, M. et D.G. CROSBY. *Naturally Occuring Insecticides*, Marcel Dekker, 1970.

JONES, J.B. *Compendium of Tomato Diseases*, APS, St-Paul, 1991.

KUEPER, G., THOMAS, R. et R. EARLE, *Use of Baking Soda as a Fungicide*, ATTRA, Fayetteville, 2001.

LETEINTURIER, J. et B. MOREAU. *Protection phytosanitaire, Lutte biologique, chimique, intégrée*, CTIFL, Paris, 1991.

LÉVESQUE, M. *Guide complet des pesticides à faible impact et autres solutions naturelles*, Isabelle Quentin, Montréal, 2005.

LICHTENHAHN, M. *et al. Contrôle des maladies et des ravageurs en maraîchage biologique*, FIBL/SRVA, Frick, 1999.

MCKINLEY, R.G. *Vegetable Crop Pests*, Macmillan, 1992.

MESSIAEN, C.M. et D. BLANCARD. *Maladies des plantes maraîchères*, INRA, Paris, 1991.

OLKOWSKI, W. *et al. Common-Sense Pest Control*, Taunton Press, Newtown, 1991.

PHILBRICK, H. et J. PHILBRICK. *Bug Book*, Garden Way, Pownal, 1991.

RICHARD, C. et G. BOIVIN. *Maladies et ravageurs des cultures légumières au Canada*, Soc phytopathologie du Canada, Ottawa, 1995.

SCHMID, O. et S. HENGGELER. *Ravageurs et maladies au jardin, les solutions biologiques*, Terre vivante, Mens, 2000.

SCHWARTZ, H.F. et S. KRISHNA MOHAN. *Compendium of Onion and Garlic Diseases*, APS, St-Paul, 1994.

SIMON, H. *et al. Protection des cultures*, TecDoc, Paris, 1994.

SHURTLEFF, M.C., éd. *Compendium of Corn Diseases*, APS, St-Paul, 1980.

SNOWDON, Anna L. *Color Atlas Of Post-Harvest Diseases And Disorders Of Fruits And Vegetables*, Vol. 1 : General Introduction and Fruits, 1992, Tome 2 : Vegetables, CRC Press, Boca Raton, 1990.

University of California. *Integrated Pest Management For Cole Crops And Lettuce*, IPM Project, Davis, 1985.

University of California. *Integrated Pest Management For Tomatoes*, IPM Project, Davis, 1990.

UNWIN, R. *Crop Protection in Organic and Low Input Agriculture*, BCPE, Farnham, 1990.

VILLENEUVE, F. *et al. Légumes de plein champ : protection phytosanitaire respectueuse de l'environnement*, CTIFL, Paris, 1999.

VINCENT, C. « Les méthodes de lutte physique comme alternatives aux pesticides », dans *La semaine horticole 2001*, Maraîchers, p. 43-50, St-Hyacinthe, 2001.

VINCENT, C. et D. CODERRE. *Lutte biologique*, Gaëtan Morin, Montréal, 1992.

WALIGORA, C. « Semences de carottes désinfectées au vinaigre », dans *Culture légumière*, n° 72, Paris, 2002.

YEPSEN, Roger B. *Encyclopedia Of Natural Insect And Disease Control*, Rodale, Emmau, 1984.

MACHINISME, CONSERVATION ET IRRIGATION

BAILEY, R. *Irrigated Crops And Their Management*, Farming Press, Ipswich, 1990.

BELL, B. et S. COUSINS. *Machinery For Horticulture*, Farming Press, Ipswich, 1991.

Collectif du ministère de l'Agriculture et de l'Agroalimentaire de l'Ontario. *Gestion de l'irrigation : les pratiques de gestion optimales*, MAAAO, Toronto, 1995.

Conseil des productions végétales du Québec. « Besoin en eau pour l'irrigation des cultures du sud-ouest du Québec », dans *Bulletin technique*, n° 19, CPVQ, Québec, 1993.

ITCF. *Choisir les outils de travail du sol*, ITCF, Paris, 1992.

ITCF. *Choisir les outils de semis*, ITCF, Paris, 1989.

Institut technique des céréales et des fourrages. *Choisir les outils de pulvérisation*, ITCF, Paris, 1990.

ITD. *Some Tools For Agriculture, Multi-Purpose Tool Bars*, ITD, London, 1987.

JAMES, L.G. *Principles Of Farm Irrigation System Design*, Wiley, New York, 1993.

MAPAQ. *Norme de conception et d'exécution pour les travaux de conservation et de gestion du sol et de l'eau*, Québec, 1990.

MCROBIE, G. *Tools For Organic Farming : A Manual of Appropriate Equipement and Treatments*, Intermediate Technology, London, 1990.

Ministère de l'Environnement et de la Faune du Québec. *Protection des rives, du littoral et des plaines inondables*, Guide des bonnes pratiques, MEFQ, Québec, 1998.

SAURIOL, P. « Irriguez au bon moment », dans *Le bulletin des agriculteurs*, p. 65-67, mars 1995.

TREMBLAY, Yvon. *Choix et entretien des tracteurs agricoles*, Berger, Eastman, 2006, 399 pages.

Van WIJK, A.L.M. et J. WESSELING. *Agricultural Water Management*, Balkema, Rotterdam, 1986.

MARAÎCHAGE

ADAM, D. et B. STENGEL. *L'asperge*, CTIFL, Paris, 1999.

ANDREWS, J. *Peppers*, University of Texas Press, Austin, 1984.

ATHERTON, J.G. et J. RUDICH. *Tomato Crop, A Scientific Basis For Improvement*, Chapman and Hall, New York, 1987.

BILLAULT, G. *La culture des légumes*, Institut agricole d'Oka, Oka, 1942.

BURTON, W.G. *Post Harvest Physiology of Food Crops*, Wiley, New York, 1982.

CHAUX, C. et C. FOURY. *Productions légumières*, tome 1 : Généralités ; tome 2 : Légumes feuilles, tiges, fleurs, racines, bulbes ; tome 3 : Légumineuses potagères, légumes, fruits, TECDOC, Paris, 1994.

COLEMAN, E. *New Organic Grower's Four-Season Harvest*, Chelsea Green, White River Junction, 1992.

Collectif. « Ail, Asperge, Céleri, Crucifères, Haricot, Gourgane, Maïs sucré, Poireau, Rutabaga », *Feuillets techniques*, CPVQ, Québec, 1992-1995.

Collectif. *Légumes biologiques*, Budgets, CRÉAQ, Québec, 1990.

COULOMBE, J. *Le point sur les cultivars*, Journée d'information sur l'asperge, CRAAQ, Québec, 2003.

Centre de référence en agriculture et agroalimentaire du Québec. *La culture de l'asperge*, CRAAQ, Québec, 2003.

CRAAQ. *Budgets légumes biologiques*, CRAAQ, Québec, 2005.

DESJARDINS, Y. *Nouveaux cultivars d'asperge pour le Québec et nouvelle méthode d'implantation des aspergeraies*, EAP, McGill, 1990.

DUKE, J.A. et J. DUCELLIER. *Handbook of Alternative Cash Crops*, CRC Press, Boca Raton, 1993.

DURAND, Barbara et M.A. MOREAU-RIO. *Poivron*, CTIFL, Paris, 1992.

ENGELAND, R.L. *Growing Great Garlic*, Filaree Productions, Okanogan, 1991.

FRICHOT, N. *Asperge verte*, CTIFL, Paris, 1989.

GIBSON, Eric. *Sell What You Sow !*, New World Publishing, Auburn, 1994.

GRENIER, S. et C. LEGAULT. *Trousses de transition en agriculture biologique*, AgroExpert, Sherbrooke, 2006.

GRUBINGER, Vernon P. *Sustainable Vegetable Production from Start-up to Market*, NRAES, Ithaca, 1999.

HOMMELEN, B. *La culture de légumes sous tunnel plastique*, CARAB, Jodoigne, 1987.

HUNTER, E. *Je cultive, tu manges, nous partageons*, Equiterre, Montréal, 2000.

JOUBERT, G., MUSARAD, M. et B. NAVEZ. *Aubergine, courgette, poivron*, CTIFL, Paris, 1992.

KUEPPER, G. et R. THOMAS. *Organic Asparagus Production*, ATTRA, Fayetteville, 2001.

LE BOHEC, J. *Chou-fleur*, CTIFL, Paris, 1979.

LE BOHEC, J. *Mangetout et flageolet*, CTIFL, Paris, 1980.

LE BOHEC, J., ERARD, P. et J. LETEINTURIER. *Poireau*, CTIFL, Paris, 1993.

LORENZ, O. et D.N. MAYNARD. *Knott's Handbook For Vegetable Growers*, Wiley, New York, 1988.

Ministère de l'Agriculture, de l'Alimentation et des Affaires rurales de l'Ontario. *Recommandations pour les cultures légumières 2000-2001*, MAAARO, Toronto.

MESSIAEN, C.M. *et al. Allium alimentaires reproduits par voie végétative*, INRA, Paris, 1993.

MORAS, P., J.-F. CHAPON. *Entreposage et conservation des fruits et légumes*, CTIFL, Paris, 1983.

MOREAU, B. *et al. L'oignon de garde*, CTIFL, Paris, 1996.

NONNECKE, I.L. *Vegetable Production*. Chapman & Hall, New York, 1989.

ODET, J. *Melon*, CTIFL, Paris, 1991.

PIERCE, L.C. *Vegetables : Characteristics, Production and Marketing*, Wiley, New York, 1987.

RYDER, E.J. *Leafy Salad Vegetables*, AVI, Westport, 1979.

SOMAS, Andras. *The Paprika*, Akademiai Kiado, Budapest, 1984.

SPLITTSTOESSER, W.E. *Vegetable Growing Handbook, Organic and Traditional Methods*, Chapman & Hall, New York, 1990.

TESSIER, J.-G. *Résultats d'une enquête sur les méthodes de récolte de l'asperge*, Journée d'information sur l'asperge, CRAAQ, Québec, 2003.

VILLENEUVE, F. et J. LETEINTURIER. *Carotte.* tome 1 : Guide pratique ; tome 2 : État des connaissances, CTIFL, Paris, 1992.

WACQUANT, Claude et Jean LE BOHEC. *Laitues de serre*, CTIFL, Paris, 1982.

WEICHMANN, J. *Post-Harvest Physiology Of Vegetables*, Marcel Dekker , New York, 1987.

WILLS, R.B., MCGLASSON, W.B. *et al. Postharvest : An Introduction to the Physiology and Handling of Fruit and Vegetables*, Van Nostrand Reinhold, New York, 1989.

YAMAGUCHI, M. *World Vegetables*, Chapman & Hall, New York, 1983.

ZUANG, H. *Nouvelles espèces légumières*, CTIFL, Paris, 1991.

AGRICULTURE SUPPORTÉE PAR LA COMMUNAUTE

GROH, T. *Farms Of Tomorrow, Community-Supported Farms and Farm-Supported Communities*, Bio-Dynamic, Kimberton, 1990.

HUNTER, E. *Je cultive, tu manges, nous partageons*, Equiterre, Montréal, 2000.

VAN EN, Robyn. *Basic Formula To Create Community Supported Agriculture*, Indian Line Farm, 1988.

JARDINAGE

AUBERT, C. *Jardin potager biologique*, Courrier du Livre, Paris, 1985.

Collectif. *Encyclopedia Of Organic Gardening*, Rodale, Emmaus, 1978.

GABRIEL, I. *Installation d'un jardin biologique*, Maison Rustique, Paris, 1988.

GAGNON, Y. *Culture écologique pour petites et grandes surfaces*, Colloïdales, St-Didace, 1994.

GAGNON, Y. *Jardinage écologique*, Colloïdales, St-Didace, 1993.

HAASE, M. *Cultures associées*, Ulmer, Paris, 1991.

MOLLISON, B. *Permaculture*, Tagari, Sisters Creek, 1987.

PFEIFFER, E.E. et E. RIESE. *Le gai jardin potager*, Triades, Paris, 1986.

PHILBRICK, H. et J. PHILBRICK. *Gardening For Health And Nutrition*, Steinerbooks, Blauvelt, 1988.

RENAUD, V. et C. DUDOUET. *Potager par les méthodes naturelles, un trésor de santé*, Rustica, Paris, 1994.

THOREZ, J.-P. *Petit guide de jardinage biologique*, Terre Vivante, Paris, 1985.

Vilmorin-Andrieux. *Plantes potagères*, 1900, Vilmorin-Andrieux, Paris, 1989.

VON HEYNITZ, K. et G. MERCKENS. *Le jardin bio-dynamique*, Ulmer, Paris, 1990.

BIODYNAMIE

BOCKEMUHL, J. *In Partnership With Nature*, Bio-Dynamic Literature, Wyoming 1981.

KABISCH, H. *Guide pratique de la méthode bio-dynamique en agriculture*, Triades, Paris 1976.

KOEPF, H.H. *Pulvérisations bio-dynamiques*, Courrier Du Livre, Paris, 1980.

KOEPF, H.H. *La recherche bio-dynamique, méthodes et résultats*, MCBD, Colmar, 1992.

KOEPF, H.H. *Biodynamic Farm*, Anthroposophic Press, Hudson, 1989.

KOEPF, H.H., SCHAUMANN, W. et M. HACCIUS. *Agriculture Bio-dynamique*, Anthroposophiques romandes, Genève, 2001.

LA FRANCE, D. *Introduction à l'utilisation du calendrier bio-dynamique en agriculture et en jardinage*, Agri-info, Warwick, 1989.

LUST, V. *Production biodynamique des fruits et des légumes*, Ulmer, Paris, 1994.

PFEIFFER, E.E. *Chromatography Applied To Quality Testing*, Bio-Dynamic Literature, Wyoming, 1984.

PFEIFFER, E.E. *Sensitive Crystallization Processes*, Anthroposophic Press, Hudson, 1985.

PFEIFFER, E.E. *La fécondité de la terre*, Triades, Paris, 1979.

SATTLER, F. et E.V. WISTINGHAUSEN. *La ferme bio-dynamique*, Ulmer, Stuttgart 1991.

STEINER, Rudolf. *Agriculture*, Anthroposophiques Romandes, Genève, 1993.

THUN, M. *Calendrier des semis 2007*, Mouvement de culture bio-dynamique, Colmar, 2007.

THUN, M. *Indications résultant de la recherche sur les constellations*, Mouvement de culture bio-dynamique, Paris, 1989.

THUN, M. *Les mauvaises herbes*, Mouvement de culture bio-dynamique, Paris, 1989.

THUN, M. *Pratiquer la bio-dynamie au jardin*, Mouvement de culture bio-dynamique, Paris, 1995.

Index

A

B

C

D

E

I

J

K

L

N

O

P

Q

R

S